# 高等数学解题真功夫

## ——给准备考研或参加竞赛的同学

龚冬保　陆　全　褚维盘　叶正麟　编著

U0285186

西北工业大学出版社

**【内容简介】** 本书共 9 章。第 1 章综述高等数学的解题功夫,第 2,3,4 章为一元函数微积分学,第 5,6 章为多元函数微积分学,第 7 章为无穷级数,第 8 章为常微分方程,第 9 章讨论应用问题。

本书以典型试题为载体(例题多精选自国内数学考研和国内外竞赛的试题),分析重要的数学解题功夫。在多数题解之前,都有"分析"开路或旁注启示,之后或"注"或"小结",意在帮助读者审题,提示解题方案,拓展解题思路或方法,以助数学思维的训练。

本书主要适用于准备数学考研、有意于大学生数学竞赛的学子们,也希望有助于相关数学教师。

**图书在版编目(CIP)数据**

高等数学解题真功夫/龚冬保等编著. —西安:西北工业大学出版社,2014.12
ISBN 978 - 7 - 5612 - 4192 - 9

Ⅰ.①高… Ⅱ.①龚… Ⅲ. ①高等数学—高等学校—题解 Ⅳ. ①O13 - 44

中国版本图书馆 CIP 数据核字(2014)第 272880 号

**出版发行:** 西北工业大学出版社
**通信地址:** 西安市友谊西路 127 号　邮编:710072
**电　话:** (029)88493844　88491757
**网　址:** www.nwpup.com
**印 刷 者:** 兴平市博闻印务有限公司
**开　本:** 787 mm×1 092 mm　1/16
**印　张:** 20.125
**字　数:** 491 千字
**版　次:** 2015 年 3 月第 1 版　2015 年 3 月第 1 次印刷
**定　价:** 48.00 元

前　言

　　无论参加数学考研,还是参加数学竞赛,都要善于完成试题。不少同学在做题时,习惯性地想套用一些现成的解题模式或方法。然而,在考研或竞赛中,常会遇到一些有点新意的、或有一定综合性的、或较难的题。这种试题是衡量和区分学生水平的砝码。可惜许多同学面对这种试题无从下手,望洋兴叹。这得归因于解题功夫不足。

　　本书旨在通过例题的分析过程、求解或求证过程、解后评注等,帮助读者理解和练就数学解题功夫。解题的好功夫展现为,面对问题,能综合运用知识,分析题的特征,抓住解题要点,制定解题思路和方案,遇到障碍能灵活修改方案,顺利完成解题。自身功夫是自己实练出来的,单凭看他人展示功夫是难以长进的。所以特别提醒读者,在阅读时,把例题当作习题做,在做的过程中训练解题功夫,领悟解题功夫,练就解题功夫。

　　数学解题功夫有许多。就高等数学解题功夫而言,属于解题过程中重要的有:审题功夫,运算功夫,综合功夫,建模功夫,一题多解和一题多变的功夫,多题共解功夫,等等,其中尤以审题功夫最为要紧。因此,本书在多数题解之前,都有"分析"开路或旁注启示,帮助读者审题,制定解题的计划。这是数学思维的一种训练。

　　属于数学方法方面的解题功夫,重要的有:无穷小分析方法,辅助函数设计方法,数形结合方法,链导关系分析方法,向量方法,微元法,变换方法,级数与数列共性方法,凑微分方法,数学建模方法,难题分解方法,等等,在本书各章节结合例题都有所陈述。

　　如书中的例1.4.3(2005年考研题)的分析采用了"数形结合"的审题方法:观察连接两点$O(0,0)$与$C(1,1)$的连续曲线$y=f(x)$,必与直线段$\overline{A(1,0)B(0,1)}$相交(设交于点$D$),得到问题(1)的解法;再分析两曲线段上的弦$\overline{OD}$与$\overline{DC}$的斜率互为倒数,联想微分中值定理,可制定问题(2)的解题计划,并可领悟出,命题人设置问题(1)是为问题(2)的解决作提示。一道难题,经此审题,可迎刃而解。

　　又如例1.1.3,从多项式的整除性质出发,以多种不同视角审题,导出相应的解题计划:利用多项式系数满足的线性方程组求解;根据导函数满足的整除与零点性质的关系,利用定积分或不定积分求解;根据多项式的完全泰勒展开式是其本身的性质,给出新颖的求解方法;还可根据函数的奇偶性设计求解方法;等等。这种探索性的求解过程,对解题功夫的深度和广度训练是很有益的。

　　再如例3.2.38,通过共性审视方法审题:题设抽象函数的三阶导数与三次多项式的三阶导数有共性,启发出将后者设计为辅助函数,进行抽象结论推证。根据这种思想,还可自编而变化出一些具有新意的题目,即谓一题多变。有了这种自编"难题"的功夫,何愁考研或竞赛难题!

　　确切地说,就是在提高数学素养方面多下功夫,自然可提高解题能力。

　　本书例题多精选于国内数学考研和竞赛的试题,部分采自美国普特南(PTN)数学竞赛题和苏联或俄罗斯数学竞赛题,还有些自编题。"＊例…"表示此例题较难,多是竞赛题。无"＊"

标注的多是考研题或与考研题难度相当的竞赛题。"例…(陕七复)"表示该题是陕西省第七次大学生数学竞赛复试题,"例…(第28届PTN,A－4)"表示该题是美国第28届普特南数学竞赛的A－4题。

在例题的解或证之前,或有"分析",或有旁注,叙述解题思路或方案,拟采用的解题方法,需要注重的地方等,希望读者细研。有些题解或证之后,有"注",或不同解法的比较,或该题的深入讨论,以扩展视野。我们的宗旨是,在问题求解的探索过程中帮助读者训练数学解题功夫,让数学的学习"活"起来,希望对读者有所裨益。

本书的第1,2,3章由龚冬保撰写,第4章由褚维盘撰写,第5,7章由陆全撰写,第6,8,9章由叶正麟撰写。全书由龚冬保和叶正麟统稿。

本书参考或选取了所列文献的一些题及解题方法,恕不能一一在文中标注,也未能一一追及原出处。在此谨向文献的原作者表示诚挚的感谢!

本书顺利出版,得益于西北工业大学出版社和杨军、张友编辑,谨表衷心的感谢。

本书的这种编写方法是一种尝试,希望能对读者有所帮助。由于水平有限,书中会有不少问题,讹误也在所难免,恳请读者批评指正。我们将不断修改,使本书更趋成熟,质量不断提升。

我们深感惋惜的是,龚冬保先生一个多月前因病离我们而去,未能亲睹他倡议力行的本书的出版。我们损失了一位一生难得的良师益友。龚先生毕生致力于数学的教学与研究工作,造诣高深,所著颇丰,培育了数以千百计的优秀人才,为我们的数学教育事业做出了杰出的贡献,我们永远怀念他。

**作　者**
2015 年 1 月

# 目　录

# 第1章 绪 论

## ——浅谈高等数学的解题功夫

本书主要参考自 1987 年以来的全国历年考研中的高等数学试题、自 1985 年以来的陕西省大学生高等数学竞赛题以及国内外相关的大学生竞赛题编写而成.着重讲述高等数学的解题功夫.作为绪论,我们以剖析解题的方式,说明本书的特征.

## 1.1 熟悉基本内容与方法,训练基本功夫

"熟能生巧".要掌握解题功夫,首先要熟练地掌握基本概念、理论和方法,尤其要反复做一些典型题,以训练基本功.

**例 1.1.1** 求极限 $I = \lim\limits_{x \to 0} \dfrac{[\sin x - \sin(\sin x)]\sin x}{x^4}$.

（用 $x \to 0$ 时,$\sin x \sim x$ 及泰勒公式求解.）

**解** 由 $\sin x \sim x$ 得 $I = \lim\limits_{x \to 0} \dfrac{\sin x - \sin(\sin x)}{x^3}$.再由泰勒公式,有

$$\sin(\sin x) = \sin x - \frac{1}{6}\sin^3 x + o(x^3)$$

即得

$$I = \lim\limits_{x \to 0} \frac{\frac{1}{6}\sin^3 x + o(x^3)}{x^3} = \frac{1}{6}$$

（用等价无穷小替代及泰勒公式求极限的题在考研中有很多.）

**注** 应熟悉当 $x \to 0$ 时,下列等价无穷小:

$$x \sim \sin x \sim \tan x \sim \arcsin x \sim \arctan x \sim e^x - 1 \sim \ln(1+x)$$

及 $1 - \cos x \sim \dfrac{x^2}{2}$.另外,还应熟悉函数 $e^x, \sin x, \cos x, (1+x)^\alpha$ 及 $\ln(1+x)$ 的泰勒公式.

**例 1.1.2** 设 $f(u)$ 在 $(0, +\infty)$ 二阶可导,且 $z = f(\sqrt{x^2 + y^2})$ 满足 $z_{xx} + z_{yy} = 0$.若 $f(1) = 0, f'(1) = 1$,求 $f(u)$ 的表达式.

（此题是用复合函数求导法得到 $f(u)$ 的二阶微分方程的综合题.）

**解** $z_x = f'(u)\dfrac{x}{\sqrt{x^2 + y^2}} = f'(u)\dfrac{x}{u}$

$$z_{xx} = f''(u)\frac{x^2}{u^2} + f'(u)\frac{1}{u} - f'(u)\frac{x^2}{u^3}$$

（求出 $z_{xx}$ 后,由轮换对称性,只要将 $z_{xx}$ 中的 $x$ 换 $y$ 即可得 $z_{yy}$.）

同理 $z_{yy} = f''(u)\dfrac{y^2}{u^2} + f'(u)\dfrac{1}{u} - f'(u)\dfrac{y^2}{u^3}$,代入原方程得 $f''(u) +$

$f'(u)\dfrac{1}{u}=0$，即$[uf'(u)]'=0$，由$f'(1)=1$得$f'(u)=\dfrac{C_1}{u}(C_1=1)$；两边积分由$f(1)=0$得$f(u)=\ln u(u>0)$.

**例 1.1.3** （陕一复 7）[①]设$f(x)$是 7 次多项式，$f(x)+1$能被$(x-1)^4$整除，$f(x)-1$能被$(x+1)^4$整除，求$f(x)$.

**分析 1** 按常规设$f(x)=a_7x^7+a_6x^6+\cdots+a_1x+a_0$，虽说可能麻烦，但毕竟是基本方法，我们试着边解边改进.

**解 1** （待定系数法）设$f(x)=\sum\limits_{k=0}^{7}a_kx^k$，由条件：

$f(1)=-1, f(-1)=1, f'(1)=f''(1)=f'''(1)=0$

$f'(-1)=f''(-1)=f'''(-1)=0$

可得 8 个方程：

$a_7+a_6+\cdots+a_1+a_0=-1, -a_7+a_6+\cdots-a_1+a_0=1$

$7a_7+6a_6+\cdots+a_1=0, 7a_7-6a_6+\cdots+a_1=0$

$7\cdot6a_7+6\cdot5a_6+\cdots+2\cdot1a_2=0$

$-7\cdot6a_7+6\cdot5a_6+\cdots+2\cdot1a_2=0$

$7\cdot6\cdot5a_7+6\cdot5\cdot4a_6+\cdots+3\cdot2\cdot1a_3=0$

$7\cdot6\cdot5a_7-6\cdot5\cdot4a_6+\cdots+3\cdot2\cdot1a_3=0$

两个一组相加或相减可得以下两个方程组：

$$\left.\begin{aligned}&a_7+a_5+a_3+a_1=-1\\&7a_7+5a_5+3a_3+a_1=0\\&21a_7+10a_5+3a_3=0\\&35a_7+10a_5+a_3=0\end{aligned}\right\}\quad(\text{Ⅰ})$$

$$\left.\begin{aligned}&a_6+a_4+a_2+a_0=0\\&3a_6+2a_4+a_2=0\\&15a_6+6a_4+a_2=0\\&5a_6+a_4=0\end{aligned}\right\}\quad(\text{Ⅱ})$$

由（Ⅰ）解得：$a_7=\dfrac{5}{16}, a_5=-\dfrac{21}{16}, a_3=\dfrac{35}{16}, a_1=-\dfrac{35}{16}$；（Ⅱ）是系数行列式不为零的齐次线性方程组，故$a_6=a_4=a_2=a_0=0$. 由此得

$$f(x)=\frac{1}{16}(5x^7-21x^5+35x^3-35x)$$

**解 2** （用导数整除性的待定系数法）

由$f'(x)$可被$(x-1)^3$和$(x+1)^3$整除，知

$f'(x)=A(x^6-3x^4+3x^2-1)\equiv 7a_7x^6+6a_6x^5+\cdots+a_1$

得$a_6=a_4=a_2=0$. 再由$f(1)=-1, f(-1)=1$，得$a_0=0$及

$$a_7+a_5+a_3+a_1=-1$$

解方程按凑导数$[uf'(u)]'=0$较简便. 只要微积分基本功扎实，解题便可游刃有余.

考研与竞赛题并无绝对界线. 例 1.1.3 是陕西省第一次高等数学竞赛复赛中的题.

由多项式整除，$f(x)+1=(x-1)^4P(x)$，$f(x)-1=(x+1)^4Q(x)$，$P(x)$、$Q(x)$都是三次多项式，故$f(x)$在$x=\pm$处的一至三阶导数均为零. 从而利用$x=\pm1$处的函数值及直至三阶导数值，得到 8 个未知数的方程组.

解方程组（Ⅰ）可用高斯消元法，读者不妨一试.

① （陕一复 7）表示陕西省第一次数学竞赛复试第 7 题（下同）.

而 $a_7 = \dfrac{A}{7}, a_5 = -\dfrac{3A}{5}, a_3 = A, a_1 = -A$，得 $A = \dfrac{35}{16}$，于是

$$a_7 = \frac{5}{16}, a_5 = -\frac{21}{16}, a_3 = \frac{35}{16}, a_1 = -\frac{35}{16}(下同解 1).$$

**解 3**　（不定积分法）由

$$f'(x) = A (x-1)^3 (x+1)^3 = A(x^6 - 3x^4 + 3x^2 - 1)$$

得

$$f(x) = A\int (x^6 - 3x^4 + 3x^2 - 1)\mathrm{d}x$$

$$= A(\frac{1}{7}x^7 - \frac{3}{5}x^5 + x^3 - x) + a_0$$

注意 $f'(x)$ 为偶函数.

将条件 $f(1) = -1, f(-1) = 1$ 代入得 $a_0 = 0, A = \dfrac{35}{16}$（下同解 1）.

**解 4**　（定积分法 1）由 $f(-1) = 1$，及 $f'(x) = A(x^6 - 3x^4 + 3x^2 - 1)$

得

$$f(x) = A\int_{-1}^{x} (x^6 - 3x^4 + 3x^2 - 1)\mathrm{d}x + 1$$

$$= A(\frac{1}{7}x^7 - \frac{3}{5}x^5 + x^3 - x) + A(\frac{1}{7} - \frac{3}{5}) + 1$$

解 4 用定积分求原函数，减少了一个待定系数.

由 $f(1) = -1$ 得 $A = \dfrac{35}{16}$. 与前面结果一致.

**分析 2**　回顾前面的解法，还可能引申出一些解法. 比如由 $f'(x) = A (x^2-1)^3$ 知 $f'(x)$ 为偶函数，结合 $f(1) = -f(-1)$ 知 $f(x)$ 为奇函数，再用待定系数法或定积分、不定积分，还可解得更简便些.

**解 5**　（定积分法 2）令 $t = x+1$，则

$$f(x) = A\int_{-1}^{x} (x-1)^3 (x+1)^3 \mathrm{d}x + 1 = A\int_{0}^{x+1} (t-2)^3 t^3 \mathrm{d}t + 1$$

$$= A\int_{0}^{x+1} (t^6 - 6t^5 + 12t^4 - 8t^3)\mathrm{d}t + 1$$

$$= A\Big[\frac{1}{7}(x+1)^7 - (x+1)^6 + \frac{12}{5}(x+1)^5 - 2(x+1)^4\Big] + 1$$

由解 4 引向解 5 的换元积分法，目的是便于计算原函数在积分下限处的值，但是待定系数时繁了些.

由 $f(1) = -1$，得 $A = \dfrac{35}{16}$，故

$$f(x) = \frac{5}{16}(x+1)^7 - \frac{35}{16}(x+1)^6 + \frac{21}{4}(x+1)^5 - \frac{35}{8}(x+1)^4 + 1$$

**解 6**　令

$$f(x) = 1 + A(x+1)^4 + B(x+1)^5 + C(x+1)^6 + D(x+1)^7$$

由 $f(1) = -1, f'(1) = f''(1) = f'''(1) = 0$，可求得 $A, B, C, D$，请读者自己完成.

解 5 实质是用 $f(x)$ 在点 $x = -1$ 处的泰勒多项式来表示 $f(x)$ 自身，因此有如下的解 6 与解 7.

**解 7**　令

$$f(x) = -1 + A_1(x-1)^4 + B_1(x-1)^5 + C_1(x-1)^6 + D_1(x-1)^7$$

由 $f(-1) = 1, f'(-1) = f''(-1) = f'''(-1) = 0$，可求得 $A_1, B_1, C_1, D_1$.

**小结**　解 1 的待定系数法是最基本的方法，虽比较繁，但有助于对多项式基本方法及线性方程组求解的训练. 在求解过程中发现，$f'(x)$ 是偶函

数,结合 $f(1)=-f(-1)$ 可知 $f(x)$ 是奇函数,于是可设 $f(x)=a_7x^7+a_5x^5+a_3x^3+a_1x$,用待定系数法可少定 4 个系数. 由整除性知 $f'(x)=A(x-1)^3(x+1)^3$,又可用不定积分求原函数,或用定积分求原函数,再用待定系数法求其余更少的系数. 而在定积分方法求解过程中,换元法又引出求 $f(x)$ 的两种泰勒展式方法,还可能有其他的解法! 问题不在于有多少种解法,而在于通过这种训练,能使我们熟悉更多的基本知识和方法,并会运用这些知识与方法之间的联系,反复练习,深入思考,融会贯通,不断地学会和掌握多种解题技巧与方法.

**例 1.1.4** 计算三重积分 $I=\iiint\limits_{x^2+y^2+z^2\leqslant 2z} z\,\mathrm{d}x\mathrm{d}y\mathrm{d}z$.

试用各种解法求解此题,并加以比较. 可训练积分计算的基本功.

分别用直角坐标系,柱面坐标系,球面坐标系,先二后一和质心法计算.

**解 1** (直角坐标系) 如图 1-1 所示.

积分域是中心在点(0,0,1),半径为 1 的球体. 在 $xOy$ 面上的投影为单位圆:$x^2+y^2\leqslant 1$,故

$$I=\int_{-1}^{1}\mathrm{d}x\int_{-\sqrt{1-x^2}}^{\sqrt{1-x^2}}\mathrm{d}y\int_{1-\sqrt{1-x^2-y^2}}^{1+\sqrt{1-x^2-y^2}}z\,\mathrm{d}z$$

$$=2\int_{-1}^{1}\mathrm{d}x\int_{-\sqrt{1-x^2}}^{\sqrt{1-x^2}}\sqrt{1-x^2-y^2}\,\mathrm{d}y$$

$$=\pi\int_{-1}^{1}(1-x^2)\,\mathrm{d}x=\frac{4}{3}\pi$$

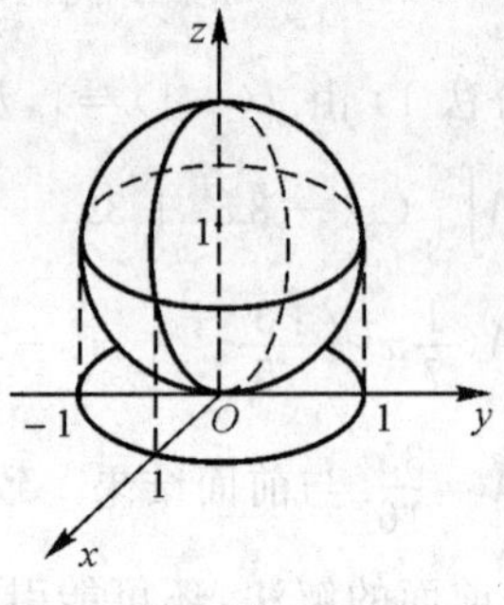


图 1-1

$\int_{-\sqrt{1-x^2}}^{\sqrt{1-x^2}}\sqrt{1-x^2-y^2}\,\mathrm{d}y$ 的几何意义是中心在原点,半径为 $\sqrt{1-x^2}$ 的 $\frac{1}{2}$ 圆面积,故为 $\frac{\pi}{2}(1-x^2)$.

**解 2** (柱面坐标系) 曲面 $\Sigma$:$x^2+y^2+z^2=2z$ 的柱坐标方程为:$z=1\pm\sqrt{1-\rho^2}$.

$$I=\iint\limits_{\rho\leqslant 1}\rho\,\mathrm{d}\rho\,\mathrm{d}\theta\int_{1-\sqrt{1-\rho^2}}^{1+\sqrt{1-\rho^2}}z\,\mathrm{d}z=2\int_0^{2\pi}\mathrm{d}x\int_0^1\rho\sqrt{1-\rho^2}\,\mathrm{d}\rho=\frac{4}{3}\pi$$

**注 1** 在柱面坐标系下,实质是先对 $z$ 积分得二重积分,再在极坐标下积分.

$$I=\iint\limits_{x^2+y^2\leqslant 1}\mathrm{d}x\mathrm{d}y\int_{1-\sqrt{1-x^2-y^2}}^{1+\sqrt{1-x^2-y^2}}z\,\mathrm{d}z$$

$$=2\iint\limits_{x^2+y^2\leqslant 1}\sqrt{1-x^2-y^2}\,\mathrm{d}x\mathrm{d}y=2\int_0^{2\pi}\mathrm{d}x\int_0^1\rho\sqrt{1-\rho^2}\,\mathrm{d}\rho=\frac{4}{3}\pi$$

柱面坐标变换:
$x=\rho\cos\theta$
$y=\rho\sin\theta$
$z=z$
本质是平面极坐标变换.

**解 3** (球面坐标系) 曲面 $\Sigma$:$x^2+y^2+z^2=2z$ 的球坐标方程为 $r=2\cos\varphi$.

$$I=\int_0^{2\pi}\mathrm{d}\theta\int_0^{\frac{\pi}{2}}\mathrm{d}\varphi\int_0^{2\cos\varphi}r\cos\varphi\cdot r^2\sin\varphi\,\mathrm{d}r$$

$$=2\pi\int_0^{\frac{\pi}{2}}\sin\varphi\cos\varphi\,\frac{(2\cos\varphi)^4}{4}\mathrm{d}\varphi=\frac{4\pi}{3}$$

**注 2** 在球面坐标系下计算,即是将柱面坐标系下的三次积分

$$I=\int_0^{2\pi}\mathrm{d}\theta\int_0^1\rho\,\mathrm{d}\rho\int_{1-\sqrt{1-\rho^2}}^{1+\sqrt{1-\rho^2}}z\,\mathrm{d}z$$

内层的二次积分视为 $zO\rho$ 面上的二次积分,作极坐标变换(见图 1-2):

球坐标变换可看成在柱坐标
$z=r\cos\varphi$
$\rho=r\sin\varphi$
$\theta=\theta$

$$z = r\cos\varphi, \rho = r\sin\varphi$$

则平面曲线的极坐标方程为 $r = 2\cos\varphi$.

$$\int_0^1 \rho d\rho \int_{1-\sqrt{1-\rho^2}}^{1+\sqrt{1-\rho^2}} z dz = \int_0^{\frac{\pi}{2}} d\varphi \int_0^{2\cos\varphi} r\sin\varphi \cdot r\cos\varphi \cdot r dr$$

$$= \int_0^{\frac{\pi}{2}} \sin\varphi\cos\varphi \cdot \frac{1}{4}(2\cos\varphi)^4 d\varphi = \frac{2}{3}$$

故 $I = \frac{4}{3}\pi$.

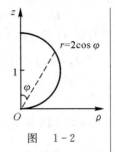

图 1-2

**解 4** （先二后一法）

$$I = \int_0^2 z dz \iint_{x^2+y^2 \leqslant 2z-z^2} dx dy = \pi \int_0^2 (-z^3 + 2z^2) dz = \frac{4}{3}\pi$$

**解 5** （质心法）因球体的质心在点 $(0,0,1)$，故质心的 $z$ 坐标为

$$I = \iiint_V z dV / \iiint_V dV \quad (V \text{ 是球域}), \text{因此 } I = \frac{4}{3}\pi, \text{即球的体积}.$$

**小结** 通过本题的 5 种解法，可以看出这些方法之间的共同点和差异。前 4 种方法都是将三重积分转化为累次积分的计算，唯独解 5 巧妙应用了均匀对称球体质心的三重积分表示，反用物理原理求解数学问题。不同坐标系下，曲面方程或投影方程自然不同，但是本题在柱面坐标和球面坐标系下，相对于直角坐标系下，方程的形式比较简单，积分比较容易计算。然而在直角坐标系下采用先二后一的方法，计算却更简洁了。

请仔细体会所分析的 3 种坐标系之间的变换关系，特别是体积元素的关系：$dV = dx dy dz = \rho d\rho d\theta dz = r^2 \sin\varphi dr d\theta d\varphi$.

**练习** 求空间形体

$$V = \left\{ (x,y,z) \,\middle|\, \sqrt{x^2+y^2} \leqslant z \leqslant 1 + \sqrt{1-x^2-y^2} \right\}$$

的形心（答：$(0,0,\frac{7}{6})$，其中 $\iiint_V z dV = \frac{7}{6}\pi$）.

建议读者从多种角度，采用多种方法反复练习各种典型题。

# 1.2 特殊与一般的关系

数学的特点之一是高度抽象性，而这种抽象性往往源于个例。从特殊到一般，从一般到特殊，是培养抽象思维的重要途径。

**例 1.2.1** （陕三 3）计算 $I_n = \int_0^\pi \frac{\sin(2n-1)x}{\sin x} dx (n = 1, 2, \cdots)$

**分析** 从 $n = 1$ 时 $I_1 = \pi$，$n = 2$ 时 $I_2 = \pi$ 的简单、特殊的情形出发，可猜想 $I_n = \pi$，然后可用数学归纳法证之，或建立 $I_n$ 和 $I_{n+1}$ 的递推关系。

**解** 由分析，有

$$I_{n+1} - I_n = \int_0^\pi \frac{\sin(2n+1)x - \sin(2n-1)x}{\sin x} dx$$

$$= \int_0^\pi \cos 2nx \, dx = 0$$

---

基础上作变换，故球坐标变换为
$$x = r\cos\theta\sin\varphi$$
$$y = r\sin\theta\sin\varphi$$
$$z = r\cos\varphi$$

解 4 中的二重积分等于半径为 $\sqrt{2z-z^2}$ 的圆面积。

解 5 利用均匀对称球体的质心坐标的表达式，反求积分。

由若干特例寻求规律而作出数学猜想，然后用数学归纳法证明猜想，就是从特殊到一般的一种数学论证方法。而建立递推关系作论证则是数学归纳法的浓缩。

故 $$I_{n+1} = I_n = \cdots = I_1 = \pi$$

**例 1.2.2** （陕四复 9）设 $f(x)$ 在 $[-\delta,\delta](\delta > 0)$ 上具有三阶连续导数，且 $f(-\delta) = -\delta, f(\delta) = \delta, f'(0) = 0$. 证明：存在 $\xi \in (-\delta,\delta)$，使 $\delta^2 f'''(\xi) = 6$.

**分析** 如果 $f(x)$ 是 3 次多项式 $P(x) = \sum\limits_{k=0}^{3} a_k x^k$，满足题设条件，则应有 $\delta^2 P'''(\xi) = 6$，此 $P'''(x)$ 为常数. 这样，可用此特殊多项式来构造辅助函数，从而证明一般函数 $f(x)$ 的这一性质. 故要求 $P(x)$ 满足 $f(x)$ 所满足的条件 $P'(0) = f'(0) = 0, P(\pm\delta) = f(\pm\delta)$. 但是确定 3 次多项式需要 4 个条件，故补充条件 $P(0) = f(0)$.

**证 1** 作 $P(x) = a_0 + a_1 x + a_2 x^2 + a_3 x^3$，使其满足 $f(x)$ 的题设条件，及补充条件 $a_0 = P(0) = f(0)$. 解得

$$a_1 = 0, \quad a_2 = -\frac{1}{\delta^2} f(0), \quad a_3 = \frac{1}{\delta^2}$$

即有 $$P(x) = \frac{1}{\delta^2} x^3 - \frac{1}{\delta^2} f(0) x^2 + f(0)$$

再设 $$\varphi(x) = f(x) - P(x)$$

易见 $\varphi(x)$ 在 $[-\delta,\delta]$ 上可导，且 $\varphi(-\delta) = \varphi(0) = \varphi(\delta) = 0$. 由罗尔定理，存在 $\eta_1, \eta_2: -\delta < \eta_1 < 0 < \eta_2 < \delta$，使 $\varphi'(\eta_1) = \varphi'(\eta_2) = 0$. 又 $\varphi'(0) = 0$，故在 $[\eta_1, 0]$ 和 $[0, \eta_2]$ 上对 $\varphi'(x)$ 用罗尔定理，存在

$$\xi_1, \xi_2: -\delta < \eta_1 < \xi_1 < 0 < \xi_2 < \eta_2 < \delta$$

使 $\varphi''(\xi_1) = \varphi''(\xi_2) = 0$.

再对 $\varphi''(x)$ 在 $[\xi_1, \xi_2]$ 上用罗尔定理，存在

$$\xi \in (\xi_1, \xi_2) \subset (-\delta, \delta)$$

使 $\varphi'''(\xi) = 0$，而 $P'''(x) = \frac{6}{\delta^2}$，故 $f'''(\xi) = \frac{6}{\delta^2}$. 命题得证.

**证 2** 利用麦克劳林公式及 $f'(0) = 0$，得

$$-\delta = f(-\delta) = f(0) + \frac{f'(0)}{2!}\delta^2 - \frac{f'''(\xi_1)}{3!}\delta^3, \quad -\delta < \xi_1 < 0$$

$$\delta = f(\delta) = f(0) + \frac{f'(0)}{2!}\delta^2 + \frac{f'''(\xi_2)}{3!}\delta^3, \quad 0 < \xi_2 < \delta$$

两式相减整理，并由连续函数 $f'''(x)$ 在 $[\xi_1, \xi_2]$ 上必取得最小值 $m$ 与最大值 $M$，可得 $m \leqslant \frac{1}{2}\left[f'''(\xi_1) + f'''(\xi_2)\right] = 6\delta^{-2} \leqslant M$，再由闭区间上连续函数的介值定理，存在 $\xi \in [\xi_1, \xi_2] \subset (-\delta, \delta)$，使得 $f'''(\xi) = 6\delta^{-2}$ 即 $\delta^2 f'''(\xi) = 6$.

本例解题思路是运用多项式辅助函数的方法，来推证一般函数满足的结论. 从要证的结果 $\delta^2 f'''(\xi) = 6$ 及题设条件分析，当 $f$ 是 3 次多项式的特殊情形，也应成立，由此设出辅助函数，然后利用罗尔定理进行证明.

此证法减弱了 $f(x)$ 的条件：在 $(-\delta, \delta)$ 内三阶可导而不必连续.

在数学推证中，从特殊到一般的思维方法用得很多. 如证明连续函数的介值定理，可先证两端点函数值异号时，两点间必有某点函数值为零的特殊情形，等等，举不胜举.

至于从一般到特殊，则是数学理论结论的自然应用.

进而将数学理论与方法运用到其他学科，就是从一般到特殊的过程.

这里用了三阶导数连续的条件。如果不用 $f(x)$ 的三阶导数连续,则上述方法最后一步需对 $f''(x)$ 用达布定理.

以下两例则是从一般到特殊的典型方法.

**例 1.2.3**　设 $(2x-1)^7 = \sum\limits_{k=0}^{7} a_k x^k$,求 $a_1+a_2+a_3+a_4+a_5+a_6$ 的值.

**解**　设 $f(x)=(2x-1)^7=\sum\limits_{k=0}^{7}a_k x^k$. 显然最高次项系数 $a_7=2^7$. 又

$$f(1)=a_0+a_1+a_2+\cdots+a_7=1, \quad f(0)=-1=a_0$$

故　　　$a_1+a_2+a_3+a_4+a_5+a_6=f(1)-a_0-a_7=-126$

**例 1.2.4**　比较 $\pi^e$ 与 $e^\pi$ 的大小.

**分析**　可将两数的比较,转化为某函数的两个函数值的比较.

**解**　取对数后,二数比较转化为 $e\ln\pi$ 与 $\pi\ln e$,也即 $\dfrac{\ln e}{e}$ 与 $\dfrac{\ln \pi}{\pi}$ 的比较,故考察函数 $f(x)=\dfrac{\ln x}{x}$. 由 $f'(x)=\dfrac{1-\ln x}{x^2}<0(x>e)$ 知,$f(x)$ 单调减,故 $\dfrac{\ln e}{e}>\dfrac{\ln \pi}{\pi}$,即 $e^\pi>\pi^e$.

> 这里的几个例子还说明,微积分学中用函数的观点去分析解决具体问题,是十分重要的方法.
>
> 例 1.2.3 若用二项式展开求解,将比较烦琐.但若求函数 $f(x)=(2x-1)^7$ 的特殊值方法就简单多了.

## 1.3　反证法

**例 1.3.1**　设函数 $f(x)$ 在 $[a,b]$ 上连续且不变号. 若 $\displaystyle\int_a^b f(x)\mathrm{d}x=0$,证明:$f(x)=0, x\in[a,b]$.

**分析**　要证明 $f(x)$ 在 $[a,b]$ 上处处为零,用反证法.若假定 $f(x)$ 在某点不为零,便会使 $\displaystyle\int_a^b f(x)\mathrm{d}x\neq 0$.

**证**　不妨设 $f(x)\geqslant 0$. 假设在 $x_0\in(a,b)$ 处,$f(x_0)>0$. 由 $f(x)$ 连续知,$\lim\limits_{x\to x_0}f(x)=f(x_0)$. 取 $\varepsilon=\dfrac{1}{2}f(x_0)$,则存在 $\delta>0$,当 $x\in(x_0-\delta,x_0+\delta)\subset(a,b)$ 时,使　$f(x)>f(x_0)-\varepsilon=\dfrac{1}{2}f(x_0)>0$

于是有　　$\displaystyle\int_a^b f(x)\mathrm{d}x\geqslant\int_{x_0-\delta}^{x_0+\delta}f(x)\mathrm{d}x>\delta f(x_0)>0$

这与 $\displaystyle\int_a^b f(x)\mathrm{d}x=0$ 的题设矛盾.于是 $f(x)=0, x\in[a,b]$.

> 反证法是数学论证的基本方法之一,在高等数学中也不例外.
>
> 此例是一个重要的数学命题,其逆否命题是:对于 $[a,b]$ 上连续且不变号的函数 $f(x)$,若不恒为零,则
> $$\int_a^b f(x)\mathrm{d}x\neq 0$$
> 故用反证法证之.

## 1.4　数形结合的方法

数形结合的方法,就是从几何意义方面分析命题.反过来,又可以将微积分的结果用于解决几何问题.

**例 1.4.1**　计算二重积分 $I=\displaystyle\iint\limits_{D}y\mathrm{d}\sigma$,其中 $D$ 是顶点为 $A(0,2),B(2,0),$

$C(5,2)$，$D(2,4)$ 的四边形域.

**分析** 如图 1-3 所示.注意积分域以 $AC$ 为对称轴,可知四边形的形心在 $AC$ 线段上,即形心的纵坐标 $y=2$,因此得解法.

**解** 由 $y=\dfrac{1}{S_D}\iint_D y\,\mathrm{d}\sigma$,其中 $S_D$ 是 $D$ 的面积,为 20,从而得 $\iint_D y\,\mathrm{d}\sigma=40$.

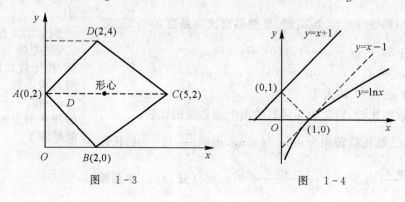

图 1-3     图 1-4

**例 1.4.2** 在直线 $y=x+1$ 上求一点,使此点到曲线 $y=\ln x$ 的距离为最小,并求此最小距离.

**解** 先在曲线 $y=\ln x$ 上求一点(见图 1-4),使这点切线平行于 $y=x+1$.由 $(\ln x)'=\dfrac{1}{x}=1$,得 $x=1$,所求点为 $(1,0)$.过此点作曲线 $y=\ln x$ 的法线,即 $y=-x+1$ 交 $y=x+1$ 于 $(0,1)$,于是,所求直线上的点为 $(0,1)$,且最小距离为 $\sqrt{2}$.

**例 1.4.3** (2005 考研题)设函数 $f(x)$ 在 $[0,1]$ 上连续,在 $(0,1)$ 内可导,且 $f(0)=0$,$f(1)=1$,证明:

(1) 存在 $\xi\in(0,1)$,使 $f(\xi)=1-\xi$;

(2) 存在两不同点 $\eta,\zeta\in(0,1)$,使 $f'(\eta)f'(\zeta)=1$.

**分析** 考虑几何意义(见图 1-5).曲线 $y=f(x)$ 过原点 $O$ 和 $C(1,1)$,由连续性知,它必与线 $AB$ 即 $y=1-x$ 相交于 $D(\xi,1-\xi)$,弦 $OD$ 及 $DC$ 的斜率分别为 $k_{OD}=\dfrac{1-\xi}{\xi}$,$k_{DC}=\dfrac{\xi}{1-\xi}$.经审题,此题的证明思路更清晰了.

**证** (1) 记 $F(x)=f(x)-1+x$,则 $F(0)=-1$,$F(1)=1$.由介值定理知,存在 $\xi\in(0,1)$,使 $F(\xi)=0$,即 $f(\xi)=1-\xi$;

(2) 在 $[0,\xi]$ 和 $[\xi,1]$ 上分别对 $f(x)$ 用拉氏中值定理,知存在 $\eta\in(0,\xi)$ 和 $\zeta\in(\xi,1)$,使

$$f'(\eta)=\frac{\xi}{1-\xi},\quad f'(\zeta)=\frac{1-\xi}{\xi}$$

即存在 $\eta,\zeta$:$0<\eta<\zeta<1$,使 $f'(\eta)f'(\zeta)=1$.

数学原本就是研究数量关系和几何图形的科学,数形结合是自然的.

此题看来一般,但直接计算较繁.读者不妨一试,借此也可训练基本功.

本题直接用条件极值做,不如从几何意义入手简便.

考虑在曲线 $y=\ln x$ 上寻找一点,使此点到直线 $y=x+1$ 的距离最小,自然过此点的切线平行于 $y=\ln x$,距离最小.

(1) 就是曲线必与直线相交之意.

分别在曲线 $OD$ 和 $DC$ 上存在切线,与弦 $OD$ 和 $DC$ 平行.

做微积分题时,先想到其几何意义往往能使此题解起来思路清晰,运算得心应手.

# 1.5　辅助函数 —— 架设思维的桥梁

在解答有关微积分问题时,常常要作辅助函数,以搭起做题的桥梁. 前面的例 1.2.2 是借用多项式来作辅助函数,例 1.2.4 为比较 $\pi^e$ 与 $e^\pi$ 的大小用到辅助函数,都是如此.

**例 1.5.1**　证明:在 $\left[0,\dfrac{\pi}{2}\right]$ 上,$\dfrac{2}{\pi}x \leqslant \sin x \leqslant x$.

**分析**　$\sin x \leqslant x$ 是易得的. 只要证 $\dfrac{2}{\pi}x \leqslant \sin x$,即证 $\sin x - \dfrac{2}{\pi}x \geqslant 0$,为此设不等式左边为辅助函数.

**证**　作 $f(x)=\sin x - \dfrac{2}{\pi}x,x\in\left[0,\dfrac{\pi}{2}\right]$,则 $f(0)=f(\dfrac{\pi}{2})=0$. 令 $f'(x)=\cos x - \dfrac{2}{\pi}=0$,得唯一驻点 $x_0=\arccos\dfrac{2}{\pi}$,且 $f''(x_0)=-\sin x_0 < 0$,故 $f(x_0)$ 是极大值,也是 $f(x)$ 在 $\left[0,\dfrac{\pi}{2}\right]$ 的最大值,$f(0)=f(\dfrac{\pi}{2})=0$ 是最小值,故 $f(x)\geqslant 0$,问题得证.

**注**　我们来看此不等式的几何意义:

曲线 $y=\sin x$ 在 $\left[0,\dfrac{\pi}{2}\right]$ 是凸的(见图 1-6),故切线 $y=x$ 在其上方,而弦 $y=\dfrac{2}{\pi}x$ 在下方. 于是,可编出以下的题目.

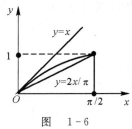

图　1-6

这种简单的分析方法,是将两个函数的比较转化为一个辅助函数的最值问题或单调性问题.

用数形结合方法,分析几何意义,不但可以帮助寻找辅助函数,而且可以帮助我们去编制一些题目.

**例 1.5.2**　证明:在 $\left[0,\dfrac{\pi}{4}\right]$ 上,$x\leqslant \tan x \leqslant \dfrac{4}{\pi}x$,并说明其几何意义.

**例 1.5.3**　设 $f(x)$ 在 $[a,b]$ 上二阶可导,且 $f''(x) > 0$. 证明:

$$f\left(\frac{a+b}{2}\right)\leqslant \frac{1}{b-a}\int_a^b f(x)\mathrm{d}x \leqslant \frac{1}{2}\left[f(a)+f(b)\right]$$

**几何提示**　如图 1-7,$y=f(x)$ 是凹曲线,因此,曲边梯形 $ABCD$ 的面积小于梯形 $ABCD$ 的面积,大于过 $M$ 点作弧 $CD$ 的切线所成梯形 $ABC_1D_1$ 的面积.

请读者用辅助函数证明以上两题相关的不等式.

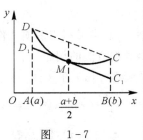

图　1-7

**例 1.5.4**　(2010 考研题)设函数 $f(x)$ 在 $[0,1]$ 上连续,在 $(0,1)$ 内可导,且 $f(0)=0,f(1)=\dfrac{1}{3}$,证明:存在 $\xi\in\left(0,\dfrac{1}{2}\right),\eta\in\left(\dfrac{1}{2},1\right)$,使

$$f'(\xi) + f'(\eta) = \xi^2 + \eta^2$$

**分析**　用分析方法作辅助函数,将要证的等式改写.欲证

$$f'(\xi) + f'(\eta) - \xi^2 - \eta^2 = [f(x) - \frac{1}{3}x^3]'_{x=\xi} + [f(x) - \frac{1}{3}x^3]'_{x=\eta} = 0$$

于是想到辅助函数 $F(x) = f(x) - \frac{1}{3}x^3$,做题方案也就有了.

**证**　令 $F(x) = f(x) - \frac{1}{3}x^3$,则 $F(0) = F(1) = 0$.

分别在 $[0, \frac{1}{2}]$ 和 $[\frac{1}{2}, 1]$ 上用拉氏中值定理:

$$F(\frac{1}{2}) - F(0) = \frac{1}{2}F'(\xi), \xi \in (0, \frac{1}{2})$$

$$F(1) - F(\frac{1}{2}) = \frac{1}{2}F'(\eta), \eta \in (\frac{1}{2}, 1)$$

由 $F(0) = F(1) = 0$,上两式相加得 $F'(\xi) + F'(\eta) = 0$. 而 $F(x) = f(x) - \frac{1}{3}x^3$,即得 $f'(\xi) - \xi^2 + f'(\eta) - \eta^2 = 0$,即

$$f'(\xi) + f'(\eta) = \xi^2 + \eta^2$$

**例 1.5.5**　(2001考研题)设函数 $f(x)$ 在 $[0,1]$ 上可导,且

$$f(1) = 2\int_0^{\frac{1}{2}} e^{1-x^2} f(x) dx$$

证明:存在 $\xi \in (0,1)$,使 $f'(\xi) = 2\xi f(\xi)$.

**分析**　用罗尔定理证明.要证 $[f'(x) - 2xf(x)]_{x=\xi} = 0$,即证

$$e^{1-x^2}[f'(x) - 2xf(x)]_{x=\xi} = [e^{1-x^2}f(x)]'_{x=\xi} = 0$$

这样便有了思路,也有了辅助函数.

**证**　由积分中值定理知,存在 $\eta \in (0, \frac{1}{2}]$,使 $f(1) = e^{1-\eta^2}f(\eta)$. 作 $\varphi(x) = e^{1-x^2}f(x)$,则 $\varphi(x)$ 在 $[\eta, 1]$ 上连续且可导,又 $\varphi(1) = f(1) = \varphi(\eta)$,满足罗尔定理条件,故存在 $\xi \in (\eta, 1) \subset (0,1)$,使 $\varphi'(\xi) = 0$,即

$$e^{1-\xi^2}[f'(\xi) - 2\xi f(\xi)] = 0$$

也即 $f'(\xi) = 2\xi f(\xi)$.

在例1.2.2中,我们讲了利用多项式作辅助函数的方法.再介绍一个用特殊函数作辅助函数的方法的例题.

**例 1.5.6**　设函数 $f(x)$ 在 $[0,\pi]$ 上连续,且

$$\int_0^\pi f(x)\sin x dx = \int_0^\pi f(x)\cos x dx = 0$$

证明:存在 $\xi, \eta \in (0,\pi)(\xi \neq \eta)$,使 $f(\xi) = f(\eta) = 0$.

**分析**　由第一个积分值为零知 $f(x)$ 有零点.假设只有一个零点,设为 $\xi$,则 $f(x)$ 在 $\xi$ 的左右区间为一正一负,如图1-8.为证另一零点存在,希望设计类似于第一个积分的被积函数.为此将 $y = \sin x$ 向右平移 $\xi$ 个单位,使得 $f(x)\sin(x-\xi)$ 在 $[0,\pi]$ 上不变号.这就是所要的辅助函数.

称此方法为分析法,即将要证结论改写成 $F'(\xi) = 0$ 而找到了辅助函数.

本题结论中的"原函数"好找,下一例"结论"不是全微分,就更需要技巧了.

$f'(x) - 2xf(x)$ 不是某函数的导数,但 $e^{1-x^2}[f'(x) - 2xf(x)]$ 是 $e^{1-x^2}f(x)$ 的导数.其实被积函数 $e^{1-x^2}f(x)$ 已经蕴含着这是辅助函数.接着便自然会想到先用积分中值定理,再对辅助函数用罗尔定理.

一般地,对于形如 $f'(x) + P(x)f(x)$ 的函数,其积分因子为 $e^{\int Pdx}$,有 $e^{\int Pdx}[f' + Pf] = (f \cdot e^{\int Pdx})'$.

**证**　由 $\int_0^{\pi} f(x)\sin x\,\mathrm{d}x=0$ 及 $\sin x$ $\geqslant 0$，知 $f(x)$ 至少有一个零点.

假设 $f(x)$ 只有一个零点 $x=\xi$. 若 $f(x)$ 在 $(0,\xi)$，$(\xi,\pi)$ 内同号，则与第一积分为零矛盾，故 $f(x)$ 在 $(0,\xi)$ 与 $(\xi,\pi)$ 内必异号. 又 $\sin(x-\xi)$ 在 $(0,\xi)$ 内小于零，在 $(\xi,\pi)$ 内大于零，因此 $f(x)\sin(x-\xi)$ 在 $(0,\pi)$ 上连续且不变号，于是 $\int_0^{\pi} f(x)\sin(x-\xi)\,\mathrm{d}x \neq 0$. 但是

$$\int_0^{\pi} f(x)\sin(x-\xi)\,\mathrm{d}x$$
$$=\int_0^{\pi} f(x)[\sin x\cos\xi-\cos x\sin\xi]\,\mathrm{d}x$$
$$=\cos\xi\int_0^{\pi} f(x)\sin x\,\mathrm{d}x-\sin\xi\int_0^{\pi} f(x)\cos x\,\mathrm{d}x$$
$$=0$$

产生矛盾. 故 $f(x)$ 在 $(0,\pi)$ 内至少还有一个异于 $\xi$ 的零点.

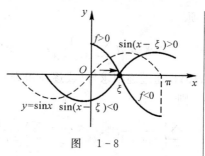

图　1-8

此题与 2000 年一道考研题几乎一样.

用反证法证明 $f(x)$ 至少有两个零点. 不然，$f(x)$ 经过点 $\xi$ 一定变号，而 $\sin(x-\xi)$ 经过点 $\xi$ 也变号，故 $f(x)\sin(x-\xi)$ 在 $(0,\pi)$ 内不变号，引起矛盾.

## 1.6　近似与精确的方法

极限的方法是微积分的主要研究方法，因为它是从近似到精确的方法. 本节介绍这个重要的解题方法.

**例 1.6.1**　（陕三 1）计算

$$I=\lim_{n\to\infty}\frac{1}{n^2}\left(\sqrt{n^2-1}+\sqrt{n^2-2^2}+\cdots+\sqrt{n^2-(n-1)^2}\right)$$

**分析**　当 $n\to\infty$ 时，它的第 $i$ 项 $\dfrac{1}{n^2}\sqrt{n^2-i^2}$ 为无穷小，因此，这是"无限个无穷小之和"，可能为积分和.

**解**　$I=\lim\limits_{n\to\infty}\dfrac{1}{n^2}\left(\sqrt{n^2-1}+\sqrt{n^2-2^2}+\cdots+\sqrt{n^2-(n-1)^2}\right)$

$$=\lim_{n\to\infty}\sum_{i=1}^{n}\frac{1}{n}\left(1-\frac{i^2}{n^2}\right)^{\frac{1}{2}}=\int_0^1\sqrt{1-x^2}\,\mathrm{d}x=\frac{\pi}{4}.$$

**例 1.6.2**　（陕三 2）用幂级数展开计算积分 $\int_0^1\dfrac{\sin x}{x}\mathrm{d}x$，使其绝对误差不超过 $10^{-4}$，至少需要用到级数的前几项？并说明理由.

**解**　由 $\dfrac{\sin x}{x}=1-\dfrac{1}{3!}x^2+\dfrac{1}{5!}x^4-\dfrac{1}{7!}x^6+\cdots$ 得

$$\int_0^1\frac{\sin x}{x}\mathrm{d}x=1-\frac{1}{3\cdot 3!}+\frac{1}{5\cdot 5!}-\frac{1}{7\cdot 7!}+\cdots$$

这是莱布尼兹型的交错级数，它的余项不大于余项首项的绝对值. 试算

$$\left|\int_0^1\frac{\sin x}{x}\mathrm{d}x-\left(1-\frac{1}{3\cdot 3!}+\frac{1}{5\cdot 5!}\right)\right|<\frac{1}{7\cdot 7!}<\frac{1}{10\,000}$$

就面积意义说：积分就是用长方形构成的阶梯形的面积来近似曲边梯形的面积，通过极限达到精确.

这里实质上是用泰勒展开逼近 $\sin x$，得以计算积分 $\int_0^1\dfrac{\sin x}{x}\mathrm{d}x$ 的值.

故至少需要用前3项.

**例1.6.3** (陕三11) 求级数 $\sum\limits_{n=1}^{\infty} \dfrac{1}{4n-3}x^n (x \geqslant 0)$ 的和函数 $S_1(x)$.

**分析** 这类题都是通过逐项求导(或逐项积分)求和.

**解** 令 $x = t^4$,则

$$S(t) = \sum_{n=1}^{\infty} \frac{1}{4n-3}t^{4n}, \quad \frac{1}{t^3}S(t) = \sum_{n=1}^{\infty} \frac{1}{4n-3}t^{4n-3}$$

$$\left[\frac{1}{t^3}S(t)\right]' = \sum_{n=1}^{\infty} t^{4n-4} = \frac{1}{1-t^4} \quad (|t| < 1)$$

$$\frac{1}{t^3}S(t) = \int_0^t \frac{\mathrm{d}t}{1-t^4} = \frac{1}{2}\left(\frac{1}{2}\ln\frac{1+t}{1-t} + \arctan t\right)$$

所求的和函数

$$S_1(x) = S_1(t^4) = S(t) = \frac{1}{2}x^{\frac{3}{4}}\left(\frac{1}{2}\ln\frac{1+x^{1/4}}{1-x^{1/4}} + \arctan x^{1/4}\right) \quad (0 \leqslant x < 1)$$

*****例1.6.4** (陕七复11) 求极限

$$I = \lim_{n\to\infty} \sum_{i=1}^{n}\left[\frac{1}{(n+i+1)^2} + \frac{1}{(n+i+2)^2} + \cdots + \frac{1}{(n+i+i)^2}\right]$$

**分析** 这个和式可以写成 $\sum\limits_{i=1}^{n}\sum\limits_{j=1}^{i} \dfrac{1}{\left(1+\dfrac{i}{n}+\dfrac{j}{n}\right)^2}\cdot\dfrac{1}{n^2}$,故所求极限是

双重的"无限个无穷小的和".因此,容易想到二重积分.

**解** 考虑正方形域 $D$(见图1-9)上的函数 $u = \dfrac{1}{(1+x+y)^2}$. 将 $D$ 用直线

$$x = \frac{i}{n}, \quad y = \frac{j}{n} \quad (i, j = 1, 2, \cdots, n)$$

分为 $n^2$ 个正方形区域,面积为 $D_{ij} = \dfrac{1}{n^2}$.

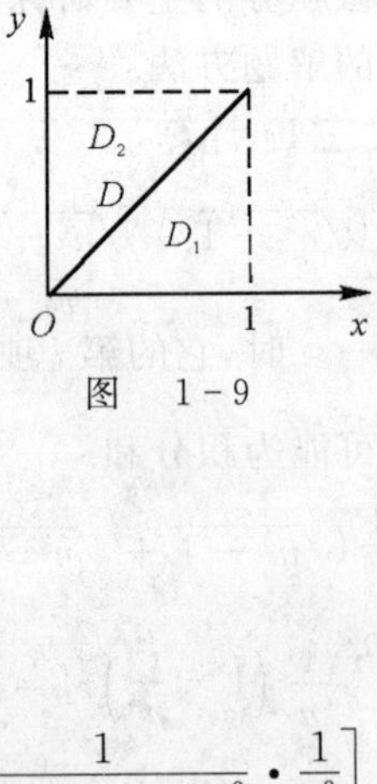

由二重积分定义,有

$$I = \lim_{n\to\infty} \sum_{i=1}^{n}\sum_{j=1}^{i} \frac{1}{\left(1+\dfrac{i}{n}+\dfrac{j}{n}\right)^2}\cdot\frac{1}{n^2}$$

$$= \lim_{n\to\infty} \frac{1}{2}\left[\sum_{i=1}^{n}\sum_{j=1}^{i} \frac{1}{\left(1+\dfrac{i}{n}+\dfrac{j}{n}\right)^2}\cdot\frac{1}{n^2} + \sum_{j=1}^{n}\sum_{i=1}^{j} \frac{1}{\left(1+\dfrac{i}{n}+\dfrac{j}{n}\right)^2}\cdot\frac{1}{n^2}\right]$$

$$= \frac{1}{2}\iint\limits_{D_1+D_2} \frac{\mathrm{d}x\mathrm{d}y}{(1+x+y)^2} = \frac{1}{2}\int_0^1 \mathrm{d}x\int_0^1 \frac{\mathrm{d}y}{(1+x+y)^2}$$

$$= \frac{1}{2}\int_0^1\left(\frac{1}{1+x} - \frac{1}{2+x}\right)\mathrm{d}x = \ln 2 - \frac{1}{2}\ln 3$$

在微积分中,从近似到精确,除数列的逼近外,更有函数逼近的问题.如从泰勒公式发展为泰勒级数,从三角多项式发展为傅里叶级数,都是函数的逼近,这种逼近更具一般性.

泰勒公式用多项式逼近函数,发展成泰勒级数,则是用幂级数来表示函数,求出和函数后要给出收敛区域.

这个和式是某个二重积分的近似. 积分区域可选取如图1-9的三角形域 $D_1$,但要注意对角线 $y = x$ 上的和式表达式. 选正方形域 $D$ 要简便些.

图 1-9

**例 1.6.5**　（陕六 1）设 $\varphi(x) = \begin{cases} \dfrac{1}{x^2}(e^{x^2} - \cos x), & x \neq 0 \\ a, & x = 0 \end{cases}$ 连续，求 $\varphi'(0), \varphi''(0)$ 和 $\varphi'''(0)$.

**解**　由 $e^{x^2} = 1 + x^2 + \dfrac{1}{2}x^4 + \dfrac{1}{3!}x^6 + \cdots$

$$\cos x = 1 - \frac{1}{2}x^2 + \frac{1}{4!}x^4 - \frac{1}{6!}x^6 + \cdots$$

有　　　　$\varphi(x) = \dfrac{1}{x^2}(e^{x^2} - \cos x) = \dfrac{3}{2} + \dfrac{11}{24}x^2 + \dfrac{121}{720}x^4 + \cdots (x \neq 0)$

故　　　　$\varphi(0) = \dfrac{3}{2}, \varphi'(0) = \varphi'''(0) = 0, \varphi''(0) = \dfrac{11}{12}$

> 用 $\varphi(x)$ 的泰勒展式做较简单.
>
> 本题若按定义逐阶求导，计算很繁．用函数的泰勒级数展开，易求得 $\varphi^{(n)}(0)(n=1,2,\cdots)$ 的值.

## 1.7　积分与微分方程的方法

微分方程是微积分应用的重要方面．解微分方程在高等数学中，主要是采用积分方法，而积分方法又不限于此.

***例 1.7.1**　（陕九 9）求极限 $I = \lim\limits_{n \to \infty} n^2 \left[ 1 - \dfrac{\pi}{2n} \sum\limits_{k=1}^{n} \sin \dfrac{(2k-1)\pi}{4n} \right]$.

**分析**　若此极限存在，则 $1 - \dfrac{\pi}{2n} \sum\limits_{k=1}^{n} \sin \dfrac{(2k-1)\pi}{4n}$ 应是无穷小，而第二项形如"积分和"，积分区间为 $[0, \dfrac{\pi}{2}]$，故考虑将其 $n$ 等分，即

$$\left[ \frac{k-1}{2n}\pi, \frac{k}{2n}\pi \right], \Delta x_k = \frac{\pi}{2n} \quad (k = 1, 2, \cdots, n)$$

$\xi_k = \dfrac{2k-1}{4n}\pi$ 恰好是第 $k$ 个小区间的中点，于是积分和的极限为

$$\lim_{n \to \infty} \frac{\pi}{2n} \sum_{k=1}^{n} \sin \frac{(2k-1)\pi}{4n} = \int_0^{\pi/2} \sin x \, dx = 1$$

因此问题转化为差 $\displaystyle\int_0^{\pi/2} \sin x \, dx - \dfrac{\pi}{2n} \sum\limits_{k=1}^{n} \sin \dfrac{(2k-1)\pi}{4n}$ 与同阶无穷小量 $\dfrac{1}{n^2}$ 的比较，为此将积分分解为 $n$ 项.

**解**　记 $x_k = \dfrac{k\pi}{4n}$，则

$$S_n = \int_0^{\pi/2} \sin x \, dx - \frac{\pi}{2n} \sum_{k=1}^{n} \sin \frac{(2k-1)\pi}{4n} = \sum_{k=1}^{n} \int_{x_{2k-2}}^{x_{2k}} (\sin x - \sin x_{2k-1}) \, dx$$

由泰勒公式，

$$\sin x = \sin x_{2k-1} + \cos x_{2k-1}(x - x_{2k-1}) - \frac{1}{2}\sin \eta_k \cdot (x - x_{2k-1})^2$$

其中，$\eta_k$ 在 $x$ 与 $x_{2k-1}$ 之间，而 $\displaystyle\int_{x_{2k-2}}^{x_{2k}} (x - x_{2k-1}) \, dx = 0$，则有

$$\int_{x_{2k-2}}^{x_{2k}} (\sin x - \sin x_{2k-1}) \, dx = -\frac{1}{2} \int_{x_{2k-2}}^{x_{2k}} \sin \eta_k \cdot (x - x_{2k-1})^2 \, dx \leqslant$$

> 此解法主要用到"积分和"方法 $\displaystyle\sum_{k=1}^{n} f(\xi_k) \dfrac{b-a}{n}$：若 $f(x)$ 可积，则 $\displaystyle\lim_{n \to \infty} \sum_{k=1}^{n} f(\xi_k) \dfrac{b-a}{n} = \int_a^b f(x) \, dx, \xi_k \in [a + \dfrac{b-a}{n}(k-1), a + \dfrac{b-a}{n}k]$. 本题和式中 $\dfrac{2k-1}{4n}\pi$ 正是上述第 $k$ 个区间的中点，即 $\xi_k = a + \dfrac{2k-1}{2n}(b-a)$

$$-\frac{1}{2}\sin x_{2k-2}\int_{x_{2k-1}}^{x_{2k}}(x-x_{2k-1})^2\mathrm{d}x=-\frac{1}{2}\sin x_{2k-2}\frac{\pi^3}{96}\cdot\frac{1}{n^3}$$

从而 $n^2S_n\leqslant-\dfrac{\pi^2}{96}\sum_{k=1}^n\dfrac{\pi}{2n}\sin x_{2k-2}$，同理 $n^2S_n\geqslant-\dfrac{\pi^2}{96}\sum_{k=1}^n\dfrac{\pi}{2n}\sin x_{2k-2}$.

而 $\lim\limits_{n\to\infty}\sum\limits_{k=1}^n\dfrac{\pi}{2n}\sin x_{2k-2}=1$，所以 $\lim\limits_{n\to\infty}n^2S_n=-\dfrac{\pi^2}{96}$.

**注** 该题是要证明近似值 $\dfrac{\pi}{2n}\sum\limits_{k=1}^n\sin\dfrac{(2k-1)\pi}{4n}$ 与精确值之差 $\int_0^{\pi/2}\sin x\mathrm{d}x$ 是与 $\dfrac{1}{n^2}$ 同阶的无穷小量. 由此引发本题及此解法.

**例 1.7.2** 设 $f(x)=\displaystyle\int_x^{x+1}\sin\mathrm{e}^t\mathrm{d}t$，证明：$\mathrm{e}^x|f(x)|\leqslant 2$.

> 当遇到有关"积分"的难题时，首先应想到可否用分部积分法去求解.
> 由欲证结果中的因子 $\mathrm{e}^x$，自然想到在被积式中引入 $\mathrm{e}^{-t}$，再用分部积分法.

**证** $f(x)=\displaystyle\int_x^{x+1}\mathrm{e}^{-t}\sin\mathrm{e}^t\mathrm{d}\mathrm{e}^t=-\mathrm{e}^{-t}\cos\mathrm{e}^t\Big|_x^{x+1}-\int_x^{x+1}\mathrm{e}^{-t}\cos\mathrm{e}^t\mathrm{d}t$

$\qquad=\mathrm{e}^{-x}\cos\mathrm{e}^x-\mathrm{e}^{-x-1}\cos\mathrm{e}^{x+1}-\displaystyle\int_x^{x+1}\mathrm{e}^{-t}\cos\mathrm{e}^t\mathrm{d}t$

故 $\qquad\mathrm{e}^x|f(x)|\leqslant 1+\mathrm{e}^{-1}+\mathrm{e}^x\displaystyle\int_x^{x+1}\mathrm{e}^{-t}\mathrm{d}t=2$

**例 1.7.3** (1) 设函数 $f(x)$ 在 $[a,b]$ 上具有连续导数，证明：
$$\left|\frac{1}{b-a}\int_a^bf(x)\mathrm{d}x\right|+\int_a^b|f'(x)|\mathrm{d}x\geqslant\max_{x\in[a,b]}|f(x)|$$

(2) 设函数 $f(x)$ 在 $[0,1]$ 上具有连续导数，证明：对 $x\in[0,1]$，有
$$|f(x)|\leqslant\int_0^1[|f(x)|+|f'(x)|]\mathrm{d}x$$

**分析** 将此两题放在一起，是因为它们本质上相同！(1) 的结论成立，(2) 的也自然成立；$\displaystyle\int_0^1|f(x)|\mathrm{d}x$ 与 $\left|\dfrac{1}{b-a}\displaystyle\int_a^bf(x)\mathrm{d}x\right|$ 类似，后式会使人想到用积分中值定理. 因此，只证 (1)，而把 (2) 留给读者.

> 本题解法具有综合性. 首先对 $\dfrac{1}{b-a}\displaystyle\int_a^bf(x)\mathrm{d}x$ 容易想到用积分中值定理. 但如何缩放 $\displaystyle\int_a^bf'(x)\mathrm{d}x$ 的上下限，使得既能消去 $f(\xi)$，又能出现 $\max f$，想到设 $|f(x_0)|=\max\limits_{x\in[a,b]}|f(x)|$ 及用 $\displaystyle\int_\xi^{x_0}|f'(x)|\mathrm{d}x\geqslant\left|\displaystyle\int_\xi^{x_0}f'(x)\mathrm{d}x\right|$，需要基本功扎实.

**证** (1) 由积分中值定理，存在 $\xi\in[a,b]$，使 $\dfrac{1}{b-a}\displaystyle\int_a^bf(x)\mathrm{d}x=f(\xi)$.

设 $|f(x_0)|=\max\limits_{x\in[a,b]}|f(x)|$，$x_0\in[a,b]$，则

$\left|\dfrac{1}{b-a}\displaystyle\int_a^bf(x)\mathrm{d}x\right|+\displaystyle\int_a^b|f'(x)|\mathrm{d}x\geqslant|f(\xi)|+\left|\displaystyle\int_\xi^{x_0}f'(x)\mathrm{d}x\right|$

$=|f(\xi)|+|f(x_0)-f(\xi)|\geqslant|f(x_0)|$

**例 1.7.4** 证明柯西不等式：设函数 $f(x)$ 和 $g(x)$ 均在 $[a,b]$ 上可积，则有 $\left(\displaystyle\int_a^bf(x)g(x)\mathrm{d}x\right)^2\leqslant\displaystyle\int_a^bf^2(x)\mathrm{d}x\cdot\int_a^bg^2(x)\mathrm{d}x$.

**证** 对任意实数 $\lambda$，有
$$0\leqslant\int_a^b(f(x)+\lambda g(x))^2\mathrm{d}x$$

$$= \lambda^2 \int_a^b g^2(x)\mathrm{d}x + 2\lambda \int_a^b f(x)g(x)\mathrm{d}x + \int_a^b f^2(x)\mathrm{d}x$$

故上式关于 $\lambda$ 的二次式的判别式不大于零,即

$$\left( \int_a^b f(x)g(x)\mathrm{d}x \right)^2 \leqslant \int_a^b f^2(x)\mathrm{d}x \cdot \int_a^b g^2(x)\mathrm{d}x$$

柯西不等式 是在考研和数学 竞赛中常用到 的,请读者注意.

在高等数学的"微分方程"中,一阶方程解法往往可归结为积分方法,即找原函数的方法.对有些微分方程,全微分的解法更为简捷,不必生套求解公式.

**例 1.7.5**　求方程 $x\mathrm{d}y - y\mathrm{d}x = y\mathrm{d}y$ 的通解.

**解 1**　(齐次方程)令 $u = \dfrac{y}{x}$,则

$$x(1-u)\mathrm{d}u = u^2\mathrm{d}x, \quad \frac{1-u}{u^2}\mathrm{d}u = \frac{1}{x}\mathrm{d}x$$

积分得 $xu\mathrm{e}^{1/u} = C$,故 $y\mathrm{e}^{x/y} = C$.

**解 2**　(全微分方程)方程两端同除以 $y^2$,得

$$\frac{1}{y^2}(x\mathrm{d}y - y\mathrm{d}x) = \frac{1}{y}\mathrm{d}y, \quad \mathrm{d}\left(\frac{x}{y} + \ln y\right) = 0$$

通解为: $\dfrac{x}{y} + \ln y - \ln C = 0$,故 $y\mathrm{e}^{x/y} = C$.

解 1 是一般教 材中常见的齐次 微分方程的解 法.解 2 则是运 用"积分因子" 化为全微分方程 的解法.

**例 1.7.6**　求方程 $\dfrac{1}{\sqrt{xy}}\mathrm{d}x + \left(\dfrac{2}{y} - \sqrt{\dfrac{x}{y^3}}\right)\mathrm{d}y = 0 (x > 0)$ 的通解.

**分析**　只要熟悉 $\dfrac{1}{\sqrt{x}}\mathrm{d}x = 2\mathrm{d}\sqrt{x}$ 和 $\dfrac{1}{\sqrt{y}}\mathrm{d}y = 2\mathrm{d}\sqrt{y}$,便可想到用全微分.

**解**　原方程先变形为 $2\dfrac{1}{\sqrt{y}}\mathrm{d}\sqrt{x} + \dfrac{2}{y}\mathrm{d}y - 2\dfrac{\sqrt{x}}{y}\mathrm{d}\sqrt{y} = 0$,再整理成

$$\frac{1}{(\sqrt{y})^2}(\sqrt{y}\mathrm{d}\sqrt{x} - \sqrt{x}\mathrm{d}\sqrt{y}) = -\frac{1}{y}\mathrm{d}y, \quad 即\ \mathrm{d}\sqrt{\frac{x}{y}} = -\frac{1}{y}\mathrm{d}y. \ 则有$$

$$\sqrt{\frac{x}{y}} = \ln\frac{C}{y} \quad (x > 0, y > 0, C\ 为正常数)$$

为所求通解.

方程也可变 形为 $\dfrac{\mathrm{d}x}{\mathrm{d}y} = \dfrac{x}{y} -$ $2\sqrt{\dfrac{x}{y}}$,这是齐 次方程,可令 $u =$ $\dfrac{x}{y}$ 求解,但不如 全微分法简便.

**例 1.7.7**　(陕二 12)设 $f(x)$ 在 $(-\infty, +\infty)$ 上具有连续导函数,试证

$$\int_c \frac{1}{y}[1 + y^2 f(xy)]\mathrm{d}x + \frac{x}{y^2}[y^2 f(xy) - 1]\mathrm{d}y$$

与路径 $c$ 无关,其中 $c$ 为上半平面内之分段光滑曲线,并计算当 $c$ 为从 $\left(3, \dfrac{2}{3}\right)$ 到 $(1, 2)$ 之直线段时,此积分的值 $I$.

**分析**　曲线积分与路径无关意味着被积表达式是"全微分",故本题解法之一是先证明被积表达式是"全微分".

**证**　将被积表达式分项,重组,凑微分,有

$$\frac{1}{y}[1 + y^2 f(xy)]\mathrm{d}x + \frac{x}{y^2}[y^2 f(xy) - 1]\mathrm{d}y$$

$$= \frac{1}{y^2}(y\mathrm{d}x - x\mathrm{d}y) + f(xy)\mathrm{d}(xy) = \mathrm{d}\left[\frac{x}{y} + F(xy)\right]$$

其中 $F(t)$ 是 $f(t)$ 的原函数. 因此被积表达式是全微分, 积分在 $y > 0$ 时与路径无关, 故有

$$I = \int_{(3,\frac{2}{3})}^{(1,2)} \frac{1}{y}\left[1 + y^2 f(xy)\right]\mathrm{d}x + \frac{x}{y^2}\left[y^2 f(xy) - 1\right]\mathrm{d}y$$

$$= \left[\frac{x}{y} + F(xy)\right]_{(3,\frac{2}{3})}^{(1,2)} = \frac{1}{2} - \frac{9}{2} + 0 = -4$$

这里采用凑全微分的方法, 求出被积表达式的"原函数", 不但证明了积分与路径无关, 而且可用类似"牛顿—莱布尼兹"公式的方法求积分值.

**\* 例 1.7.8** (陕五复 9) 设函数 $f(x,y)$ 的二阶偏导数在全平面上连续, 且

$$f(0,0) = 0, \quad |f_x| \leqslant 2|x-y|, \quad |f_y| \leqslant 2|x-y|$$

证明: $|f(5,4)| \leqslant 1$.

**证** 由 $|f_x| \leqslant 2|x-y|$ 和 $|f_y| \leqslant 2|x-y|$ 知, 在直线 $y = x$ 上(见图 1-10)有 $f_x = f_y = 0$, 而由题设条件知 $f_{xy} = f_{yx}$, 因此, 积分 $\int_c \mathrm{d}f(x,y)$ 与路径无关, 由此得

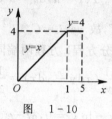

图 1-10

$$\left|f(5,4)\right| = \left|\int_{(0,0)}^{(5,4)} f_x \mathrm{d}x + f_y \mathrm{d}y\right|$$

$$\leqslant \left|\int_{(0,0)}^{(4,4)} f_x \mathrm{d}x + f_y \mathrm{d}y\right| + \left|\int_{(4,4)}^{(5,4)} f_x \mathrm{d}x + f_y \mathrm{d}y\right|$$

$$= \left|\int_4^5 f_x(x,4)\mathrm{d}x\right| \leqslant 2\int_4^5 (x-4)\mathrm{d}x = 1$$

数学是思维科学, 学习数学主要应学习它的思维方法. 在以下各章中, 还将介绍更多的高等数学解题功夫, 这是本书各章的共同写作特点. 而每章的著者又各具风格和特点, 使本书更为多元, 希望能对读者有更多的启迪与帮助.

由题设及全微分表达式 $\mathrm{d}f(x,y) = f_x\mathrm{d}x + f_y\mathrm{d}y$ 启示, 欲估计 $f(5,4)$, 用曲线积分为好. 如果想不到用曲线积分的方法, 将很难证.

# 第 2 章  函数、极限与函数的连续性

## 2.1  函数 —— 高等数学的研究对象

用极限的方法研究函数,是高等数学的主要内容.高等数学的问题,大多都与函数有关.

### 2.1.1  函数的定义域、对应关系

**例 2.1.1**  设函数 $f(x+2)=\mathrm{e}^{x^2+4x}-x$,求 $f(x-2)$.

**分析**  本题主要讨论"对应关系",先求出 $f(x)$.

**解 1**  $f(x+2)=\mathrm{e}^{x^2+4x}-x=\mathrm{e}^{(x+2)^2-4}-(x+2)+2$

故 $f(x)=\mathrm{e}^{x^2-4}-x+2$,于是,$f(x-2)=\mathrm{e}^{x^2-4x}-x+4$.

**解 2**  令 $x+2=t$,$x=t-2$,得 $f(x+2)=f(t)=\mathrm{e}^{t^2-4}-t+2$,再令 $t=x-2$,可得 $f(x-2)=\mathrm{e}^{x^2-4x}-x+4$.

**例 2.1.2**  求 $c$ 的一个值,使
$(b+c)\sin(b+c)-(a+c)\sin(a+c)=0$,其中 $a\neq b$.

**分析**  本题若当方程解将很复杂.但引入"函数"可迎刃而解.

**解**  设 $f(x)=x\sin x$,这是偶函数.于是方程转化为
$$f(b+c)=f(a+c)$$
得 $a+c=-(b+c)$,故 $c=-\dfrac{a+b}{2}$.

**例 2.1.3**  求 $I=\lim\limits_{n\to\infty}\sum\limits_{k=1}^{n}\dfrac{k}{3^k}$.

**解**  $S(x)=\sum\limits_{k=1}^{\infty}kx^{k-1}=\left(\sum\limits_{k=1}^{\infty}x^k\right)'=\left(\dfrac{x}{1-x}\right)'=\dfrac{1}{(1-x)^2}(\mid x\mid<1)$

故所求极限为 $\qquad I=\dfrac{1}{3}S\left(\dfrac{1}{3}\right)=\dfrac{3}{4}$.

**\* 例 2.1.4**  设函数 $f(x)$ 在 $(-\infty,+\infty)$ 上连续,且 $f(f(x))=x$.证明:存在 $x_0$,使 $f(x_0)=x_0$.

**分析**  记 $y=f(x)$,则 $f(y)=f(f(x))=x$,说明 $f(x)$ 的反函数即为自身.从而 $y=f(x)$ 的图形关于直线 $y=x$ 为轴对称,也就是在 $y=x$ 的两侧均有 $y=f(x)$ 的点.因此由连续性,在 $y=x$ 上必有 $y=f(x)$ 的点,可用介值定理证明.

**证**  用反证法.若不存在要证明的点 $x_0$,则 $f(x)-x$ 不变号.不妨设

这是一个变换对应关系的题.

解 1 是将等式右边匹配成 $(x+2)$ 的形式;解 2 则用还原法做.

函数的观念在高等数学中极为重要,时时用到.

引入幂级数的和函数

$S(x)=\sum\limits_{k=1}^{\infty}kx^k$,

所求极限即为函数值 $S\left(\dfrac{1}{3}\right)$.

若不引入函数,难以求解,对类似扩展题,如求 $\lim\limits_{n\to\infty}\sum\limits_{k=1}^{n}\dfrac{k^2}{3^k}$ 等也是如此.

$f(x)-x>0$，便有 $f(y)-y=x-f(x)<0$ 而矛盾，故 $f(x)-x$ 必变号．由介值定理，知存在 $x_0$，使 $f(x_0)-x_0=0$．

**注** 对函数 $y=f(x)$，使 $f(x_0)=x_0$ 的点 $x_0$ 称为映射 $y=f(x)$ 的不动点．本例是说：连续的反函数是自身的函数，必存在不动点．

**例 2.1.5** 设分式线性函数 $y=\dfrac{ax+b}{cx+d}(c\neq0,ad-bc\neq0)$ 的反函数是自身．求常数 $a,b,c,d$ 的关系，并讨论其不动点．

**分析** 先求反函数，即从 $x=\dfrac{ay+b}{cy+d}$ 解出 $y$，再定出 $a,b,c,d$ 的关系．

**解** 从 $x=\dfrac{ay+b}{cy+d}$ 解得 $y=\dfrac{-dx+b}{cx-a}$，与原式比较知，当 $d=-a$ 时，即 $y=\dfrac{ax+b}{cx-a}(c\neq0,a^2+bc\neq0)$ 的反函数是自身．

若存在不动点，则应有 $\dfrac{ax+b}{cx-a}=x$，即 $cx^2-2ax-b=0$，其中 $\Delta=a^2+bc\neq0$，故当 $\Delta>0$ 时，$y=\dfrac{ax+b}{cx-a}$ 有两个不动点 $x_{1,2}=\dfrac{a\pm\sqrt{\Delta}}{c}$；当 $\Delta<0$ 时，函数无不动点．

**注** 反函数是自身的不连续的函数不一定有不动点．

**例 2.1.6** 设函数 $f(x)=\begin{cases}x^2+x+1, & x\geqslant0\\ x^2+1, & x<0\end{cases}$．

(1) 求 $f(-x)$；(2) 求 $f(f(x))$；(3) 若 $f(x)=3$，求 $x$．

**解** (1) $f(-x)=\begin{cases}(-x)^2+(-x)+1, & -x\geqslant0\\ (-x)^2+1, & -x<0\end{cases}$

即 $\qquad f(-x)=\begin{cases}x^2+1, & x>0\\ x^2-x+1, & x\leqslant0\end{cases}$

(2) $f(f(x))=\begin{cases}f^2(x)+f(x)+1, & f(x)\geqslant0\\ f^2(x)+1, & f(x)<0(\{x\mid f(x)<0\}\text{ 是空集})\end{cases}$

$=\begin{cases}(x^2+x+1)^2+(x^2+x+1)+1, & x\geqslant0\\ (x^2+1)^2+(x^2+1)+1, & x<0\end{cases}$

即 $\qquad f(f(x))=\begin{cases}x^4+2x^3+4x^2+3x+3, & x\geqslant0\\ x^4+3x^2+3, & x<0\end{cases}$

(3) 当 $x\geqslant0$ 时，$f(x)=x^2+x+1=3$，得 $x_1=1$；当 $x<0$ 时，$f(x)=x^2+1=3$，得 $x_2=-\sqrt{2}$．

**注** 由(3)可以看出，当 $y<1$ 时，$y=f(x)$ 的反函数不存在；当 $y>1$ 时，如 $f(x)=3$，"解方程"，有且只有两个解．但若是"解反函数"，能不能说有且仅有两支反函数呢?! 解方程与解函数有什么不同？看以下例题．

**\*例 2.1.7** 讨论函数 $y=x^2$ 的反函数．

**分析** 按反函数定义，$y=x^2$ 的反函数应是 $y^2=x$ 形式．于是，有人像"解方程"一样，说这样的反函数只能有 $\varphi_1:y=\sqrt{x}$ 和 $\varphi_2:y=-\sqrt{x}$ 两支．对

---

从 题 设 $f(f(x))=x$ 看出函数 $y=f(x)$ 的反函数是其自身，再利用其图形关于 $y=x$ 对称的几何意义，这是解决问题的关键．其实由 $f(x)-x=y-f(y)$，若 $f(x)-x\neq0$，则 $f(x)-x$ 与 $f(y)-y$ 必异号！

例 2.1.5 中，条件 $c\neq0$ 保证函数是分式函数，而 $ad-bc\neq0$ 保证函数不是常值函数．

由反函数与原函数是同一个函数，得 $d=-a$．

特例是：$y=x^{-1}$ 有两个不动点 $x=\pm1$，$y=-x^{-1}$ 没有不动点．

例 2.1.6 中(2)其实是求"复合函数"，就是用 $f(x)$ 取代 $x$，求函数表达式！但要注意，使 $f(x)<0$ 的 $x$ 是空集，引起了对应关系的改变．

此，我们不敢苟同．特讨论如下．

**解**　先考虑函数 $\varphi_3 : y = \begin{cases} \sqrt{x}, & 0 \leqslant x < 1 \\ -\sqrt{x}, & 1 \leqslant x < +\infty \end{cases}$，见图 2-1 中的实线．

显然，这是 $x \leftrightarrow y$ 的一一对应关系．它的反函数为 $y = x^2$，定义域是 $(-\infty, -1] \cup [0, 1)$．

反之，$\varphi_3$ 是 $y = x^2$ 在 $(-\infty, -1] \cup [0, 1)$ 上的反函数；而 $\varphi_1$ 是 $y = x^2$ 在定义域 $[0, +\infty)$ 上的反函数，$\varphi_2$ 是 $y = x^2$ 在定义域 $(-\infty, 0]$ 上的反函数．

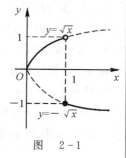

图　2-1

在 $y = x^2$ 的上述 3 个"反函数"的启发下，可以用以下方法构造其无穷多个"反函数"．将 $[0, +\infty)$ 任意分为两个集合，即

$$A \cup B = [0, +\infty), \quad A \cap B = \varnothing$$

令　　$A' = \{x \mid x = \sqrt{y}, y \in A\}, B' = \{x \mid x = -\sqrt{y}, y \in B\}$

定义函数：

$$f_A(x) = \begin{cases} \sqrt{x}, & x \in A \\ -\sqrt{x}, & x \in B \end{cases}$$

则它是定义域为 $A' \cup B'$ 的 $y = x^2$ 的反函数：$x \in A' \cup B' \leftrightarrow y \in A \cup B$ 是一一对应的．所以我们的结论是：不给定限制条件，提出求解 $y = x^2$ 的反函数问题，是没有意义的！

**注 1**　根据以上讨论，我们不同意"多值函数"的提法．给定一个自变量的值，有唯一确定的值与之相对应，这样对应关系才是近代函数关系的定义．

**注 2**　在 $f_A(x)$ 中若取 $A$ 为非负有理数集，$B$ 为正无理数集，即

$$f_A(x) = \begin{cases} \sqrt{x}, & x \text{ 为非负有理数} \\ -\sqrt{x}, & x \text{ 为正无理数} \end{cases}$$

它处处间断，处处不单调，但是由反函数的"一一对应"的定义，存在反函数 $y = x^2, x \in f_A(A \cup B)$．

所以，在某区间上，连续严格单调的函数必存在连续严格单调的反函数，是连续函数存在反函数的条件，不适用于非连续函数．

**注 3**　这个例题也能很好地帮助我们理解，隐函数即由方程 $F(x, y) = 0$ 确定 $y = y(x)$ 的存在定理，为什么要局限在点 $(x_0, y_0)$ 的一个小邻域，而且要求 $F_y \neq 0$．比如此例 $F(x, y) = y^2 - x = 0$，在 $(0, 0)$ 点的任何邻域内，不能确定 $y = y(x)$．请读者认真研究此问题．

### 2.1.2　一些常用的典型函数及其性质

记住一些特殊的函数及其性质是很有好处的．当然，基本初等函数是更应该熟悉的．

**例 2.1.8**　符号函数

举例 2.1.6(3) 是要引出，解方程与解函数是两个不同的问题．

单纯用解方程的方法求解反函数，是值得商榷的．

除了 $\varphi_1$ 和 $\varphi_2$，还可以引出反函数 $\varphi_3$：由图 2-1 易知在其定义域内 $y$ 与 $x$ 是一一对应的，故它也是 $y = x^2$ 的"一支反函数"．我们构造的函数 $f_A(x)$，每一个都是 $y = x^2$ 在一定条件下的反函数。这充分说明所谓"$y^2 = x$ 的反函数是多值函数"是不对的，这种说法容易引起概念上的混乱．多值的对应关系不符合近代函数的定义．近代关于反函数和隐函数的概念，都是建立在"确定的对应关系"上．

$$\operatorname{sgn} x = \begin{cases} 1, & x > 0 \\ 0, & x = 0 \\ -1, & x < 0 \end{cases}$$

在点 $x=0$ 间断. 之所以称其为符号函数, 是因为它表征了实数 $x$ 的值的正或负:"大小"为 $|x|$, 符号为 $\operatorname{sgn} x$, 故 $x = |x| \operatorname{sgn} x$.

符号函数是奇函数, 绝对值函数 $|x|$ 是偶函数, 它们之商在点 $x=0$ 无意义.

这个例子还给出了这样的事实:在 $x=0$ 处, $\operatorname{sgn} x$ 间断, $|x|$ 连续而不可导, 但它们的乘积在 $x=0$ 处无限次可导!

**例 2.1.9** (1) 取整函数 $y=[x]$, $[x]$ 表示不超过 $x$ 的最大整数;

(2) 小数函数 $(x) = x - [x]$(见图 2-2). 取整函数 $[x]$ 是阶梯形的不连续函数:

$$[x] = n, \quad n \leqslant x < n+1, \quad n = 0, \pm 1, \pm 2, \cdots$$

小数函数 $(x)$ 则是以 1 为周期的不连续的周期函数:

$$(x) = x - n, \quad n \leqslant x < n+1, \quad n = 0, \pm 1, \pm 2, \cdots$$

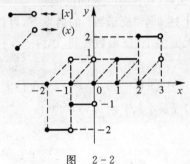

图 2-2

都以整数点为跳跃间断点, 且有 $[x] + (x) = x$.

这个事实说明两个在同点处间断的函数之和有可能连续.

实数 $x$ 的小数部分也记为 $\{x\} = x - [x]$, 值域为 $[0,1)$. 这两个函数在考研和竞赛中常出现.

**例 2.1.10** 一个有光滑因子的函数: $f_0(x) = \begin{cases} \sin \dfrac{1}{x}, & x \neq 0 \\ 0, & x = 0 \end{cases}$.

这是无限振荡性间断点 $(x=0)$ 的典型例子. 所谓光滑因子 $x^n$, 是指它乘以 $f_0(x)$ 后, 增加了函数的连续导数的阶数, 即 $f_n(x) = x^n f_0(x) (n \geqslant 1)$. 在点 $x=0$ 处, 当 $n=1$ 时, $f_1(x)$ 连续但不可导; 当 $n=2$ 时, $f_2(x)$ 可导但导函数不连续; 一般地, $f_{2k}(x)$ 为 $k$ 阶可导, 但 $f_{2k}^{(k)}(x)$ 不连续; $f_{2k+1}(x)$ 为 $k$ 阶可导, 但 $k+1$ 阶导数不存在, $k=1,2,\cdots$. 故称 $x^n$ 是 $f_0(x)$ 的光滑因子.

显然, $f_{2k}(x)$ 是奇函数; $f_{2k+1}(x)$ 是偶函数.

与此例相似的是函数 $x^n|x|$ $(n \geqslant 1)$ 具有 $n$ 阶连续导数, 但 $n+1$ 阶导数不存在. $x^n$ 是 $|x|$ 的光滑因子.

**例 2.1.11** 狄里克莱函数 $D(x) = \begin{cases} 1, & x \text{ 为有理数} \\ 0, & x \text{ 为无理数} \end{cases}$.

这是典型的处处有定义、处处不连续的非初等函数的例子. 这个函数给我们有下述的启发:

(1) 它是偶函数;

(2) 它是以有理数为周期的周期函数, 但没有最小正周期;

(3) $D(x)D(x) = D(x)$;

(4) $D(D(x)) = 1$. 说明两个处处不连续函数的复合可能无限次可导!

(5) 在任意的区间 $[a,b]$ 上, $D(x)$ 有界, 但定积分 $\displaystyle\int_a^b D(x)\mathrm{d}x$ 不存在, 是典型的有界而不可积的例子.

在一般教材中函数的定义, 主要是狄里克莱给的. 狄氏的函数这种对应法则给人们多种启发.

**例 2.1.12**　证明黎曼函数

$$R(x)=\begin{cases}\dfrac{1}{p}, & x\text{ 是有理数}\dfrac{q}{p}\left(\dfrac{q}{p}\text{ 既约},p>0,q\neq0\right)\\[2mm]0, & x\text{ 是无理数},\text{或 }x=0\end{cases}$$

在任意的非零有理点间断,在无理点或 $x=0$ 处连续.

**证**　只要证 $x\in(0,1)$ 的情况.约定有理数用既约分数表示,分母为正.

每个有理点的任何邻域内有无穷个无理点,故有理点是 $R(x)$ 的间断点.

设 $x_0\in(0,1)$ 是无理点.任取 $\varepsilon>0$,运用函数连续的 $\varepsilon-\delta$ 定义,欲证对 $x_0$ 充分小邻域内的 $x$,恒有 $R(x)<\varepsilon$.对于有理点 $x=\dfrac{q}{p}\in(0,1)$,满足 $\dfrac{1}{p}\geqslant\varepsilon$ 即 $p\leqslant\dfrac{1}{\varepsilon}$ 的正整数 $p$ 只有有限个,从而满足 $R(x)=\dfrac{1}{p}\geqslant\varepsilon$ 的 $x=\dfrac{q}{p}$ 也是有限个.故存在充分小的 $\delta>0$,使得在 $(x_0-\delta,x_0+\delta)$ 内,没有使 $R(x)=\dfrac{1}{p}\geqslant\varepsilon$ 的有理数 $x$.换言之,对此邻域内所有有理点 $x$,$R(x)<\varepsilon$ 成立.而当 $x$ 是无理数时,$R(x)=0<\varepsilon$ 自然成立.因此对任意的 $x\in(x_0-\delta,x_0+\delta)$,均有 $R(x)<\varepsilon$.故函数 $R(x)$ 在无理点连续.

对 $(-\infty,+\infty)$ 上的黎曼函数,只要再设 $x$ 为整数时 $R(x)=1$,为负分数 $-\dfrac{q}{p}$ 时 $R(x)=\dfrac{1}{p}>0$,则可证明:$R(x)$ 是偶函数,在有理点间断,在无理点连续,且为黎曼可积.

# 2.2　极限 —— 高等数学的研究工具

函数的连续性、导数与积分、各类积分及级数的敛散性,都是用极限来定义的.因此,极限的概念、性质及其运算都是重要的.

## 2.2.1　透彻理解极限的概念

有关函数或数列的极限,要透彻理解并非易事.我们试从近似与精确的关系来讲述,以帮助读者加深理解极限的概念.

**例 2.2.1**　用数列定义证明:$\lim\limits_{n\to\infty}\left(\dfrac{1}{2}+\dfrac{1}{2^2}+\cdots+\dfrac{1}{2^n}\right)=1$.

**证**　对任意 $\varepsilon>0$,要使 $\left|\left(\dfrac{1}{2}+\dfrac{1}{2^2}+\cdots+\dfrac{1}{2^n}\right)-1\right|=\dfrac{1}{2^n}<\varepsilon$,只要 $n>\log_2\dfrac{1}{\varepsilon}$,取 $N=\left[\log_2\dfrac{1}{\varepsilon}\right]$,对一切 $n>N$,恒有

$$\left|\left(\dfrac{1}{2}+\dfrac{1}{2^2}+\cdots+\dfrac{1}{2^n}\right)-1\right|<\varepsilon$$

成立.证毕.

从这个证明来看,"和" $\dfrac{1}{2}+\dfrac{1}{2^2}+\cdots+\dfrac{1}{2^n}+\cdots=1$.这是"无穷项"的和,无法用有限项相加的方法计算.然而,我们能够计算有限项 —— $n$ 项 —— 的和,有

$$\dfrac{1}{2}+\dfrac{1}{2^2}+\cdots+\dfrac{1}{2^n}=1-\dfrac{1}{2^n}$$

"一尺之棰,日取其半,万世不竭",就是本题的意思.无论 $n$ 多大 $\dfrac{1}{2}+\dfrac{1}{2^2}+\cdots+\dfrac{1}{2^n}<1$ 只有当 $n\to\infty$ 时,和式才趋于 1.从这个角度看极限是一种"无限次的运算",而只能从有限项的变化看趋势.极限的思想古人已有,且用这种思想解决了不少实际问题.但极限的确切定义直到 19 世纪初才由柯西给出,理解这个定义并非易事.

作为它的近似值. 它与精确值之差是 $\left| \left( 1 - \dfrac{1}{2^n} \right) - 1 \right| = \dfrac{1}{2^n}$. 当 $n$ 无限增大时,误差可无限小(可小于任意的精确度 $\varepsilon$). 因此,用 $n > N$ 表示 $n$ 无限增大,而

$$\left| \left( \frac{1}{2} + \frac{1}{2^2} + \cdots + \frac{1}{2^n} \right) - 1 \right| < \varepsilon$$

表示 $\dfrac{1}{2} + \dfrac{1}{2^2} + \cdots + \dfrac{1}{2^n}$ 可无限逼近于 $1$.

因此,要理解数列极限的定义,就要先理解两个"无限". 对于数学上抽象的数列极限 $\lim\limits_{n \to \infty} x_n = A$,则说成:当 $n$ 无限增大时,$x_n$ 无限逼近于 $A$(与 $n$ 无关的常数). 意指:任给了精度 $\varepsilon (> 0)$,要使得 $x_n$ 与 $A$ 的距离(绝对误差)$|x_n - A| < \varepsilon$,只要项标 $n$ 充分大,即存在正整数 $N$,凡是 $n > N$ 的 $x_n$ 都满足此式. $n$ 无限增大和 $x_n$ 无限逼近于 $A$,分别是用 $n > N$ 和 $|x_n - A| < \varepsilon$ 这两个有限的不等式来描述的.

同样,$\lim\limits_{x \to x_0} f(x) = A$ 表示,当 $x$ 无限逼近 $x_0$ 时,$f(x)$ 可无限逼近于 $A$,即对任意的 $\varepsilon$,存在 $\delta > 0$,对满足 $0 < |x - x_0| < \delta$ 的一切 $x$,均有 $|f(x) - A| < \varepsilon$ 成立. 还是用两个有限的不等式,来刻画包含两个"无限"的变化过程.

**例 2.2.2** (夹逼定理的证明)设在同一变化过程中,3 个变量满足关系 $\alpha \leqslant \beta \leqslant \gamma$,且 $\lim \alpha = \lim \gamma = b$ 存在,证明 $\lim \beta = b$.

**证** (就 $\alpha, \beta, \gamma$ 为数列情形的证明)

由 $\lim\limits_{n \to \infty} \alpha_n = \lim\limits_{n \to \infty} \gamma_n = b$ 知,对任意给定的 $\varepsilon > 0$,存在正整数 $N_1$,当 $n > N_1$ 时,有 $b - \varepsilon < \gamma_n < b + \varepsilon$;存在正整数 $N_2$,当 $n > N_2$ 时,有 $b - \varepsilon < \alpha_n < b + \varepsilon$. 取 $N = \max(N_1, N_2)$,则当 $n > N$ 时,上述两不等式均成立. 再由 $\alpha_n \leqslant \beta_n \leqslant \gamma_n$ 知

$$b - \varepsilon < \alpha_n \leqslant \beta_n \leqslant \gamma_n < b + \varepsilon$$

成立,即有 $|\beta_n - b| < \varepsilon$ 成立,故 $\lim\limits_{n \to \infty} \beta_n = b$.

**注** 在高等数学竞赛中,不乏用极限定义进行证明的赛题.

> 夹逼定理证明不难,应通过证明加深对极限概念的理解. 建议读者自己证明函数在 $x \to x_0$ 时的夹逼定理.

#### 2.2.2 求数列极限的一些特殊方法

本小节介绍运用"单调有界数列收敛准则""夹逼定理"及"Stolz 定理"的一些典型题.

> 参加数学竞赛的学生,更应熟悉单调有界准则、夹逼定理、Stolz 定理以及压缩映像原理,并能熟练运用.

**\*例 2.2.3** (Stolz 定理)设 $y_n$ 单调增趋于 $+\infty$,且

$$\lim_{n \to \infty} \frac{x_n - x_{n-1}}{y_n - y_{n-1}} = a (或 \pm\infty)$$

则

$$\lim_{n \to \infty} \frac{x_n}{y_n} = a$$

**分析** 由 $y_n - y_{n-1} > 0$ 及已知的极限式得到不等式

$$(a - \varepsilon)(y_n - y_{n-1}) < x_n - x_{n-1} < (a + \varepsilon)(y_n - y_{n-1})$$
$$n = N+1, N+2, \cdots$$

再用求和分析方法.

**证**　对任意 $\varepsilon > 0$,存在 $N$,当 $n > N$ 时,有

$$(a-\varepsilon)(y_{N+1}-y_N) < x_{N+1}-x_N < (a+\varepsilon)(y_{N+1}-y_N)$$

$$(a-\varepsilon)(y_{N+2}-y_{N+1}) < x_{N+2}-x_{N+1} < (a+\varepsilon)(y_{N+2}-y_{N+1})$$

$$\cdots\cdots$$

$$(a-\varepsilon)(y_n-y_{n-1}) < x_n-x_{n-1} < (a+\varepsilon)(y_n-y_{n-1})$$

将以上不等式相加,并整理得

$$(a-\varepsilon)(y_n-y_N) < x_n-x_N < (a+\varepsilon)(y_n-y_N)$$

$$\frac{x_N}{y_n}-\frac{y_N}{y_n}(a-\varepsilon)+a-\varepsilon < \frac{x_n}{y_n} < a+\varepsilon+\frac{x_N}{y_n}-\frac{y_N}{y_n}(a+\varepsilon)$$

固定 $N,\varepsilon$,令 $n \to \infty$ 取极限得

$$a-\varepsilon \leqslant \lim_{n \to \infty}\frac{x_n}{y_n} \leqslant a+\varepsilon$$

由 $\varepsilon$ 的任意性得 $\lim\limits_{n \to \infty}\dfrac{x_n}{y_n}=a$.

$a=\pm\infty$ 的情形,请读者自行证明.

要学会综合运用这些法则来解相关数列极限的问题.

> 最后一步用了取极限的办法,读者还可试用 $\varepsilon-\delta$ 定义来完成证明.

**例 2.2.4**　用不同方法证明: $a > 1$ 时, $\lim\limits_{n \to \infty}\dfrac{n}{a^n}=0$.

**证 1**　（用 Stolz 定理）

$$\lim_{n \to \infty}\frac{n}{a^n}=\lim_{n \to \infty}\frac{1}{a^n-a^{n-1}}=\lim_{n \to \infty}\frac{a}{a^n(a-1)}=0$$

**证 2**　（用单调有界准则）

$$\frac{n+1}{a^{n+1}}\bigg/\frac{n}{a^n}=\frac{1}{a}\left(1+\frac{1}{n}\right)$$

只要 $n$ 充分大,就有 $\left(1+\dfrac{1}{n}\right) < a$,故 $\dfrac{n+1}{a^{n+1}} < \dfrac{n}{a^n}$,数列 $\left\{\dfrac{n}{a^n}\right\}$ 单调减,有下界 0,

故收敛. 设 $\lim\limits_{n \to \infty}\dfrac{n}{a^n}=A$,则 $\lim\limits_{n \to \infty}\dfrac{n+1}{a^{n+1}}=\lim\limits_{n \to \infty}\dfrac{n}{a^n}\cdot\dfrac{1}{a}\dfrac{n+1}{n}=A\cdot\dfrac{1}{a}=A$,故 $A=0$.

**证 3**　（用夹逼定理）设 $a=1+a_0(a_0 > 0)$,有

$$a^n=(1+a_0)^n > \frac{n(n-1)}{2}a_0^2$$

从而 $0 < \dfrac{n}{a^n} < \dfrac{1}{n-1}\cdot\dfrac{2}{a_0^2} \to 0(n \to \infty)$,由夹逼定理知, $\lim\limits_{n \to \infty}\dfrac{n}{a^n}=0$.

> 这是一道较容易的题,用到 Stolz 定理、单调有界准则及夹逼定理,给出了 3 种证明方法,大家可能熟悉. 本题用极限的定义来证明,对掌握这些定理很有益处.

**推论**　$\lim\limits_{n \to \infty}\dfrac{n^k}{a^n}=0(a > 1,k$ 为常数）.

**证**　$\lim\limits_{n \to \infty}\dfrac{n^k}{a^n}=\lim\limits_{n \to \infty}\left[\dfrac{n}{(\sqrt[k]{a})^n}\right]^k=0(\sqrt[k]{a} > 1)$

> 推论的证明只用了极限运算法则.

**例 2.2.5**　证明(1) $\lim\limits_{n \to \infty}\sqrt[n]{n}=1$;(2) $\lim\limits_{n \to \infty}\sqrt[n]{a}=1(a > 0)$.

**证** (1)对任意 $\varepsilon > 0$,由上例知 $\lim\limits_{n\to\infty}\dfrac{n}{(1+\varepsilon)^n}=0$,故存在 $N$,当 $n>N$ 时,有 $\dfrac{n}{(1+\varepsilon)^n}<1,1-\varepsilon<\sqrt[n]{n}<1+\varepsilon$,即 $\lim\limits_{n\to\infty}\sqrt[n]{n}=1$.

(2)先证 $a\geqslant 1$ 情形.当 $n>a$ 时,有 $1<\sqrt[n]{a}<\sqrt[n]{n}$,由(1)并用夹逼定理得 $\lim\limits_{n\to\infty}\sqrt[n]{a}=1$.若 $0<a<1$,则 $\dfrac{1}{b}=a$ 时 $b>1$,故

$$\lim_{n\to\infty}\sqrt[n]{a}=\lim_{n\to\infty}\frac{1}{\sqrt[n]{b}}=\frac{1}{\lim\limits_{n\to\infty}\sqrt[n]{b}}=1$$

**例 2.2.6** 证明:

(1)若 $\{x_n\}$ 收敛,则 $\lim\limits_{n\to\infty}\dfrac{x_1+x_2+\cdots+x_n}{n}=\lim\limits_{n\to\infty}x_n$;

(2)若 $x_n>0$,且 $\{x_n\}$ 收敛,则 $\lim\limits_{n\to\infty}\sqrt[n]{x_1 x_2\cdots x_n}=\lim\limits_{n\to\infty}x_n$;

(3)若 $x_n>0$,且 $\{x_n\}$ 收敛,则 $\lim\limits_{n\to\infty}\dfrac{n}{\dfrac{1}{x_1}+\dfrac{1}{x_2}+\cdots+\dfrac{1}{x_n}}=\lim\limits_{n\to\infty}x_n$.

(1)(2)可直接用 Stolz 定理证明;(3)可取对数后用 Stolz 定理证明.请读者自己证明.

**例 2.2.7** 求极限 $\lim\limits_{n\to\infty}\sqrt[n]{a_1^n+a_2^n+\cdots+a_k^n}$,

其中常数 $a_i>0,i=1,2,\cdots,k$.

**解** 记 $a=\max\{a_1,a_2,\cdots,a_k\}$,则

$$a=\sqrt[n]{a^n}\leqslant\sqrt[n]{a_1^n+a_2^n+\cdots+a_k^n}\leqslant\sqrt[n]{ka^n}=\sqrt[n]{k}\cdot a$$

由夹逼定理得 $\lim\limits_{n\to\infty}\sqrt[n]{a_1^n+a_2^n+\cdots+a_k^n}=a$.

**例 2.2.8** 若 $x_n>0$,且 $\lim\limits_{n\to\infty}\dfrac{x_n}{x_{n-1}}$ 存在,证明 $\lim\limits_{n\to\infty}\sqrt[n]{x_n}=\lim\limits_{n\to\infty}\dfrac{x_n}{x_{n-1}}$.

**证** $\sqrt[n]{x_n}=\sqrt[n]{x_1}\sqrt[n]{\dfrac{x_2}{x_1}\dfrac{x_3}{x_2}\cdots\dfrac{x_n}{x_{n-1}}}$,而 $\lim\limits_{n\to\infty}\sqrt[n]{x_1}=1$,故由例 2.2.6(2)得

$$\lim_{n\to\infty}\sqrt[n]{x_n}=\lim_{n\to\infty}\sqrt[n]{\frac{x_2}{x_1}\cdot\frac{x_3}{x_2}\cdot\cdots\cdot\frac{x_n}{x_{n-1}}}=\lim_{n\to\infty}\frac{x_n}{x_{n-1}}$$

**推论** $\lim\limits_{n\to\infty}\dfrac{n}{\sqrt[n]{n!}}=\lim_{n\to\infty}\sqrt[n]{\dfrac{n^n}{n!}}=\lim_{n\to\infty}\dfrac{n^n}{n!}\Big/\dfrac{(n-1)^{n-1}}{(n-1)!}$

$$=\lim_{n\to\infty}\left(1+\frac{1}{n-1}\right)^{n-1}=e$$

通过本小节各例的分析与证明,及各例命题之间关系的考察,可以看到,分析和熟悉一些典型问题(本身也往往是些基本命题),综合运用有关的数学定理予以证明,并设法发现总结其中一些问题的联系,往往能开辟解题新思路,起到举一反三、触类旁通的效果,也为遇到的"难题"启示解决的办法.

与一般教科书不同,我们利用例 2.2.4 的结论和极限定义,先证明 $\lim\limits_{n\to\infty}\sqrt[n]{n}=1$,再用夹逼定理和极限运算法则证明 $\lim\limits_{n\to\infty}\sqrt[n]{a}=1$.

本例 3 个命题分别描述了算术平均、几何平均和调和平均的极限.

希望读者掌握例 2.2.5 和例 2.2.6 的这些基本结论.

本例结论可用于讨论正项级数的比值判别法和根值判别法的关系.

# 2.3　函数的连续性

先回顾函数连续性的概念及性质,再反过来讨论有关极限运算的问题.

## 2.3.1　函数的连续性与间断点的分类

用极限方法研究函数的第一个重要性质,就是连续性.最为基本的结论是:函数可微则必连续,(黎曼)可积函数应当基本上,或称"几乎处处"是连续的.故理解连续性对高等数学是重要的.

将函数 $y=y(x)$ 视为两个变量之间的关系,自变量由 $x$ 变化到 $x+\Delta x$, $\Delta x$ 是自变量的增量,相应 $\Delta y=y(x+\Delta x)-y(x)$ 是函数的增量.若 $\Delta x$ 无限小,$\Delta y$ 也无限小,就说变量 $y$ 随 $x$ 的变化是连续的,即

$$\lim_{\Delta x\to 0}[y(x+\Delta x)-y(x)]=0$$

它反映的是连绵不断的变化现象.不连续的点便称为"间断"点.

间断点的分类.函数 $y=y(x)$ 在点 $x_0$ 处连续的充要条件是

$$\lim_{x\to x_0}y(x)=y(x_0)$$

若 $\lim_{x\to x_0}y(x)\neq y(x_0)$,则函数在点 $x_0$ 处间断.间断点分为两大类:

（Ⅰ）$\lim_{x\to x_0^-}y(x)$ 及 $\lim_{x\to x_0^+}y(x)$ 均存在的间断点称为第一类间断点.

当 $\lim_{x\to x_0^-}y(x)=\lim_{x\to x_0^+}y(x)\neq y(x_0)$ 时,$x_0$ 称为可去间断点;

当 $\lim_{x\to x_0^-}y(x)\neq \lim_{x\to x_0^+}y(x)$ 时,$x_0$ 称为跳跃间断点,则

$\left|\lim_{x\to x_0^-}y(x)-\lim_{x\to x_0^+}y(x)\right|$ 称为跃度.

（Ⅱ）在点 $x_0$ 处 $y(x)$ 的左、右极限中至少有一个不存在的间断点,称为第二类间断点.其常见的有无穷型和无限振荡型的两类间断点.

**例 2.3.1**　求下列函数的间断点及其类型.

(1) $f(x)=\mathrm{e}^{-\frac{[x]}{x}}$;　　　(2) $f(x)=\lim_{n\to\infty}\dfrac{(n-1)x}{nx^2+1}$;

(3) $f(x)=\dfrac{1}{\mathrm{e}^{\frac{x}{x-1}}-1}$;　　(4) $f(x)=\lim_{t\to x}\left(\dfrac{\sin t}{\sin x}\right)^{\frac{x}{\sin t-\sin x}}$.

**解**　(1) 显然 $x=0$ 是间断点,且

$$\lim_{x\to 0^+}\mathrm{e}^{-\frac{[x]}{x}}=1,\ \lim_{x\to 0^-}\mathrm{e}^{-\frac{[x]}{x}}=0$$

故 $x=0$ 是跳跃型间断点.

(2) $f(x)=\begin{cases}\dfrac{1}{x}, & x\neq 0\\ 0, & x=0\end{cases}$,故 $x=0$ 是无穷型间断点.

(3) 显然 $x=0$ 和 $x=1$ 是间断点.因 $\lim_{x\to 0}f(x)=\infty$,故 $x=0$ 是第二类无穷型间断点.因 $\lim_{x\to 1^+}f(x)=0,\lim_{x\to 1^-}f(x)=-1$,故 $x=1$ 是第一类跳跃间断点.

函数在一点的连续性是用极限来定义的,因此间断点主要也用极限作分类.函数在一点有极限的充要条件是在这点的左、右极限都存在且相等,故判断间断点的类型主要看左、右极限的存在性.

(1)(2) 是最基本题,要熟悉.

(3) 要注意指数函数当 $x\to\pm\infty$ 时 $\mathrm{e}^{\frac{x}{x-1}}$ 的不同结果.

$(4) f(x) = \lim_{t \to x} \left(\dfrac{\sin t}{\sin x}\right)^{\frac{x}{\sin t - \sin x}} = e^{\lim_{t \to x} \frac{x}{\sin t - \sin x} \ln \left(1 + \frac{\sin t - \sin x}{\sin x}\right)} = e^{\frac{x}{\sin x}}$

故 $x = k\pi(k$ 为整数$)$ 是间断点. 因 $\lim_{x \to 0} e^{\frac{x}{\sin x}} = e$, 故 $x = 0$ 是可去间断点;

当 $x \to k\pi^{\pm} (k \neq 0)$ 时总有 $f(x) \to \infty$, 故这些点皆为第二类无穷间断点.

**例 2.3.2** 研究 $x\left[\dfrac{1}{x}\right]$ 的连续性.

**解** 若 $k$ 是非零整数, 则 $\lim_{x \to \frac{1}{k}^+} x\left[\dfrac{1}{x}\right] = \dfrac{k-1}{k}$, $\lim_{x \to \frac{1}{k}^-} x\left[\dfrac{1}{x}\right] = 1$. 故 $x = \dfrac{1}{k}$

是第一类跳跃间断点. 因 $\lim_{x \to 0} x\left[\dfrac{1}{x}\right] = 0$, 故 $x = 0$ 是第一类可去间断点. 在

$x \neq 0$ 及 $x \neq \dfrac{1}{k}$ 处此函数连续.

**例 2.3.3** 研究下列函数的连续性.

$(1) f(x) = \lim_{n \to \infty} \sqrt[n]{1 + 4^n + x^{2n}}$;

$(2) f(x) = \lim_{n \to \infty} \dfrac{x + x^2 e^{nx}}{1 + e^{nx}}$;

$(3) f(x) = \lim_{n \to \infty} \dfrac{n^x - n^{-x}}{n^x + n^{-x}}$.

这些题具有综合性, 考研和竞赛中常出现.

**解** $(1) f(x) = \lim_{n \to \infty} \sqrt[n]{1 + 4^n + x^{2n}} = \begin{cases} 4, & |x| \leqslant 2 \\ x^2, & |x| > 2 \end{cases}$,

故 $f(x)$ 处处连续;

$(2) f(x) = \lim_{n \to \infty} \dfrac{x + x^2 e^{nx}}{1 + e^{nx}} = \begin{cases} x^2, & x > 0 \\ 0, & x = 0 \\ x, & x < 0 \end{cases}$, 故 $f(x)$ 处处连续;

$(3) f(x) = \lim_{n \to \infty} \dfrac{n^x - n^{-x}}{n^x + n^{-x}} = \lim_{n \to \infty} \dfrac{n^{2x} - 1}{n^{2x} + 1} = \begin{cases} 1, & x > 0 \\ 0, & x = 0 \\ -1, & x < 0 \end{cases}$, 即 $f(x) = \operatorname{sgn} x$,

故 $x = 0$ 为第一类跳跃间断点.

### 2.3.2 连续函数的性质

**例 2.3.4** 若 $f(x)$ 连续, 证明 $|f(x)|$ 也连续; 反之, 若 $|f(x)|$ 连续, 问 $f(x)$ 是否必连续?

**证** 因为 $f(x)$ 连续, 对任意的 $\varepsilon > 0$, 存在 $\delta > 0$, 只要 $|\Delta x| < \delta$, 便有 $|f(x + \Delta x) - f(x)| < \varepsilon$. 此时

$\left||f(x + \Delta x)| - |f(x)|\right| \leqslant |f(x + \Delta x) - f(x)| < \varepsilon$

成立, 故 $|f(x)|$ 连续.

反之, 设 $f(x) = \begin{cases} -1, & x \text{ 为有理数} \\ 1, & x \text{ 为无理数} \end{cases}$, 则 $f(x)$ 处处间断, 但 $|f(x)| = 1$

处处连续.

举反例是数学能力之一, 请读者再举些 $|f(x)|$ 连续, 但 $f(x)$ 间断的例子.

\* **例 2.3.5**　设 $f(x)$ 与 $g(x)$ 均连续,试证明:

$$\varphi(x)=\max[f(x),g(x)],\psi(x)=\min[f(x),g(x)]$$ 均连续.

**证 1**　对任意的 $x\in(-\infty,+\infty)$,当 $f(x)>g(x)$ 时,由函数的连续性知,对绝对值充分小的 $\Delta x$,均有

$$f(x+\Delta x)>g(x+\Delta x)$$

故在 $(x-|\Delta x|,x+|\Delta x|)$ 内,$\varphi(x)=f(x),\psi(x)=g(x)$ 皆连续.

类似地,当 $f(x)<g(x)$ 时,$\varphi(x)=g(x),\psi(x)=f(x)$ 在 $(x-|\Delta x|,x+|\Delta x|)$ 内亦连续.

当 $f(x)=g(x)$ 时,$\varphi(x)=\psi(x)=f(x)=g(x)$,而

$$\varphi(x+\Delta x)=\max\{f(x+\Delta x),g(x+\Delta x)\}$$

无论 $\varphi(x+\Delta x)$ 取 $f(x+\Delta x)$ 还是 $g(x+\Delta x)$),总有

$$\varphi(x+\Delta x)-\varphi(x)=f(x+\Delta x)-f(x)\to 0$$

或　　$$\varphi(x+\Delta x)-\varphi(x)=g(x+\Delta x)-g(x)\to 0(\Delta x\to 0)$$

故 $x$ 是 $\varphi(x)$ 的连续点.类似可证 $\psi(x)$ 在点 $x$ 处连续.

**证 2**　容易验证:

$$\varphi(x)=\frac{1}{2}[f(x)+g(x)+|f(x)-g(x)|]$$

$$\psi(x)=\frac{1}{2}[f(x)+g(x)-|f(x)-g(x)|]$$

由于 $|u|=\sqrt{u^2}$,利用连续函数的运算性质可得,$\varphi(x),\psi(x)$ 均为连续函数.

\* **例 2.3.6**　证明:单调有界函数的间断点必为第一类间断点.

**定理**　$\lim\limits_{x\to x_0}f(x)=A$ 存在的充要条件是:对任意数列 $\{x_n\}:x_n\to x_0$,均有 $\lim\limits_{n\to\infty}f(x_n)=A$.

(例2.3.6)**证**　不妨设 $f(x)$ 是单调增且有界的函数,在其定义域上任意取定一点 $x_0$.设 $x_n$ 是单调增趋于 $x_0$ 的任意数列,则 $f(x_n)$ 单调增,又有界,故必有极限,记为 $\lim\limits_{n\to\infty}f(x_n)=A$,且有 $f(x_n)\leqslant A$.

于是 $\forall\varepsilon>0,\exists N$,使 $0\leqslant A-f(x_N)<\varepsilon$.

设 $\{a_n\}$ 是任一趋于 $x_0$ 的数列,且 $a_n\leqslant x_0$,则存在充分大的正整数 $N_1$,使当 $n>N_1$ 时,有 $f(a_n)>f(x_N)$,从而有

$$0\leqslant A-f(a_n)<A-f(x_N)<\varepsilon$$

故 $\lim\limits_{n\to\infty}f(a_n)=A$,于是有 $\lim\limits_{x\to x_0^-}f(x)=A$ 存在.

同理可证 $\lim\limits_{x\to x_0^+}f(x)=B$ 存在.因此,若 $x_0$ 是单调有界函数 $f(x)$ 的间断点,则必为第一类间断点.

### 2.3.3　闭区间上连续函数的性质

在高等数学中,闭区间上连续函数的性质可以概括为下述定理.

**定理**　设函数 $f(x)$ 在 $[a,b]$ 上连续,则在 $[a,b]$ 上一定可以取到其最大值 $M$ 和最小值 $m$ 之间的一切值.即对任意的 $y_0:m\leqslant y_0\leqslant M$,

---

证 1 是分 $f(x)$ 大于、小于及等于 $g(x)$ 三种情况来讨论的,这是常用的基本的方法.

证2的这种技巧很值得读者留意.

这里函数单调,只需单调不增或单调不减即可.

请读者自己证明这个定理.

此题等价于证明:单调有界的函数在每一点均有左、右极限.证明要用到下面的定理,通常的高等数学教材不讲这个定理,我们仅列出它而不予证明.

这蕴含了 $m\leqslant f(x)\leqslant M$,故 $f(x)$ 有界.$y_0$ 可以是最大值、最小值或介值.

都有 $x_0 \in [a,b]$,使 $f(x_0) = y_0$.

它概括了以下内容:$f(x)$ 必有界,必可取到最大值和最小值,介值定理. 在高等数学中,介值定理的应用尤其重要.

**例 2.3.7** 设函数 $f(x)$ 在 $[a,+\infty)$ 上连续,且 $\lim\limits_{x \to +\infty} f(x) = L$ 存在,证明:$f(x)$ 在 $[a,+\infty)$ 上有界.

**证** 由 $\lim\limits_{x \to +\infty} f(x) = L$ 知,存在 $X_0 > 0$,只要 $x \geqslant X_0$,就有 $|f(x) - L| < 1$,即

$$L - 1 < f(x) < L + 1$$

又 $f(x)$ 在 $[a,X_0]$ 上连续,故有 $m \leqslant f(x) \leqslant M$. 取

$$A = \max \{M,L+1\}, B = \min \{m,L-1\}$$

则对一切 $x \in [a,+\infty)$,有 $B \leqslant f(x) \leqslant A$,即函数 $f(x)$ 在 $[a,+\infty)$ 上有界.

利用极限的性质,先证明 $f(x)$ 在 $[X_0,+\infty)$ 上有界;再利用闭区间上连续函数的性质知,$f(x)$ 在 $[a,X_0]$ 上有界.

**例 2.3.8** 设函数 $f(x)$ 在 $[a,b]$ 上有定义且单调,且能取得介于 $f(a)$ 与 $f(b)$ 之间的一切值. 证明:函数 $f(x)$ 在 $[a,b]$ 上连续.

**证** 不妨设 $f(x)$ 单调增,则 $f(a) \leqslant f(x) \leqslant f(b)$,$x \in [a,b]$. 假设 $f(x)$ 在某点处 $x_0 \in [a,b]$ 间断,则必为第一类间断点,且

$$f(a) \leqslant \lim_{x \to x_0^-} f(x) = y_1 < \lim_{x \to x_0^+} f(x) = y_2 \leqslant f(b) \qquad (*)$$

由 $f(x)$ 单调增可知,$f(x)$ 取不到在 $(y_1,y_2) \subset [f(a),f(b)]$ 内的任何值,与题设矛盾,故函数 $f(x)$ 在 $[a,b]$ 上连续.

注意这里单调性条件不可少(其意义同例 2.3.6 的旁注).

**注** 区间端点处,当 $x_0 = a$ 时,式 $(*)$ 为

$$f(a) = y_1 < \lim_{x \to a^+} f(x) = y_2 \leqslant f(b)$$

当 $x_0 = b$ 时,式 $(*)$ 为 $f(a) \leqslant \lim\limits_{x \to b^-} f(x) = y_1 < y_2 = f(b)$.

**例 2.3.9** 若函数 $f(x)$ 在 $(a,b)$ 内连续,$x_1,x_2,\cdots,x_n \in (a,b)$,证明:存在 $\xi \in (a,b)$,使 $f(\xi) = \dfrac{1}{n}[f(x_1) + f(x_2) + \cdots + f(x_n)]$.

本题是连续函数的平均值定理.

**证** 不妨设 $x_1 \leqslant x_2 \leqslant \cdots \leqslant x_n$,则 $f(x)$ 在 $[x_1,x_n] \subset (a,b)$ 上连续,设 $f(x)$ 在 $[x_1,x_n]$ 上的最大值、最小值分别为 $M,m$,

则 $m \leqslant \dfrac{1}{n}[f(x_1) + f(x_2) + \cdots + f(x_n)] \leqslant M$,故由介值定理知,存在

$\xi \in (a,b)$,使 $f(\xi) = \dfrac{1}{n}[f(x_1) + f(x_2) + \cdots + f(x_n)]$.

**例 2.3.10** 设函数 $f(t)$ 在一圆周上有定义且连续,证明:必存在一条直径,使函数 $f(t)$ 在其两端点处的取值相等.

**分析** 取圆心为极点作极坐标系,则 $f(t)$ 可由圆心角 $\theta$(即极角)所确定,不妨记为 $f(\theta)$,则有 $f(0) = f(2\pi)(0 \leqslant \theta \leqslant 2\pi)$. 于是问题转化为要证明:存在 $\theta_0 \in [0,2\pi]$,使 $f(\theta_0) = f(\theta_0 + \pi)$. 自然想到用介值定理.

这里用到了圆周上连续函数的周期性.

**证** 作辅助函数 $\varphi(\theta) = f(\theta + \pi) - f(\theta)$,则 $\varphi(\theta)$ 在 $[0,\pi]$ 上连续,且

$$\varphi(0) = f(\pi) - f(0), \varphi(\pi) = f(2\pi) - f(\pi) = f(0) - f(\pi)$$

故 $\varphi(0) = -\varphi(\pi)$.

若 $\varphi(0) = \varphi(\pi) = 0$,则 $\theta = 0$ 和 $\theta = \pi$ 对应于一条直径的两端点, $f(t)$ 的值相等;

若 $\varphi(0) \cdot \varphi(\pi) \neq 0$,则 $\varphi(0)$ 与 $\varphi(\pi)$ 异号,由零值定理知,存在 $\theta_0 \in (0, \pi)$,使 $\varphi(\theta_0) = f(\theta_0 + \pi) - f(\theta_0) = 0$. 而 $\theta_0$ 和 $\theta_0 + \pi$ 对应一条直径的两端点,有 $f(\theta_0 + \pi) = f(\theta_0)$.

**\* 例 2.3.11**　设 $f(x)$ 在 $[a, b]$ 上连续,且 $f(a) = f(b)$,试证:存在 $[\alpha, \beta] \subset [a, b]$, $\beta - \alpha = \dfrac{b-a}{2}$,使 $f(\alpha) = f(\beta)$.

**分析**　如图 2-3 所示,要证明存在点 $\alpha: \alpha \leqslant \dfrac{b+a}{2}$,使 $f(\alpha) = f(\alpha + \dfrac{b-a}{2})$. 于是想到变动 $\alpha$ 为 $x$,作差 $f(x + \dfrac{b-a}{2}) - f(x)$ 为辅助函数,用零点定理证之.

利用数形结合方法想到作辅助函数 $F(x) = f(x + \dfrac{b-a}{2}) - f(x)$. 可用本题结论证明罗尔中值定理. 读者不妨一试.

**证**　作 $F(x) = f(x + \dfrac{b-a}{2}) - f(x)$

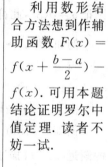

图　2-3

则 $F(x)$ 在 $[a, \dfrac{b+a}{2}]$ 上连续,有

$$F(a) = f(\dfrac{b+a}{2}) - f(a)$$

$$F(\dfrac{b+a}{2}) = f(b) - f(\dfrac{b+a}{2})$$

由 $f(a) = f(b)$ 知, $F(a) F(\dfrac{b+a}{2}) \leqslant 0$.

若 $F(a) = F(\dfrac{b+a}{2})$,则取 $\alpha = a$,命题得证.

若 $F(a) \neq F(\dfrac{b+a}{2})$,则 $F(a)$ 与 $F(\dfrac{b+a}{2})$ 异号,故由零点定理知 $\exists \alpha \in (a, \dfrac{b+a}{2})$,使 $F(\alpha) = 0$,即 $f(\alpha) = f(\alpha + \dfrac{b-a}{2})$, $\beta - \alpha = \dfrac{b-a}{2}$,命题也得证.

## 2.4　本章杂题

### 2.4.1　无穷小(无穷大)分析(一)

极限方法是研究高等数学问题的主要方法. $\lim y = A$ 的充要条件是 $y - A$ 是无穷小量,即 $y = A + \alpha$, $\alpha$ 为无穷小量. 因此极限方法可转化为无穷小分析方法.

如讨论函数的极限问题,可先分析极限是什么类型,哪些可由等价无穷

小替代. 当 $x \to 0$ 时, 熟悉以下一些常用的等价无穷小量:

$$x \sim \sin x \sim \tan x \sim \arcsin x \sim \arctan x \sim e^x - 1 \sim \ln(1+x) \sim$$
$$\frac{(1+x)^{\alpha}-1}{\alpha}(\alpha \neq 0) \ \text{及}$$

$$1 - \cos x \sim \frac{x^2}{2}$$

是很有裨益的.

在作无穷小分析时, 引入以下符号将很方便.

若 $\alpha, \beta$ 是同一过程中的两个无穷小, 且 $\alpha$ 是比 $\beta$ 高阶的无穷小,

则记 $\alpha = o(\beta)$, 此符号的含义是 $\lim\limits_{\beta \to 0} \dfrac{o(\beta)}{\beta} = 0$.

例如, 当 $x \to 0$ 时, $x - \sin x = o(x)$, $x - \sin x = o(x^2)$, 等等.

当 $x \to 0$ 时, $Ao(x) + Bo(x) = o(x)(A, B$ 是常数), $xo(x) = o(x^2)$, $o\{o(x)\} = o(x)$.

由于 $o(x)$ 是概括性很强的记号, 故常用 $o(1)$ 表示无穷小.

例如, "当 $\lim\limits_{x \to \infty}[f(x) - (ax+b)] = 0$ 时, 直线 $y = ax+b$ 是曲线 $y = f(x)$ 的渐近线." 可描述成:

当 $x \to \infty$ 时, $f(x) = ax + b + o(1)$, 则 $y = ax + b$ 是曲线 $y = f(x)$ 的渐近线; $a = 0$ 时是水平渐近线, $a \neq 0$ 时是斜渐近线.

**例 2.4.1** 求极限 $\lim\limits_{x \to 0} \dfrac{1}{x^3}\left[\left(\dfrac{2 + \cos x}{3}\right)^x - 1\right]$.

**分析** 这是 "$\dfrac{0}{0}$" 型极限, 因为分子 $\left(\dfrac{2 + \cos x}{3}\right)^x - 1 \to 0(x \to 0)$.

解法之一约去分母 $x^3$ 中含 $x$ 幂的因子. 为此利用等价无穷小替代, 将分子逐步变形为最简形式为

$$\left(\frac{2 + \cos x}{3}\right)^x - 1 = e^{x \ln \frac{2 + \cos x}{3}} - 1 \sim x \ln \frac{2 + \cos x}{3}$$

$$= x \ln\left(1 + \frac{\cos x - 1}{3}\right) \sim -\frac{x}{3}(1 - \cos x) \sim -\frac{1}{6}x^3$$

解法之二是用洛必达法则, 比较烦琐, 而且中途用无穷小分析才能简化运算. 注意对幂指函数求导得用换底公式.

**解 1** $\lim\limits_{x \to 0} \dfrac{1}{x^3}\left[\left(\dfrac{2 + \cos x}{3}\right)^x - 1\right]$

$$= \lim\limits_{x \to 0} \frac{1}{x^2} \ln \frac{2 + \cos x}{3}$$

$$= -\lim\limits_{x \to 0} \frac{1}{3x^2}(1 - \cos x) = -\frac{1}{6}$$

**解 2** $\left[\left(\dfrac{2 + \cos x}{3}\right)^x\right]' = \left[e^{x \ln \frac{2 + \cos x}{3}}\right]'$

$$= e^{x \ln \frac{2 + \cos x}{3}}\left[\ln(2 + \cos x) - \ln 3 - \frac{x \sin x}{2 + \cos x}\right]$$

掌握常用的一些初等函数为等价无穷小量, 是很重要的.

遇到幂指函数 $\left(\dfrac{2 + \cos x}{3}\right)^x$, 先换成以 e 为底的指数函数 $e^{x \ln \frac{2 + \cos x}{3}} \to 1$, 故 $e^{x \ln \frac{2 + \cos x}{3}} - 1$ 等价于 $x \ln \dfrac{2 + \cos x}{3}$, 再逐次用等价无穷小替代简化问题.

应用洛必达法则的过程中也应与无穷小分析相结合.

故原极限$=\lim\limits_{x\to 0}\dfrac{\ln(2+\cos x)-\ln 3}{3x^2}-\lim\limits_{x\to 0}\dfrac{x\sin x}{3x^2}\cdot\dfrac{1}{2+\cos x}$

$$=\lim\limits_{x\to 0}\dfrac{-\sin x}{6x(2+\cos x)}-\dfrac{1}{9}$$

$$=-\dfrac{1}{18}-\dfrac{1}{9}=-\dfrac{1}{6}.$$

**例 2.4.2**　设 $f(x)$ 在点 $x=0$ 处具有一阶连续导数，且

$$\lim\limits_{x\to 0}\left(\dfrac{\sin x}{x^2}+\dfrac{f(x)}{x}\right)=2$$

求 $f(0)$ 及 $f'(0)$.

**解**　由极限式知 $\sin x+xf(x)=2x^2+o(x^2)$，而 $\sin x=x+o(x^2)$，故

$$xf(x)=-x+2x^2+o(x^2)$$

即

$$f(x)=-1+2x+o(x) \qquad\qquad (*)$$

将上式视为 $f(x)$ 的局部泰勒公式，故 $f(0)=-1,f'(0)=2$.

**注**　由式$(*)$也可求极限得 $f(0)$ 及 $f'(0)$ 的值为

$$f(0)=\lim\limits_{x\to 0}(-1+2x+o(x))=-1$$

$$f'(0)=\lim\limits_{x\to 0}\dfrac{f(x)-(-1)}{x}=\lim\limits_{x\to 0}\dfrac{2x+o(x^2)}{x}=2$$

**例 2.4.3**　求极限 $I=\lim\limits_{x\to 0}\left(\dfrac{e^x+e^{2x}+\cdots+e^{nx}}{n}\right)^{\frac{1}{x}}$.

**解**　$I=\lim\limits_{x\to 0}e^{\frac{1}{x}\ln\left[1+\left(\frac{e^x+e^{2x}+\cdots+e^{nx}-n}{n}\right)\right]}$

$$=e^{\lim\limits_{x\to 0}\frac{1}{x}\cdot\frac{(e^x-1)+(e^{2x}-1)+\cdots+(e^{nx}-1)}{n}}$$

$$=e^{\frac{1+2+\cdots+n}{n}}=e^{\frac{n+1}{2}}$$

**\* 例 2.4.4**　求极限 $I=\lim\limits_{x\to 0}\dfrac{\tan(\tan x)-\sin(\sin x)}{\tan x-\sin x}$.

**分析**　主要困难是分子 $\tan(\tan x)-\sin(\sin x)$ 无法直接用三角公式变形. 设法化为同角的三角函数之差.

$$\tan(\tan x)-\sin(\sin x)=$$
$$\tan(\tan x)-\sin(\tan x)+\sin(\tan x)-\sin(\sin x)$$

将所求极限分为两项和的极限，有

$$I=\lim\limits_{x\to 0}\dfrac{\tan(\tan x)-\sin(\tan x)}{\tan x-\sin x}+\lim\limits_{x\to 0}\dfrac{\sin(\tan x)-\sin(\sin x)}{\tan x-\sin x}$$

$$=I_1+I_2$$

**解 1**　$I_1=\lim\limits_{x\to 0}\dfrac{\tan(\tan x)-\sin(\tan x)}{\tan x-\sin x}$

$$=\lim\limits_{x\to 0}\dfrac{\tan(\tan x)(1-\cos(\tan x))}{\tan x(1-\cos x)}=1$$

$$I_2=\lim\limits_{x\to 0}\dfrac{\sin(\tan x)-\sin(\sin x)}{\tan x-\sin x}$$

先判断出分子 $\sin x+xf(x)$ 是 $x$ 的二阶无穷小，再变形出 $f(x)$ 的泰勒公式. 而 $\sin x=x-\dfrac{x^3}{3!}+o(x^3)$，由无穷小分析写成 $\sin x=x+o(x^2)$，即达到目的.

可见熟悉泰勒公式对求极限的作用，但亦离不开无穷小分析.

用等价无穷小 $\ln(1+u)\sim u(u\to 0)$

利用三角函数的恒等变形，将原式分为两个极限，便于用等价无穷小替代.

想不到用分项拆开分子，则无穷小分析法很难下手. 所以作无穷小分析也要用到一般数学技巧.

对分母作无穷小分析：
$\tan x-\sin x$
$=\tan x(1-\cos x)$
$\sim\dfrac{x^3}{2}$

$$=\lim_{x\to 0}\cos\frac{\tan x+\sin x}{2}\cdot\frac{\sin\dfrac{\tan x-\sin x}{2}}{\dfrac{\tan x-\sin x}{2}}=1$$

故 $I=I_1+I_2=2$.

**解 2** 对分子两函数用泰勒公式

$$\sin x=x-\frac{1}{6}x^3+o(x^3),\sin(\sin x)=\sin x-\frac{1}{6}\sin^3 x+o(x^3)$$

$$\tan x=x+\frac{1}{3}x^3+o(x^3),\tan(\tan x)=\tan x+\frac{1}{3}\tan^3 x+o(x^3)$$

故 $I=\lim_{x\to 0}\dfrac{\tan(\tan x)-\sin(\sin x)}{\tan x-\sin x}$

$$=\lim_{x\to 0}\frac{\tan x+\dfrac{1}{3}\tan^3 x-\sin x+\dfrac{1}{6}\sin^3 x+o(x^3)}{\tan x-\sin x}$$

$$=1+\lim_{x\to 0}\frac{\dfrac{1}{3}\tan^3 x+\dfrac{1}{6}\sin^3 x}{\dfrac{1}{2}x^3}=2$$

> $\tan(\tan x)$ 和 $\sin(\sin x)$ 分别用泰勒公式分解至 $o(x^3)$.
>
> 本题解 1 若不分项,将比较烦琐和困难,用洛必达法则更繁,可见无穷小分析方法也离不开技巧.

**例 2.4.5** 求下列各极限:

(1) $I=\lim_{x\to 0}\dfrac{\sqrt[m]{1+\alpha x}\cdot\sqrt[n]{1+\beta x}-1}{x}$;

(2) $I=\lim_{x\to 0}\dfrac{1-\cos x\cdot\sqrt{\cos 2x}\cdot\sqrt[3]{\cos 3x}}{x^2}$;

(3) $I=\lim_{x\to 0}(1+x^2 e^x)^{\frac{1}{1-\cos x}}$;

(4) $I=\lim_{x\to +\infty}\left[\sqrt{(x+2\sin\theta)(x+\cos\theta)}-x\right]$.

**解** (1) 先对分子适当加减项,进行分组分解,有

> 这里也用到上题中拆项求极限的方法.

$$I=\lim_{x\to 0}\frac{(\sqrt[m]{1+\alpha x}\cdot\sqrt[n]{1+\beta x}-\sqrt[m]{1+\alpha x})+(\sqrt[m]{1+\alpha x}-1)}{x}$$

$$=\lim_{x\to 0}\frac{\sqrt[m]{1+\alpha x}\cdot(\sqrt[n]{1+\beta x}-1)}{x}+\lim_{x\to 0}\frac{\sqrt[m]{1+\alpha x}-1}{x}$$

由于 $\sqrt[n]{1+\beta x}-1\sim\dfrac{\beta}{n}x,\sqrt[m]{1+\alpha x}-1\sim\dfrac{\alpha}{m}x$,于是 $I=\dfrac{\beta}{n}+\dfrac{\alpha}{m}$.

(2) 也是对分子加减项,分组分解为恰当的形式,有

> 请总结一下用拆项技巧,再用无穷小分析的方法.

$$I=\lim_{x\to 0}\frac{1-\cos x\cdot\sqrt{\cos 2x}\cdot\sqrt[3]{\cos 3x}}{x^2}$$

$$=\lim_{x\to 0}\frac{1-\cos x+\cos x\cdot\left[(1-\sqrt{\cos 2x})+\sqrt{\cos 2x}\cdot(1-\sqrt[3]{\cos 3x})\right]}{x^2}$$

$$=\frac{1}{2}+1+\frac{3}{2}=3$$

**注** 此题各部分统一于极限 $I_1=\lim_{x\to 0}\dfrac{1-(\cos nx)^{\frac{1}{n}}}{x^2}$,利用洛必达法则得

$$I_1 = \lim_{x\to 0} \frac{\frac{1}{n}(\cos nx)^{\frac{1}{n}-1} n\sin nx}{2x} = \frac{n}{2}$$

（3）幂指函数化为指数函数后，用等价无穷小替代，有

$$I = \lim_{x\to 0}(1+x^2 e^x)^{\frac{1}{1-\cos x}} = \lim_{x\to 0} e^{\frac{1}{1-\cos x}\ln(1+x^2 e^x)}$$

$$= e^{\lim_{x\to 0}\frac{1}{\frac{1}{2}x^2}\cdot x^2 e^x} = e^2$$

（4）分子有理化后化简，有

$$I = \lim_{x\to +\infty}\left[\sqrt{(x+2\sin\theta)(x+\cos\theta)} - x\right]$$

$$= \lim_{x\to +\infty}\frac{(2\sin\theta+\cos\theta)x + \sin 2\theta}{\sqrt{(x+2\sin\theta)(x+\cos\theta)}+x} = \frac{2\sin\theta+\cos\theta}{2}$$

或直接用等价无穷小替代，有

$$I = \lim_{x\to +\infty} x\left(\sqrt{1+\frac{2\sin\theta+\cos\theta}{x}+\frac{\sin 2\theta}{x^2}} - 1\right)$$

$$= \lim_{x\to 0} x\left(\frac{2\sin\theta+\cos\theta}{2x}\right) = \frac{2\sin\theta+\cos\theta}{2}$$

**例 2.4.6**　求极限 $I = \lim_{x\to 0}\frac{x^2+2-2\sqrt{1+x^2}}{(e^{x^2}-\cos x)\ln(1+x^2)}$.

**解 1**　（用等价无穷小替代）分子配方后变形，有

$$x^2+2-2\sqrt{1+x^2} = (\sqrt{1+x^2})^2 - 2\sqrt{1+x^2} + 1$$

$$= (\sqrt{1+x^2}-1)^2 \sim \frac{1}{4}x^4$$

$$I = \lim_{x\to 0}\frac{x^2+2-2\sqrt{1+x^2}}{(e^{x^2}-\cos x)\ln(1+x^2)} = \lim_{x\to 0}\frac{x^2}{4(e^{x^2}-\cos x)} \qquad (*)$$

$$= \frac{1}{4}\lim_{x\to 0}\frac{1}{\frac{e^{x^2}-1}{x^2}+\frac{1-\cos x}{x^2}} = \frac{1}{6}$$

**解 2**　（等价无穷小替代与洛必达法则交叉用）解至式（*）后用洛必达法则，得

$$I = \lim_{x\to 0}\frac{x^2}{4(e^{x^2}-\cos x)} = \lim_{x\to 0}\frac{x}{2(2xe^{x^2}+\sin x)}$$

$$= \lim_{x\to 0}\frac{1}{2\left(2e^{x^2}+\frac{\sin x}{x}\right)} = \frac{1}{6}$$

**解 3**　（用泰勒公式）分子中 $2(1+x^2)^{\frac{1}{2}} = 2+x^2-\frac{1}{4}x^4+o(x^4)$，故

$$x^2+2-2(1+x^2)^{\frac{1}{2}} = \frac{1}{4}x^4+o(x^4)$$

分母中　　$\ln(1+x^2)=x^2+o(x^2),\ e^{x^2}=1+x^2+o(x^2)$

$$\cos x = 1-\frac{1}{2}x^2+o(x^2)$$

一般幂指函数均先用"换底"的技巧.

有理整式的"$\infty-\infty$"的极限先用有理化分子的技巧.

这些例子再次显示，在无穷小分析的基础上，将等价无穷小替代、洛必达法则、泰勒公式、适当变形等方法相结合，交叉运用，对求解极限颇有益.

3 种解法均离不开"无穷小分析". 首先分析出分子与分母都是 $x$ 的四阶无穷小量，解题便有了方向. 其实式（*）用泰勒公式也很简便.

因此
$$(e^{x^2} - \cos x)\ln(1+x^2) = \frac{3}{2}x^4 + o(x^4)$$

故所求极限为
$$I = \lim_{x \to 0} \frac{\frac{1}{4}x^4 + o(x^4)}{\frac{3}{2}x^4 + o(x^4)} = \frac{1}{6}$$

**例 2.4.7** 设 $|x| < 1$,求极限 $I = \lim_{n \to \infty}(1+x)(1+x^2)\cdots(1+x^{2^n})$.

**解** $I = \lim_{n \to \infty}(1-x)(1+x)(1+x^2)\cdots(1+x^{2^n})/(1-x)$

$$= \lim_{n \to \infty} \frac{1-x^{2^{n+1}}}{1-x} = \frac{1}{1-x}$$

> 这是"无穷多项乘积".采用初等运算技巧,用 $(1-x)$ 同乘以分子与分母,化简极限式.

**小结** 求函数极限,主要是处理 7 种未定式的极限:"$\frac{0}{0}$""$\frac{\infty}{\infty}$""$0 \cdot \infty$""$\infty - \infty$""$0^0$""$\infty^0$""$1^\infty$"等.无穷小(或无穷大)分析是有力的工具.上述例子大多可归结为"$\frac{0}{0}$"或"$\frac{\infty}{\infty}$"这两种类型.遇到"$\frac{0}{0}$"型极限时,主要是用各种技巧,"约"去分子、分母所含的极限为零的因式;而遇到"$\frac{\infty}{\infty}$"型时,则主要"约"去分子、分母所含的"无穷大"因式,这就是无穷小(或无穷大)分析的要点.

**例 2.4.8** 求极限 $I = \lim_{x \to \infty} \dfrac{(1+x)(1+x^2)\cdots(1+x^{15})}{(2x^{15}+x^{12}+x+15)^8}$.

**解** 分子中 $x$ 的最高方次是 $1+2+\cdots+15 = 8 \times 15$,分母也是 120 次,故用 $x^{120}$ 去除分子、分母,便可约去"$\infty$"因式,则

$$I = \lim_{x \to \infty} \frac{(1+x^{-1})(1+x^{-2})\cdots(1+x^{-15})}{(2+x^{-3}+x^{-14}+15x^{-15})^8} = \frac{1}{2^8} = \frac{1}{256}$$

> 本题虽简单,却是典型的无穷小与无穷大分析的例子.

**注** 本题若改为研究极限 $I = \lim_{n \to \infty} \dfrac{(1+x)(1+x^2)\cdots(1+x^{15})}{(2x^{15}+x^{12}+x+15)^m}$,则结论是:当 $m \geqslant 8$ 时极限存在,当 $m < 8$ 时极限不存在.

**例 2.4.9** 研究极限 $I = \lim_{x \to \infty} \dfrac{\ln(1+3^x)}{\ln(1+2^x)}$.

**解** 当 $x \to -\infty$ 时,可用等价代换:$\ln(1+3^x) \sim 3^x$,$\ln(1+2^x) \sim 2^x$,故 $I_- = \lim_{x \to -\infty}\left(\frac{3}{2}\right)^x = 0$.而当 $x \to +\infty$ 时,为了"约去"$\infty$ 的因式,可变形为

$$\ln(1+a^x) = \ln a^x(1+a^{-x}) = x\ln a + \ln(1+a^{-x})$$

故

$$I_+ = \lim_{x \to +\infty} \frac{x\ln 3 + \ln(1+3^{-x})}{x\ln 2 + \ln(1+2^{-x})} = \frac{\ln 3}{\ln 2}$$

由于 $\lim_{x \to -\infty} \dfrac{\ln(1+3^x)}{\ln(1+2^x)} \neq \lim_{x \to +\infty} \dfrac{\ln(1+3^x)}{\ln(1+2^x)}$,故原极限

$$I = \lim_{x \to \infty} \frac{\ln(1+3^x)}{\ln(1+2^x)} \text{ 不存在.}$$

> 当 $x \to -\infty$ 时,$3^x$ 与 $2^x$ 均趋于 $0$,$I$ 为"$\frac{0}{0}$"型;当 $x \to +\infty$ 时,$I$ 为"$\frac{\infty}{\infty}$"型.因此,应当分别处理.

**例 2.4.10** 求极限 $I = \lim_{n \to \infty}\sin(\sqrt{4n^2+n+1} \cdot \pi)$.

**分析** 由周期性知,$\sin(\sqrt{4n^2+n+1} \cdot \pi) =$

$\sin\left[\left(\sqrt{4n^2+n+1}-2n\right)\pi\right]$，故可用有理化分子方法，"约去"$\infty$ 因式.

**解**　$I=\lim\limits_{n\to\infty}\sin\left[\left(\sqrt{4n^2+n+1}-2n\right)\pi\right]$

$\qquad=\lim\limits_{n\to\infty}\sin\dfrac{(n+1)\pi}{\sqrt{4n^2+n+1}+2n}=\dfrac{\sqrt{2}}{2}$

**注**　可用"泰勒"公式，有

$$\sqrt{4n^2+n+1}=2n\left(1+\dfrac{1}{4n}+o\left(\dfrac{1}{n}\right)\right)^{\frac{1}{2}}=2n\left(1+\dfrac{1}{8n}+o\left(\dfrac{1}{n}\right)\right)$$

$$=2n+\dfrac{1}{4}+o(1)$$

其中 $o(1)\to 0(n\to\infty)$，故

$$I=\lim\limits_{n\to\infty}\sin\left(\sqrt{4n^2+n+1}\cdot\pi\right)=\lim\limits_{n\to\infty}\sin\left(2n\pi+\dfrac{\pi}{4}+o(1)\right)$$

$$=\sin\dfrac{\pi}{4}=\dfrac{\sqrt{2}}{2}$$

### 2.4.2　无穷小(无穷大)分析(二)

本小节主要介绍数列极限中的分析方法.

**例 2.4.11**　求极限 $I=\lim\limits_{n\to\infty}\left(\dfrac{1}{n+1}+\dfrac{1}{n+2}+\cdots+\dfrac{1}{n+n}\right)$.

**解**　$I=\lim\limits_{n\to\infty}\sum\limits_{k=1}^{n}\dfrac{1}{1+\dfrac{k}{n}}\cdot\dfrac{1}{n}=\int_0^1\dfrac{\mathrm{d}x}{1+x}=\ln 2$.

**小结**　一般能化为 $\lim\limits_{n\to\infty}\sum\limits_{k=1}^{n}f\left(\dfrac{k}{n}\right)\cdot\dfrac{1}{n}$ 形式的极限，只要 $f(x)$ 在$[0,1]$ 上可积，便可用定积分 $\int_0^1 f(x)\mathrm{d}x$ 来计算出极限的结果. 这里 $\sum\limits_{k=1}^{n}f\left(\dfrac{k}{n}\right)\cdot\dfrac{1}{n}$ 称为积分和.

**例 2.4.12**　求极限 $I=\lim\limits_{n\to\infty}\left(\dfrac{n}{n^2+1}+\dfrac{n}{n^2+2^2}+\cdots+\dfrac{n}{n^2+n^2}\right)$.

**分析**　和式中第 $k$ 项 $\dfrac{n}{n^2+k^2}\to 0(n\to\infty)$，因此极限为"无限个无穷小之和"，又可表示为"积分和"形式 $\sum\limits_{k=1}^{n}\dfrac{1}{1+(k/n)^2}\cdot\dfrac{1}{n}$，故可化为和式极限的定积分来计算.

**解**　$I=\lim\limits_{n\to\infty}\sum\limits_{k=1}^{n}\dfrac{1}{1+\left(\dfrac{k}{n}\right)^2}\cdot\dfrac{1}{n}=\int_0^1\dfrac{\mathrm{d}x}{1+x^2}=\arctan x\Big|_0^1=\dfrac{\pi}{4}$

**例 2.4.13**　求极限 $I=\lim\limits_{n\to\infty}\left(\dfrac{\sin\dfrac{\pi}{n}}{n+1}+\dfrac{\sin\dfrac{2\pi}{n}}{n+\dfrac{1}{2}}+\cdots+\dfrac{\sin\dfrac{n\pi}{n}}{n+\dfrac{1}{n}}\right)$.

**分析**　此和不具有"积分和"的特点，但第 $k$ 项

当 $n\to\infty$ 时，会误以为正弦函数振荡致使极限不存在. 但利用正弦函数的周期性，考虑角度$\left(\sqrt{4n^2+n+1}-2n\right)\pi$ 渐近于 $\dfrac{\pi}{4}$，极限应为 $\sin\dfrac{\pi}{4}$. 利用泰勒公式也能看出端倪.

本题是个典型题，它与许多有名的极限有关系. 解法很多，定积分方法不失为一个好的方法.

对于一类"无限个无穷小之和"，可根据定积分中和式极限表达式的特点，即由所谓"积分和"进行判断，确定是否用积分的方法求解.

对此题夹逼准则失效.

$$\frac{\sin\dfrac{k\pi}{n}}{n+\dfrac{1}{k}} \sim \frac{\sin\dfrac{k\pi}{n}}{n} \quad (n\to\infty)$$

$\sum\limits_{k=1}^{n} \sin\dfrac{k\pi}{n} \cdot \dfrac{1}{n}$ 正是积分和. 因 $0 < \dfrac{1}{k} \leqslant 1$, 为此想到用"夹逼"的方法, 将原和夹于两个积分和之间, 这两积分和趋于同一个定积分.

**解**　由 $\dfrac{1}{n+1}\sum\limits_{k=1}^{n}\sin\dfrac{k\pi}{n} < \sum\limits_{k=1}^{n}\dfrac{\sin\dfrac{k\pi}{n}}{n+\dfrac{1}{k}} < \dfrac{1}{n}\sum\limits_{k=1}^{n}\sin\dfrac{k\pi}{n}$

得　　$\lim\limits_{n\to\infty}\dfrac{n}{n+1}\sum\limits_{k=1}^{n}\sin\dfrac{k\pi}{n}\cdot\dfrac{1}{n} \leqslant I \leqslant \lim\limits_{n\to\infty}\sum\limits_{k=1}^{n}\sin\dfrac{k\pi}{n}\cdot\dfrac{1}{n}$

而　　$\lim\limits_{n\to\infty}\sum\limits_{k=1}^{n}\sin\dfrac{k\pi}{n}\cdot\dfrac{1}{n} = \int_0^1 \sin\pi x\,\mathrm{d}x = \dfrac{2}{\pi}$

又 $\lim\limits_{n\to\infty}\dfrac{n}{n+1}=1$, 故得 $I=\dfrac{2}{\pi}$.

**例 2.4.14**　求极限 $I = \lim\limits_{n\to\infty}\dfrac{1}{n}\sqrt[n]{(n+1)(n+2)\cdots(n+n)}$.

**分析**　记

$$y_n = \frac{1}{n}\sqrt[n]{(n+1)(n+2)\cdots(n+n)} = \left(\frac{n+1}{n}\cdot\frac{n+2}{n}\cdot\cdots\cdot\frac{n+n}{n}\right)^{\frac{1}{n}}$$

则 $x_n = \ln y_n = \dfrac{1}{n}\left[\ln\left(1+\dfrac{1}{n}\right)+\ln\left(1+\dfrac{2}{n}\right)+\cdots+\ln\left(1+\dfrac{n}{n}\right)\right]$, 这便是"积分和", 可用定积分计算.

**解**　　$\lim\limits_{n\to\infty}x_n = \lim\limits_{n\to\infty}\sum\limits_{k=1}^{n}\ln\left(1+\dfrac{k}{n}\right)\cdot\dfrac{1}{n}$

$$= \int_0^1 \ln(1+x)\,\mathrm{d}x = (1+x)\ln(1+x)\Big|_0^1 - 1 = 2\ln 2 - 1$$

故　　　　　　　　　　$I = \lim\limits_{n\to\infty}y_n = \dfrac{4}{\mathrm{e}}$

### 2.4.3　压缩映像原理

先介绍压缩映像概念.

若 $f(x)$ 在 $[a,b]$ 上有定义, $f(x)\in[a,b]$. 又对任意的 $x_1,x_2\in[a,b]$, 有

$$|f(x_2)-f(x_1)| \leqslant \alpha|x_2-x_1| \quad (0<\alpha<1)$$

则称 $y=f(x)$ 是 $[a,b]$ 上的压缩映像.

**例 2.4.15**　证明压缩映像原理: 设 $f(x)$ 是 $[a,b]$ 上的压缩映像, 则存在唯一点 $\xi\in[a,b]$, 使 $f(\xi)=\xi$. $\xi$ 称为映像的不动点.

**证**　　任取 $x_1\in[a,b]$, 作 $x_2=f(x_1), x_3=f(x_2),\cdots,x_n=f(x_{n-1}),\cdots$.

因 $x_n = x_1 + (x_2-x_1) + (x_3-x_2) + \cdots + (x_n-x_{n-1})$

　　　$= x_1 + y_1 + y_2 + \cdots + y_{n-1}$, 其中 $y_k = x_{k+1} - x_k = f(x_k) - f(x_{k-1})$, 故

原和虽然不是"积分和", 但可由等价无穷小 $\dfrac{1}{n+\dfrac{1}{k}} \sim \dfrac{1}{n}(n\to\infty)$, 及 $\dfrac{1}{n+1} \leqslant \dfrac{1}{n+\dfrac{1}{k}} < \dfrac{1}{n}$, 寻求两个积分和夹住原和, 用夹逼定理便可得解.

本题是"无穷乘积"形式, 取对数后可化为"积分和".

压缩映像原理是很基本的不动点原理. 它不但证明了方程 $f(x)=x$ 解的存在唯一性, 而且给出了求解近似值的迭代方法, 故它也是"计算方法"的一个基本理论. 在本书中, 将用这一原理证明一些数列的收敛性或求极限.

数列 $\{x_n\}$ 与级数 $\sum\limits_{n=1}^{\infty} y_n$ 同敛散.

由压缩映像性质得

$$|x_n - x_{n-1}| = |f(x_{n-1}) - f(x_{n-2})| \leqslant \alpha |x_{n-1} - x_{n-2}| \leqslant \cdots$$
$$\leqslant \alpha^{n-2} |x_2 - x_1|$$

从而 $|y_n| \leqslant \alpha^{n-1} |x_2 - x_1| (0 < \alpha < 1)$,可知级数 $\sum\limits_{n=1}^{\infty} y_n$ 绝对收敛,所以 $\{x_n\}$ 收敛,记 $\lim\limits_{n \to \infty} x_n = \xi$.

由 $|f(x_2) - f(x_1)| \leqslant \alpha |x_2 - x_1|$ 知 $f(x)$ 在 $[a, b]$ 上连续.

又 $x_{n+1} = f(x_n)$,于是有

$$\xi = \lim_{n \to \infty} x_{n+1} = \lim_{n \to \infty} f(x_n) = f(\xi)$$

即 $\xi$ 是不动点.

假设有两个不动点 $\xi$ 与 $\eta, \xi \neq \eta$,则有 $f(\xi) = \xi, f(\eta) = \eta$,于是

$$|\xi - \eta| = |f(\xi) - f(\eta)| \leqslant \alpha |\xi - \eta| < |\xi - \eta|$$

矛盾,故 $\xi = \eta$,唯一性得证.

**注 1**　如果 $f(x)$ 在 $[a, b]$ 上可导,且 $|f'(x)| \leqslant \alpha < 1$,则 $f(x)$ 是压缩映像.这可由拉格朗日中值定理证明.

**注 2**　压缩映像原理说明:方程 $f(x) = x$ 在 $[a, b]$ 上存在唯一的解,且这个解可用迭代的方法 $x_n = f(x_{n-1})(\forall x_1 \in [a, b], n = 2, 3, \cdots)$ 得到.因此,如果数列由某递推公式给出,则压缩映像原理可能是证明其极限存在的有效方法.

**注 3**　上述压缩映像原理的证法本身就是一种典型的数列收敛性的证明方法.

**例 2.4.16**　$m \geqslant 2$ 是整数,$a$ 是正数.证明对任意给定的 $x_0 > 0$,数列 $x_n = \dfrac{1}{m}\left[(m-1)x_{n-1} + \dfrac{a}{x_{n-1}^{m-1}}\right]$ 收敛,并求其极限.

**分析**　该数列由递推式定义,试用压缩映像原理证明,自然想到设

$$f(x) = \frac{1}{m}\left[(m-1)x + \frac{a}{x^{m-1}}\right] \quad (x > 0)$$

因 $f(x) \geqslant \sqrt[m]{a}$,可设区间为 $[\sqrt[m]{a}, +\infty)$.

**证**　由 $f(x) = \dfrac{1}{m}\left[(m-1)x + \dfrac{a}{x^{m-1}}\right] \geqslant \sqrt[m]{a}$,及

$$0 < f'(x) = \frac{m-1}{m}\left(1 - \frac{a}{x^m}\right) \leqslant \frac{m-1}{m} < 1$$

利用拉格朗日中值定理知,$f(x)$ 满足压缩映像条件.又对 $\forall x_0 > 0$,有 $x_n \geqslant \sqrt[m]{a} \in [\sqrt[m]{a}, +\infty)$,故数列 $x_n = \dfrac{1}{m}\left[(m-1)x_{n-1} + \dfrac{a}{x_{n-1}^{m-1}}\right]$ 收敛.设 $\lim\limits_{n \to \infty} x_n = l$,可得 $l = \dfrac{1}{m}\left[(m-1)l + \dfrac{a}{l^{m-1}}\right]$,解得 $l = \sqrt[m]{a}$.

**注**　本题实际介绍了用迭代公式 $x_n = \dfrac{1}{m}\left[(m-1)x_{n-1} + \dfrac{a}{x_{n-1}^{m-1}}\right]$ 求 $\sqrt[m]{a}$ 近

此例其实是求正数 $a$ 的 $m$ 次方根的一种迭代方法. $m = 2$ 情形许多教材上有介绍,不过是用单调有界性证明其收敛性.

不等式

$$\frac{1}{m}\left[(m-1)x + \frac{a}{x^{m-1}}\right]$$
$$= \frac{1}{m}\left[(x + \cdots + x + \frac{a}{x^{m-1}}\right] \geqslant \sqrt[m]{a}$$

推导用的是若干正数的算术平均值不小于其几何平均值.

似值的方法. 理论上正数 $x_0$ 可任取, 但若 $x_0$ 取得"好", 只要迭代几次, 便可得到 $\sqrt[m]{a}$ 的极好的近似值. 如用 $x_n = \frac{1}{2}\left[x_{n-1} + \frac{2}{x_{n-1}^{m-1}}\right]$ 求 $\sqrt{2}$. 给定 $x_0 = 1.4$, 迭代一次, 便可得 $x_1 = 1.4142$, 精确到了小数点后第 4 位.

**\* 例 2.4.17** 已知 $0 \leqslant f(x) \leqslant 1$, 且对 $\forall x, y \in [0,1]$, 有 $|f(y) - f(x)| \leqslant |y - x|$, 作数列 $x_n = \frac{1}{4}[x_{n-1} + f(x_{n-1})]$ $(x_0 \in (0,1)$, $n = 1, 2, \cdots)$. 证明 $\{x_n\}$ 收敛, 且极限 $\xi$ 满足 $f(\xi) = 3\xi$.

**证** 令 $F(x) = \frac{1}{4}[x + f(x)]$, 则 $F(x) \in [0,1] (x \in [0,1])$, 且

$$|F(y) - F(x)| = \frac{1}{4}\big|[y - x + f(y) - f(x)]\big| \leqslant \frac{1}{2}|y - x|$$

故 $F(x)$ 满足压缩映像原理的条件, $\lim\limits_{n \to \infty} x_n = \xi$ 存在, 且满足 $\xi = \frac{1}{4}[\xi + f(\xi)]$, 即 $f(\xi) = 3\xi$.

> 做本题方可见用压缩映像原理的优点, 它是判断数列收敛的好方法.

**例 2.4.18** 设 $x_1 = \frac{a}{2}(0 < a < 1)$, $x_{n+1} = \frac{a + x_n^2}{2}(n = 1, 2, \cdots)$, 证明: 数列 $\{x_n\}$ 收敛, 并求其极限.

**解** 由 $0 < a < 1$ 知 $0 < x_1 = \frac{a}{2} < a$, $0 < x_2 < a$. 假设 $n = k(\geqslant 2)$ 时有 $0 < x_k < a$, 则有 $0 < x_{k+1} < \frac{a + a^2}{2} < a$. 因此归纳证得

$$0 < x_n < a(n = 1, 2, \cdots).$$

考虑 $f(x) = \frac{a + x^2}{2}$, 易得 $0 \leqslant f'(x) = x \leqslant a < 1$, 利用拉格朗日中值定理知, $f(x)$ 是压缩映像. 故数列 $\{x_n\}$ 收敛.

设 $\lim\limits_{n \to \infty} x_n = l$, 必满足方程 $l^2 - 2l + a = 0$, 解得 $l_1 = 1 + \sqrt{1-a} > a$ (舍去), $0 < l_2 = 1 - \sqrt{1-a} < a$. 因此该数列的极限为 $l = 1 - \sqrt{1-a}$.

> 建议读者用一般教科书上讲到的方法来证明本题, 并加以比较.

### 2.4.4 一些特殊方法的杂题

**\* 例 2.4.19** 设数列 $\{a_n\}$ 由递推式 $a_{n+1} = \frac{1}{2 - a_n}(n = 1, 2, \cdots)$ 定义, 其中 $a_1 \neq 2$, 试讨论 $\{a_n\}$ 的敛散性, 若收敛求其极限值.

**分析** 若极限存在, 必有 $\lim\limits_{n \to \infty} a_n = 1$. 因此可考虑数列 $b_n = 1 - a_n$.

**证** 令 $b_n = 1 - a_n$, 则 $b_{n+1} = 1 - a_{n+1} = 1 - \frac{1}{2 - a_n} = \frac{b_n}{1 + b_n}$, 得

$$\frac{1}{b_{n+1}} = 1 + \frac{1}{b_n} = 2 + \frac{1}{1 + b_{n-1}} = \cdots = n + \frac{1}{b_1}$$

即有 $b_{n+1} = \frac{b_1}{nb_1 + 1}$, 得 $a_{n+1} = 1 - b_{n+1} = 1 - \frac{1 - a_1}{n + 1 - na_1}$. 即通项为

$$a_n = 1 - \frac{1 - a_1}{n - (n-1)a_1}, n = 2, 3, \cdots$$

> 若可猜出极限值, 则便于寻求数列的通项.

因此,当 $a_1 = \dfrac{m+2}{m+1}$($m$ 为正整数)时,$a_{m+2}$ 无定义,无穷数列 $\{a_n\}$ 不存在;当

实数 $a_1 \neq \dfrac{m+2}{m+1}$ 且 $a_1 \neq 2$ 时,$\{a_n\}$ 收敛,且

$$\lim_{n\to\infty} a_n = \lim_{n\to\infty}\left(1 - \frac{1-a_1}{n-(n-1)a_1}\right) = 1$$

**例 2.4.20**　证明数列 $2, 2+\dfrac{1}{2}, 2+\dfrac{1}{2+\dfrac{1}{2}}, \cdots$ 收敛,并求此极限.

**分析**　将数列写成递推式 $x_n = 2 + \dfrac{1}{x_{n-1}}$,至少有下面两种证明思路.一是先猜想出极限值,再设法证之.二是观察出奇下标与偶下标对应的数列各是单调的,分别证之.

**解 1**　如果 $x_n$ 的极限存在,则其满足方程 $l = 2 + \dfrac{1}{l}$,得

$l = 1 + \sqrt{2} > 2$(舍去 $l = 1 - \sqrt{2} < 0$).因

$$\left| x_n - (1+\sqrt{2}) \right| = \left| 2 + \frac{1}{x_{n-1}} - 2 - \frac{1}{l} \right| = \frac{|l - x_{n-1}|}{l \cdot x_{n-1}}$$

$$< \frac{\left| x_{n-1} - (1+\sqrt{2}) \right|}{2^2} < \cdots < \frac{\left| x_1 - (1+\sqrt{2}) \right|}{2^{2n-2}} = \frac{\sqrt{2}-1}{2^{2n-2}} \to \infty$$

$(n \to \infty)$

故 $\lim_{n\to\infty} \left| x_n - (\sqrt{2}+1) \right| = 0$,即 $\lim_{n\to\infty} x_n = 1 + \sqrt{2}$.

**解 2**　易知 $2 \leqslant x_n < 3$,即 $\{x_n\}$ 有界.为考察数列的单调性,计算

$$x_n - x_{n-1} = \left(2 + \frac{1}{x_{n-1}}\right) - \left(2 + \frac{1}{x_{n-2}}\right) = \frac{-(x_{n-1}-x_{n-2})}{x_{n-1}x_{n-2}} = \frac{x_{n-2}-x_{n-3}}{x_{n-1}x_{n-2}^2 x_{n-3}}$$

故 $\{x_{2n-1}\}$ 与 $\{x_{2n}\}$ 的单调性相反.由 $x_1 < x_3$ 知 $x_1, x_3, \cdots, x_{2n-1}, \cdots$ 单调增有上界 3;由 $x_4 < x_2$ 知 $x_2, x_4, \cdots, x_{2n}, \cdots$ 单调减有下界 2,故极限均存在,且都满足方程 $l = 2 + \dfrac{1}{l}$,得唯一解 $l = 1 + \sqrt{2} > 2$.因此

$$\lim_{n\to\infty} x_n = \lim_{n\to\infty} x_{2n-1} = \lim_{n\to\infty} x_{2n} = 1 + \sqrt{2}.$$

**\* 例 2.4.21**　设数列 $\{a_n\}$ 有界,且对任意正整数 $k \geqslant 2$,均有

$a_n \leqslant a_{n+k}$ $(n=1,2,\cdots)$.证明 $\{a_n\}$ 收敛.

**解**　取 $k=2$,则 $a_1 \leqslant a_3 \leqslant a_5 \leqslant \cdots$ 单调增有界,$a_2 \leqslant a_4 \leqslant a_6 \leqslant \cdots$ 单调增有界,故 $\lim_{n\to\infty} a_{2n-1} = \alpha$,$\lim_{n\to\infty} a_{2n} = \beta$ 皆存在.

因 $a_{2n-1} \leqslant a_{2n-1+2n+1} = a_{2(2n)}$,则有 $\alpha \leqslant \beta$;又 $a_{2n} \leqslant a_{2n+2n+1} = a_{2(2n)+1}$,故有 $\alpha \geqslant \beta$.因此 $\alpha = \beta$,即极限 $\lim_{n\to\infty} a_n = \alpha$ 存在.

**\* 例 2.4.22**　设 $x_1, x_2, \cdots, x_n, \cdots (x_1 < x_2 < \cdots < x_n < \cdots)$ 为方程 $\tan x = x$ 的全体正根,求极限 $\lim_{n\to\infty}(x_n - x_{n-1})$.

**分析**　如图 2-4,直线 $y = x$ 与曲线 $y = \tan x$ 在 $\left(\dfrac{2n-1}{2}\pi, \dfrac{2n+1}{2}\pi\right)$

---

对 $x_n = 2 + \dfrac{1}{x_{n-1}}$ 也可在 $[2,3]$ 区间设 $f(x) = 2 + \dfrac{1}{x}$,用压缩映像原理求解.

本题解法很多,读者不妨考虑其他方法.

解 1 也是求数列极限的思路之一:先猜出极限值,再证明所猜结论是对的.

本题数列的通项是连分式

$$2 + \cfrac{1}{2 + \cfrac{1}{2 + \cfrac{1}{\ddots + \cfrac{1}{2 + \cfrac{1}{2}}}}}$$

解法思路与例 2.4.20 的解 2 有类似之处,先由 $a_n \leqslant a_{n+2}$ 得到两个收敛数列,再证明它们收敛到同一极限.

$(n=1,2,\cdots)$ 内有且只有一个交点 $x_n$，即可求得极限.

本题用"数形
结合"的方法一
目了然.

**解**　$x_1 \in (\dfrac{\pi}{2}, \dfrac{3\pi}{2}), \cdots, x_n \in (\dfrac{2n-1}{2}\pi, \dfrac{2n+1}{2}\pi)$.

其中 $x_n$ 是直线 $y=x$ 与曲线 $y=\tan x$ 的交点，易知 $x_n \to +\infty$（见图 2-4）.

又直线 $x = \dfrac{2n+1}{2}\pi$ 是 $y=\tan x$ 的一个垂直渐近线，故当 $n$ 充分大时，对给

定的 $\varepsilon_n$，有 $0 < \dfrac{2n+1}{2}\pi - \tan x_n < \varepsilon_n$. 取 $\varepsilon_n \to 0$，可得

$$\lim_{n \to \infty}(\frac{2n+1}{2}\pi - \tan x_n) = \lim_{n \to \infty}(\frac{2n+1}{2}\pi - x_n) = 0$$

$$\lim_{n \to \infty}(\frac{2n-1}{2}\pi - x_{n-1}) = 0$$

故 $\lim\limits_{n \to \infty}(x_n - x_{n-1}) = \pi$.

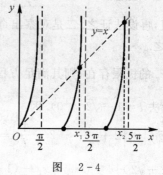

图　2-4

本章所讲的内容和例题是高等数学的基础，尤其是对极限方法的掌握是十分重要的. 请读者对本章所讲的各种求极限的方法作一总结.

# 第3章　一元函数微分学

本章包括导数、微分及其应用,是各类考试命题率较高的部分.

## 3.1　导数、微分的概念及微分法

### 3.1.1　导数、微分的概念

**例 3.1.1**　设函数 $f(x)$ 在点 $x_0$ 可导,$g(x)$ 在点 $x_0$ 不可导,则在点 $x_0$

(1)$f(x)+g(x)$ 是否可导;　(2)$f(x) \cdot g(x)$ 是否可导.

**解**　(1)$f(x)+g(x)$ 在 $x_0$ 一定不可导.可用反证法证:若 $f(x)+g(x)$ 在 $x_0$ 可导,则由 $g(x)=[f(x)+g(x)]-f(x)$ 知 $g(x)$ 在 $x_0$ 必可导,与题设矛盾,故 $f(x)+g(x)$ 在 $x_0$ 不可导.

(2) 分情况讨论.

(a) 若 $f(x_0) \neq 0$,由 $g(x)=f(x) \cdot g(x)/f(x)$ 及反证法知 $f(x) \cdot g(x)$ 在 $x_0$ 必不可导.

(b) 若 $f(x_0)=0$,则不一定可导.由导数的定义,有

$$[f(x) \cdot g(x)]'_{x=x_0} = \lim_{x \to x_0} \frac{f(x)g(x)}{x-x_0} = f'(x_0)\lim_{x \to x_0}g(x)$$

因此,若 $\lim\limits_{x \to x_0}g(x)$ 存在,则 $f(x) \cdot g(x)$ 在 $x_0$ 可导,若 $\lim\limits_{x \to x_0}g(x)$ 不存在,则 $f(x) \cdot g(x)$ 在 $x_0$ 不可导.

> 举反例是深入理解概念的好方法.
>
> 请读者自己列举 $f(x)$ 可导,$g(x)$ 不可导,但 $f(x) \cdot g(x)$ 不可导的例子.

**注 1**　判定函数在一点是否可导时,若答案是肯定的,应当给出证明;若答案是不定的,应当举出反例.但这一切都要紧扣"导数的定义".如(2)之(b),典型例子是 $x \cdot |x|$,在 $x=0$ 处 $f(x)=x$ 可导,$g(x)=|x|$ 不可导,但 $x \cdot |x|$ 可导;若在点 $x=0$ 处 $f(x)=x$ 可导,$g(x)=\sin\dfrac{1}{x}$ 不可导,而 $x \cdot \sin\dfrac{1}{x}$ 在点 $x=0$ 处仍不可导.

> 我们很容易想到注 1 中的两个例子.由此二例的启发,我们在注 2 中有更一般的反例.

**注 2**　更一般的反例为:若 $n$ 是正整数,则函数 $x^n|x|$ 在 $x=0$ 点处有 $n$ 阶连续导数,而函数 $F_n(x)=\begin{cases} x^n\sin\dfrac{1}{x}, & x \neq 0 \\ 0, & x=0 \end{cases}$,可用归纳法说明:

当 $n=1,F_1(x)$ 在 $x=0$ 连续但不可导;当 $n=2,F_2(x)$ 一阶可导,但导数不连续;$n=3$ 时一阶导数连续;$n=4$ 时二阶可导,但二阶导数不连续;…;当 $n=2k+1$ 时,$F_n(x)$ $k$ 阶导数连续,但 $k+1$ 阶导数不存在;$n=2k$ 时,$k$ 阶

导数存在但不连续. 这时 $g(x)=\begin{cases} \sin\dfrac{1}{x}, & x\neq 0 \\ 0, & x=0 \end{cases}$ 在点 $x=0$ 间断, 图形"不光滑", 而对 $x^n\cdot g(x)=F_n(x)$, $n$ 越大, 图形越光滑. $x^n$ 称为 $g(x)$ 的"光滑因子".

**思考题** 若 $f(x)$, $g(x)$ 在点 $x_0$ 均不连续, 则 $f(x)+g(x)$ 及 $f(x)\cdot g(x)$ 在 $x_0$ 点是否一定不连续?

**例 3.1.2** 已知函数 $y=f(g(x))$.

(1) 若 $g(x)$ 在点 $x_0$ 不可导, $f(x)$ 在点 $u_0=g(x_0)$ 可导, 则 $y=f(g(x))$ 在点 $x_0$ 是否一定不可导;

(2) 若 $g(x)$ 在 $x_0$ 点可导, $f(x)$ 在点 $u_0=g(x_0)$ 不可导, 则 $y=f(g(x))$ 在点 $x_0$ 是否一定不可导;

(3) 若 $g(x)$ 在点 $x_0$ 及 $f(x)$ 在点 $u_0=g(x_0)$ 均不可导, 则 $y=f(g(x))$ 在点 $x_0$ 是否一定不可导?

**解** 由 $\{f[g(x)]\}'=f'(u)\cdot g'(x)$ 出发考虑本问题, 3 种情况均不一定.

(1) 如 $f(x)=x^2$, $g(x)=|x|$, 在点 $x=0$ 处 $g(x)$ 不可导, $f(x)$ 可导, $f(g(x))=x^2$ 可导.

(2) 考虑 $g(x)=x^2$, $f(x)=|x|$ 在点 $x=0$ 处, $f(g(x))=x^2$ 可导.

(3) 最简例子是狄利克莱函数:

$$f(x)=g(x)=D(x)=\begin{cases} 1, & \text{当 } x \text{ 是有理数} \\ 0, & \text{当 } x \text{ 是无理数} \end{cases}$$

则 $D(D(x))\equiv 1$, $f(x)$, $g(x)$ 处处不可导, $f(g(x))$ 处处可导.

**例 3.1.3** 设对任意实数 $x$ 有 $f(x+1)=2f(x)$, 且 $f(x)=x(1-x)^2(0\leqslant x\leqslant 1)$, 试判断 $f(x)$ 在点 $x=0$ 是否可导.

**分析** $f'_+(0)=[x(1-x)^2]'|_{x=0}=1$, 故只需求 $f'_-(0)$.

**解** 如图 3-1 所示. 当 $-1\leqslant x\leqslant 0$ 时, 有

$$f(x)=\frac{1}{2}f(x+1)=\frac{1}{2}x^2(x+1)$$

$$f'_-(0)=\left[\frac{1}{2}x^2(x+1)\right]'\Big|_{x=0}=0$$

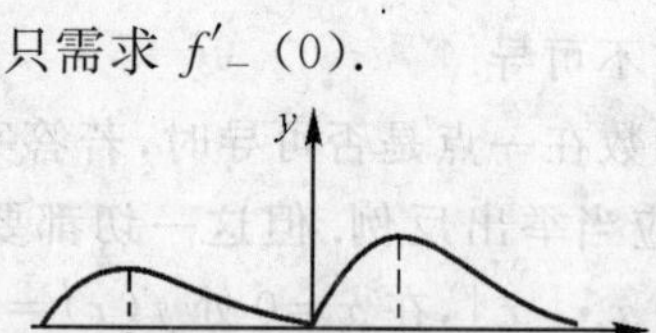

$f'_+(0)\neq f'_-(0)$, 故在 $x=0$ 点 $f(x)$ 不可导.

图 3-1

**例 3.1.4** 设 $f(x)$ 在点 $x_0$ 可导, $\lim_{n\to\infty}\alpha_n=\lim_{n\to\infty}\beta_n=0$ 且 $\alpha_n>0$, $\beta_n>0$ $(n=1,2,\cdots)$. 求极限 $\lim_{n\to\infty}\dfrac{f(x_0+\alpha_n)-f(x_0-\beta_n)}{\alpha_n+\beta_n}$.

**分析** 由 $f(x_0+\alpha_n)=f(x_0)+\alpha_n f'(x_0)+\varepsilon_n^{(1)}\alpha_n$ (其中 $\varepsilon_n^{(1)}\to 0$) 的表示式即可求出所需求的极限.

**解 1** 由 $f(x_0+\alpha_n)=f(x_0)+\alpha_n f'(x_0)+\varepsilon_n^{(1)}\alpha_n$

$$f(x_0-\beta_n)=f(x_0)-\beta_n f'(x_0)+\varepsilon_n^{(2)}\beta_n$$

其中 $\varepsilon_n^{(i)}\to 0(i=1,2)$, 得

（3）的例子之一. 设 $f(x)=2x+|x|$, $g(x)=ax+b|x|$ $(b\neq 0)$, 当 $a+b>0$, $a-b>0$ 时, $f(g(x))=\begin{cases} 3(a+b)x, x\geqslant 0 \\ (a-b)x, x<0 \end{cases}$ 取 $a-b=1$, $a+b=\dfrac{1}{3}$, $a=\dfrac{2}{3}$, $b=-\dfrac{1}{3}$, 在 $x=0$ 点, $f(x)=2x+|x|$ 和 $g(x)=\dfrac{1}{3}(2x-|x|)$ 均不可导, 但 $f(g(x))=x$ 可导.

从图形看, 此函数处处连续, "周期"为 1, 但区间 $[k,k+1]$ 上的函数值是 $[k-1,k]$ 上的 2 倍, 在整数点 $x=k$ 处均不可导.

本题的一个错误做法是:令 $x_0-\beta_n=x_1$, 则 $x_0+\alpha_n=x_1+\alpha_n+\beta_n$,

$$\frac{f(x_0+\alpha_n)-f(x_0-\beta_n)}{\alpha_n+\beta_n}=f'(x_0)+\frac{\varepsilon_n^{(1)}\alpha_n-\varepsilon_n^{(2)}\beta_n}{\alpha_n+\beta_n}$$

而　$\dfrac{\varepsilon_n^{(1)}\alpha_n-\varepsilon_n^{(2)}\beta_n}{\alpha_n+\beta_n}=\varepsilon_n^{(1)}-\varepsilon_n^{(2)}\dfrac{\beta_n}{\alpha_n+\beta_n}-\varepsilon_n^{(1)}\dfrac{\beta_n}{\alpha_n+\beta_n}\to 0$

故得 $\lim\limits_{n\to\infty}\dfrac{f(x_0+\alpha_n)-f(x_0-\beta_n)}{\alpha_n+\beta_n}=f'(x_0)$，以上用到 $0<\dfrac{\beta_n}{\alpha_n+\beta_n}<1$ 是有界变量.

**解 2**　$\lim\limits_{n\to\infty}\dfrac{f(x_0+\alpha_n)-f(x_0-\beta_n)}{\alpha_n+\beta_n}$

$$=\lim_{n\to\infty}\left[\frac{f(x_0+\alpha_n)-f(x_0)}{\alpha_n}\cdot\frac{\alpha_n}{\alpha_n+\beta_n}+\frac{f(x_0-\beta_n)-f(x_0)}{-\beta_n}\cdot\frac{\beta_n}{\alpha_n+\beta_n}\right]$$

$$=\lim_{n\to\infty}\left[(f'(x_0)+\alpha^{(1)})\cdot\frac{\alpha_n}{\alpha_n+\beta_n}+(f'(x_0)+\alpha^{(2)})\cdot\frac{\beta_n}{\alpha_n+\beta_n}\right]=f'(x_0)$$

$$(\alpha^{(i)}\to 0,i=1,2)$$

**例 3.1.5**　已知 $\varphi(x)$ 具有二阶连续导数，$\varphi(0)=1$，则有

$$f(x)=\begin{cases}\dfrac{\varphi(x)-\cos x}{x}, & x\neq 0\\[2mm] a, & x=0\end{cases}$$

求 $a$ 使 $f(x)$ 在点 $x=0$ 可导，并讨论 $f'(x)$ 的连续性.

**分析**　用 $f(x)$ 在 $x=0$ 连续可求得 $a$，进而讨论可导性与导函数在 $x=0$ 的连续性.

**解**　由 $\lim\limits_{x\to 0}\dfrac{\varphi(x)-\cos x}{x}=\lim\limits_{x\to 0}[\varphi'(x)+\sin x]=\varphi'(0)=a$，于是

$$f'(0)=\lim_{x\to 0}\frac{\varphi(x)-\cos x-x\varphi'(0)}{x^2}$$

$$=\lim_{x\to 0}\frac{\varphi'(x)-\varphi'(0)}{2x}+\frac{1}{2}=\frac{1}{2}(\varphi''(0)+1)$$

当 $x\neq 0$，$f'(x)=\dfrac{x(\varphi(x)+\sin x)-(\varphi(x)-\cos x)}{x^2}$，而

$$\lim_{x\to 0}f'(x)=\lim_{x\to 0}\left[\frac{x(\varphi''(x)+\cos x)}{2x}\right]=\frac{1}{2}(\varphi''(0)+1)$$

因此，$f'(x)$ 处处连续.

**注**　本题若用泰勒展式做更简单，且只要求 $\varphi(x)$ 具有二阶导数就行了. 为证明 $f'(x)=\dfrac{x(\varphi(x)+\sin x)-(\varphi(x)-\cos x)}{x^2}$ 在点 $x=0$ 连续，只要用

$$\varphi(x)=\varphi(0)+x\varphi'(0)+\frac{x^2}{2}\varphi''(0)+o(x^2),\varphi'(x)=\varphi'(0)+x\varphi''(0)+o(x)$$

及 $\cos x=1-\dfrac{x^2}{2}+o(x^2)$ 便可得 $\lim\limits_{x\to 0}f'(x)=f'(0)$ 的结论.

**例 3.1.6**　证明：(1) 可导的奇函数其导数是偶函数；(2) 偶函数的导数是奇函数；(3) 周期函数的导数是周期函数.

于是

$$\lim_{n\to\infty}\frac{f(x_0+\alpha_n)-f(x_0-\beta_n)}{\alpha_n+\beta_n}=$$

$$\lim_{n\to\infty}\frac{f(x_1+\alpha_n+\beta_n)-f(x_1)}{\alpha_n+\beta_n}=$$

$$\lim_{n\to\infty}f(x_0-\beta_n)=f(x_0)$$

错在 ① 不知 $f'(x_0-\beta_n)$ 是否存在；

② $f'(x_0)$ 在 $x_0$ 点未必连续.

这里用到结论：

$$\lim_{n\to\infty}A_n=A\Leftrightarrow A_n=A+\alpha\,(\lim_{n\to\infty}\alpha=0)$$

本题概念性强，但如用 $\varphi(x),\varphi'(x)$ 及 $\cos x$ 的泰勒公式做，将很简便 (见注).

**证** 直接用定义来证明如(1),设 $f(x)$ 是奇函数,则

$$f'(x) = \lim_{\Delta x \to 0} \frac{f(x + \Delta x) - f(x)}{\Delta x}$$

$$= \lim_{\Delta x \to 0} \frac{-f(-x - \Delta x) + f(-x)}{\Delta x} = \lim_{\Delta x \to 0} \frac{f(-x - \Delta x) - f(-x)}{-\Delta x} ①$$

$$= f'(-x)$$

即 $f'(x) = f'(-x)$ 是偶函数,(2)(3) 可一样证明.

### 3.1.2 微分法与复合函数求导的应用

微分法包括:微分的四则运算法,复合函数求导法,反函数求导法及由参数方程所确定的函数的求导法.其中最重要的是复合函数求导法.

**例 3.1.7** 若对一切实数 $u \ne v$,均有

$$\frac{f(u) - f(v)}{u - v} = \alpha f'(u) + \beta f'(v)$$

其中 $\alpha, \beta$ 均是正数,且 $\alpha + \beta = 1$,求 $f(x)$.

**解** $\dfrac{f(u) - f(v)}{u - v} = \alpha f'(u) + \beta f'(v), \dfrac{f(v) - f(u)}{v - u} = \alpha f'(v) + \beta f'(u)$

所以 $(\alpha - \beta)[f'(u) - f'(v)] = 0$

① 若 $\alpha \ne \beta$,便知 $f'(x) = C_1$,故 $f(x) = C_1 x + C_2$ 是线性函数.

② 若 $\alpha = \beta = \dfrac{1}{2}$,知 $\dfrac{f(u) - f(v)}{u - v} = \dfrac{1}{2}[f'(u) + f'(v)]$,令

$u = x + h, v = x - h (h \ne 0)$,上式为

$$f(x + h) - f(x - h) = [f'(x + h) + f'(x - h)]h$$

两边对 $h$ 求导得

$$f'(x + h) + f'(x - h) = f'(x + h) + f'(x - h) + [f''(x + h) - f''(x - h)]h$$

所以 $f''(x + h) - f''(x - h) = 0$,即 $f''(x) = C_1$,所以 $f(x) = ax^2 + bx + c$,即 $f(x)$ 是任意二次函数.

本题最后结论是 $f(x) = ax^2 + bx + c$,其中 $a, b, c$ 为任意的待定常数.

**注** $\alpha \ne \beta$ 时,$f(x)$ 必为一次函数,而当 $\alpha = \beta = \dfrac{1}{2}$ 时,上面解法技巧较多,但若想到用麦克劳林展式,则也可解出本题.因为

$$f(u) = f(0) + u f'(0) + \frac{u^2}{2} f''(0) + \frac{u^3}{3!} f'''(0) + \cdots$$

$$f(v) = f(0) + v f'(0) + \frac{v^2}{2} f''(0) + \frac{v^3}{3!} f'''(0) + \cdots$$

所以 $\dfrac{f(u) - f(v)}{u - v} = f'(0) + \dfrac{1}{2}(u + v) f''(0) + \dfrac{1}{6}(u^2 + uv + v^2) f'''(0) + \cdots$

又 $\dfrac{1}{2}[f'(u) + f'(v)] = \dfrac{1}{2}[f'(0) + u f''(0) + \dfrac{u^2}{2} f'''(0) + f'(0) + v f''(0) + \cdots]$

$$= f'(0) + \frac{u + v}{2} f''(0) + \frac{u^2 + v^2}{4} f'''(0) + \cdots$$

---

本题由复合函数求导法证明更简单:由

$$f(-x) = -f(x)$$

两边对 $x$ 求导,得

$$f'(x) = f'(-x).$$

① 中用对称性 $\dfrac{f(u) - f(v)}{u - v}$

$$= \frac{f(v) - f(u)}{v - u}$$

即知 $\alpha \ne \beta$ 时肯定 $f'(u) = f'(v)$ 对任意 $u \ne v$ 成立;

② $\alpha = \beta = \dfrac{1}{2}$ 时,用到的技巧较强,要求对求导的运算法则十分熟练,才能想到作换元:

$$u = x + h$$
$$v = x - h$$

解出后发现,当 $\alpha \ne \beta$ 时,必有 $a = 0$,而 $\alpha = \beta = \dfrac{1}{2}$ 时,$a$ 也可以为 0.所以也可以设 $f(x)$ 是不超过二次的多项式.

泰勒公式在许多情况下是很有用的,请读者留意.

故得
$$\frac{1}{12}(5u^2 + 2uv + 5v^2)f'''(0) + \cdots = 0$$

由 $u,v$ 的任意性知 $f'''(0) = f^{(4)}(0) = \cdots = 0$,故 $f(x)$ 是任意的二次函数.

**例 3.1.8**　设对任意实数 $x,y$ 皆有 $f(x+y) = e^x f(y) + e^y f(x)$,且 $f'(0) = 1$,求 $f(x)$.

**分析**　设法找出 $f'(0)$ 的极限式以导出 $f'(x)$ 存在,可将函数方程转化为微分方程.

**解**　令 $x = y = 0$,得 $f(0) = 2f(0)$,所以 $f(0) = 0$.令 $y = h$ 得
$$f(x+h) = e^x f(h) + e^h f(x)$$
$$f(x+h) - f(x) = e^x[f(h) - f(0)] + e^h f(x) - f(x)$$
$$= e^x[f(h) - f(0)] + f(x)[e^h - 1]$$

所以 $\lim\limits_{h \to 0}\dfrac{f(x+h) - f(x)}{h} = e^x \lim\limits_{h \to 0}\dfrac{f(h) - f(0)}{h} + f(x) = e^x f'(0) + f(x)$

即 $f'(x) = e^x + f(x)$,$[e^{-x}f(x)]' = 1$,所以 $e^{-x}f(x) = x$,$f(x) = xe^x$.

**例 3.1.9**　证明微分形式的不变性.

**分析**　设 $y = y(x)$ 可导,则 $dy = y'(x)dx$,这是由于当 $x$ 是自变量时,$\Delta x = dx$,若 $x$ 不是自变量时,可用复合函数求导法来证明.

**证**　设 $y = y(x)$ 及 $x = x(t)$ 均可导,$y = y(x(t))$,按复合求导法则
$$dy = \frac{dy(x(t))}{dt}dt = \frac{dy(x)}{dx}\frac{dx(t)}{dt}dt$$
$$= y'(x)x'(t)dt = y'(x)dx$$

**注**　由微分形式不变性,可以深化对导数的认识.即 $y'(x) = \dfrac{dy}{dx}$ 总是一个变量 $y$ 对另一个变量 $x$ 的导数($x$ 不一定是自变量),即它们的微分之比,故导数也叫微商.用此观点,容易导出曲线的曲率公式.

**例 3.1.10**　(曲率公式)曲线 $y = y(x)$ 在 $(x,y)$ 点的曲率是指其弯曲程度.设函数 $y = y(x)$ 二阶可导,试导出曲率公式.

**分析**　一个弧段的"弯曲度"量化为:

从点 $(x,y)$ 至点 $(x+dx, y+dy)$,其倾斜角 $\alpha = \arctan\dfrac{dy}{dx}$ 相对于弧长 $ds = \sqrt{1 + y'^2}\,dx$ 的变化率,即所谓曲率.

**解**　通过分析知:在点 $(x,y)$ 处曲线的曲率 $\tau$ 应当是,其倾角 $\alpha$ 对弧长的变化率的绝对值,即
$$\tau = \left|\frac{d\alpha}{ds}\right| = \frac{|d\arctan y'|}{\sqrt{1 + y'^2}\,dx} = \frac{|y''|}{(1 + y'^2)^{\frac{3}{2}}}$$

**例 3.1.11**　(反函数求导)证明下列函数的反函数存在,并求其导数:

(1) $y = x + \ln x$;　　　　　(2) $y = \mathrm{sh}\,x$.

**分析**　只要证明函数单调,便知反函数存在,而只要用微分形式不变性,知 $\dfrac{dx}{dy} = 1 \Big/ \left(\dfrac{dy}{dx}\right)$,即可求得反函数的导数.

以下方法是否正确?固定 $x$ 两边对 $y$ 求导:$f'(x+y) = e^x f'(y) + e^y f(x)$ 令 $y = 0$ 得方程 $f''(x) = e^x + f(x)$,解出 $f(x)$.

此方法错误,因滥用条件,本题仅设 $f(x)$ 在 $x = 0$ 可导.

本例及以下几例都蓄意用复合函数求导法证明:一阶微分形式不变性;隐函数求导;反函数求导;含参变量函数求导;对数求导法及相关变化率的问题.

利用微分形式不变性,可知变量 $y$ 对任一变量 $x$ 的变化率即为 $\dfrac{dy}{dx}$. 这在导出像曲率等公式中很有用.

**解** (1) 由 $y'=1+\dfrac{1}{x}>0(x>0)$，故反函数存在，而

$$\frac{\mathrm{d}x}{\mathrm{d}y}=\frac{1}{y'}=\frac{x}{1+x}(x>0)$$

(2)$\mathrm{sh}x$ 单调增，故反函数也单调增，所以 $\dfrac{\mathrm{d}x}{\mathrm{d}y}=\dfrac{1}{y'}=\dfrac{1}{\mathrm{ch}x}$.

**注** 反函数存在，不一定能"解出来". 在(1)中，$\dfrac{x}{y}=\dfrac{x}{1+x}$ 的 $x$ 是由方程 $y=x+\ln x$ 确定的，$x=x(y)$ 是 $y$ 的函数. 而(2)中也可以写成 $\dfrac{x}{y}=\dfrac{1}{\mathrm{ch}x}=\dfrac{1}{\sqrt{1+\mathrm{sh}^2x}}=\dfrac{1}{\sqrt{1+y^2}}$，$y=\mathrm{sh}x$ 是可以解出的，见旁注.

**例 3.1.12** （参数方程的求导法）设函数 $y=y(x)$ 由参数方程 $\begin{cases}y=y(t)\\x=x(t)\end{cases}$ 所确定. 试导出 $y'(x)$ 及 $y''(x)$ 的公式.

**解** 求一阶导数可直接用微分形式不变性：$y'=\dfrac{\mathrm{d}y}{\mathrm{d}x}=\dfrac{\mathrm{d}y}{\mathrm{d}t}\Big/\dfrac{\mathrm{d}x}{\mathrm{d}t}=\dfrac{\dot{y}}{\dot{x}}$，但求二阶导数过程中，只能用到一阶微分形式的不变性：

$$y''=\frac{\mathrm{d}y'}{\mathrm{d}x}=\frac{\mathrm{d}}{\mathrm{d}t}\left(\frac{\dot{y}}{\dot{x}}\right)\Big/\dot{x}=\frac{\ddot{y}\dot{x}-\ddot{x}\dot{y}}{\dot{x}^3}$$

这里 $u'$ 与 $u''$ 等表示对变量 $x$ 求导，$\dot{u}$ 与 $\ddot{u}$ 等表示对变量 $t$ 求导。

**例 3.1.13** 求曲线 $\arctan\dfrac{y}{x}=\ln\sqrt{x^2+y^2}$ 在点 $P\left(\dfrac{\sqrt{2}}{2}\mathrm{e}^{\pi/4},\dfrac{\sqrt{2}}{2}\mathrm{e}^{\pi/4}\right)$ 处的曲率.

**分析** 根据曲率公式，只需求出一、二阶导数在 $P$ 点的值。或用隐函数求导法，或用极坐标写成曲线的参数方程 $x=x(\theta),y=y(\theta)$ 来求导.

**解1** （隐函数求导法）方程两边取微分得

$$\frac{1}{1+\left(\frac{y}{x}\right)^2}\cdot\frac{x\mathrm{d}y-y\mathrm{d}x}{x^2}=\frac{x\mathrm{d}x+y\mathrm{d}y}{x^2+y^2}$$

化简得 $(x+y)\mathrm{d}x=(x-y)\mathrm{d}y$. 在 $P$ 点 $x=y$，$\dfrac{\mathrm{d}y}{\mathrm{d}x}$ 不存在，而 $\dfrac{\mathrm{d}x}{\mathrm{d}y}$ 存在，故 $(x+y)x'_y=x-y$. 两边再对 $y$ 求导得 $(x'_y+1)x'_y+(x+y)x''_y=x'_y-1$，结合 $x'_y\big|_P=0$ 得 $x''_{yy}\big|_P=-\dfrac{\sqrt{2}}{2}\mathrm{e}^{-\pi/4}$，从而

$$\tau=\frac{|x''|}{(1+x'^2)^{3/2}}=\frac{\sqrt{2}}{2}\mathrm{e}^{-\pi/2}$$

**解2** （参数方程的求导法）曲线的极坐标方程为 $\rho=\mathrm{e}^\theta$，则其参数方程为 $x=\mathrm{e}^\theta\cos\theta,y=\mathrm{e}^\theta\sin\theta$，有

$$x'_y=\frac{\mathrm{e}^\theta(\cos\theta-\sin\theta)}{\mathrm{e}^\theta(\cos\theta+\sin\theta)}=\frac{\cos(\theta+\pi/4)}{\sin(\theta+\pi/4)}$$

$$x''_{yy}=-\frac{1}{\sin^2(\theta+\pi/4)}\cdot\frac{1}{\mathrm{e}^\theta(\cos\theta+\sin\theta)}$$

旁注：

(2)是双曲正弦 $y=\dfrac{\mathrm{e}^x-\mathrm{e}^{-x}}{2}$，解出 $x=\ln(y+\sqrt{1+y^2})$，故 $\dfrac{\mathrm{d}x}{\mathrm{d}y}=\dfrac{1}{\sqrt{1+y^2}}=\dfrac{1}{\sqrt{1+\mathrm{sh}^2x}}=\dfrac{1}{\mathrm{ch}x}$ 与用反函数求导的结果一致.

微分形式不变性只是一元函数一阶微分形式的不变性，二阶微分不具备形式不变性！

本题先用隐函数求导法：方程两边微分得到微分关系，发现在已知点 $P$ 处 $\dfrac{\mathrm{d}y}{\mathrm{d}x}$ 不存在，而改为求 $\dfrac{\mathrm{d}x}{\mathrm{d}y}$，再计算曲率 $\tau$，比较灵活.

然而化为参数方程求二阶导数，计算更方便.

故 $x'_y\mid_{\theta=\pi/4}=0,x''_{yy}\Big|_P=-\dfrac{\sqrt{2}}{2}\mathrm{e}^{-\pi/4},\tau=\dfrac{\sqrt{2}}{2}\mathrm{e}^{-\pi/4}.$

**例 3.1.14** （对数求导法）用对数求导法导出乘法和除法的求导公式.

**解** （1）乘法. $y=u\cdot v$，则 $\ln|y|=\ln|u|+\ln|v|$. 两边对 $x$ 求导得

$$\frac{y'}{y}=\frac{u'}{u}+\frac{v'}{v}$$

故
$$y'=u'v+v'u$$

（2）除法. $y=\dfrac{u}{v}$，则 $\ln|y|=\ln|u|-\ln|v|$，求导得

$$\frac{y'}{y}=\frac{u'}{u}+\frac{v'}{v}$$

故
$$y'=\frac{u'v-uv'}{v^2}$$

> 对数求导法的应用请读者自己练习,此例说明复合求导的重要性.

**小结**　微积分的基本功重在对微分法的熟悉,而微分的运算法则中,尤以"复合函数微分法"为最重要. 从上面例题看出,有了复合求导,微分形式不变性、隐函数求导、反函数求导、由参数方程确定函数的求导,甚至于乘法、除法求导法则,均可由复合求导得到. 复合求导还有个实际的应用:相关变化率的问题. 这一切要靠读者自行练习,才能达到熟练的程度,就不赘述了.

### 3.1.3　求高阶导数的一些方法

$^*$ **例 3.1.15**　（乘积高阶导数的莱布尼茨公式）设 $y(x)=u(x)\cdot v(x)$，其中 $u(x),v(x)$ 皆有 $n$ 阶导数. 证明: $y^{(n)}=\sum_{k=0}^{n}C_n^k u^{(k)}\cdot v^{(n-k)}$，这里 $u^{(n)}$ 表示 $u(x)$ 的 $n$ 阶导数, $u^{(0)}=u$.

**分析**　细心的读者会发现 $(uv)^{(n)}$ 有 $n+1$ 项,而每项 $C_n^k u^{(k)}\cdot v^{(n-k)}$ 的系数 $C_n^k$ 与牛顿二项式 $(x+y)^n$ 中的系数是一样的,其证明方法也是数学归纳法.

**证**　用数学归纳法,当 $n=1,2$ 时显然成立. 设 $n=m$ 成立,即

$$y^{(m)}=\sum_{k=0}^{m}C_m^k u^{(k)}\cdot v^{(m-k)}$$

两边对 $x$ 求导,只看求导后" $u^{(k)}\cdot v^{(m+1-k)}$ "对应的两项和为

$$C_m^{k-1}u^{(k)}\cdot v^{(m+1-k)}+C_m^k u^{(k)}\cdot v^{(m+1-k)}=(C_m^{k-1}+C_m^k)u^{(k)}\cdot v^{(m+1-k)}$$

而
$$C_m^{k-1}+C_m^k=\frac{m!}{(k-1)!(m-k+1)!}+\frac{m!}{k!(m-k)!}$$
$$=\frac{m!(m+1)}{k!(m+1-k)!}=C_{m+1}^k$$

因此 $y^{(m+1)}=\sum_{k=0}^{m+1}C_{m+1}^k u^{(k)}\cdot v^{(m+1-k)}$，即 $n=m+1$ 时也成立.

> 这一公式有些高等数学教材中不介绍,但在一些情况下又很有用. 加之这个公式中的系数与牛顿二项式展开的系数一致,好记也好用,证明也简单易懂,所以介绍给读者,希望在计算高阶导数中尽量应用它.

**例 3.1.16**　求下列高阶导数.

（1）$(\mathrm{e}^x\sin x)^{(n)}$；　　　　　（2）$(x^2\cos x)^{(4)}$；

（3）$\left(\dfrac{x^2}{(1-x)^{10}}\right)^{(3)}_{x=0}$；　　　（4）$(x^3\mathrm{e}^x)^{(5)}_{x=0}$.

**解** (1) $(e^x\sin x)'=e^x(\sin x+\cos x)=\sqrt{2}e^x(\sin x+\frac{\pi}{4})$

$(e^x\sin x)''=\sqrt{2}[e^x\sin(x+\frac{\pi}{4})]'=\sqrt{2}^2e^x\sin(x+2\cdot\frac{\pi}{4})$

用数学归纳法,有

$$(e^x\sin x)^{(n)}=2^{\frac{n}{2}}e^x\sin(x+\frac{n\pi}{4})\quad(n=1,2,\cdots)$$

(2) $(x^2\cos x)^{(4)}=x^2(\cos x)^{(4)}+4\cdot(2x)(\cos x)^{(3)}+12(\cos x)''=$

$$x^2\cos x-8x\sin x-12\cos x$$

(3) 由于求三阶导数在 $x=0$ 的值,可由莱布尼兹公式,有

$$(x^2\cdot(1-x)^{-10})^{(3)}_{x=0}=0+0+C_3^2\cdot 2\cdot((1-x)^{-10})'_{x=0}=60$$

(4) $(x^3e^x)^{(5)}_{x=0}=0+0+0+C_5^3\cdot 3!\ \cdot e^x|_{x=0}=60$

**例 3.1.17** 设 $f(x)=\arctan x$. 试证

$(1+x^2)f^{(n+2)}(x)+2(n+1)xf^{(n+1)}(x)+n(n+1)f^{(n)}(x)=0$

$(n=1,2,\cdots)$ 并求 $f^{(n)}(0)$.

**证** 将 $f(x)$ 的一阶导数写成 $(1+x^2)f'(x)=1$,用莱布尼兹公式,两边对 $x$ 求 $n+1$ 阶导数,得

$(1+x^2)(f')^{(n+1)}+C_{n+1}^1\cdot 2x(f')^{(n)}+C_{n+1}^2\cdot 2(f')^{(n-1)}=0$

即 $(1+x^2)f^{(n+2)}(x)+2(n+1)xf^{(n+1)}(x)+n(n+1)f^{(n)}(x)=0$

令 $x=0$ 得 $f^{(n+2)}(0)=-n(n+1)f^{(n)}(0)$,再由 $f(0)=0,f'(0)=1,f''(0)=0$ 知,当 $n=2k$ 时有 $f^{(2k)}(0)=0,f^{(2k+1)}(0)=(-1)^k(2k)!$.

**注** 本题用 $\arctan x$ 的泰勒级数做更简单:

$$\arctan x=\int_0^x\frac{dt}{1+t^2}=\int_0^x(1-t^2+t^4+\cdots+(-1)^kt^{2k}\cdots)$$

$$=x-\frac{x^3}{3}+\frac{x^5}{5}+\cdots+(-1)^k\frac{x^{2k+1}}{2k+1}+\cdots$$

故 $f^{(2k)}(0)=0,f^{(2k+1)}(0)=(-1)^k(2k)!$

## 3.2 微分中值定理及相关证明题

微分中值定理在微积分学中是最重要的基本理论. 而它们证明方法以及一些相关的证明题,尤其是作辅助函数的方法,也是微积分的一些重要方法. 本节将向读者展示这些方法

### 3.2.1 各中值定理的联系及证明方法

**例 3.2.1** 用罗尔定理证明拉氏中值定理与柯西中值定理剖析.

(1) 分析法. 由定理结论分析出辅助函数,再用罗尔定理证明拉氏、柯西定理.

如拉氏定理要证 $f(a)-f(b)-f'(\xi)(b-a)=0$,即证

$$\{[f(b)-f(a)]x-f(x)(b-a)\}'_{x=\xi}=0$$

$(e^x\sin x)^{(n)}=2^{n/2}e^x\sin\left(x+\frac{n\pi}{4}\right)$ 可以当公式用. 并请读者自行推出 $(e^x\cos x)^{(n)}$ 的公式.

注意 $(\sin x)^{(n)}=\begin{cases}\sin x, n=4k,\\ \cos x, n=4k+1,\\ -\sin x, n=4k+2,\\ -\cos x, n=4k+3,\end{cases}$ 它和 $(\cos x)^{(n)}$ 都是以 4 为周期重复出现.

此题是先导出 $n$ 阶导数的一个递推公式,再求出 $f^{(n)}(0)$,这是一种求高阶导数的方法.

但就此题而言,用泰勒展开式更方便些.

设置此例一方面说明:罗尔定理是中值定理的基础;拉格朗日定理是罗尔定理的推广;柯西定理是拉氏定理

作 $\qquad \varphi(x)=[f(b)-f(a)]x-f(x)(b-a)$

只需验证 $\varphi(a)=\varphi(b)$，便可用罗尔定理证之.

柯西定理. 即要证

$$\{[f(b)-f(a)]g(x)-[g(b)-g(a)]f(x)\}_{x=\xi}=0$$

而令 $\varphi(x)=[f(b)-f(a)]g(x)-[g(b)-g(a)]f(x)$，验证 $\varphi(x)$ 在 $[a,b]$ 上满足罗尔定理条件可证之.

（2）数形结合. 用行列式作辅助函数.

设曲线的参数方程为（见图 3-2）：

$L:x=f(t),y=g(t),t\in[a,b]$

两端点为 $A(f(a),g(a))$，$B(f(b),g(b))$.

柯西中值定理中的 $\xi$，使得过点 $M(f(\xi),g(\xi))$ 的切线与弦平行. 因此，点 $M$ 是使 $\triangle APB$ 的面积取极值 $(P(f(t),g(t)))\in L)$ 的点，而三角形面积可用三阶行列式表示为

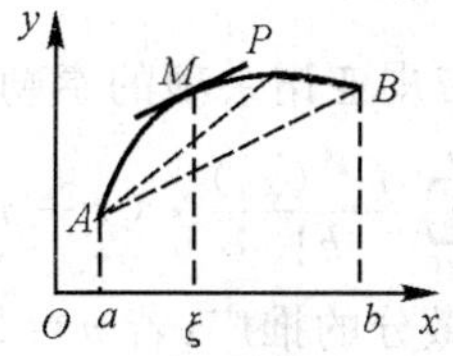

图　3-2

$$S=\pm\frac{1}{2}\begin{vmatrix} f(a) & g(a) & 1 \\ f(b) & g(b) & 1 \\ f(t) & g(t) & 1 \end{vmatrix},\text{问题归结为欲证}\frac{\mathrm{d}}{\mathrm{d}t}\begin{vmatrix} f(a) & g(a) & 1 \\ f(b) & g(b) & 1 \\ f(t) & g(t) & 1 \end{vmatrix}_{t=\xi}=0$$

$(\xi\in(a,b))$

不妨将 $t$ 换成 $x$，令辅助函数为 $\varphi(x)=\begin{vmatrix} f(a) & g(a) & 1 \\ f(b) & g(b) & 1 \\ f(x) & g(x) & 1 \end{vmatrix}$，可验证：

$\varphi(a)=\varphi(b)=0$，$\varphi(x)$ 在 $[a,b]$ 上满足罗尔定理条件，从而可证得柯西定理.

特别令 $g(x)=x$，则 $\varphi(x)=\begin{vmatrix} f(a) & a & 1 \\ f(b) & b & 1 \\ f(x) & x & 1 \end{vmatrix}$，便可证明拉氏定理.

以上两种作辅助函数的方法值得重视.

现在再介绍"达布中值定理". 此定理在考研及数学竞赛中都用得上，证明方法也是有启发的.

**例 3.2.2**　（达布中值定理）设 $f(x)$ 在 $[a,b]$ 上可导，且 $f'(a)\neq f'(b)$，$c$ 是介于 $f'(a)$ 与 $f'(b)$ 间的任一实数，则在区间 $(a,b)$ 内存在一点 $\xi$，使 $f'(\xi)=c$.

**分析**　达布中值定理与它的一个特例是等价的：设 $f(x)$ 在 $[a,b]$ 上可导，且 $f'(a)\cdot f'(b)<0$，则存在 $\xi\in(a,b)$ 使 $f'(\xi)=0$. 因为，若作辅助函数：$f(x)-cx$，则 $[f'(a)-c]\cdot[f'(b)-c]<0$，便可证明一般达布定理. 因此只要证这个特例.

**证**　不妨设 $f'(a)<0,f'(b)>0$，即

$$\lim_{x\to a^+}\frac{f(x)-f(a)}{x-a}<0$$

即存在 $x_1\in(a,a+\delta_1)\subset(a,b)$，使 $f(x_1)-f(a)<0$，即 $f(x_1)<f(a)$. 同样由

---

的推广. 另一方面初步介绍作辅助函数的分析方法和数形结合的方法.

数形结合启示，问题可转化为求"弓形内接三角形面积的极值"，故引入面积的行列式作辅助函数，先证明柯西定理，再在特殊情况 $g(x)=x$ 证拉格朗日定理. 此法抓住这三个中值定理的联系，使证明技巧又提升了一个档次.

达布定理与连续函数介值定理很"类似"，但不含 $f(x)$ 的导数连续的条件，因此与介值定理不同.

$$\lim_{x \to b^-} \frac{f(x) - f(b)}{x - b} > 0$$

存在 $x_2 \in (b - \delta_2, b) \subset (a, b)$，使 $f(x_2) < f(b)$. 因此 $f(a)$，$f(b)$ 都不可能是 $\varphi'(x) = -\dfrac{x^n}{n!} e^{-x}$ 在 $[a, b]$ 上的最小值，从而 $f(x)$ 的最小值只能在 $(a, b)$ 内达到. 若 $\xi \in (a, b)$ 是可导函数 $f(x)$ 的最小值点，则由费马定理知 $f'(\xi) = 0$ 成立.

**例 3.2.3**　（带皮亚诺余项的泰勒公式）设 $f(x)$ 在 $x_0$ 点 $n$ 阶可导，则

$$f(x) = \sum_{k=0}^{n} \frac{f^{(k)}(x_0)}{k!} \cdot (x - x_0)^k + o[(x - x_0)^n], \quad x \to x_0$$

**分析**　这是微分的推广：若 $n = 1$ 即 $f(x)$ 在 $x_0$ 可导，则有

$$f(x) = f(x_0) + f'(x_0)(x - x_0) + o(x - x_0)$$

只需证明 $\left[ f(x) - \displaystyle\sum_{k=0}^{n} \frac{f^{(k)}(x_0)}{k!}(x - x_0)^k \right] / (x - x_0)^n \to 0 \quad (x \to x_0)$.

**证**　（用洛必达法则）由命题条件知 $f(x)$ 在 $x_0$ 点的某邻域内为 $n - 1$ 阶可导，$n - 1$ 次使用洛必达法则，有

$$\lim_{x \to x_0} \frac{f(x) - f(x_0) - (x - x_0)f'(x_0) - \cdots - \dfrac{f^{(n)}(x_0)}{n!}(x - x_0)^n}{(x - x_0)^n}$$

$$= \lim_{x \to x_0} \frac{f'(x) - f'(x_0) - \cdots - \dfrac{f^{(n)}(x_0)}{(n-1)!}(x - x_0)^{n-1}}{n(x - x_0)^{n-1}} = \cdots$$

$$= \lim_{x \to x_0} \frac{1}{n!} \left[ \frac{f^{(n-1)}(x) - f^{(n-1)}(x_0)}{x - x_0} - f^{(n)}(x_0) \right]$$

$$= \frac{1}{n!} \left[ f^{(n)}(x_0) - f^{(n)}(x_0) \right] = 0$$

前面 $n - 1$ 次都可用洛必达法则，唯最后一步需用 $n$ 阶导数的定义来证明.

**注**　皮亚诺型的泰勒公式也叫局部泰勒公式，近年来，用此公式的考题不少，尤其在求极限中用得多，故介绍给读者.

更一般地，带拉格朗日余项的泰勒公式，也叫泰勒中值公式，是拉格朗日中值定理的推广，读者应当熟悉，不再赘述.

**3.2.2　应用中值定理的相关证明题（一）**

这一类的证明题，多数用到罗尔定理. 往往从要证明的结论出发，凭对微分运算的熟悉而作出辅助函数，再对辅助函数用罗尔定理或其他中值定理来完成命题的证明.

**例 3.2.4**　设 $x \in [0, \pi/2]$，证明 $\dfrac{2}{\pi} x \leqslant \sin x \leqslant x$.

**分析**　只要证明 $\dfrac{2}{\pi} \leqslant \dfrac{\sin x}{x} \leqslant 1 \quad x \in \left(0, \dfrac{\pi}{2}\right)$，于是设法作辅助函数.

**证 1**　令 $f(x) = \dfrac{\sin x}{x}, x \neq 0$，及 $f(0) = 1$，则

---

令 $F(x) = f(x) - c$ 使一般函数 $f(x)$ 的达布定理，归结为 $F'(x)$ 当 $F'(a) \cdot F'(b) < 0$ 时存在零点的问题. 这是一般与特殊的联系.

这个公式在求极限和级数敛散性判别问题的无穷小分析方法中很有用，在近年考研试题中常出现.

最后一步不能用洛必达法则，为什么？请读者思考.

带拉格朗日余项的公式请读者自己写出.

利用简单辅助函数，把不等式的证明归结于

$$f'(x)=\frac{x\cos x-\sin x}{x}$$

由于 $f(0)=1,f\left(\frac{\pi}{2}\right)=\frac{2}{\pi}$,只要证 $x\cos x-\sin x<0$.又令

$$\varphi(x)=x\cos x-\sin x$$

则 $\varphi(0)=0$,而 $\varphi'(x)=-x\sin x<0$,从而 $\varphi(x)$ 单调减,即有 $\varphi'(x)<0$,也就是 $f'(x)<0$,因此 $f(x)$ 单调减.故 $\frac{2}{\pi}<\frac{\sin x}{x}<1$,得证.

**证 2**　一般为证明 $\sin x\leqslant x$,可令 $f_1(x)=x-\sin x$;为证 $\frac{2}{\pi}x\leqslant\sin x$,可令 $f_2(x)=\sin x-\frac{2}{\pi}x$.这是极普通的证明不等式的作辅助函数的方法,请读者完成.

**例 3.2.5**　证明 $x\in(0,1)$ 时,$\frac{1-x}{1+x}<e^{-2x}$.

**解**　令 $f(x)=(1+x)e^{-2x}-(1-x),x\in[0,1]$,则 $f(0)=0$
$$f'(x)=1-(2x+1)e^{-2x},f'(0)=0,f''(x)=4xe^{-x}\geqslant0(x\in(0,1))$$
因此,$f'(x)$ 递增,故 $f'(x)>0$,从而有 $f(x)$ 递增.即得
$$(1+x)e^{-2x}-(1-x)>0$$
即证得当 $x\in(0,1)$ 时,$\frac{1-x}{1+x}<e^{-2x}$.

**例 3.2.6**　设 $f_n(x)=C_n^1\cos x-C_n^2\cos^2 x+\cdots+(-1)^{n-1}C_n^n\cos^n x$,证明:对任意正整数 $n$,方程 $f_n(x)=\frac{1}{2}$ 在 $\left(0,\frac{\pi}{2}\right)$ 内有且仅有一根 $x_n$,并求极限 $\lim\limits_{n\to\infty}x_n$.

**分析**　由牛顿二项式 $f_n(x)=1-(1-\cos x)^n$.由介值定理及 $f_n(x)$ 的增减性知,$x_n$ 存在且唯一,再求极限.

**解**　(1) 由 $f_n(x)=1-(1-\cos x)^n$ 知对任何 $n$,$f_n(0)=1,f_n(\pi/2)=0$
由连续函数的介值定理知存在 $x_n\in(0,\pi/2)$,使 $f_n(x_n)=\frac{1}{2}$.又
$$f_n'(x)=-n(1-\cos x)^{n-1}\sin x<0,x\in(0,\pi/2)$$
即 $f_n(x)$ 单调减,故 $x_n\in(0,\pi/2)$ 是唯一根.

(2) 由 $f_n(x_n)=1-(1-\cos x_n)^n=\frac{1}{2}$　得 $\cos x_n=1-2^{-\frac{1}{n}}$,则有

$\lim\limits_{n\to\infty}\cos x_n=0$,从而 $\lim\limits_{n\to\infty}x_n=\frac{\pi}{2}$.

**例 3.2.7**　设 $f(x)$ 在 $[a,+\infty)$ 二阶可导,$f(a)>0,f'(a)<0$,且当 $x>a$ 时,$f''(x)\leqslant0$.证明 $f(x)=0$ 在 $(a,+\infty)$ 有且仅有一根.

**分析**　若 $f''(x)\equiv0$,则 $f(x)=f(a)+(x-a)f'(a)$ 为减函数,这时令 $f(x)=0$,得 $x_0=\frac{-f(a)+af'(a)}{f'(a)}>a$ 是 $f(x)=0$ 的唯一根.

当 $f''(x)\leqslant0$ 时,上凸曲线 $y=f(x)$ 过 $(a,f(a))$ 点的切线是

函数的增减性,或求函数在闭区间上的最大值与最小值,是证明不等式较普遍的方法.

本题先化成整式形式,是为求导方便.

为证函数单调增,需证一阶导数大于 0,因此需证二阶导数为正.

本题是一道综合性较好的题,用到二项式公式,介值定理,及函数单调性.

最后求极限用到连续函数的极限性质.

对题设中的 $f''(x)\leqslant0$,先考虑其特殊情况:$f''(x)=0$,这样,

$y=f(a)+(x-a)f'(a)$，在曲线上方，问题便好证明了.

**证** $f''(x)\equiv 0$ 的情形已在分析中证明. 故设 $f''(x)\leqslant 0$，且不恒为 0，则上凸曲线 $y=f(x)$ 过 $(a,f(a))$ 点的切线 $y=f(a)+f'(a)(x-a)$，必在曲线上方，即

$$f(a)+f'(a)(x-a)\geqslant f(x) \tag{1}$$

故当 $x_1>x_0$ 时 $f(x_1)<0$，而 $f(a)>0$，由连续函数介值定理知存在 $\xi\in(a,x_1)\subset(a,+\infty)$，

使 $f(\xi)=0$. 又由 $f'(x)<0$ 知零点 $\xi$ 是唯一的.

**注** 式(1) 可由泰勒公式直接证明，有

$$f(x)=f(a)+f'(a)(x-a)+\frac{1}{2}f''(\eta)(x-a)^2 \quad (\eta\in(a,x))$$

由 $f''(\eta)\leqslant 0$ 即得式(1). 它的几何意义是曲线 $y=f(x)$ 是凸曲线，故其切线在曲线上方.

* **例 3.2.8** 是否存在可导函数 $f(x)$，使

$$f(f(x))=1+x^2+x^4-x^3-x^5$$

**解** 若这样的函数存在，则由条件得

$$f(f(f(x)))=1+f^2(x)+f^4(x)-f^3(x)-f^5(x)$$

又 $f(f(1))=1$，故 $f(f(f(1)))=f(1)$. 又由上式

$$f(f(f(1)))=1+f^2(1)+f^4(1)-f^3(1)-f^5(1)$$
$$=1+f^2(1)[1+f^2(1)][1-f(1)]$$

因此 $f^2(1)[1+f^2(1)][1-f(1)]=-[1-f(1)]$

故必有 $f(1)=1$. 而 $f'(f(x))\cdot f'(x)=2x+4x^3-3x^2-5x^4$，导致 $[f'(1)]^2=-2$，矛盾，因此这样的函数 $f(x)$ 不存在.

**例 3.2.9** 设 $f(x),g(x)$ 在 $[a,b]$ 上连续，在 $(a,b)$ 内可导，且 $g'(x)\neq 0$. 证明存在 $\xi\in(a,b)$，使 $\dfrac{f'(\xi)}{g'(\xi)}=\dfrac{f(\xi)-f(a)}{g(b)-g(\xi)}$.

**分析** 将要证明的结果变形为

$$f'(\xi)g(\xi)+g'(\xi)f(\xi)-f'(\xi)g(b)-g'(\xi)f(a)=0$$

由凑微分法，即为 $[f(x)g(x)-f(x)g(b)-g(x)f(a)]'_{x=\xi}=0$. 由此知如何设计辅助函数，然后用罗尔定理完成证明.

**证** 设 $F(x)=f(x)g(x)-f(x)g(b)-g(x)f(a)$，则 $F(x)$ 在 $[a,b]$ 上连续，在 $(a,b)$ 内可导. 且 $F(a)=F(b)=-f(a)g(b)$，因此由罗尔定理知 $\exists\xi\in(a,b)$，使 $F'(\xi)=0$，即

$$\frac{f'(\xi)}{g'(\xi)}=\frac{f(\xi)-f(a)}{g(b)-g(\xi)}$$

**例 3.2.10** 设 $p(x)=x^3+ax^2+bx+c$，已知方程 $p(x)=0$ 有 3 个实根：$x_1<x_2<x_3$，试证：

(1) $p'(x_1)>0,p'(x_2)<0,p'(x_3)>0$.

(2) 设 $\int_{x_1}^{x_3}p(x)\mathrm{d}x>0$，则 $\exists\xi\in(x_1,x_2)$，使 $\int_{\xi}^{x_3}p(x)\mathrm{d}x=0$.

$y=f(x)$ 是直线，它正是 $f''(x)<0$ 时，$y=f(x)$ 在 $(a,f(a))$ 点处的切线. 这就使本题的解答简单明了. 这是一种处理问题的方法.

这便是带拉氏余项的二阶泰勒公式.

本题考点只是复合函数的求导法，但概念与技巧性强. 因此在考研中不大有此类题，但在竞赛中会出现.

本题曾是一道考研题.

本题看似是“较难”证明题，却可通过简单的分析，寻得辅助函数，这类赛题相当多.

**证**　(1) 由题设知 $p(x)=(x-x_1)(x-x_2)(x-x_3)$ (见图 3-3),故得

$$p'(x_1)=(x_1-x_2)(x_1-x_3)>0$$
$$p'(x_2)=(x_2-x_1)(x_2-x_3)<0$$
$$p'(x_3)=(x_1-x_2)(x_1-x_3)>0$$

(2) 设 $F(x)=\displaystyle\int_x^{x_3}p(x)\mathrm{d}x$,则

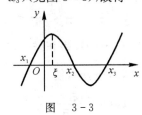

图　3-3

$$F(x_1)=\int_{x_1}^{x_3}p(x)\mathrm{d}x>0,\ F(x_2)=\int_{x_2}^{x_3}p(x)\mathrm{d}x<0$$

由介值定理知 $\exists\xi\in(x_1,x_2)$,使 $F(\xi)=\displaystyle\int_\xi^{x_3}p(x)x=0$.

**例 3.2.11**　设 $f_n(x)=x+x^2+\cdots+x^n$ $(n=1,2,\cdots)$.证明 $f_n(x)=1$ 在 $(0,+\infty)$ 有唯一的实根 $x_n$,并求 $\lim\limits_{n\to\infty}x_n$.

**解**　由 $f_n(0)=0$ 和 $f_n(1)=n$,知当 $n=1$ 时 $x_1=1$.当 $n\geqslant 2$ 时,由介值定理知存在 $x_n\in(0,1)$ 使 $f_n(x_n)=1$.又对 $n\geqslant 1$ 有 $f'_n(x)>0$,故根 $x_n$ 是唯一的.

又 $x_n$ 单调减且有下界 0,故有极限.设 $\lim\limits_{n\to\infty}x_n=a$,则由

$$x_n+x_n^2+\cdots+x_n^n=x_n\cdot\frac{1-x_n^n}{1-x_n}=1$$

取极限得 $\dfrac{a}{1-a}=1$,故 $a=\dfrac{1}{2}$ 即 $\lim\limits_{n\to\infty}x_n=\dfrac{1}{2}$.

**\*例 3.2.12**　设 $f(x)$ 在 $[0,1]$ 上可导,$f(0)=0,f(1)=1$,证明:在 $(0,1)$ 内存在两点 $x_1<x_2$,使 $\dfrac{1}{f'(x_1)}+\dfrac{1}{f'(x_2)}=2$.

**分析**　由于 $x_1,x_2$ 不同,需依次找 $\xi\in(0,1)$,$x_1\in(0,\xi)$ 和 $x_2\in(\xi,1)$.用拉氏中值公式的倒数,使得

$$\frac{1}{f'(x_1)}+\frac{1}{f'(x_2)}=\frac{\xi}{f(\xi)-f(0)}+\frac{1-\xi}{f(1)-f(\xi)}=\frac{\xi}{f(\xi)}+\frac{1-\xi}{1-f(\xi)}$$

当 $f(\xi)=\dfrac{1}{2}$ 时,就可使 $\dfrac{1}{f'(x_1)}+\dfrac{1}{f'(x_2)}=2$.

**证**　已知 $f(0)=0,f(1)=1$,由连续函数的介值定理,存在 $\xi\in(0,1)$,使 $f(\xi)=\dfrac{1}{2}$.在 $[0,\xi]$ 和 $[\xi,1]$ 上对 $f(x)$ 分别由拉氏中值公式知,存在 $x_1\in(0,\xi)$ 使 $f'(x_1)=\dfrac{f(\xi)-f(0)}{\xi}=\dfrac{1}{2}\cdot\dfrac{1}{\xi}$,又存在 $x_2\in(\xi,1)$,使 $f'(x_2)=\dfrac{f(1)-f(\xi)}{1-\xi}=\dfrac{1}{2}\cdot\dfrac{1}{1-\xi}$,故

$$\frac{1}{f'(x_1)}+\frac{1}{f'(x_2)}=2$$

**推广**　设 $f(x)$ 在 $[0,1]$ 上可导,$f(0)=0,f(1)=1$,则在 $(0,1)$ 内存在 $n$ 个点:$0<x_1<x_2<\cdots<x_n<1$,使

$$\frac{1}{f'(x_1)}+\frac{1}{f'(x_2)}+\cdots+\frac{1}{f'(x_n)}=n(n\geqslant 2)$$

**（侧注）** $y=p(x)$ 是三次曲线,图形见图 3-3,结论与证法一目了然.这就是数形结合的方法的好处.

此题与例 3.2.6 大体上是类似的.

注意到 $x_n<1$,故 $x_n^n\to 0$.

对一般题,通常是划分 $x$ 的值域,此题却先试图将 $y$ 值域二等分,由介值定理寻求 $x$ 的分界点.然后用拉氏中值定理解决问题.这种方法值得注意.

**证** 依介值定理,在$(0,1)$内存在$\xi_1,\xi_2,\cdots,\xi_{n-1}$:
$$0=\xi_0<\xi_1<\cdots<\xi_{n-1}<\xi_n=1$$
使$f(\xi_k)=\dfrac{k}{n}(k=0,1,\cdots,n)$. 再在$[\xi_{k-1},\xi_k]$上由拉氏中值定理知,存在$x_k\in(\xi_{k-1},\xi_k)(k=1,2,\cdots,n)$,使
$$f'(x_k)=\frac{f(\xi_k)-f(\xi_{k-1})}{\xi_k-\xi_{k-1}}=\frac{1}{n(\xi_k-\xi_{k-1})}$$
所以
$$\frac{1}{f'(x_1)}+\frac{1}{f'(x_2)}+\cdots+\frac{1}{f'(x_n)}=n$$

> 如将$y$值域任意分成$n$份:$0<a_1<a_2<\cdots<a_{n-1}<1$,会得到什么结论? 请读者想一想.

### 3.2.3 函数图形的性质及用数形结合方法分析和证明一些命题

**例 3.2.13** 证明曲线$y=e^x$与抛物线$y=ax^2+bx+c$的交点不多于3个.

**解** 记$f(x)=e^x-ax^2-bx-c$,则问题等价于要证明$f(x)$的零点不多于3个. 若$f(x)$有4个零点,则由罗尔定理$f'''(x)$至少有一个零点,而$f'''(x)=e^x>0$,矛盾. 因此$y=e^x$与$y=ax^2+bx+c$最多只有3个交点.

> 将曲线的交点问题化为函数的零点问题,是常用的方法.

**例 3.2.14** 求抛物线$x^2=4y$上一点,使该点到$(0,b)(b>0)$的距离最小,并求此最小值.

**解** 如图 3-4 所示,只需求抛物线上任一点到$(0,b)$点距离二次方的最小值. 设$f(y)=x^2+(y-b)^2=y^2-2(b-2)y+b^2$可以用初等方法解. 若$0<b\leqslant2$,只有当$y=0$时,有$f(0)=b^2$最小,最小距离为$b$. 若$b>2$,由
$$f(y)=[y-(b-2)]^2+4(b-1)$$
当$y=b-2$时,最小距离为$2\sqrt{b-1}$.

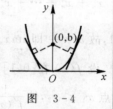

图 3-4

故当$0<b\leqslant2$时,$(0,0)$点为所求之点,最小值为$b$;当$b>2$时,$(\pm2\sqrt{b-2},b-2)$与$(0,b)$距离最小,最小值为$2\sqrt{b-1}$.

> 虽然$(0,b)$点在抛物线的凹向侧,但与抛物线距离的极小值仍是过这一点作抛物线的"法线段". 如图 3-4,读者可体会本题的几何意义.

**例 3.2.15** 已知$\log_a x=x^b(a>1,b>0)$存在实根,求$a,b$应满足的条件.

**解1** 如图 3-5 所示,考虑两曲线相切的条件. 设切点为$(x_0,y_0)$,则
$$\ln x_0/\ln a=x_0^b,(x_0\ln a)^{-1}=bx_0^{b-1}$$
联立解得$x_0=e^{\frac{1}{b}}$,$b=\dfrac{1}{e\ln a}$. 因此,

当$b=\dfrac{1}{e\ln a}$时,方程$\log_a x=x^b$有

唯一实根;当$b<\dfrac{1}{e\ln a}$时,有两个实根;当$b>\dfrac{1}{e\ln a}$时,无实根. 所以,方程存在实根时$a,b$应满足的条件是:$b\leqslant\dfrac{1}{e\ln a}$.

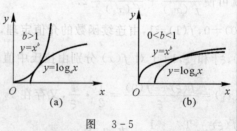

图 3-5

> 将方程的根视为两曲线$y=\log_a x$与$y=x^b$的交点,如图 3-5. 两曲线若相切必有交点,两曲线不相切必无交点.
>
> 解1是将方程$\log_a x=x^b$的解化为两曲线$y=\log_a x$与$y=x^b$的交点问题. 由相切到相交,从图形上获启发,容易找到解法.

**解2** 方程$\log_a x=x^b$实根问题等价于函数$F(x)=\ln x-x^b\ln a$的零

点问题. 有 $\lim\limits_{x \to 0^+} F(x) = \lim\limits_{x \to +\infty} F(x) = -\infty$. 令 $F'(x) = \dfrac{1 - bx^b \ln a}{x} = 0$, 记唯一

驻点为 $x_0$, 满足 $x_0^b = \dfrac{1}{b \ln a}$, 此驻点也是最大值点, 最大值为

$$F(x_0) = \ln x_0 - \frac{1}{b}.$$ 故当 $\ln x_0 \geqslant \dfrac{1}{b}$, 即 $b \leqslant \dfrac{1}{e \ln a}$ 时有零点, 与解 1 同.

**例 3.2.16**　在曲线 $L: \sqrt{x} + \sqrt{y} = \sqrt{2}$ 上求一点, 使过该点所作切线与二坐标轴及曲线 $L$ 所围的面积最小, 并求此最小面积.

**分析**　如图 3-6 所示, $L$ 是弧 $AB$. $\triangle AOB$ 的面积为 2 是定值; 弧 $AB$ 与直线 $AB$ 所围弓形面积 $S_0$ 也是定值. 所求面积的区域是切线 $A'B'$ 与弧 $AB$ 及线段 $A'A$ 与 $B'B$ 所围成, 为 $S = 2 - S_0 - S_{\triangle A'OB'}$, 因此要求 $S$ 最小只要求 $S_{\triangle A'OB'}$ 最大.

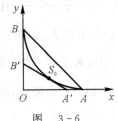

图　3-6

**解**　设切线 $A'B'$ 上切点为 $(x, y)$, 则切线的方程为

$$\sqrt{x}(Y - y) = -\sqrt{y}(X - x)$$

令 $X = 0$ 得 $B'$ 的纵坐标为 $Y_0 = \sqrt{2y}$. 同理 $A'$ 的横坐标为 $X_0 = \sqrt{2x}$, 因此 $\triangle A'OB'$ 的面积是 $\sqrt{xy}$. 由 $\sqrt{x} + \sqrt{y} = \sqrt{2}$ 为定值, 故当 $x = y = \dfrac{1}{2}$ 时, 面积最大. 即过点 $\left( \dfrac{1}{2}, \dfrac{1}{2} \right)$ 的切线能使所求面积 $S$ 最小, 最小值是

$$S_{\min} = (2 - S_0) - \frac{1}{2}.$$ 而

$$2 - S_0 = \int_0^2 (\sqrt{2} - \sqrt{x})^2 \mathrm{d}x = \int_0^2 (2 - 2\sqrt{2x} + x) \mathrm{d}x = 6 - \frac{16}{3} = \frac{2}{3}$$

故

$$S_{\min} = \frac{2}{3} - \frac{1}{2} = \frac{1}{6}$$

**例 3.2.17**　设 $f(x) = \begin{cases} x^{2x}, & x > 0 \\ x + 1, & x \leqslant 0 \end{cases}$. 讨论 $f(x)$ 的连续性与可导性, 并问 $f(x)$ 是否有极值?

**分析**　此题最好先作出函数的图形, 则函数的性质一目了然.

**解**　由 $(x^{2x})' = 2e^{2x\ln x}(1 + \ln x)$ 知, $x^{2x}$ 在 $(0, +\infty)$ 有唯一驻点 $x = e^{-1}$, 即是极小值点, $f(e^{-1}) = e^{-2e^{-1}}$.

因此可作出函数的图形 (见图 3-7), 此函数处处连续, 有

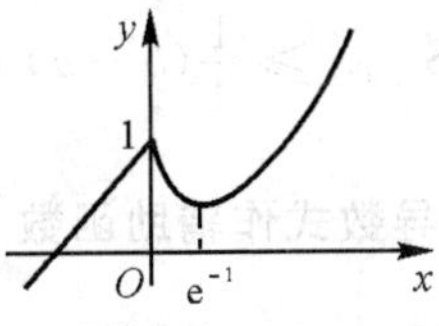

$$f'(0^-) = 1, \quad f'(0^+) = -\infty$$

图　3-7

故在 $x = 0$ 处不可导, 此外处处可导; $x = 0$ 是极大点, 极大值为 $f(0) = 1$; $x = e^{-1}$ 是极小点, 极小值为 $f(e^{-1}) = e^{-2e^{-1}}$.

**\*例 3.2.18**　设 $f(x)$ 在 $[a, b]$ 上连续, 在 $(a, b)$ 内二阶可导, 且

解 2 是将方程的解化为函数的零点问题, 从方法上说它与例 3.2.13 的解法是类似的!

一些常见的曲线要熟悉. 本题也可用导数方法作出 $\sqrt{x} + \sqrt{y} = \sqrt{2}$ 的图形.

问题转化为求 $\triangle A'OB'$ 的最大值后, 就不必用导数求了. 只需用: 和为定值的两正数, 当其相等时, 乘积最大.

以上这些例题说明作出函数图像对研究函数性质很有帮助.

$|f''(x)| \geqslant 1$. 求证在曲线 $y = f(x)$ $(x \in [a,b])$ 上存在 3 点 $A, B$ 和 $C$, 使 $S_{\triangle ABC} \geqslant \dfrac{(b-a)^3}{16}$.

**分析** 由 $|f''(x)| \geqslant 1$ 知：在 $[a,b]$ 上，要么恒有 $f''(x) \geqslant 1$, 要么恒有 $f''(x) \leqslant -1$（否则与达布定理矛盾）. 故曲线 $y = f(x)$ 非凸即凹. 因此取曲线两端点 $A(a, f(a))$ 和 $B(b, f(b))$, 再取曲线上离弦 $AB$ 最远的点 $C(c, f(c))$, 即是与弦平行的切线上的切点, 这可由拉氏中值定理得到唯一的点 $c$, 使满足 $f'(c) = \dfrac{f(b) - f(a)}{b - a}$, 且以这 3 点为顶点的三角形面积 $S_{\triangle ABC}$ 达到最大. 如图 3-8 所示. 于是只要证明其面积必大于或等于 $\dfrac{(b-a)^3}{16}$ 即可.

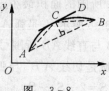

图 3-8

根据达布定理, 在某区间若有 $f''(x_1) > 1$, 又有 $f''(x_2) < -1$, 则在 $x_1$ 与 $x_2$ 之间必有 $x_3$ 满足 $f''(x_3) = 0$. 这与 $|f''(x)| \geqslant 1$ 矛盾.

这个证明方法的几何意义很明显: 如图 3-8, 当直线 $CD$ 与弧 $AB$ 切于 $C$ 点时, $\triangle ABC$ 的面积最大.

**证** 设 $\triangle ABC$ 如分析中所述, 则

$$S_{\triangle ABC} = \pm \frac{1}{2} \begin{vmatrix} 1 & 1 & 1 \\ f(a) & f(b) & f(c) \\ a & b & c \end{vmatrix}$$

$$= \pm \frac{1}{2} \{[f(b) - f(a)](c - a) - [f(c) - f(a)](b - a)\}$$

$$= \pm \frac{b - a}{2} \left[ \frac{f(b) - f(a)}{b - a}(c - a) - f(c) + f(a) \right]$$

$$= \pm \frac{b - a}{2} [f'(c)(c - a) - f(c) + f(a)] \tag{1}$$

由泰勒公式有 $f(a) = f(c) + f'(c)(a - c) + \dfrac{1}{2}(c - a)^2 f''(\xi_1)$, 代入式(1) 得

$$S_{\triangle ABC} = \pm \frac{1}{4}(b - a)(c - a)^2 f''(\xi_1) \tag{2}$$

同样

$$S_{\triangle ABC} = \pm \frac{1}{4}(b - a)(c - b)^2 f''(\xi_2) \tag{3}$$

其中 $\xi_1 \in (a, c), \xi_2 \in (c, b)$. 而视 $c$ 点位置, 必有 $|a - c| \geqslant \dfrac{b-a}{2}$ 或 $|b - c| \geqslant \dfrac{b-a}{2}$. 因此由式(2) 或式(3) 均有

$$S_{\triangle ABC} \geqslant \frac{1}{4}(b - a)(b - c)^2 \geqslant \frac{(b-a)^3}{16}$$

本题证明中并未用到"达布中值定理", 只用到拉格朗日定理. 达布定理只是在分析中用, 借以分析得到证明方法.

### 3.2.4 凑全导数式作辅助函数

**例 3.2.19** 设 $f(x)$ 二阶可导, 且 $f(0) > 0, f''(x)f(x) - [f'(x)]^2 \geqslant 0$.

证明(1) 对任意实数 $x_1, x_2, f(x_1) \cdot f(x_2) \geqslant f^2\left(\dfrac{x_1 + x_2}{2}\right)$;

(2) 若 $f(0) = 1$, 则 $f(x) \geqslant e^{xf'(0)}$.

**分析** 从要证明的结论中取对数知, 要证

$$\ln f(x_1) + \ln f(x_2) \geqslant 2\ln f\left(\frac{x_1 + x_2}{2}\right)$$

这是关于函数 $F(x) = \ln f(x)$ 的"颜森"不等式,即证凹函数. 因此只要证明 $[\ln f(x)]'' \geqslant 0$. 也可采用"凑全导数"方法.

**证**　(1) 令 $F(x) = \ln f(x)$,则

$$F'(x) = \frac{f'(x)}{f(x)}, F''(x) = \frac{f(x)f''(x) - [f'(x)]^2}{f^2(x)} \geqslant 0$$

因此,结论成立(见分析部分).

(2) 由 $F(x) = F(0) + F'(0) \cdot x + \frac{1}{2}F''(\xi) \cdot x^2 \geqslant \frac{f'(0)}{f(0)} \cdot x = xf'(0)$,

得 $f(x) \geqslant \mathrm{e}^{xf'(0)}, x \in \mathbf{R}$.

**例 3.2.20**　设 $x_1 < x_2$ 是可导函数 $f(x)$ 的两个零点,证明对任意实数 $c$,都存在 $\xi \in (x_1, x_2)$,使 $cf(\xi) + f'(\xi) = 0$.

**分析**　证明结论左边化为"全微分"应为 $[\mathrm{e}^{cx}f(x)]'_{x=\xi} = 0$. 因此自然想到作辅助函数:$\varphi(x) = \mathrm{e}^{cx} \cdot f(x)$.

**证**　作 $\varphi(x) = \mathrm{e}^{cx} \cdot f(x)$,则 $\mathrm{e}^{cx_1}f(x_1) = \varphi(x_1) = \varphi(x_2) = 0$. 由罗尔定理知,$\exists \xi \in (x_1, x_2)$,使 $\varphi'(\xi) = 0$,即 $\mathrm{e}^{c\xi}(cf(\xi) + f'(\xi)) = 0$,而 $\mathrm{e}^{c\xi} \neq 0$,故 $cf(\xi) + f'(\xi) = 0$.

**例 3.2.21**　$f(x)$ 在 $(-\infty, +\infty)$ 有界,且有连续的导数,且对任意实数 $x$ 有 $|f(x) + f'(x)| \leqslant 1$. 证明 $|f(x)| \leqslant 1$.

**证**　作 $\varphi(x) = \mathrm{e}^x f(x)$,有 $\varphi'(x) = \mathrm{e}^x(f(x) + f'(x))$,得 $|\varphi'(x)| \leqslant \mathrm{e}^x$,即 $-\mathrm{e}^x \leqslant \varphi'(x) \leqslant \mathrm{e}^x$. 故

$$-\int_{-\infty}^x \mathrm{e}^x \mathrm{d}x \leqslant \int_{-\infty}^x [\mathrm{e}^x f(x)]' \mathrm{d}x \leqslant \int_{-\infty}^x \mathrm{e}^x \mathrm{d}x$$

即 $-\mathrm{e}^x \leqslant \mathrm{e}^x f(x) - \lim\limits_{x \to -\infty} [\mathrm{e}^x f(x)] \leqslant \mathrm{e}^x$,即 $|f(x)| \leqslant 1$.

**例 3.2.22**　证明代数方程:

$$P_n(x) = \frac{1}{n!}x^n + \frac{1}{(n-1)!}x^{n-1} + \cdots + x + 1 = 0$$

当 $n$ 为奇数时有唯一实根,$n$ 为偶数时无实根.

**证**　令 $\varphi(x) = \mathrm{e}^{-x}\left[\frac{x^n}{n!} + \frac{x^{n-1}}{(n-1)!} + \cdots + x + 1\right]$,则

$$\varphi'(x) = -\frac{x^n}{n!}\mathrm{e}^{-x}.$$

若 $n$ 为奇数,当 $x \in (-\infty, 0)$ 时,$\varphi'(x) > 0$;当 $x \in (0, +\infty)$ 时,$\varphi'(x) < 0$. 故 $\varphi(x)$ 在 $(-\infty, 0]$ 取值由 $-\infty$ 增至 $\varphi(0) = 1$,在 $[0, +\infty)$ 取值从 1 单调减至 $\lim\limits_{x \to +\infty} \varphi(x) = 0$. 因此 $\varphi(x)$ 有唯一的实根,而 $\mathrm{e}^{-x}$ 无根,因此 $P_n(x)$ 有唯一的实根.

若 $n$ 为偶数,由 $\varphi'(x) \leqslant 0$,$\varphi(x)$ 在 $(-\infty, +\infty)$ 取值从 $+\infty$ 单调减至 $\lim\limits_{x \to +\infty} \varphi(x) = 0$. 故无实根.

**例 3.2.23**　设 $g(x)$ 可导,且对任意实数 $x$ 有 $|g'(x)| \leqslant g(x)$,又

---

其实,也可由 $\left[\frac{f'(x)}{f(x)}\right]' = \frac{f''(x)f(x) - (f'(x))^2}{f^2(x)} > 0$ 得 $[\ln f(x)]'' > 0$,为此 $1/f^2(x)$ 乘以 $f''(x)f(x) - (f'(x))^2$ 使这个式子成为"全导数"形式.

此例子更明显:$f'(x) + cf(x)$ 乘以 $\mathrm{e}^{cx}$ 得 $[\mathrm{e}^{cx}f(x)]'$,成了"全导数".

$f(x) + f'(x)$ 非全导数,但 $\mathrm{e}^x(f(x) + f'(x)) = [\mathrm{e}^x f(x)]'$ 为全导数. 还巧妙地用到广义积分 $\int_{-\infty}^x \mathrm{e}^x \mathrm{d}x$ 的收敛性.

以上三例的凑"全导数"的方法几乎一样,值得读者好好小结,并思考下面例子的思路.

例 3.2.22 也可先设 $n$ 为偶数时无实根,从而知 $n$ 为奇数时,必有唯一的实根,请读者自行证之.

$g(0)=0$. 证明 $g(x)=0$.

**分析** 这是个典型"难题". 传统的证明方法是先证明 $g(x)$ 在 $[0,1]$ 上恒为 0, 再证在 $[1,2]$, $[2,3]$… 及任一个 $[k,k+1]$ 上恒为 0($k$ 为任意整数). 在此给出一个新的证明方法.

**证** 由题设知 $-g(x)\leqslant g'(x)\leqslant g(x)$, 即

$$g'(x)+g(x)\geqslant 0 \quad \text{或} \quad g'(x)-g(x)\leqslant 0$$

若 $g'(x)+g(x)\geqslant 0$, 知 $[e^x g(x)]'\geqslant 0$, 则 $e^x g(x)$ 单调增. 由 $g(0)=0$, 得 $e^0 g(0)=0$. 所以当 $x<0$ 时, 有 $e^x g(x)\leqslant 0$, 即 $g(x)\leqslant 0$. 而 $g(x)\geqslant |g'(x)|\geqslant 0$, 故当 $x\leqslant 0$ 时 $g(x)\equiv 0$.

由 $g'(x)-g(x)\leqslant 0$, 知 $[e^{-x}g(x)]'\leqslant 0$, $e^{-x}g(x)$ 单调不增. 故当 $x\geqslant 0$ 时有 $e^{-x}g(x)\leqslant 0$, 即 $g(x)\leqslant 0$. 而 $g(x)\geqslant |g'(x)|\geqslant 0$, 故当 $x\geqslant 0$ 时 $g(x)\equiv 0$. 综上证明了 $g(x)=0$.

> 本题用"凑全导数"法巧妙地证明了经典的难题.
>
> 传统证法: 先证 $g(x)$ 在 $[0,1]$ 上恒为 0, 为此设 $g$ 在 $[0,1]$ 上达到最大值 $g(x_0)=M$ 而证 $M=0$. 读者不妨一试.

**例 3.2.24** 设 $f(x)$ 在 $[0,1]$ 上二阶可导, 且 $f(0)=f(1)=f'(0)=f'(1)=0$, 证明存在 $\xi\in(0,1)$, 使 $f''(\xi)=f(\xi)$.

**分析** 要证明 $f''(\xi)-f(\xi)=[f''(x)-f(x)]_{x=\xi}=0$, 即

$$[e^x(f'(x)-f(x))]'_{x=\xi}=0$$

由此设计辅助函数.

**证** 记 $\varphi(x)=e^x[f'(x)-f(x)]$, 则 $\varphi(0)=\varphi(1)=0$. $\varphi(x)$ 在 $[0,1]$ 上满足罗尔定理条件, 存在 $\xi\in(0,1)$, 使 $\varphi'(\xi)=0$, 即

$$e^{\xi}[f''(\xi)-f(\xi)]=0$$

即得 $f''(\xi)=f(\xi)$.

> 由 $f''(\xi)=f(\xi)$ 而得函数 $f''(x)-f(x)$, 再将它化为一个全导数. 思路与上面几个题一样.

**例 3.2.25** 设 $f(x)$ 二次可微, 且 $f(0)=1$, $f'(0)=0$. 又对任意 $x\geqslant 0$, 有 $f''(x)-5f'(x)+6f(x)\geqslant 0$. 证明 $f(x)\geqslant 3e^{2x}-2e^{3x}$.

**分析** 从要证明的结论知 $e^{2x}$, $e^{3x}$ 是方程

$$f''(x)-5f'(x)+6f(x)=0$$

的两个线性无关的解. 因此使有办法通过"积分因子"化为全微分来解.

**证** 
$$\begin{aligned}&f''(x)-5f'(x)+6f(x)\\=&[f''(x)-2f'(x)]-3[f'(x)-2f(x)]\\=&[f'(x)-2f(x)]'-3[f'(x)-2f(x)]\geqslant 0\quad(x\geqslant 0)\end{aligned}$$

故 $\{e^{-3x}[f'(x)-2f(x)]\}'\geqslant 0$

而 $f'(0)-2f(0)=-2$, 故 $e^{-3x}[f'(x)-2f(x)]\geqslant -2$, 即

$$f'(x)-2f(x)\geqslant -2e^{3x}$$

从而 $[e^{-2x}f(x)]'\geqslant -2e^x$, 也即 $[e^{-2x}f(x)+2e^x]'\geqslant 0$. 而由

$$e^{-2x}f(x)+2e^x{}_{x=0}=3$$

知, 当 $x\geqslant 0$ 时 $e^{-2x}f(x)+2e^x\geqslant 3$, 即 $f(x)\geqslant 3^{2x}-2^{3x}$.

> 本题用将二阶微分式 $f''(x)-5f'(x)+6f(x)$ 经两次乘"积分因子"的方法化为"全导数", 将从例 3.2.19～例 3.2.24 的方法推向了更高的层次, 请读者好好体会.

**例 3.2.26** 设 $f(x)$ 在 $[0,1]$ 上连续, 在 $(0,1)$ 内可导, 且 $f(1)=0$. 证明存在 $\xi\in(0,1)$, 使 $2\xi f'(\xi)+f(\xi)=0$.

**分析** 问题是要找"积分因子"使 $2xf'(x)+f(x)$ 为全导数, 这要求对求导运算十分熟悉, 这样化一化:

$$2xf'(x)+f(x)=2\sqrt{x}\left[\sqrt{x}f'(x)+\frac{1}{2\sqrt{x}}f(x)\right]=2\sqrt{x}\left[\sqrt{x}f(x)\right]'$$

于是可得辅助函数.

**证**　令 $\varphi(x)=\sqrt{x}f(x)$，则 $\varphi(x)$ 在 $[0,1]$ 上连续，在 $(0,1)$ 内可导，且 $\varphi(0)=\varphi(1)=0$. 由罗尔定理知，存在 $\xi\in(0,1)$，使 $\varphi'(\xi)=0$，即

$$\sqrt{\xi}f'(\xi)+\frac{1}{2\sqrt{\xi}}f(\xi)=0$$

即 $2\xi f'(\xi)+f(\xi)=0$.

**例 3.2.27**　设 $f(x)$ 在 $[0,1]$ 上连续，在 $(0,1)$ 内可导，且 $f\left(\frac{1}{2}\right)=1$，$f(0)=f(1)=0$，证明：

(1) 存在 $\xi\in\left(\frac{1}{2},1\right)$，使 $f(\xi)=\xi$；

(2) 存在 $\eta\in(0,\xi)$，使 $f'(\eta)=f(\eta)-\eta+1$.

**分析**　(1) 要证 $f(\xi)-\xi=0$，故可设辅助函数 $F(x)=f(x)-x$；(2) 要证 $[f(x)-x]'_{x=\eta}-[f(x)-x]_{x=\eta}=0$，故设辅助函数 $e^{-x}F(x)$.

**证**　(1) 设 $F(x)=f(x)-x$，则 $F\left(\frac{1}{2}\right)=\frac{1}{2}F\left(\frac{1}{2}\right)=1$，$F(1)=-1$. 由 $\left[\frac{1}{2},1\right]$ 上的介值定理知存在 $\xi\in\left(\frac{1}{2},1\right)$，使 $F(\xi)=0$，即 $f(\xi)=\xi$.

(2) 令 $\varphi(x)=e^{-x}F(x)=e^{-x}(f(x)-x)$，则 $\varphi(0)=0$，$\varphi(\xi)=0$. 由罗尔定理知，存在 $\eta\in(0,\xi)$，使 $\varphi'(\xi)=e^{-\eta}[f'(\eta)-1-f(\eta)+\eta]=0$，即

$$f'(\eta)=f(\eta)-\eta+1$$

**例 3.2.28**　设 $f(x)$ 在 $[0,1]$ 二阶可导，且 $f(0)=f(1)=0$. 证明：$\exists\xi(0,1)$，使 $f''(\xi)=\dfrac{2f'(\xi)}{1-\xi}$.

**分析**　将结论变形为

$$[(1-x)f''(x)-2f'(x)]_{\xi}=[(1-x)f'(x)-f(x)]'_{\xi}=0$$

故设辅助函数 $\varphi(x)=(1-x)f'(x)-f(x)$. 但仅有 $\varphi(1)=0$，缺一个端点条件. 注意到 $[(1-x)f(x)]'=\varphi(x)$，再设一个辅助函数，找一个新的端点条件.

**证**　令 $\varphi(x)=(1-x)f'(x)-f(x)$，则 $\varphi(1)=0$. 再令

$$F(x)=(1-x)f(x)$$

则 $F(1)=F(0)=0$. 由罗尔定理知，$\exists\eta\in(0,1)$，使

$$F'(\eta)=(1-\eta)f'(\eta)-f(\eta)=\varphi(\eta)=0$$

对 $\varphi(x)$ 在 $(\eta,1)$ 用罗尔定理，存在 $\xi\in(\eta,1)\subset(0,1)$，使 $\varphi'(\xi)=0$. 即得 $(1-\xi)f''(\xi)-2f'(\xi)=0$，即 $f''(\xi)=\dfrac{2f'(\xi)}{1-\xi}$.

**例 3.2.29**　设 $f(x)$ 在 $[a,b]$ 上连续，在 $(a,b)$ 内可导，且 $f(a)=f(b)=0$. 证明：(1) $\exists\xi\in(a,b)$，使 $f(\xi)+\xi f'(\xi)=0$；(2) $\exists\eta\in(a,b)$，使 $f'(\eta)+\eta f(\eta)=0$.

---

"积分因子"来自于解全微分方程，本题想到这样找积分因子的方法来自对"求导运算"的熟悉，但也可从解方程 $2xy'+y=0$ 中得到启发，请读者一试.

本题(1)是对(2)的启示. 证明了(1)，便容易想到将(2)中结论化为"全导数"的证明方法.

将要证的结论化为好找"积分因子"的形式，再找一个端点条件，问题便迎刃而解.

本例可算是上面几例的小结，证明请读者自己完成.

**分析** 由 $[xf(x)]'=f(x)+xf'(x)$,得(1)的辅助函数.由

$$[e^{x^2/2}f(x)]'=e^{x^2/2}[f'(x)+xf(x)]$$

得(2)的辅助函数.

**例 3.2.30** 设 $f(x)$ 可导,$f(0)=0$,且存在 $0<p<1$,使对任意实数 $x$ 有 $|f'(x)|\leqslant p|f(x)|$,证明:$f(x)=0$.

**证** 由 $f(x)$ 连续,知 $|f(x)|$ 在 $[0,1]$ 上可达到最大值 $M$,即设 $M=|f(x_0)|$,$0\leqslant x_0\leqslant 1$.于是

$$M=|f(x_0)-f(0)|=|f'(\xi_0)|\cdot x_0 \leqslant x_0\cdot pM$$

由 $x_0 p<1$ 知 $M=0$,故 $f(x)\equiv 0$,$x\in[0,1]$.

同样可证在 $[1,2]$ 上 $f(x)\equiv 0$.为此设 $|f(x)|$ 在其上的最大值为 $|f(x_1)|=M_1$,$x_1\in[1,2]$.于是

$$M_1=|f(x_1)-f(1)|=|f'(\xi_1)|\cdot(x_1-1)\leqslant(x_1-1)pM_1$$

故 $M_1=0,1,\cdots$.

请读者仿此证明:$f(x)$ 在 $[-1,0]$ 及对 $\forall$ 整数 $k$,均有 $f(x)$ 在 $[k,k+1]$ 上恒为 0.

**例 3.2.31** 设 $f(x)$ 在 $x=0$ 的某邻域内二阶可导,且 $f''(x)>0$,$\lim\limits_{x\to 0}\dfrac{f(x)}{x}=1$.证明:在此邻域内 $f(x)\geqslant x$.

**分析** 由 $f(x)$ 可导及 $\lim\limits_{x\to 0}\dfrac{f(x)}{x}=1$ 便知,$f(0)=0$,$f'(0)=1$.从而

$$f(x)=x+\frac{1}{2}f''(\theta x)\cdot x^2\geqslant x,\theta\in(0,1)$$

也可令 $\varphi(x)=f(x)-x$.证明请读者完成.

**例 3.2.32** 设 $f(x)$ 在 $[a,b]$ 上连续,在 $(a,b)$ 内可导 $(a>0)$,且 $f(a)=0$.证明:$\exists\xi\in(a,b)$,使 $af(\xi)=(b-\xi)f'(\xi)$.

**分析** 欲证 $[(b-x)f'(x)-af(x)]_{x=\xi}=0$,即 $[(b-x)^a f(x)]'_{x=\xi}=0$,故可设 $\varphi(x)=(b-x)^a f(x)$.请读者自己完成证明.

### 3.2.5 多项式及用多项式作辅助函数

**例 3.2.33** 设 $f(x)$ 在 $[-1,1]$ 上连续,在 $(-1,1)$ 内二阶可导,且 $f(-1)=f(0)=1$,$f(1)=5$.证明:$\exists\xi\in(-1,1)$,使 $f''(\xi)=4$.

**分析** 如果 $f(x)$ 是二次多项式 $p(x)$,则 $p''(x)$ 是常数.而已知 $f(x)$ 的三个条件恰好可确定 $p(x)$.再利用 $\varphi(x)=f(x)-p(x)$ 作辅助函数,便可证明所要的结论.由于 $p(-1)-1=p(0)-1=0$,故不取 $p(x)=a_1 x^2+a_2 x+a_3$,而取 $p(x)-1=Ax(x+1)$ 的形式.

**证** 令 $p(x)=Ax(x+1)+1$,满足 $p(-1)=p(0)=1$.由 $p(1)=5$,得 $A=2$.故 $p(x)=2x^2+2x+1$.

令 $\varphi(x)=f(x)-p(x)$,则有 $\varphi(-1)=\varphi(0)=\varphi(1)=0$.于是在 $[-1,0]$ 和 $[0,1]$ 上对 $\varphi(x)$ 用罗尔定理,知 $\exists\xi_1,\xi_2:-1<\xi_1<0<\xi_2<1$,使 $\varphi'(\xi_1)=\varphi'(\xi_2)=0$.

本题与例 3.2.23 看似类似,但证明方法却只能先证明 $f(x)$ 在 $[0,1]$ 上为零.

本题与例 3.2.23 最大不同在于 $f(x)$ 换成了绝对值 $|f(x)|$,从而引起了凑全导数的困难.因此,我们说凑全导数是好方法,但绝非万能的!

本题可凑全导数求解.但用泰勒公式更好.注意 $\lim\limits_{x\to 0}\dfrac{f(x)}{x}=1$ 隐含 $f(0)=0$,$f'(0)=1$.

例 3.2.32 还是说明熟悉微分运算是凑全导数的基础.

请读者对本小结的证明方法作一总结.

从某种角度说,用多项式作辅助函数方法是从"特殊到一般"的方法.如果多项式 $p(x)$ 满足 $f(x)$ 的各条件,自然要证明的结

再在 $[\xi_1,\xi_2]$ 上对 $\varphi'(x)$ 用罗尔定理，$\exists\,\xi\in(\xi_1,\xi_2)\subset(-1,1)$，使 $\varphi''(\xi)=0$，即 $f''(\xi)=p''(\xi)=4$.

**例 3.2.34** 设整系数二次方程 $ax^2+bx+c=0$ 在 $(0,1)$ 内有两个不同实根，求最小的正整数 $a$，并构造一个这样的二次方程.

**分析** 设 $\alpha,\beta\,(\alpha<\beta)$ 是二次方程的两个实根，则方程可写作 $a(x-\alpha)(x-\beta)=0$. 这里再次利用二次函数研究问题.

**解** 设 $f(x)=a(x-\alpha)(x-\beta)$，则
$$0<f(0)\cdot f(1)=a^2\cdot\alpha\cdot(1-\alpha)\cdot\beta(1-\beta)$$

由 $0<\alpha<\beta<1,\ \alpha(1-\alpha)\leqslant\dfrac{1}{4}$ 及 $\beta(1-\beta)\leqslant\dfrac{1}{4}$ 知，

$\alpha(1-\alpha)\cdot\beta(1-\beta)<\dfrac{1}{16}$，从而有 $0<f(0)\cdot f(1)<\dfrac{a^2}{16}$，又 $f(0)\cdot f(1)$ 是整数，故有 $a^2/16\geqslant1$. 因方程有两不同实根，故最小正整数 $a$ 不小于 5. 取 $a=5,c=1$，由 $b^2-4ac=b^2-20>0$，取 $b=-5$，所构造的方程为 $5x^2-5x+1=0$，满足题设条件.

**注** 给定条件，构造多项式函数，是用多项式作辅助函数的重要技巧. 本题构造二次方程的方法，值得借鉴.

一般，过不共直线三点 $(x_1,y_1),(x_2,y_2)$ 和 $(x_3,y_3)$ 的二次多项式为
$$p(x)=\frac{(x-x_2)(x-x_3)}{(x_1-x_2)(x_1-x_3)}y_1+\frac{(x-x_1)(x-x_3)}{(x_2-x_1)(x_2-x_3)}y_2$$
$$+\frac{(x-x_1)(x-x_2)}{(x_3-x_1)(x_3-x_2)}y_3$$

更一般，过 $n$ 个点可确定 $n-1$ 次多项式. 请自己总结.

**例 3.2.35** 设 $f(x)$ 在 $[-1,2]$ 连续，在 $(-1,2)$ 内三阶可导，且 $f(-1)=-1,f(0)=f(1)=1,f(2)=2$. 证明 $\exists\,\xi\in(-1,2)$，使 $f'''(\xi)=3$.

**证 1** 4 点 $(-1,-1),(0,1),(1,1)$ 及 $(2,2)$ 确定的拉格朗日 3 次多项式插值公式是
$$p(x)=\frac{(x-0)(x-1)(x-2)}{(-1-0)(-1-1)(-1-2)}\cdot(-1)$$
$$+\frac{(x+1)(x-1)(x-2)}{(0+1)(0-1)(0-2)}\cdot1$$
$$+\frac{(x+1)(x-0)(x-2)}{(1+1)(1-0)(1-2)}\cdot1+\frac{(x+1)(x-0)(x-1)}{(2+1)(2-0)(2-1)}\cdot2$$
$$=\frac{x(x-1)(x-2)}{6}+\frac{(x^2-1)(x-2)}{2}-\frac{x(x+1)(x-2)}{2}$$
$$+\frac{x(x^2-1)}{3}$$

可得 $p'''(x)=3$. 于是令 $\varphi(x)=f(x)-p(x)$，则有
$$\varphi(-1)=\varphi(0)=\varphi(1)=\varphi(2)=0$$
依次对 $\varphi(x),\varphi'(x)$ 及 $\varphi''(x)$ 用罗尔定理，知 $\exists\,\xi\in(-1,2)$，使 $\varphi'''(\xi)=0$，即得 $f'''(\xi)=p'''(\xi)=3$.

是个常数，因此又可用这个特殊情况，来证出一般函数的结论.

将 $f(x)$ 写作 $a(x-\alpha)(x-\beta)$ 是常用的表示方法. 题中 $f(0)$ 和 $f(1)$ 皆为正，是因为 $0,1$ 在两根之外. 为了估计 $\alpha(1-\alpha),\beta(1-\beta)$ 要求熟悉初等数学. 若取等号即 $a=4$，则 $x=1/2$ 是方程 $4x^2-4x+1=0$ 的二重根，不合题意.

这样的公式称为拉格朗日插值公式. 可参考"计算方法"的教材.

通过证 1，请读者考虑：给定 $n$ 个点 $(x_k,y_k)$，$(k=1,\cdots,n)$，如何作一个 $n-1$ 次的多项式（即一般的拉格朗日插值公式）. 可参考"计算方法"方面的教材.

**证 2** 过 4 点 $(-1,-1),(0,1),(1,1)$ 与 $(2,2)$ 作 3 次多项式 $p(x)$. 由 $p(0)-1=p(1)-1=0$,可令

$$p(x)=x(x-1)(ax+b)+1$$

再由 $p(-1)=-1$ 和 $p(2)=2$ 得 $a=\dfrac{1}{2}$,$b=-\dfrac{1}{2}$,即 $p(x)=\dfrac{1}{2}x(x-1)^2+1$.
故 $p'''(x)=3$. 以下同证 1.

**注** 证 $2p(x)$ 的构造方法更灵活. 用到代数命题:对多项式 $p(x)$:

(1) $p(a)=0\Leftrightarrow p(x)$ 有因式 $(x-a)$;

(2) $p(a)=A\Leftrightarrow p(x)=(x-a)q(x)+A$,其中 $q(x)$ 是比 $p(x)$ 低一次的多项式. $p(x)$ 自然满足 $p(0)=p(1)=1$ 的条件,再用两个条件定 $a,b$.

**例 3.2.36** 设 $f(x)$ 在 $[a,b]$ 上连续,在 $(a,b)$ 内二次可导. 证明:

$$\exists\xi\in(a,b),\text{使}\ f(b)-2f\left(\frac{a+b}{2}\right)+f(a)=\frac{(b-a)^2}{4}f''(\xi).$$

**证** 设已知 3 点 $(a,f(a)),(b,f(b))$ 和 $(c,f(c))$,其中 $c=(a+b)/2$,过这 3 点作 2 次多项式

$$p(x)=\frac{(x-a)(x-b)}{(c-a)(c-b)}f(c)+\frac{(x-a)(x-c)}{(b-a)(b-c)}f(b)$$
$$+\frac{(x-b)(x-c)}{(a-b)(a-c)}f(a)$$

令 $\varphi(x)=f(x)-p(x)$,则 $\varphi(a)=\varphi(b)=\varphi(c)=0$. 在 $[a,c]$ 和 $[c,b]$ 上由罗尔定理知,$\exists\xi_1,\xi_2:a<\xi_1<c<\xi_2<b$,使 $\varphi'(\xi_1)=\varphi'(\xi_2)=0$.
再在 $[\xi_1,\xi_2]$ 上对 $\varphi'(x)$ 用罗尔定理,知 $\exists\xi\in(\xi_1,\xi_2)\subset(a,b)$,使 $\varphi''(\xi)=0$. 于是 $f''(\xi)=p''(\xi)$. 而

$$p''(x)=\frac{2f(c)}{(c-a)(c-b)}+\frac{2f(b)}{(b-a)(b-c)}+\frac{2f(a)}{(a-b)(a-c)}$$

用 $c=(a+b)/2$ 代入得,$p''(x)=\dfrac{-8f(c)}{(b-a)^2}+\dfrac{4f(b)}{(b-a)^2}+\dfrac{4f(a)}{(b-a)^2}$,

故得 $$f(a)-2f\left(\frac{a+b}{2}\right)+f(b)=\frac{(b-a)^2}{4}f''(\xi)$$

此题看起来应当用泰勒公式求解. 不少书上也是用泰勒公式证明的. 读者不妨一试. 我们用 3 点确定 2 次多项式的方法做是否是更简便一点.

**例 3.2.37** 设 $f(x)$ 在 $[-1,1]$ 上连续,在 $(-1,1)$ 内三阶可导,且 $f(-1)=0,f(1)=1,f'(0)=0$. 证明:$\exists\xi\in(-1,1)$,使 $f'''(\xi)=3$.

**分析** 需要先构造一个 3 次多项式 $p(x)$,与 $f(x)$ 满足 4 个相同条件,使得用罗尔定理可得到三阶导数关系式. 看似 3 个题设条件不够,但可增加条件 $p(0)=f(0)$. 根据 $f'(0)=0$ 知 $p'(x)$ 有因式 $x$,两者结合,可设

$$p(x)=x^2(ax+b)+f(0)$$

**证** 设 $p(x)=x^2(ax+b)+f(0)$,满足 $p(-1)=0,p'(0)=0,p(1)=1$.
解得 $a=\dfrac{1}{2}$,$b=\dfrac{1}{2}-f(0)$,即有 $p(x)=\dfrac{1}{2}x^2[x+1-2f(0)]+f(0)$.

作 $\varphi(x)=f(x)-p(x)$,则 $\varphi(-1)=\varphi(0)=\varphi(1)=\varphi'(0)=0$.

由罗尔定理知,$\exists\eta_1,\eta_2:-1<\eta_1<0<\eta_2<1$,使得 $\varphi'(\eta_1)=\varphi'(\eta_2)=0$,
再由罗尔定理知,$\exists\xi_1,\xi_2:\eta_1<\xi_1<0<\xi_2<\eta_2$,使 $\varphi''(\xi_1)=\varphi''(\xi_2)=0$.

因 $f'(0)=0$,要定的只是 3 次多项式,故设计为 $p(x)=x^2(ax+b)+f(0)$,再定出 $a$,$b$. 注意加项 $f(0)$ 不能少否则 $\varphi(0)\neq0$.

最后由罗尔定理知, $\exists \xi \in (\xi_1, \xi_2) \subset (-1, 1)$, 使 $\varphi'''(\xi) = 0$. 显然 $p'''(\xi) = 3$, 即得 $f'''(\xi) = 3$.

**例 3.2.38**　设 $f(x)$ 三阶可导, 且极小值为 $f(1) = -1$, 极大值为 $f(-1) = 3$. 证明: 存在 $\xi \in (-1, 1)$, 使 $f'''(\xi) = 6$.

**分析**　先构造一个 3 次多项式 $p(x)$. 由两极值条件知

$$p'(-1) = p'(1) = 0, \text{及} \ p(1) = -1, p(-1) = 3.$$

可令 $p(x) = a \int (x^2 - 1) \mathrm{d}x = \dfrac{a}{3}x^3 - ax + c$.

**证**　令 $p(x) = \dfrac{a}{3}x^3 - ax + c$. 由 $p(1) = -1, p(-1) = 3$

得 $a = 3, c = 1$, 从而 $p(x) = x^3 - 3x + 1$. 作 $\varphi(x) = f(x) - p(x)$. 同例 3.2.33 即可证得 $\exists \xi \in (-1, 1)$, 使 $f'''(\xi) = 6$.

**例 3.2.39**　设 $f(x)$ 在 $[-1, 1]$ 上 3 次可微, 证明: $\exists \xi \in (-1, 1)$, 使

$$\frac{f'''(\xi)}{6} = \frac{f(1) - f(-1)}{2} - f'(0)$$

**分析**　将 $f(1), f(-1)$ 及 $f(0), f'(0)$ 视为已知, 则过点 $(-1, f(-1)), (0, f(0))$ 及 $(1, f(1))$, 可作 3 次函数

$$p(x) = ax^3 + bx^2 + xf'(0) + f(0).$$

从而证明所要的结论.

**证**　令 $p(x) = ax^3 + bx^2 + xf'(0) + f(0)$, 由 $p(1) = f(1)$,

$p(-1) = f(-1)$, 得 $a = \dfrac{f(1) - f(-1)}{2} - f'(0), b = \dfrac{f(1) + f(-1)}{2} - f(0)$,

于是作 $\varphi(x) = f(x) - p(x)$. 同例 3.2.38, 利用罗尔定理, $\exists \xi \in (-1, 1)$,

使 $\varphi'''(\xi) = 0$, 即 $f'''(\xi) = p'''(\xi) = 6a = 6 \left[ \dfrac{f(1) - f(-1)}{2} - f'(0) \right]$.

即

$$\frac{f'''(\xi)}{6} = \frac{f(1) - f(-1)}{2} - f'(0)$$

### 3.2.6　泰勒公式

**例 3.2.40**　设 $f(x)$ 在 $(a, b)$ 内 $f''(x) \geq 0$, 则对 $(a, b)$ 内任意的 $n$ 个点 $x_1, x_2, \cdots, x_n$ 及常数 $p_i \in (0, 1)(\sum\limits_{i=1}^{n} p_i = 1)$, 成立不等式:

$$f\left(\sum_{i=1}^{n} p_i x_i\right) \leq \sum_{i=1}^{n} p_i f(x_i) \quad (\text{称为颜森不等式})$$

**分析**　记 $\sum\limits_{i=1}^{n} p_i x_i = x_0$, 则可由二阶泰勒公式证之.

**证**　$f(x_i) = f(x_0) + f'(x_0)(x_i - x_0) + \dfrac{1}{2} f''(\xi_i)(x - x_0)^2$

($\xi_i$ 在 $x_0$ 与 $x_i$ 之间) $\geq f(x_0) + f'(x_0)(x_i - x_0) \quad (i = 1, 2, \cdots, n)$

则有 $p_i f(x_i) \geq p_i f(x_0) + f'(x_0)(p_i x_i - p_i x_0)$. 故得

$$\sum_{i=1}^{n} p_i f(x_i) \geq \sum_{i=1}^{n} p_i f(x_0) = f(x_0)$$

也可用因式分析方法确定三次多项式. 由 $p'(1) = p'(-1) = 0$ 知 $p'(x)$ 有两个因式 $x - 1$ 和 $x + 1$, 故设 $p'(x) = a(x^2 - 1)$ 再求积分 $p(x)$. 这样做技巧更高些, 供读者参考.

也可用泰勒公式证明, 但要用达布中值定理. 这里将 $f(1)$ 和 $f(-1), f(0)$ 和 $f'(0)$ 视为已知, 也就是作为"四个条件", 确定三次多项式的方法值得读者参考.

$n = 2$ 时颜森不等式证明了: 凹曲线上任意两点的连线, 必在这两点间的曲线弧段之上 (对凸曲线, 弧段则在弦之上). 曲线 $y = f(x)$ 的凹凸性及此不等式有许多应用. 如取 $f(x) = \ln x$, 则 $f''(x) = -x^{-2} < 0$. 在颜森不等式中取 $p_i =$

**注1** 很明显,题设中若改为 $f''(x) \leqslant 0$,则不等式将反过来,有

$$f\left(\sum_{i=1}^n p_i x_i\right) \geqslant \sum_{i=1}^n p_i f(x_i)$$

**注2** 设 $f(x)$ 在 $[a,b]$ 上满足 $f''(x) \geqslant 0$. 将 $[a,b]$ $n$ 等分,分点为 $x_i = a + i\dfrac{b-a}{n}$, $i = 0, 1, \cdots, n$,则 $x_1 + x_2 + \cdots + x_n = na + \dfrac{n+1}{2}(b-a)$. 由颜森不等式得

$$\frac{1}{n}(f(x_1) + \cdots + f(x_n)) \leqslant f\left(a + \frac{n+1}{2n}(b-a)\right)$$

所以

$$\sum_{i=1}^n f(x_i) \cdot \frac{b-a}{n} \leqslant (b-a) f\left(a + \frac{n+1}{2n}(b-a)\right)$$

令 $n \to \infty$,则有 $\displaystyle\int_a^b f(x)\mathrm{d}x \leqslant (b-a) f\left(\dfrac{a+b}{2}\right)$,这就是颜森不等式的积分形式.

**例 3.2.41** 设 $f(x)$ 在 $[0,2]$ 上二阶可导,且 $|f(x)| \leqslant 1$, $|f''(x)| \leqslant 1$,证明 $|f'(x)| \leqslant 2$.

**证** 由 $\quad f(0) = f(x) - f'(x)x + \dfrac{1}{2}f''(\xi_1)x^2$

$$f(2) = f(x) + f'(x)(2-x) + \frac{1}{2}f''(\xi_2)(2-x)^2$$

则 $\quad f(0) - f(2) = -2f'(x) + \dfrac{1}{2}f''(\xi_1)x^2 - \dfrac{1}{2}f''(\xi_2)(2-x)^2$

得 $2|f'(x)| \leqslant |f(0)| + |f(2)| + \dfrac{1}{2}[x^2 + (2-x)^2]$

$\leqslant 2 + \dfrac{1}{2}[x^2 + (2-x)^2] \leqslant 4$,故 $|f'(x)| \leqslant 2$.

**注** 也可在 $[0,2]$ 上构造 2 次函数 $f(x) = ax^2 + bx + c$,使 $f''(x) = 1$,得 $a = \dfrac{1}{2}$. 再使 $|f(0)| = |f(2)| = 1$,得 $f(x) = \dfrac{(x-2)^2}{2} - 1$,则 $|f'(x)| = |x-2| \leqslant 2$.

**例 3.2.42** 设 $f(x)$ 三阶可导,且 $\lim\limits_{x\to\infty} f(x) = A$, $\lim\limits_{x\to\infty} f'''(x) = 0$. 求证: $\lim\limits_{x\to\infty} f'(x) = \lim\limits_{x\to\infty} f''(x) = 0$.

**分析** 由于三阶可导,考虑用泰勒公式,有

$$f(x+a) = f(x) + f'(x)a + \frac{1}{2}f''(x)a^2 + \frac{1}{6}f'''(\xi)a^3$$

其中 $a$ 是任一常数,就已经可看出要证明的结果了.

**证** 由 $f(x+1) = f(x) + f'(x) + \dfrac{1}{2}f''(x) + \dfrac{1}{6}f'''(\xi_1)$, $\xi_1 \in (x, x+1)$

$$f(x-1) = f(x) - f'(x) + \frac{1}{2}f''(x) - \frac{1}{6}f'''(\xi_2), \xi_2 \in (x-1, x)$$

得 $\quad f'(x) = \dfrac{1}{2}(f(x+1) - f(x-1)) - \dfrac{1}{12}(f'''(\xi_2) + f'''(\xi_1))$

---

$1/n$,得 $\dfrac{1}{n}[\ln x_1 + \cdots + \ln x_n] \leqslant \ln \dfrac{x_1 + \cdots + x_n}{n}$,即 $(x_1 x_2 \cdots x_n)^{\frac{1}{n}} \leqslant \dfrac{x_1 + \cdots + x_n}{n}$. 这就是著名的"均值不等式".

这是已知函数及其二阶导数的取值范围,要估计一阶导数取值范围的题. 为此用泰勒公式比较合适.

知道函数 $f(x)$、其导数 $f'(x)$ 和二阶导数 $f''(x)$ 3 个中的两个,来估计第三个,一般都可考虑用泰勒公式.

相当于用 3 个条件构造二次多项式的方法.

这里也是根据 $f(x)$ 和 $f'''(x)$ 的性质,研究 $f'(x)$ 和 $f''(x)$ 的性质,可用泰勒公式将它们联系起来. 还利用了 $x \to \infty$ 时, $f(x)$ 与 $f(x+1)$ 有相同极限的思路.

令 $x \to \infty$，得 $\lim\limits_{x\to\infty} f'(x) = 0$. 于是由

$$f''(x) = 2(f(x+1) - f(x)) - 2f'(x) - \frac{1}{3}f''(\xi_1)$$

令 $x \to \infty$，得 $\lim\limits_{x\to\infty} f''(x) = 0$.

**例 3.2.43**　设 $f(x)$ 在 $[a,b]$ 上二阶可导，且 $f(a) = f(b) = 0$，又存在 $c \in (a,b)$ 使 $f(c) > 0$. 证明：$\exists \xi \in (a,b)$，使 $f''(\xi) < 0$.

**分析**　本题由 $y = f(x)$ 图形的凹性（见图 3-9），即可用反证法证之. 再给出另 3 种不同的方法证明此题.

**证 1**　（反证法）若 $f''(x) \geqslant 0$，则曲线 $y = f(x)$ 为凹曲线. 由 $f(a) = f(b) = 0$ 知，对任意 $x$ 均有 $f(x) \leqslant 0$，与 $f(c) > 0$ 矛盾. 故存在 $\xi \in (a,b)$ 使 $f''(\xi) < 0$.

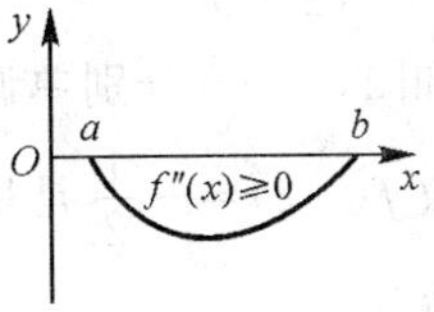

图　3-9

**证 2**　（拉氏中值定理）由题设知

$$\exists \xi_1 \in (a,c)，使 \frac{f(c) - f(a)}{c - a} = f'(\xi_1) > 0;$$

$$\exists \xi_2 \in (c,b)，使 \frac{f(c) - f(b)}{c - b} = f'(\xi_2) < 0.$$

于是 $\exists \xi \in (\xi_1, \xi_2) \subset (a,b)$，$\dfrac{f'(\xi_2) - f'(\xi_1)}{\xi_2 - \xi_1} = f''(\xi) < 0$.

**证 3**　（泰勒公式）　由 $f(a) = f(b) = 0 < f(c)$ 知，存在 $x_0 \in (a,b)$ 使 $f(x_0)$ 是 $[a,b]$ 上 $f(x)$ 的最大值，由费马定理知，$f(x_0) \geqslant f(c) > 0$ 及 $f'(x_0) = 0$，得 $0 = f(a) = f(x_0) + f'(x_0)(a - x_0) + \dfrac{1}{2}f''(\xi)(a - x_0)^2$，

$$故\ f''(\xi) = -2\frac{f(x_0)}{(a - x_0)^2} < 0.$$

注　如果用 $0 = f(b) = f(x_0) + f'(x_0)(b - x_0) + \dfrac{1}{2}f''(\xi_1)(b - x_0)^2$，同样可证 $f''(\xi_1) < 0$.

**证 4**　（如果设想最大值点为 $c$）可在 $c$ 点用泰勒公式，有

$$0 = f(a) = f(c) + f'(c)(a - c) + \frac{1}{2}f''(\xi_1)(a - c)^2, \xi_1 \in (a,c)$$

$$0 = f(b) = f(c) + f'(c)(b - c) + \frac{1}{2}f''(\xi_2)(b - c)^2, \xi_2 \in (c,b)$$

消去 $f'(c)$ 可得 $f''(\xi_1)\dfrac{c - a}{b - a} + f''(\xi_2)\dfrac{b - c}{b - a} = -\dfrac{2f(c)}{(b - c)(c - a)} < 0$. 根据 $\dfrac{c - a}{b - a} + \dfrac{b - c}{b - a} = 1$，由达布定理知，$\exists \xi \in (\xi_1, \xi_2)$ 使

$$f''(\xi) = f''(\xi_1)\frac{c - a}{b - a} + f''(\xi_2)\frac{b - c}{b - a} < 0$$

若 $f''(x) \geqslant 0$，则曲线 $y = f(x)$ 是凹的，在 $x$ 轴下方，如图 3-9，立得矛盾.

再用拉氏定理，泰勒公式，闭区间上连续函数必取到最大值定理来证明本题. 目的是告知：一题多解可以打开解题思路. 应当多总结同一类题解的一种主要方法，又要多总结一道题的多种不同解法，方能体会数学思维之美，热爱数学.

# 3.3　函数增减性与极值

本节讨论函数凹凸性与拐点及相关应用问题.

### 3.3.1 极值与最大、最小值

**例 3.3.1** 对 $t$ 的不同取值,讨论函数 $f(x)=\dfrac{1+2x}{2+x^2}$ 在 $[t,+\infty)$ 是否有最大值或最小值,若有,求最大与最小值.

**解** 由 $\lim\limits_{x\to\infty}f(x)=0$ 知 $y=0$ 是 $y=f(x)$ 的水平渐近线(见图 3-10). 由

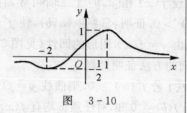

图 3-10

$$f'(x)=\frac{2(2+x)(1-x)}{(2+x^2)^2}$$

知在 $(-\infty,-2]$ 和 $[1,+\infty)$ 分别单调减,在 $(-2,1)$ 单调增,故 $f(-2)=-\dfrac{1}{2}$ 是最小值,$f(1)=1$ 是最大值.

**结论** $f(x)$ 在 $[t,+\infty)$ 上取得最大值、最小值情形:当 $t\leqslant-2$ 时有最小值 $f(-2)=-\dfrac{1}{2}$,最大值 $f(1)=1$;当 $-2<t\leqslant-\dfrac{1}{2}$ 时有最小值 $f(t)$,最大值 $f(1)=1$;当 $-\dfrac{1}{2}<t\leqslant1$ 时无最小值,有最大值 $f(1)=1$;当 $t>1$ 时,无最小值,有最大值 $f(t)$.

**\*例 3.3.2** 设 $f(x)$ 在 $[a,b]$ 上连续,只有一个极值点,证明若此点是极小(或极大)点,它也就是函数在 $[a,b]$ 上的最小(或大)点.

**证** (反证法)不妨设 $x_0$ 是 $f(x)$ 在 $[a,b]$ 上唯一的极小点.若它不是最小点,则根据闭区间上连续函数的性质,必存在 $x_1\neq x_0$ 是最小点.不妨设 $a<x_0<x_1\leqslant b$. 故在 $[x_0,x_1]$ 上 $f(x)$ 的最大值不可能在端点 $x_0$ 或 $x_1$ 达到,只能在内点 $\xi\in(x_0,x_1)$ 达到,于是 $\xi$ 是极大值点,与 $x_0$ 是唯一的极值点矛盾.

**注** 这是 1991 年上海市大学生数学竞赛中的一道题,此题仅供参加竞赛的学生参考. 因为现行的一些教材将"极值"定义为"严格极值",这样,如果闭区间连续函数 $f(x)$ 在其内部取得最大(或最小)值,都有可能不是极值! 所以这个定义不好用,也与国内外许多教材不接轨,但许多学校对工科及经济类学生均用这类教材讲. 为照顾考生,考研不会出此类试题. 在考研中,如果学生用到"连续函数在闭区间内取得最大值一定是极大值"这个结论却不扣分!

**例 3.3.3** 设 $f(x)=\dfrac{1}{4}x^4+\dfrac{a}{3}x^3+\dfrac{b}{2}x^2+2x+1$ 在点 $x=-2$ 取得极值,而另一驻点 $x_0$ 非极值点,求 $a,b$ 的值.

**解** 由题设 $f'(x_0)=x_0^3+ax_0^2+bx_0+2=0$,有 $f''(x_0)=3x_0^2+2ax_0+b=0$,由 $f'(-2)=0$ 得 $b=-3+2a$,依次代入上两式得

$$(x_0+2)[x_0^2+(a-2)x_0+1]=0,\ (x_0+1)(3x_0-3+2a)=0$$

本题应以作 $y=f(x)$ 的草图为参考,便于分析 $t$ 的取值情形.

本题一则通过对 $t$ 的不同取值作讨论,说明考虑问题要缜密;二则更是强调极值与最值的联系和区别,既要注意它们的联系,又要注意它们的区别.

这个命题是应用题中"求出一个极值点就认为是最值点"的依据.

一般地,对二阶可导函数 $f(x)$,若 $x_0$ 是驻点但非极值点,则不但 $f'(x_0)=0$,且有 $f''(x_0)=0$. 否则 $f''(x_0)\neq0$ 导致 $x_0$ 是极值点.

解此题的另一个要点是:为求 $a,b,x_0$ 3 个未知数,恰好要 3 个方程.

由于 $x_0 \neq -2$，由上两式得两方程组：

$$\begin{cases} x_0^2 + (a-2)x_0 + 1 = 0 \\ x_0 + 1 = 0 \end{cases}, \quad \begin{cases} x_0^2 + (a-2)x_0 + 1 = 0 \\ 3x_0 - 3 + 2a = 0 \end{cases}$$

分别解得 $x_0 = -1, a = 4, b = 5$ 和 $x_0 = 1, a = 0, b = -3$.

**例 3.3.4**　在曲线 $x^3 - xy + y^3 = 1 (x \geqslant 0, y \geqslant 0)$ 上求与原点的距离为最大或最小的点，并求距离的最大值和最小值.

**分析**　若用直角坐标系，将是条件极值问题. 但若将曲线方程写成极坐标方程 $F(\rho, \theta) = 0$，问题可化为求极径隐函数 $\rho = \rho(\theta)$ 在 $[0, \frac{\pi}{2}]$ 上的最大与最小值.

**解**　问题可化为求由方程：

$$\rho^3 \cos^3 \theta - \rho^2 \sin \theta \cos \theta + \rho^3 \sin^3 \theta = 1$$

所确定的 $\rho = \rho(\theta)$ 在 $[0, \frac{\pi}{2}]$ 上的最大与最小值. 由于 $\rho(\theta)$ 可导，故只要将 $(0, \frac{\pi}{2})$ 内所有驻点处及端点处的值 $\rho(0)$ 与 $\rho(\frac{\pi}{2})$ 相比较，最大的即最大值，最小的即最小值. 为此方程两边对 $\theta$ 求导，并令 $\rho'(\theta) = 0$，得

$$-3\rho^3 \sin \theta \cos^2 \theta - \rho^2 \cos 2\theta + 3\rho^3 \cos \theta \sin^2 \theta = 0$$

即　　$\rho^2 (3\rho \sin \theta \cos \theta + \sin \theta + \cos \theta)(\sin \theta - \cos \theta) = 0$

可得唯一驻点为 $\theta = \frac{\pi}{4}$，极径 $\rho(\frac{\pi}{4}) = \sqrt{2}$. 在曲线端点处 $\rho(0) = \rho(\frac{\pi}{2}) = 1$，故所求最长距离是 $\sqrt{2}$，最短距离是 1.

**例 3.3.5**　以点 $O$ 为圆心的半圆其直径为 $2$（见图 $3-11$），$A$ 为直径延长线上的一点，$OA = 2$，$B$ 为半圆上的一点，以 $AB$ 为边在半圆外作正三角形 $ABC$，问 $B$ 在什么位置时，四边形 $OACB$ 的面积最大，并求此最大面积.

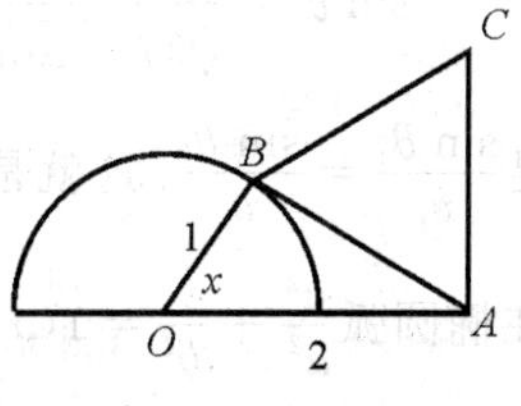

**解 1**　设 $\angle AOB = x$，有 $S_{\triangle OAB} = \frac{1}{2} \cdot 2 \sin x = \sin x$，而 $AB^2 = 1^2 + 2^2 - 4\cos x = 5 - 4\cos x$，则

$$S_{\triangle ABC} = \frac{\sqrt{3}}{4} AB^2 = \frac{\sqrt{3}}{4}(5 - 4\cos x),$$

图　$3-11$

得 $S = \sin x + \frac{5\sqrt{3}}{4} - \sqrt{3} \cos x = 2\sin(x - \frac{\pi}{3}) + \frac{5\sqrt{3}}{4}$.

当 $x = \frac{5}{6}\pi$，即 $B$ 点在圆心角 $x$ 为 $\frac{5}{6}\pi$ 的位置时，四边形面积最大，最大面积值为 $2 + \frac{5}{4}\sqrt{3}$.

**解 2**　由 $S = \sin x - \sqrt{3} \cos x + \frac{5}{4}\sqrt{3}$. 令 $S' = \cos x + \sqrt{3} \sin x = 0$，得 $\tan x = -\frac{1}{\sqrt{3}}$，唯一驻点 $x = \frac{5}{6}\pi (x \in (0, \pi))$. 这时，$S(\frac{5}{6}\pi) = 2 + \frac{5\sqrt{3}}{4}$，

本题的原命题意图可能是用条件极值方法. 这里介绍极坐标方法，将曲线方程转化为 $\rho = \rho(\theta)$ 是极径隐函数的极值问题，为求可导函数在闭区间上的最值，只要比较所有驻点与区间端点的对应函数值.

不论是几何应用还是实际应用问题，首先应当建立"数学模型". 这里先引入自变量圆心角和因变量面积，再建立相关函数关系.

所求四边形由 $\triangle OAB$ 与正三角形 $ABC$ 组成，这两三角形由 $B$ 在圆弧上的位置所确定，故可设圆心角 $\angle AOB = x$，则所求面积 $S = S(x)$ 是 $x$ 的函数，$x \in [0, \pi]$.

$S(0) = \dfrac{5\sqrt{3}}{4} - \sqrt{3}$，$S(\pi) = \dfrac{5\sqrt{3}}{4} + \sqrt{3}$ 均比 $2 + \dfrac{5\sqrt{3}}{4}$ 小. 则当 $x = \dfrac{5}{6}\pi$ 时，所求

最大面积为 $2 + \dfrac{5\sqrt{3}}{4}$.

**例 3.3.6** 证明光的折射定律：光以速率 $v_1$ 从一均匀介质穿过界面，以速率 $v_2$ 传播到另一均匀介质，则入射角 $\theta_1$ 和折射角 $\theta_2$ 必满足：

$$\frac{v_1}{v_2} = \frac{\sin \theta_1}{\sin \theta_2}$$

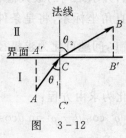

图　3 - 12

**分析**　费尔马几何光学原理指"光程最短"，等价于光线传播的时间最短. 如图 3-12 所示，设光线传播路线为 $A \to C$（界点）$\to B$，$A'B'$ 是两介质的分界线（面），$AA' \perp A'B'$，$BB' \perp A'B'$，设法建立传播时间 $t$ 关于入射角 $\theta$ 的函数 $t(\theta)$，再求最小值.

**证**　记 $AA' = a$，$BB' = b$，$A'B' = l$，则光线在介质 Ⅰ 中用时为 $t_1 = \dfrac{a\sec\theta}{v_1}$，在介质 Ⅱ 中用时为 $t_2 = \dfrac{\sqrt{(l - a\tan\theta)^2 + b^2}}{v_2}$，则有

$$t = \frac{a\sec\theta}{v_1} + \frac{\sqrt{(l - a\tan\theta)^2 + b^2}}{v_2}$$

令

$$\frac{\mathrm{d}t}{\mathrm{d}\theta} = \frac{a\sec\theta\tan\theta}{v_1} - \frac{(l - a\tan\theta)a\sec^2\theta}{v_2\sqrt{(l - a\tan\theta)^2 + b^2}} = 0$$

得满足 $\dfrac{1}{v_1}\sin\theta_1 - \dfrac{1}{v_2}\dfrac{l - a\tan\theta_1}{\sqrt{(l - a\tan\theta_1)^2 + b^2}} = 0$ 的入射角 $\theta_1$ 是唯一的驻点，且是极小值点，因此是最小值点. 而反射角 $\theta_2$ 满足：

$$\sin\theta_2 = \frac{l - a\tan\theta_1}{\sqrt{(l - a\tan\theta_1)^2 + b^2}}$$

故在最小值点满足 $\dfrac{\sin\theta_1}{v_1} = \dfrac{\sin\theta_2}{v_2}$. 这就是折射定律.

**例 3.3.7**　在椭圆弧 $\dfrac{x^2}{a^2} + \dfrac{y^2}{b^2} = 1 (x \geqslant 0, y \geqslant 0)$ 上求两点 $M$、$P$，使满足　(1) 过 $M$ 点的平行于 $x$ 轴与 $y$ 轴的直线，和 $x$ 与 $y$ 轴所围成的长方形的面积最大；

(2) 过 $P$ 点的切线，椭圆及两坐标轴所围图形的面积最小.

**解**　(1) 椭圆的参数方程为

$$x = a\cos t, \quad y = b\sin t \left(0 \leqslant t \leqslant \frac{\pi}{2}\right)$$

则任意一点处所求长方形的面积为

$$S(t) = xy = a\cos t \cdot b\sin t = \frac{1}{2}ab\sin 2t$$

当 $t = \dfrac{\pi}{4}$ 时最大，即点 $M$ 为 $\left(\dfrac{\sqrt{2}}{2}a, \dfrac{\sqrt{2}}{2}b\right)$ 时，长方形最大面积为 $\dfrac{1}{2}ab$.

例 2.3.5 解 2 与解 1 比较，说明应用问题若能用初等方法求解更好，数学竞赛更是如此.

光的折射定律的证明说明数学来源于实际，应用于实际，特别体现微积分与物理学的密切关系. 联系实际尤其是物理学和力学，是学好数学的重要方法.

在此要搞清楚反射角的表达式，最后导出折射定律的关系式.

这里引入参数方程，面积表达式简单了.

在解许多应用问题时，初等方法有时反倒简捷.

（2）由于 1/4 椭圆弧与 $x,y$ 轴所围图形面积是定值 $\dfrac{\pi}{4}ab$，因此只要求切线与两坐标轴所围三角形的面积 $S_\triangle$ 为最小. 过椭圆上任一点 $(x,y)$ 的切线方程为 $\dfrac{X \cdot x}{a^2}+\dfrac{Y \cdot y}{b^2}=1$，$x,y$ 截距分别为：$\dfrac{a^2}{x},\dfrac{b^2}{y}$，故 $S_\triangle=\dfrac{a^2 b^2}{2xy}$. 由（1）知当 $t=\dfrac{\pi}{4}$ 时，$xy$ 最大，于是当 $P$ 为 $\left(\dfrac{\sqrt{2}}{2}a,\dfrac{\sqrt{2}}{2}b\right)$ 时 $S_\triangle$ 的最小值为 $2ab$，从而所求图形最小面积为 $\dfrac{ab}{4}(8-\pi)$.

**例 3.3.8**　设高速公路上行驶的卡车每小时消耗成本费为 $a+bv^2$（$a,b$ 是正常数，$v$ 是速率），问保持什么样的速率行驶最节省？

**解**　走单位路程所用时间是 $\dfrac{1}{v}$，故走单位路程消耗的成本费是

$$f(v)=\frac{a+bv^2}{v}. \ \text{令} \ f'(v)=\frac{-a}{v^2}+b=0, \text{得以} \ v=\sqrt{\frac{a}{b}} \ \text{的速率行驶最节省.}$$

**例 3.3.9**　在一个质量均匀半径为 $R$ 的半球形容器中（见图 3-13），放一长为 $2l$ 的均匀细棒，求棒的平衡位置. 设棒与容器表面均是光滑的.（当棒的重心最低时达到平衡）.

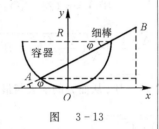

图　3-13

**解**　设 $R<l<2R$. 如图建立坐标系 $xOy$，设棒两端点为 $A,B$ 点，棒与 $x$ 轴的夹角为 $\varphi$，则棒所在直线方程为

$$y=x\tan\varphi+R-R\tan\varphi \tag{1}$$

容器竖截面半圆的方程是

$$x^2+(y-R)^2=R^2 \tag{2}$$

由（1）解出 $x=\dfrac{y-R}{\tan\varphi}+R$，代入（2），得 $(y-R)^2+\left(\dfrac{y-R}{\tan\varphi}+R\right)^2=R^2$，解得细棒端点 $A$ 的纵坐标 $y_A=R(1-\sin2\varphi)$，而棒另一端 $B$ 的纵坐标为 $y_B=2l\sin\varphi+y_A$，故棒的重心即 $AB$ 中点的纵坐标是

$$y=l\sin\varphi+R(1-\sin2\varphi)$$

令 $y'=2R+l\cos\varphi-4R\cos^2\varphi=0$，得唯一驻点 $\cos\varphi=\dfrac{l+\sqrt{l^2+32R^2}}{8R}$，即当 $\cos\varphi=\dfrac{1}{8}(\alpha+\sqrt{\alpha^2+32})$（$\alpha=\dfrac{l}{R},1<\alpha<2$）时，棒达到平衡.

**例 3.3.10**　已知 $A>0,\Delta=AC-B^2>0$. 求

（1）椭圆 $Ax^2+2Bxy+Cy^2=1$ 两对称轴的方程；

（2）椭圆 $Ax^2+2Bxy+Cy^2\leqslant1$ 的面积.

**分析**　对称轴与椭圆之长、短轴密切相关，而 $Ax^2+2Bxy+Cy^2=1$ 的对称中心在原点. 因此问题（1）（2）都可归结为原点至椭圆上点的最大与最小值的问题. 以下将用多种方法来求解.

**解**　（1）椭圆的极坐标写成

鉴于问题（1）和问题（2）的密切相关，因此把它们放在题目之中抓住问题的联系方能闻一知多.

为建立数学模型，先做一些简化假设：半球形容器固定放置，开口位于水平；容器无厚度，看做几何曲面；细棒无宽度，看做线段；细棒在容器内可自由滑动，自动达到平衡位置.

平衡时重心最低. 若 $l<R$，棒在水平位置即平衡，若 $l\geqslant2R$，为平衡棒中心小心地放在容器口的球心上，故仅需考察 $R<l<2R$ 的情形，即是此数学模型的限制条件.

棒的一端在容器内，另一端在容器外，故棒上必有一点在容器边沿，故排除解 $y=R$.

例 3.3.10 作为导数应用的最后一题，将用 7 种方法求解椭圆面积. 既有承上启

$$\rho^2 = 1/(A\cos^2\theta + 2B\sin\theta\cos\theta + C\sin^2\theta)$$

其对称轴处极角 $\theta$ 的值,正是 $\rho^2$ 也即 $\rho^{-2}$ 在极值点处的值. 可令

$$f'(\theta) \equiv [A\cos^2\theta + 2B\sin\theta\cos\theta + C\sin^2\theta]'$$
$$= (C-A)\sin 2\theta + 2B\cos 2\theta = 0$$

或 $\qquad B\tan^2\theta - (C-A)\tan\theta - B = 0$

得斜率 $\qquad k = \tan\theta = \dfrac{C-A \pm \sqrt{(C-A)^2 + 4B^2}}{2B}$

因此两对称轴的方程是 $y = \dfrac{C-A \pm \sqrt{(C-A)^2 + 4B^2}}{2B} \cdot x$.

（2）**方法一**　用（1）的结果,有

$$\rho^{-2} = A\cos^2\theta + 2B\sin\theta\cos\theta + C\sin^2\theta$$
$$= \frac{A-C}{2}\cos 2\theta + B\sin 2\theta + \frac{A+C}{2}$$
$$= \sqrt{\left(\frac{A-C}{2}\right)^2 + B^2} \cdot \sin(2\theta + \varphi) + \frac{A+C}{2}$$

得 $\rho^{-2}$ 的最大值是 $\dfrac{A+C}{2} + \sqrt{\left(\dfrac{A-C}{2}\right)^2 + B^2}$,最小值是

$\dfrac{A+C}{2} - \sqrt{\left(\dfrac{A-C}{2}\right)^2 + B^2}$. 从而 $\rho$ 的最大与最小值是

$1/\sqrt{\dfrac{A+C}{2} \mp \sqrt{\left(\dfrac{A-C}{2}\right)^2 + B^2}}$,即长短半径的值,故所求面积是 $\pi/\sqrt{\Delta}$.

**方法二**　（定积分方法）在极坐标下椭圆面积为

$$S = \frac{1}{2}\int_{-\pi}^{\pi}\rho^2\,d\theta = \int_0^{\pi}(A\cos^2\theta + 2B\sin\theta\cos\theta + C\sin^2\theta)^{-1}\,d\theta$$
$$= \int_0^{\frac{\pi}{2}}\frac{\tan\theta}{C\tan^2\theta + 2B\tan\theta + A} + \int_{\frac{\pi}{2}}^{\pi}\frac{d\tan\theta}{C\tan^2\theta + 2B\tan\theta + A}$$
$$= \frac{1}{\sqrt{\Delta}}\left[\arctan\left(\frac{C}{\sqrt{\Delta}}\tan\theta + \frac{C}{B}\right)\right]_0^{\frac{\pi}{2}} + \frac{1}{\sqrt{\Delta}}\left[\arctan\left(\frac{C}{\sqrt{\Delta}}\tan\theta + \frac{C}{B}\right)\right]_{\frac{\pi}{2}}^{\pi}$$
$$= \frac{\pi}{\sqrt{\Delta}}$$

**方法三**　（正交变换法）二次型 $Ax^2 + 2Bxy + Cy^2$ 的矩阵是 $\begin{pmatrix} A & B \\ B & C \end{pmatrix}$,

特征方程是 $\begin{vmatrix} \lambda - A & -B \\ -B & \lambda - C \end{vmatrix} = 0$,两特征根记为 $\lambda_1$ 和 $\lambda_2$. 在正交变换下椭圆

方程化为标准方程 $\lambda_1 x_1^2 + \lambda_2 y_2^2 = 1$,则椭圆面积 $S = \pi/\sqrt{\lambda_1\lambda_2}$,而特征方程

中两根之积为 $\lambda_1 \cdot \lambda_2 = \begin{vmatrix} -A & -B \\ -B & -C \end{vmatrix} = AC - B^2 = \Delta$,故所求面积为 $S = \pi/\sqrt{\Delta}$.

**方法四**　（条件极值法）求 $x^2 + y^2$ 在满足椭圆方程条件下的极值. 作

拉格朗日函数 $\Delta(x, y; \lambda) = x^2 + y^2 + \lambda(Ax^2 + 2Bxy + Cy^2 - 1)$,令

下的意思,更想说明求解此题,将一元函数微积分、多元函数微积分、解析几何及线性代数的许多知识点都用上了. 一题多解,做一题胜似做十题！

　　方法一将求椭圆面积转化为求两对称半轴的长度,即极径的最大与最小值,用三角函数知识即可求解.

　　方法一与方法二都是先将椭圆方程化为极坐标方程. 方法二用面积的定积分公式求解,换元 $u = \tan\theta$ 后 $\pi/2$ 是奇点,必须分两个区间,在 $[0, \frac{\pi}{2}]$,计算

$\lim\limits_{\theta \to \pi/2} \tan\theta = +\infty$,

在 $[\frac{\pi}{2}, \pi]$,计算

$\lim\limits_{\theta \to \pi/2} \tan\theta = -\infty$.

二次型通过正交变换化为标准型,本质上是初等数学中的转轴变换. 其转轴后的坐标轴就是对称轴.

$$\frac{1}{2}\Delta'_x = x + \lambda(Ax + By) = 0 \tag{1}$$

$$\frac{1}{2}\Delta'_y = y + \lambda(Bx + Cy) = 0 \tag{2}$$

由式(1)·$x$＋式(2)·$y$得 $x^2 + y^2 + \lambda = 0$，即$-\lambda$便是所要求的极值，而线

性方程组(1)(2)有非零解，故系数行列式 $\begin{vmatrix} A\lambda+1 & B\lambda \\ B\lambda & C\lambda+1 \end{vmatrix} = 0$. 此方程恰

有两实根，故两实根之积为$(-\lambda_1)\cdot(-\lambda_2)=\lambda_1\lambda_2 = 1 / \begin{vmatrix} A & B \\ B & C \end{vmatrix} = \frac{1}{\Delta}$，因此，

所求面积为 $S = \pi / \sqrt{\Delta}$.

　　**方法五**　（配方后用线性变换）　由

$$Ax^2 + 2Bxy + Cy^2 = \frac{AC - B^2}{C}x^2 + C\left(y + \frac{B}{C}x\right)^2 = 1$$

作线性变换 $\begin{cases} u = x \\ v = \dfrac{B}{C}x + y \end{cases}$，雅可比式 $\dfrac{\partial(u,v)}{\partial(x,y)} = 1$，变换后面积值不变. 新椭圆

方程是 $\dfrac{\Delta}{C}u^2 + Cv^2 = 1$，故所求面积为 $\pi / \sqrt{\Delta}$.

　　**方法六**　（用参数方程求极值）在方法五中配方后，令

$$x = \frac{\sqrt{C}}{\sqrt{\Delta}}\cos t, \quad y = \frac{\sin t}{\sqrt{C}} - \frac{B}{\sqrt{C\Delta}}\cos t$$

于是 $\quad x^2 + y^2 = \dfrac{B^2 + C^2}{C\Delta}\cos^2 t - \dfrac{2B}{C\sqrt{\Delta}}\sin t\cos t + \dfrac{\sin^2 t}{C}$

$$= \frac{A + C}{2\Delta} + \sqrt{\frac{(2B^2 + C^2 - AC)^2}{4C^2\Delta^2} + \frac{B^2}{C^2\Delta}} \cdot \sin(2t + \varphi)$$

故 $x^2 + y^2$ 最大值与最小值之积为

$$\frac{(A + C)^2}{4\Delta^2} - \frac{(2B^2 + C^2 - AC)^2}{4C^2\Delta^2} - \frac{B^2}{C^2\Delta} = \frac{1}{\Delta}$$

故所求面积为 $\pi / \sqrt{\Delta}$.

　　**方法七**　（用曲线积分法）由方法六中参数方程，用求面积的曲线积分
公式

$$S = \oint_L x\,\mathrm{d}y = \int_{-\pi}^{\pi} \frac{1}{\sqrt{\Delta}}\cos^2 t\,\mathrm{d}t + \int_{-\pi}^{\pi} \frac{B}{\Delta}\cos t\sin t\,\mathrm{d}t = \frac{\pi}{\sqrt{\Delta}}$$

### 3.3.2　函数图形的凹凸，渐近线及作图

**例 3.3.11**　作函数 $y = \sin(3\arcsin x)$ 的图形.

**分析**　函数的定义域为$[-1,1]$. 当 $x \in [-1,1]$ 时，有

$$\sin(3\arcsin x) = 3\sin(\arcsin x) - 4\sin^3(\arcsin x) = 3x - 4x^3$$

因此要求 $y = 3x - 4x^3$ 的定义域与 $y = \sin(3\arcsin x)$ 的一致.

**解 1**　由 $y = \sin(3\arcsin x) = 3x - 4x^3 (x \in [-1,1])$，只要作 3 次函

---

满足式(1)与式(2)的$(x,y)$应是极值点的坐标，所以 $x^2 + y^2 = -\lambda$ 便是所求极值. 本题巧妙地运用了线性代数知识！

当其雅可比行列式为 1 时，线性变换不改变面积度量.

当然也可用二重积分计算面积，对积分变量作同样的线性变换，雅可比行列式为 1.

这里用椭圆的参数方程求 $x^2 + y^2$ 的极值，与方法一相似，求极值时又用到初等方法，但不如方法一简练.

用曲线积分计算时竟然如此简单！

本题用了三倍角公式 $\sin 3\alpha = 3\sin \alpha - 4\sin^3\alpha$. 但化为多项式函数 $3x - 4x^3$ 后，务要列出定义域. 此函数图形涵盖了增减区间，极值点，凹、凸区间与拐点，除渐近线外几乎涉及了所有作函数图形的主要步骤.

数的一个弧段的图形(见图 3-14).

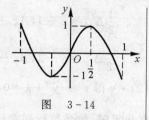

这是奇函数,图形以原点 $O$ 为中心对称,只要考察 $[0,1]$ 上的图形. 由 $y'=3(1-4x^2)$ 知,$x \in (0,\frac{1}{2})$ 时,$y'>0$;$x \in (\frac{1}{2},1)$ 时,$y'<0$. 故 $x=\frac{1}{2}$ 时,函数取得极大值 $y(\frac{1}{2})=1$. 又 $y''=-24x$,故 $(0,0)$ 是拐点,$x>0$ 时曲线为凸的.

图 3-14

**注** 一般作函数图形,先确定定义域;求一阶导数确定增减区间及极值点;求二阶导数确定凹凸区间与拐点,再找图形上的一些"要点",如本题之 $y(-1)=y(\frac{1}{2})=1$,$y(0)=0$ 及 $y(-\frac{1}{2})=y(1)=-1$,便可将曲线草图作出.

**解 2** 函数 $y=\sin(3\arcsin x)$ 的定义域为 $[-1,1]$,且为奇函数. 令

$$y'=\frac{3}{\sqrt{1-x^2}}\cos(3\arcsin x)=0,$$

得 $x=\pm\frac{1}{2}$. 当 $0<x<\frac{1}{2}$ 时,$y'>0$;当 $\frac{1}{2}<x<1$ 时,$y'<0$,故 $y(\frac{1}{2})=1$ 是极大值. 又

$$y''=\frac{3x}{(1-x^2)^{\frac{3}{2}}}\cos(3\arcsin x)-\frac{9}{1-x^2}\sin(3\arcsin x)$$

$y''(0)=0$ 对应拐点,拐点即原点,当 $0<x<1$ 时,$y''<0$ 图形是凸的;当 $-1<x<0$ 时是凹曲线. 结果与解 1 一样.

**例 3.3.12** 作 $y=\dfrac{x^3}{(x-1)^2}$ 的图形.

**解** (1) 函数定义域为 $x \neq 1$ 的全体实数.

(2) 因为 $y'=\dfrac{x^2(x-3)}{(x-1)^3}$,$y''=\dfrac{6x}{(x-1)^4}$,

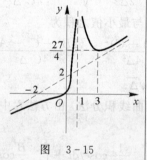

故 $x=3$ 是极小值点,极小值 $y(3)=\dfrac{27}{4}$(见图 3-15);当 $x<1$ 与 $x>3$ 时,$y'>0$,故 $y(x)$ 分别在 $(-\infty,1)$ 与 $(3,+\infty)$ 单增,在 $(1,3)$ 单减;曲线在 $(-\infty,0)$ 为凸;在 $(0,1)$ 与 $(1,+\infty)$ 分别为凹,$(0,0)$ 是拐点.

图 3-15

(3) 渐近线:$\lim\limits_{x \to 1}y=+\infty$,故 $x=1$ 是铅直渐近线. 又

$$y=\frac{x^3}{(x-1)^2}=x+2+\frac{3x-2}{(x-1)^2}$$

$x \to +\infty$ 时,$0<y(x)-(x+2)\to 0$,$y=x+2$ 是斜渐近线,在曲线下方;$x \to -\infty$ 时,$0>y(x)-(x+2)\to 0$,斜渐近线 $y=x+2$ 在曲线上方.

作图时先作渐近线(图 3-15 中的虚线),把握好增减与凹凸,即可作出草图.

解 1 解得"巧"是源于熟悉三角公式,但若"忘了"三倍角公式,虽求导麻烦,但也不妨碍找出增减区间和凹凸区间.

对分式函数,先分解为部分分式之和,如本题,化 $\dfrac{x^3}{(x-1)^2}=x+2+\dfrac{3}{x-1}+\dfrac{1}{(x-1)^2}$,再算 $f'(x)=1-\dfrac{3}{(x-1)^2}-\dfrac{2}{(x-1)^3}$ 及 $f''(x)=\dfrac{6}{(x-1)^3}+\dfrac{6}{(x-1)^4}$,求导有时比较方便. 但分辨增减和凹凸区间,用 $y'=\dfrac{x^2(x-3)}{(x-1)^3}$ 及 $y''=\dfrac{6x}{(x-1)^4}$ 方便.

注　曲线 $y = y(x)$ 的渐近（直）线主要有：

(1) $x = x_0$ 是铅直渐近线，若 $\lim\limits_{x \to x_0^{\pm}} y(x) = \pm\infty$；

(2) $y = y_0$ 是水平渐近线，若 $\lim\limits_{x \to \pm\infty} y(x) = y_0$；

(3) $y = ax + b(a \neq 0)$ 是斜渐近线，若 $\lim\limits_{x \to +\infty} [y(x) - (ax + b)] = 0$，或 $y(x) = ax + b + o(1)(x \to \pm\infty)$.

还可作更细致的分析，考察曲线趋于渐近线时，在渐近线的哪一侧，或绕渐近线波动. 只需考虑单侧极限，及极限的正负，或函数与极限值之差的正负.

有关渐近线的问题在考研与数学竞赛中常可单独出题，现在举几个用泰勒公式求斜渐近线的例子.

**例 3.3.13**　求下列曲线的斜渐近线.

(1) $y = \sqrt{x^2 + x}$；　　(2) $y = \dfrac{x e^x}{e^x - 1}$；

(3) $y = (x + 6) e^{\frac{1}{x}}$；　　(4) $y = x\ln\left(2 + \dfrac{1}{x}\right)$.

**解**　(1) $y = |x|\left(1 + \dfrac{1}{x}\right)^{\frac{1}{2}} = |x|\left(1 + \dfrac{1}{2x} + o\left(\dfrac{1}{x}\right)\right)$

$$= |x| + \frac{1}{2} \cdot \frac{|x|}{x} + o(1)$$

故此曲线有两条斜渐近线：$y = x + \dfrac{1}{2}$ 和 $y = -x - \dfrac{1}{2}$.

(2) $y = x \cdot \dfrac{e^x}{e^x - 1}$，$\lim\limits_{x \to -\infty} y(x) = 0$. 故 $y = 0$ 是水平渐近线；

当 $x \to +\infty$ 时，$y = x + \dfrac{x}{e^x - 1} = x + o(1)$，故 $y = x$ 是斜渐近线.

(3) $x \to \infty$ 时，$e^{\frac{1}{x}} = 1 + \dfrac{1}{x} + o\left(\dfrac{1}{x}\right)$，则

$$y = (x + 6)\left(1 + \frac{1}{x} + o\left(\frac{1}{x}\right)\right) = x + 7 + o(1)$$

所以 $y = x + 7$ 是斜渐近线.

(4) $x \to \infty$ 时，有

$$x\ln\left(2 + \frac{1}{x}\right) = x\ln 2 + x\ln\left(1 + \frac{1}{2x}\right) = x\ln 2 + \frac{1}{2} + o(1)$$

所以 $y = x\ln 2 + \dfrac{1}{2}$ 是斜渐近线.

# 3.4　杂例

**例 3.4.1**　设函数 $f(x) = a_n x^n + a_{n-1} x^{n-1} + \cdots + a_1 x + a_0 (n \geqslant 2)$ 仅有一个系数 $a_k = 0$，且方程 $f(x) = 0$ 有 $n$ 个相异的实根，证明

**（侧注）**

注意三种渐近线及其求法，尤其是我们介绍的用泰勒公式求斜渐近线的方法，有时用起来很简便：先确定 $ax + b$，使当 $x \to \pm\infty$ 时与 $y(x)$ 是同阶无穷大，然后再用泰勒公式将 $y(x)$ 写成 $ax + b + o(1)$ 的形式.

注意(1)中的 $\sqrt{x^2} = |x|$，当 $x \to +\infty$ 与 $x \to -\infty$ 时，极限不同.

注意此例中 $e^x$ 在 $x \to \pm\infty$ 时的不同趋向：$+\infty$ 与 0！

请小结何时对何因式用泰勒公式.

$$a_{k-1} \cdot a_{k+1} < 0 (1 \leqslant k \leqslant n-1)$$

**证 1** $n=2$ 时结论显然成立.

设 $n \geqslant 3$. 假设 $a_{k-1} \cdot a_{k+1} > 0$,不妨设 $a_{k-1} > 0, a_{k+1} > 0$.

由 $x^k$ 的系数 $a_k = 0$,使我们想到讨论 $f(x)$ 的 $k-1$ 阶及 $k$ 阶导数,即

$$f^{(k-1)}(x) = P(x)x^3 + \frac{(k+1)!}{2!}a_{k+1}x^2 + (k-1)! \, a_{k-1}$$

及 $\qquad f^{(k)}(x) = Q(x)x^2 + \frac{(k+1)!}{1!}a_{k+1}x$

其中 $P(x), Q(x)$ 是多项式. 所以 $f^{(k-1)}(0) > 0, f^{(k)}(x)$ 有零点 $\xi_i = 0$.

对 $f(x)$ 用罗尔定理,$f^{(k-1)}(x), f^{(k)}(x)$ 分别有 $n-k+1, n-k$ 个不同零点 $x_1 < \cdots < x_i < x_{i+1} < \cdots < x_{n-k+1}, \xi_1 < \cdots < \xi_j < \cdots < \xi_{n-k}$,且交错出现(见图 3-16),且 $\xi_{i-1} < x_i < \xi_i = 0 < x_{i+1} < \xi_{i+1}$.

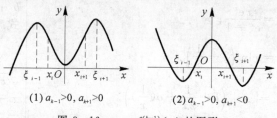

(1) $a_{k-1} > 0, a_{k+1} > 0$ $\qquad$ (2) $a_{k-1} > 0, a_{k+1} < 0$

图 3-16 $\quad y = f^{(k-1)}(x)$ 的图形

若 $\xi_i = 0$ 是 $f^{(k)}(x)$ 的唯一零点,即 $f^{(k)}(x) = (k+1)! \, a_{k+1}x$,则必在 $(-\infty, +\infty)$,有

$$f^{(k-1)}(x) = \frac{(k+1)!}{2}a_{k+1}x^2 + (k-1)! \, a_{k-1} \geqslant f^{(k-1)}(0) > 0$$

与 $f^{(k-1)}(x)$ 有两个零点矛盾.

若 $f^{(k)}(x)$ 还有与 $\xi_i = 0$ 相邻的零点 $\xi_{i-1} < 0$(或 $\xi_{i+1} > 0$),由 $f^{(k)}(x)$ 的表达式知,当 $x \to 0$ 时,$Q(x)x^2$ 是比 $(k+1)! \, a_{k+1}x$ 高阶的无穷小,故在充分小区间 $(-\delta, 0)$ $(\delta > 0)$(或 $(0, \delta)$)内,从而也在 $(\xi_{i-1}, 0)$(或 $(0, \xi_{i+1})$)内,$f^{(k)}(x) < 0$(或 $f^{(k)}(x) > 0$). 于是在 $(\xi_{i-1}, 0)$(或 $(0, \xi_{i+1})$)内,$f^{(k-1)}(x)$ 单调减(增),$f^{(k-1)}(x) > f^{(k-1)}(0) > 0$,从而无实根,与有实根 $x_i$(或 $x_{i+1}$)矛盾. 故 $a_{k-1} \cdot a_{k+1} < 0$.

**证 2** 由假设知 $a_n \neq 0$,不妨设 $a_n = 1$(否则记 $a_m^* = \frac{a_m}{a_n}$). 设 $x_1, x_2, \cdots, x_{n-k+1}$ 是 $f^{(k-1)}(x)$ 的全体实根,由 $a_{k-1} \neq 0$ 知这些根均非零. 假设 $a_{k-1} \cdot a_{k+1} > 0$. 由根与系数关系知

$$x_1 x_2 \cdots x_{n-k+1} = (-1)^{n-k+1}(k-1)! \, a_{k-1} \neq 0 \tag{1}$$

$$\sum_{i=1}^{n-k+1} \frac{x_1 x_2 \cdots x_{n-k+1}}{x_i} = (-1)^{n-k}k! \cdot a_k = 0, \text{则} \sum_{i=1}^{n-k+1} \frac{1}{x_i} = 0.$$

$$\sum_{i<j=2}^{n-k+1} \frac{x_1 x_2 \cdots x_{n-k+1}}{x_i x_j} = (-1)^{n-k-1}\frac{(k+1)!}{2}a_{k+1} \neq 0 \tag{2}$$

---

**右侧栏:**

最简单而特殊的情况是,若 $f(x) = a_2 x^2 + a_0$ 有两个不同实根,很明显必有 $a_2 \cdot a_0 < 0$.

由上面特例可得这个证明的思路.

这里用到多项式方程根与系数关系的"韦达定理",来源于二次函数的韦达定理,可从恒等式 $\sum_{k=0}^{n} a_k x^k = \prod_{k=0}^{n}(x - x_k)$ 得到.

将式(1) 代入式(2)，得 $\sum\limits_{i<j=2}^{n-k+1} \dfrac{1}{x_i x_j} \dfrac{(k+1)k}{2} a_{k+1} = (-1)^2 a_{k-1}$，

故 $\sum\limits_{i<j}^{n-k+1} \dfrac{1}{x_i x_j} > 0$.

而 $0 = \left(\sum\limits_{i=1}^{n-k+1}\dfrac{1}{x_i}\right)^2 = \sum\limits_{i=1}^{n-k+1}\dfrac{1}{x_i^2} + 2\sum\limits_{i<j}^{n-k+1}\dfrac{1}{x_i x_j}$，$\sum\limits_{i=1}^{n-k+1}\dfrac{1}{x_i^2} = -2\sum\limits_{i<j}^{n-k+1}\dfrac{1}{x_i x_j} < 0$，

矛盾. 故 $a_{k-1} \cdot a_{k+1} < 0$.

**例 3.4.2**　设函数 $g(x) < 0$，证明方程 $y'' + g(x)y = 0$ 的任一非零解最多有一个零点.

**解**　反证法. 设 $x_1 < x_2$ 是非零解 $y(x)$ 的两个相邻的零点，则在 $[x_1, x_2]$ 内 $y(x)$ 不变号，不妨设 $y(x) > 0$，则

$$y'_+(x_1) = \lim_{x \to x_1^+} \frac{y(x) - y(x_1)}{x - x_1} \geqslant 0, \quad y'_-(x_2) = \lim_{x \to x_1^-} \frac{y(x) - y(x_2)}{x - x_2} \leqslant 0 \tag{1}$$

但由方程 $y''(x) = -g(x)y(x) > 0$，故 $y'(x)$ 在 $[x_1, x_2]$ 单调增，从而 $y'_-(x_2) > y'_+(x_1)$，与式(1) 矛盾.

**例 3.4.3**　设 $g(x)$ 在 $[a,b]$ 上连续，$y(x)$ 是方程
$$y'' + g(x)y' - y = 0$$
满足 $y(a) = y(b) = 0$ 的解，证明 $y(x) = 0, x \in [a,b]$.

**解**　反证法. 假设存在 $x_0 \in (a,b)$，使 $y(x_0) \neq 0$，不妨设 $y(x_0) > 0$，则存在 $\xi \in (a,b)$，使 $y(\xi) = \max\limits_{x \in (a,b)} y(x)$，且 $y(\xi) > 0$，$y'(\xi) = 0$. 于是由方程知 $y''(\xi) = y(\xi) > 0$，从而 $\xi$ 为极小值点，这与 $\xi$ 是最大值点矛盾.

**例 3.4.4**　设 $f''(x)$ 存在且不为 0，证明对式
$$f(x+h) = f(x) + hf'(x + \theta h)(0 < \theta < 1) \qquad 有 \lim_{h \to 0}\theta = \frac{1}{2}.$$

**证**　由 $f(x+h) = f(x) + hf'(x) + \dfrac{h^2}{2}f''(x) + o(h^2)$ 及
$$f(x+h) = f(x) + hf'(x+\theta h)$$
得
$$\theta \cdot \frac{f'(x+\theta h) - f'(x)}{\theta h} = \frac{1}{2}f''(x) + o(1)$$
即
$$\lim_{h\to 0}\theta \cdot \lim_{h\to 0}\frac{f'(x+\theta h)-f'(x)}{\theta h} = \lim_{h\to 0}\theta \cdot f''(x) = \frac{1}{2}f''(x)$$
即得 $\lim\limits_{h\to 0}\theta = \dfrac{1}{2}$.

**例 3.4.5**　设 $f^{(n+1)}(x) \neq 0$，在公式
$$f(x+h) = f(x) + hf'(x) + \cdots + \frac{h^n}{n!}f^{(n)}(x+\theta h)(0 < \theta < 1)$$
中，求 $\lim\limits_{h\to 0}\theta$.

**解**　由 $f(x+h)$ 的带拉格朗日余项和下面带皮亚诺余项的泰勒公式
$$f(x+h) = f(x) + \cdots + \frac{h^n}{n!}f^{(n)}(x) + \frac{h^{n+1}}{(n+1)!}f^{(n+1)}(x) + o(h^{n+1})$$

这个题回避了一个事实：这种方程是否一定有非零解. 是默认存在非零解的情况下讨论解的零点问题. 可以加强条件，例如设 $g(x)$ 连续，从而解存在且 $y(x)$ 连续可微.

此题实际是证明：此二阶线性齐次微分方程的满足边值条件 $y(a) = y(b) = 0$ 的解只有零解. 这等价于方程在一般条件 $y(a) = y_1$ 和 $y(b) = y_2$ 下，解是唯一的.

这个题和例 3.4.5 都是讨论中值公式中的 $\theta$，也就是 $f(x+h) - f(x) = hf'(\xi)$ 中 $\xi$ 的极限. 但要注意 $\theta$ 不一定是 $h$ 的函数. 因为只知 $0 < \theta < 1$，存在而不一定唯一！

例 3.4.4 是例 3.4.5 的特例.

得 $\dfrac{h^n}{n!}f^{(n)}(x+\theta h)-\dfrac{h^n}{n!}f^{(n)}(x)=\dfrac{f^{(n+1)}(x)}{(n+1)!}h^{n+1}+o(h^{n+1})$

即有 $\lim\limits_{h\to 0}\theta \cdot \lim\limits_{h\to 0}\dfrac{f^{(n)}(x+\theta h)-f^{(n)}(x)}{\theta h}=\dfrac{f^{(n+1)}(x)}{n+1}$

所以 $\lim\limits_{h\to 0}\theta=\dfrac{1}{n+1}$

**例 3.4.6** 设函数 $f(x)n$ 阶可导,且存在 $a_1,a_2,\cdots,a_n$:
$a_1<a_2<\cdots<a_n,f(a_i)=0(i=1,2,\cdots,n)$,则对任意常数 $c\in[a_1,a_n]$,
都存在 $\xi_c\in(a_1,a_n)$,使

$$f(c)=\frac{(c-a_1)(c-a_2)\cdots(c-a_n)}{n!}f^{(n)}(\xi_c)$$

**解** 设 $c\neq a_i$(当 $c=a_i(1\leqslant i\leqslant n)$ 时,要证的等式显然成立).令

$$p(x)=f(c)\cdot\frac{(x-a_1)\cdots(x-a_n)}{(c-a_1)\cdots(c-a_n)}$$

作 $\varphi(x)=f(x)-p(x)$,满足 $\varphi(a_i)=\varphi(c)=0(i=1,2,\cdots,n)$.反复应用罗尔定理知,$\exists \xi_c\in(a_1,a_n)$,使 $\varphi^{(n)}(\xi_c)=0$,即有

$$f^{(n)}(\xi_c)=\frac{n!\,f(c)}{(c-a_1)\cdots(c-a_n)}$$

即 $$f(c)=\frac{(c-a_1)(c-a_2)\cdots(c-a_n)}{n!}f^{(n)}(\xi_c)$$

$c=a_i(1\leqslant i\leqslant n)$ 时,无论 $\xi_c$ 取何值,等式恒为 0.

$\varphi(x)$ 在 $[a_1,a_n]$ 上有 $n+1$ 个零点 $a_1,a_2,\cdots,a_n,c$.

**例 3.4.7** 设函数 $f(x)$ 具有二阶导数,且 $\lim\limits_{x\to 0}\left(1+x+\dfrac{f(x)}{x}\right)^{\frac{1}{x}}=e^3$,
求 $\lim\limits_{x\to 0}\left(1+\dfrac{f(x)}{x}\right)^{\frac{1}{x}}$.

**解** 由已知得 $\lim\limits_{x\to 0}\dfrac{1}{x}\ln\left(1+x+\dfrac{f(x)}{x}\right)=3$,便知 $\lim\limits_{x\to 0}\dfrac{f(x)}{x}=0$,从而 $f(0)=f'(0)=0$.由泰勒公式知 $f(x)=\dfrac{x^2}{2}f''(0)+o(x^2)$,有

$$\ln\left(1+x+\frac{f(x)}{x}\right)=3x+o(x)\sim x+\frac{x}{2}f''(0)+o(x)$$

令 $x\to 0$ 得 $f''(0)=4$,得 $f(x)=2x^2+o(x^2)$,$\dfrac{f(x)}{x}=2x+o(x)$,

故 $\ln\left(1+\dfrac{f(x)}{x}\right)\sim 2x+o(x)$,$\lim\limits_{x\to 0}\dfrac{1}{x}\ln\left(1+\dfrac{f(x)}{x}\right)=2$

即 $$\lim\limits_{x\to 0}\left(1+\frac{f(x)}{x}\right)^{\frac{1}{x}}=e^2$$

本题由 $\dfrac{1}{x}\ln\left(1+x+\dfrac{f(x)}{x}\right)$ 的极限存在知 $1+x+\dfrac{f(x)}{x}\to 1$,从而 $\lim\limits_{x\to 0}\dfrac{f(x)}{x}=0$,故 $f(0)=f'(0)=0$,这个难点一突破,用泰勒公式显得很简便.

**例 3.4.8** 已知 $x+e^x=y+e^y$,是否必有 $\sin x=\sin y$?

**解** 设 $f(x)=x+e^x$,则 $f'(x)=1+e^x>0$,故若 $f(x)=f(y)$ 时必有 $x=y$,从而必有 $\sin x=\sin y$.

**例 3.4.9** 设 $a,b,c(c\neq 0)$ 是实数,证明方程 $x^5+ax^4+bx^3+c=0$ 至少有两个根不是实根.

**证** 设 $f(x)=x^5+ax^4+bx^3+c$.由 $f'(x)=5x^4+4ax^3+3bx^2$ 知,

由 $f(x)=x+e^x$ 单调增加知,若 $y>x$ 必有 $y+e^y>x+e^x$.可用反证法证明.

$x=0$ 至少是方程 $f'(x)=0$ 的二重根. 而零不是 $f(x)=0$ 的根.

由罗尔定理, $f(x)=0$ 的每相邻两实根之间, 产生 $f'(x)=0$ 的一个实根. 由泰勒公式, $f(x)=0$ 的每个 $s(\geqslant 2)$ 重实根是 $f'(x)=0$ 的 $s-1$ 重实根. 因此, 假设 $f(x)=0$ 有 5 个实根($s$ 重根算为 $s$ 个根), 则产生 $f'(x)=0$ 的 4 个实根, 但是其二重实根 $x=0$ 中, 有一重不是由这 5 个实根产生, 故 $f'(x)$ 共有 5 个实根. 这与 $f'(x)$ 是 4 次多项式至多有 4 个实根矛盾, 故 $f(x)$ 至少有两个虚根.

**例 3.4.10**　求实数 $a$ 的取值范围, 讨论方程 $ae^x=1+x+\dfrac{x^2}{2}$ 实根的个数.

**分析**　若 $a=0$, 由 $1+x+\dfrac{1}{2}x^2=\dfrac{1}{2}[(1+x)^2+1]>0$ 知方程无实根. $a\neq 0$ 时记 $f(x)=ae^x-1-x-\dfrac{x^2}{2}$, 则问题转化为讨论 $f(x)$ 零点的个数.

若 $a<0$, 则当 $x\to\pm\infty$ 时 $f(x)\to-\infty$, 且 $f''(x)=ae^x-1<0$, 故最多有两实根.

若 $a>0$, 当 $x\to-\infty$ 时, $f(x)\to-\infty$; 当 $x\to+\infty$ 时, $f(x)\to+\infty$. 因此至少有一个零点, 而

$$f''(x)=ae^x-1\begin{cases}<0,&x<-\ln a\\=0,&x=-\ln a\\>0,&x>-\ln a\end{cases}$$

故最多有 3 个零点.

**解**　$f'(x)=ae^x-1-x, f''(x)=ae^x-1, f'''(x)=ae^x$.

(1) $a=0$ 时, 方程无实根.

(2) 当 $a<0$ 时, $f''(x)<0$, 得 $f'(x)$ 单调减.

$x\to-\infty$ 时 $f'(x)\to+\infty$, $x\to+\infty$ 时 $f'(x)\to-\infty$, 得 $f'(x)$ 有唯一的零点 $x_0=ae^{x_0}-1<0$. 又 $x\to\pm\infty$ 时 $f(x)\to-\infty$, 故

$f(x_0)=-\dfrac{1}{2}x_0^2(<0)$ 是 $f(x)$ 的最大值, 故 $f(x)$ 无零点.

(3) 当 $a>0$ 时, $f'''(x)>0$.

若 $a=1$, 由 $f(0)=f'(0)=f''(0)=0$ 知 $x=0$ 是方程唯一的三重实根.

若 $a\neq 1$, 当 $x\to\pm\infty$ 时均有 $f'(x)\to+\infty$. 令 $f''(x_0)=ae^{x_0}-1=0$, 得 $x_0=-\ln a$, 则 $f'(x_0)=\ln a$ 是 $f'(x)$ 的最小值, 故当 $a>1$ 时, 有 $f'(x_0)>0$, 因而 $f'(x)\geqslant f'(x_0)>0$ 对任意的实数 $x$ 成立, 即 $f(x)$ 严格单增, 从而 $f(x)$ 有唯一的实根; 当 $0<a<1$ 时, $f'(x_0)=\ln a<0$, 从而 $f'(x)$ 有两个零点 $x_1, x_2: x_1<x_0<x_2$, 即

$$f'(x_i)=ae^{x_i}-1-x_i=0(i=1,2)$$

且　　　$f'(x)\begin{cases}>0,(f(x)\text{单增}),&x<x_1\text{ 或 }x>x_2\\<0,(f(x)\text{单减}),&x_1<x<x_2\end{cases}$

又当 $x\to\pm\infty$ 时均有 $f(x)\to\pm\infty$, 且

$$f(x_1)=-x_1^2/2<0, f(x_2)=-x_2^2/2<0$$

证明要点是 $x=0$ 是 $f'(x)$ 的重根. 反证法用罗尔定理和重根性质引出矛盾.

证明中用到两个代数定理: $n$ 次多项式在复数范围内有 $n$ 个根(包括重根的重数); 实系数多项式若有虚根, 必为共轭虚根成对出现.

$a$ 在本题中是个参量, 所以要就 $a$ 的取值情况来讨论方程零点的情况. $a=0$ 时方程明显无实根, 因此分 $a<0$ 和 $a>0$ 讨论.

在讨论 $a>0$ 时, 先以 $a=1$ 作突破口, 好看出问题解答途径.

这时想到求 $f'(x)$ 的最值. 当 $a>1$ 时 $f'(x)$ 的最小值 $f'(x_0)>0$, 故 $f'(x)>0$; 而 $a<1$ 时 $f'(x_0)<0$, 因此 $x_1<x_0<x_2$ 各为 $f'(x)$ 的两个零点. 从而分别是 $f(x)$ 的极值点, 均小于 0, 故 $f(x)$ 也仅有一个零点.

因此 $f(x)$ 也仅有一个实根 $x^* \in (x_0, +\infty)$.

总之：(1) 若 $a \leqslant 0$，方程无实根；(2) $a > 0$ 仅有一个实根.

**例 3.4.11** 求抛物线 $y^2 = 2px (p > 0)$ 的弦的最小值，这些弦都在抛物线的法线上.

**解** 即求 $y^2 = 2px$ 上任一点法线与抛物线的交弦的最小值. 为此利用抛物线的参数方程. 设交弦上一点为 $M(2pt^2, 2pt)$，由对称性不妨设 $t > 0$，点 $M$ 处法线斜率 $k_{M法} = -1/y' = -y/p = -2t$. 设交弦的另一点为 $N(2ps^2, 2ps)$，这两点连线的斜率，即

$$k_{MN} = \frac{2ps - 2pt}{2ps^2 - 2pt^2} = \frac{1}{s+t}$$

得 $s + t = -\dfrac{1}{2t}$，故 $s = -t - \dfrac{1}{2t}$. 从而交弦 $MN$ 的长度二次方

$$d^2 = |MN|^2 = 4p^2 (s-t)^2 [(s+t)^2 + 1]$$
$$= 4p^2 \left(\frac{4t^2+1}{2t}\right)^2 \frac{1+4t^2}{4t^2} = \frac{p^2}{4} \frac{(1+4t^2)^3}{t^4}$$

令 $\quad f'(t) = \left[\dfrac{(1+4t^2)^3}{t^4}\right]' = \dfrac{4(1+4t^2)^2(2t^2-1)}{t^5} = 0$

得 $t = \dfrac{\sqrt{2}}{2}$ 是唯一驻点. 因此，$L_m = 3\sqrt{3}\, p$ 是所求最小值.

**例 3.4.12** 设 $f(x)$ 可导，数列 $\{a_n\}$ 单调增，$\{b_n\}$ 单调减，且 $\lim\limits_{n\to\infty}(b_n - a_n) = 0$. 证明存在唯一点 $x_0$，使 $\lim\limits_{n\to\infty}a_n = \lim\limits_{n\to\infty}b_n = x_0$，且

$$\lim_{n\to\infty} \frac{f(b_n) - f(a_n)}{b_n - a_n} = f'(x_0).$$

**证** 先用反证法证明两数列均收敛. 否则，如 $a_n$ 发散，必有 $a_n \to +\infty$，这时 $b_n$ 单调减，不可能有 $\lim\limits_{n\to\infty}(b_n - a_n) = 0$. 故 $\{a_n\}$ $\{b_n\}$ 均收敛.

设 $\lim\limits_{n\to\infty}a_n = x_0$，则

$$\lim_{n\to\infty}b_n = \lim_{n\to\infty}(b_n - a_n) + \lim_{n\to\infty}(a_n - x_0) + \lim_{n\to\infty}x_0 = x_0$$

由收敛数列极限的唯一性知 $x_0$ 是所证的唯一实数. 又由 $a_n$ 单调增与 $b_n$ 单调减，知 $a_n < x_0 < b_n$. 又

$$\frac{f(b_n) - f(a_n)}{b_n - a_n} = \frac{b_n - x_0}{b_n - a_n} \cdot \frac{f(b_n) - f(x_0)}{b_n - x_0} + \frac{f(x_0) - f(a_n)}{x_0 - a_n} \cdot \frac{x_0 - a_n}{b_n - a_n}$$

$$= \frac{b_n - x_0}{b_n - a_n}[f'(x_0) + o(1)] + \frac{x_0 - a_n}{b_n - a_n}[f'(x_0) + o(1)] \quad (o(1) \text{ 是无穷小量})$$

$$= f'(x_0) + \frac{b_n - x_0}{b_n - a_n} \cdot o(1) + \frac{x_0 - a_n}{b_n - a_n} \cdot o(1)$$

故 $\quad\quad\quad \lim\limits_{n\to\infty} \dfrac{f(b_n) - f(a_n)}{b_n - a_n} = f'(x_0)$

**本章小结** 本章是高等数学最基本的一章，也是考研和数学竞赛命题较集中的一章，通过 82 个例题主要希望读者注意以下几点.

(1) 深刻理解导数与微分的概念与联系，尤其是理解两变量微分之比

本题求解思路的彩点是建立抛物线的参数方程，目的是使弦长的二次方有一个便于求导的形式，否则解起来很繁.

这是我们编的一道综合极限和导数概念的题.

要使此题更难些，可改为直接要求证明存在唯一点 $x_0$，使

$$\lim_{n\to\infty} \frac{f(b_n) - f(a_n)}{b_n - a_n}$$
$$= f'(x_0).$$

由 $a_n < x_0 < b_n$，$0 < \dfrac{b_n - x_0}{b_n - a_n} < 1$ 与 $0 < \dfrac{x_0 - a_n}{b_n - a_n} < 1$，均是有界变量.

便是微商的概念,又如通过例 3.4.12 来理解导数概念及综合运用极限与导数的概念来解答问题;

　　(2)微分运算,尤其是复合函数求导的运算,要十分娴熟,"倒背如流"!比如用相当于"求积分因子"式的方法作辅助函数,就是建立在微分娴熟基础之上的;

　　(3)本章重点在理解各微分中值定理,并能用多种方法和技巧来求解、推理、证明难题,希望读者能掌握我们介绍的方法,并在自己解题中想出一些"独创"的方法.

# 第 4 章　一元函数积分学

积分学是高数考研和高数竞赛中命题的重要方面之一。因为这类试题大多对解题的技巧性和方法的综合性有一定要求,所以本章不是按教程中顺序分别加以介绍,而是通过以一元积分学内容为中心的跨度较大、综合性较强的例题,来介绍一些分析思考问题的方法及解决的途径,希望能对读者学习积分学有所帮助。

## 4.1　一元积分学中的几个基础问题

### 4.1.1　原函数与不定积分

我们知道,在某区间上若 $F'(x) = f(x)$,则 $F(x)$ 是 $f(x)$ 的原函数;而若 $F(x)$ 是 $f(x)$ 的一个原函数,则对任意一常数 $C$,$F(x) + C$ 都是 $f(x)$ 的一个原函数。因此定义 $f(x)$ 的不定积分为 $\int f(x)\mathrm{d}x = F(x) + C$。它是 $f(x)$ 的原函数的一般表示式,所以 $C$ 称为待定常数更合适。

这一概念很重要,弄不好容易出错,搞清楚了还会有新的收获!

**例 4.1.1**　求 $\int \sin 2x\,\mathrm{d}x$

**解 1**　　　　$I = \dfrac{1}{2}\int \sin 2x\,\mathrm{d}(2x) = -\dfrac{1}{2}\cos 2x + C$　　　　　(1)

**解 2**

$$I = 2\int \sin x\cos x\,\mathrm{d}x = 2\int \sin x\,\mathrm{d}(\sin x) = \sin^2 x + C \qquad (2)$$

**解 3**

$$I = 2\int \sin x\cos x\,\mathrm{d}x = -2\int \cos x\,\mathrm{d}(\cos x) = -\cos^2 x + C \qquad (3)$$

因此,"不定积分"的等式是两边导数相等,它们之间可相差一个常数! 在本例中:

$$\sin^2 x - \frac{1}{2}\cos 2x = \sin^2 x + \frac{1}{2}(\cos^2 x - \sin^2 x) = \frac{1}{2}$$

这充分说明,同一个函数的原函数之间相差一个常数。

**例 4.1.2**　$\displaystyle\int \frac{1}{\sqrt{1-x^2}}\mathrm{d}x = \arcsin x + C$;又

$$\int \frac{1}{\sqrt{1-x^2}}\mathrm{d}x = -\arccos x + C$$

值得注意的是(1)(2)(3)都是 $\sin 2x$ 的不定积分,在它们的表达式中 $C$ 的记号虽相同,其实不能认为它们是相等的,否则会误以为

$-\dfrac{1}{2}\cos 2x = \sin^2 x$

$= -\cos^2 x$

$\sin^2 x - (-\cos^2 x) = 1$

**注**　为了确定这两个原函数所差的常数,设

$$\arcsin x + \arccos x = \alpha$$

令 $x = 0$,有 $\arcsin 0 + \arccos 0 = \dfrac{\pi}{2}$,即为它们相差的常数,所以得到

$\arcsin x + \arccos x = \dfrac{\pi}{2}$. 其中 $x \in [-1, 1]$.

> $\arcsin x + \arccos x = \dfrac{\pi}{2}$ 是反三角函数的重要公式.

**例 4.1.3**　已知 $f(x)$ 的一个原函数是 $\ln^2 x$,求 $\displaystyle\int xf''(2x)\,\mathrm{d}x$.

**解**

$$\int xf''(2x)\,\mathrm{d}x \xlongequal{u = 2x} \frac{1}{4}\int uf''(u)\,\mathrm{d}u = \frac{1}{4}\int u\,\mathrm{d}f'(u)$$

$$= \frac{1}{4}\left[uf'(u) - f(u)\right] + C$$

$$= \frac{1}{4}\left[u(\ln^2 u)'' - (\ln^2 u)'\right] + C$$

$$= \frac{2 - 4\ln u}{4u} + C = \frac{2 - 4\ln(2x)}{8x} + C$$

> $(\ln^2 x)' = f(x)$,$(\ln^2 x)'' = f'(x)$,因此要考虑到将被积函数中的二阶求导降为一阶求导形式!

**例 4.1.4**　设 $f(x)$ 在 $[0, +\infty)$ 上有定义,在 $(0, +\infty)$ 内可导,$g(x)$ 在 $(-\infty, +\infty)$ 内有定义且可导,$g(0) = 1$,又当 $x > 0$ 时:
$f(x) + g(x) = 3x + 2$;$f'(x) - g'(x) = 1$ 及 $f'(2x) - g'(-2x) = -12x^2 + 1$. 求 $f(x)$ 与 $g(x)$ 的表达式.

**解**　将 $f'(x) - g'(x) = 1$ 两边积分,得 $f(x) - g(x) = x + C$,再由 $f(x) + g(x) = 3x + 2$ 及 $g(0) = 1$,得

$f(0) = 1$,从而 $C = 0$,即 $f(x) - g(x) = x$.

将其与 $f(x) + g(x) = 3x + 2$ 联立解得

$f(x) = 2x + 1$ 及 $g(x) = x + 1$　$(x \geqslant 0)$

又由已知,在 $f'(2x) - g'(-2x) = -12x^2 + 1$ 中,令 $u = 2x$,有

$$f'(u) - g'(-u) = -3u^2 + 1$$

两边积分,有　　$f(u) + g(-u) = -u^3 + u + C_1$

由 $f(0) = g(0) = 1$,可得 $C_1 = 2$,则有

$$g(-u) = -u^3 + u + 2 - f(u) = -u^3 - u + 1, u \geqslant 0$$

得　　　　　　　$g(x) = x^3 + x + 1$　$x < 0$

故　　　　　　　$g(x) = \begin{cases} x^3 + x + 1, & x < 0 \\ x + 1, & x \geqslant 0 \end{cases}$

> 由已知 $f'(x) - g'(x) = 1$,说明 $f(x)$ 与 $g(x)$ 是同一个函数的原函数.
>
> 因为 $f(x)$ 只在 $[0, +\infty)$ 上有定义,$g(x)$ 是在 $(-\infty, +\infty)$ 内有定义,故 $g(x) = x + 1$ 不是所求的结论,还需求它在 $(-\infty, 0)$ 的值,才能确定它最终的真正的表达式!

**例 4.1.5**　求 $\displaystyle\int \dfrac{1}{x\sqrt{x^2 - 1}}\,\mathrm{d}x$.

**解 1**　令 $x = \sec t$,则 $\mathrm{d}x = \sec t \cdot \tan t\,\mathrm{d}t$

原式 $= \displaystyle\int \dfrac{\sec t\tan t}{\sec t\sqrt{\sec^2 t - 1}}\,\mathrm{d}t = \int \dfrac{\sec t\tan t}{\sec t|\tan t|}\,\mathrm{d}t$

$= \pm\displaystyle\int \mathrm{d}t = |t| + C = \left|\arccos\dfrac{1}{x}\right| + C$

> 对被积函数含有 $\sqrt{x^2 - 1}$ 的不定积分,其作变换的方法很多,解 1 是最常用的变换.

**解 2**　令 $x = \mathrm{ch}t$，则 $\mathrm{d}x = \mathrm{sh}t\mathrm{d}t$

$$\text{原式} = \int \frac{\mathrm{sh}t}{\mathrm{ch}t\mathrm{sh}t}\mathrm{d}t = \int \frac{1}{\mathrm{ch}t}\mathrm{d}t = \int \frac{\mathrm{dsh}t}{1+\mathrm{sh}^2 t}$$

$$= \mathrm{arc}(\mathrm{sh}t) + C = \arctan\sqrt{x^2-1} + C$$

**解 3**　令 $\sqrt{x^2-1} = t$，则 $x^2 = 1+t^2$，$x\mathrm{d}x = t\mathrm{d}t$

$$\text{原式} = \int \frac{\mathrm{d}t}{1+t^2} = \arctan t + C = \arctan\sqrt{x^2-1} + C$$

解 3 仅适用于
这一特殊类型.

**解 4**

解 4 称为倒变
换.

$$\int \frac{1}{x\sqrt{x^2-1}}\mathrm{d}x = \int \frac{\mathrm{d}x}{x^2\sqrt{1-\dfrac{1}{x^2}}}$$

$$= -\int \frac{\mathrm{d}\dfrac{1}{x}}{\sqrt{1-\dfrac{1}{x^2}}} = -\arcsin\frac{1}{x} + C \quad (x > 1)$$

$$\int \frac{1}{x\sqrt{x^2-1}}\mathrm{d}x = \int \frac{\mathrm{d}x}{-x^2\sqrt{1-\dfrac{1}{x^2}}}$$

$$= \int \frac{\mathrm{d}\dfrac{1}{x}}{\sqrt{1-\dfrac{1}{x^2}}} = \arcsin\frac{1}{x} + C \quad (x < -1)$$

因此 $\displaystyle\int \frac{1}{x\sqrt{x^2-1}}\mathrm{d}x = -\arcsin\frac{1}{|x|} + C, x \in (-\infty, -1) \bigcup (1, +\infty)$

### 4.1.2　关于分段函数的原函数

**例 4.1.6**　设 $f(x) = \begin{cases} \sin x, & x \geqslant 0 \\ \mathrm{e}^x - 1, & x < 0 \end{cases}$，求 $\displaystyle\int f(x-1)\mathrm{d}x$.

**解**　实际计算 $\displaystyle\int f(x-1)\mathrm{d}x$ 时，应先求出 $f(x-1)$ 的表达式.

因 $f(x) = \begin{cases} \sin x, & x \geqslant 0 \\ \mathrm{e}^x - 1, & x < 0 \end{cases}$，则有 $f(x-1) = \begin{cases} \sin(x-1), & x \geqslant 1 \\ \mathrm{e}^{x-1} - 1, & x < 1 \end{cases}$

而

$$\int \sin(x-1)\mathrm{d}x = -\cos(x-1) + C_1$$

$$\int (\mathrm{e}^{x-1} - 1)\mathrm{d}x = \mathrm{e}^{x-1} - x + C_2$$

注意：原函数
应当连续，故要
求出 $C_1, C_2$ 的关
系.

由于 $\displaystyle\int f(x-1)\mathrm{d}x$ 是连续函数，注意到

$$\lim_{x \to 1^+} [-\cos(x-1) + C_1] = C_1 - 1; \lim_{x \to 1^-} (\mathrm{e}^{x-1} - x + C_2) = C_2$$

因此有

$$C_1 - 1 = C_2 = C$$

故

$$\int f(x-1)\mathrm{d}x = \begin{cases} -\cos(x-1) + C, & x \geqslant 1 \\ \mathrm{e}^{x-1} - x - 1 + C, & x < 1 \end{cases}$$

**例 4.1.7**　求 $\int |x| e^x dx$.

**分析**　绝对值函数实际上就是分段函数,本题可写成

$$\int |x| e^x dx = \begin{cases} \int x e^x dx, & x \geqslant 0 \\ \int -x e^x dx, & x < 0 \end{cases}$$

用例 4.1.5 中的方法可得

$$\int |x| e^x dx = \begin{cases} x e^x - e^x + C, & x \geqslant 0 \\ -x e^x + e^x - 2 + C, & x < 0 \end{cases}$$

**思考题 1**　连续函数 $F(x) = |x|$ 是函数

$$f(x) = \begin{cases} 1, & x \geqslant 0 \\ -1, & x < 0 \end{cases}$$ 的一个原函数,对吗?

**思考题 2**　下面的求解计算做法对吗?

$$\int |x| dx \xrightarrow{\text{令} x = t^2} 2\int t^3 dt = \frac{1}{2} t^4 + C = \frac{1}{2} x^2 + C$$

\* **例 4.1.8**　已知定义在实数域 **R** 上的函数 $f(x)$ 满足

$$f'(\ln x) = \begin{cases} 1, & x \in (0, 1] \\ x, & x \in (1, +\infty) \end{cases} \quad \text{又} f(0) = 1, \text{求} f(x)$$

(南京大学 1993 年竞赛题)

**解**　令 $t = \ln x$,则 $x = e^t$,所以 $f'(t) = \begin{cases} 1, & -\infty < t \leqslant 0 \\ e^t, & t > 0 \end{cases}$

（注意自变量取值范围）;它在各区间上求出原函数时,有

$$f(x) = \int f'(x) dx = \begin{cases} x + C_1, & -\infty < x \leqslant 0 \\ e^x + C_2, & x > 0 \end{cases}$$

考查 $f(x)$ 在分段点的连续性:当 $x = 0$ 时 $f(0) = 1$,得 $1 = C_1 = e^0 + C_2 = 1 + C_2$,所以 $C_1 = 1, C_2 = 0$,于是

$$f(x) = \int f'(x) dx = \begin{cases} x + 1, & -\infty < x \leqslant 0 \\ e^x, & x > 0 \end{cases}$$

分析:$f'(x)$ 的 原 函 数 是 $f(x)$,问题是现 在 给 出 的 是 $f'(\ln x)$,因此 先要把这种复合 形式变换成简单 形式,作变换 $t = \ln x$.

\* **例 4.1.9**　若 $f'(\sin^2 x) = \cos 2x + \tan^2 x, 0 < x < \frac{\pi}{2}$. 求 $f(x)$

**解**　由于 $\cos 2x = 1 - 2\sin^2 x, \tan^2 x = \frac{\sin^2 x}{1 - \sin^2 x}$,令 $\sin^2 x = t$,则

$$f(t) = 1 - 2t + \frac{t}{1-t} = -2t - \frac{1}{1-t}$$

两边积分得　$f(t) = -t^2 - \ln|t-1| + C$

由于 $0 < x < \frac{\pi}{2}$,所以 $0 < t < 1$,于是

$$f(x) = x^2 - \ln(1-x) + C$$

**思考题 1**　设 $f(x)$ 在 $(-\infty, +\infty)$ 内可导,$f(0) = 0$,且

$$f'(\ln x) = \begin{cases} 1 & 0 < x \leqslant 1 \\ \sqrt{x} & 1 < x < +\infty \end{cases}, \text{求 } f(x).$$

**提示**　令 $\ln x = t$；$f(x) = \begin{cases} x, & -\infty < x \leqslant 0 \\ 2e^{\frac{x}{2}} - 2, & 0 < x < +\infty \end{cases}$

**思考题 2**

若 $f'(x) = \sqrt{1 - \cos 2x}$，$\left( \dfrac{-\pi}{2} \leqslant x \leqslant \dfrac{\pi}{2} \right)$，且 $f(0) = 0$，求 $f(x)$.

**提示**　$f(x) = \displaystyle\int \sqrt{1 - \cos 2x}\, \mathrm{d}x = \sqrt{2} \int |\sin x|\, \mathrm{d}x$

被积函数是一个分段函数,结合例 4.1.2 类似可得

$$f(x) = \begin{cases} \sqrt{2}(1 - \cos x), & 0 \leqslant x \leqslant \dfrac{\pi}{2} \\ \sqrt{2}(\cos x - 1), & -\dfrac{\pi}{2} \leqslant x < 0 \end{cases}$$

### 4.1.3　常义积分与反常(广义)积分的关系

**例 4.1.10**　求 $\displaystyle\int_1^{+\infty} \dfrac{x^2}{(1 + x^2)^3}\, \mathrm{d}x.$

**解**　作广义积分变换令,$x = \tan t$,则有

$$\int_1^{+\infty} \frac{x^2}{(1 + x^2)^3}\, \mathrm{d}x = \int_{\frac{\pi}{4}}^{\frac{\pi}{2}} \frac{\tan^2 t}{\sec^6 t} \cdot \sec^2 t\, \mathrm{d}t$$

$$= \int_{\frac{\pi}{4}}^{\frac{\pi}{2}} \sin^2 t \cdot \cos^2 t\, \mathrm{d}t = \frac{1}{4} \int_{\frac{\pi}{4}}^{\frac{\pi}{2}} \sin^2 2t\, \mathrm{d}t$$

$$= \frac{1}{8} \int_{\frac{\pi}{4}}^{\frac{\pi}{2}} (1 - \cos 4t)\, \mathrm{d}t = \left( \frac{1}{8}t - \frac{1}{32}\sin 4t \right) \Big|_{\frac{\pi}{4}}^{\frac{\pi}{2}} = \frac{\pi}{32}$$

**注**　若题改为 $\displaystyle\int_1^{+\infty} \dfrac{x^2}{(1 + x^2)^2}\, \mathrm{d}x$,做法一样,请读者练习.

**例 4.1.11**　求 $\displaystyle\int_0^2 \sqrt{\dfrac{x}{2 - x}}\, \mathrm{d}x.$

**解 1**　令 $t = \sqrt{\dfrac{x}{2 - x}}$ 则 $x = 2 - \dfrac{2}{1 + t^2}$,$\mathrm{d}x = -2\mathrm{d}\dfrac{1}{1 + t^2}$.

$$\int_0^2 \sqrt{\frac{x}{2 - x}}\, \mathrm{d}x = -2 \int_0^{+\infty} t\, \mathrm{d}\frac{1}{1 + t^2}$$

$$= -2 \left( \frac{t}{1 + t^2} \Big|_0^{+\infty} - \int_0^{+\infty} \frac{1}{1 + t^2}\, \mathrm{d}t \right) = 2\arctan t \Big|_0^{+\infty} = \pi$$

**解 2**　令 $x = 2\sin^2 t$,则 $\mathrm{d}x = 4\sin t \cos t\, \mathrm{d}t$,有

$$\int_0^2 \sqrt{\frac{x}{2 - x}}\, \mathrm{d}x = 4 \int_0^{\frac{\pi}{2}} \sin^2 t\, \mathrm{d}t = \pi$$

解 2 中是有理
化被积函数的特
殊三角变换.

**注**　在定积分中,有

$$I_n = \int_0^{\frac{\pi}{2}} \sin^n x\, \mathrm{d}x = \int_0^{\frac{\pi}{2}} \cos^n x\, \mathrm{d}x$$

这个公式十
分重要,请读者
记牢!

$$= \begin{cases} \dfrac{n-1}{n} \cdot \dfrac{n-3}{n-2} \cdots \dfrac{1}{2} \cdot \dfrac{\pi}{2}, & n \text{ 为偶数} \\[3mm] \dfrac{n-1}{n} \cdot \dfrac{n-3}{n-2} \cdots \dfrac{2}{3}, & n \text{ 为奇数} \end{cases}$$

**例 4.1.12**　研究积分 $\displaystyle\int_0^1 \dfrac{\mathrm{d}x}{2x - \sqrt{1-x^2}}$ 的离散性.

**解 1**　令 $x = \sin t$，则 $\mathrm{d}x = \cos t\,\mathrm{d}t$，有

$$\text{原式} = \int_0^1 \dfrac{\mathrm{d}x}{2x - \sqrt{1-x^2}} = \int_0^{\frac{\pi}{2}} \dfrac{\cos t}{2\sin t - \cos t}\,\mathrm{d}t$$

$$= \dfrac{1}{5}\left[ -\int_0^{\frac{\pi}{2}} \mathrm{d}t + 2\int_0^{\frac{\pi}{2}} \dfrac{\mathrm{d}(2\sin t - \cos t)}{2\sin t - \cos t} \right] = \dfrac{1}{5}\left( 2\ln 2 - \dfrac{\pi}{2} \right)$$

**分析**　上面做法不对！被积函数在积分区间 $(0,1)$ 内有奇点 $x = \dfrac{1}{\sqrt{5}}$（分母为零），所以本题实质上是广义积分问题，可按定义考查其敛散性.

**解 2**　$x = \dfrac{1}{\sqrt{5}} \in (0,1)$ 是被积函数的无穷间断点，因此

$$\int_0^1 \dfrac{\mathrm{d}x}{2x - \sqrt{1-x^2}} = \lim_{\xi \to +0} \int_0^{\frac{1}{\sqrt{5}} - \xi} \dfrac{\mathrm{d}x}{2x - \sqrt{1-x^2}}$$
$$+ \lim_{\xi \to +0} \int_{\frac{1}{\sqrt{5}} + \xi}^1 \dfrac{\mathrm{d}x}{2x - \sqrt{1-x^2}}$$

令 $x = \sin t$，可得被积函数的一个原函数为

$$\dfrac{1}{5}\left[ 2\ln \left| 2x - \sqrt{1-x^2} \right| - \arcsin x \right]$$

而　　$\displaystyle\lim_{\xi \to +0} \int_0^{\frac{1}{\sqrt{5}} - \xi} \dfrac{\mathrm{d}x}{2x - \sqrt{1-x^2}}$

$$\dfrac{1}{5}\left[ 2\ln \left| 2\left( \dfrac{1}{\sqrt{5}} - \xi \right) - \sqrt{1 - \left( \dfrac{1}{\sqrt{5}} - \xi \right)^2} \right| - \arcsin\left( \dfrac{1}{\sqrt{5}} - \xi \right) \right] = \infty$$

同样有　　$\displaystyle\lim_{\xi \to +0} \int_{\frac{1}{\sqrt{5}} + \xi}^1 \dfrac{\mathrm{d}x}{2x - \sqrt{1-x^2}} = \infty$，故此广义积分发散.

**例 4.1.13**　求 $I = \displaystyle\int \sqrt{a^2 - x^2}\,\mathrm{d}x$

**解 1**　令 $x = a\sin t$，则 $\mathrm{d}x = a\cos t\,\mathrm{d}t$，有

$$I = \int \sqrt{a^2 - x^2}\,\mathrm{d}x = a^2 \int \cos^2 t\,\mathrm{d}t$$

$$= \dfrac{a^2}{2} \int (1 + \cos 2t)\,\mathrm{d}t = \dfrac{a^2}{2}\left( t + \dfrac{1}{2}\sin 2t \right) + C$$

$$= \dfrac{a^2}{2}\arcsin \dfrac{x}{a} + \dfrac{x}{2}\sqrt{a^2 - x^2} + C$$

**解 2**

$$I = \int \sqrt{a^2 - x^2}\,\mathrm{d}x = x\sqrt{a^2 - x^2} + \int \dfrac{x^2}{\sqrt{a^2 - x^2}}\,\mathrm{d}x$$

注 1：在解积分问题时，应先检验该问题是常义积分还是广义积分！

注 2：在解定积分问题时，注意找被积函数的原函数时，不要忘记在该积分区间上被积函数的可积性，否则就会犯上面的错误！如例 4.1.4 是发散的反常积分.

解 1 用换元法.

解 2 用分部积分法.

$$= x\sqrt{a^2 - x^2} + \int \frac{a^2}{\sqrt{a^2 - x^2}}\mathrm{d}x - \int \sqrt{a^2 - x^2}\,\mathrm{d}x.$$

$$= x\sqrt{a^2 - x^2} + a^2\arcsin\frac{x}{a} + I.$$

所以 $2I = x\sqrt{a^2 - x^2} + a^2\arcsin\dfrac{x}{a} + C_1$ （以下同解 1）

**解 3** $I = \displaystyle\int \sqrt{a^2 - x^2}\,\mathrm{d}x = \int \frac{a^2 - x^2}{\sqrt{a^2 - x^2}}\mathrm{d}x$

> 解 3 则在被积函数中先有理化分子.

$$= a^2\arcsin\frac{x}{a} + x\sqrt{a^2 - x^2} - I.$$

上式移项解出此与上面一样的不定积分结果.

**注 1** 本例给出 3 种求解法,在数学解题中,多用一些解法更有利于基本功的训练.

**注 2** 本题如改为定积分,则有时立即可得结果,如

$$\int_0^a \sqrt{a^2 - x^2}\,\mathrm{d}x = \frac{\pi}{4}a^2$$

> 根据其几何意义,是圆 $x^2 + y^2 \leqslant a^2$ 在第一象限的面积!

当然若用换元法 $x = a\sin t$ 也易得

$$\int_0^a \sqrt{a^2 - x^2}\,\mathrm{d}x = a^2\int_0^{\frac{\pi}{2}}\cos^2 t\mathrm{d}t = \frac{1}{2}\cdot\frac{\pi}{2}a^2 = \frac{\pi}{4}a^2$$

这正说明定积分的计算与不定积分的区别在于:在一些特殊情况下,不必求出被积函数的原函数也能计算出定积分的值!

### 4.1.4 积分中值定理问题

\* **例 4.1.14** 已知 $f(x) \in C[0,1]$,$b > a > 0$,求 $\displaystyle\lim_{\varepsilon \to 0^+}\int_{a\varepsilon}^{b\varepsilon} \frac{f(x)}{x}\mathrm{d}x$.

**解** 应用积分中值定理,存在 $\xi \in (a\varepsilon, b\varepsilon)$,使

$$\lim_{\varepsilon \to 0^+}\int_{a\varepsilon}^{b\varepsilon} \frac{f(x)}{x}\mathrm{d}x = \lim_{\varepsilon \to 0^+}f(\xi)\int_{a\varepsilon}^{b\varepsilon} \frac{1}{x}\mathrm{d}x(\text{当 } \varepsilon \to 0^+ \text{ 时},\xi \to 0)$$

> 需要把 $f(x)$ 分离到积分号外,使余下积分易于计算. 故用广义积分中值定理.

$$= \lim_{\varepsilon \to 0^+}f(\xi)\ln\frac{b}{a} = f(0)\ln\frac{b}{a}(\text{因为 } f(x) \in C[0,1])$$

**思考题** 求极限 $\displaystyle\lim_{n \to \infty}\int_n^{n+1} x^k \mathrm{e}^{-x}\mathrm{d}x$ 其中 $k \in \mathbf{N}$.

**例 4.1.15** 证明 $\displaystyle\lim_{n \to \infty}\int_n^1 \frac{x^n}{1+x}\mathrm{d}x = 0$.

**证** 应用广义积分中值定理,存在 $0 \leqslant \xi \leqslant 1$,使

$$\lim_{n \to \infty}\int_n^1 \frac{x^n}{1+x}\mathrm{d}x = \lim_{n \to \infty}\frac{1}{1+\xi}\int_0^1 x^n\mathrm{d}x = \lim_{n \to \infty}\frac{1}{1+\xi}\cdot\frac{1}{n+1} = 0$$

> 广义积分中值定理:设 $f(x)$ 在 $[a,b]$ 上连续,$g(x)$ 在 $[a,b]$ 上可积且保号,则至少存在一点 $\xi \in [a,b]$,使
> $$\int_a^b f(x)g(x)\mathrm{d}x = f(\xi)\int_a^b g(x)\mathrm{d}x.$$

**注** 如果直接用积分中值定理:存在 $0 \leqslant \xi \leqslant 1$,使

$$\lim_{n \to \infty}\int_n^1 \frac{x^n}{1+x}\mathrm{d}x = \lim_{n \to \infty}\frac{\xi^n}{1+\xi} = 0$$

最后一步推证不对!事实上,这里的 $\xi$ 与 $n$ 有关,应记为 $\xi_n$,条件 $0 \leqslant \xi_n \leqslant 1$ 没有排除 $\xi_n \to 1(n \to \infty)$ 的可能性. 不加证明地利用 $\displaystyle\lim_{n \to \infty}\xi^n = 0$ 是错

误的.

**例 4.1.16**　设 $f(x)$ 为 $[0, +\infty)$ 上单调减少的连续函数，证明 $\int_0^x (x^2 - 3t^2) f(t) \mathrm{d}t \geqslant 0$.

**证**　为方便起见，记 $F(x) = \int_0^x (x^2 - 3t^2) f(t) \mathrm{d}t$，则有

$$F(x) = \int_0^x (x^2 - 3t^2) f(t) \mathrm{d}t = x^2 \int_0^x f(t) \mathrm{d}t - 3 \int_0^x t^2 f(t) \mathrm{d}t$$

所以

$$F'(x) = 2x \int_0^x f(t) \mathrm{d}t + x^2 f(x) - 3x^2 f(x)$$

$$= 2x \int_0^x f(t) \mathrm{d}t - 2x^2 f(x)$$

在应用积分中值定理（常义及推广），要特别注意应用时的每一个细节！

也可化为 $F'(x) = 2x \int_0^x [f(t) - f(x)] \mathrm{d}x \geqslant 0$

应用积分中值定理，存在 $\xi \in (0, x)$，使 $\int_0^x f(t) \mathrm{d}t = f(\xi) x$，于是有 $F'(x) = 2x^2 f(\xi) - 2x^2 f(x) = 2x^2 (f(\xi) - f(x))$. 因已知 $f(x)$ 为 $[0, +\infty)$ 上单调减少的连续函数，故

$f(\xi) \geqslant f(x)$；从而 $F'(x) \geqslant 0$，所以 $F(x)$ 在 $[0, +\infty)$ 上单调增，又 $F(0) = 0$，所以 $F(x) \geqslant 0$，即 $\int_0^x (x^2 - 3t^2) f(t) \mathrm{d}t \geqslant 0$.

### 4.1.5　洛必达法则与变上限积分

**例 4.1.17**　设 $f'(x)$ 连续，$f(0) = 0$，$f'(0) \neq 0$，求 $\lim\limits_{x \to 0} \dfrac{\int_0^{x^2} f(t) \mathrm{d}t}{x^2 \int_0^x f(t) \mathrm{d}t}$.

**解**　应用洛必达法则与变上限积分求导公式，则

$$\lim_{x \to 0} \frac{\int_0^{x^2} f(t) \mathrm{d}t}{x^2 \int_0^x f(t) \mathrm{d}t} = \lim_{x \to 0} \frac{2x f(x^2)}{2x \int_0^x f(t) \mathrm{d}t + x^2 f(x)}$$

$$= \lim_{x \to 0} \frac{4x f'(x^2)}{3 f(x) + x f'(x)}$$

$$= \lim_{x \to 0} \frac{4 f'(x^2)}{\dfrac{3[f(x) - f(0)]}{x} + f'(x)}$$

$$= \frac{4 f'(0)}{3 f'(0) + f'(0)} = 1$$

这是典型的多次应用洛必达法则例题.

**\* 例 4.1.18**　求极限 $\lim\limits_{x \to +\infty} \dfrac{\int_0^x |\sin t| \mathrm{d}t}{x}$.

**分析**　因为 $|\sin t|$ 是以 $\pi$ 为周期的周期函数，因此有

$$\int_{k\pi}^{(k+1)\pi} |\sin t| \mathrm{d}t = \int_0^\pi |\sin t| \mathrm{d}t = 2$$

其中 $k$ 为任一整数。对任意的正数 $x$，总存在 $n \in \mathbf{N}$，使 $n\pi \leqslant x < (n+1)\pi$，

注意到分子导数与分母导数之比的极限为 $|\sin x|$，当

有

$$2n = \int_0^{n\pi} |\sin t| \, dt \leqslant \int_0^x |\sin t| \, dt < \int_0^{(n+1)\pi} |\sin t| \, dt = 2(n+1)$$

当 $x \to +\infty$ 时，$n \to +\infty$，上式用夹逼定理有

$$\lim_{x \to +\infty} \int_0^x |\sin t| \, dt \to +\infty，因此所求极限是一个 \frac{\infty}{\infty} 型不定式.$$

**解** 由上面分析得到的 $2n \leqslant \int_0^x |\sin t| \, dt < 2(n+1)$ 及

$n\pi \leqslant x < (n+1)\pi$，有

$$\frac{2n}{(n+1)\pi} \leqslant \frac{\int_0^x |\sin t| \, dt}{x} < \frac{2(n+1)}{n\pi}$$

当 $x \to +\infty$ 时，$n \to +\infty$，上式用夹逼定理有

$$\lim_{x \to +\infty} \frac{\int_0^x |\sin t| \, dt}{x} = \frac{2}{\pi}$$

**注** 一般，若 $f(x)$ 是有界可积的周期函数（周期为 $T$），则

$$\lim_{x \to +\infty} \frac{\int_0^x f(t) \, dt}{x} = \frac{1}{T} \int_0^T f(t) \, dt$$

**证** 记 $n = \left[\dfrac{x}{T}\right]$，则 $nT \leqslant x < (n+1)T$，

于是

$$\int_0^x f(t) \, dt = \int_0^{nT} f(t) \, dt + \int_{nT}^x f(t) \, dt$$

那么当 $x \to +\infty$ 时，$n \to +\infty$，有

$$\lim_{x \to +\infty} \frac{\int_0^x f(t) \, dt}{x} = \lim_{x \to +\infty} \frac{n \int_0^T f(t) \, dt + \int_{nT}^x f(t) \, dt}{nT + (x - nT)}$$

而 $\left| \int_{nT}^x f(t) \, dt \right| \leqslant \left| \int_{nT}^x |f(t)| \, dt \right| \leqslant \int_0^T |f(t)| \, dt$ 有界.

又 $x - nT < (n+1)T - nT = T$ 有界，故得

$$\lim_{x \to +\infty} \frac{\int_0^x f(t) \, dt}{x} = \lim_{x \to +\infty} \frac{n \int_0^T f(t) \, dt + \int_{nT}^x f(t) \, dt}{nT + (x - nT)} = \frac{\int_0^T f(t) \, dt}{T}$$

**思考题** 试研究并求极限 $\lim\limits_{x \to 0} \dfrac{\int_0^x (1 + \sin 2t)^{\frac{1}{t}} \, dt}{x}$

**例 4.1.19** 求 $\lim\limits_{x \to 0} \dfrac{1}{x^2} \int_0^x \dfrac{1}{t} \ln(1 + xt) \, dt$.

**解** 令 $u = xt$，则 $t = \dfrac{u}{x}$，$dt = \dfrac{1}{x} du$，有

$$\int_0^x \frac{1}{t} \ln(1 + xt) \, dt = \int_0^{x^2} \frac{1}{\frac{u}{x}} \ln(1 + u) \frac{1}{x} \, du = \int_0^{x^2} \frac{\ln(1 + u)}{u} \, du$$

$$\lim_{x \to 0} \frac{1}{x^2} \int_0^x \frac{1}{t} \ln(1 + xt) \, dt = \lim_{x \to 0} \frac{1}{x^2} \cdot \int_0^{x^2} \frac{\ln(1 + u)}{u} \, du$$

右侧栏：

$x \to +\infty$ 时极限不存在！因此本题不能用洛必达法则！

在应用洛必达法则时，不论它是哪一种类型，一定要注意它要求的条件，缺一不可. 例 4. 1.18 是分子导数与分母导数之比的极限不存在而不能用.

本思考题是另一种情况：分子的积分是否存在？请读者认真考虑.

若直接用洛必达法则，因为在分子的被积函数中也含有自变量，比较复杂.

$$= \lim_{x \to 0} \frac{2x \cdot \dfrac{\ln(1+x^2)}{x^2}}{2x} = \lim_{x \to 0} \frac{\ln(1+x^2)}{x^2} = 1 \text{(洛必达法则)}$$

**例 4.1.20**　求极限　$\displaystyle \lim_{x \to +\infty} \frac{\displaystyle\int_1^x \left[t^2\left(e^{\frac{1}{t}}-1\right)-t\right]\mathrm{d}t}{x^2\ln\left(1+\dfrac{1}{x}\right)}$

> 为此，不妨先对它作一变换，使其成简单形式．

**解**　$\displaystyle \lim_{x \to +\infty} \frac{\displaystyle\int_1^x \left[t^2\left(e^{\frac{1}{t}}-1\right)-t\right]\mathrm{d}t}{x^2\ln\left(1+\dfrac{1}{x}\right)} = \lim_{x \to +\infty} \frac{\displaystyle\int_1^x \left[t^2\left(e^{\frac{1}{t}}-1\right)-t\right]\mathrm{d}t}{x}$

> 用洛必达法则作变换 $t=\dfrac{1}{x}$，从而有 $t \to 0^+$ 两次用洛必达法则

$$= \lim_{x \to +\infty}\left[x^2\left(e^{\frac{1}{x}}-1\right)-x\right] = \lim_{t \to 0^+}\left[\left(\frac{1}{t}\right)^2(e^t-1)-\frac{1}{t}\right]$$

$$= \lim_{t \to 0^+} \frac{e^t-1-t}{t^2} = \frac{1}{2}$$

# 4.2　用积分解问题的思路与方法

### 4.2.1　利用定积分定义求极限

用定积分定义求一类数列和的极限；其特征是"无限个无穷小"之"和"，而将其化为定积分的关键是要根据所给条件建立适当和式及确定被积函数和积分区间！

**例 4.2.1**　求极限 $\displaystyle\lim_{n \to \infty}\frac{1}{n}\left(\sin\frac{\pi}{n}+\sin\frac{2\pi}{n}+\cdots+\sin\frac{n-1}{n}\pi\right)$.

**解 1**　原式 $\displaystyle= \lim_{n \to \infty}\frac{1}{n}\sum_{i=1}^{n}\sin\frac{i\pi}{n} = \int_0^1 \sin\pi x\,\mathrm{d}x = -\frac{1}{\pi}\cos\pi x\Big|_0^1 = \frac{2}{\pi}$

> 例 4.2.1 是用积分和求极限的典型题，可以直接套用定积分定义公式．

**解 2**　原式 $\displaystyle= \frac{1}{\pi}\lim_{n \to \infty}\frac{\pi}{n}\sum_{i=1}^{n}\sin\frac{i\pi}{n} = \frac{1}{\pi}\int_0^\pi \sin x\,\mathrm{d}x = -\frac{1}{\pi}\cos x\Big|_0^\pi = \frac{2}{\pi}$

**注 1**　从上面两种解法中可看到，当我使用的和式不一样时，其所对应的积分区间也有所不同．在做此类题目时要仔细分析，区别清楚．

**注 2**　也可反过来做，将 $[0,1]$ 区间 $n$ 等分，则由定积分定义：

$$\int_0^1 \sin\pi x\,\mathrm{d}x = \lim_{n \to \infty}\frac{1}{n}\sum_{i=1}^{n}\sin\frac{i\pi}{n}$$

**例 4.2.2**　求极限 $\displaystyle\lim_{n \to \infty}\sqrt[n]{\left(1+\frac{1}{n}\right)\left(1+\frac{2}{n}\right)\cdots\left(1+\frac{n}{n}\right)}$

**解**　原式 $\displaystyle= \exp\lim_{n \to \infty}\frac{1}{n}\sum_{i=1}^{n}\ln\left(1+\frac{i}{n}\right) = \exp\sum_{i=1}^{n}\ln\left(1+\frac{i}{n}\right)\cdot\frac{1}{n}$

> 令：$t=1+x$，$\mathrm{d}t=\mathrm{d}x$
>
> 遇到"无穷乘积"一般都取对数化为"无限和"．

$$= \exp\int_0^1 \ln(1+x)\,\mathrm{d}x = \exp\int_1^2 \ln t\,\mathrm{d}t$$

$$= \exp t\ln t\Big|_1^2 - \int_1^2 t\,\mathrm{d}\ln t = \exp 2\ln 2 - 1 = \frac{4}{e}$$

**思考题** 设 $f \in C[0,1]$, $f(x) > 0$, 求: $\lim\limits_{n \to \infty} \sqrt[n]{f\left(\dfrac{1}{n}\right) f\left(\dfrac{2}{n}\right) \cdots f\left(\dfrac{n}{n}\right)}$.

**参考答案** $\exp\left(\displaystyle\int_0^1 \ln f(x)\mathrm{d}x\right)$

**例 4.2.3** 求 $\lim\limits_{n \to \infty}\left(\dfrac{1}{4n+1} + \dfrac{1}{4n+2} + \cdots + \dfrac{1}{4n+2n}\right)$.

**解**

$$\lim_{n \to \infty}\left(\frac{1}{4n+1} + \frac{1}{4n+2} + \cdots + \frac{1}{4n+2n}\right)$$

$$= \lim_{n \to \infty}\left(\frac{1}{4+\dfrac{1}{n}} + \frac{1}{n+\dfrac{2}{n}} + \cdots + \frac{1}{4+\dfrac{2n}{n}}\right) \cdot \frac{1}{n}$$

$$= \lim_{n \to \infty} \frac{1}{n}\sum_{i=1}^{2n} \frac{1}{4+\dfrac{i}{n}}$$

$$= \int_0^2 \frac{1}{4+x}\mathrm{d}x = \ln(4+x)\Big|_0^2 = \ln\frac{3}{2}$$

**例 4.2.4** 计算 $\lim\limits_{n \to \infty} \dfrac{1}{n^2}\left(\sqrt{n^2-1} + \sqrt{n^2-2^2} + \cdots + \sqrt{n^2-(n-1)^2}\right)$.

**解** 为方便起见，记

$$S_n = \frac{1}{n^2}\left(\sqrt{n^2-1} + \sqrt{n^2-2^2} + \cdots + \sqrt{n^2-(n-1)^2}\right)$$

则

$$S_n = \frac{1}{n}\left(\sqrt{1-\left(\frac{1}{n}\right)^2} + \sqrt{1-\left(\frac{2}{n}\right)^2} + \cdots + \sqrt{1-\left(\frac{n-1}{n}\right)^2}\right)$$

$$= \frac{1}{n}\left(\sqrt{1-\left(\frac{0}{n}\right)^2} + \sqrt{1-\left(\frac{1}{n}\right)^2} + \sqrt{1-\left(\frac{2}{n}\right)^2} + \cdots + \sqrt{1-\left(\frac{n-1}{n}\right)^2}\right) - \frac{1}{n}$$

$$= \sum_{i=0}^{n-1} \sqrt{1-\left(\frac{i}{n}\right)^2} \cdot \frac{1}{n} - \frac{1}{n}$$

所以 原式 $= \lim\limits_{n \to \infty}\left[\sum\limits_{i=0}^{n-1}\sqrt{1-\left(\dfrac{i}{n}\right)^2} \cdot \dfrac{1}{n} - \dfrac{1}{n}\right] = \displaystyle\int_0^1 \sqrt{1-x^2}\,\mathrm{d}x - \lim\limits_{n \to \infty}\dfrac{1}{n}$

$$= \frac{\pi}{4}$$

**\* 例 4.2.5** 求 $\lim\limits_{n \to \infty}\left[\dfrac{2^{\frac{1}{n}}}{n+1} + \dfrac{2^{\frac{2}{n}}}{n+\dfrac{1}{2}} + \cdots + \dfrac{2^{\frac{n}{n}}}{n+\dfrac{1}{n}}\right]$.

**分析** 由于极限表达式中的分母不好化为某个可积函数的积分和，注意到：

$$\frac{1}{n+1} < \frac{1}{n+\dfrac{i}{n}} < \frac{1}{n} \ \text{及} \ \frac{1}{n+1} = \frac{n}{n+1} \cdot \frac{1}{n}$$

故考虑利用放大缩小的方法变形.

**解** 令 $x_n = \dfrac{2^{\frac{1}{n}}}{n+1} + \dfrac{2^{\frac{2}{n}}}{n+\dfrac{1}{2}} + \cdots + \dfrac{2^{\frac{n}{n}}}{n+\dfrac{1}{n}}$

---

类似地如求 $\lim\limits_{n \to \infty}\sum\limits_{k=2}^{2n} \dfrac{1}{\sqrt{n^2+k^2}}$ 时，只是被积函数改成 $\dfrac{1}{2}\displaystyle\int_0^2 \dfrac{1}{\sqrt{1+x^2}}\mathrm{d}x$，其结果为 $\dfrac{1}{2}\ln(2+\sqrt{5})$

分拆时，若整体无法凑成一个积分和，可分拆有限部分另外计算.

则　$\dfrac{n}{n+1}(2^{\frac{1}{n}}+2^{\frac{2}{n}}+\cdots+2^{\frac{n}{n}})\cdot\dfrac{1}{n}<x_n<(2^{\frac{1}{n}}+2^{\frac{2}{n}}+\cdots+2^{\frac{n}{n}})\cdot\dfrac{1}{n}$

$$\lim_{n\to\infty}(2^{\frac{1}{n}}+2^{\frac{2}{n}}+\cdots+2^{\frac{n}{n}})\cdot\dfrac{1}{n}=\lim_{n\to\infty}\sum_{i=1}^{n}2^{\frac{i}{n}}\cdot\dfrac{1}{n}=\int_0^1 2^x\,\mathrm{d}x=\dfrac{2^x}{\ln 2}\Big|_0^1=\dfrac{1}{\ln 2}$$

$$\lim_{n\to\infty}\dfrac{n}{n+1}\cdot(2^{\frac{1}{n}}+2^{\frac{2}{n}}+\cdots+2^{\frac{n}{n}})\cdot\dfrac{1}{n}=\lim_{n\to\infty}\dfrac{n}{n+1}\cdot\lim_{n\to\infty}\sum_{i=1}^{n}2^{\frac{i}{n}}\cdot\dfrac{1}{n}$$
$$=\int_0^1 2^x\,\mathrm{d}x=\dfrac{1}{\ln 2}$$

$$\lim_{n\to\infty}\left(\dfrac{2^{\frac{1}{n}}}{n+1}+\dfrac{2^{\frac{2}{n}}}{n+\frac{1}{2}}+\cdots+\dfrac{2^{\frac{n}{n}}}{n+\frac{1}{n}}\right)=\dfrac{1}{\ln 2}$$

这是无限个无穷小的和,但不能直接化为积分和,故考虑用放缩方法及夹逼定理.

### 4.2.2　做单项选择题的方法

选择题从难度上讲比其他类型题目有所降低,但知识覆盖面广,要求解题熟练、准确、灵活、快速. 单项选择题的特点是有且只有一个答案是正确的. 因此可充分利用题目提供的信息,排除迷惑项的干扰,正确、合理、迅速地从中选出正确项. 选择题中的错误项具有两重性,既有干扰的一面,也有可利用的一面,只有通过认真的观察、分析和思考才能揭露其潜在的暗示作用,从而从反面提供信息,迅速作出判断.

解选择题常见的方法有直接解答法、逻辑排除法、数形结合法、赋值验证法、估计判断法等等. 方法很多,因人因题而异. 要学会灵活运用所学知识及一定的方法技巧,分门别类,以尽快找出答案.

**\* 例 4.2.6**　设 $I_1=\displaystyle\int_{\frac{\pi}{4}}^{\frac{\pi}{3}}\ln(\sin x)\,\mathrm{d}x$,$I_2=\displaystyle\int_{\frac{\pi}{4}}^{\frac{\pi}{3}}\ln(\cos x)\,\mathrm{d}x$,则有(　　).

(A)$I_2<I_1<0$;　　　　　　　　(B)$I_1<I_2<0$;

(C)$0<I_1<I_2$;　　　　　　　　(D)$0<I_2<I_1$

**解**　因为当 $\dfrac{\pi}{4}<x\leqslant\dfrac{\pi}{3}$ 时,有 $0<\cos x<\sin x<1$,
故 $\ln(\cos x)<\ln(\sin x)<0$,它们在对应区间上的积分值也有同样的排序,故选(A).

例 4.2.6 直接计算积分值较困难,可利用积分区间相同时被积函数大的其积分值也大的性质.

**\* 例 4.2.7**　设函数 $f(x)$ 连续,则下列函数中必为偶函数的是(　　).

(A)$\displaystyle\int_0^x f(t^2)\,\mathrm{d}t$;　　　　　　　(B)$\displaystyle\int_0^x f^2(t)\,\mathrm{d}t$;

(C)$\displaystyle\int_0^x t[f(t)-f(-t)]\,\mathrm{d}t$;　　　　(D)$\displaystyle\int_0^x t[f(t)+f(-t)]\,\mathrm{d}t$

**解**　选(D). 明显有 $\displaystyle\int_0^x t[f(t)+f(-t)]\,\mathrm{d}t$ 是奇函数.

**注**　本题用赋值的方法最简单,如令 $f(t)=t$ 代入,则对(D)式有 $\displaystyle\int_0^x 0\,\mathrm{d}t=0$,是偶函数.

例 4.2.7 直接无法推演,注意到它们是变上限的函数,讨论的是它们的奇偶性问题,联想到"奇函数的导数是偶函数,偶函数的导数是奇函数"性质,对四个选项分别求导后判断其奇偶性,反推即可得结果.

**思考题**　设 $M=\displaystyle\int_{-\frac{\pi}{2}}^{\frac{\pi}{2}}\dfrac{\sin x}{1+x^2}\cos^4 x\,\mathrm{d}x$,$N=\displaystyle\int_{-\frac{\pi}{2}}^{\frac{\pi}{2}}(\sin^3 x+\cos^4 x)\,\mathrm{d}x$,

$P = \int_{-\frac{\pi}{2}}^{\frac{\pi}{2}} (x^2 \sin^3 x - \cos^4 x) \mathrm{d}x$，则有（　）.

(A) $N < P < M$；　　　　　　　　(B) $M < P < N$；

(C) $N < M < P$；　　　　　　　　(D) $P < M < N$

**提示**　比较被积函数的大小．注意到它们的积分区间为对称区间，首要考查被积函数是否具有奇偶性．答案选（D）

**例 4.2.8**　设 $x \to 0$ 时，$\int_0^{x^2} \sin t^2 \mathrm{d}t$ 与 $x^n$ 是同阶无穷小，则 $n = $（　）.

(A) 6；　　　　(B) 5；　　　　(C) 4；　　　　(D) 3

**解**　选（A）．由 $\lim\limits_{x \to 0} \dfrac{\int_0^{x^2} \sin t^2 \mathrm{d}t}{x^n} = \lim\limits_{x \to 0} \dfrac{2x \sin x^4}{nx^{n-1}} = \lim\limits_{x \to 0} \dfrac{2x^5}{nx^{n-1}}$

（第一个等号处用洛必达法则），

极限 $\lim\limits_{x \to 0} \dfrac{2x^5}{nx^{n-1}}$ 要为非零有限实数，当且仅当 $n = 6$ 时成立．故选（A）.

**注 1**　本题直接用推演法，利用同阶无穷小定义立得结果。

**注 2**　本题也可用泰勒公式：$\sin t^2 = t^2 + o(t^2)$，便知 $\int_0^{x^2} \sin t^2 \mathrm{d}t$，答案选（A）.

> 同阶无穷小，它们比的极限，是一个非零有限实数．

**思考题**　设函数 $f(x)$ 连续，且满足 $f(x) = \int_0^{2x} f\left(\dfrac{t}{2}\right) \mathrm{d}t + \ln 2$，则 $f(x) = $（　）.

(A) $\mathrm{e}^x \ln 2$；　　　　　　　　(B) $\mathrm{e}^{2x} \ln 2$；

(C) $\mathrm{e}^x + \ln 2$；　　　　　　　　(D) $\mathrm{e}^{2x} + \ln 2$

**提示**　提示答案：选（B）.

**解**　由 $f(0) = \ln 2$ 便知，只有（A）（B）可能为解；再看积分上限为 $2x$，便可排除（A）而选（B）.

此外，本题也可用验证排除法：用 $f(x) = \mathrm{e}^{2x} \ln 2$ 代入．

> 可用推演法，两侧求导建立关于 $f(x)$ 的微分方程初始条件 $f(0) = \ln 2$.

**例 4.2.9**　设函数 $f(x)$ 连续，则 $\dfrac{\mathrm{d}}{\mathrm{d}x} \int_0^x t f(x^2 - t^2) \mathrm{d}t = $（　）.

(A) $xf(x^2)$；　　(B) $-xf(x^2)$；　　(C) $2xf(x^2)$；　　(D) $-2xf(x^2)$

**解 1**　$\int_0^x t f(x^2 - t^2) \mathrm{d}t = \dfrac{1}{2} \int_0^{x^2} f(u) \mathrm{d}u$

所以 $\dfrac{\mathrm{d}}{\mathrm{d}x} \int_0^x t f(x^2 - t^2) \mathrm{d}t = \dfrac{1}{2} \dfrac{\mathrm{d}}{\mathrm{d}x} \int_0^{x^2} f(u) \mathrm{d}u = \dfrac{1}{2} f(x^2) \cdot 2x = xf(x^2)$，选（A）.

**解 2**　因为结论对任意的连续函数 $f(x)$ 成立，不妨赋它一个具体函数试验．例如取 $f(u) = 1$，则 $\dfrac{\mathrm{d}}{\mathrm{d}x} \int_0^x t f(x^2 - t^2) \mathrm{d}t = \dfrac{\mathrm{d}}{\mathrm{d}x} \int_0^x t \mathrm{d}t = x$，而此时所选的四项分别是：(A) $x$；(B) $-x$；(C) $2x$；(D) $-2x$. 显然正确答案是（A）.

**注 1**　方法 2 中，为保险起见，可取 $f(u) = a$（常数），也可得到同样结论.

> 注意上限与被积函数均含 $x$，应先作变量代换再求导．
>
> 这种特殊代入法只能在选择题中用．不能用于论证命题的正确性．

**注 2**　比较上面两种方法,明显看解 2 更简洁.其逻辑是,对于一个一般性的命题,若其某种特殊情形的命题为假,则此一般性命题为假.

**注 3**　对积分上限含变量的函数,在竞赛或考研中是经常出现的.在求导时要特别注意被积函数中是否还含求导的变量!若其明显"独立",则可提到积分号外;若其隐含于内,则一般先用第二类换元法,作相应的变量代换化简,如本题解 1 中所做那样.也可采用含参变量积分的求导公式.

**思考题**　设函数 $f(x)$ 连续,且 $S(x)=x\displaystyle\int_0^{\frac{a}{x}}f(xt)\mathrm{d}t$,其中 $x>0$,$a>0$,则 $S$ 值(　)

(A) 依赖于 $x$ 和 $a$;　　　　　　　(B) 依赖于 $t,x$ 和 $a$;

(C) 依赖于 $a$,但不依赖 $x$;　　　　(D) 依赖于 $t,x$ 但不依赖于 $a$

(提示答案:选(C))

> 不妨设 $f(u)=1$ 或 $f(u)=u$.

**例 4.2.10**　设在区间 $[a,b]$ 上 $f(x)>0$,$f'(x)<0$,$f''(x)>0$,记 $S_1=\displaystyle\int_a^b f(x)\mathrm{d}x$,$S_2=f(b)(b-a)$,$S_3=\dfrac{b-a}{2}\big[f(a)+f(b)\big]$,则(　).

(A)$S_1<S_2<S_3$;　　　　　　　(B)$S_2<S_1<S_3$;

(C)$S_3<S_1<S_2$;　　　　　　　(D)$S_2<S_3<S_1$

**分析**　因无法从已知条件进行计算,换一个角度从几何意义上看,它们都表示某一图形的面积.即 $S_1,S_2,S_3$ 分别表示曲边梯形、矩形和梯形的面积!

> 利用图形帮我们分析.

**解**　由已知 $f(x)>0$,$f'(x)<0$,$f''(x)>0$,可得 $f(x)$ 连续,其曲线在 $x$ 轴上部,且是下凸的减函数.这样一来就可画出 $f(x)$ 的草图(见图 4-1),从图中立即得到问题解为(B),即 $S_2<S_1<S_3$.

> 本题也可以用特殊代值法,令 $f(x)=x^2$,将 $a=-1,b=0$ 代入便立刻能选(B).

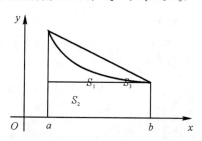

图 4-1　$f>0,f'<0,f''>0$

**注**　关于利用几何图形帮助思考,后面 4.2.6 节中有专门论述.

**例 4.2.11**　已知 $f(x)=\begin{cases}x+1, & x\geqslant 0\\ \mathrm{e}^{-x}\sin\left(\dfrac{\pi}{2}\mathrm{e}^{-x}\right), & x<0\end{cases}$,则 $f(x)$ 的一个原函数为(　).

(A)$F(x)=\begin{cases}\dfrac{x^2}{2}+x, & x\geqslant 0\\ -\dfrac{2}{\pi}\cos\left(\dfrac{\pi}{2}\mathrm{e}^{-x}\right), & x<0\end{cases}$;

$$(B)F(x)=\begin{cases}\dfrac{x^2}{2}+x, & x\geqslant 0\\[2mm]\dfrac{2}{\pi}\cos\left(\dfrac{\pi}{2}e^{-x}\right), & x<0\end{cases};$$

$$(C)F(x)=\begin{cases}\dfrac{x^2}{2}+x+\dfrac{1}{2}, & x\geqslant 0\\[2mm]\dfrac{2}{\pi}\cos\left(\dfrac{\pi}{2}e^{-x}\right), & x<0\end{cases};$$

$$(D)F(x)=\begin{cases}\dfrac{x^2}{2}+x-\dfrac{1}{2}, & x\geqslant 0\\[2mm]-\dfrac{2}{\pi}\cos\left(\dfrac{\pi}{2}e^{-x}\right), & x<0\end{cases}.$$

**分析** 注意到 $f(x)$ 连续时,其原函数 $F(x)$ 必可导,因此在分段点 $x=0$ 连续.只要考查上面 4 个选项函数中在点 $x=0$ 的连续性就行.

**解** 根据上面分析,易见(C)及(D)在点 $x=0$ 处不连续,(A)(B)中则只有(B)符合 $F'(x)=f(x)$,故选(B).

下面的思考题可用此法求解,较简洁.

**思考题** 已知 $f(x)=\begin{cases}x^2, & 0\leqslant x\leqslant 1\\2-x, & 1<x\leqslant 2\end{cases}$,设 $F(x)=\int_0^x f(t)\mathrm{d}t$,其中 $0\leqslant x\leqslant 2$,则 $F(x)=($ ).

> 有关分段函数的选择项,考察分界点处的性质进行排除,值得一试.

$$(A)F(x)=\begin{cases}\dfrac{x^3}{3}, & 0\leqslant x\leqslant 1\\[2mm]\dfrac{1}{3}+2x-\dfrac{x^2}{2}, & 1<x\leqslant 2\end{cases};$$

$$(B)F(x)=\begin{cases}\dfrac{x^3}{3}, & 0\leqslant x\leqslant 1\\[2mm]\dfrac{-7}{6}+2x-\dfrac{x^2}{2}, & 1<x\leqslant 2\end{cases};$$

$$(C)F(x)=\begin{cases}\dfrac{x^3}{3}, & 0\leqslant x\leqslant 1\\[2mm]\dfrac{x^3}{3}+2x-\dfrac{x^2}{2}, & 1<x\leqslant 2\end{cases};$$

$$(D)F(x)=\begin{cases}\dfrac{x^3}{3}, & 0\leqslant x\leqslant 1\\[2mm]2x-\dfrac{x^2}{2}, & 1<x\leqslant 2\end{cases}.$$

(提示答案:选(B))

**例 4.2.12** 设 $f(x)$ 在 $[a,b]$ 上连续,且 $f(x)>0$,则在此区间内,方程 $\int_a^x f(t)\mathrm{d}t+\int_b^x \dfrac{1}{f(t)}\mathrm{d}t=0$ 的根的个数为( ).

(A)0; (B)1; (C)2; (D)3

**分析** 此方程左边是一个变上限的函数,要考查它零点的个数,就要

分析该函数的单调性,因此需考虑它的一阶导数,我们就从这点开始.

**解**　令 $\varphi(x) = \int_a^x f(t)\mathrm{d}t + \int_b^x \dfrac{1}{f(t)}\mathrm{d}t$,则 $\varphi'(x) = f(x) + \dfrac{1}{f(x)} > 0$,

所以 $\varphi(x)$ 在 $[a,b]$ 上单调增. 又

$$\varphi(a) = \int_b^a \frac{1}{f(t)}\mathrm{d}t < 0, \varphi(b) = \int_a^b f(t)\mathrm{d}t > 0$$

所以 $\varphi(x)$ 在 $(a,b)$ 上有唯一零点. 故选(B).

**例 4.2.13**　设 $f(x)$ 在以零为端点的任意区间内不变号,且有一阶连续导数. 若 $x \to 0$ 时,$\int_0^{f(x)} f(t)\mathrm{d}t$ 与 $x^2$ 为等价无穷小,则 $f'(0) = (\quad)$.

(A)0;　　　　　(B)1;　　　　　(C)$\sqrt{2}$;　　　　　(D)$\sqrt[3]{2}$

**解**　由等价无穷小,$\lim\limits_{x \to 0} \dfrac{\displaystyle\int_0^{f(x)} f(t)\mathrm{d}t}{x^2} = 1$,所以 $\int_0^{f(0)} f(t)\mathrm{d}t = 0$. 又 $f(x)$ 连续且不变号,所以 $f(0) = 0$.

又 $1 = \lim\limits_{x \to 0} \dfrac{\displaystyle\int_0^{f(x)} f(t)\mathrm{d}t}{x^2} = \lim\limits_{x \to 0} \dfrac{f[f(x)]f'(x)}{2x}$

$= \dfrac{f'(0)}{2} \lim\limits_{x \to 0} \left\{ \dfrac{f[f(x)] - f[f(0)]}{f(x)} \cdot \dfrac{f(x) - f(0)}{x} \right\}$

$= \dfrac{f'(0)}{2} \lim\limits_{x \to 0} \dfrac{f[f(x)] - f[f(0)]}{f(x) - f(0)} \cdot \lim\limits_{x \to 0} \dfrac{f(x) - f(0)}{x}$

$= \dfrac{1}{2} [f'(0)]^3$

所以 $f'(0) = \sqrt[3]{2}$,故选(D).

**例 4.2.14**　当 $x \to 0$ 时,下列无穷小量中最高阶的无穷小量是($\quad$).

(A)$\int_0^x \ln(1 + t^{\frac{3}{2}})\mathrm{d}t$;　　　　　(B)$\tan x - \sin x$;

(C)$\int_0^{\sin x} \sin(t^2)\mathrm{d}t$;　　　　　(D)$\int_0^{1-\cos x} (\sin t)^{\frac{3}{2}}\mathrm{d}t$

**解**　利用常用等价无穷小,容易看出,当 $x \to 0$ 时,$\int_0^x \ln(1 + t^{\frac{3}{2}})\mathrm{d}t$ 与 $x^{\frac{5}{2}}$ 为同阶无穷小;$\tan x - \sin x$ 与 $x^3$ 为同阶无穷小;$\int_0^{\sin x} \sin(t^2)\mathrm{d}t$ 与 $x^3$ 为同阶无穷小;$\int_0^{1-\cos x} (\sin t)^{\frac{3}{2}}\mathrm{d}t$ 与 $x^5$ 为同阶无穷小. 选(D).

**例 4.2.15**　设 $I_1 = \int_{-1}^1 \dfrac{x}{\sin x}\mathrm{d}x$;$I_2 = \int_{-1}^1 \dfrac{x^2}{\sin x}\mathrm{d}x$;$I_3 = \int_{-1}^1 \dfrac{x}{\tan x}\mathrm{d}x$,则有($\quad$).

(A)$I_2 < I_3 < I_1$;　　　　　(B)$I_2 < I_1 < I_3$;

(C)$I_1 < I_2 < I_3$;　　　　　(D)$I_3 < I_2 < I_1$

**解**　$I_2 = \int_{-1}^1 \dfrac{x^2}{\sin x}\mathrm{d}x = 0$,因其被积函数是奇函数;而 $I_1$ 和 $I_3$ 中被积函

此题可用特殊值法,设 $f(x) = ax$,则有 $\dfrac{1}{2}a^3x^2 = x^2$,得 $a = \sqrt[3]{2}$,而选(D)

若对一些常用函数的等价无穷小形式十分熟练,此类题很快就可得结论.

在积分区间内,被积函数均有一个无定义的点 $x = 0$,但它是可去间断点. 因而为常义积分. 此积分区间是对称区间,故先考虑函数的奇偶性.

数均是偶函数,当 $|x| \leqslant 1$ 时,$|\sin x| < |\tan x|$,所以 $\dfrac{x}{\sin x} > \dfrac{x}{\tan x} > 0$,从而 $I_1 > I_3 > 0$,故本题应选(A).

### 4.2.3 积分方程问题

在形如 $F[f(x), x, t] = 0$ 这类问题中,未知函数 $f(x)$ 有时出现在积分号下,有时出现在积分上限(作为变上限),为找出其实质关系式,常采用方法是对等式两边求导,建立微分方程后,对其求解而得到未知函数. 在更复杂的问题中,可能再次求导,建立二阶微分方程.

**\* 例 4.2.16** 若函数 $f(x)$ 及其反函数 $g(x)$ 都可导,且满足

$$\int_1^{f(x)} g(t)\mathrm{d}t = \frac{1}{3}(x^{\frac{3}{2}} - 8),$$ 求函数 $f(x)$.

**解** $g[f(x)]f'(x) = \dfrac{1}{2}x^{\frac{1}{2}}$,由已知 $g(x)$ 是 $f(x)$ 的反函数 〔原等式两边求导,转化为微分方程.〕

$xf'(x) = \dfrac{1}{2}x^{\frac{1}{2}}$,即 $f'(x) = \dfrac{1}{2}x^{-\frac{1}{2}}$,

再积分 $f(x) = x^{\frac{1}{2}} + C$

由已知当 $f(x) = 1$ 有 $0 = \dfrac{1}{3}(x^{\frac{3}{2}} - 8)$,解得 $x = 4$.

从而 $C = 1 - 4^{\frac{1}{2}} = -1$,$f(x) = x^{\frac{1}{2}} - 1 = \sqrt{x} - 1$.

**思考题** 若函数 $f(x)$ 在 $[0,1]$ 上连续,且满足 $f(x) = 3x^2 + x\displaystyle\int_0^1 f(t)\mathrm{d}t$,求函数 $f(x)$.

**例 4.2.17** 求连续函数 $f(x)$,使其满足 $\displaystyle\int_0^1 f(xt)\mathrm{d}t = f(x) + x\sin x$.

**分析** 本题关键在于对左边的变形,它是以定积分形式表现,但实际上被积函数是 $xt$"复合"而成,故先对它作变换,使其变成"简单"函数形式.

**解** 因为 $\displaystyle\int_0^1 f(tx)\mathrm{d}t \xrightarrow{tx = u} \dfrac{1}{x}\displaystyle\int_0^x f(u)\mathrm{d}u$,原等式化为 〔先作积分变量代换,再求导.〕

$\displaystyle\int_0^x f(u)\mathrm{d}u = xf(x) + x^2\sin x \quad f'(x) = -2\sin x - x\cos x$

解此微分方程得 $f(x) = \cos x - x\sin x + C$. 经验证,满足原方程.

**例 4.2.18** 设函数 $f(x)$ 为偶函数,且满足

$$f'(x) + 2f(x) - 3\int_0^x f(t-x)\mathrm{d}t = -3x + 2,$$ 求 $f(x)$.

**解** 由 $\displaystyle\int_0^x f(t-x)\mathrm{d}t = \displaystyle\int_{-x}^0 f(u)\mathrm{d}u = -\displaystyle\int_0^{-x} f(u)\mathrm{d}u$ 〔与上题类似,故作相应变换 $t - x = u$〕

原方程可化为 $f'(x) + 2f(x) + 3\displaystyle\int_0^{-x} f(u)\mathrm{d}u = -3x + 2$

$f''(x) + 2f'(x) - 3f(-x) = -3 \qquad (f(x)$ 为偶函数$)$

故 $\qquad f''(x) + 2f'(x) - 3f(x) = -3$ 〔两边求导〕

此二阶常系数线性微分方程的通解为 $f(x) = C_1\mathrm{e}^{-3x} + C_2\mathrm{e}^x + 1$.

再由 $f(x)$ 为偶函数可得 $f'(x)=0$，由原方程得 $f(0)=1$.
将它们代入上式得到 $C_1=C_2=0$，从而 $f(x)=1$.

**思考题**　设 $f(x)$ 是连续函数，满足 $f(x)=3x^2-\int_0^2 f(x)\mathrm{d}x-2$，求 $f(x)$.

**例 4.2.19**　设 $f(x)$ 在 $[-\pi,\pi]$ 上连续，且

$$f(x)=\frac{x}{1+\cos^2 x}+\int_{-\pi}^{\pi} f(x)\sin x\mathrm{d}x,\text{求 } f(x).$$

**分析**　本题关键是看准 $\int_{-\pi}^{\pi} f(x)\sin x\mathrm{d}x$ 这项，表面上是含未知函数，但实际上它是一个定积分，因而其结果是一个常数！

**解**　令 $A=\int_{-\pi}^{\pi} f(x)\sin x\mathrm{d}x$，则 $f(x)=\frac{x}{1+\cos^2 x}+A$.　　*问题转化为求常数 $A$.*

于是　　　　$f(x)\sin x=\frac{x\sin x}{1+\cos^2 x}+A\sin x$

$$\int_{-\pi}^{\pi} f(x)\sin x\mathrm{d}x=\int_{-\pi}^{\pi}\frac{x\sin x}{1+\cos^2 x}\mathrm{d}x+\int_{-\pi}^{\pi} A\sin x\mathrm{d}x$$

*两边积分得关于 $A$ 的代数方程.*

$$A=\int_{-\pi}^{\pi}\frac{x\sin x}{1+\cos^2 x}\mathrm{d}x+\int_{-\pi}^{\pi} A\sin x\mathrm{d}x=2\int_0^{\pi}\frac{x\sin x}{1+\cos^2 x}\mathrm{d}x$$

计算得 $\int_0^{\pi}\frac{x\sin x}{1+\cos^2 x}\mathrm{d}x=\frac{\pi^2}{4}$，所以 $f(x)=\frac{x}{1+\cos^2 x}+\frac{\pi^2}{2}$.

**思考题**　设连续函数 $f(x)$ 满足

$$f(x)=x+x^2\int_0^1 f(x)\mathrm{d}x+x^3\int_0^2 f(x)\mathrm{d}x,\text{求 } f(x).$$

**提示**　用与例 4.2.19 同样的方法，设 $A=\int_0^1 f(x)\mathrm{d}x,B=\int_0^2 f(x)\mathrm{d}x$ 即可.

### 4.2.4　有关证明题的问题

\*　**例 4.2.20**　试求 $c$ 的一个值，使 $\int_a^b (x+c)\cos (x+c)\mathrm{d}x=0(b>a)$.

**分析**　注意左侧积分为 $0$，$c$ 应与 $a$，$b$ 有关. 虽然这个积分不难算出，却得一个含 $c$ 但很难求解的方程. 将积分化为便于分析的形式 $\int_{a+c}^{b+c} u\cos u\mathrm{d}u$，即知 $u\cos u$ 是奇函数，只要积分区间是对称的，则问题就迎刃而解.

**解**　取 $c=-\frac{a+b}{2}$，作变换 $u=x+c$，则对应的积分上下限为 $\pm\frac{b-a}{2}$，　　*作变换 $u=x+c$，$u\cos u$ 为奇函数.*

此时显然有 $\int_a^b (x+c)\cos (x+c)\mathrm{d}x=\int_{-\frac{b-a}{2}}^{\frac{b-a}{2}} u\cos u\mathrm{d}u=0$.

\*　**例 4.2.21**　（陕一复 8）若 $f(x)$ 在 $[0,1]$ 上连续，且

$\int_0^1 x^n f(x)\mathrm{d}x=0(n=0,1,2,3\cdots)$，试证：$f(x)$ 有无穷多个零点.

**分析**　欲证 $f(x)$ 有无穷多个零点，若直接通过推理或计算得到"无穷

多"的结论是较困难。考虑它的反面"有限个",不妨假设只有有限个零点，用反证法证明.

**解** 如 $f(x)$ 在 $(0,1)$ 中只有有限个零点 $x_1,x_2,\cdots,x_{n-1}$，不妨设 $x_1 < x_2 < \cdots < x_{n-1}$，则 $f(x)$ 在 $[x_{i-1},x_i]$ 上恒大于等于 0 或恒小于等于 $0(i=1,2,\cdots,n-1;x_0=0;x_n=1)$.

如 $f(x)$ 在相邻子区间上有相同的符号，则将此两子区间合并成一个区间，经过这样有限次合并后，可得 $[0,1]$ 上的一些子区间使 $f(x)$ 在每个子区间上恒大于等于 0 或恒小于等于 0，而在相邻二子区间上 $f(x)$ 有不同的符号. 设这些子区间的端点为 $a_1,a_2,\cdots,a_k,a_1 < a_2 < \cdots < a_k$，作 $p(x)=(x-a_1)(x-a_2)\cdots(x-a_k)$，该 $p(x)$ 也在每个子区间上恒大于等于 0 或恒小于等于 0，且在相邻二子区间上 $p(x)$ 有不同的符号. 因此 $f(x)p(x)$ 在 $[0,1]$ 上恒大于等于 0 或恒小于等于 0，但 $f(x)p(x)$ 在 $[0,1]$ 上连续而不恒为零，故 $\int_0^1 f(x)p(x)\mathrm{d}x$ 大于 0 或小于 0，然后由假设

$$\int_0^1 f(x)p(x)\mathrm{d}x = \int_0^1 \sum p_i x^i f(x)\mathrm{d}x = 0,矛盾!$$

故 $f(x)$ 应有无穷多个零点.

\* **例 4.2.22** (陕一复 3) 设 $\alpha_n = \int_0^1 \sin x^n \mathrm{d}x;\beta_n = \int_0^1 \sin^n x\,\mathrm{d}x$. 试证：

$(1)\alpha_n \geqslant \beta_n \geqslant 0;(2)$ 当 $n \to +\infty$ 时，$\alpha_n \to 0;\beta_n \to 0$.

**解** (1) 因为 $(\sin x^n - \sin^n x)' = n\cos x^n \cdot x^{n-1} - n\sin^{n-1}x \cdot \cos x$ 当 $0 \leqslant x \leqslant 1$ 时，$0 \leqslant \sin x \leqslant x$；而 $0 \leqslant \cos x$ 且它单调下降，故上式是大于等于零，考虑到 $(\sin x^n - \sin^n x)\Big|_{x=0} = 0$，当 $0 \leqslant x \leqslant 1$ 时，有 $\sin x^n - \sin^n x \geqslant 0$，即 $\alpha_n \geqslant \beta_n \geqslant 0$；后者大于零显然.

(2) 当 $0 \leqslant x \leqslant 1$ 时，$0 \leqslant \sin x^n \leqslant x^n$；

故 $0 \leqslant \int_0^1 \sin x^n \mathrm{d}x \leqslant \int_0^1 x^n \mathrm{d}x = \dfrac{1}{n+1}$ （夹逼定理）

当 $n \to +\infty$ 时，$\alpha_n \to 0$，这样一来 $\beta_n \to 0$ 显然了.

### 4.2.5 有关不等式的问题

证明不等式的方法很多. 比较法是证明不等式的最基本、最重要的方法之一，它可分为差值比较法和商值比较法. 此外，还有综合法（其特点和思路是"由因导果"，从"已知"看"需知"，逐步推出"结论"）、分析法、反证法、换元法、放缩法、数学归纳法等等. 使用时要根据具体问题分析后决定用哪种方法.

\* **例 4.2.23** (陕七复 5) 设 $f(x)$ 在 $\left[-\dfrac{1}{a},a\right],(a>0)$ 上非负可积，且 $\int_{-\frac{1}{a}}^a x f(x)\mathrm{d}x = 0$，求证：$\int_{-\frac{1}{a}}^a x^2 f(x)\mathrm{d}x \leqslant \int_{-\frac{1}{a}}^a f(x)\mathrm{d}x$.

**分析** 用差值比较法. 但对

本题进一步可以证明：$f(x) \equiv 0$ 由外尔斯特拉斯定理，存在多项式列 $P_n(x)$ 一致收敛于 $f(x)$，而由题设 $\int_0^1 f(x)P_n(x)\mathrm{d}x = 0,n \to \infty$ 时取极限为 $\int_0^1 f^2(x)\mathrm{d}x = 0$，故 $f(x) \equiv 0$.

注：在比较大小的问题中，若能直接计算出它们的结果来比较，是最好的. 但实际问题中，往往要么计算复杂，要么根本就无法通过计算得到结果，我们必须另辟途径. 这里就是将它们差构成一个新函数，利用函数的单调性来比较它们的大小.

$$\int_{-\frac{1}{a}}^{a} x^2 f(x) \mathrm{d}x - \int_{-\frac{1}{a}}^{a} f(x) \mathrm{d}x = \int_{-\frac{1}{a}}^{a} (x^2 - 1) f(x) \mathrm{d}x$$ 还是无法确定其符号；

联想到已知条件 $\int_{-\frac{1}{a}}^{a} x f(x) \mathrm{d}x = 0$，可以在上式中添加一项，使被积式中含二次三项式，同时考虑到它要与积分限有一定关系，进而好确定在此积分限下积分符号，从而得到问题所需结论．

**证** 因为 $\int_{-\frac{1}{a}}^{a} x f(x) \mathrm{d}x = 0$，所以对任意的非零常数 $k$，则

$$\int_{-\frac{1}{a}}^{a} kx f(x) \mathrm{d}x = 0,$$

$$\int_{-\frac{1}{a}}^{a} x^2 f(x) \mathrm{d}x - \int_{-\frac{1}{a}}^{a} f(x) \mathrm{d}x = \int_{-\frac{1}{a}}^{a} [x^2 f(x) + kx f(x) - f(x)] \mathrm{d}x$$

$$= \int_{-\frac{1}{a}}^{a} (x^2 + kx - 1) f(x) \mathrm{d}x$$

设 $g(x) = x^2 + kx - 1, x \in \left[-\frac{1}{a}, a\right], (a > 0)$

现在考查如何确定 $k$，使得 $g(x)$ 在 $\left[-\frac{1}{a}, a\right], (a > 0)$ 内取负值：

若 $g(a) = g\left(-\frac{1}{a}\right) = 0$，则有 $a^2 + ka - 1 = \frac{1}{a^2} + \frac{k}{a} - 1 (a > 0)$

解上式得 $k = \frac{1}{a} - a, g(x) = x^2 + \left(\frac{1}{a} - a\right) x - 1 = (x - a) \cdot \left(x + \frac{1}{a}\right)$

故在 $\left(-\frac{1}{a}, a\right), (a > 0)$ 内，$g(x) < 0$；

但在该区间上 $f(x) \geqslant 0$，所以 $g(x) f(x) \leqslant 0$.

因此 $\int_{-\frac{1}{a}}^{a} g(x) f(x) \mathrm{d}x \leqslant 0$，从而 $\int_{-\frac{1}{a}}^{a} x^2 f(x) \mathrm{d}x \leqslant \int_{-\frac{1}{a}}^{a} f(x) \mathrm{d}x$.

**注** 本题技巧在于获得 $k = \frac{1}{a} - a$，从而使在该区间内所构造的 $g(x) < 0$.

**例 4.2.24** 设 $f(x)$ 是区间 $[0,1]$ 上的连续可微函数，$f(0) = 0$，且当 $x \in (0,1)$ 时，$0 < f'(x) < 1$.

证明：$\int_0^1 f^2(x) \mathrm{d}x > \left(\int_0^1 f(x) \mathrm{d}x\right)^2 > \int_0^1 f^3(x) \mathrm{d}x$.

**证** 令 $g(x) \equiv 1$，则

$$\left(\int_0^1 f(x) \mathrm{d}x\right)^2 = \left(\int_0^1 f(x) \cdot 1 \mathrm{d}x\right)^2 < \int_0^1 f^2(x) \mathrm{d}x \cdot \int_0^1 1 \mathrm{d}x = \int_0^1 f^2(x) \mathrm{d}x$$

（此处因为 $\frac{f(x)}{g(x)}$ 不等于常数，故上式等号不成立）

即所需求证的左边的不等式成立．

下面来证明所需求证的不等式右侧，用两种方法．

**证法 1** 设 $F(x) = \left(\int_0^x f(t) \mathrm{d}t\right)^2 - \int_0^x f^3(t) \mathrm{d}t$，则 $F(0) = 0$

请注意 $f(x) \geqslant 0$，故需求 $g(x) \leqslant 0$ 才能证明 $\int_{-\frac{1}{a}}^{a} g(x) f(x) \mathrm{d}x \leqslant 0$ 而获得结论．

要使 $g(x) = x^2 + kx - 1$ 在 $\left[-\frac{1}{a}, a\right], (a > 0)$ 上小于 0，只要 $-\frac{1}{a}, a$ 是 $g(x)$ 的两个根即可．由根与系数关系 $k = \frac{1}{a} - a$.

柯西不等式

$$F'(x) = 2f(x)\int_0^x f(t)dt - f^3(x) = f(x)\left(2\int_0^x f(t)dt - f^2(x)\right)$$

再设 $G(x) = 2\int_0^x f(t)dt - f^2(x)$，则 $F(x) = f(x) \cdot G'(x)$，$G(0) = 0$

而 $G'(x) = 2f(x) - 2f(x)f'(x) = 2f(x) \cdot [1 - f'(x)]$

已知当 $x \in (0,1)$ 时，有 $f(0) = 0$ 及 $0 < f'(x) < 1$，则可得 $f(x)$ 是严格单调增函数，且 $f(x) > 0$，从而 $G'(x) > 0$，综上所述得 $F'(x) > 0$，即 $F(x)$ 也是严格单调增函数，且 $F(0) = 0$.

故 $F(x) > 0$，由函数连续性知 $F(1) > 0$，即证明成立：

$$\left(\int_0^1 f(x)dx\right)^2 > \int_0^1 f^3(x)dx$$

**证法 2** 设 $F(x) = \left(\int_0^x f(t)dt\right)^2$，$G(x) = \int_0^x f^3(t)dt$，

只要证明 $\dfrac{F(x)}{G(x)} > 1$. 显然在区间 $[0,1]$ 上，$F(x)$，$G(x)$ 均满足柯西中值定理的条件，且 $F(0) = G(0) = 0$，故对任意 $x \in [0,1]$，存在一点 $\xi \in (0, x)$，使得

$$\frac{F(x)}{G(x)} = \frac{F(x) - F(0)}{G(x) - G(0)} = \frac{F'(\xi)}{G'(\xi)} = \frac{2f(\xi)\int_0^t f(t)dt}{f^3(\xi)} = \frac{2\int_0^t f(t)dt}{f^2(\xi)}$$

对函数 $\int_0^x f(t)dt$ 和 $f^2(x)$，在区间 $[0, \xi]$ 上，同样满足柯西中值定理的条件，且 $\int_0^0 f(t)dt = 0$ 和 $f^2(0) = 0$，因此存在一点 $\eta \in (0, \xi)$，使得

$$\frac{2\int_0^t f(t)dt}{f^2(\xi)} = \frac{2\int_0^t f(t)dt - 2\int_0^0 f(t)dt}{f^2(\xi) - f^2(0)} = \frac{2f(\eta)}{2f(\eta)f'(\eta)} = \frac{1}{f'(\eta)} > 1$$

因 $0 < f'(x) < 1$，$f(0) = 0$，于是对任意的 $x \in [0,1]$，$\dfrac{F(x)}{G(x)} > 1$，特别有 $\dfrac{F(1)}{G(1)} > 1$.

**例 4.2.25** 设函数 $f(x)$ 和 $g(x)$ 在 $[a, b]$ 上连续，且 $f(x)$ 单调增加，$0 \leqslant g(x) \leqslant 1$，证明：$\int_a^{a+\int_a^b g(t)dt} f(x)dx \leqslant \int_a^b f(x)g(x)dx$.

**分析** 与上题证法 1 一样，将题中积分上限 $b$ 改为 $x$ 而构造辅助函数，用单调性证明此不等式.

**证** 作 $\varphi(u) = \int_a^{a+\int_a^u g(t)dt} f(x)dx - \int_a^u f(x)g(x)dx$，则 $\varphi(a) = 0$，

而 $\varphi'(u) = f\left(a + \int_a^u g(t)dt\right) \cdot g(u) - f(u)g(u)$

$$= g(u)\left[f\left(a + \int_a^u g(t)dt\right) - f(u)\right]$$

由 $0 \leqslant g(x) \leqslant 1$ 知 $\int_a^u g(t)dt \leqslant u - a$

**证法 1** 中是将积分上限改为 $x$ 的辅助函数后，借助于导数来判断单调性获得.

**证法 2** 中是在引进适当的辅助函数后，借助于柯西中值定理而获得结论.

注：这种以积分上限为变量的函数作为辅导函数的解题方法，请读者结合者两例做个小结，以后在证积分不等式中很有益的.

又 $f(x)$ 单调增加,从而得 $f\left(a+\int_a^u g(t)\mathrm{d}t\right)\leqslant f(u)$. 所以

$\varphi'(u)\leqslant 0,\varphi(u)$ 单调不增,故 $\varphi(u)\leqslant\varphi(a)=0(u\in[a,b])$,所以 $\varphi(b)\leqslant 0$ 这正是本题所要证明的结果.

**\* 例 4.2.26**　(陕四复 12)设 $x\geqslant 0$,试证明不等式:

$$\int_0^x(2t-t^2)\sin^2 t\,\mathrm{d}t\leqslant\frac{8}{5}$$

**分析**　引进辅助函数,分析其所有驻点性质,确定最值点及最值.

**证**　记 $F(x)=\int_0^x(2t-t^2)\sin^2 t\,\mathrm{d}t$,则 $F'(x)=(2x-x^2)\sin^2 x$

易得该函数在 $[0,+\infty)$ 内有驻点 $x=0,x=2$ 和 $x=k\pi(k=1,2,\cdots)$.
但当 $x$ 经过 $k\pi$ 时,$F'$ 不变号,因而 $x=k\pi(k=1,2,\cdots)$ 不是极值点.
又当 $0<x<1$ 时,$F'(x)>0,F(x)$ 单调增,故 $x=0$ 不是最大值点.
再由 $F'(x)=(2x-x^2)\sin^2 x=x(2-x)\sin^2 x$ 知,当 $x$ 从小于 2 变到大于 2 时,$F'(x)$ 由正变到负,故 $F(2)$ 是 $F(x)$ 在 $[0,+\infty)$ 的唯一极大值即最大值,即

$$F(x)=\int_0^x(2t-t^2)\sin^2 t\,\mathrm{d}t\leqslant\int_0^2(2t-t^2)\sin^2 t\,\mathrm{d}t\leqslant\int_0^2(2t-t^2)t^2\mathrm{d}t=\frac{8}{5}$$

**例 4.2.27**　(1) 比较 $I_1=\int_0^1|\ln t|\cdot[\ln(1+t)]^n\mathrm{d}t$ 与

$I_2=\int_0^1 t^n|\ln t|\mathrm{d}t$ 的大小并说明理由.其中 $n=1,2,3,\cdots$.

(2) 记 $u_n=\int_0^1|\ln t|\cdot[\ln(1+t)]^n\mathrm{d}t,n=1,2,3,\cdots$。求极限 $\lim\limits_{n\to\infty}u_n$.

**解**　(1) 当 $0\leqslant t\leqslant 1$ 时,因为 $\ln(1+t)\leqslant t$,所以

$|\ln t|\cdot[\ln(1+t)]^n\leqslant t^n|\ln t|$,故 $\int_0^1|\ln t|\cdot[\ln(1+t)]^n\mathrm{d}t\leqslant\int_0^1 t^n|\ln t|\mathrm{d}t$,即 $I_1\leqslant I_2$.

(2) 由(1)知 $0\leqslant u_n=\int_0^1|\ln t|\cdot[\ln(1+t)]^n\mathrm{d}t\leqslant\int_0^1 t^n|\ln t|\mathrm{d}t$

因为　$I_2=\int_0^1 t^n|\ln t|\mathrm{d}t=-\int_0^1 t^n\ln t\,\mathrm{d}t=\frac{1}{n+1}\int_0^1 t^n\mathrm{d}t=\frac{1}{(n+1)^2}$

所以　　$0\leqslant\lim\limits_{n\to\infty}u_n\leqslant\lim\limits_{n\to\infty}\int_0^1 t^n|\ln t|\mathrm{d}t=\lim\limits_{n\to\infty}\frac{1}{(n+1)^2}=0$

即　　　　　　　　　　$\lim\limits_{n\to\infty}u_n=0$

**思考题**　本题(2)改为:若 $u_n=\int_0^1|\ln t|\cdot[\ln(1+t)]^n\mathrm{d}t,n=1,2,3,\cdots$,证明级数 $\sum\limits_{n=1}^\infty u_n$ 收敛.

**\* 例 4.2.28**　(陕六复 2)设函数 $f(x)$ 可导,且 $f(x)>0,f'(x)<0$,$I_1=\int_0^a f(t)\mathrm{d}t,I_2=a\int_0^1 f(t)\mathrm{d}t,I_3=\int_0^1 f(at)\mathrm{d}t$,当 $0<a<1$ 时,试分析比较

定积分的比较,当积分限相同,且积分值不易计算时,则比较被积函数在该积分区间上的大小.

$I_1, I_2, I_3$ 的大小并排序.

**分析** 因 $f(x)$ 没有具体解析表达式,只能将它们化为可比较的形式.

**解** $I_3 = \int_0^1 f(at)\mathrm{d}t = \dfrac{1}{a}\int_0^a f(u)\mathrm{d}u = \dfrac{1}{a}I_1$,由 $0 < a < 1$ 得 $I_3 > I_1$, *作变换 $u = at$*

$I_2 = a\int_0^1 f(t)\mathrm{d}t = \int_0^a f\left(\dfrac{u}{a}\right)\mathrm{d}u$,由已知 $f(x) > 0, f'(x) < 0$,得 $f(x)$ 单调减.

又因 $t < \dfrac{t}{a}$,故 $f(t) > f\left(\dfrac{t}{a}\right)$, *不等式的传递性*

从而 $I_2 = a\int_0^1 f(t)\mathrm{d}t \xlongequal{u=at} \int_0^a f\left(\dfrac{u}{a}\right)\mathrm{d}u < \int_0^a f(t)\mathrm{d}t = I_1$

它们的排序是 $I_3 > I_1 > I_2$.

**\* 例 4.2.29** (陕五复 12)证明不等式

$$\frac{\pi}{4} + \sqrt{2} < \int_0^{\frac{\pi}{4}} \frac{\tan x + 2\sin x}{x}\mathrm{d}x < 1 + \frac{\pi}{2}$$

**证 1** 当 $0 < x < \dfrac{\pi}{2}$ 时,有 $0 < \sin x < x < \tan x$,可得 *对被积函数采用放缩法,得到容易积分的表达式.*

$$\int_0^{\frac{\pi}{4}} \frac{\tan x + 2\sin x}{x}\mathrm{d}x < \int_0^{\frac{\pi}{4}} \frac{\tan x + 2\sin x}{\sin x}\mathrm{d}x = \int_0^{\frac{\pi}{4}}(\sec x + 2)\mathrm{d}x$$

$$= \frac{\pi}{2} + \ln\left|\sec x + \tan x\right|\Big|_0^{\frac{\pi}{4}} = \frac{\pi}{2} + \ln(1 + \sqrt{2}) < 1 + \frac{\pi}{2}$$

又 $$\frac{\tan x + 2\sin x}{x} > 1 + \frac{2\sin x}{\tan x} = 1 + 2\cos x$$

故得 $$\int_0^{\frac{\pi}{4}} \frac{\tan x + 2\sin x}{x}\mathrm{d}x > \int_0^{\frac{\pi}{4}}(1 + 2\cos x)\mathrm{d}x = \frac{\pi}{4} + \sqrt{2}$$

**证 2** 当 $0 < x < \dfrac{\pi}{2}$ 时,函数 $y = \tan x$ 的曲线向上凹,且它在 $y = \dfrac{4}{\pi}x$ *根据函数的凸凹性*

直线段之下,因此有 $\sin x < x < \tan x < \dfrac{4}{\pi}x$

$$\int_0^{\frac{\pi}{4}} \frac{\tan x + 2\sin x}{x}\mathrm{d}x < \int_0^{\frac{\pi}{4}}\left(\frac{4}{\pi} + 2\right)\mathrm{d}x = 1 + \frac{\pi}{2}$$

(以下同证法 1)

### 4.2.6 数形结合法

"数形结合法"是探索数学问题求解的一种强有力的方法.笛卡尔直角坐标系为"数形结合方法"提供了一种很好的平台,在此平台上"形"(图形与图像等)和"数"(函数、映射、变换及其关系等)可以对应起来,是同一个问题的两种表现形式."形"(几何)的问题研究可借助于"数"(代数)的方法;反之"数"(代数)问题可借助于直观的"形"(几何)的方法.

**\* 例 4.2.30** (陕九复 8)求 $a,b$ 的值,使 $ax + b \geqslant \ln x$,且积分 $\int_2^4 (ax + b - \ln x)\mathrm{d}x$ 取得最小值.

**分析**　在几何上定积分 $\displaystyle\int_2^4 (ax+b-\ln x)\mathrm{d}x$ 表现为曲线 $y=\ln x$ 与三条直线 $y=ax+b, x=2, x=4$ 所围图形的面积（如图 4-2 中的阴影部分），于是问题转化为在条件 $ax+b\geqslant\ln x$ 下求此面积的最小值.

直线 $y=ax+b$ 含有两个待定参数.

因为 $(\ln x)'=\dfrac{1}{x}>0, x\in[2,4]$ 显然有 $a>0$. 向下平移此直线（即任意固定 $a$），直至它与曲线 $y=\ln x$ 相切，则所围面积单调减少到最小. 因此，问题进而归结为求曲线 $y=\ln x$ 上这样的切线，其所对应的所围面积为最小，这是一元函数的最小值问题.

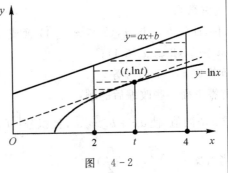

图　4-2

**解**　如图 4-2 设积分为由曲线 $y=\ln x$，直线 $y=ax+b, x=2$ 与 $x=4$ 所围图形的面积. 对于任意固定的斜率 $a$，当直线 $y=ax+b$ 与曲线 $y=\ln x$ 相切时，面积为最小. 设切点为 $(t,\ln t), 2\leqslant t\leqslant 4$，则切线（族）方程为

$$y=\frac{1}{t}(x-t)+\ln t=\frac{1}{t}x+\ln t-1$$

由于曲线 $y=\ln x$，直线 $y=0, x=2$ 与 $x=4$ 所围图形的面积是定值，故问题等价于求由直线 $y=\dfrac{1}{t}x+\ln t-1, y=0, x=2$ 与 $x=4$ 所围梯形的面积

. 切线与直线 $x=2$ 和 $x=4$ 的交点的纵坐标分别是 $\dfrac{2}{t}+\ln t-1$ 和

$\dfrac{4}{t}+\ln t-1$. 因此该梯形的面积为 $S(t)=\dfrac{6}{t}+2\ln t-2$，

令 $S'(t)=-\dfrac{6}{t^2}+\dfrac{2}{t}=0$ 时，得当 $t=3$ 时所得面积最小，

切线方程为 $y=\dfrac{1}{3}x+\ln 3-1$，即 $a=\dfrac{1}{3}x, b=\ln 3-1$ 为所要求的值.

**注 1**　如果直接计算面积，有

$$S(t)=\int_2^4\left[\left(\frac{1}{t}x+\ln t-1\right)-\ln x\right]\mathrm{d}x=\frac{6}{t}+2\ln t-2=-\int_2^4\ln x\mathrm{d}x$$

则最后一个积分值不必算出.

**注 2**　如果试图利用二元函数的最值问题求解，则本题是在条件 $ax+b\geqslant\ln x$ 下，求 $a, b$，使 $f(a,b)=\displaystyle\int_2^4(ax+b-\ln x)\mathrm{d}x=6a-2b-(6\ln 2-2)$ 取最小值. 但此法的困难是：① 约束条件 $ax+b\geqslant\ln x$, $x\in[2,4]$ 需要等价地转换为参数 $(a,b)$ 所满足的可行区域 $D$；② 二元函数 $f(a,b)$ 在可行区域 $D$ 内部没有驻点，需要考察它在 $D$ 的边界上的最小值问题.

这都是非常麻烦的！可见运用形数结合方法，此问题迎刃而解。作为

一种延伸,进一步还可以将此题按以下几种方式进行改编:

(1) 将函数 $\ln x$ 换成这样的函数 $f(x)$:在积分区间上是上凸函数,且有二阶导数;

(2) 将目标函数 $\int_2^4 (ax+b-\ln x)\mathrm{d}x$ 换成 $f(a,b)=ka+lb+c$(其中 $k$,$l$,$c$ 是与 $a$,$b$ 无关的常数);

(3) 将约束条件 $ax+b \geqslant \ln x$,$(2 \leqslant x \leqslant 4)$ 换成 $ax+b-\ln x \geqslant m \geqslant 0$,$(2 \leqslant x \leqslant 4)$;

(4) 将 $ax+b$ 换成 $ax^2+b$;等等.

请读者自行解答下面一些改编后的题:

**思考题 1**　求 $a$,$b$ 的值,使 $ax+b \geqslant \sqrt{x}$,且积分 $\int_2^4 (ax+b-\sqrt{x})\mathrm{d}x$ 取得最小值.（参考答案 $a=\dfrac{\sqrt{3}}{6}$,$b=\dfrac{\sqrt{3}}{2}$）

**思考题 2**　求 $a$,$b$ 的值,使 $ax+b \geqslant \ln x$,且 $2a+b$ 的值最小.（参考答案 $a=\dfrac{1}{2}$,$b=\ln 2-1$）

**思考题 3**　设函数 $f(x)$ 在 $[c,\mathrm{d}]$ 上的 $f''(x)<0$,且满足 $ax+b \geqslant f(x)$.

证明:当 $y=ax+b$ 形为 $y=f\left(\dfrac{c+\mathrm{d}}{2}\right)+f'\left(\dfrac{c+\mathrm{d}}{2}\right)\cdot\left(x-\dfrac{c+\mathrm{d}}{2}\right)$ 时,积分 $\int_c^{\mathrm{d}}(ax+b-f(x))\mathrm{d}x$ 取得最小值.

> 读者也可以自编一些与此相似的题求解,加强能力训练

**\* 例 4.2.31**　(陕 9 复 10) 设 $f(x)$ 在 $[a,b]$ 上连续,且单调增,$f(0)=1$,$f(1)=2$,$\int_1^2 f^{-1}(x)\mathrm{d}x=\dfrac{2}{3}$(其中 $f^{-1}(x)$ 是 $f(x)$ 的反函数).

求 (1) $\int_0^1 f(x)\mathrm{d}x$　(2) $\int_0^1 \mathrm{d}x \int_x^1 yf(x)f(y)\mathrm{d}y$

**分析**　(1) 根据题设条件、函数图形与其反函数图形的对称性质,及两个定积分表达式的几何意义,如图 4-3 所示,有下面的图形对称性:

1) 区域 $D_1$ 与 $D_2$ 的三条边界:曲线 $y=f(x)$ 与曲线 $y=f^{-1}(x)$,直线段 $y=0(1 \leqslant x \leqslant 2)$ 与 $x=0(1 \leqslant y \leqslant 2)$,直线段 $x=2(0 \leqslant y \leqslant 1)$ 与 $y=2(0 \leqslant x \leqslant 1)$ 分别关于直线 $y=x$ 为轴对称;

2) 从而区域 $D_1$ 与 $D_2$ 关于直线 $y=x$ 为对称.因此这两个区域的面积相等.而 $D_1$ 的面积是已知的,从而易计算问题(1)的积分值。

(2) 注意累次积分中被积函数是分离

> 利用互为反函数的两条曲线是关于 $y=x$ 为对称轴的曲线.

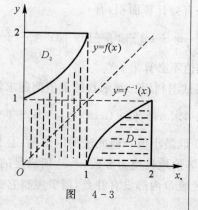

图　4-3

变量的乘积形式 $f(x)f(y)$，其二重积分 $\displaystyle\iint\limits_{D}f(x)f(y)\mathrm{d}x\mathrm{d}y$ 的积分区域 $D$ 的一条边界恰好在直线 $y=x$ 上. 互换此二重积分中的自变量 $x$ 与 $y$，根据关于直线 $y=x$ 的对称性,可知所得区域 $D'$ 上的二重积分值等于原积分值. 于是区域合并后,积分转化为标准正方形区域 $D\cup D'$ 上的二重积分(见图 4-4),它容易简化为已知定积分的二次方.

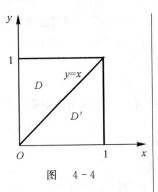

图　4-4

**解**　(1) 如图 4-3,曲线 $y=f(x)$ 与 $y=f^{-1}(x)$ 关于直线 $y=x$ 为对称,则区域 $D_1$ 与 $D_2$ 的面积相等,即

$$S_{D_1}=S_{D_2}=\int_1^2 f^{-1}(x)\mathrm{d}x=\frac{2}{3}$$

故得

$$\int_0^1 f(x)\mathrm{d}x=2-\frac{2}{3}=\frac{4}{3}$$

$$\int_0^1 \mathrm{d}x\int_x^1 f(x)f(y)\mathrm{d}y=\iint\limits_{D}f(x)f(y)\mathrm{d}x\mathrm{d}y(见图 4-4)$$

(2) 由对称性知 $\displaystyle\iint\limits_{D}f(x)f(y)\mathrm{d}x\mathrm{d}y=\iint\limits_{D'}f(x)f(y)\mathrm{d}x\mathrm{d}y$

故得

$$\int_0^1 \mathrm{d}x\int_x^1 f(x)f(y)\mathrm{d}y=\frac{1}{2}\iint\limits_{D+D'}f(x)f(y)\mathrm{d}x\mathrm{d}y$$

$$=\frac{1}{2}\int_0^1 f(x)\mathrm{d}x\int_0^1 f(y)\mathrm{d}y=\frac{8}{9}$$

这两个解法均用几何图形相助,做起来又简明又准确.

下面的题与解(1)相似,请读者自行完成。

**思考题 4**　设 $f(x)$ 在 $[0,+\infty)$ 连续且单调增,$f(0)=0,a,b$ 是任意两正数,证明:$\displaystyle\int_0^a f(x)\mathrm{d}x+\int_0^b f^{-1}(x)\mathrm{d}x\geqslant ab$,并问等号何时成立?

\* **例 4.2.32**　(陕一复 4) 设 $f(x)$ 在 $[0,2]$ 上可导,且 $|f'(x)|\leqslant 1$,$f(0)=f(2)=1$,试证:$1\leqslant\displaystyle\int_0^2 f(x)\mathrm{d}x\leqslant 3.$

**分析**　因 $f'(x)$ 表示函数的变化率,因此 $|f'(x)|\leqslant 1$ 控制了曲线 $y=f(x)$ 的增(减)变化. 如图 4-5 过点 $A(0,1)$ 和点 $C(2,1)$ 作斜率分别为 $+1,-1$ 的 4 条直线,围成一个正方形 $ABCD$,则曲线 $y=f(x)$ 在区间 $[0,2]$ 的弧段只能在此正方形内. 从而定积分 $\displaystyle\int_0^2 f(x)\mathrm{d}x$ 所表示的曲边梯形 $OAfCE$ 的面积,应介于 $S_{\triangle ABO\cup\triangle BCE}=1$ 与 $S_{五边形 OADCE}=3$ 之间,这

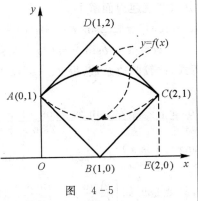

图　4-5

正是所要证明的积分不等式. 同时这个几何事实启示如下证法:

欲证在 $[0,2]$ 上,函数 $y=f(x)$ 介于上折线 $ADC$ 与下折线 $ABC$ 所对应的函数之间;分别在 $[0,1]$ 与 $[0,2]$ 上将 $f(x)$ 展成零阶泰勒公式(即拉格朗日中值公式)是适当的.

**证** 在 $[0,1]$ 上,由拉格朗日中值定理可得存在 $\xi_1 \in (0,1)$,使

$$f(x) = f(0) + f'(\xi_1) \cdot x = 1 + xf'(\xi_1)$$

而 $|f'(x)| \leqslant 1$,因此 $1-x \leqslant f(x) \leqslant 1+x$(等号当且仅当 $f(x)=1-x$ 或 $f(x)=1+x$ 时成立).

同理在 $[1,2]$ 上,有 $f(x) = f(2) + f'(\xi_2)(x-2)$
$$= 1 + f'(\xi_2) \quad \xi_2 \in (1,2)$$

因此得 $x-1 \leqslant f(x) \leqslant 3-x$(等号当且仅当
$f(x)=x-1$ 或 $f(x)=3-x$ 时成立). 于是

$$l = \int_0^1 (1-x)\mathrm{d}x + \int_1^2 (x-1)\mathrm{d}x \leqslant \int_0^2 f(d)x$$
$$= \int_0^1 f(x)\mathrm{d}x + \int_1^2 f(x)\mathrm{d}x \leqslant \int_0^1 (1+x)\mathrm{d}x + \int_1^2 (1+x)\mathrm{d}x = 3$$

> 请读者总结一下,用几何意义为启发而得到证明的相关例题.

**注** 由以上证明及图形可知本题结论中的"等号"不能成立,这是因为积分 $\int_0^2 f(x)\mathrm{d}x = 1$ 的充要条件是:在 $[0,1]$ 上 $f(x)=x-1$,而在 $[1,2]$ 上 $f(x)=x-1$(图形为折线 $ABC$),导致 $f(x)$ 在 $x=1$ 不可导,与题设条件 $f(x)$ 在 $[0,2]$ 上可导矛盾。同样, $\int_0^2 f(x)\mathrm{d}x = 3$ 也导致 $f(x)$ 在 $x=1$ 不可导. 故本题更强的结论是 $1 < \int_0^2 f(x)\mathrm{d}x < 3$.

### 4.2.7 其他方法

**例 4.2.33** 求 $\displaystyle\int \frac{3\sin x + 4\cos x}{2\sin x + \cos x}\mathrm{d}x$.

**分析** 对此类分式函数,联想到正弦的导数是余弦的性质,可变形将 $f(x)$ 化为 $f(x) = ag(x) + bg'(x)$ 形式,从而 $\dfrac{f(x)}{g(x)} = \dfrac{ag(x)}{g(x)} + \dfrac{bg'(x)}{g(x)}$,这样一来,其不定积分求解就迎刃而解了.

**解** 令 $3\sin x + 4\cos x = a(2\sin x + \cos x) + b(2\sin x + \cos x)'$
$= 2a\sin x + a\cos x + 2b\cos x - b\sin x = (2a-b)\sin x + (a+2b)\cos x$

这是一个恒等式,比较两边系数,得 $2a-b=3$ 及 $a+2b=4$,从而 $a=2$, $b=1$. 故得

> 待定系数法.

> 表面上看,这题非常简洁,似乎很容易做. 但由于其包含非零常数 $k$,当 $k$ 在不同范围内取值时,所求得的原函数不相同.

$$\int \frac{3\sin x + 4\cos x}{2\sin x + \cos x}\mathrm{d}x = \int \frac{2(2\sin x + \cos x) + (2\sin x + \cos x)'}{2\sin x + \cos x}\mathrm{d}x$$
$$\int 2\mathrm{d}x + \int \frac{(2\sin x + \cos x)'}{2\sin x + \cos x}\mathrm{d}x = 2x + \ln|2\sin x + \cos x| + C$$

**注** 实际上,只要是形如 $\displaystyle\int \frac{A\sin x + B\cos x}{C\sin x + D\cos x}\mathrm{d}x$ 的不定积分,其中 $A$,

$B,C,D$ 均为非零常数,都可以用上面这种方法来处理.

**\* 例 4.2.34** （陕四复3）计算 $I = \int \dfrac{1}{1+k\cos x}\mathrm{d}x$,其中 $k$ 为非零常数.

**分析**　参数 $k$ 应分 4 种情况讨论.

**解 1**　$I = \int \dfrac{1}{1+k\cos x}\mathrm{d}x = \int \dfrac{\mathrm{d}x}{(1+k)\cos^2 \dfrac{x}{2}+(1-k)\sin^2 \dfrac{x}{2}}$

当 $k=1$ 时,$I = \int \dfrac{\mathrm{d}\left(\dfrac{x}{2}\right)}{\cos^2 \dfrac{x}{2}} = \tan \dfrac{x}{2}+C$

> $k = \pm 1$ 结果是显见的.

当 $k=-1$ 时,$I = \int \dfrac{\mathrm{d}\left(\dfrac{x}{2}\right)}{\sin^2 \dfrac{x}{2}} = -\cot \dfrac{x}{2}+C$

当 $0 < |k| < 1$ 时,有

$$I = \frac{1}{1+k}\int \frac{\sec^2 \dfrac{x}{2}\,\mathrm{d}x}{1+\dfrac{1-k}{1+k}\tan^2 \dfrac{x}{2}} = \frac{2}{\sqrt{1-k^2}}\int \frac{\mathrm{d}\left(\sqrt{\dfrac{1-k}{1+k}}\tan \dfrac{x}{2}\right)}{1+\dfrac{1-k}{1+k}\tan^2 \dfrac{x}{2}}$$

> $|k| < 1$ 时,$\dfrac{1}{\sqrt{1-k^2}}$ 才有意义.

$$= \frac{2}{\sqrt{1-k^2}}\arctan \left(\sqrt{\dfrac{1-k}{1+k}}\tan \dfrac{x}{2}\right)+C$$

当 $|k| > 1$ 时,有

$$I = \frac{2}{1+k}\int \frac{\mathrm{d}\tan \dfrac{x}{2}}{1-\dfrac{k-1}{k+1}\tan^2 \dfrac{x}{2}}$$

> $|k| > 1$ 时,$\dfrac{1}{\sqrt{k^2-1}}$ 才有意义.

$$= \frac{1}{1+k}\cdot \sqrt{\dfrac{k+1}{k-1}}\ln \left| \frac{1+\sqrt{\dfrac{k-1}{k+1}}\tan \dfrac{x}{2}}{1-\sqrt{\dfrac{k-1}{k+1}}\tan \dfrac{x}{2}} \right| +C$$

**解 2**　当 $k=1$ 时,$I = \int \dfrac{\mathrm{d}x}{1+\cos x} = \int \dfrac{1-\cos x}{\sin^2 x}\mathrm{d}x = \csc x - \cot x + C$

当 $k=-1$ 时,$I = \int \dfrac{\mathrm{d}x}{1-\cos x} = \int \dfrac{1+\cos x}{\sin^2 x}\mathrm{d}x = -\csc x - \cot x + C$

当 $0 < |k| < 1$ 时,有

$$I = \frac{2}{1-k}\int \frac{\mathrm{d}\tan \dfrac{x}{2}}{\dfrac{1+k}{1-k}+\tan^2 \dfrac{x}{2}} = \frac{2}{\sqrt{1-k^2}}\arctan \left(\sqrt{\dfrac{1-k}{1+k}}\tan \dfrac{x}{2}\right)+C$$

> 注:与三角函数有关的不定积分,其结果有不同的分析表示式是正常的,见 4.1.1.

当 $|k| > 1$ 时,有

$$I = \frac{2}{k-1}\int \frac{\mathrm{d}\tan \dfrac{x}{2}}{\dfrac{k+1}{k-1}-\tan^2 \dfrac{x}{2}}$$

$$= \frac{1}{k-1} \cdot \sqrt{\frac{k-1}{k+1}} \ln \left| \frac{\sqrt{\frac{k+1}{k-1}} + \tan \frac{x}{2}}{\sqrt{\frac{k+1}{k-1}} - \tan \frac{x}{2}} \right| + C$$

**例 4.2.35** 设 $f(x) = \begin{cases} x^2 + x + 1, & x \geqslant 0 \\ x^2 + 1, & x < 0 \end{cases}$

试求：$(1)f(-x)$；$(2)f[f(x)]$；$(c)f'(x)$；$(d)\int_{-1}^{x} f(x)\mathrm{d}x$.

**解** $(1)f(-x) = \begin{cases} x^2 - x + 1, & x \leqslant 0 \\ x^2 + 1, & x > 0 \end{cases}$

$(2)f[f(x)] = \begin{cases} (x^2+x+1)^2 + (x^2+x+1) + 1, & x \geqslant 0 \\ (x^2+1)^2 + (x^2+1) + 1, & x < 0 \end{cases}$

$(3)f'(x) = \begin{cases} 2x+1, & x > 0 \\ 2x, & x < 0 \end{cases}$

$(4)\int_{-1}^{x} f(x)\mathrm{d}x = \begin{cases} \dfrac{x^3}{3} + \dfrac{x^2}{2} + x + \dfrac{4}{3}, & x \geqslant 0 \\ \dfrac{x^3}{3} + x + \dfrac{4}{3}, & x < 0 \end{cases}$

> 对分段函数的复合、求导及求积问题在竞赛中常见，关键要考虑到分段点处函数的连续性、可导性！不注意这点，一不小心就会出错.

**例 4.2.36** 求 $\int_0^1 \arcsin x \cdot \arccos x \mathrm{d}x$.

**解 1** $\int_0^1 \arcsin x \cdot \arccos x \mathrm{d}x = \int_0^{\frac{\pi}{2}} t\left(\frac{\pi}{2} - t\right) \mathrm{d}\sin t$

$= t\left(\frac{\pi}{2} - t\right)\sin t \Big|_0^{\frac{\pi}{2}} - \int_0^{\frac{\pi}{2}} \left(\frac{\pi}{2} - 2t\right)\sin t \mathrm{d}t = -\frac{\pi}{2}\int_0^{\frac{\pi}{2}}\sin t \mathrm{d}t - 2\int_0^{\frac{\pi}{2}} t \mathrm{d}\cos t$

$= \frac{\pi}{2}\cos t \Big|_0^{\frac{\pi}{2}} - 2\left[\cos t \Big|_0^{\frac{\pi}{2}} - \sin t \Big|_0^{\frac{\pi}{2}}\right] = -\frac{\pi}{2} + 2$

> 作变换：$t = \arcsin x$ 即 $x = \sin t$.

**解 2** 将 $\arcsin x \cdot \arccos x$ 视为 $1 \cdot \arcsin x \cdot \arccos x$，然后用分部积分法

$\int_0^1 \arcsin x \cdot \arccos x \mathrm{d}x$

$= x\arcsin x \cdot \arccos x \Big|_0^1 - \int_0^1 \frac{x}{\sqrt{1-x^2}}\arccos x \mathrm{d}x + \int_0^1 \frac{x}{\sqrt{1-x^2}}\arcsin x \mathrm{d}x$

$= -\frac{\pi}{2}\int_0^1 \frac{x}{\sqrt{1-x^2}}\mathrm{d}x + 2\int_0^1 \frac{x}{\sqrt{1-x^2}}\arcsin x \mathrm{d}x$

$= \frac{\pi}{2}\sqrt{1-x^2}\Big|_0^1 - 2\left[\sqrt{1-x^2}\arcsin x \Big|_0^1 - \int_0^1 \mathrm{d}x\right] = -\frac{\pi}{2} + 2$

> 两种解法中均用分部积分法，但是它们对 $u$ 和 $\mathrm{d}v$ 的取法不相同！解1中是先进行换元后再用分部积分法.

**例 4.2.37** 求 $\int_2^4 \frac{x\mathrm{d}x}{\sqrt{|x^2-9|}}$.

**分析** 本题初看很简洁，但它有两个关键点. 一是积分区间内含有退点，另一个是被积函数的分母中含绝对值函数，结合 $x$ 的取值范围 $[2,4]$ 有

$|x^2 - 9| = \begin{cases} x^2 - 9, & 3 < x \leqslant 4 \\ 9 - x^2, & 2 \leqslant x < 3 \end{cases}$ 因此计算时要将其分两部分进行.

**解**　$\displaystyle\int_2^4 \frac{x\,dx}{\sqrt{|x^2-9|}} = \int_2^3 \frac{x\,dx}{\sqrt{9-x^2}} + \int_3^4 \frac{x\,dx}{\sqrt{x^2-9}}$

$\displaystyle = \lim_{\xi\to 3^-}\int_2^\xi \frac{x\,dx}{\sqrt{9-x^2}} + \lim_{\xi\to 3^+}\int_\xi^4 \frac{x\,dx}{\sqrt{x^2-9}}$

$\displaystyle = \lim_{\xi\to 3^-}\left(-\sqrt{9-x^2}\right)\Big|_2^\xi + \lim_{\xi\to 3^+}\sqrt{x^2-9}\Big|_\xi^4 = \sqrt{5}+\sqrt{7}$

**例 4.2.38**　计算 $\displaystyle\int_0^\pi \frac{\sin(2n-1)x}{\sin x}dx$ 的值，其中 $n$ 为正整数.

**解**　$\displaystyle I_n = \int_0^\pi \frac{\sin(2n-1)x}{\sin x}dx = \int_0^\pi \frac{\sin 2nx\cos x - \cos 2nx\sin x}{\sin x}dx$

$\displaystyle = \int_0^\pi \frac{\sin 2nx\cos x}{\sin x}dx - \int_0^\pi \cos 2nx\,dx$

$\displaystyle = \int_0^\pi \frac{\sin(2n+1)x+\sin(2n-1)x}{2\sin x}dx = \frac{1}{2}I_{n+1}+\frac{1}{2}I_n$

> 递推公式. 对含 $n$ 的被积函数的积分，得到关于 $n$ 的梯推公式是常见的

故 $I_{n+1}=I_n (n=1,2,\cdots)$.

从而　$\displaystyle I_n = I_{n-1} = \cdots = I_2 = I_1 = \int_0^\pi \frac{\sin x}{\sin x}dx = \pi$

> 由递推而得到.

**思考题**　试求 $\displaystyle\int_0^1 \frac{x^n}{\sqrt{(1-x)(1+x)}}dx$.

**提示**　原式 $\displaystyle= \lim_{x\to 1^-}\int_0^1 \frac{x^n}{\sqrt{(1-x)(1+x)}}dx$

$\displaystyle = \lim_{x\to \frac{\pi}{2}^-}\int_0^1 \frac{\sin^n t\,dt\cos t}{\sqrt{(1-\sin t)(1+\sin t)}}dx$

> 分子分母均乘以 $e^{2x}$.

$\displaystyle = \int_0^{\frac{\pi}{2}}\sin^n t\,dt = \begin{cases} \dfrac{n-1}{n}\cdots\dfrac{2}{3}, & n\text{ 为奇数且} \neq 1 \\ 1, & n=1 \\ \dfrac{n-1}{n}\cdots\dfrac{1}{2}\,\dfrac{\pi}{2}, & n\text{ 为偶数} \end{cases}$

**例 4.2.39**　计算 $\displaystyle\int_0^{+\infty} \frac{x e^{-x}}{(1+e^{-x})^2}dx$.

> $\ln(1+e^x) = \ln e^x(e^{-x}+1)$

**解 1**　$\displaystyle\int_0^{+\infty} \frac{x e^{-x}}{(1+e^{-x})^2}dx = \int_0^{+\infty} \frac{x e^x}{(1+e^x)^2}dx$

$\displaystyle = \int_0^{+\infty} x\,d\left(\frac{-1}{1+e^x}\right) = \frac{-x}{1+e^x}\Big|_0^{+\infty} + \int_0^{+\infty}\frac{dx}{1+e^x} \xlongequal{e^x=t} 0+\int_1^{+\infty}\frac{dt}{t(1+t)}$

$= \ln 2$

> 因为涉及广义积分的敛散性，故解 2 是在求出原函数后再做.

**解 2**　$\displaystyle\int \frac{x e^{-x}}{(1+e^{-x})^2}dx = \int x\,d\left(\frac{1}{1+e^{-x}}\right) = \frac{x}{1+e^{-x}} - \int \frac{dx}{1+e^{-x}}$

$\displaystyle = \frac{x}{1+e^{-x}} - \int \frac{e^x\,dx}{1+e^x} = \frac{x}{1+e^{-x}} - \ln(e^x+1)$

$\displaystyle = \frac{x}{1+e^{-x}} - x - \ln(e^{-x}+1) = \frac{-x e^{-x}}{1+e^{-x}} - \ln(1+e^{-x})$

> 两解法均用分部积分，但解 1 中先作了一次变形分子分母均乘以 $e^{2x}$.

所以 $\displaystyle\int_0^{+\infty} \frac{x e^{-x}}{(1+e^{-x})^2}dx = \frac{x e^{-x}}{1+e^{-x}}\Big|_0^{+\infty} - \ln(1+e^{-x})\Big|_0^{+\infty} = \ln 2$

## 4.3 本章典型题

**例 4.3.1** 设 $\dfrac{\mathrm{d}}{\mathrm{d}x}\displaystyle\int_{\sqrt{x}}^{2}f(2t)\mathrm{d}t=\sqrt{x}\ (x>0)$，求 $\displaystyle\int f(x)\mathrm{d}x$.

**分析** 要计算函数的不定积分，先要确定该函数的表达式. 根据已知条件，采用两边求导后便可确定该函数的有关表达式，最后计算积分.

**解** $\dfrac{\mathrm{d}}{\mathrm{d}x}\displaystyle\int_{\sqrt{x}}^{2}f(2t)\mathrm{d}t=-f(2\sqrt{x})\cdot\dfrac{1}{2\sqrt{x}}=\sqrt{x}$，有 $f(2\sqrt{x})=-2x$

令 $t=2\sqrt{x}$，则 $f(t)=-\dfrac{1}{2}t^2$，故得

$$\int f(x)\mathrm{d}x=\int-\frac{1}{2}x^2\mathrm{d}x=-\frac{1}{6}x^3+C\quad(x>0)$$

两边求导. 注意到变量在积分下限时，要加一负号！

**注** 本题表面看似乎很简单，但涉及的知识点多. 在求导时其左边是积分下限含变量的函数，要用到复合链式法则；直接得到的函数表达式中含复合关系；还必须再作一次变量变换，才得到最终需要的函数表达式.

**例 4.3.2** 已知函数 $f(x)=f(x+4)$，$f(0)=0$，且在区间 $(-2,2]$ 上 $f'(x)=|x|$，试求 $f(9)$.

**分析** 由 $f(x)=f(x+4)$ 看出，这是一个周期函数，故所求 $f(9)=f(5)=f(1)$，而条件 $f'(x)=|x|$，说明其导函数是一个分段函数，确定时要特别注意它的定义域.

**解** 在 $(-2,2]$ 上，$f'(x)=|x|=\begin{cases}-x, & -2<x\leqslant0\\ x, & 0<x\leqslant2\end{cases}$

则有 $f(x)=\begin{cases}-\dfrac{1}{2}x^2+C_1, & -2<x\leqslant0\\[2mm] \dfrac{1}{2}x^2+C_2, & 0<x\leqslant2\end{cases}$

分段函数积分

由于 $f(0)=0$，有 $C_1=C_2=0$

得 $f(x)=\begin{cases}-\dfrac{1}{2}x^2, & -2<x\leqslant0\\[2mm] \dfrac{1}{2}x^2, & 0<x\leqslant2\end{cases}$

注：$f(x)$ 的表达式可以简写成 $f(x)=\dfrac{1}{2}x|x|$

故所求 $f(9)=f(5)=f(1)=\dfrac{1}{2}$.

**例 4.3.3** 设函数 $f(x)$ 在 $[0,1]$ 上连续且递减，证明：当 $0<\lambda<1$ 时 $\displaystyle\int_0^\lambda f(x)\mathrm{d}x\geqslant\lambda\int_0^1 f(x)\mathrm{d}x$.

**证 1** $\displaystyle\int_0^\lambda f(x)\mathrm{d}x-\lambda\int_0^1 f(x)\mathrm{d}x=\int_0^\lambda f(x)\mathrm{d}x-\lambda\int_0^\lambda f(x)\mathrm{d}x-\lambda\int_\lambda^1 f(x)\mathrm{d}x$

差值比较法

$=(1-\lambda)\displaystyle\int_0^\lambda f(x)\mathrm{d}x-\lambda\int_\lambda^1 f(x)\mathrm{d}x$

$=(1-\lambda)f(\xi_1)\lambda-\lambda f(\xi_2)(1-\lambda)\quad(0<\xi_1<\lambda,\lambda<\xi_2<1)$

对这两项分别用积分中值定理

$$= \lambda(1-\lambda)\left[f(\xi_1) - f(\xi_2)\right]$$

由已知 $f(x)$ 在 $[0,1]$ 上递减,得 $f(\xi_1) - f(\xi_2) \geqslant 0$.

故　　　　$\displaystyle\int_0^\lambda f(x)\mathrm{d}x \geqslant \lambda \int_0^1 f(x)\mathrm{d}x$

**证 2**　$\displaystyle\int_0^\lambda f(x)\mathrm{d}x = \lambda\int_0^1 f(\lambda t)\mathrm{d}t = \lambda\int_0^1 f(\lambda x)\mathrm{d}x$ 　　　作变换:$x = \lambda t$

由于 $\lambda x < x$,而 $f(x)$ 单调减,则 $f(\lambda x) \geqslant f(x)$

从而　　$\displaystyle\int_0^1 f(\lambda x)\mathrm{d}x \geqslant \int_0^1 f(x)\mathrm{d}x$ 　　即有 $\displaystyle\int_0^\lambda f(x)\mathrm{d}x \geqslant \lambda\int_0^1 f(x)\mathrm{d}x$

**证 3**　令 $F(\lambda) = \displaystyle\int_0^\lambda f(x)\mathrm{d}x - \lambda\int_0^1 f(x)\mathrm{d}x$ 　$(0 \leqslant \lambda \leqslant 1)$ 　　辅助函数法及变上限积分求导

$$F'(\lambda) = f(\lambda) - \int_0^1 f(x)\mathrm{d}x = f(\lambda) - f(\xi) \quad (0 < \xi < 1)$$

第二项用积分中值定理

由已知 $f(x)$ 在 $[0,1]$ 上递减,当 $0 < \lambda < \xi$ 时,$F'(x) > 0$,则 $F(x)$ 单调增;当 $\xi < \lambda < 1$ 时,$F'(x) < 0$,则 $F(x)$ 单调减. 又 $F(0) = F(1) = 0$,则当 $0 < \lambda < 1$ 时,$F(\lambda) > 0$,即

本题用的三种方法是证明积分不等式的常用方法

$$\int_0^\lambda f(x)\mathrm{d}x \geqslant \lambda\int_0^1 f(x)\mathrm{d}x$$

**\* 例 4.3.4**　(陕六复 3)设 $f(x)$ 是 $[0, +\infty)$ 上的非负连续函数,且满足 $\displaystyle\int_0^x f(x)f(t)\mathrm{d}t = \sin^2 2x$,求 $f(x)$.

**解**　令 $F(x) = \displaystyle\int_0^x f(t)\mathrm{d}t$,则 $F(0) = 0$,$F'(x) = f(x)$,且当 $x \geqslant 0$ 时,$F(x) \geqslant 0$. 　　辅助函数法

由 $\displaystyle\int_0^x f(x)f(t)\mathrm{d}t = \sin^2 2x$,得 $f(x)F(x) = \sin^2 2x$,

即 $F'(x)F(x) = \sin^2 2x$,$F^2(x) = x - \dfrac{1}{4}\sin 4x + C$ 　　两边积分

由 $F(0) = 0$ 及 $F(x) \geqslant 0$,得 $F(x) = \sqrt{x - \dfrac{1}{4}\sin 4x}$

当 $x \neq 0$ 时,$f(x) = F'(x) = \dfrac{1 - \cos 4x}{\sqrt{4x - \sin 4x}}$; 　　分情况讨论时别忘记 $f(0) = 0$ 的情况

当 $x = 0$ 时,$f(0) = \displaystyle\lim_{x \to 0}\dfrac{F(x) - F(0)}{x - 0} = 0$

因此　　　　$f(x) = \begin{cases} \dfrac{1 - \cos 4x}{\sqrt{4x - \sin 4x}}, & x \neq 0 \\ 0, & x = 0 \end{cases}$

**注**　本题的一个细节是考查关于原函数的连续性!

**\* 例 4.3.5**　(陕七复 3)已知函数与 $f(x)$ 与 $g(x)$ 满足 $f'(x) = g(x)$,$g'(x) = 2\mathrm{e}^x - f(x)$,且 $f(0) = 0$,求 $\displaystyle\int_0^\pi\left[\dfrac{g(x)}{1+x} - \dfrac{f(x)}{(1+x)^2}\right]\mathrm{d}x$. 　　注意 $\left[\dfrac{f(x)}{1+x}\right]$

**分析**　注意到条件 $f'(x) = g(x)$,适当代换后,就可将问题 　　的导数!

$\int_0^\pi \left[ \dfrac{g(x)}{1+x} - \dfrac{f(x)}{(1+x)^2} \right] dx$ 中被积函数化为 $h[f(x),x]$ 型,又回到此类的标准问题了.

**解 1** $I = \int_0^\pi \left[ \dfrac{g(x)}{1+x} - \dfrac{f(x)}{(1+x)^2} \right] dx = \int_0^\pi \dfrac{f'(x)(1+x) - f(x)}{(1+x)^2} dx$

$= \int_0^\pi \dfrac{f'(x)(1+x) - f(x)}{(1+x)^2} dx = \int_0^\pi d\dfrac{f(x)}{1+x} = \dfrac{f(x)}{1+x} \Big|_0^\pi = \dfrac{f(\pi)}{1+\pi}$

由题意 $f(x)$ 满足方程 $f''(x) + f(x) = 2e^x$,且 $f(0) = 0$,解上述微分方 $g'(x) = 2e^x - f(x)$
程 $f(x) = C_1 \sin x - \cos x + e^x$,所以 $f(\pi) = 1 + e^\pi$,于是求得积分为

$$I = \dfrac{1 + e^2}{1 - \pi}$$

**解 2** $I = \int_0^\pi \left[ \dfrac{g(x)}{1+x} - \dfrac{f(x)}{(1+x)^2} \right] dx$ 对第二项进行分部积分

$= \int_0^\pi \dfrac{g(x)}{1+x} dx + \dfrac{f(x)}{1+x} \Big|_0^\pi - \int_0^\pi \dfrac{f(x)}{1+x} dx = \dfrac{f(x)}{1+x} \Big|_0^\pi = \dfrac{f(\pi)}{1+\pi}$

以下同解 1,故所求积分为 $I = \dfrac{1 + e^\pi}{1 + \pi}$.

**例 4.3.6** 设 $f(x) = \int_0^x \dfrac{\ln t}{1+t} dt (x > 0)$,求 $f(x) + f\left(\dfrac{1}{x}\right)$.

**解** $f\left(\dfrac{1}{x}\right) = \int_1^{\frac{1}{x}} \dfrac{\ln t}{1+t} dt = \int_1^x \dfrac{\ln u}{u(u+1)} du$ 作变换 $t = \dfrac{1}{u}, dt = -\dfrac{1}{u^2} du$

$f(x) + f\left(\dfrac{1}{x}\right) = \int_1^x \ln t \left( \dfrac{1}{1+t} + \dfrac{1}{t(1+t)} \right) dt$

$= \int_1^x \dfrac{1}{t} \ln t \, dt = \dfrac{1}{2} (\ln x)^2$

**例 4.3.7** 设 $z = x^y + f\left(\dfrac{y}{x}\right)$,且 $z_{y=1} = x^2$,求 $\int_1^2 f(x) dx$.

**分析** 要计算 $f(x)$ 的定积分,应确定它的分析表达式. 当把条件 $z_{y=1} = x^2$ 代入二元表达式时,立即得到所需结果了.

**解** 将 $y = 1$ 代入 $z = x^y + f\left(\dfrac{y}{x}\right)$,可得 $x^2 = x + f\left(\dfrac{1}{x}\right)$,即 求 $f(x)$ 的表达式应该熟悉!

$f\left(\dfrac{1}{x}\right) = x^2 - x$,从而 $f(x) = \left(\dfrac{1}{x}\right)^2 - \dfrac{1}{x}$

$$\int_1^2 f(x) dx = \int_1^2 \left( \dfrac{1}{x^2} - \dfrac{1}{x} \right) dx = \left( -\dfrac{1}{x} - \ln x \right) \Big|_1^2 = \dfrac{1}{2} - \ln 2$$

**\* 例 4.3.8** (陕七复 1) 计算 $I = \int_{\frac{\pi}{8}}^{\frac{3\pi}{8}} \dfrac{\sin^2 x}{x(\pi - 2x)} dx$

**解** $I = \int_{\frac{\pi}{8}}^{\frac{3\pi}{8}} \dfrac{\sin^2 x}{x(\pi - 2x)} dx = \int_{\frac{\pi}{8}}^{\frac{3\pi}{8}} \dfrac{\cos^2 t}{t(\pi - 2t)} dt$ 作变换:$t = \pi - 2x$ 即 $x = \dfrac{\pi}{2} - t$

$= \int_{\frac{\pi}{8}}^{\frac{3\pi}{8}} \dfrac{1}{t(\pi - 2t)} dt - \int_{\frac{\pi}{8}}^{\frac{3\pi}{8}} \dfrac{\sin^2 t}{t(\pi - 2t)} dt$

得 $I = \int_{\frac{\pi}{8}}^{\frac{3\pi}{8}} \dfrac{1}{t(\pi - 2t)} dt - I$,故

$$I = \frac{1}{2} \cdot \int_{\frac{\pi}{8}}^{\frac{3\pi}{8}} \frac{1}{t(\pi - 2t)} dt = \frac{1}{2\pi} \ln \frac{t}{\pi - 2t} \Big|_{\frac{\pi}{8}}^{\frac{3\pi}{8}} = \frac{1}{\pi} \ln 3$$

有理化根式的一种变换.

**例 4.3.9**　计算 $\int_0^2 \sqrt{\frac{x}{2-x}} dx$.

**解 1**　令　$t = \sqrt{\frac{x}{2-x}}$,　则 $x = 2 - \frac{2}{1+t^2}, dt = -2d\frac{1}{1+t^2}$

无理式积分用换元法的基本思想是有理化被积表达式.

所以　$\int_0^2 \sqrt{\frac{x}{2-x}} dx = -2 \int_0^{+\infty} t d\left(\frac{1}{1+t^2}\right)$

$$= -2 \left(\frac{t}{1+t^2} \Big|_0^{+\infty} - \int_0^{+\infty} \frac{1}{1+t^2} dt\right)$$

$$= 0 + 2\arctan x \Big|_0^{+\infty} = \pi$$

**解 2**　$\int_0^2 \sqrt{\frac{x}{2-x}} dx = \int_0^2 \frac{x}{\sqrt{x(2-x)}} dx = \int_0^2 \frac{x}{\sqrt{1-(x-1)^2}} dx$

特殊变换形式

令 $x - 1 = \sin t$, 得

$$\int_0^2 \sqrt{\frac{x}{2-x}} dx = \int_{-\frac{\pi}{2}}^{\frac{\pi}{2}} \frac{(1 + \sin t)\cos t}{\cos t} dt = \pi$$

**解 3**　令 $x = 2\sin^2 t$, 则 $dx = 2\sin t \cos t dt$

由 $0 \leqslant x < 2$ 及有理化思想而作另一特殊三角变换.

得　　　　　原式 $= \int_0^2 \sqrt{\frac{x}{2-x}} dx = 4 \int_0^{\frac{\pi}{2}} \sin^2 t dt = \pi$

下面的例题也是在同样的变换下通过不同途径求解.

**\* 例 4.3.10**　(陕九复 6) 已知 $f(x) = \begin{cases} x, & 0 \leqslant x \leqslant 1, \\ 0, & \text{其他} \end{cases}$,

$g(x) = \begin{cases} 1, & 0 \leqslant x \leqslant 1 \\ 0, & \text{其他} \end{cases}$,试求 $F(x) = \int_{-\infty}^{+\infty} f(t-x) \cdot g(t) dt$.

**分析**　本题所求的被积函数是两个分段函数的积,其中第一个分段函数又是一个复合函数! 因此在分析被积表达式时,采取依次解决的方法进行. 即第一步先解决 $g(x)$ 问题,将积分区间按 $g(x)$ 的分段进行,分为 $(-\infty,0)$, $[0,1]$ 及 $(1,+\infty)$ 三部分,这样一来 $F(x)$ 中的被积函数只含有 $f(t-x)$ 了! 针对它的复合关系,用两种方法处理(见下面的解 1 和解 2).

在处理具较复杂结构的分段函数时,应仔细分离它们,分步处理. 不要想一次就能统一处理好它们!

**解 1**　由于 $g(x) = \begin{cases} 1, & 0 \leqslant x \leqslant 1 \\ 0, & \text{其他} \end{cases}$

$$F(x) = \int_{-\infty}^0 f(t-x) \cdot 0 dt + \int_0^1 f(t-x) \cdot 1 dt + \int_1^{+\infty} f(t-x) \cdot 0 dt$$

$$= \int_0^1 f(t-x) \cdot dt \xlongequal{u = t-x} \int_{-x}^{1-x} f(u) du$$

这里用换元积分,但要注意 $f(u)$ 仅在 $[0,1]$ 中取 $u$ 值,在 $(-\infty, 0)$ 及 $(0, +\infty)$ 皆为零

当 $x < -1$ 或 $x > 1$ 时,$u \notin [0,1]$,$f(u) = 0$,所以 $F(x) = 0$

当 $-1 \leqslant x < 0$ 时,$0 < -x \leqslant 1$,$1 \leqslant 1-x$

$$F(x) = \int_{-x}^1 f(u) du + \int_1^{1-x} f(u) du = \int_{-x}^{11} u du + 0 = -\frac{1}{2} x^2 + \frac{1}{2}$$

当 $0 < x \leqslant 1$ 时,$-x \leqslant 0$,$0 \leqslant 1-x \leqslant 1$

$$F(x) = \int_{-x}^{0} f(u) \mathrm{d}u + \int_{0}^{1-x} f(u) \mathrm{d}u = \int_{-x}^{0} 0 \mathrm{d}u + \int_{0}^{1-x} u \mathrm{d}u = \frac{1}{2}(1-x)^2$$

所以 $F(x) = \int_{-\infty}^{+\infty} f(t-x) \cdot g(t) \mathrm{d}t = \begin{cases} \dfrac{1}{2}(1-x^2), & -1 \leqslant x < 0 \\[2mm] \dfrac{1}{2}(1-x)^2, & 0 \leqslant x \leqslant 1 \\[2mm] 0, & |x| > 1 \end{cases}$

这里先将<br>$f(t-x)$ 求出再<br>积分.

**解 2** 由于 $g(x) = \begin{cases} 1, & 0 \leqslant x \leqslant 1 \\ 0, & \text{其他} \end{cases}$

$$F(x) = \int_{-\infty}^{0} f(t-x) \cdot 0 \mathrm{d}t + \int_{0}^{1} f(t-x) \cdot 1 \mathrm{d}t + \int_{1}^{+\infty} f(t-x) \cdot 0 \mathrm{d}t$$

$$= \int_{0}^{1} f(t-x) \mathrm{d}t$$

由 $f(t)$ 的表达式可知 $f(t-x) = \begin{cases} t-x, & x \leqslant t \leqslant 1+x \\ 0, & \text{其他} \end{cases}$,其中积分变

量 $t \in [0,1]$.

当 $x < -1$ 或 $x > 1$ 时,$f(t-x) = 0$,所以 $F(x) = 0$.

当 $0 \leqslant x \leqslant 1$ 时,$0 \leqslant 1 \leqslant 1+x$,于是 $f(t-x) = \begin{cases} t-x, & x \leqslant t \leqslant 1 \\ 0, & 0 \leqslant t < x \end{cases}$

$$F(x) = \int_{0}^{x} 0 \mathrm{d}t + \int_{x}^{1} (t-x) \mathrm{d}t = \frac{1}{2}(1-x)^2$$

当 $-1 \leqslant x < 0$ 时,$0 < 1+x < 1$,于是 $f(t-x) = \begin{cases} t-x, & 0 \leqslant t \leqslant x+1 \\ 0, & x+1 \leqslant t < 1 \end{cases}$

$$F(x) = \int_{0}^{x+1} (t-x) \mathrm{d}t + \int_{x+1}^{1} 0 \mathrm{d}t = \frac{1}{2}(1-x^2)$$

所以 $F(x) = \int_{-\infty}^{+\infty} f(t-x) \cdot g(t) \mathrm{d}t = \begin{cases} \dfrac{1}{2}(1-x^2), & -1 \leqslant x < 0 \\[2mm] \dfrac{1}{2}(1-x)^2, & 0 \leqslant x \leqslant 1 \\[2mm] 0, & |x| > 1 \end{cases}$

本题主要考<br>查广义积分收敛<br>时,被积函数性<br>质特征.

**例 4.3.11** 已知 $\int_{1}^{+\infty} \left( \dfrac{2x^2+bx+a}{x(2x+a)} - 1 \right) \mathrm{d}x = 1$,试确定常数 $a, b$.

**解** $\int_{1}^{+\infty} \left( \dfrac{2x^2+bx+a}{x(2x+a)} - 1 \right) \mathrm{d}x = \int_{1}^{+\infty} \dfrac{(b-a)x+a}{x(2x+a)} \mathrm{d}x$

因此广义积分收敛,故 $b-a=0$,即 $a=b$.

此时积分为 $\int_{1}^{+\infty} \dfrac{a}{x(2x+a)} \mathrm{d}x = \ln \dfrac{x}{2x+a} \Big|_{1}^{+\infty} = \ln \dfrac{2+a}{2} = 1$

所以 $a = b = 2\mathrm{e} - 2$.

降次法,令 $t =$<br>$x^2$ 多次分部积<br>分.

**例 4.3.12** 计算 $\int_{0}^{+\infty} x^7 \mathrm{e}^{-x^2} \mathrm{d}x$.

**解 1** $\int_{0}^{+\infty} x^7 \mathrm{e}^{-x^2} \mathrm{d}x = \dfrac{1}{2} \int_{0}^{+\infty} t^3 \mathrm{e}^{-t} \mathrm{d}t = -\dfrac{1}{2} \left( \dfrac{t^3}{\mathrm{e}^t} \Big|_{0}^{+\infty} - 3 \int_{0}^{+\infty} t^2 \mathrm{e}^{-t} \mathrm{d}t \right)$

$$= -\frac{3}{2}\left(\frac{t^2}{e^t}\Big|_0^{+\infty} - 2\int_0^{+\infty} te^{-t}dt\right) = -3\left(\frac{t}{e^t}\Big|_0^{+\infty} - \int_0^{+\infty} e^{-t}dt\right)$$

$$= -3e^{-t}\Big|_0^{+\infty} = 3$$

**解 2**　$\int_0^{+\infty} x^7 e^{-x^2}dx = \frac{1}{2}\int_0^{+\infty} t^3 e^{-t}dt$

令 $\int t^3 e^{-t}dt = e^{-t}(at^3 + bt^2 + pt + q) + c$

$t^3 e^{-t} = e^{-t}[-at^3 + (3a-b)t^2 + (2b-p)t + p-q]$

比较两边 $t$ 的同次幂的系数得 $a = -1, b = -3, p = -6, q = -6$

于是　$\int_0^{+\infty} x^7 e^{-x^2}dx = \frac{1}{2}\cdot\frac{-t^3 - 3t^2 - 6t - 6}{e^t}\Big|_0^{+\infty} = 3$

**注**　方法 1 采用的是直接降阶计算,而方法 2 利用多项式原理,采用的是待定系数法.

**\* 例 4.3.13**　(陕七复 2) 设 $\phi(x)$ 在 $(-\infty, 0]$ 可导,且函数

$$f(x) = \begin{cases} \int_x^0 \dfrac{\phi(t)}{t}dt, & x < 0 \\ \lim\limits_{n\to\infty} \sqrt[n]{(2x)^n + x^{2n}}, & x \geq 0 \end{cases}$$
在点 $x = 0$ 处可导.

求 $\phi(0), \phi_-'(0)$,并讨论 $f'(x)$ 的存在性.

**解**　因为当 $x > 2$ 时,$2x < x^2$ 成立;当 $0 \leq x \leq 2$ 时,$2x \geq x^2$ 成立,则

$$\lim_{n\to\infty} \sqrt[n]{(2x)^n + x^{2n}} = \begin{cases} 2x, & 0 \leq x \leq 2 \\ x^2, & x > 2 \end{cases}$$

所以有　$f(x) = \begin{cases} \int_x^0 \dfrac{\phi(t)}{t}dt, & x < 0 \\ 2x, & 0 \leq x \leq 2 \\ x^2, & x > 2 \end{cases}$

因 $\phi(x)$ 在 $(-\infty, 0]$ 可导,故 $f'(x) = \begin{cases} -\dfrac{\phi(x)}{x} & x < 0 \\ 2, & 0 < x < 2 \\ 2x, & x > 2 \end{cases}$

由于 $f(x)$ 在点 $x = 0$ 处可导,知 $f'(0) = f_-'(0) = f_+'(0)$

而　$f_-'(0) = \lim_{x\to 0^-} \frac{\int_x^0 \frac{\phi(t)}{t}dt - 0}{x} = \lim_{x\to 0^-}\left[-\frac{\phi(x)}{x}\right]$

$$f_+'(0) = \lim_{x\to 0^+} \frac{2x - 0}{2} = 2$$

故 $\lim\limits_{x\to 0} \frac{\phi(x)}{x} = -2$,所以 $\phi(0) = 0, \phi_-'(0) = -2$.

因此 $f'(x)$ 在 $(-\infty, 2)$ 和 $(2, +\infty)$ 上存在,但点 $x = 2$ 不存在:
$$f_-'(2) = 2, \quad f_+'(2) = 4$$

**注**　对分段函数在分段点上的连续性与可导性,分析时要特别注意对

两边求导

比较系数

讨论 $f'(x)$ 的存在性,首先要确定 $f(x)$ 的更具体的分析表达式,从已知条件看,关键是讨论在 $x > 0$ 时的极限,它取决于 $x$ 的不同取值范围,引出 $2x$ 与 $x^2$ 的大小关系变化而得到不同的极限值.

两侧的不同情况讨论!

**例 4.3.14** 设 $f(x)$ 连续,$\varphi(x)=\int_0^1 f(xt)\,\mathrm{d}t$,且 $\lim\limits_{x\to 0}\dfrac{f(x)}{x}=A$,

$A$ 为常数. 求 $\varphi'(x)$ 并讨论 $\varphi'(x)$ 在 $x=0$ 处的连续性.

**解** 当 $x\neq 0$ 时,$\varphi(x)=\int_0^1 f(xt)\,\mathrm{d}t=\dfrac{1}{x}\int_0^x f(u)\,\mathrm{d}u$,则

*作变换 $u=xt$*

$$\varphi'(x)=\frac{xf(x)-\int_0^x f(u)\,\mathrm{d}u}{x^2}$$

*注意 $\varphi'(0)$ 应当单独求*

当 $x=0$ 时,因为 $\lim\limits_{x\to 0}\dfrac{f(x)}{x}=A$,知 $f(0)=0$,有

$$\varphi(0)=\int_0^x f(0)\,\mathrm{d}t=0$$

*再证明:$\lim\limits_{x\to 0}\varphi'(x)=\varphi'(0)$*

得 $\quad\varphi'(0)=\lim\limits_{x\to 0}\dfrac{\varphi(x)-\varphi(0)}{x}=\lim\limits_{x\to 0}\dfrac{\frac{1}{x}\int_0^x f(u)\,\mathrm{d}u}{x}=\lim\limits_{x\to 0}\dfrac{f(x)}{2x}=\dfrac{A}{2}$

由于 $\quad\lim\limits_{x\to 0}\varphi'(x)=\lim\limits_{x\to 0}\dfrac{1}{x^2}\Big[xf(x)-\int_0^x f(u0\,\mathrm{d}u\Big]$

$$=\lim_{x\to 0}\frac{f(x)}{x}-\lim_{x\to 0}\frac{\int_0^x f(u)\,\mathrm{d}u}{x^2}=A-\frac{A}{2}=\frac{A}{2}=\varphi'(0)$$

故 $\varphi'(x)$ 在 $x=0$ 处连续.

**例 4.3.15** 求函数 $f(x)=\int_1^{x^2}(x^2-t)\,\mathrm{e}^{-t^2}\,\mathrm{d}t$ 的单调区间与极值.

**解** $f(x)$ 的定义域是 $(-\infty,+\infty)$,把 $f(x)$ 中的变量 $x$ 从被积表达式中拆分出来,即 $f(x)=\int_1^{x^2}(x^2-t)\,\mathrm{e}^{-t^2}\,\mathrm{d}t=x^2\int_1^{x^2}\mathrm{e}^{-t^2}\,\mathrm{d}t-\int_1^{x^2}t\mathrm{e}^{-t^2}\,\mathrm{d}t$,得

$$f'(x)=2x\int_1^{x^2}\mathrm{e}^{-t^2}\,\mathrm{d}t+2x^3\mathrm{e}^{-x^2}-2x^3\mathrm{e}^{-x^2}=2x\int_1^{x^2}\mathrm{e}^{-t^2}\,\mathrm{d}t$$

令 $f'(x)=0$,得驻点 $x=0,\pm 1$;列表讨论如下:

| $x$ | $(-\infty,-1)$ | $-1$ | $(-1,0)$ | $0$ | $(0,1)$ | $1$ | $(1,+\infty)$ |
|---|---|---|---|---|---|---|---|
| $f'(x)$ | $-$ | $0$ | $+$ | $0$ | $-$ | $0$ | $+$ |
| $f(x)$ | 递减 | 递小 | 递增 | 极大 | 递减 | 极小 | 递增 |

*按常规,求函数的单调区间与极值,只要求出其导数及驻点,就可以很容易确定. 但本题中是一个在积分上限中含变量,且被积表达式中也含有变量的函数,因此在求导时要特别小心,关键要清楚函数 $f(x)$ 的变量在被积表达式里是"常量"!*

因此,$f(x)$ 的单调增区间是 $(-1,0)$ 及 $(1,+\infty)$,单调减区间是 $(-\infty,-1)$ 及 $(0,1)$.

极小值是 $f(\pm 1)=0$,极大值是

$$f(0)=\int_1^0(0-t)\,\mathrm{e}^{-t^2}\,\mathrm{d}t=\int_0^1 t\mathrm{e}^{-t^2}\,\mathrm{d}t=\frac{1}{2}(1-\mathrm{e}^{-1})$$

**例 4.3.16** 设 $f(x)$ 是连续函数,

(1) 利用定义证明 $F(x)=\int_0^x f(t)\,\mathrm{d}t$ 可导,且 $F'(x)=f(x)$;

*注意积分中值中的中值可能在端点达到.*

（2）当 $f(x)$ 是以 2 为周期的周期函数时，证明函数

$$G(x) = 2\int_0^x f(t)\,\mathrm{d}t - x\int_0^2 f(t)\,\mathrm{d}t \ \text{也是以 2 为周期的周期函数}.$$

此处：
$\xi = x + \theta\Delta x$
$(0 \leqslant \theta \leqslant 1)$

**证**　（1）对任意的 $x$，由于 $f(x)$ 是连续函数，所以

$$\lim_{\Delta x \to 0} \frac{F(x+\Delta x) - F(x)}{\Delta x} = \lim_{\Delta x \to 0} \frac{\displaystyle\int_0^{x+\Delta x} f(t)\,\mathrm{d}t - \int_0^x f(t)\,\mathrm{d}t}{\Delta x}$$

$$= \lim_{\Delta x \to 0} \frac{\displaystyle\int_x^{x+\Delta x} f(t)\,\mathrm{d}t}{\Delta x} = \lim_{\Delta x \to 0} \frac{f(\xi)\Delta x}{\Delta x} = \lim_{\Delta x \to 0} f(\xi) = f(x)$$

故 $F(x) = \displaystyle\int_0^x f(t)\,\mathrm{d}t$ 在 $x$ 处可导，且 $F'(x) = f(x)$.

对（2）的证明，这里提供两个方法．

要证 $G(x)$ 是以 2 为周期的周期函数，即要证明对任意的 $x$，$G(x+2) = G(x)$ 成立．

**证 1**

令 $H(x) = G(x+2) - G(x)$

$$= \left[ 2\int_0^{x+2} f(t)\,\mathrm{d}t - (x+2)\int_0^2 f(t)\,\mathrm{d}t \right] - \left[ 2\int_0^x f(t)\,\mathrm{d}t - x\int_0^2 f(t)\,\mathrm{d}t \right]$$

$H'(x) = 0$，故 $H(x) = H'(0) = 0$

则 $H'(x) = \left[ 2\displaystyle\int_0^{x+2} f(t)\,\mathrm{d}t - (x+2)\int_0^2 f(t)\,\mathrm{d}t \right]'$

$$- \left[ 2\int_0^x f(t)\,\mathrm{d}t - x\int_0^2 f(t)\,\mathrm{d}t \right]'$$

$$= 2f(x+2) - \int_0^2 f(t)\,\mathrm{d}t - 2f(x) + \int_0^2 f(t)\,\mathrm{d}t \xlongequal{f(x+2)=f(x)} 0$$

直接计算法

又因为　$H(0) = G(2) - G(0) = \left[ 2\displaystyle\int_0^2 f(t)\,\mathrm{d}t - 2\int_0^2 f(t)\,\mathrm{d}t \right] - 0 = 0$

所以 $H(x) = 0$，即　$G(x+2) = G(x)$

**证 2**　由于 $f(x)$ 是以 2 为周期的周期函数，所以对任意的 $x$，有

$$G(x+2) - G(x) = \left[ 2\int_0^{x+2} f(t)\,\mathrm{d}t - (x+2)\int_0^2 f(t)\,\mathrm{d}t \right]$$

$$- \left[ 2\int_0^x f(t)\,\mathrm{d}t - x\int_0^2 f(t)\,\mathrm{d}t \right]$$

$$= 2\left[ \int_0^2 f(t)\,\mathrm{d}t + \int_2^{x+2} f(t)\,\mathrm{d}t - \int_0^2 f(t)\,\mathrm{d}t - \int_0^2 f(t)\,\mathrm{d}t \right]$$

$$= 2\left[ \int_0^x f(u+2)\,\mathrm{d}u - \int_0^x f(t)\,\mathrm{d}t \right] = 2\int_0^x \left[ f(t+2) - f(t) \right]\mathrm{d}t = 0$$

为求左边的极限，需把它化为变量 $t$ 的函数为上、下限的 $f(t)$ 的积分，利用换元法即可 $\displaystyle\int_a^b f(x+h)\,\mathrm{d}x$

即 $G(x+2) = G(x)$，$G(x)$ 是以 2 为周期的周期函数．

**\* 例 4.3.17**　（陕五复 3）若 $f(x)$ 在 $[a,b]$ 上连续，证明

$$\lim_{h \to 0^+} \frac{1}{h} \left[ \int_a^b f(x+h)\,\mathrm{d}x - \int_a^b f(x)\,\mathrm{d}x \right] = f(b) - f(a)$$

$$= \int_{a+h}^{b+h} f(t)\,\mathrm{d}t，再$$

结合用洛必达法则即可．

**证 1**

$$左边 = \lim_{h \to 0} \frac{\displaystyle\int_{a+h}^{b+h} f(t)\,\mathrm{d}t - \int_a^b f(t)\,\mathrm{d}t}{h} = \lim_{h \to 0} \left[ f(b+h) - f(a+h) \right]$$

$$= f(b) - f(a) = 右边$$

**证 2**　记 $F(x)=\int_a^x f(t)\,\mathrm{d}t$，则 $F'(x)=f(x)$；$F'(x+h)=f(x+h)$

$$\int_a^b f(x+h)\,\mathrm{d}x=F(x+h)\Big|_a^b=F(b+h)-F(a+h)$$

$$\int_a^b f(x)\,\mathrm{d}x=F(x)\Big|_a^b=F(b)-F(a)$$

故　　左边 $=\lim\limits_{h\to 0}\dfrac{1}{h}\left[\int_a^b f(x+h)\,\mathrm{d}x-\int_a^b f(x)\,\mathrm{d}x\right]$

$$=\lim_{h\to 0}\frac{1}{h}\left[F(b+h)-F(a+h)-F(b)+F(a)\right]$$

$$=\lim_{h\to 0}\frac{F(b+h)-F(b)}{h}-\lim_{h\to 0}\frac{F(a+h)-F(a)}{h}$$

$$=F'(b)-F'(a)=f(b)-f(a)$$

$$=右边$$

**例 4.3.18**　设函数 $f(x)$ 具有二阶导数，且 $f''(x)\geqslant 0$，$x\in(-\infty,+\infty)$，函数 $g(x)$ 在区间 $[0,a]$ 上连续（$a>0$），证明：

$$\frac{1}{a}\int_0^a f[g(t)]\,\mathrm{d}t\geqslant f\left[\frac{1}{a}\int_0^a g(t)\,\mathrm{d}t\right]$$

**证 1**　将 $[0,a]$ 区间 $n$ 等分，分点为 $t_k=\dfrac{ka}{n}$，记 $x_k=g\left(\dfrac{ka}{n}\right)$，$k=1,2,\cdots$

由于 $f''(x)\geqslant 0$，故有　　$f\left(\dfrac{1}{n}\sum\limits_{k=1}^n x_k\right)\leqslant\dfrac{1}{n}\sum\limits_{k=1}^n f(x_k)$

即

$$f\left(\frac{1}{n}\sum_{k=1}^n g\left(\frac{ka}{n}\right)\right)\leqslant\frac{1}{n}\sum_{k=1}^n f\left(g\left(\frac{ka}{n}\right)\right)$$

$$f\left(\frac{1}{a}\sum_{k=1}^n g\left(\frac{ka}{n}\right)\frac{a}{n}\right)\leqslant\frac{1}{a}\sum_{k=1}^n f\left(g\left(\frac{ka}{n}\right)\right)\frac{a}{n}$$

令 $n\to\infty$，则得

$$f\left(\frac{1}{a}\lim_{n\to\infty}\sum_{k=1}^n g\left(\frac{ka}{n}\right)\frac{a}{n}\right)\leqslant\frac{1}{a}\lim_{n\to\infty}\sum_{k=1}^n f\left(g\left(\frac{ka}{n}\right)\right)\frac{a}{n}$$

即

$$\frac{1}{a}\int_0^a f[g(t)]\,\mathrm{d}t\geqslant f\left[\frac{1}{a}\int_0^a g(t)\,\mathrm{d}t\right]$$

**证 2**　记 $x_0=\dfrac{1}{a}\int_0^a g(t)\,\mathrm{d}t$，则 $\int_0^a g(t)\,\mathrm{d}t-ax_0=0$

利用泰勒公式及 $f''(x)\geqslant 0$，有

$$f(g(t))=f(x_0)+f'(x_0)(g(t)-x_0)+\frac{f''(\xi)}{2!}(g(t)-x_0)^2$$

$$\geqslant f(x_0)+f'(x_0)(g(t)-x_0)\quad 其中 \xi\in(x_0,g(t))$$

两边积分，得

$$\int_0^a f(g(t))\,\mathrm{d}t\geqslant\int_0^a[f(x_0)+f'(x_0)(g(t)-x_0)]\,\mathrm{d}t$$

$$=f(x_0)a+f'(x_0)\left[\int_0^a g(t)\,\mathrm{d}t-ax_0\right]=af(x_0)$$

即

$$\frac{1}{a}\int_0^a f[g(t)]\,\mathrm{d}t\geqslant f\left[\frac{1}{a}\int_0^a g(t)\,\mathrm{d}t\right]$$

**例 4.3.19**　若函数 $\phi(x)$ 具有二阶导数，且满足 $\phi(2)>\phi(1)$，

对这类无具体分析表达式的函数积分值比较，想到用从最原始的定义出发，写出它们在定义区间上的积分和．进行从和式的比较，再取极限而得结论．

差值比较法考虑 $f[g(t)]$ 与 $f\left[\dfrac{1}{a}\int_0^a g(t)\,\mathrm{d}t\right]$ 的关系，为方便起见记 $x_0=\dfrac{1}{a}\int_0^a g(t)\,\mathrm{d}t$ 即考虑 $f[g(t)]$ 与 $f(x_0)$ 的关系，联想到已知 $f''(x)\geqslant 0$ 条件，可对 $f(x)$ 在 $[x_0,g(t)]$ 上应用泰勒公式也得结论．

$\phi(2)>\displaystyle\int_2^3\phi(x)\mathrm{d}x$，则至少存在一点 $\xi\in(1,3)$，使得 $\phi''(\xi)<0$.

**证**　由积分中值定理，则至少存在一点 $\eta\in[2,3]$，使得有

$$\int_2^3\phi(x)\mathrm{d}x=\phi(\eta)(3-2)=\phi(\eta)$$

又由 $\phi(2)>\displaystyle\int_2^3\phi(x)\mathrm{d}x=\phi(\eta)$ 知，$2<\eta\leqslant3$.

对 $\phi(x)$ 在 $[1,2]$ 和 $[2,\eta]$ 上分别应用拉格朗日中值定理，并注意到 $\phi(2)>\phi(1)$ 及 $\phi(2)>\phi(\eta)$，存在 $1<\xi_1<2,2<\xi_2<\eta\leqslant3$，使 $\phi'(\xi_1)=\dfrac{\phi(2)-\phi(1)}{2-1}>0,\phi'(\xi_2)=\dfrac{\phi(\eta)-\phi(2)}{\eta-2}<0$

在 $[\xi_1,\xi_2]$ 上对导函数 $\phi'(x)$ 同样应用拉格朗日中值定理，有

$$\phi''(\xi)=\frac{\phi'(\xi_2)-\phi'(\xi_1)}{\xi_2-\xi_1}<0\quad\xi\in(\xi_1,\xi_2)\subset(1,3)$$

**\*例 4.3.20**　（陕七复 9）设在 $[a,b]$ 上，$f''(x)\neq0,f(a)=f(b)=0$，且有 $x_0\in(a,b)$，使 $y_0=f(x_0)>0,f'(x_0)=0$. 证明：

(1) 存在 $x_1\in(a,x_0)$ 及 $x_2\in(x_0,b)$，使 $f(x_1)=f(x_2)=\dfrac12y_0$；

(2) $\displaystyle\int_a^bf(x)\mathrm{d}x<y_0(x_2-x_1)$.

**证(1)**　在 $[a,x_0]$ 及 $[x_0,b]$ 上，$f(x)$ 连续，$y_0=f(x_0)>0$，有

$$f(a)=f(b)=0<\frac12y_0<y_0=f(x_0)$$

由介值定理，存在 $x_1\in(a,x_0)$ 及 $x_2\in(x_0,b)$，使

$$f(x_1)=f(x_2)=\frac12y_0$$

**证(2)**　由 $f''(x)\neq0,f(a)=f(b)=0,y_0=f(x_0)>0$ 及达布定理知 $f(x)$ 在 $[a,b]$ 上是位于 $x$ 轴上方的凸曲线，$f''(x)<0$.

再由 $f'(x_0)=0$ 知，$x_0$ 是 $f(x)$ 在 $[a,b]$ 上唯一的最大值点，$y_0$ 是其最大值.

由 $f''(x)<0$ 及 $f(x)$ 在 $x_i(i=1,2)$ 处的泰勒公式，可得

$$f(x)=f(x_i)+f'(x_i)(x-x_i)+\frac12f''(\eta_i)(x-x_i)^2$$
$$<f(x_i)+f'(x_i)(x-x_i)$$

其中 $\eta_i$ 在 $x$ 与 $x_i$ 之间. 此不等式的几何意义为曲线 $y=f(x)$ 在两条切线 $y=f(x_i)+f'(x_i)(x-x_i)$ 的下方. 记两切线分别与 $x$ 轴及直线 $y=y_0$ 相交于点 $A_i(a_i,0)$ 及 $B_i(\xi_i,y_0)(i=1,2)$，得

$$\int_a^{\xi_1}f(x)\mathrm{d}x<\int_{a_1}^{\xi_1}[f(x_1)+f'(x_1)(x-x_1)]\mathrm{d}x=\frac{y_0}{2}(\xi_1-a_1)$$
$$=y_0(\xi_1-x_1)$$

$$\int_{\xi_2}^bf(x)\mathrm{d}x<\int_{\xi_2}^{a_2}[f(x_2)+f'(x_2)(x-x_2)]\mathrm{d}x=y_0(x_2-\xi_2)$$

注意：本题两次应用拉格朗日中值定理，分别是对函数和对其导函数使用！

从已知条件分析出函数是连续的，因此应用介值定理，可得结论(1). 对问题(2)，无法直接计算，我们采用研究函数曲线的性质，讨论曲线的变化情况，以数形结合的办法综合分析得到所需结论.

又
$$\int_{\xi_1}^{\xi_2} f(x)\mathrm{d}x < y_0(\xi_2 - \xi_1)$$

故有
$$\int_a^b f(x)\mathrm{d}x = \int_a^{\xi_1} f(x)\mathrm{d}x + \int_{\xi_1}^{\xi_2} f(x)\mathrm{d}x + \int_{\xi_2}^b f(x)\mathrm{d}x$$
$$< y_0(x_2 - x_1)$$

**例 4.3.21** 设 $f'(x)$ 在 $[a,b]$ 上连续,则
$$\max_{x \in [a,b]} |f(x)| \leqslant \left| \frac{1}{b-a}\int_a^b f(x)\mathrm{d}x \right| + \int_a^b |f'(x)|\mathrm{d}x$$

**解** 设 $x_0 \in [a,b]$,使 $|f(x_0)| = \max_{x \in [a,b]} |f(x)|$,根据积分中值定理,存在 $\xi \in [a,b]$,使 $f(\xi) = \frac{1}{b-a}\int_a^b f(x)\mathrm{d}x$,

故 $\max_{x \in [a,b]} |f(x)| = |f(x_0) - f(\xi) + f(\xi)|$
$$\leqslant |f(\xi)| + |f(x_0) - f(\xi)|$$
$$= \left| \frac{1}{b-a}\int_a^b f(x)\mathrm{d}x \right| + \left| \int_\xi^{x_0} f'(x)\mathrm{d}x \right|$$
$$\leqslant \left| \frac{1}{b-a}\int_a^b f(x)\mathrm{d}x \right| + \int_a^b |f'(x)|\mathrm{d}x$$

**思考题** 设 $f(x)$ 在 $[0,1]$ 上有连续导数,且 $f(0) = f(1) = 0$,试证:
$$\left| \int_0^1 f(x)\mathrm{d}x \right| \leqslant \frac{1}{4} \max_{0 \leqslant x \leqslant 1} |f'(x)|$$

**例 4.3.22** 设 $f(x)$ 在 $(-\infty, +\infty)$ 上是导数连续的有界函数,$|f(x) - f'(x)| \leqslant 1$. 求证:对 $x \in (-\infty, +\infty)$,$|f(x)| \leqslant 1$.

**证 1** $\forall x \in \mathbf{R}$,有 $[e^{-x}f(x)]' = e^{-x}[f'(x) - f(x)]$
$$\int_x^{+\infty} [e^{-x}f(x)]'\mathrm{d}x = e^{-x}f(x)\Big|_x^{+\infty} = -e^{-x}f(x)$$
$$= \int_x^{+\infty} e^{-x}[f'(x) - f(x)]\mathrm{d}x$$

由已知条件 $|f(x) - f'(x)| \leqslant 1$,可得
$$e^{-x}|f(x)| \leqslant \int_x^{+\infty} e^{-x}|f'(x) - f(x)|\mathrm{d}x \leqslant \int_x^{+\infty} e^{-x}\mathrm{d}x = e^{-x}$$
即 $|f(x)| \leqslant 1$.

**证 2** 令 $F(x) = e^{-x}[f(x) + 1]$,由题设 $|f(x) - f'(x)| \leqslant 1$,所以 $F'(x) = e^{-x}[f'(x) - f(x) - 1] \leqslant 0$,因此 $F(x)$ 是单调减函数.

$F(x) \geqslant \lim_{x \to +\infty} F(x) = \lim_{x \to +\infty} \frac{f(x)+1}{e^x} = 0$,但 $e^{-x} > 0$,故 $f(x) + 1 \geqslant 0$,从而 $f(x) \geqslant -1$.

令 $G(x) = e^{-x}[f(x) - 1]$,由题设 $|f(x) - f'(x)| \leqslant 1$,则 $G'(x) = e^{-x}[f'(x) - f(x) + 1] \geqslant 0$,因此 $G(x)$ 是单调增函数.

$G(x) \leqslant \lim_{x \to +\infty} G(x) = \lim_{x \to +\infty} \frac{f(x)-1}{e^x} = 0$,但 $e^{-x} > 0$,故 $f(x) - 1 \leqslant 0$,从而 $f(x) \leqslant 1$.

综上两点,对 $x \in (-\infty, +\infty)$,$|f(x)| \leqslant 1$ 成立.

先由连续函数能取到最大值及积分中值定理来证明的方法值得注意.

作辅助函数.

利用柯西不等式.

**例 4.3.23**　设 $f(x)$ 在 $[a,b]$ 上连续,且 $f(x)>0$.

证明:$\displaystyle\int_a^b f(x)\mathrm{d}x \cdot \int_a^b \frac{1}{f(x)}\mathrm{d}x \geqslant (b-a)^2$

**证 1**　$\displaystyle\int_a^b f(x)\mathrm{d}x \cdot \int_a^b \frac{1}{f(x)}\mathrm{d}x \geqslant \int_a^b \left(\sqrt{f(x)}\right)^2 \mathrm{d}x \int_a^b \left(\frac{1}{\sqrt{f(x)}}\right)^2 \mathrm{d}x$

$$\geqslant \left(\int_a^b \sqrt{f(x)} \cdot \frac{1}{\sqrt{f(x)}}\mathrm{d}x\right)^2 = \left(\int_a^b \mathrm{d}x\right)^2 = (b-a)^2$$

**证 2**　令 $\displaystyle F(t)=\int_a^t f(x)\mathrm{d}x \cdot \int_a^t \frac{1}{f(x)}\mathrm{d}x - (t-a)^2$

则　　$\displaystyle F'(t)=f(t)\int_a^t \frac{1}{f(x)}\mathrm{d}x + \frac{1}{f(t)}\int_a^t f(x)\mathrm{d}x - 2(t-a)$

$$=\int_a^t \frac{f^2(t)+f^2(x)}{f(x)f(t)}\mathrm{d}x - 2(t-a) \geqslant \int_a^t 2\mathrm{d}x - 2(t-a)=0$$

故 $F(x)$ 单调增加,又 $F(a)=0$,所以当 $t \geqslant a$ 时 $F(t) \geqslant 0$.

特别 $F(b) \geqslant 0$,即

$$\int_a^b f(x)\mathrm{d}x \cdot \int_a^b \frac{1}{f(x)}\mathrm{d}x \geqslant (b-a)^2$$

**\* 例 4.3.24**　设 $f(0)=1, f'(x)=\dfrac{1}{\mathrm{e}^x+|f(x)|}(x \geqslant 0)$,且

$\displaystyle\lim_{x\to+\infty} f(x)=a$ 成立. 证明:$\sqrt{2}<a<1+\ln 2$.

**证**　因为 $f'(x)=\dfrac{1}{\mathrm{e}^x+|f(x)|}>0$,所以 $f(x)$ 单调增.

又 $f(0)=1(x \geqslant 0)$,得 $f(x) \geqslant 1$,且

$$\int_0^{+\infty} f'(x)\mathrm{d}x = f(x)\Big|_0^{+\infty} = \lim_{x\to+\infty} f(x)-f(0)=a-1, f(x) \leqslant a$$

一方面 $\displaystyle\int_0^{+\infty} f'(x)\mathrm{d}x = \int_0^{+\infty} \frac{1}{\mathrm{e}^x+|f(x)|}\mathrm{d}x < \int_0^{+\infty} \frac{1}{\mathrm{e}^x+1}\mathrm{d}x = \ln 2$

有 $a-1<\ln 2$,即 $a<\ln 2+1$.

另外 $\displaystyle\int_0^{+\infty} \frac{1}{\mathrm{e}^x+|f(x)|}\mathrm{d}x \geqslant \int_0^{+\infty} \frac{1}{\mathrm{e}^x+a}\mathrm{d}x = \int_0^{+\infty} \frac{\mathrm{e}^x}{\mathrm{e}^{2x}+\mathrm{e}^x a}\mathrm{d}x$

$$>\frac{1}{1+a}\int_0^{+\infty} \frac{\mathrm{d}\mathrm{e}^x}{\mathrm{e}^{2x}} = \frac{1}{1+a}$$

得 $a-1>\dfrac{1}{1+a}, a^2-1>1$,即 $a>\sqrt{2}$.

综上所述 $\sqrt{2}<a<1+\ln 2$.

**例 4.3.25**　设 $\displaystyle I_n=\int_0^{\frac{\pi}{4}} \tan^n x \,\mathrm{d}x$,求证:

$$\frac{1}{2(n+1)}<I_n<\frac{1}{2(n-1)}(n \geqslant 2)$$

**解 1**　作积分变换令 $t=\tan x$,则 $x=\arctan t, \mathrm{d}x=\dfrac{1}{1+t^2}\mathrm{d}t$

得　　$\displaystyle I_n=\int_0^{\frac{\pi}{4}} \tan^n x \,\mathrm{d}x = \int_0^1 \frac{t^n}{1+t^2}\mathrm{d}t$

---

作辅助函数.

利用函数的单调性.

要证有关 $a$ 的不等式,就要找出 $a$ 与 $f(x)$ 的关系. 前两个条件,说明 $f(x)$ 单调增且其值大于等于 1;第一个及第三个条件说明 $f(x)$ 的广义积分存在;最后对 $f'(x)$ 的分析式缩放变形,同样进行广义积分,便可得所需结论.

要想计算 $I_n$,要用第二类换元法,化为分式积分. 由于是证不等关系,当然可对被积表达式用放缩法,简化运算尽快得到所需结果.

$$< \int_0^1 \frac{t^n}{2t} \mathrm{d}t = \frac{1}{2n} t^n \Big|_0^1 = \frac{1}{2n} < \frac{1}{2(n-2)} (n \geqslant 2)$$

另 $I_n = \int_0^1 \frac{t^n}{1+t^2} \mathrm{d}t > \int_0^1 \frac{t^n}{1+1^2} \mathrm{d}t = \frac{1}{2} \cdot \frac{1}{n+1} t^{n+1} \Big|_0^1 = \frac{1}{2(n+1)}$

综上所述，$n \geqslant 2$ 时，$\dfrac{1}{2(n+1)} < I_n < \dfrac{1}{2(n-1)}$ 成立．

**解 2** （注意到 $\mathrm{d}(\tan x) = (1+\tan^2 x)\mathrm{d}x$，可考虑 $I_{n+2}$ 及它与 $I$ 的联系）

$$I_n + I_{n+2} = \int_0^{\frac{\pi}{4}} \tan^n x \cdot (1+\tan^2 x)\mathrm{d}x = \int_0^{\frac{\pi}{4}} \tan^n x \, \mathrm{d}(\tan x) = \frac{1}{n+1}$$

当 $0 < x < \dfrac{\pi}{4}$ 时，$0 < \tan x < 1$，则序列 $\{I\}$ 严格递减．

于是 $I_{n+2} < I_n$，有 $2I_{n+2} < I_n + I_{n+2} < 2I_n$

一方面 $\qquad I_n > \dfrac{I_n + I_{n+2}}{2} = \dfrac{1}{2} \cdot \dfrac{1}{n+1} = \dfrac{1}{2(n+1)}$

另一方面 $\qquad I_{n+2} < \dfrac{I_n + I_{n+2}}{2} = \dfrac{1}{2(n+1)}$

上式中记 $m = n+2$，则 $I_m < \dfrac{1}{2(m-1)}$，

当 $n \geqslant 2$ 时，得 $\qquad I_n < \dfrac{1}{2(n-1)}$

综上所述，原不等式成立．

**思考题** $n$ 为正整数时，试证：

$$\ln \sqrt{2n+1} < \int_0^{\frac{\pi}{2}} \frac{\sin^2 nx}{\sin x} \mathrm{d}x \leqslant 1 + \ln \sqrt{2n-1}$$

（提示：不妨考查 $I_{n+1} - I_n$）

**例 4.3.26** 设 $f(x)$ 在区间 $[0,1]$ 上连续可导，求证：

$$\int_0^1 |f(x)| \mathrm{d}x \leqslant \max \left\{ \int_0^1 |f'(x)| \mathrm{d}x, \left| \int_0^1 f(x)\mathrm{d}x \right| \right\}$$

**分析** 我们知道，$\int_0^1 |f(x)| \mathrm{d}x \geqslant \left| \int_0^1 f(x)\mathrm{d}x \right|$，等号仅当 $f(x)$ 在 $[0,1]$ 上不变号时成立，因此本题实质上是要证明：当 $f(x)$ 在 $[0,1]$ 上的取值有正有负时，必有 $\int_0^1 |f(x)| \mathrm{d}x \leqslant \int_0^1 |f'(x)| \mathrm{d}x$．

**证** 若 $f(x)$ 在 $[0,1]$ 上不变号，则必有 $\int_0^1 |f(x)| \mathrm{d}x \geqslant \left| \int_0^1 f(x)\mathrm{d}x \right|$，此时要证的结论成立．

若 $f(x)$ 在 $[0,1]$ 上变号，则由连续函数的介值定理知，存在 $x_0 \in (0,1)$，使 $f(x_0) = 0$，$|f(x)| = \left| \int_{x_0}^x f'(x)\mathrm{d}x \right| \leqslant \left| \int_0^1 f'(x)\mathrm{d}x \right|$

$$\leqslant \int_0^1 |f'(x)| \mathrm{d}x.$$

综上所述知 $\int_0^1 |f(x)| \mathrm{d}x \leqslant \max \left\{ \int_0^1 |f'(x)| \mathrm{d}x, \left| \int_0^1 f(x)\mathrm{d}x \right| \right\}$

注意有了介值定理后关键是：

$$\left| \int_{x_0}^x f'(x)\mathrm{d}x \right| \leqslant \int_0^1 |f'(x)| \mathrm{d}x.$$

**\* 例 4.3.27**　试由恒等式

$$\int_0^{\frac{\pi}{2}} \ln \sin 2x \, dx = \int_0^{\frac{\pi}{2}} \ln \sin x \, dx + \int_0^{\frac{\pi}{2}} \ln \cos x \, dx + \int_0^{\frac{\pi}{2}} \ln 2 \, dx$$

推算 $\int_0^{\frac{\pi}{2}} \ln \sin x \, dx$ 的值.(第 13 届普特南数学竞赛题 A4)

**证**　(1) 因为当 $0 < x \leqslant \frac{\pi}{2}$ 时,有 $\frac{2}{\pi}x < \sin x \leqslant 1$

取对数　　　　　　　 $\ln x - \ln \frac{\pi}{2} < \ln \sin x \leqslant 0$

又 $\int_0^1 \ln x \, dx = \lim_{\varepsilon \to 0^+} \int_\varepsilon^1 \ln x \, dx = \lim_{\varepsilon \to 0^+} (-1 - \varepsilon \ln \varepsilon + \varepsilon) = -1$,由比较审敛法知广

义积分 $I = \int_0^{\frac{\pi}{2}} \ln \sin x \, dx = \lim_{\varepsilon \to 0^+} \int_\varepsilon^{\frac{\pi}{2}} \ln \sin x \, dx$ 收敛.

(2) 令 $I = \int_0^{\frac{\pi}{2}} \ln \sin x \, dx$,作变换 $x = \frac{\pi}{2} - u$,则

$$I = \int_0^{\frac{\pi}{2}} \ln \sin x \, dx = -\int_{\frac{\pi}{2}}^0 \ln \cos u \, du = \int_0^{\frac{\pi}{2}} \ln \cos u \, du$$

有　　 $2I = \int_0^{\frac{\pi}{2}} (\ln \sin x + \ln \cos x) \, dx = \int_0^{\frac{\pi}{2}} \ln \sin x \cos x \, dv$

$$= \int_0^{\frac{\pi}{2}} (\ln \sin 2x - \ln 2) \, dx = \int_0^{\frac{\pi}{2}} \ln \sin 2x \, dx - \frac{\pi}{2} \ln 2$$

而　　　　 $\int_0^{\frac{\pi}{2}} \ln \sin 2x \, dx = \frac{1}{2} \int_0^\pi \ln \sin u \, du = \int_0^{\frac{\pi}{2}} \ln \sin u \, du = I$

于是 $2I = I - \frac{\pi}{2} \ln 2$,故得 $I = \int_0^{\frac{\pi}{2}} \ln \sin x \, dx = -\frac{\pi}{2} \ln 2$

**例 4.3.28**　求曲线 $\rho = a \left( \sin \frac{\theta}{3} \right)^3$(其中 $a > 0, 0 \leqslant \theta \leqslant 3\pi$)的弧长.

**解**　 $s = \int_0^{3\pi} \sqrt{\rho^2 + \left( \frac{d\rho}{d\theta} \right)^2} \, d\theta$

$$s = \int_0^{3\pi} \sqrt{a^2 \sin^6 \frac{\theta}{3} + a^2 \sin^4 \frac{\theta}{3} \cos^2 \frac{\theta}{3}} \, d\theta$$

$$= \int_0^{3\pi} a \sin^2 \frac{\theta}{3} \sqrt{\sin^2 \frac{\theta}{3} + \cos^2 \frac{\theta}{3}} \, d\theta = a \int_0^{3\pi} \sin^2 \frac{\theta}{3} \, d\theta$$

$$\xlongequal{\frac{\theta}{3} = t} 3a \int_0^\pi \sin^2 t \, dt = 6a \int_0^{\frac{\pi}{2}} \sin^2 t \, dt = \frac{3}{2} a\pi$$

**\* 例 4.3.29**　(陕六复 7)设 $d(x)$ 表示 $x$ 与其最近整数的距离的二次方,求 $\lim_{x \to \infty} \frac{1}{x} \int_0^x d(x) \, dx$.

**分析**　本题关键点 $d(x)$ 是什么样的函数,可以这样来考虑:若 $x$ 在某整数和之间,则 $x$ 与其最近整数的距离不超过 0.5,要么是与 $n$,要么是与 $n+1$;因此 $d(x)$ 是个分段函数!又若 $x$ 落在下一对相邻数之间,其与最近整数的距离又重复出现,故 $d(x)$ 是一个以周期为 1 的周期函数!

右侧栏注:

$I = \int_0^{\frac{\pi}{2}} \ln \sin x \, dx$
是广义积分,须先证明这个积分收敛,第二步才能计算它的值.

注意
$$\int_0^\pi f(\sin x) \, dx = 2 \int_0^{\frac{\pi}{2}} f(\sin x) \, dx$$

极坐标系下的弧长公式.

求出 $d(x)$ 的分段表示式是解此题的关键.

**解** 根据上面的分析,则有

$$d(x) = \begin{cases} (x-n)^2, & n \leqslant x \leqslant n+\dfrac{1}{2} \\ (n+1-x)^2, & n+\dfrac{1}{2} \leqslant x \leqslant n+1 \end{cases} \quad n=0,1,2,\cdots$$

因为 $\displaystyle\int_0^1 d(x)\mathrm{d}x = \int_0^{\frac{1}{2}} x^2 \mathrm{d}x + \int_{\frac{1}{2}}^1 (1-x)^2 \mathrm{d}x = \frac{1}{12}$

所以 $\displaystyle\int_0^k d(t)\mathrm{d}t = \sum_{i=0}^{k-1}\int_i^{i+1} d(t)\mathrm{d}t = k\int_0^1 d(t)\mathrm{d}t = \frac{k}{12}$ $\quad k=1,2,\cdots$

根据二次方程中根与系数的关系.

当 $n \leqslant x < n+1$ 时,$\dfrac{n}{12} = \displaystyle\int_0^n d(t)\mathrm{d}t \leqslant \int_0^x d(t)\mathrm{d}t < \int_0^{n+1} d(t)\mathrm{d}t = \dfrac{n+1}{12}$

又 $\dfrac{1}{n+1} < \dfrac{1}{x} \leqslant \dfrac{1}{n}$ 时,$\dfrac{1}{n+1} \cdot \dfrac{n}{12} < \dfrac{1}{x} \cdot \displaystyle\int_0^x d(t)\mathrm{d}t < \dfrac{1}{n} \cdot \dfrac{n+1}{12}$

而 $\displaystyle\lim_{n\to+\infty}\left(\frac{1}{n+1} \cdot \frac{n}{12}\right) = \lim_{n\to+\infty}\left(\frac{1}{n} \cdot \frac{n+1}{12}\right) = \frac{1}{12}$,由夹逼定理可得

$$\lim_{x\to\infty} \frac{1}{x}\int_0^x d(x)\mathrm{d}x = \frac{1}{12}$$

**例 4.3.30** 过抛物线 $y=x^2$ 上的一点 $(a,a^2)$ 作切线. 问 $a$ 为何值时所作切线与抛物线 $y=-x^2+4x-1$ 所围的图形面积最小?

**解** 由题意可得抛物线 $y=x^2$ 在点 $(a,a^2)$ 作切线方程为

$y-a^2 = 2a(x-a)$,即 $y=2ax-a^2$,现令 $\begin{cases} y=2ax-a^2 \\ y=-x^2+4x-1 \end{cases}$,

则得 $x^2 + 2(a-2)x + 1 - a^2 = 0$

设此方程的两个解为 $x_1,x_2(x_1 < x_2)$,则

$$\begin{cases} x_1 \cdot x_2 = 1-a^2 \\ x_1 + x_2 = 2(2-a) \\ x_2 - x_1 = 2\sqrt{2a^2-4a+3} \end{cases}$$

设抛物线 $y=-x^2+4x-1$ 下方,切线上方、切线上方图形的面积为 $S$,则

$S = \displaystyle\int_{x_1}^{x_2} (-x^2+4x-1-2ax+a^2)\mathrm{d}x$

$= (x_2-x_1)\left[-\dfrac{1}{3}((x_1+x_2)^2 - x_1x_2) + (2-a)(x_1+x_2) + a^2 - 1\right]$

$= (x_2-x_1) \cdot \dfrac{2}{3} \cdot (2a^2-4a+3) = \dfrac{4}{3}(2a^2-4a+3)^{\frac{3}{2}}$

故得 $S' = 2(2a^2-4a+3)^{\frac{1}{2}}(4a-4)$,令 $S'=0$,解得唯一驻点 $a=1$.

因为当 $a<1$ 时,$S'<0$,当 $a>1$ 时,$S'>0$,所以 $a=1$ 为极小值点,即最小值点. 于是 $a=1$ 时切线与抛物线所围面积最小!

\* **例 4.3.31** (陕五复10)设质点 $A$ 从 $(1,0)$ 出发以匀速 $v_0$ 沿平行 $Y$ 轴正向运动;质点 $B$ 从 $(0,0)$ 点出发以 $5v_0$ 的速率始终指向 $A$ 的方向运动. 求 $B$ 的运动轨迹.

**注**　此题详解见例 9.1.8,建立的模型是二阶微分方程

$$\frac{1}{5}\sqrt{1+y'^2}=(1-x)y'' \tag{3}$$

分离变量后得 $\dfrac{\mathrm{d}y'}{\sqrt{1+y'^2}}=\dfrac{\mathrm{d}x}{5(1-x)}$,用积分法求解.

在高等数学试题中有关微分方程及其应用模型,常常转化为积分计算.积分运算是基本功.

# 第5章　多元函数微分学

## 5.1　多元函数的极限、连续与微分

多元函数的极限、连续、偏导数和全微分等概念,从形式上看是一元函数相应概念的推广,它们具有许多类似的性质,但也有一些本质的不同,这些是在学习时应特别注意的.

### 5.1.1　多元函数的概念与极限

**例 5.1.1**　设 $f\left(x+y,\dfrac{x}{y}\right)=x^2-y^2$,求 $f(x,y),f\left(xy,\dfrac{1}{y^2}\right)$.

**解**　令 $u=x+y,v=\dfrac{x}{y}$,解得 $x=\dfrac{u}{1+v},y=\dfrac{uv}{1+v}$,则

$$f(u,v)=\left(\frac{u}{1+v}\right)^2-\left(\frac{uv}{1+v}\right)^2=\frac{u^2(1-v)}{1+v}$$

> 这是函数的对应法则问题,常用变量代换的方法处理.

故得 $f(x,y)=\dfrac{x^2(1-y)}{1+y}$,$f\left(xy,\dfrac{1}{y^2}\right)=\dfrac{(xy)^2\left(1-\dfrac{1}{y^2}\right)}{1+\dfrac{1}{y^2}}=\dfrac{x^2y^2(y^2-1)}{y^2+1}$.

**例 5.1.2**　求下列极限:

(1) $\lim\limits_{\substack{x\to0\\y\to a}}\dfrac{\sin xy}{x}$;(2) $\lim\limits_{\substack{x\to0\\y\to0}}(1+x^2y^2)^{\frac{1}{x^2+y^2}}$;(3) $\lim\limits_{\substack{x\to0\\y\to0}}(x^2+y^2)^{xy}$.

**解**　(1) $\lim\limits_{\substack{x\to0\\y\to a}}\dfrac{\sin xy}{x}=\lim\limits_{\substack{x\to0\\y\to a}}\dfrac{\sin xy}{xy}\cdot y=1\times\lim\limits_{y\to a}y=a$;

> 因 $\sin xy\sim xy$

(2) $\lim\limits_{\substack{x\to0\\y\to0}}(1+x^2y^2)^{\frac{1}{x^2+y^2}}=\lim\limits_{\substack{x\to0\\y\to0}}\left[(1+x^2y^2)^{\frac{1}{x^2y^2}}\right]^{\frac{x^2y^2}{x^2+y^2}\cdot xy}=e^0=1$;

其中 $\left|\dfrac{xy}{x^2+y^2}\right|\leqslant\dfrac{1}{2}$,$xy$ 为无穷小量.

> (2)极限为 $1^\infty$ 型,用重要极限 $\lim\limits_{u\to0}(1+u)^{\frac{1}{u}}=$ e. 还利用"无穷小量与有界变量的乘积为无穷小量"的结论.

(3) $\lim\limits_{\substack{x\to0\\y\to0}}(x^2+y^2)^{xy}=\lim\limits_{\substack{x\to0\\y\to0}}e^{xy\ln(x^2+y^2)}=e^0=1$

其中 $|xy\ln(x^2+y^2)|\leqslant\dfrac{x^2+y^2}{2}\ln(x^2+y^2)\to0(x\to0,y\to0$ 时$)$.

> (3)题用到夹逼准则和极限 $\lim\limits_{t\to0^+}t\ln t=0$

**注**　一元函数的两个重要极限、极限的夹逼准则、无穷小量性质及利用连续函数性质求极限的有关方法,在多元函数中均可使用.

**例 5.1.3**　证明下列极限不存在:

(1) $\lim\limits_{\substack{x \to 0 \\ y \to 0}} \dfrac{xy}{x+y}$；　(2) $\lim\limits_{\substack{x \to 0 \\ y \to 0}} \dfrac{x+y}{x-y}$.

**证**　(1) 当点 $(x,y)$ 沿直线 $y=x$ 趋于 $(0,0)$ 时,有

$$\lim_{\substack{x \to 0 \\ y = x}} \frac{xy}{x+y} = \lim_{x \to 0} \frac{x^2}{2x} = 0$$

当点 $(x,y)$ 沿曲线 $y = x^2 - x$ 趋于 $(0,0)$ 时,有

$$\lim_{\substack{x \to 0 \\ y = x^2 - x}} \frac{xy}{x+y} = \lim_{x \to 0} \frac{x(x^2 - x)}{x^2} = -1$$

故原极限不存在.

(2) 当点 $(x,y)$ 沿直线 $y = kx$ 趋于 $(0,0)$ 时,有

$$\lim_{\substack{x \to 0 \\ y = kx}} \frac{x+y}{x-y} = \lim_{x \to 0} \frac{x+kx}{x-kx} = \frac{1+k}{1-k}$$

此极限值随 $k$ 的变化而不同,故原极限不存在.

**注**　对(1)中极限,当点 $(x,y)$ 沿任意直线趋于 $(0,0)$ 时,极限均为 $0$,

即 $\lim\limits_{\substack{x \to 0 \\ y = kx}} f(x,y) = \lim\limits_{x \to 0} \dfrac{xy}{x+y} = \lim\limits_{x \to 0} \dfrac{kx^2}{x+kx} = 0$,但仍有极限 $\lim\limits_{\substack{x \to 0 \\ y \to 0}} \dfrac{xy}{x+y}$ 不存在.

一般地,对于一元极限,极限存在的充要条件是左、右极限存在且相等.
但对于二元极限,即使沿任意直线趋近于点 $(0,0)$ 时极限相等,也不能说明原极限存在.这正是多元极限的复杂性.

### 5.1.2　多元函数连续、偏导数、可微性讨论

判定多元函数在一点处的连续性,偏导存在性,可微性通常用定义.

**例 5.1.4**　求函数 $f(x,y) = \begin{cases} \dfrac{x\sin(x-2y)}{x-2y}, & x \neq 2y \\ 0, & x = 2y \end{cases}$ 的间断点.

**解**　(1) 在 $x \neq 2y$ 处 $f(x,y)$ 为初等函数,是连续的.

(2) 在直线 $x = 2y$ 上,点 $(0,0)$ 处,有

$$\lim_{\substack{x \to 0 \\ y \to 0}} f(x,y) = \lim_{\substack{x \to 0 \\ y \to 0}} x \cdot \lim_{\substack{x \to 0 \\ y \to 0}} \frac{\sin(x-2y)}{x-2y} = 0 \cdot 1 = f(0,0)$$

在 $x_0 = 2y_0 \neq 0$ 处,点 $(x,y)$ 沿直线 $y = y_0$ 趋于点 $(x_0, y_0)$ 时,有

$$\lim_{\substack{x \to x_0 \\ y = y_0 = \frac{x_0}{2}}} f(x,y) = \lim_{\substack{x \to x_0 \\ y = y_0 = \frac{x_0}{2}}} x \frac{\sin(x-2y_0)}{x-2y_0} = x_0 \neq f(x_0, y_0)$$

因此,该函数在直线 $x = 2y$, $(x,y) \neq (0,0)$ 上间断.

**例 5.1.5**　讨论下列函数在点 $(0,0)$ 处是否连续,偏导数是否存在.

(1) $f(x,y) = \sqrt{x^2 + y^2}$；

(2) $f(x,y) = \begin{cases} \dfrac{x^2 y}{x^4 + y^2}, & (x,y) \neq (0,0), \\ 0, & (x,y) \neq (0,0). \end{cases}$

---

证明极限不存在是二元极限的特色问题.常用的两种方法是:说明沿两条特殊路径,极限不相等或沿含参数 $k$ 的曲线,极限值随 $k$ 的变化而不同.

在高等数学教学中,对多元函数极限概念只求了解,不予深究,但数学竞赛往往要考虑类似例 5.1.3 的问题.

一元函数的定义域在数轴上,故自变量趋向于有限点时,可归结为左、右两侧的极限.但是二元函数的定义域在平面上,自变量趋向于有限点时,可有无穷多条路径,直线的,甚至任意曲线的.故要证明极限存在,必须自变量以任意路径趋向于此有限点,难度要大.反之证明极限不存在,如上所述,较容易些.

这里用到重要极限

$$\lim_{u \to 0} \frac{\sin u}{u} = 1$$

**解** (1) $f(x,y)=\sqrt{x^2+y^2}$ 为定义在全平面上的初等函数,是处处连续的. 在点 $(0,0)$ 处,极限 $\lim\limits_{x\to0}\dfrac{f(x,0)-f(0,0)}{x}=\lim\limits_{x\to0}\dfrac{|x|-0}{x}$ 不存在,即 $f'_x(0,0)$ 不存在,同理 $f'_y(0,0)$ 不存在.

(2) 考虑函数在 $(0,0)$ 处的极限,当点 $(x,y)$ 沿路径 $y=kx^2$ 趋于 $(0,0)$ 时,

$$\lim\limits_{\substack{x\to0\\y=kx^2}}f(x,y)=\lim\limits_{\substack{x\to0\\y=kx^2}}\frac{x^2y}{x^4+y^2}=\lim\limits_{x\to0}\frac{kx^4}{x^4+k^2x^4}=\frac{k}{1+k^2}$$

此极限值随 $k$ 的变化而不同,故极限 $\lim\limits_{\substack{x\to0\\y\to0}}f(x,y)$ 不存在,从而函数 $f(x,y)$ 在 $(0,0)$ 处不连续. 而 $f'_x(0,0)=\lim\limits_{x\to0}\dfrac{f(x,0)-f(0,0)}{x}=\lim\limits_{x\to0}\dfrac{0-0}{x}=0$,同理 $f'_y(0,0)=0$.

**例 5.1.6** 设函数 $f(x,y)$ 在 $(0,0)$ 处连续,且极限 $I=\lim\limits_{\substack{x\to0\\y\to0}}\dfrac{f(x,y)}{x^2+y^2}$ 存在,试讨论函数 $f(x,y)$ 在 $(0,0)$ 处的可微性.

**解** 由函数 $f(x,y)$ 在 $(0,0)$ 处连续及 $I$ 为 $\dfrac{0}{0}$ 型极限,知

$$f(0,0)=\lim\limits_{\substack{x\to0\\y\to0}}f(x,y)=0$$

而在 $(0,0)$ 处的偏导数为

$$f'_x(0,0)=\lim\limits_{x\to0}\frac{f(x,0)-f(0,0)}{x}=\lim\limits_{x\to0}\frac{f(x,0)}{x^2}\cdot x=0$$

其中 $\lim\limits_{x\to0}\dfrac{f(x,0)}{x^2}=\lim\limits_{\substack{x\to0\\y=0}}\dfrac{f(x,y)}{x^2+y^2}=I$ 存在. 同理 $f'_y(0,0)=0$. 下面考虑可微性. 当 $x\to0,y\to0$ 时,有

$$\frac{\Delta f-[f'_x(0,0)x+f'_y(0,0)y]}{\rho}=\frac{f(x,y)-0}{x^2+y^2}\sqrt{x^2+y^2}\to0$$

故 $f(x,y)$ 在 $(0,0)$ 处可微.

**注** 判断二元函数 $z=f(x,y)$ 在点 $(x_0,y_0)$ 的可微性,通常是先求出偏导数 $f'_x(x_0,y_0),f'_x(x_0,y_0)$,再判断极限,有

$$\lim\limits_{\rho\to0}\frac{\Delta z-[f'_x(x_0,y_0)\Delta x+f'_y(x_0,y_0)\Delta y]}{\rho}$$

(其中 $\rho=\sqrt{(x-x_0)^2+(y-y_0)^2}$) 是否为零,从而得到函数在该点可微,或不可微.

**例 5.1.7** 讨论函数 $f(x,y)=\sqrt{|xy|}$ 在点 $(0,0)$ 处的连续性,偏导存在性,可微性.

**解** 易得函数 $f(x,y)$ 在 $(0,0)$ 处连续,且偏导数 $f'_x(0,0)=0$,$f'_y(0,0)=0$. 下面考虑可微性.

$$\frac{\Delta f-[f'_x(0,0)\Delta x+f'_y(0,0)\Delta y]}{\rho}=\frac{[f(\Delta x,\Delta y)-f(0,0)]-0}{\rho}$$

这里用到初等函数在其定义区域内连续的结论.

这是一个在指定点处不连续,但偏导数存在的例子,这表明对一元函数而言,"可导必连续"的结论,对多元函数不再成立.

在几何上,二元函数可微的极限过程是:点 $(x,y)\to(x_0,y_0)$,即以 $(x_0,y_0)$ 为圆心 $\rho$ 为半径的圆周收缩于圆心时,函数全增量与其切平面全增量之差,相对于半径增量 $\rho$ 的变化率为零. 即该差是 $\rho$ 的高阶无穷小.

这是一个在指定点处偏导存在,但不可微的例子,这表明对

$$= \frac{\sqrt{|\Delta x \Delta y|} - 0}{\sqrt{(\Delta x)^2 + (\Delta y)^2}} \xrightarrow{\text{沿 } \Delta y = \Delta x} \frac{|\Delta x|}{\sqrt{2} |\Delta x|} \to \frac{1}{\sqrt{2}} \neq 0$$

故函数 $f(x,y)$ 在 $(0,0)$ 处不可微.

**例 5.1.8**　设函数 $f(x,y) = |x - y| \varphi(x,y), \varphi(x,y)$ 在点 $(0,0)$ 的某邻域 $\bigcup(0,0)$ 内连续,试讨论函数 $f(x,y)$ 在点 $(0,0)$ 处偏导存在性及可微性.

**解**　$\dfrac{f(\Delta x, 0) - f(0,0)}{\Delta x} = \dfrac{|\Delta x| \varphi(\Delta x, 0)}{\Delta x} \to \begin{cases} \varphi(0,0), \Delta x \to 0^+ \\ -\varphi(0,0), \Delta x \to 0^- \end{cases}$

同理

$$\frac{f(0, \Delta y) - f(0,0)}{\Delta y} \to \begin{cases} \varphi(0,0), & \Delta y \to 0^+ \\ -\varphi(0,0), & \Delta y \to 0^- \end{cases}$$

因此,当 $\varphi(0,0) \neq 0$ 时,$f(x,y)$ 在 $(0,0)$ 处偏导数均不存在,从而不可微.

当 $\varphi(0,0) = 0$ 时,$f'_x(0,0) = f'_y(0,0) = 0$.

$$\left| \frac{\Delta f - [f'_x(0,0)\Delta x + f'_y(0,0)\Delta y]}{\sqrt{(\Delta x)^2 + (\Delta y)^2}} \right| = \frac{|f(\Delta x, \Delta y) - f(0,0)|}{\sqrt{(\Delta x)^2 + (\Delta y)^2}}$$

$$\leq \frac{|\Delta x| + |\Delta y|}{\sqrt{(\Delta x)^2 + (\Delta y)^2}} |\varphi(\Delta x, \Delta y)| \leq 2|\varphi(\Delta x, \Delta y)| \to 0 \, (x \to 0, y \to 0 \text{ 时})$$

故当 $\varphi(0,0) = 0$ 时,$f(x,y)$ 在 $(0,0)$ 处可微.

偏导数连续、可导、可微之间的关系见图 $5-1$.

图　$5-1$

**例 5.1.9**　如果函数 $f(x,y)$ 在点 $(0,0)$ 处连续,那么下列命题正确的是 (　)

(A) 若极限 $\lim\limits_{\substack{x \to 0 \\ y \to 0}} \dfrac{f(x,y)}{|x| + |y|}$ 存在,则 $f(x,y)$ 在点 $(0,0)$ 处可微;

(B) 若极限 $\lim\limits_{\substack{x \to 0 \\ y \to 0}} \dfrac{f(x,y)}{x^2 + y^2}$ 存在,则 $f(x,y)$ 在点 $(0,0)$ 处可微;

(C) 若 $f(x,y)$ 在点 $(0,0)$ 处可微,则极限 $\lim\limits_{\substack{x \to 0 \\ y \to 0}} \dfrac{f(x,y)}{|x| + |y|}$ 存在;

(D) 若 $f(x,y)$ 在点 $(0,0)$ 处可微,则极限 $\lim\limits_{\substack{x \to 0 \\ y \to 0}} \dfrac{f(x,y)}{x^2 + y^2}$ 存在.

**解 1**　应选 (B).由 $f(x,y)$ 在点 $(0,0)$ 处连续,且 $\lim\limits_{\substack{x \to 0 \\ y \to 0}} \dfrac{f(x,y)}{x^2 + y^2}$ 存在,可知 $f(0,0) = \lim\limits_{\substack{x \to 0 \\ y \to 0}} f(x,y) = 0$,则

$$f_x(0,0) = \lim_{\Delta x \to 0} \frac{f(\Delta x, 0) - f(0,0)}{\Delta x} = \lim_{\substack{\Delta x \to 0 \\ \Delta y = 0}} \frac{f(\Delta x, \Delta y)}{(\Delta x)^2 + (\Delta y)^2} \Delta x = 0$$

*(右侧栏)*

一元函数而言"可导与可微互为充要条件"的结论对多元函数不再成立.可微须 $(x,y)$ 全方位地趋于 $(x_0, y_0)$,而两个偏导数仅是沿 $x$ 轴与 $y$ 轴的趋向.

一般地,二元函数在一点连续、可导(即偏导数均存在)与可微的关系如下:

偏导数连续是可微的充分条件,可导仅是可微的必要条件,而可微是可导及连续的充分条件;可导与连续之间既非充分条件又非必要条件.可用图 $5-1$ 表示这些概念之间的关系.

这是 $\dfrac{0}{0}$ 型极限,利用 $\lim\limits_{\substack{x \to 0 \\ y \to 0}} \dfrac{f(x,y)}{x^2 + y^2}$ 存在的条件.

同理 $f_y(0,0)=0$,

$$\lim_{\substack{\Delta x \to 0 \\ \Delta y \to 0}} \frac{\Delta f - [f_x(0,0)\Delta x + f_y(0,0)\Delta y]}{\sqrt{(\Delta x)^2 + (\Delta y)^2}}$$

$$= \lim_{\substack{\Delta x \to 0 \\ \Delta y \to 0}} \frac{f(\Delta x, \Delta y)}{(\Delta x)^2 + (\Delta y)^2} \sqrt{(\Delta x)^2 + (\Delta y)^2} = 0$$

即 $f(x,y)$ 在点 $(0,0)$ 处可微.

**解 2** 排除法. 选(A)错. 因取 $f(x,y)=|x|+|y|$,则 $\lim\limits_{\substack{x \to 0 \\ y \to 0}} \dfrac{f(x,y)}{|x|+|y|}$

存在,但 $f(x,y)$ 在点 $(0,0)$ 处不可微.

对于 $f(x,y)=x$,则 $f(x,y)$ 在点 $(0,0)$ 处可微. 但 $\lim\limits_{\substack{x \to 0 \\ y = 0}} \dfrac{f(x,y)}{|x|+|y|} = \lim\limits_{x \to 0}$

$\dfrac{x}{|x|}$ 不存在,因而 $\lim\limits_{\substack{x \to 0 \\ y \to 0}} \dfrac{f(x,y)}{|x|+|y|}$ 不存在. 排除(C). 又 $\lim\limits_{\substack{x \to 0 \\ y = 0}} \dfrac{f(x,y)}{x^2+y^2} =$

$\lim\limits_{x \to 0} \dfrac{x}{x^2} = \infty$,因而 $\lim\limits_{\substack{x \to 0 \\ y \to 0}} \dfrac{f(x,y)}{x^2+y^2}$ 不存在. 排除(D). 故应选(B).

### 5.1.3 多元函数的方向导数与梯度

函数 $z=f(x,y)$ 在点 $P(x,y)$ 处沿 $l$ 方向的方向导数是指函数在该点处沿 $l$ 方向的单向变化率:

$$\frac{\partial z}{\partial l} = \lim_{\rho \to 0} \frac{f(x+\Delta x, y+\Delta y) - f(x,y)}{\rho}$$

当函数 $z=f(x,y)$ 在点 $P(x,y)$ 处可微时,它在该点处沿任意方向 $l$ 的方向导数 $\dfrac{\partial z}{\partial l}$ 都存在,且有

$$\frac{\partial z}{\partial l} = \frac{\partial f}{\partial x}\cos \alpha + \frac{\partial f}{\partial y}\cos \beta = \boldsymbol{A} \cdot \boldsymbol{l}^0$$

其中 $\boldsymbol{A} = \left(\dfrac{\partial f}{\partial x}, \dfrac{\partial f}{\partial y}\right), \boldsymbol{l}^0 = \dfrac{\boldsymbol{l}}{|\boldsymbol{l}|} = (\cos \alpha, \cos \beta)$,故等价地有

$$\frac{\partial z}{\partial l} = \lim_{t \to 0^+} \frac{f(x+t\cos \alpha, y+t\cos \beta) - f(x,y)}{t}$$

梯度 $\mathbf{grad}f(x,y) = \left(\dfrac{\partial f}{\partial x}, \dfrac{\partial f}{\partial y}\right)$ 为向量,其指向是使函数 $f(x,y)$ 在该点取得最大方向导数的方向,其模为方向导数的最大值,即有

$$\max \frac{\partial f}{\partial l} = \frac{\partial f}{\partial l}\bigg|_{l=\mathrm{grad}f} = |\mathbf{grad}f(x,y)| = \sqrt{\left(\frac{\partial f}{\partial x}\right)^2 + \left(\frac{\partial f}{\partial y}\right)^2}$$

设 $f(x,y)=C$ 是等值线,如图 5-2 所示,该曲线的参数方程记为 $x=x(t), y=y(t)$. 则求导得 $f_x \cdot x'_t + f_y \cdot y'_t = \mathbf{grad}f \cdot \boldsymbol{\tau} = 0$,其中 $\boldsymbol{\tau}=(x'_t, y'_t)$ 是此等值线在点 $P(x,y)$ 处的切向量,因此梯度向量与此切向量垂直,是等值线的法矢量.

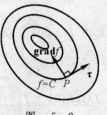

图 5-2

利用可微定义判可微.

方向导数与偏导数的区别:记 $\boldsymbol{i}, \boldsymbol{j}$ 分别是指向 $x, y$ 轴正向的单位向量,则有

$$\frac{\partial z}{\partial \boldsymbol{i}} = \frac{\partial f}{\partial x}$$

$$\frac{\partial z}{\partial(-\boldsymbol{i})} = -\frac{\partial f}{\partial x}$$

$$\frac{\partial z}{\partial \boldsymbol{j}} = \frac{\partial f}{\partial y}$$

$$\frac{\partial z}{\partial(-\boldsymbol{j})} = -\frac{\partial f}{\partial y}$$

值得注意的是:函数 $z$ 在指定点处可微是它在该点沿任意方向 $l$ 的方向导数 $\dfrac{\partial z}{\partial l}$ 都存在的充分条件,但不是必要条件. 也就是说,当函数 $z$ 在该点沿任意方向的方向导数都存在,也不能得到它在该点可微的结论(反例:圆锥面 $z=f(x,y) = \sqrt{x^2+y^2}$ 在原点,无切平面,不可微).

**例 5.1.10**　求函数 $u=1-(\dfrac{x^2}{a^2}+\dfrac{y^2}{b^2})$ 在点 $M_0(\dfrac{a}{\sqrt{2}},\dfrac{b}{\sqrt{2}})(a>0,b>0)$

处沿曲线 $L:\dfrac{x^2}{a^2}+\dfrac{y^2}{b^2}=1$ 在该点处内法线方向的方向导数 $\dfrac{\partial u}{\partial n}$.

**解**　曲线 $L$ 在点 $M_0$ 处切线斜率 $k_{切}=\dfrac{\mathrm{d}y}{\mathrm{d}x}\Big|_{M_0}=-\dfrac{b^2x}{a^2y}\Big|_{M_0}=-\dfrac{b}{a}$,法线

斜率 $k_{法}=-\dfrac{1}{k_{切}}=\dfrac{a}{b}$,它在 $M_0$ 处的单位内法矢为

$$\boldsymbol{n}^\circ=\dfrac{\boldsymbol{n}}{|\boldsymbol{n}|}=\dfrac{-1}{\sqrt{a^2+b^2}}\{b,a\}$$

梯度　$\mathbf{grad}u=(u_x,u_y)\Big|_{M_0}=\left(-\dfrac{2x_0}{a^2},-\dfrac{2y_0}{b^2}\right)=-\sqrt{2}\left(\dfrac{1}{a},\dfrac{1}{b}\right)$

所求方向导数为

$$\dfrac{\partial u}{\partial n}\Big|_{M_0}=(\mathbf{grad}u)\cdot\boldsymbol{n}^\circ=\dfrac{\sqrt{2}}{\sqrt{a^2+b^2}}\left(\dfrac{b}{a}+\dfrac{a}{b}\right)=\dfrac{\sqrt{2(a^2+b^2)}}{ab}$$

> 这里应注意点 $M_0$ 为椭圆曲线 $L$ 上第一象限点,该点处的内法矢量的两个分量均为负值.

**例 5.1.11**　函数 $u$ 是由方程 $\mathrm{e}^{xu}=xy+yz+zu$ 确定的 $x,y,z$ 的隐函数,求 $u=u(x,y,z)$ 在点 $M_0(1,1,0)$ 处的梯度和最大方向导数.

**解**　当 $x=1,y=1,z=0$ 时,$u=0$.所给方程两边对 $x$ 求偏导数,

$$\mathrm{e}^{xu}(u+xu_x)-y-zu_x=0,\dfrac{\partial u}{\partial x}\Big|_{M_0}=\dfrac{y-u\mathrm{e}^{xu}}{x\mathrm{e}^{xu}-z}\Big|_{(1,1,0)}=1$$

类似可得

$$\dfrac{\partial u}{\partial y}\Big|_{M_0}=\dfrac{x+z}{x\mathrm{e}^{xu}-z}\Big|_{(1,1,0)}=1,\dfrac{\partial u}{\partial z}\Big|_{M_0}=\dfrac{y+z}{x\mathrm{e}^{xu}-z}\Big|_{(1,1,0)}=1$$

所求梯度为

$$\mathbf{grad}u\Big|_{M_0}=\left(\dfrac{\partial u}{\partial x},\dfrac{\partial u}{\partial y},\dfrac{\partial u}{\partial z}\right)\Big|_{M_0}=(1,1,1)$$

最大方向导数为

$$\max\dfrac{\partial u}{\partial l}=\dfrac{\partial u}{\partial l}\Big|_{l=\mathbf{grad}u}=\mathbf{grad}u\Big|_{M_0}=\sqrt{3}$$

> 函数 $u$ 在 $M_0$ 点的最大方向导数即沿此梯度方向的方向导数.

**例 5.1.12**　温度 $T$ 与平面上点 $(x,y)$ 的位置之间的关系为 $T=x^2+4y^2$,试在点 $M_0(2,1)$ 处求:(1) 梯度 $\mathbf{grad}T\big|_{M_0}$;(2) 沿何方向 $l$ 时点 $M_0$ 处温度变化率分别取得最大值、最小值、取零值,并求此最大值、最小值.

**解**　(1) 梯度　$\mathbf{grad}T\big|_{M_0}=\left(\dfrac{\partial T}{\partial x},\dfrac{\partial T}{\partial y}\right)\Big|_{M_0}=4(1,2)$.

(2) 当 $l$ 取梯度方向时,温度变化率 $\dfrac{\partial T}{\partial l}$ 取最大值,即有

$$\max\dfrac{\partial T}{\partial l}=\dfrac{\partial T}{\partial l}\Big|_{l=\mathbf{grad}T}=|\mathbf{grad}T|_{M_0}=4\sqrt{5}$$

当 $l$ 取负梯度方向时,温度变化率 $\dfrac{\partial T}{\partial l}$ 取最小值,即有

$$\min\dfrac{\partial T}{\partial l}=\dfrac{\partial T}{\partial l}\Big|_{l=-\mathbf{grad}T}=-|\mathbf{grad}T|_{M_0}=-4\sqrt{5}$$

> 点 $M_0$ 处沿 $l$ 方向的温度变化率即方向导数 $\dfrac{\partial T}{\partial l}\Big|_{M_0}$,这因为仅当 $l\perp\mathbf{grad}T|_{M_0}$ 时有 $\dfrac{\partial T}{\partial l}\Big|_{M_0}=\mathbf{grad}T_{M_0}\cos<\mathbf{grad}\overset{\wedge}{T},l>=0$

当 $l$ 取与梯度方向垂直的方向,即 $\pm(2,1)$ 时,温度变化率 $\dfrac{\partial T}{\partial l}$ 值为零.

**注** 上例可看作:对于原点处有制冷装置的二维温度函数场 $T$,在指定点处寻找温度上升(下降)最快方向及温度不变化的方向.

## 5.2 多元函数微分法与变量置换

多元函数的复合函数和隐函数求偏导数,要较之一元函数复杂得多,应弄清变量关系,正确运用链导法则.

### 5.2.1 简单显函数的微分法

**例 5.2.1** 求下列函数在指定点处的偏导数:

(1) $f(x,y)=x^2+(y-1)\arcsin\sqrt{\dfrac{x}{y}}$,求 $f'_x(2,1)$,$f'_x(0,1)$;

(2) $f(x,y)=\sin(2+x+y^2)$,求 $f''_{xy}(1,1)$.

**解** (1) 按偏导数定义,

$$f'_x(2,1)=\left[\frac{\mathrm{d}}{\mathrm{d}x}f(x,1)\right]\Big|_{x=2}=\left[\frac{\mathrm{d}}{\mathrm{d}x}(x^2)\right]\Big|_{x=2}=4,$$

$$f'_x(0,1)=\left[\frac{\mathrm{d}}{\mathrm{d}x}f(x,1)\right]\Big|_{x=0}=\left[\frac{\mathrm{d}}{\mathrm{d}x}(x^2)\right]\Big|_{x=0}=0$$

(2) $f'_x(x,y)=\cos(2+x+y^2)$,

$f''_{xy}(x,y)=-\sin(2+x+y^2)\cdot 2y$,

$f''_{xy}(1,1)=-2\sin 4$

**注** 事实上,上例(1)中的 $f'_x(0,1)$ 不能通过先求 $f'_x(x,y)$,再代入点 $(0,1)$ 坐标得到.

**例 5.2.2** 设函数 $z=\mathrm{e}^{\frac{x}{y}}\sin x$,求偏导数 $z_{xy}$ 在点 $(\dfrac{\pi}{2},1)$ 处的值.

**解 1** $z_x=\mathrm{e}^{\frac{x}{y}}\dfrac{1}{y}\sin x+\mathrm{e}^{\frac{x}{y}}\cos x=\mathrm{e}^{\frac{x}{y}}(\dfrac{1}{y}\sin x+\cos x)$

$z_{xy}=\mathrm{e}^{\frac{x}{y}}\dfrac{-x}{y^2}(\dfrac{1}{y}\sin x+\cos x)+\mathrm{e}^{\frac{x}{y}}\dfrac{-\sin x}{y^2}$

$z_{xy}(\dfrac{\pi}{2},1)=-\mathrm{e}^{\frac{\pi}{2}}(\dfrac{\pi}{2}+1)$

**解 2** $z_y=\mathrm{e}^{\frac{x}{y}}\dfrac{-x}{y^2}\sin x$,

$z_{xy}(\dfrac{\pi}{2},1)=z_{yx}(\dfrac{\pi}{2},1)=\left[\dfrac{\mathrm{d}}{\mathrm{d}x}z_y(x,1)\right]\Big|_{x=\frac{\pi}{2}}$

$=\left[\dfrac{\mathrm{d}}{\mathrm{d}x}(-x\mathrm{e}^x\sin x)\right]\Big|_{x=\frac{\pi}{2}}$

$=-\mathrm{e}^x[(x+1)\sin x+x\cos x]\Big|_{x=\frac{\pi}{2}}=-\mathrm{e}^{\frac{\pi}{2}}(\dfrac{\pi}{2}+1)$

如果只求函数 $z=f(x,y)$ 在点 $(x_0,y_0)$ 处的偏导数 $f'_x(x_0,y_0)$,可不必先求出偏导函数,再代入 $x=x_0,y=y_0$. 可先代入 $y=y_0$,再求一元函数的导数在 $x=x_0$ 的值. 如

$f'_x(x_0,y_0)=\left[\dfrac{\mathrm{d}}{\mathrm{d}x}f(x,y_0)\right]\Big|_{x=x_0}$,

$f''_{xy}(x_0,y_0)=\left[\dfrac{\mathrm{d}}{\mathrm{d}y}[f_x(x_0,y)]\right]\Big|_{y=y_0}$,

$f''_{yy}(x_0,y_0)=\left[\dfrac{\mathrm{d}}{\mathrm{d}y^2}f(x_0,y)\right]\Big|_{y=y_0}$.

多元初等函数的偏导数仍为初等函数. 本题中 $z$ 为二元初等函数,其混合偏导 $z_{xy}$ 与 $z_{yx}$ 在其定义区域上均为二元初等函数,是连续的,故有 $z_{xy}=z_{yx}$.

**例 5.2.3**　设函数 $u(x,y)=\int_0^1 f(t)\,|xy-t|\,\mathrm{d}t,0\leqslant x,y\leqslant 1,f(t)$ 在区间 $[0,1]$ 上连续,求 $u_{xx}$.

**解**　$u(x,y)=\int_0^1 f(t)\,|xy-t|\,\mathrm{d}t$

$$=\int_0^{xy} f(t)(xy-t)\mathrm{d}t-\int_{xy}^1 f(t)(xy-t)\mathrm{d}t$$

$$=xy\int_0^{xy} f(t)\mathrm{d}t-\int_0^{xy} tf(t)\mathrm{d}t+xy\int_1^{xy} f(t)\mathrm{d}t-\int_1^{xy} tf(t)\mathrm{d}t$$

从而　$u_x=\left[y\int_0^{xy} f(t)\mathrm{d}t+xy^2 f(xy)\right]-xy^2 f(xy)$

$$+\left[y\int_1^{xy} f(x)\mathrm{d}t+xy^2 f(xy)\right]-xy^2 f(xy)$$

$$=y\int_0^{xy} f(t)\mathrm{d}t+y\int_1^{xy} f(t)\mathrm{d}t$$

因此 $u_{xx}=2y^2 f(xy)$.

为去掉绝对值符号,需插入分点 $xy$,将定积分化为积分上限函数,以便求偏导数.

### 5.2.2　复合函数微分法

**例 5.2.4**　设函数 $z=(x+y)^{xy}$,求偏导数 $z_x,z_{xy}$.

**解 1**　令 $z=u^v,u=x+y,v=xy$. 由复合函数求导公式得

$$z_x=z_u u_x+z_v v_x=vu^{v-1}+u^v y\ln|u|$$

$$=(x+y)^{xy}\left[\frac{xy}{x+y}+y\ln|x+y|\right]$$

再由四则运算求导法则得

$$z_{xy}=\frac{\partial}{\partial y}(z_x)=\frac{\partial}{\partial y}\left[(x+y)^{xy}\right]\cdot\left[\frac{xy}{x+y}+y\ln|x+y|\right]$$

$$+(x+y)^{xy}\cdot\frac{\partial}{\partial y}\left(\frac{xy}{x+y}+y\ln|x+y|\right)$$

仿 $z_x$ 可得,$z_y=(x+y)^{xy}\left[\frac{xy}{x+y}+x\ln|x+y|\right]$,又

$$\frac{\partial}{\partial y}\left(\frac{xy}{x+y}+y\ln|x+y|\right)=\frac{x^2+y^2+xy}{(x+y)^2}+\ln|x+y|$$

代入得

$$z_{xy}=(x+y)^{xy}\left[\frac{x^2+y^2+xy+x^2y^2}{(x+y)^2}\right.$$

$$\left.+(1+xy+xy\ln|x+y|)\ln|x+y|\right]$$

**解 2**　将 $z$ 变形为 $z=\mathrm{e}^{xy\ln|x+y|}$,直接利用复合函数求导法则及四则运算求导法计算.

**例 5.2.5**　设函数 $z=f\left(xy,\frac{x}{y}\right)+g\left(\frac{y}{x}\right)$,其中 $f$ 具有二阶连续偏导数,$g$ 具有二阶连续导数,求 $z_x,z_{xy}$.

**解**　$z_x=yf'_1+\frac{1}{y}f'_2-\frac{y}{x^2}g'$,

此方法不设中间变量,特别在求二阶偏导数时应注意使用.

这里 $g\left(\frac{y}{x}\right)$ 为由一个中间变量构成的二元复合函数,对中间变量所求的是导数而不是偏导数.

$$z_{xy} = \frac{\partial}{\partial y}\left[yf'_1 + \frac{1}{y}f'_2 - \frac{y}{x^2}g'\right] = \left[f'_1 + y\left(xf''_{11} - \frac{x}{y^2}f''_{12}\right)\right]$$

$$+ \left[\frac{-1}{y^2}f'_2 + \frac{1}{y}\left(xf''_{21} - \frac{x}{y^2}f''_{22}\right)\right] - \frac{1}{x^2}\left(g' + \frac{y}{x}g''\right)$$

$$= f'_1 - \frac{1}{y^2}f'_2 + xyf''_{11} - \frac{x}{y^3}f''_{22} - \frac{1}{x^2}g' - \frac{y}{x^3}g''$$

> 因 $f$ 具有二阶连续偏导数,故 $f''_{12} = f''_{21}$.

**例 5.2.6** 设 $u = f(x,y)$ 是可微函数:

(1) 如果 $u = f(x,y)$ 满足方程 $yf'_x - xf'_y = 0$,试证 $f(x,y)$ 在极坐标系中只是极径 $\rho$ 的函数;

(2) 如果 $u = f(x,y)$ 满足方程 $xf'_x + yf'_y = 0$,试证 $f(x,y)$ 在极坐标系中只是极角 $\theta$ 的函数.

**证** (1) $x = \rho\cos\theta,\ y = \rho\sin\theta,\ u = f(x,y) = f(\rho\cos\theta,\rho\sin\theta)$

$$u_\theta = f_x x_\theta + f_y y_\theta = f_x \cdot (-\rho\sin\theta) + f_y \cdot \rho\cos\theta$$
$$= -yf_x + xf_y = 0$$

因此,$u$ 在极坐标下只是 $\rho$ 的函数,与 $\theta$ 无关;

(2) 证明与(1)类似.

> 要证 $u$ 与 $\theta$ 无关,只要证它对 $\theta$ 的偏导数恒为零.

**例 5.2.7** 设函数 $u = f\left(\frac{y}{x}, \frac{z}{y}\right)$,求 $\mathrm{d}u$ 及 $u_{yz}$.

**解** $\mathrm{d}u = f'_1\mathrm{d}\left(\frac{y}{x}\right) + f'_2\mathrm{d}\left(\frac{z}{y}\right) = f'_1 \frac{x\mathrm{d}y - y\mathrm{d}x}{x^2} + f'_2 \frac{y\mathrm{d}z - z\mathrm{d}y}{y^2}$

$$= -\frac{y}{x^2}f'_1\mathrm{d}x + \left(\frac{1}{x}f'_1 - \frac{z}{y^2}f'_2\right)\mathrm{d}y + \frac{1}{y}f'_2\mathrm{d}z$$

从而 $u_{yz} = \frac{\partial}{\partial z}\left(\frac{1}{x}f'_1 - \frac{z}{y^2}f'_2\right) = \frac{1}{xy}f''_{12} - \frac{1}{y^2}\left(f'_2 + zf''_{22}\frac{1}{y}\right)$

$$= \frac{1}{xy}f''_{12} - \frac{1}{y^2}f'_2 - \frac{z}{y^3}f''_{22}$$

> 利用一阶全微分形式的不变性和全微分的四则运算法则.
>
> 这里 $f'_1$ 与 $f'_2$ 的第一中间变量 $\frac{y}{x}$ 都与 $z$ 无关,因此,求 $\frac{\partial}{\partial z}f'_1$ 和 $\frac{\partial}{\partial z}f'_2$ 时,不出现 $f''_{11},f''_{21}$ 对应项.

**例 5.2.8** 设 $z = f(u,v,x),\ u = \varphi(x,y),\ v = \psi(y)$ 均为可微函数,求复合函数 $z = f[\varphi(x,y),\psi(y),x]$ 的偏导数 $z_x, z_y$.

**解** 由复合函数求导法,可得

$$z_x = f'_1\varphi_x + f'_2\psi_x + f'_3 = f'_1\varphi_x + f'_3$$
$$z_y = f'_1\varphi_y + f'_2\psi'(y)$$

**例 5.2.9** 设函数 $u = u(x,y)$ 具有二阶连续偏导数,且满足方程:

$u_{xx} = u_{yy}$ 及 $u(x,2x) = x,\ u_x(x,2x) = x^2$,求 $u_{xx}(x,2x),u_{xy}(x,2x),u_{yy}(x,2x)$.

**解** 式 $u(x,2x) = x$ 两边对 $x$ 求导,得 $u_x(x,2x) + 2u_y(x,2x) = 1$,

从而 $u_y(x,2x) = \frac{1}{2}(1 - x^2)$.此式两边对 $x$ 求导,得

$$u_{yx}(x,2x) + 2u_{yy}(x,2x) = -x \tag{$*$}$$

将式 $u_x(x,2x) = x^2$ 两边对 $x$ 求导,得

$$u_{xx}(x,2x) + 2u_{xy}(x,2x) = 2x \tag{$**$}$$

因为 $u_{xx} = u_{yy}$,由 $2(*) - (**)$ 得 $u_{xx}(x,2x) = u_{yy}(x,2x) = -\frac{4}{3}x$,再由

> 解中第一等式不可写成:$z_x = z_u\varphi_x + z_v\psi_x + z_x$,因其左边的 $z_x$ 表示 $z = z(x,y)$ 对自变量 $x$ 求偏导数,右边的第三项 $f'_3$ 表示外层函数 $f$ 对其第三中间变量 $x$ 的偏导数.
>
> $u = u(x,2x)$ 是由 $u = u(x,y)$ 与 $y = 2x$ 复合而成的 $x$ 的一元函数.这里利用 $u_{xx} = u_{yy}$

式（＊＊）得　$u_{xy}(x,2x)=\dfrac{5}{3}x$.

### 5.2.3　隐函数微分法

**例 5.2.10**　设函数 $z=z(x,y)$ 由以下方程确定：

(1) $xyz-\mathrm{e}^z=0$，求 $z_{xx}$；

(2) $F(x+y+z,x^2+y^2+z^2)=0$，其中 $F$ 具有二阶连续偏导数，求 $z_{xy}$.

**解**　(1) 方程两边对 $x$ 求偏导数，得

$$yz+xyz_x-\mathrm{e}^z z_x=0,z_x=\frac{yz}{\mathrm{e}^z-xy}$$

于是 $z_{xx}=\dfrac{\partial}{\partial x}\left(\dfrac{yz}{\mathrm{e}^z-xy}\right)=\dfrac{yz_x(\mathrm{e}^z-xy)-yz(\mathrm{e}^z z_x-y)}{(\mathrm{e}^z-xy)^2}$，将 $z_x$ 表达式代入，并整理得

$$z_{xx}=\frac{y^2 z}{(\mathrm{e}^z-xy)^3}\left[\mathrm{e}^z(2-z)-2xy\right]$$

(2) 由　　$F'_1\cdot(1+z_x)+F'_2\cdot 2(x+zz_x)=0$　　　　　　　（＊）

得 $z_x=-\dfrac{F'_1+2xF'_2}{F'_1+2zF'_2}$.

由 $F'_1(1+z_y)+F'_2\cdot 2(y+zz_y)=0$ 得 $z_y=-\dfrac{F'_1+2yF'_2}{F'_1+2zF'_2}$. 再由（＊）式对 $y$ 求偏导数得

$$\left[F''_{11}(1+z_y)+F''_{12}\cdot 2(y+zz_y)\right](1+z_x)+F'_1 z_{xy}$$
$$+\left[F''_{21}(1+z_y)+F''_{22}\cdot 2(y+zz_y)\right]\cdot 2(x+zz_x)$$
$$+F'_2\cdot 2(z_y z_x+zz_{xy})=0$$

将 $z_x,z_y$ 代入上式，并整理得

$$z_{xy}=\frac{1}{(F'_1+2zF'_2)^3}\left[4(x-z)(y-z)(F'_1 F''_{22}-2F'_1 F'_2 F''_{12}+\right.$$
$$\left.F'^2_2 F''_{11})-2F(F'_1+2xF'_2)(F'_1+2yF'_2)\right]$$

**例 5.2.11**　设函数 $u=f(x,y,z)$ 偏导数连续，又函数 $y=y(x)$ 及 $z=z(x)$ 分别由方程 $xy+\mathrm{e}^{xy}-1=0$ 和 $\mathrm{e}^x=\displaystyle\int_0^{x+z}\frac{\sin t}{t}\mathrm{d}t$ 确定，求 $\dfrac{\mathrm{d}u}{\mathrm{d}x}$.

**解**　函数 $u=f(x,y,z)$ 和 $y=y(x),z=z(x)$ 构成复合函数：$u=f[x,y(x),z(x)]$，变量关系如图 5-4 所示. 于是

$$\frac{\mathrm{d}u}{\mathrm{d}x}=f'_1+f'_2\frac{\mathrm{d}y}{\mathrm{d}x}+f'_3\frac{\mathrm{d}z}{\mathrm{d}x}\qquad（＊＊）$$

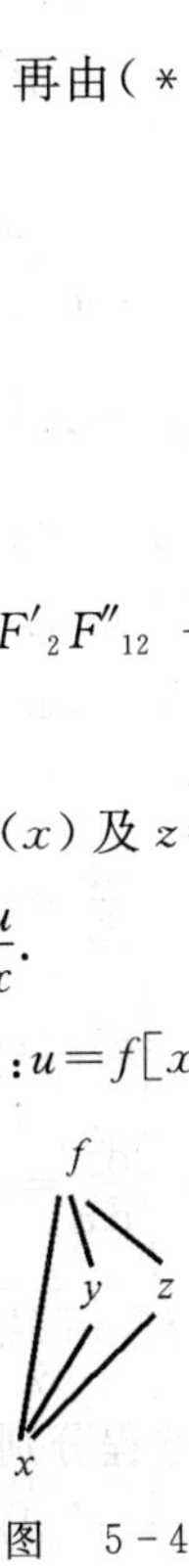

设 $F(x,y)=xy+\mathrm{e}^{xy}-1$，则 $\dfrac{\mathrm{d}u}{\mathrm{d}x}=-\dfrac{F_x}{F_y}=-\dfrac{y\mathrm{e}^{xy}+y}{x\mathrm{e}^{xy}+x}=$

$-\dfrac{y}{x}$. 对等式 $\mathrm{e}^x=\displaystyle\int_0^{x+z}\dfrac{\sin t}{t}\mathrm{d}t$ 两边关于 $x$ 求导数，得 $\mathrm{e}^x=$

$\dfrac{\sin(x+z)}{x+z}\left(1+\dfrac{\mathrm{d}z}{\mathrm{d}x}\right)$，解得

求由方程 $G(x,y,z)=0$ 确定的隐函数 $z=z(x,y)$ 的二阶偏导数时，应将表达式中的 $z$ 仍视为 $x,y$ 的函数.

设 $u=x+y+z,v=x^2+y^2+z^2,F$ 或 $F'_1,F'_2$ 与 $z$ 及 $x,y$ 的变量关系如图 5-3 所示：

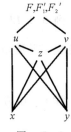

图　5-3

图　5-4

$$\frac{\mathrm{d}z}{\mathrm{d}x} = \frac{\mathrm{e}^x(x+z)}{\sin(x+z)} - 1,再将\frac{\mathrm{d}y}{\mathrm{d}x},\frac{\mathrm{d}z}{\mathrm{d}x} 表达式代入(**)式,得$$

$$\frac{\mathrm{d}u}{\mathrm{d}x} = f'_1 - \frac{y}{x}f'_2 + \left[\frac{\mathrm{e}^x(x+z)}{\sin(x+z)} - 1\right]f'_3$$

**例 5.2.12** 设函数 $z = f(x,y)$, $x = g(y,z)$, $f,g$ 均为可微函数,求 $\frac{\mathrm{d}z}{\mathrm{d}y}$.

**解 1** 将 $x = g(y,z)$ 代入 $z = f(x,y)$,得 $z = f[g(y,z),y]$,此方程两边对 $y$ 求导数,得 $\frac{\mathrm{d}z}{\mathrm{d}y} = f'_1\frac{\mathrm{d}x}{\mathrm{d}y} + f'_2 = f'_1(g'_1 + g'_2\frac{\mathrm{d}z}{\mathrm{d}y}) + f'_2$,解得

$$\frac{\mathrm{d}z}{\mathrm{d}y} = \frac{f'_2 + f'_1 g'_1}{1 - f'_1 g'_2}$$

将 $z$ 视为由方程 $z = f[g(y,z),y]$ 确定的 $y$ 的一元函数.

**解 2** 由方程组 $\begin{cases} z = f(x,y), \\ x = g(y,z) \end{cases}$ 确定 $\begin{cases} x = x(y) \\ z = z(y) \end{cases}$. 两方程分别对 $y$ 求导数,得 $\begin{cases} \dfrac{\mathrm{d}z}{\mathrm{d}y} = f'_1\dfrac{\mathrm{d}x}{\mathrm{d}y} + f'_2 \\ \dfrac{\mathrm{d}x}{\mathrm{d}y} = g'_1 + g'_2\dfrac{\mathrm{d}z}{\mathrm{d}y} \end{cases}$,解得 $\dfrac{\mathrm{d}z}{\mathrm{d}y} = \dfrac{f'_2 + f'_1 g'_1}{1 - f'_1 g'_2}$.

**解 3** 对所给两式分别取全微分,得

$$\mathrm{d}z = f'_1\mathrm{d}x + f'_2\mathrm{d}y,\quad \mathrm{d}x = g'_1\mathrm{d}y + g'_2\mathrm{d}z$$

由两式消去 $\mathrm{d}x$ 得 $\mathrm{d}z = (f'_1 g'_1 + f'_2)\mathrm{d}y + f'_1 g'_2\mathrm{d}z$,故

$$\frac{\mathrm{d}z}{\mathrm{d}y} = \frac{f'_2 + f'_1 g'_1}{1 - f'_1 g'_2}$$

**例 5.2.13** 设 $u = f(x,y,z)$, $\varphi(x^2,\mathrm{e}^y,z) = 0$, $y = \sin x$,其中 $f,\varphi$ 具有连续偏导数,且 $\varphi_z \neq 0$,求 $\frac{\mathrm{d}u}{\mathrm{d}x}$.

由方程组确定的隐函数其自变量个数的原则(宏观分析法):
$\begin{cases} 函数个数 = 方程个数 \\ 自变量个数 = \\ 变量个数 - 函数个数 \end{cases}$

**解 1** 由方程组 $\begin{cases} u = f(x,y,z) \\ \varphi(x^2,\mathrm{e}^y,z) = 0 \\ y = \sin x \end{cases}$ 确定 $\begin{cases} u = u(x) \\ y = y(x) \\ z = z(x) \end{cases}$. 三方程分别对 $x$ 求导数,得

利用一阶全微分形式的不变性更为方便.
解 1 为宏观分析法:
$\begin{cases} 函数个数(3) = \\ 方程个数(3) \\ 自变量个数(1) \\ = 变量个数(4) \\ - 函数个数(3) \end{cases}$

$$\begin{cases} \dfrac{\mathrm{d}u}{\mathrm{d}x} = f'_1 + f'_2\dfrac{\mathrm{d}y}{\mathrm{d}x} + f'_3\dfrac{\mathrm{d}z}{\mathrm{d}x} \\ \varphi'_1 2x + \varphi'_2\mathrm{e}^y\dfrac{\mathrm{d}y}{\mathrm{d}x} + \varphi'_3\dfrac{\mathrm{d}z}{\mathrm{d}x} \\ \dfrac{\mathrm{d}y}{\mathrm{d}x} = \cos x \end{cases}$$

解 2 为全微分法:利用一阶全微分形式的不变性和全微分的四则运算法则,对方程组中各个方程两边取微分,解得方程组确定的隐函数的偏导数.

解得 $\dfrac{\mathrm{d}u}{\mathrm{d}x} = f'_1 + \cos x f'_2 - \dfrac{1}{\varphi'_3}(2x\varphi'_1 + \mathrm{e}^y\cos x\varphi'_2)f'_3$.

**解 2** 对所给三方程分别取全微分,得

$$\begin{cases} \mathrm{d}u = f'_1\mathrm{d}x + f'_2\mathrm{d}y + f'_3\mathrm{d}z & (1) \\ \varphi'_1 2x\mathrm{d}x + \varphi'_2\mathrm{e}^y\mathrm{d}y + \varphi'_3\mathrm{d}z = 0 & (2) \\ \mathrm{d}y = \cos x\mathrm{d}x & (3) \end{cases}$$

求由方程组确定的隐函数偏导数的常见方法有二:其一是宏观分析法(如解 1),其关键点为认定变量角色是函数还是自变量;其二是全微

将式(3)代入式(1)(2),消去 $\mathrm{d}y$,再将前两式分别同除以 $\mathrm{d}x$,可解出

$$\frac{\mathrm{d}u}{\mathrm{d}x}=f'_1+\cos xf'_2-\frac{1}{\varphi'_3}(2x\varphi'_1+\mathrm{e}^y\cos x\varphi'_2)f'_3$$

分法（如解 2），其特点是所有变量等同对待取微分.

### 5.2.4　变量置换下方程式的变形

**例 5.2.14**　设函数 $f(u)$ 具有二阶连续导数，$z=f(\mathrm{e}^x\cos y)$ 满足
$$z_{xx}+z_{yy}=(4z+\mathrm{e}^x\cos y)\mathrm{e}^{2x}$$
若 $f(0)=0,f'(0)=0$，求 $f(u)$ 的表达式.

**解**　令 $u=\mathrm{e}^x\cos y$，则 $z_x=f'(u)\mathrm{e}^x\cos y,z_y=-f'(u)\mathrm{e}^x\sin y$，
$$z_{xx}=f''(u)\mathrm{e}^{2x}\cos^2 y+f'(u)\mathrm{e}^x\cos y$$
$$z_{yy}=f''(u)\mathrm{e}^{2x}\sin^2 y-f'(u)\mathrm{e}^x\cos y$$

将 $z_{xx},z_{yy}$ 代入原方程得 $f''(u)-4f(u)=u$. 其对应齐次方程特征方程的根为 $r_{1,2}=\pm 2$，齐次方程的通解为 $F(u)=C_1\mathrm{e}^{2u}+C_2\mathrm{e}^{-2u}$. 设非齐次方程的特解为 $f^*(u)=au+b$，代入非齐次方程得 $a=-\dfrac{1}{4},b=0$，则非齐次方程的通解为 $f(u)=C_1\mathrm{e}^{2u}+C_2\mathrm{e}^{-2u}-\dfrac{1}{4}u$.

由 $f(0)=0,f'(0)=0$，得 $C_1=\dfrac{1}{16},C_2=-\dfrac{1}{16}$，故
$$f(u)=\frac{1}{16}(\mathrm{e}^{2u}-\mathrm{e}^{-2u}-4u)$$

解题的关键步骤：将偏微分方程化为常微分方程.

求解二阶线性常系数非齐次方程初值问题.

**例 5.2.15**　设函数 $f(u)(u>0)$ 具有连续导数，且 $z=f(\mathrm{e}^{x^2-y^2})$ 满足方程 $z_{xx}+z_{yy}=16z(x^2+y^2)$，求 $f(u)$.

**解**　令 $u=\mathrm{e}^{x^2-y^2}$，则有 $z_x=f'(u)u_x=2xuf'(u)$，
$z_y=f'(u)u_y=-2yuf'(u),z_{xx}=(2u+4x^2u)f'(u)+4x^2u^2f''(u)$
$$z_{yy}=(-2u+4y^2u)f'(u)+4y^2u^2f''(u)$$
于是　　$z_{xx}+z_{yy}=4(x^2+y^2)uf'(u)+4(x^2+y^2)u^2f''(u)$
代入方程 $z_{xx}+z_{yy}=16z(x^2+y^2)$，得
$$u^2f''(u)+uf'(u)-4f(u)=0\quad（欧拉方程）\qquad(*)$$
令 $u=\mathrm{e}^t$，则 $\dfrac{\mathrm{d}z}{\mathrm{d}t}=f'(u)\mathrm{e}^t=uf'(u)$，得
$$\frac{\mathrm{d}^2z}{\mathrm{d}t^2}=\frac{\mathrm{d}}{\mathrm{d}t}(uf'(u))=\mathrm{e}^tf'(u)+uf''(u)\mathrm{e}^t=uf'(u)+u^2f''(u)$$
代入 $(*)$ 式，化为 $\dfrac{\mathrm{d}^2z}{\mathrm{d}t^2}-4z=0\quad(z=f(u))$，解得此二阶线性常系数齐次微分方程的通解为 $z=c_1\mathrm{e}^{2t}+c_2\mathrm{e}^{-2t}$，即 $z=f(u)=c_1u^2+c_2u^{-2}$，其中 $c_1,c_2$ 为任意常数.

$z=f(\mathrm{e}^{x^2-y^2})$ 是 $z=f(u)$ 与 $u=\mathrm{e}^{x^2-y^2}$ 的复合函数. 可由复合函数求导法求出 $z_{xx},z_{yy}$ 与 $f'(u)$，$f''(u)$ 的关系，将所给方程化成 $f(u)$ 的微分方程，以便求解 $f(u)$.

**例 5.2.16**　设函数 $z=z(x,y)$ 具有二阶连续偏导数，且满足方程
$$6z_{xx}+z_{xy}-z_{yy}=0\qquad(*)$$
(1) 作变换 $u=x-2y,v=x+ay$，将方程 $(*)$ 简化为 $z_{uv}=0$，试确定常数 $a$；

(2) 对(1)中确定的 $a$，求满足方程 $(*)$ 的函数 $z(x,y)$.

**解** (1)$z_x = z_u u_x + z_v v_x = z_u + z_v$,

$z_y = z_u u_y + z_v v_y = -2z_u + az_v$

$z_{xx} = \dfrac{\partial}{\partial x}(z_u + z_v) = (z_{uu} + z_{uv}) + (z_{vu} + z_{vv}) = z_{uu} + 2z_{uv} + z_{vv}$

$z_{yy} = \dfrac{\partial}{\partial y}(-2z_u + az_v) = -2(-2z_{uu} + az_{uv}) + a(-2z_{vu} + az_{vv})$

$\quad = 4z_{uu} - 4z_{uv} + a^2 z_{vv}$

$z_{xy} = \dfrac{\partial}{\partial y}(z_u + z_v) = (-2z_{uu} + az_{uv}) + (-2z_{vu} + az_{vv})$

$\quad = -2z_{uu} + (a-2)z_{uv} + az_{vv}$

代入（*）式，并整理得：$(10+5a)z_{uv} + (6+a-a^2)z_{vv} = 0$. 依题意，$a$ 应满足 $\begin{cases} 6+a-a^2 = 0 \\ 10+5a \neq 0 \end{cases}$，解之得 $a = 3$.

（2）方程 $z_{uv} = 0$，即 $\dfrac{\partial}{\partial v}(z_u) = 0$，对 $v$ 积分得 $z_u = f(u)$，其中 $f(u)$ 为任意的具有连续导数的函数. 再对 $u$ 积分得 $z = \varphi(u) + \psi(v)$，其中 $\varphi, \psi$ 为任意的具有二阶连续导数的函数，故所求满足（*）式的函数 $z = \varphi(x-2y) + \psi(x+3y)$.

**注1** 也可视 $z = z[x(u,v), y(u,v)]$，求出

$$z_{uv} = \dfrac{1}{(2+a)^2}[2az_{xx} + (a-2)z_{xy} - z_{yy}]$$

将 $z_{yy} = 6z_{xx} + z_{xy}$ 代入得 $z_{uv} = \dfrac{a-3}{(2+a)^2}(2z_{xx} + z_{xy})$，令 $z_{uv} = 0$，得 $\begin{cases} a-3 = 0 \\ a+2 \neq 0 \end{cases}$，故 $a = 3$.

**注2** 一般地，设函数 $z(x,y)$ 具有二阶连续偏导数，要使方程 $Az_{xx} + 2Bz_{xy} + Cz_{yy} = 0$（常数 $A, B, C$ 满足：$ABC \neq 0$ 且 $B^2 - AC > 0$）在线性变换 $u = x + ay, v = x + by$ 下化为方程 $z_{uv} = 0$，问怎样选取常数 $a, b$？（答案：$a, b$ 为 $A + 2B\lambda + C\lambda^2 = 0$ 的两个实根.）

**\* 例 5.2.17** 设函数 $u = u(r, \theta)$ 具有二阶连续偏导数，且满足极坐标形式的方程

$$Ar^2 u_{rr} + Bru_{r\theta} + Cu_{\theta\theta} + Dru_r + Eu_\theta = 0 \quad (A \neq 0) \qquad (*)$$

试将此方程变为直角坐标形式：$u_{xx} + u_{yy} = 0$，问常数 $A, B, C, D, E$ 应取何值？

**解** 由链导法则得 $u_\theta = -u_x r\sin\theta + u_y r\cos\theta = -yu_x + xu_y$,

$u_r = u_x \cos\theta + u_y \sin\theta$, $ru_r = xu_x + yu_y$

进一步可求得 $u_{\theta\theta} = y^2 u_{xx} - 2xyu_{xy} + x^2 u_{yy} - xu_x - yu_y$,

$ru_{r\theta} = xy(-u_{xx} + u_{yy}) + (x^2 - y^2)u_{xy} - yu_x + xu_y$

$r^2 u_{rr} = x^2 u_{xx} + 2xyu_{xy} + y^2 u_{yy}$

代入（*）式，并整理得

$$(Ax^2 - Bxy + Cy^2)u_{xx} + [2Axy + B(x^2 - y^2) - 2Cxy]u_{xy}$$

$$+ (Ay^2 + Bxy + Cx^2)u_{yy} + [(D-C)x - (B+E)y]u_x$$

将 $z$ 视为以 $u, v$ 为中间变量的 $x, y$ 的二元复合函数 $z = z[u(x,y), v(x,y)]$，变量关系如图 5-5 所示.

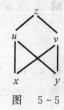

图 5-5

视 $u$ 为 $u = u(x,y)$ 和 $x = r\cos\theta, y = r\sin\theta$ 的复合函数.

$$+[(B+E)x+(D-C)y]u_y=0$$

当 $A=C=D$，且 $B=E=0$ 时，上式为：$Ar^2(u_{xx}+u_{yy})=0$，即 $u_{xx}+u_{yy}=0$。因此，当 $A=C=D\neq0$ 且 $B=E=0$ 时，方程（＊）可化为 $u_{xx}+u_{yy}=0$。

# 5.3　多元微分在几何上的应用

多元微分学在几何、最优化、经济学诸领域有着广泛的应用．这里着重讨论曲面的切平面、法线，空间曲线的切线、法平面．

### 5.3.1　曲面的切平面、法线

**例 5.3.1**　试证：曲面 $\Sigma:x^{\frac{2}{3}}+y^{\frac{2}{3}}+z^{\frac{2}{3}}=a^{\frac{2}{3}}$ 上任意一点 $M_0(x_0,y_0,z_0)$ 处的切平面 $\Pi$ 在各坐标轴上截距的二次方和等于常数 $a^2$。

**证**　令 $F(x,y,z)=x^{\frac{2}{3}}+y^{\frac{2}{3}}+z^{\frac{2}{3}}-a^{\frac{2}{3}}$，则曲面 $\Sigma$ 在点 $M_0$ 处的法矢量 $\boldsymbol{n}=(F_x,F_y,F_z)\Big|_{M_0}=\dfrac{2}{3}(x_0^{\frac{-1}{3}},y_0^{\frac{-1}{3}},z_0^{\frac{-1}{3}})$，点 $M_0$ 处的切平面方程为

$$\Pi:x_0^{\frac{-1}{3}}(x-x_0)+y_0^{\frac{-1}{3}}(y-y_0)+z_0^{\frac{-1}{3}}(z-z_0)=0$$

即 $x_0^{\frac{-1}{3}}x+y_0^{\frac{-1}{3}}y+z_0^{\frac{-1}{3}}z=a^{\frac{2}{3}}$，因此切平面 $\Pi$ 在各坐标轴上的截距分别为

$$X=x_0^{\frac{1}{3}}a^{\frac{2}{3}},Y=y_0^{\frac{1}{3}}a^{\frac{2}{3}},Z=z_0^{\frac{1}{3}}a^{\frac{2}{3}}.$$

故截距的二次方和 $d=X^2+Y^2+Z^2=a^{\frac{4}{3}}(x_0^{\frac{2}{3}}+y_0^{\frac{2}{3}}+z_0^{\frac{2}{3}})=a^2$。

**例 5.3.2**　求椭球面 $\Sigma:x^2+2y^2+3z^2=21$ 上某点处的切平面 $\Pi$ 的方程，使 $\Pi$ 过已知直线 $L:\dfrac{x-6}{2}=\dfrac{y-3}{1}=\dfrac{2z-1}{-2}$。

**解 1**　令 $F(x,y,z)=x^2+2y^2+3z^2-21$，则曲面上点 $M_0(x_0,y_0,z_0)$ 处的切平面方程为 $\Pi:2x_0(x-x_0)+4y_0(y-y_0)+6z_0(z-z_0)=0$，即

$$x_0x+2y_0y+3z_0z-21=0 \tag{1}$$

又 $\Pi$ 过直线 $L$，点 $A(6,3,\dfrac{1}{2})$ 在 $\Pi$ 上，且直线 $L$ 的方向向量 $\boldsymbol{S}=(2,1,-1)$ 垂直于 $\Pi$ 的法向量 $\boldsymbol{n}=(x_0,2y_0,3z_0)$，从而有

$$6x_0+6y_0+\frac{3}{2}z_0-21=0,2x_0+2y_0-3z_0=0$$

再与 $x_0^2+2y_0^2+3z_0^2=21$ 联立解得两切点：$(3,0,2),(1,2,2)$，故切平面方程为：$x+2z-7=0$ 及 $x+4y+6z-21=0$。

**解 2**　（用平面束方法）直线 $L$ 的一般式方程为 $\begin{cases}x+2z-7=0\\x-2y=0\end{cases}$，故过直线 $L$ 的平面束方程为 $x+2z-7+\lambda(x-2y)=0$，即

$$(1+\lambda)x-2\lambda y+2z=7,\text{也即 }3(1+\lambda)x-6\lambda y+6z=21$$

而椭球面的切平面方程为 $x_0x+2y_0y+3z_0z-21=0$，两平面重合，比较系数得 $x_0=3(1+\lambda),y_0=-3\lambda,z_0=2$，代入椭球面方程整理得 $\lambda(3\lambda+2)=0$，

此题的关键词为：切平面，截距，二次方和。

因点 $M_0(x_0,y_0,z_0)$ 在曲面 $\Sigma$ 上，有 $x_0^{\frac{2}{3}}+y_0^{\frac{2}{3}}+z_0^{\frac{2}{3}}=a^{\frac{2}{3}}$

因点 $M_0(x_0,y_0,z_0)$ 在曲面 $\Sigma$ 上，有 $x_0^2+2y_0^2+3z_0^2=21$

解得 $\lambda=0$ 说明 $x+2z-7=0$ 本身是一张切平面．因此如果平面束方程设为 $x-2y+\lambda(x+2z-7)=0$，则丢失

解得 $\lambda = 0$ 或 $\lambda = -\dfrac{2}{3}$. 故所求切平面方程为

$$x + 2z - 7 = 0 \quad \text{或} \quad x + 4y + 6z - 21 = 0$$

**解 3** （用直线的参数方程）直线 $L$ 的参数方程为

$$\begin{cases} x = 6 + 2t \\ y = 3 + t \\ z = \dfrac{1}{2} - t \end{cases}$$

代入切平面方程 (1) 得

$$\left(6x_0 + 6y_0 + \dfrac{3}{2}z_0 - 21\right) + t(2x_0 + 2y_0 - 3z_0) \equiv 0$$

于是 $\begin{cases} 4x_0 + 4y_0 + z_0 = 14 \\ 2x_0 + 2y_0 - 3z_0 = 0 \end{cases}$ （以下同解 1）.

**例 5.3.3** 设直线 $l : \begin{cases} x + y + b = 0 \\ x + ay - z - 3 = 0 \end{cases}$ 在平面 $\Pi$ 上，而平面 $\Pi$ 与曲面 $\Sigma : z = x^2 + y^2$ 相切于点 $M_0(1, -2, 5)$，求常数 $a, b$ 之值.

**解 1** 曲面 $\Sigma : z = x^2 + y^2$ 在点 $M_0(1, -2, 5)$ 处的法矢量为

$$\boldsymbol{n} = (2x_0, 2y_0, -1) = (2, -4, -1)$$

故平面 $\Pi$ 的方程为

$$2(x - 1) - 4(y + 2) - (z - 5) = 0$$

即

$$2x - 4y - z - 5 = 0$$

又直线 $l$ 的方向向量 $\boldsymbol{S} = \begin{vmatrix} \boldsymbol{i} & \boldsymbol{j} & \boldsymbol{k} \\ 1 & 1 & 0 \\ 1 & a & -1 \end{vmatrix} = (-1, 1, a - 1)$，由直线 $l$ 在平面 $\Pi$ 上，知 $\boldsymbol{S} \cdot \boldsymbol{n} = -5 - a = 0$，故 $a = -5$.

再取 $l$ 上一点 $A$：令 $y = 0$，得 $x = -b, z = -b - 3$，代入平面 $\Pi$ 方程得 $b = -2$.

**解 2** （平面束方法）请读者自行完成.

**注** 例 5.3.2 是已知曲面的某切平面过已知直线，求此切平面. 例 5.3.3 是已知曲面上定点处的切平面过含参直线，反求此直线方程中的参数. 两者的求解方法颇类似. 也可设置曲面含有待定参数，构造类似的问题.

**例 5.3.4** 求证：曲面 $\Sigma : z = x + f(y - z)$ 上任一点处的切平面平行于定直线，其中 $f(u)$ 可导.

**证** 设 $M_0(x_0, y_0, z_0)$ 为曲面 $\Sigma$ 上任一点，则曲面 $\Sigma$ 在该点处的切平面的法矢量：$\boldsymbol{n} = (1, f'(y_0 - z_0), -1 - f'(y_0 - z_0))$，设某定直线 $L$ 的方向向量 $\boldsymbol{S} = (l, m, n)$，依题意，欲使切平面 $\Pi$ 平行于定直线 $L$，即有

$$\boldsymbol{n} \cdot \boldsymbol{S} = l + mf'(y_0 - z_0) - n - nf'(y_0 - z_0) = 0$$

易知 $\boldsymbol{S} = (1, 1, 1)$ 符合条件，故切平面 $\Pi$ 平行于定直线 $L : \dfrac{x}{1} = \dfrac{y}{1} = \dfrac{z}{1}$.

**例 5.3.5** 设 $f'(r) \neq 0, x_0 + y_0 \neq 0$，则曲面 $\Sigma : z = f(\sqrt{x^2 + y^2})$ 上

此切平面. 应注意，过两个平面 $P_1(x, y, z) = 0$ 和 $P_2(x, y, z) = 0$ 的平面束 $P_1 + \lambda P_2 = 0$ 未包含平面 $P_2$. 如果这样设置，则需要补充讨论，不要遗漏.

因直线在切平面上，故所得式子对任意 $t$ 成立.

平面 $\Pi$ 即曲面 $\Sigma$ 在点 $M_0$ 处的切平面.

确定参数 $a, b$ 需要两个条件. 解 1 是用：由 $l$ 在 $\Pi$ 上知方向向量 $\boldsymbol{S}$ 与法向量 $\boldsymbol{n}$ 垂直，及 $l$ 上一点在 $\Pi$ 上的条件.

也可将 $l$ 的参数方程，或任取 $l$ 上两点坐标，代入平面方程来确定 $a, b$.

本题是个几何命题：形如 $z = x + f(y - z)$ 的曲面是母线平行于向量 $(1, 1, 1)$ 的柱面.

点 $P_0(x_0,y_0,z_0)$ 处法线与 $z$ 轴的关系是：

（A）平行　（B）异面直线　（C）垂直相交　（D）不垂直相交

**分析**　曲面 $\Sigma$ 在点 $P_0$ 处的法向量

$$\boldsymbol{n}=(z_x,z_y,-1)\Big|_{P_0}=\frac{1}{r_0}(x_0f'(r_0),y_0f'(r_0),-r_0)$$

其中 $r_0=\sqrt{x_0^2+y_0^2}$，由 $f'(r_0)\neq0,x_0+y_0\neq0$，易知 $\boldsymbol{n}$ 不平行于 $z$ 轴. 又（记 $\boldsymbol{k}$ 为 $z$ 轴上的坐标向量）

$$(\boldsymbol{k}\times\overrightarrow{OP_0})\cdot\boldsymbol{n}=\begin{vmatrix}0&0&1\\x_0&y_0&z_0\\x_0f'(r_0)&y_0f'(r_0)&-r_0\end{vmatrix}=0$$

因此，法线与 $z$ 轴非异面直线关系，从而相交，再由 $\boldsymbol{k}\cdot\boldsymbol{n}=-1\neq0$ 知，法线与 $z$ 轴不垂直，故选（D）.

### 5.3.2　空间曲线的切线、法平面

**例 5.3.6**　在曲线 $L:x=t,y=-t^2,z=t^3$ 的所有切线中，求与平面 $\Pi$：$x+2y+z=4$ 平行的切线.

**解**　曲线 $L$ 在点 $M_0(x_0,y_0,z_0)$ 处的切向量 $\boldsymbol{\tau}=(1,-2t_0,3t_0^2)$，依题意，切线向量与平面的法向量 $\boldsymbol{n}=(1,2,1)$ 垂直，即

$$\boldsymbol{\tau}\cdot\boldsymbol{n}=1-4t_0+3t_0^2=0$$

解得 $t_0=1$ 及 $t_0=\frac{1}{3}$. 因此，切点 $(1,-1,1)$ 和 $\left(\frac{1}{3},-\frac{1}{9},\frac{1}{27}\right)$ 处切向量为 $\boldsymbol{\tau}_1=(1,-2,3)$，$\boldsymbol{\tau}_2=\left(1,-\frac{2}{3},\frac{1}{3}\right)$，所求切线为

$$L_1:\frac{x-1}{1}=\frac{y+1}{-2}=\frac{z-1}{3},\quad L_2:\frac{x-\frac{1}{3}}{3}=\frac{y+\frac{1}{9}}{-2}=\frac{z-\frac{1}{27}}{1}$$

**例 5.3.7**　求曲线 $\Gamma:\begin{cases}x^2+y^2+z^2-\frac{9}{4}=0\\3x^2+(y-1)^2+z^2-\frac{17}{4}=0\end{cases}$ 上点 $(1,y_0,z_0)$ 处的切线及法平面方程.

**解 1**　将 $x=1$ 代入方程组解得 $y_0=\frac{1}{2},z_0=\pm1$，即切点为 $M_1\left(1,\frac{1}{2},1\right)$ 和 $M_2\left(1,\frac{1}{2},-1\right)$.

又曲线 $\Gamma$ 方程组确定隐函数 $\begin{cases}y=y(x)\\z=z(x)\end{cases}$，方程组对 $x$ 求导得

$$\begin{cases}2x+2yy'+2zz'=0\\6x+2(y-1)y'+2zz'=0\end{cases}$$

解得 $y'=2x,z'=-\frac{x(2y+1)}{z}$. 所以，点 $M_1\left(1,\frac{1}{2},1\right)$ 处切向量

---

从直观看，这是中心轴为 $z$ 轴的旋转曲面，其上任一点的法线必与 $z$ 轴相交，但除 $(0,0,f(0))$ 点处外，不垂直.

设两空间直线 $L_1,L_2$ 分别过点 $M_1,M_2$，方向向量分别为 $\boldsymbol{S}_1,\boldsymbol{S}_2$，则它们共面的充要条件是：$(\boldsymbol{S}_1\times\boldsymbol{S}_2)\cdot\overrightarrow{M_1M_2}=0$

切向量 $\boldsymbol{\tau}$ 也可通过曲线的方程组中各曲面法矢量的向量积得到

$$\boldsymbol{\tau}=\begin{vmatrix}\boldsymbol{i}&\boldsymbol{j}&\boldsymbol{k}\\2x&2y&2z\\6x&2y-2&2z\end{vmatrix}=4(z,2xz,-x-2xy)$$

$$\boldsymbol{\tau}_1 = (1, y', z') = (1, 2, -2)$$

故切线方程为 $L_1 : \dfrac{x-1}{1} = \dfrac{y-\frac{1}{2}}{2} = \dfrac{z-1}{-2}$，法平面方程为

$$\Pi_1 : (x-1) + 2\left(y-\frac{1}{2}\right) - 2(z-1) = 0$$

即

$$\Pi_1 : x + 2y - 2z = 0$$

点 $M_2\left(1, \dfrac{1}{2}, -1\right)$ 处切向量 $\boldsymbol{\tau}_2 = (1, 2, 2)$，故切线方程为

$$L_2 : \frac{x-1}{1} = \frac{y-\frac{1}{2}}{2} = \frac{z+1}{2}$$

法平面方程为

$$\Pi_2 : (x-1) + 2\left(y-\frac{1}{2}\right) + 2(z+1) = 0$$

即

$$\Pi_2 : x + 2y + 2z = 0$$

**解 2**　求切点如解 1：$M_1\left(1, \dfrac{1}{2}, 1\right)$ 和 $M_2\left(1, \dfrac{1}{2}, -1\right)$. 设 $\Gamma$ 为球面 $x^2 + y^2 + z^2 - \dfrac{9}{4} = 0$ 及椭球面 $3x^2 + (y-1)^2 + z^2 - \dfrac{17}{4} = 0$ 的交线，则过点 $(x_0, y_0, z_0)$ 的 $\Gamma$ 的切线 $L$ 即为两曲面切平面的交线，因此，切线的方程为

$$L : \begin{cases} x_0 x + y_0 y + z_0 z = \dfrac{9}{4} \\ 3x_0 x + (y_0 - 1)(y - 1) + z_0 z = \dfrac{17}{4} \end{cases}$$

即 $L_1 : \begin{cases} x + \dfrac{1}{2}y + z = \dfrac{9}{4} \\ 3x - \dfrac{1}{2}y + z = \dfrac{15}{4} \end{cases}$，法平面 $\Pi_1 : x + 2y - 2z = 0$

$L_2 : \begin{cases} x + \dfrac{1}{2}y - z = \dfrac{9}{4} \\ 3x - \dfrac{1}{2}y - z = \dfrac{15}{4} \end{cases}$，法平面 $\Pi_2 : x + 2y + 2z = 0$

**例 5.3.8**　求过直线 $L : \begin{cases} x + 2y + z - 1 = 0 \\ x - y - 2z + 3 = 0 \end{cases}$，且与曲线 $\Gamma :$ $\begin{cases} x^2 + y^2 = \dfrac{1}{2}z^2 \\ x + y + 2z = 4 \end{cases}$ 在点 $M_0(1, -1, 2)$ 处的切线平行的平面方程.

**解**　过直线 $L$ 的平面束方程为

$$\Pi(\lambda) : x + 2y + z - 1 + \lambda(x - y - 2z + 3) = 0$$

其法向量 $\boldsymbol{n} = (1+\lambda, 2-\lambda, 1-2\lambda)$. 又曲线 $\Gamma$ 在点 $M_0(1, -1, 2)$ 处的切向量为

切线也可用直线的一般式方程表达（两平面的交线）.

需要用条件：切线平行于平面来确定 $\lambda$.

$$\boldsymbol{\tau} = \begin{vmatrix} \boldsymbol{i} & \boldsymbol{j} & \boldsymbol{k} \\ 2x_0 & 2y_0 & -z_0 \\ 6x & 2y-2 & 2z \end{vmatrix} = (4y_0+z_0, -4x_0-z_0, 2x_0-2y_0)$$

$$= -2(1,3,-2)$$

由于切线平行于平面,

$$\boldsymbol{n} \cdot \boldsymbol{\tau} = -2[(1+\lambda)+3(2-\lambda)-2(1-2\lambda)] = 0$$

得 $\lambda = -\dfrac{5}{2}$,故所求平面方程为: $3x-9y-12z+17=0$

**例 5.3.9**　在柱面 $\Sigma: x^2+y^2=R^2$ 上求一曲线 $\Gamma$,使它通过点 $M_0(R,0,0)$,且每点处的切向量与 $x$ 轴、$z$ 轴的夹角相等.

**解**　由于曲线 $\Gamma$ 在柱面 $\Sigma$ 上,设 $\Gamma$ 的参数方程为

$$\Gamma: \begin{cases} x=R\cos\theta \\ y=R\sin\theta \\ z=z(\theta) \quad (z(\theta)\ 待定) \end{cases}$$

则其切向量为 $\boldsymbol{\tau} = (x'(\theta), y'(\theta), z'(\theta)) = (-R\sin\theta, R\cos\theta, z'(\theta))$.

由题意知,切向量与 $x$ 轴、$z$ 轴的夹角相等,则有

$$\boldsymbol{\tau} \cdot \boldsymbol{i} = \boldsymbol{\tau} \cdot \boldsymbol{k}\,(其中\ \boldsymbol{i},\boldsymbol{k}\ 分别为\ x,z\ 轴上单位向量)$$

解得 $z'(\theta) = -R\sin\theta, z(\theta) = R\cos\theta + C$. 再由点 $M_0(R,0,0)$ 在曲线 $\Gamma$ 上,得 $\theta=0$ 时,$z(\theta)=0$,从而 $C=-R$. 故所求曲线 $\Gamma$ 方程为

$$\Gamma: \begin{cases} x=R\cos\theta \\ y=R\sin\theta \\ z=-R+R\cos\theta \end{cases}$$

# 5.4　多元函数的极值与最值

多元函数的极值、最值的概念是一元函数相应概念的推广. 但具体的判定方法会增加难度. 通常有以下几类问题:求多元函数的极值,求解条件极值问题,多元最值问题.

### 5.4.1　多元函数的简单极值问题

***例 5.4.1**　已知函数 $f(x,y)$ 在点 $(0,0)$ 的某邻域内连续,且 $\lim\limits_{\substack{x\to 0 \\ y\to 0}} \dfrac{f(x,y)-xy}{(x^2+y^2)^2} = 1$,则点 $(0,0)$ (　　).

(A) 不是 $f(x,y)$ 的极值点;　　(B) 是 $f(x,y)$ 的极大值点;

(C) 是 $f(x,y)$ 的极小值点;　　(D) 是否为极值点由条件无法判定

**解 1**　应选(A). $\lim\limits_{\substack{x\to 0 \\ y\to 0}} \dfrac{f(x,y)-xy}{(x^2+y^2)^2} = 1$ 等价于

$$f(x,y) = xy + (x^2+y^2)^2 + o((x^2+y^2)^2)$$

右栏注释：

过直线 $L$ 的平面还有 $\Pi_0$ : $x-y-2z+3=0$ 其法矢量 $\boldsymbol{n}^0=[1\ -1\ -2]$, 由于 $\boldsymbol{n}_0 \cdot \boldsymbol{\tau} = -4 \neq 0$. 故 $\Pi_0$ 不是所求平面.

类似一元函数与其极限的关系 $\lim\limits_{\substack{x\to x_0 \\ y\to y_0}} f(x,y) = A$ $\Leftrightarrow f(x,y) = A + \alpha(\alpha\to 0)$

由 $f(x,y)$ 在点 $(0,0)$ 处连续,有

$$f(0,0)=\lim_{\substack{x\to 0\\y\to 0}}f(x,y)=\lim_{\substack{x\to 0\\y\to 0}}[xy+(x^2+y^2)^2+o((x^2+y^2)^2)]=0$$

当 $|x|(\neq 0)$ 充分小时,有

$$f(x,x)=x^2+4x^4+o(x^4)>0=f(0,0)$$

$$f(x,-x)=-x^2+4x^4+o(x^4)<0=f(0,0)$$

故点 $(0,0)$ 不是 $f(x,y)$ 的极值点.

**注** 请读者考虑以下解法是否正确.若不正确,错在哪里?

**答** 应选(B).由 $\lim\limits_{\substack{x\to 0\\y\to 0}}\dfrac{f(x,y)-xy}{(x^2+y^2)^2}=1$ 得

$$f(x,y)=xy+(x^2+y^2)^2+o((x^2+y^2)^2)$$

再由 $xy\leqslant\dfrac{x^2+y^2}{2}$ 得

$$f(x,y)\leqslant\frac{x^2+y^2}{2}+(x^2+y^2)^2+o((x^2+y^2)^2)\to 0$$

$$=f(0,0)(当\ x\to 0,y\to 0\ 时)$$

故 $f(0,0)$ 是极大值.

> 这里用极值定义判定极值.

**例 5.4.2** 设函数 $f(x,y)$ 在有界闭域 $D$ 上具有二阶连续偏导数,且满足 $f''_{xx}+f''_{yy}=0$ 及 $f''_{xy}\neq 0$,则 $f(x,y)$ 在区域 $D$ 的( ).

(A) 内部取得最值; (B) 内部取得最大值,边界取得最小值;

(C) 边界取得最值; (D) 边界取得最大值,内部取得最小值

**解** 应选(C).由题意有

$$B^2-AC=(f''_{xy})^2+(f''_{xx})^2>0(\forall(x,y)\in D)$$

这表明 $D$ 的内点都不是极值点.又因函数 $f(x,y)$ 在有界闭域 $D$ 上连续,它必在 $D$ 上取得最值,故 $D$ 的边界上取得最大值和最小值.

> 二阶偏导数连续的函数 $f(x,y)$ 取得极值的必要条件:$f'_x=0,f'_y=0$;充分条件:当 $\Delta=B^2-AC<0$ 时,$f(x_0,y_0)$ 是极值,当 $\Delta>0$ 时,$f(x_0,y_0)$ 不是极值.

**例 5.4.3** 设函数 $f(x)$ 具有二阶连续导数,且 $f(x)>0,f'(0)=0$,则函数 $z=f(x)\ln f(y)$ 在点 $(0,0)$ 处取得极小值的一个充分条件是( ).

(A)$f(0)>1,f''(0)>0$; (B)$f(0)>1,f''(0)<0$;

(C)$f(0)<1,f''(0)>0$; (D)$f(0)<1,f''(0)<0$

**解** 应选(A). $z_x(0,0)=f'(x)\ln f(y)\Big|_{(0,0)}=0$,

> 解此题的关键是:明了取得极小值的充分条件是 $A>0,\Delta<0$.

$$z_y(0,0)=f(x)\frac{f'(y)}{f(y)}\Big|_{(0,0)}=0,A=z_{xx}(0,0)=f''(x)\ln f(y)\Big|_{(0,0)}>0$$

$$B=z_{xy}(0,0)=f'(x)\frac{f'(y)}{f(y)}\Big|_{(0,0)}=0$$

$$C=z_{yy}(0,0)=f(x)f^{-2}(y)[f''(y)f(y)-f'^2(y)]\Big|_{(0,0)}=f''(0)>0$$

$$\Delta=B^2-AC<0,函数\ z\ 在点\ (0,0)\ 处取得极小值.$$

**例 5.4.4** 求函数 $f(x,y)=(y+\dfrac{1}{3}x^3)e^{x+y}$ 的极值.

**解**　令 $\begin{cases} f_x = (x^2 + y + \frac{1}{3}x^3)\mathrm{e}^{x+y} = 0 \\ f_y = (1 + y + \frac{1}{3}x^3)\mathrm{e}^{x+y} = 0 \end{cases}$，得 $x = -1, y = -\frac{2}{3}$，或 $x = 1$，

$y = -\frac{4}{3}$.

在点 $x = -1, y = -\frac{2}{3}$ 处，$A = f_{xx} = -\mathrm{e}^{-\frac{5}{3}}, b = f_{xy} = \mathrm{e}^{-\frac{5}{3}}, C = f_{yy} = \mathrm{e}^{-\frac{5}{3}}$，

$\Delta = B^2 - AC > 0$，故 $(-1, -\frac{2}{3})$ 不是 $f(x,y)$ 的极值点.

在点 $x = 1, y = -\frac{4}{3}$ 处，$A = f_{xx} = 3\mathrm{e}^{-\frac{1}{3}} > 0, b = f_{xy} = \mathrm{e}^{-\frac{1}{3}}, C = f_{yy} = \mathrm{e}^{-\frac{1}{3}}$，

$\Delta = B^2 - AC = -\mathrm{e}^{-\frac{2}{3}} < 0$，故 $f(x,y)$ 在点 $(1, -\frac{4}{3})$ 取得极小值 $f(1, -\frac{4}{3})$

$= -\mathrm{e}^{-\frac{1}{3}}$.

　*　**例 5.4.5**　求函数 $z = (x^2 + y^2)\mathrm{e}^{-x^2-y^2}$ 的极值.

**解**　$\begin{cases} z_x = 2x(1 - x^2 - y^2)\mathrm{e}^{-x^2-y^2} \overset{令}{=\!=\!=} 0 \\ z_y = 2y(1 - x^2 - y^2)\mathrm{e}^{-x^2-y^2} \overset{令}{=\!=\!=} 0 \end{cases}$

解得驻点：$(0,0)$ 和 $x^2 + y^2 = 1$. 又

$A = z_{xx} = [2(1 - 3x^2 - y^2) - 4x^2(1 - x^2 - y^2)]\mathrm{e}^{-x^2-y^2}$

$B = z_{xy} = -4xy(2 - x^2 - y^2)\mathrm{e}^{-x^2-y^2}$

$C = z_{yy} = [2(1 - x^2 - 3y^2) - 4y^2(1 - x^2 - y^2)]\mathrm{e}^{-x^2-y^2}$

在驻点 $(0,0)$ 处，$\Delta_1 = B^2 - AC = -4 < 0, A = 2 > 0$，故函数在点 $(0,0)$

处取得极小值 $z(0,0) = 0$.

在驻点 $(x,y): x^2 + y^2 = 1$ 处，

$\Delta_2 = B^2 - AC = [(-4xy)^2 - (-4x^2)(-4y^2)]\mathrm{e}^{-2} = 0$

通常判定方法失效.

令 $t = x^2 + y^2 (t \geqslant 0)$，则 $z = t\mathrm{e}^{-t}, \dfrac{\mathrm{d}z}{\mathrm{d}t} = (1-t)\mathrm{e}^{-t}$，令 $\dfrac{\mathrm{d}z}{\mathrm{d}t} = 0$ 得驻点 $t =$

$1$. 而 $\dfrac{\mathrm{d}^2 z}{\mathrm{d}t^2}\Big|_{t=1} = (t-2)\mathrm{e}^{-t}\Big|_{t=1} = -\mathrm{e}^{-1} < 0$，因此，在 $t = 1$ 处 $z = t\mathrm{e}^{-t}$ 取得极

大值，即函数 $z = (x^2 + y^2)\mathrm{e}^{-x^2-y^2}$ 在圆周 $x^2 + y^2 = 1$ 上取得极大值 $z_0 = \mathrm{e}^{-1}$.

　　**例 5.4.6**　求由方程 $2x^2 + y^2 + z^2 + 2xy - 2x - 2y - 4z + 4 = 0$ 所确

定的函数 $z = z(x,y)$ 的极值.

**解**　方程两边分别对 $x, y$ 求偏导得

$\begin{cases} 4x + 2zz_x + 2y - 2 - 4z_x = 0 \\ 2y + 2zz_y + 2x - 2 - 4z_y = 0 \end{cases}$　$\begin{cases} z_x = \dfrac{2x + y - 1}{2 - z} \overset{令}{=\!=\!=} 0 \\ z_y = \dfrac{x + y - 1}{2 - z} \overset{令}{=\!=\!=} 0 \end{cases}$

得驻点 $x = 0, y = 1$. 代入原方程解得 $z_1 = z_1(0,1) = 1, z_2 = z_2(0,1) = 3$. 又

右侧栏批注：

先由一阶偏导为零求可能极值点 $P_1, P_2$. 再根据这两点处判别式 $\Delta = B^2 - AC$ 取值的负正决定该点是否为极值点.

单位圆周上每个点都是驻点，无穷多个.

也可由定义知点 $(0,0)$ 处取得极小值，因 $z(x,y) > z(0, 0) = 0$

转化为一元函数求极值问题.

求隐函数 $z = z(x,y)$ 的极值与求显函数极值的必要条件、充分条件是一致的.

$z_{xx} = \dfrac{2(2-z)+(2x+y-1)z_x}{(2-z)^2}, z_{xy} = \dfrac{(2-z)+(2x+y-1)z_y}{(2-z)^2}$,

$z_{yy} = \dfrac{(2-z)+(x+y-1)z_y}{(2-z)^2}$. 在点 $M_1(0,1,1)$ 处：

$$\Delta_1 = B_1^2 - A_1 C_1 = (z_{xy}^2 - z_{xx}z_{yy})_{M_1}$$
$$= \left(\dfrac{1}{2-z_1}\right)^2 - \dfrac{2}{2-z_1}\dfrac{1}{2-z_1} = -1 < 0$$

又 $A_1 = z_{xx}\Big|_{M_1} = \dfrac{2}{2-z_1} = 2 > 0$，故隐函数 $z_1(x,y)$ 取得极小值 $z_1(0,1) =$

1. 在点 $M_2(0,1,3)$ 处：

$$\Delta_2 = (z_{xy}^2 - z_{xx}z_{yy})_{M_2} = \left(\dfrac{1}{2-z_2}\right)^2 - \dfrac{2}{2-z_2}\dfrac{1}{2-z_2} = -1 < 0$$

又 $A_2 = z_{xx}\Big|_{M_2} = \dfrac{2}{2-z_2} = -2 < 0$，故隐函数 $z_2(x,y)$ 取得极大值 $z_2(0,1)$
$= 3$.

右栏：$z_{xx}, z_{xy}, z_{yy}$ 表达式中的 $z_x, z_y$ 在驻点处取值为零。

### 5.4.2 多元函数的条件极值

**例 5.4.7** 求抛物线 $y = x^2$ 与直线 $x-y-2=0$ 之间的最短距离.

**解 1** 设 $M(x,y)$ 为抛物线上任一点，则目标函数为点 $M$ 到直线的距

离：$d = \dfrac{|x-y-2|}{\sqrt{2}}$，约束条件为 $y = x^2$. 作拉格朗日函数

$$L(x,y,\lambda) = (x-y-2)^2 + \lambda(y-x^2)$$

解方程组

$$\begin{cases} L_x = 2(x-y-2) - 2\lambda x = 0 & (1) \\ L_y = -2(x-y-2) + \lambda = 0 & (2) \\ L_\lambda = y - x^2 = 0 & (3) \end{cases}$$

得唯一驻点 $x_0 = \dfrac{1}{2}, y_0 = \dfrac{1}{4}$. 由问题知，抛物线与直线的最短距离 $d_{\min}$ 存在，

故 $d_{\min} = d(x_0,y_0) = \dfrac{1}{\sqrt{2}}|x_0 - y_0 - 2| = \dfrac{7}{8}\sqrt{2}$.

**解 2** （用几何意义）如图 5-6 所示. 本题可归结为求抛物线上一点 $(x_0,y_0)$，使过此点的切线平行于直线

$$x - y - 2 = 0$$

即有 $y'\Big|_{(x_0,y_0)} = 2x_0 = 1, x_0 = \dfrac{1}{2}, y_0 = \dfrac{1}{4}$. 而点 $\left(\dfrac{1}{2},\right.$

$\left.\dfrac{1}{4}\right)$ 到 $x-y-2=0$ 的距离 $d = \dfrac{1}{\sqrt{2}}\left|\dfrac{1}{2} - \dfrac{1}{4} - 2\right|$

$\dfrac{7}{8}\sqrt{2}$ 便是所求的最短距离值.

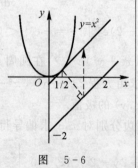

图 5-6

右栏：请读者从几何意义上考虑，此例中为什么会出现同一驻点对应两个 $z$ 值，又分别为极大值，极小值？并用几何意义解释.

即求抛物线上点到直线的最短距离，属于条件极值问题.

在相同条件下，$d$ 与 $2d^2$ 的可能极值点相同.

从解 1 中的 (1)、(2) 式消去 $\lambda$ 得 $(x-y-2)(1-2x)=0$，$x = \dfrac{1}{2}$，代入式 (3) 得 $y = \dfrac{1}{4}$. 结合解 2 可加深理解拉格朗日乘数 $\lambda$ 的几何意义.

**例 5.4.8**　已知曲线 $C:\begin{cases} x^2+y^2-2z^2=0 \\ x+y+3z=5 \end{cases}$，求 $C$ 上距离 $xOy$ 面最远和最近点.

**解**　点 $(x,y,z)$ 到 $xOy$ 面的距离为：$|z|$，故求 $C$ 上距离 $xOy$ 面最远点和最近点，即求函数 $F=z^2$ 在条件 $x^2+y^2-2z^2=0$ 与 $x+y+3z=5$ 下的最大与最小值点. 作

$$L(x,y,z,\lambda,\mu)=z^2+\lambda(x^2+y^2-2z^2)+\mu(x+y+3z-5)$$

由 $\begin{cases} L'_x=2\lambda x+\mu=0 \\ L'_y=2\lambda y+\mu=0 \\ L'_z=2z-4\lambda z+3\mu=0 \\ L'_\lambda=x^2+y^2-2z^2=0 \\ L'_\mu=x+y+3z-5=0 \end{cases}$ 得 $x=y$，从而 $\begin{cases} x^2-z^2=0 \\ 2x+3z-5=0 \end{cases}$，解得

$x=-5,y=-5,z=5$，或 $x=1,y=1,z=1$.

由几何意义知，曲线 $C$ 上存在距离 $xOy$ 面的最远点和最近点，故所求点依次为 $(-5,-5,5),(1,1,1)$.

**例 5.4.9**　抛物面 $z=x^2+y^2$ 被平面 $x+y+z=1$ 截成一椭圆，求原点到这椭圆的最长与最短距离.

**解**　设 $M(x,y,z)$ 为椭圆上任一点，则原点到椭圆上这点的距离：$d=\sqrt{x^2+y^2+z^2}$，问题可转化为求函数 $g(x,y,z)=x^2+y^2+z^2$ 在条件 $x^2+y^2-z=0,x+y+z-1=0$ 之下的最大值、最小值.

用拉格朗日乘数法，令

$$F(x,y,z,\lambda,\mu)=x^2+y^2+z^2+\lambda(x^2+y^2-z)+\mu(x+y+z-1)$$

由方程组 $\begin{cases} F_x=2x+2\lambda x+\mu=0 \\ F_y=2y+2\lambda y+\mu=0 \\ F_z=2z-\lambda+\mu=0 \\ F_\lambda=x^2+y^2-z=0 \\ F_\mu=x+y+z-1=0 \end{cases}$ 的前两式得 $x=y$，代入后两式得

$\begin{cases} z=2x^2 \\ z=1-2x \end{cases}$，解得可能最值点：$x=y=\dfrac{-1\pm\sqrt3}{2},z=2\mp\sqrt3$. 记

$$M_1\left(\frac{-1+\sqrt3}{2},\frac{-1+\sqrt3}{2},2-\sqrt3\right),M_2\left(\frac{-1-\sqrt3}{2},\frac{-1-\sqrt3}{2},2+\sqrt3\right)$$

可求得 $g(M_1)=9-5\sqrt3$，$g(M_2)=9+5\sqrt3$.

由题意，原点到椭圆的最长距离与最短距离存在，且必在 $M_1,M_2$ 处取得，因此，最长距离和最短距离分别为

$$d_{\max}=\sqrt{g(M_2)}=\sqrt{9+5\sqrt3}，d_{\min}=\sqrt{g(M_1)}=\sqrt{9-5\sqrt3}$$

**注**　请读者考虑设以下拉格朗日函数是否正确.

$$F(x,y,z,\lambda)=x^2+y^2+z^2+\lambda(x^2+y^2+x+y-1) \tag{$*$}$$

这样设的理由是：点 $(x,y,z)$ 满足方程组 $\begin{cases} x^2+y^2-z=0 \\ x+y+z-1=0 \end{cases}$，也一定满足这

（侧栏注释）

求目标函数 $|z|$ 在两约束条件下之最大、最小值点，等价于求 $z^2$ 在两约束条件下之最大、最小值点.

$d$ 与 $g$ 在相同条件下的极值点相同.

注中所设拉格朗日函数是错误的.$(**)$ 式是过该椭圆曲线的柱面，不是原椭圆曲线，$(*)$ 式对应的是原点到此柱面的最长与最短距离，不再是原问题了.

两方程所产生的新方程

$$x^2 + y^2 + x + y - 1 = 0 \qquad (**)$$

**例 5.4.10** 若 $f(x,y)$ 与 $\varphi(x,y)$ 均为可微函数,且 $\varphi'_y(x,y) \neq 0$,已知 $(x_0, y_0)$ 是 $f(x,y)$ 在约束条件 $\varphi(x,y)=0$ 下的一个极值点,下列选项正确的是( ).

(A) 若 $f'_x(x_0, y_0) = 0$,则 $f'_y(x_0, y_0) = 0$;

(B) 若 $f'_x(x_0, y_0) = 0$,则 $f'_y(x_0, y_0) \neq 0$;

(C) 若 $f'_x(x_0, y_0) \neq 0$,则 $f'_y(x_0, y_0) = 0$;

(D) 若 $f'_x(x_0, y_0) \neq 0$,则 $f'_y(x_0, y_0) \neq 0$

**解** 应选(D).由拉格朗日乘数法知,若 $(x_0, y_0)$ 是 $f(x,y)$ 在约束条件 $\varphi(x,y)=0$ 下的极值点,则

$$\begin{cases} f'_x(x_0, y_0) + \lambda \varphi'_x(x_0, y_0) = 0 & (*) \\ f'_y(x_0, y_0) + \lambda \varphi'_y(x_0, y_0) = 0 & (**) \end{cases}$$

若 $f'_x(x_0, y_0) \neq 0$,由式(*)知 $\lambda \neq 0$;又 $\varphi'_y(x,y) \neq 0$,由式(**)知 $f'_y(x_0, y_0) \neq 0$,故选(D).

> 由条件极值点应满足的必要条件,给出 $f'_x(x_0, y_0)$,$f'_y(x_0, y_0)$,$\varphi'_x(x_0, y_0)$ 与 $\varphi'_y(x_0, y_0)$ 满足的关系式.
> $\lambda$ 是联系两式的纽带.

### 5.4.3 多元函数的最值问题

**例 5.4.11** 求函数 $z = x^2 - y^2$ 在区域 $D = \{(x,y) \mid x^2 + 4y^2 \leqslant 4\}$ 上的最大值与最小值.

**解** 在 $D$ 内,由 $\begin{cases} z_x = 2x = 0 \\ z_y = -2y = 0 \end{cases}$ 得驻点 $(0,0)$.

在 $D$ 边界上求最值,可转化为"求 $z = x^2 - y^2$ 在约束条件 $x^2 + 4y^2 - 4 = 0$ 下的极值".作函数

$$L(x, y, \lambda) = x^2 - y^2 + \lambda(x^2 + 4y^2 - 4)$$

由方程组 $\begin{cases} L_x = 2x + 2\lambda x = 0 \\ L_y = -2y + 8\lambda y = 0 \\ L_\lambda = x^2 + 4y^2 - 4 = 0 \end{cases}$,解得 $\lambda_1 = -1, x_1 = \pm 2, y_1 = 0$ 和 $\lambda_2 = \dfrac{1}{4}$,

$x_2 = 0, y_2 = \pm 1$.比较 $z(0,0) = 0, z(\pm 2, 0) = 4, z(0, \pm 1) = -1$ 的值,可得最大值 $z_{\max} = 4$,最小值 $z_{\min} = -1$.

**例 5.4.12** 设函数 $f(x, y, z) = \ln x + \ln y + 3\ln z$,

(1) 在位于第一卦限的球面 $x^2 + y^2 + z^2 = 5r^2$ 上求一点,使 $f(x,y,z)$ 取得最大值;

(2) 证明不等式 $abc^3 \leqslant 27 \left( \dfrac{a+b+c}{5} \right)^5$ $(\forall a, b, c > 0)$.

**解** (1) 求 $f$ 在条件 $x^2 + y^2 + z^2 = 5r^2$ 下最值.由方程

> 连续函数在有界闭域 $D$ 上一定存在最大值、最小值.求法是:先分别在区域 $D$ 的内部及 $D$ 的边界上寻找可能的最值点,再比较得最值.
> $D$ 边界上求最值也可化为一元最值问题,这因为:在 $D$ 边界 $x^2 + 4y^2 - 4 = 0$ 上,$z = (x^2 - y^2)|_{x^2 + 4y^2 = 4} = 4 - 5y^2$,$y \in [-1, 1]$.

> 属于条件极值问题.

$$\begin{cases} L_x = \dfrac{1}{x} + 2\lambda x = 0 \\[2mm] L_y = \dfrac{1}{y} + 2\lambda y = 0 \\[2mm] L_z = \dfrac{3}{z} + 2\lambda z = 0 \\[2mm] L_\lambda = x^2 + y^2 + z^2 - 5r^2 = 0 \end{cases}$$

得可能极值点 $M_0(r,r,\sqrt{3}\,r)$，这即是函数 $f$ 的最大值点，

$$f_{\max} = f(M_0) = \ln(\sqrt{27}\,r^5).$$

**证** (2) 由 (1) 知 $f(x,y,z) = \ln(xyz^3) \leqslant \ln(\sqrt{27}\,r^5)$，而 $x^2+y^2+z^2=5r^2$，得 $xyz^3 \leqslant \sqrt{27}\left(\dfrac{x^2+y^2+z^2}{5}\right)^{\frac{5}{2}}$，即

$$x^2 y^2 z^6 \leqslant 27\left(\dfrac{x^2+y^2+z^2}{5}\right)^5.$$

取 $a=x^2$，$b=y^2$，$c=z^2$，有 $abc^3 \leqslant 27\left(\dfrac{a+b+c}{5}\right)^5$。

**例 5.4.13** 设有一小山，取它的底面所在的平面为 $xOy$ 坐标面，其底部所占的区域为 $D = \{(x,y)\,|\,x^2+y^2-xy \leqslant 75\}$，小山的高度函数为

$$h(x,y) = 75 - x^2 - y^2 + xy$$

(1) 设 $M_0(x_0,y_0)$ 为区域 $D$ 上一点，问 $h(x,y)$ 在该点沿平面上什么方向的方向导数最大？若记此方向导数的最大值为 $g(x_0,y_0)$，试写出 $g(x_0,y_0)$ 的表达式。

(2) 现欲利用此小山开展攀岩活动，为此需要在山脚下寻找一上山坡度最大的点作为攀登的起点，也就是说，要在 $D$ 的边界线 $x^2+y^2-xy=75$ 上找出使 (1) 中的 $g(x,y)$ 达到最大值的点，试确定攀登起点的位置。

**解** (1) 因为函数在一点处其梯度方向的方向导数最大，且方向导数的最大值为函数在该点处的梯度的模。而

$$\mathbf{grad}\,h(x_0,y_0) = (y_0 - 2x_0,\ x_0 - 2y_0)$$

故 $g(x_0,y_0) = |\mathbf{grad}\,h(x_0,y_0)|$

$$= \sqrt{(y_0-2x_0)^2 + (x_0-2y_0)^2} = \sqrt{5x_0^2 + 5y_0^2 - 8x_0 y_0}$$

(2) 作拉格朗日函数

$$L(x,y,\lambda) = 5x^2 + 5y^2 - 8xy + \lambda(x^2+y^2-xy-75)$$

由方程组

$$\begin{cases} L_x = 10x - 8y + \lambda(2x-y) = 0 & (*) \\ L_y = 10y - 8x + \lambda(2y-x) = 0 & (**) \\ L_\lambda = x^2 + y^2 - xy - 75 = 0 & (***) \end{cases}$$

由 $(*)+(**)$ 得：$(x+y)(2+\lambda)=0$，从而 $x=-y$ 或 $\lambda=-2$。

若 $x=-y$，则由 $(***)$ 得 $x=\pm5$，$y=\mp5$。

若 $\lambda=-2$，则由 $(*)$ 得 $x=y$，再由 $(***)$ 得 $x=\pm5\sqrt{3}$，$y=\pm5\sqrt{3}$。

这样得到 4 个可能极值点：

$$M_1(5,-5),M_2(-5,5),M_3(5\sqrt{3},5\sqrt{3}),M_4(-5\sqrt{3},-5\sqrt{3}).$$
$$f(M_1)=f(M_2)=450,f(M_3)=f(M_4)=150$$

由实际上最大值的存在性，点 $M_1,M_2$ 即为最大值点，故 $M_1(5,-5)$，$M_2(-5,5)$ 都可作为攀岩的起点.

这里
$f(x,y)=g^2(x,y)$

# 5.5 多元函数微分学综合题

### 5.5.1 多元函数的极限、连续与微分综合题

**例 5.5.1** 设 $f(x,y)=\begin{cases}(x^2+y^2)\sin\dfrac{1}{x^2+y^2}, & x^2+y^2\neq 0\\ 0, & x^2+y^2=0\end{cases}$，则

$f(x,y)$ 在点 $(0,0)$ 处（　）.

(A) 两个偏导数均不存在；　　(B) 不可微,但两个偏导数存在；

(C) 可微,但两个偏导数不连续；　(D) 两个偏导数连续

**解** 选(C).

此题考查二元函数的连续、偏导数、可微等概念.

$$f_x(x,y)=2x\sin\frac{1}{x^2+y^2}-\frac{2x}{x^2+y^2}\cos\frac{1}{x^2+y^2}(x^2+y^2\neq 0)$$

$$f_x(0,0)=\lim_{x\to 0}\frac{f(x,0)-f(0,0)}{x}=\lim_{x\to 0}\frac{x^2\sin\dfrac{1}{x^2}-0}{x}=0$$

同理,$f_x(0,0)=0$.

由 $\lim\limits_{(x,y)\to(0,0)}f_x(x,y)\neq f_x(0,0)=0$,可排除(A),(D).

$$\lim_{\rho\to 0}\frac{\Delta f-[f_x(0,0)\Delta x+f_y(0,0)\Delta y]}{\rho}$$

$$=\lim_{\rho\to 0}\frac{[f(\Delta x,\Delta y)-f(0,0)]-0}{\rho}$$

$$=\lim_{\rho\to 0}\frac{\rho^2\sin\rho^{-2}-0}{\rho}=0$$

即 $f(x,y)$ 在点 $(0,0)$ 处可微. 选(C).

**注** $f(x,y)$ 在点 $(0,0)$ 处:可微

$\Leftrightarrow\Delta f=[f_x(0,0)\Delta x+f_y(0,0)\Delta y]+o(\rho),\rho=\sqrt{(\Delta x)^2+(\Delta y)^2}$

$\Leftrightarrow\lim\limits_{\rho\to 0}\dfrac{\Delta f-[f_x(0,0)\Delta x+f_y(0,0)\Delta y]}{\rho}=0$

**例 5.5.2** 考虑二元函数以下 4 条性质:$f(x,y)$ 在点 $(x_0,y_0)$ 处 ① 连续;② 两个偏导连续;③ 可微;④ 两个偏导存在. 若用"$P\Rightarrow Q$"表示可由 $P$ 推出性质 $Q$,则有

(A)②⇒③⇒①；　　　　　　(B)③⇒②⇒①；

(C)③⇒④⇒①；　　　　　　(D)③⇒①⇒④

**解**　应选(A).由于 $f(x,y)$ 在点 $(x_0,y_0)$ 处的两个偏导连续是 $f(x,y)$ 在点 $(x_0,y_0)$ 可微的充分条件,而可微是连续的充分条件.

**＊例 5.5.3**　设函数 $f(x,y)$ 定义在单位闭圆域 $\overline{D}:x^2+y^2\leqslant1$ 上,且具有连续的偏导数, $|f(x,y)|\leqslant1$.求证:在开圆域 $D:x^2+y^2<1$ 内存在一点 $(x_0,y_0)$,使 $[f_x'(x_0,y_0)]^2+[f_y'(x_0,y_0)]^2<4$.

**分析**　通过构造 $\overline{D}$ 上连续函数 $\varphi(x,y)$,使

$$\varphi(x,y)\Big|_{x^2+y^2=1}-\varphi(0,0)\leqslant0(\text{或}>0)$$

说明 $\varphi(x,y)$ 的最大(或小)值必在 $D$ 内一点 $P_0$ 取得,于是 $\varphi_x'(P_0)=\varphi_y'(P_0)=0$,由此得到 $|f_x'(x_0,y_0)|$, $|f_y'(x_0,y_0)|$ 的表达式.

**解**　已知 $f(x,y)$ 在 $\overline{D}:x^2+y^2\leqslant1$ 上连续.

（1）若 $f(0,0)\geqslant0$,作函数 $\varphi(x,y)=f(x,y)-(x^2+y^2)$,则 $\varphi(x,y)$ 在 $\overline{D}$ 上连续,从而取得最值.又

$$\varphi(x,y)\Big|_{x^2+y^2=1}-\varphi(0,0)=f(x,y)\Big|_{x^2+y^2=1}-1-f(0,0)\leqslant0$$

故 $\varphi(x,y)$ 的最大值必在 $D$ 内一点 $(x_0,y_0)$ 取得.

（2）若 $f(0,0)<0$,作函数 $\varphi(x,y)=f(x,y)+(x^2+y^2)$,则 $\varphi(x,y)$ 在 $\overline{D}$ 上连续,从而取得最值.又

$$\varphi(x,y)\Big|_{x^2+y^2=1}-\varphi(0,0)=f(x,y)\Big|_{x^2+y^2=1}+1-f(0,0)>0$$

故 $\varphi(x,y)$ 的最小值必在 $D$ 内一点取得,也记为 $(x_0,y_0)$.

综上总有, $\varphi_x'(x_0,y_0)=\varphi_y'(x_0,y_0)=0$,则

$$|f_x'(x_0,y_0)|=|2x_0|,|f_y'(x_0,y_0)|=|2y_0|$$

从而 $[f_x'(x_0,y_0)]^2+[f_y'(x_0,y_0)]^2=4(x_0^2+y_0^2)<4$.

**＊例 5.5.4**　设函数 $f(x,y),g(x,y)$ 在有界闭区域 $D$ 上连续,偏导数存在,且在 $D$ 边界上恒有 $f(x,y)=g(x,y)$.证明在 $D$ 的内部存在点 $P_0$,使得 $\mathbf{grad}f(P_0)=\mathbf{grad}g(P_0)$.

**分析**　构造差函数 $h(x,y)=f(x,y)-g(x,y)$,只要证

$$h_x(x_0,y_0)=h_y(x_0,y_0)=0$$

可利用闭区域上连续函数最值存在,在最值点 $P_0$ 处证明偏导为零.

**证**　令 $h(x,y)=f(x,y)-g(x,y)$,由题设知 $h(x,y)$ 在有界闭区域 $D$ 上连续,故 $h(x,y)$ 在 $D$ 上一定取得最大值 $M\geqslant0$ 和最小值 $m\leqslant0$.

若 $M=m$,则 $h(x,y)\equiv0$,即 $f(x,y)\equiv g(x,y)$,结论成立.

若 $M>m$,因在 $D$ 边界上有 $h(x,y)=0$,则 $M,m$ 之一必不为零,不妨设 $M>0$,且在 $D$ 内部点 $P_0(x_0,y_0)$ 达到,即

$$M=\max h(x,y)=h(P_0)>0$$

由于函数 $h(x,y)$ 的偏导数存在,因此,在 $P_0(x_0,y_0)$ 处,有

$$h_x(x_0,y_0)=h_y(x_0,y_0)=0$$

于是, $\mathbf{grad}h(P_0)=0$,即 $\mathbf{grad}f(P_0)=\mathbf{grad}g(P_0)$.

**＊例 5.5.5**　设函数 $f(x,y)$ 及它的二阶偏导数在全平面连续,且

---

构造差函数 $\varphi(x,y)=f(x,y)-(x^2+y^2)$,由 $|f(x,y)|\leqslant1$ 知 $\varphi(x,y)\leqslant0$,则当 $f(0,0)\geqslant0$ 时, $\varphi(x,y)\Big|_{x^2+y^2=1}-\varphi(0,0)\leqslant0$

由于 $\mathbf{grad}h(x,y)=(h_x,h_y)$,只要证 $h_x(x_0,y_0)=h_y(x_0,y_0)=0$ 即可.

这里用到结论:连续且偏导存在的函数 $h(x,y)$ 在最值点处偏导为零.

$f(0,0)=0,|f_x|\leqslant 2|x-y|,|f_y|\leqslant 2|x-y|$，证明：$|f(5,4)|\leqslant 1$.

**证** 由 $|f_x|\leqslant 2|x-y|,|f_y|\leqslant 2|x-y|$ 知，在直线 $y=x$ 上的点处均有 $f_x=0,f_y=0$.

由函数 $f(x,y)$ 的二阶偏导数连续，知其可微且 $f_{xy}=f_{yx}$. 在这里，$P=f_x,Q=f_y$. 由于 $Q_x=f_{yx}=f_{xy}=P_y$，积分与路径无关. 因此

$$f(5,4)=f(0,0)+\int_{(0,0)}^{(5,4)}f_x\mathrm{d}x+f_y\mathrm{d}y$$

$$=\int_{(0,0)}^{(4,4)}f_x\mathrm{d}x+f_y\mathrm{d}y+\int_{(4,4)}^{(5,4)}f_x\mathrm{d}x+f_y\mathrm{d}y$$

选择路径 $L_1:y=x(x:0\mapsto4)$，在其上 $f_x=0,f_y=0$；

$$L_2:y=4(x:4\mapsto5)$$

$$f(5,4)=\int_{L_1}f_x\mathrm{d}x+f_y\mathrm{d}y+\int_{L_2}f_x\mathrm{d}x+f_y\mathrm{d}y=\int_4^5 f_x(x,4)\mathrm{d}x$$

故 $$|f(5,4)|=\left|\int_4^5 f_x(x,4)\mathrm{d}x\right|\leqslant\int_4^5|f_x(x,4)|\mathrm{d}x$$

$$\leqslant\int_4^5 2|x-4|\mathrm{d}x=2\int_4^5(x-4)\mathrm{d}x=1$$

此题涉及的相关知识有：函数二阶偏导数连续，则可微；积分与路径无关的充要条件；第二类曲线积分的计算，定积分的保序性等.

若由 $f(5,4)=\int_4^5 f_x(x,4)\mathrm{d}x=f(5,4)-f(4,4)$，只可得 $f(4,4)=0$，得不到 $f(5,4)$ 取值的相关信息.

### 5.5.2 多元函数微分法与变量置换综合题

**例 5.5.6** 设函数 $z=z(x,y)$ 由方程 $x^2+y^2+z^2=xyf(z^2)$ 所确定，其中 $f$ 为可微函数，试计算 $xz_x+yz_y$，并化成最简形式.

**解** 方程两边对 $x$ 求偏导，$2x+2zz_x=yf(z^2)+xyf'(z^2)\cdot 2zz_x$，$z_x=\dfrac{yf(z^2)-2x}{2z[1-xyf'(z^2)]}$. 由变量 $x,y$ 的对等性知，$z_y=\dfrac{xf(z^2)-2y}{2z[1-xyf'(z^2)]}$. 于是有

$$xz_x+yz_y=x\,\frac{yf(z^2)-2x}{2z[1-xyf'(z^2)]}+y\,\frac{xf(z^2)-2y}{2z[1-xyf'(z^2)]}$$

$$=\frac{xyf(z^2)-x^2-y^2}{z[1-xyf'(z^2)]}=\frac{(x^2+y^2+z^2)-x^2-y^2}{z[1-xyf'(z^2)]}=\frac{z}{1-xyf'(z^2)}$$

利用多元隐函数求导法，求出 $z_x,z_y$，再代入表达式简化.

这里用原方程 $xyf(z^2)=x^2+y^2+z^2$ 代入简化.

**\*例 5.5.7** 设函数 $f(x,y)$ 在闭圆域 $D=\{(x,y)\,|\,x^2+y^2\leqslant R^2\}$ $(R>0)$ 上具有连续的偏导数，且 $f(\frac{R}{2},0)=f(0,\frac{R}{2})$. 证明：在 $D$ 的内部至少存在两点 $(x_1,y_1)$、$(x_2,y_2)$，使

$$x_if_y{}'(x_i,y_i)-y_if_x{}'(x_i,y_i)=0\quad(i=1,2)$$

**分析** 构造半圆 $x^2+y^2=(\frac{R}{2})^2$ 上的点对应的一元函数：$\varphi(\theta)=f(\frac{R}{2}\cos\theta,\frac{R}{2}\sin\theta)$，运用罗尔定理，得到使

$$\varphi'(\theta)=[-yf_x{}'(x,y)+xf_y{}'(x,y)]\bigg|_{\substack{x=\frac{R}{2}\cos\theta\\y=\frac{R}{2}\sin\theta}}=0$$

的点.

注意，条件 $f(\frac{R}{2},0)=f(0,\frac{R}{2})$ 是函数 $f(x,y)$ 在半圆 $x^2+y^2=(\frac{R}{2})^2$ 上的两个特殊点，构造 $\varphi(\theta)=f(\frac{R}{2}\cos\theta,\frac{R}{2}\sin\theta)$，则 $\varphi(0)=\varphi(\frac{\pi}{2})=\varphi(2\pi)$

**证**　令 $\varphi(\theta)=f\left(\dfrac{R}{2}\cos\theta,\dfrac{R}{2}\sin\theta\right)$，则 $\varphi(\theta)$ 在区间 $[0,2\pi]$ 上具有连续导数，且 $\varphi(0)=\varphi\left(\dfrac{\pi}{2}\right)=\varphi(2\pi)\left(=f\left(\dfrac{R}{2},0\right)=f\left(0,\dfrac{R}{2}\right)\right)$. 由罗尔定理，存在 $\theta_1\in\left(0,\dfrac{\pi}{2}\right),\theta_2\in\left(\dfrac{\pi}{2},2\pi\right)$，使 $\varphi'(\theta_1)=\varphi'(\theta_2)=0$. 又

$$\varphi'(\theta)=-\frac{R}{2}\sin\theta f_x'\left(\frac{R}{2}\cos\theta,\frac{R}{2}\sin\theta\right)+\frac{R}{2}\cos\theta f_y'\left(\frac{R}{2}\cos\theta,\frac{R}{2}\sin\theta\right)$$

$$=\left[-yf_x'(x,y)+xf_y'(x,y)\right]\Big|_{\substack{x=\frac{R}{2}\cos\theta\\ y=\frac{R}{2}\sin\theta}}$$

取 $\begin{cases}x_1=\dfrac{R}{2}\cos\theta_1\\ y_1=\dfrac{R}{2}\sin\theta_1\end{cases}$，$\begin{cases}x_2=\dfrac{R}{2}\cos\theta_2\\ y_2=\dfrac{R}{2}\sin\theta_2\end{cases}$，于是，点 $(x_1,y_1)$、$(x_2,y_2)$ 在 $D$ 的内部，满足等式：

$$x_if_y'(x_i,y_i)-y_if_x'(x_i,y_i)=0\quad(i=1,2)$$

**例 5.5.8**　设函数 $z=z(x,y)$ 是由方程 $f(y-x,yz)=0$ 所确定的隐函数，其中函数 $f$ 具有二阶连续偏导数，试计算 $z_x,z_{xx}$.

**解**　方程 $f(y-x,yz)=0$ 两边对 $x$ 求偏导数，得

$$-f_1'+yz_xf_2'=0\tag{1}$$

解得 $z_x=\dfrac{f_1'}{yf_2'}$；式(1)两边对 $x$ 求偏导数，得

$$-(-f_{11}''+yz_xf_{12}'')+y[z_{xx}f_2'+z_x(-f_{21}''+yz_x^2f_{22}'')]=0$$

解出 $z_{xx}$，并将 $z_x$ 表达式代入，得

$$z_{xx}=\frac{1}{yf_2'}[-y^2z_x^2f_{22}''+yz_x(f_{12}''+f_{21}'')-f_{11}'']$$

$$=\frac{1}{yf_2'}\left[-y^2f_{22}''\frac{f_1'^2}{y^2f_2'^2}+y\frac{f_1'}{yf_2'}(f_{12}''+f_{21}'')-f_{11}''\right]$$

$$=\frac{1}{yf_2'^3}(-f_1'^2f_{22}''+2f_1'f_2'f_{12}''-f_2'^2f_{11}'')$$

**＊例 5.5.9**　设函数 $f(x,y)$ 满足方程

$$f(x,y)f_{xy}(x,y)=f_x(x,y)f_y(x,y)$$

证明：$f(x,y)=\varphi(x)h(y)$，其中 $\varphi(x),h(y)$ 是可微的待定函数.

**解**　将方程变形为 $\dfrac{f_{xy}}{f_x}=\dfrac{f_y}{f}$. 两边关于 $y$ 积分，得

$$\ln|f_x|=\ln|f|+\ln|\varphi_1(x)|$$

即

$$\frac{f_x}{f}=\varphi_1(x)$$

两边关于 $x$ 积分，得

$$\ln|f|=\int\varphi_1(x)\mathrm{d}x+\ln|h(y)|$$

----

$\left(=f\left(\dfrac{R}{2},0\right)=f\left(0,\dfrac{R}{2}\right)\right)$，满足罗尔定理的第三个条件.

属多元函数的隐函数求导问题.

　为求 $z_{xx}$，式(1)两边对 $x$ 求偏导数，而不用 $z_x$ 的表达式直接求，是为了避免商的求导的烦琐计算.

由 $f$ 具有二阶连续偏导数，可知 $f_{12}''=f_{21}''$.

这是抽象函数的偏微分方程求解问题.

　证明的结论是：满足条件的二元函数是可分离变量的.

　可尝试将方程按偏导分离变量，变形后逐次关于 $y$ 及 $x$ 积分，

即
$$\ln|f| = \ln|\varphi(x)| + \ln|h(y)|$$
因此 $f(x,y) = \varphi(x)h(y)$.

**注** 注意本题所给方程的特征,可变形为 $\dfrac{f_{xy}}{f_x} = \dfrac{f_y}{f}$,并将左端看成 $f_x$ 的表示式 $\dfrac{\partial}{\partial y}(\ln|f_x|)$,右端看成 $f$ 的表示式 $\dfrac{\partial}{\partial y}(\ln|f|)$.两边关于 $y$ 积分,可得 $\dfrac{f_x}{f} = \varphi_1(x)$,并将左端看成 $\dfrac{\partial}{\partial x}(\ln|f|)$,两边关于 $x$ 积分,便可将函数 $f$ 表示成 $x$ 的一元函数和 $y$ 的一元函数之积.

**例 5.5.10** 设 $F(x,y,z,u)=0$,又 $z=\varphi(x,y,v),v=h(x,y,u)$,其中 $F,\varphi,h$ 具有连续的偏导数,且 $F_u + F_z\varphi_v h_u \neq 0$,求 $u_x$.

**分析** 利用宏观分析法:
$$\begin{cases} \text{函数个数}(3) = \text{方程个数}(3) \\ \text{自变量个数}(2) = \text{变量个数}(5) - \text{函数个数}(3) \end{cases}$$

**解 1** 由方程组 $\begin{cases} F(x,y,z,u)=0 \\ z=\varphi(x,y,v) \\ v=h(x,y,u) \end{cases}$ 确定 $\begin{cases} u=u(x,y) \\ v=v(x,y) \\ z=z(x,y) \end{cases}$. 三方程分别对 $x$ 求偏导数,得

$$\begin{cases} F_x + F_z z_x + F_u u_x = 0 & (1) \\ z_x = \varphi_x + \varphi_v v_x & (2) \\ v_x = h_x + h_u u_x & (3) \end{cases}$$

将式(2)代入式(1)得
$$F_x + F_z(\varphi_x + \varphi_v v_x) + F_u u_x = 0 \qquad (4)$$
将式(3)代入式(4)得
$$F_x + F_z\varphi_x + F_z\varphi_v(h_x + h_u u_x) + F_u u_x = 0$$
解得 $u_x = -\dfrac{F_x + F_z\varphi_x + F_z\varphi_v h_x}{F_u + F_z\varphi_v h_u}$.

**解 2** (全微分法)由
$$\begin{cases} dF = F_x dx + F_y dy + F_z dz + F_u du = 0 & (5) \\ dz = \varphi_x dx + \varphi_y dy + \varphi_v dv & (6) \\ dv = h_x dx + h_y dy + h_u du & (7) \end{cases}$$
式(7)代入式(6),消去 $dv$ 得
$$dz = (\varphi_x + \varphi_v h_x)dx + (\varphi_y + \varphi_v h_y)dy + \varphi_v h_u du \qquad (8)$$
式(8)代入式(5)消去 $dz$ 得
$$(F_u + F_z\varphi_v h_u)du$$
$$= -(F_x + F_z\varphi_x + F_z\varphi_v h_x)dx - (F_y + F_z\varphi_z + F_y\varphi_v h_y)dy$$
由全微分形式的不变形得 $u_x = -\dfrac{F_x + F_z\varphi_x + F_z\varphi_v h_x}{F_u + F_z\varphi_v h_u}$.

**\* 例 5.5.11** 设函数 $z=f(x,y)$ 具有二阶连续偏导数,且 $f'_y \neq 0$,证明:对任意常数 $C,f(x,y)=C$ 为一直线的充分必要条件为

解出 $f(x,y)$.

请务必注意,对 $y$ 偏积分后,待定的"任意常数"应是(与 $y$ 无关)$x$ 的函数;同理,对 $x$ 偏积分后,待定的"任意常数"应是 $y$ 的函数.

求由方程组确定的隐函数的偏导数,困难之处在于:如何认定变量的角色,即哪些是自变量,哪些是因变量.不少教辅书采用描述的方法交代变量角色,读者不易领会.

"宏观分析法"是处理这类问题的有效方法,其关键点为:先确定变量总数,次确定方程即函数个数(即为约束条件个数),即可算出独立的自变量个数.再由题意认定各个变量的角色,是因变量还是自变量.之后便可按照变量各自的角色求偏导.

用全微分解题的好处是不用分析变量关系,只要解出
$$du = A dx + B dy$$
就可同时得到 $u_x = A, u_y = B$,
请读者写出此题中的 $u_y$.

$$(f'_y)^2 f''_{xx} - 2f'_x f'_y f''_{xy} + (f'_x)^2 f''_{yy} = 0 \qquad (*)$$

**分析** $f(x,y) = C$ 为一直线等价于 $f(x,y) = Ax + By = C$,即 $f'_y \neq 0$ 时 $y = y(x) = ax + b$ 为一次函数,也即 $\dfrac{d^2 y}{dx^2} = 0$,可由此导出充分必要条件.

**解** 必要性. 设 $f(x,y) = C$ 为一直线,则 $f_x'$,$f_y'$ 均为常数,从而 $f''_{xx} = f''_{xy} = f''_{yy} = 0$,故式 $(*)$ 成立.

充分性. 设式 $(*)$ 成立. 由 $f'_y \neq 0$ 与 $f(x,y) = C$,得 $f'_x + f'_y \dfrac{dy}{dx} = 0$,两边再对 $x$ 求偏导数,得

$$\left(f''_{xx} + f''_{xy} \frac{dy}{dx}\right) + \left(f''_{yx} + f''_{yy} \frac{dy}{dx}\right)\frac{dy}{dx} + f'_y \frac{d^2 y}{dx^2} = 0$$

代入 $\dfrac{dy}{dx} = -\dfrac{f'_x}{f'_y}$,得

$$\frac{1}{(f'_y)^2}\left[(f'_y)^2 f''_{xx} - 2f'_x f'_y f''_{xy} + (f'_x)^2 f''_{yy} + (f'_y)^3 \frac{d^2 y}{dx^2}\right] = 0$$

利用式 $(*)$ 可得 $\dfrac{d^2 y}{dx^2} = 0$,即 $y = y(x)$ 为线性函数,也即 $f(x,y) = C$ 为一直线.

要利用式 $(*)$ 证明 $f(x,y) = C$ 为一直线,可对 $f(x,y) = C$ 关于 $x$ 求两次偏导数,得到关于 $f''_{xx}$,$f''_{xy}$,$f''_{yy}$,$\dfrac{d^2 y}{dx^2}$ 满足的方程,再由式 $(*)$ 得 $\dfrac{d^2 y}{dx^2} = 0$

**例 5.5.12** 设函数 $z = z(x,y)$ 满足方程 $z_{xy} = x + y$ 及条件 $z(x,0) = x$,$z(0,y) = y^2$,求函数 $z = z(x,y)$.

**解** 由 $z_{xy} = x + y$,两边关于 $y$ 积分,得 $z_x = xy + \dfrac{y^2}{2} + C(x)$,两边再关于 $x$ 积分,得

$$z = \frac{1}{2}x^2 y + \frac{1}{2}xy^2 + \int C(x)dx + \varphi(y)$$

由 $z(x,0) = x$,$z(0,y) = y^2$,得 $\displaystyle\int C(x)dx = x$,$\varphi(y) = y^2$,于是

$$z = \frac{1}{2}x^2 y + \frac{xy^2}{2} + x + y^2$$

如同例 5.5.9,此题求解关键是:方程 $z_{xy} = x + y$ 两边关于 $y$ 积分后,需要加上与 $y$ 无关的"任意常数"项 $C(x)$;同理,两边再作关于 $x$ 积分后,需要加上与 $x$ 无关的"任意常数"项 $\varphi(y)$.

**\* 例 5.5.13** 设 $u = f(x,y,z)$,$f$ 是可微函数,若 $\dfrac{f_x}{x} = \dfrac{f_y}{y} = \dfrac{f_z}{z}$,证明 $u$ 仅为 $r$ 的函数,其中 $r = \sqrt{x^2 + y^2 + z^2}$.

**证** $u = f(x,y,z) = f(r\cos\theta\sin\varphi, r\sin\theta\sin\varphi, r\cos\varphi)$

令 $\dfrac{f_x}{x} = \dfrac{f_y}{y} = \dfrac{f_z}{z} = t$,则 $f_x = tx$,$f_y = ty$,$f_z = tz$,于是

$$u_\theta = f_x r(-\sin\theta)\sin\varphi + f_y r\cos\theta\sin\varphi$$
$$= txr(-\sin\theta)\sin\varphi + tyr\cos\theta\sin\varphi = t(-xy + xy)\sin\varphi = 0$$
$$u_\varphi = f_x r\cos\theta\cos\varphi + f_y r\sin\theta\cos\varphi - f_z r\sin\varphi$$
$$= tr^2(\cos^2\theta\sin\varphi\cos\varphi + \sin^2\theta\sin\varphi\cos\varphi - \sin\varphi\cos\varphi)$$
$$= tr^2(\sin\varphi\cos\varphi - \sin\varphi\cos\varphi) = 0$$

故 $u$ 仅为 $r$ 的函数.

**注** 考察此题的几何意义. 设曲线 $x = x(t)$,$y = y(t)$,$z = z(t)$ 是等值

$r = \sqrt{x^2 + y^2 + z^2}$ 表示点 $(x,y,z)$ 与原点的距离,是球面坐标中的一个变量.

可将 $u$ 写成以球面坐标 $\theta$,$\varphi$,$r$ 为自变量的函数,只要证 $u_\theta = u_\varphi = 0$,则 $u$ 与 $\theta$,$\varphi$ 无关,只与 $r$ 有关.

面 $f(x,y,z)=C$ 上任一光滑曲线,则可得 $f_x \cdot x' + f_y \cdot y' + f_z \cdot z' = 0$. 用 $f_x = tx, f_y = ty, f_z = tz$ 代入,则有 $x \cdot x' + y \cdot y' + z \cdot z' = 0$. 积分得 $x^2 + y^2 + z^2 = C_1^2$,即有 $r = C_1$. 因此,等值面对应的所有自变量的点 $(x,y,z)$ 都在中心为原点半径为 $r = C_1$ 的球面上. 上述过程是可逆的,因此,中心为原点半径为 $r = C_1$ 的球面上所有自变量点,都对应同一个等值面. 从而函数 $u = f(x,y,z)$ 的值仅与 $r$ 有关. 容易导出条件 $\dfrac{f_x}{x} = \dfrac{f_y}{y} = \dfrac{f_z}{z}$ 等价于 $\dfrac{\mathbf{grad}f}{|\mathbf{grad}f|} = \dfrac{x}{r}\boldsymbol{i} + \dfrac{y}{r}\boldsymbol{j} + \dfrac{z}{r}\boldsymbol{k} = \boldsymbol{r}^0$,即单位梯度向量正是向径,这表明自变量点按球面推进时,得到球面上的函数值都相同.

**例 5.5.14** 设 $f(x), g(x)$ 为连续可微函数,且 $w = yf(xy)\mathrm{d}x + xg(xy)\mathrm{d}y$,(1) 若存在 $u$,使 $\mathrm{d}u = w$,求 $f - g$;(2) 若 $f(x) = \varphi'(x)$,求 $u$,使 $\mathrm{d}u = w$.

**分析** (1)是在已知 $w$ 为某函数 $u$ 的全微分的条件下,求 $f - g$,因而 $w = u_x\mathrm{d}x + u_y\mathrm{d}y$,从而 $u_{xy} = u_{yx}$,可由此给出 $f, g$ 满足的方程,并求解.

(2)是求全微分的原函数 $u$,要利用(1)的结果.

**解 1** (1) 由 $w = \mathrm{d}u$,知 $w = u_x\mathrm{d}x + u_y\mathrm{d}y$. 再由 $f(x), g(x)$ 为连续可微函数,且

$$w = yf(xy)\mathrm{d}x + xg(xy)\mathrm{d}y$$

可得 $u_{xy} = u_{yx}$,即 $\dfrac{\partial}{\partial y}[yf(xy)] = \dfrac{\partial}{\partial x}[xg(xy)]$. 令 $t = xy$,得

$$f(t) + tf'(t) = g(t) + tg'(t)$$

即 $t\dfrac{\mathrm{d}(f-g)}{\mathrm{d}t} = -(f-g)$,解得

$$f(t) - g(t) = \frac{C}{t}, \text{或 } f(xy) - g(xy) = \frac{C}{xy} \text{($C$ 为常数)} \tag{$*$}$$

(2) 当 $f(x) = \varphi'(x)$ 时,由 $(*)$ 式有

$$w = yf(xy)\mathrm{d}x + xg(xy)\mathrm{d}y = y\varphi'(xy)\mathrm{d}x + x\left[\varphi'(xy) - \frac{C}{xy}\right]\mathrm{d}y$$

且 $\dfrac{\partial}{\partial y}[yf(xy)] = \dfrac{\partial}{\partial x}[xg(xy)]$,因此,积分与路径无关,故

$$u = \int_{(x_0,y_0)}^{(x,y)} y\varphi'(xy)\mathrm{d}x + x\left[\varphi'(xy) - \frac{C}{xy}\right]\mathrm{d}y + C_1$$

$$= \int_{(x_0,y_0)}^{(x,y)} [y\varphi'(xy)\mathrm{d}x + x\varphi'(xy)\mathrm{d}y] - \frac{C}{y}\mathrm{d}y + C_1$$

$$= \varphi(xy) - C\ln y + C_0$$

其中 $C, C_0$ 为任意常数.

**解 2** (1) $w = [yf(xy)\mathrm{d}x + xf(xy)\mathrm{d}y] + x[g(xy) - f(xy)]\mathrm{d}y$

$$= f(xy)\mathrm{d}(xy) + x[g(xy) - f(xy)]\mathrm{d}y$$

由 $w$ 是全微分知 $\dfrac{\partial}{\partial x}\{x[g(xy) - f(xy)]\} = 0$,即

（右侧栏）

$\mathrm{d}u = w$ 蕴含着 $u_x = yf(xy)$,及 $u_y = xg(xy)$.

$u_{xy} = u_{yx}$ 的条件是 $u_{xy}$ 与 $u_{yx}$ 连续,而这可由 $f(x)$ 与 $g(x)$ 均为连续可微函数推知.

为求全微分 $w = \mathrm{d}u$ 的原函数 $u$,要利用式 $(*)$ 及 $f(x) = \varphi'(x)$,将 $w = \mathrm{d}u$ 化为 $\varphi$ 的表示式,再通过积分求 $u$. 求积前需检验 $\int_L P\mathrm{d}x + Q\mathrm{d}y$ 与路径无关的充要条件 $P_y = Q_x$.

$$f(xy) - g(xy) + xy(g' - f') = 0$$

令 $t = xy$ 得 $t(f-g)' + (f-g) = 0$,即

$$\{t[f(t) - g(t)]\}' = 0,\ f(t) - g(t) = \frac{C}{t}$$

(2) 因此 $du = w = f(xy)d(xy) - \dfrac{C_1}{y}dy$

若 $\varphi(t)$ 是 $f(t)$ 的一个原函数,则

$$u = \varphi(t) - C_1 \ln y + C_2$$

**注**　若将解 2 中的 $w$ 写成以下形式:

$$w = yf(xy)dx + xg(xy)dy + yg(xy)dx - yg(xy)dx$$
$$= y[f(xy) - g(xy)]dx + g(xy)d(xy)$$

若 $w$ 是全微分,则必有 $y[f(xy) - g(xy)]$ 与 $y$ 无关. 因此,

$$\{y[f(xy) - g(xy)]\}'_y = xy(f-g)' + (f-g) = 0$$

令 $t = xy$ 得, $f(t) - g(t) = \dfrac{C}{t}$(与解 2 一致). 于是

$$u = \varphi(xy) + C_1 \ln y + C_2$$

其中, $\varphi(t)$ 是 $g$ 的一个原函数.

此结论与解 2 一致,为什么? 请读者考虑.

**例 5.5.15**　设函数 $u = f(\ln\sqrt{x^2 + y^2})$,满足

$$u_{xx} + u_{yy} = (x^2 + y^2)^{\frac{3}{2}}$$

试求函数 $f$ 的表示式.

**解**　设 $t = \ln\sqrt{x^2 + y^2} = \dfrac{1}{2}\ln(x^2 + y^2)$,则 $x^2 + y^2 = e^{2t}$.

$$u_x = f'(t)\frac{x}{x^2 + y^2},$$

$$u_{xx} = f''(t)\left(\frac{x}{x^2 + y^2}\right)^2 + f'(t)\frac{(x^2 + y^2) - 2x^2}{(x^2 + y^2)^2}$$

$$= f''(t)\frac{x^2}{(x^2 + y^2)^2} + f'(t)\frac{y^2 - x^2}{(x^2 + y^2)^2}$$

由变量 $x,y$ 的对等性知, $u_y = f'(t)\dfrac{y}{x^2 + y^2}$,

$$u_{yy} = f''(t)\frac{y^2}{(x^2 + y^2)^2} + f'(t)\frac{x^2 - y^2}{(x^2 + y^2)^2}$$

代入偏微分方程得　$u_{xx} + u_{yy} = f''(t)(x^2 + y^2)^{-1} = (x^2 + y^2)^{\frac{3}{2}}$

即 $f''(t) = e^{5t}$,于是 $f'(t) = \dfrac{1}{5}e^{5t} + C_1$, $f(t) = \dfrac{1}{25}e^{5t} + C_1 t + C_2$,其中 $C_1, C_2$

为任意常数.

\* **例 5.5.16**　若 $u = f(xyz)$, $f(0) = 0$, $f'(1) = 1$,且 $u_{xyz} = x^2 y^2 z^2 f'''(xyz)$,求 $u$.

**解**　$u_x = yzf'(xyz)$

$\qquad u_{xy} = zf'(xyz) + xyz^2 f''(xyz)$

---

解 2 用凑全微分. 只要 $f$ 连续,便有 $f(xy)d(xy) = d\varphi(xy)$. 因此 $x[g(xy) - f(xy)]$ 与 $x$ 无关,从而 $\{x[g(xy) - f(xy)]\}'_x = 0$ 得关于 $f(t) - g(t)$ 的微分方程.

这样不仅求 (1) 简便,求 (2) 更简便: $du = w = d(\varphi(xy) + \ln y)$,因此 $u = \varphi(xy) + C_1 \ln y + C_2$.

将函数 $u$ 看作 $t$ 的一元函数,而 $t = \ln\sqrt{x^2 + y^2}$,利用多元复合函数微分法,可求出 $u_{xx}, u_{yy}$,代入偏微分方程,方程化为常微分方程,可解出函数 $u$.

将 $u_{xx}$ 与 $u_{yy}$ 代入偏微分方程,便化为以 $t$ 为自变量的常微分方程.

此题需化偏微分方程为常微分方程,再求解.

$$u_{xyz} = f'(xyz) + 3xyz f''(xyz) + x^2 y^2 z^2 f'''(xyz)$$

代入原方程得 $3xyz f''(xyz) + f'(xyz) = 0$. 令 $t = xyz$ 得

$$3t f''(t) + f'(t) = 0 (二阶可降阶微分方程) \tag{1}$$

令 $v = f'(t)$,得 $3tv' + v = 0$,且满足条件 $v(1) = f'(1) = 1$,解得 $v = f'(t) = t^{-\frac{1}{3}}$,又满足条件 $f(0) = 0$,从而,$f(t) = \frac{3}{2} t^{\frac{2}{3}}$,即 $u = \frac{3}{2} (xyz)^{\frac{2}{3}}$.

**注 1** 也可将方程(1)视为"欧拉方程"求解. 令 $t = e^u$,得

$$3D(D-1)y + Dy = 0, 3y''(u) - 2y'(u) = 0$$

通解为 $f(t) = y(u) = C_1 + C_2 e^{\frac{2}{3}u} = C_1 + C_2 t^{\frac{2}{3}}$

由 $f(0) = 0, f'(0) = 1$ 得,$C_2 = 0, C_1 = \frac{3}{2}$,故 $f(t) = \frac{3}{2} t^{\frac{2}{3}}$.

**注 2** 也可用观察法求解方程(1). 由于幂函数的导数仍为幂函数,可设方程有幂函数形式的解 $f(t) = Ct^\alpha (\alpha$ 待定). 代入方程(1) 得 $3\alpha(\alpha-1) + \alpha = 0$,求得 $\alpha = 0$ 或 $\alpha = \frac{3}{2}$,故 $f(t) = C_1 t^{\frac{2}{3}} + C_2$.

**例 5.5.17** 设函数 $u = u(\sqrt{x^2 + y^2})$ 具有连续的二阶偏导数,且满足方程

$$u_{xx} + u_{yy} - \frac{1}{x} u_x + u = x^2 + y^2$$

试求函数 $u$ 的表达式.

**解** 令 $r = \sqrt{x^2 + y^2}$,则 $u_x = \frac{du}{dr} r_x = \frac{x}{r} \frac{du}{dr}$,

$$u_{xx} = \frac{d^2 u}{dr^2} \cdot \frac{x^2}{r^2} + \frac{1}{r} \frac{du}{dr} - \frac{x^2}{r^3} \frac{du}{dr}$$

由 $x, y$ 的对等性知 $u_{yy} = \frac{d^2 u}{dr^2} \cdot \frac{y^2}{r^2} + \frac{1}{r} \frac{du}{dr} - \frac{y^2}{r^3} \frac{du}{dr}$

代入原方程,得二阶常系数线性非齐次微分方程:$\frac{d^2 u}{dr^2} + u = r^2$.

求得其通解为 $u = C_1 \cos r + C_2 \sin r + r^2 - 2$,故函数 $u$ 的表达式为

$$u = C_1 \cos \sqrt{x^2 + y^2} + C_2 \sin \sqrt{x^2 + y^2} + x^2 + y^2 - 2$$

其中 $C_1, C_2$ 为任意常数.

**注** 求解非齐次方程 $\frac{d^2 u}{dr^2} + u = r^2$ 步骤:

先求齐次方程 $\frac{d^2 u}{dr^2} + u = 0$ 的通解:$U = C_1 \cos r + C_2 \sin r$;再求非齐方程 $\frac{d^2 u}{dr^2} + u = r^2$ 的特解:$u^* = r^2 - 2$.

利用二阶线性非齐次微分方程通解的结构知,方程 $\frac{d^2 u}{dr^2} + u = r^2$ 的通解为:$u = C_1 \cos r + C_2 \sin r + r^2 - 2 (r = \sqrt{x^2 + y^2})$.

**例 5.5.18** 设一元函数 $u = f(r)(0 < r < +\infty)$ 二阶导数连续,且 $f(1) = 0, f'(1) = 1$,又 $u = f(\sqrt{x^2 + y^2 + z^2})$ 满足方程 $u_{xx} + u_{yy} + u_{zz} = 0$,

**（右侧栏）**

由 $u = f(xyz)$ 求出 $u_{xyz}$,代入所给方程,再令 $t = xyz$ 可得常微分方程.

二阶微分方程 $F(x, y', y'') = 0$ 不显含函数 $y$,可降阶,设 $u = y'$,化为一阶方程 $F(x, u, u') = 0$ 求解.

引入中间变量 $r = \sqrt{x^2 + y^2}$,利用多元复合函数微分法,可求出 $u_x, u_{xx}, u_{yy}$,代入原方程,可化为常微分方程,解此方程可得函数 $u$ 的表达式.

试求 $f(r)$ 的表示式.

**解**　令 $r=\sqrt{x^2+y^2+z^2}$，则 $u_x=f'(r)\dfrac{x}{r}$，

$$u_{xx}=f''(r)\cdot\frac{x^2}{r^2}+f'(r)\frac{r^2-x^2}{r^3}$$

由变量的对等性可得　　$u_{yy}=f''(r)\cdot\dfrac{y^2}{r^2}+f'(r)\dfrac{r^2-y^2}{r^3}$

代入原方程,得二阶可降阶微分方程 $f''(r)+\dfrac{2}{r}f'(r)=0$.

令 $p(r)=f'(r)$,得 $rP'(r)+2P(r)=0$,解得 $P=\dfrac{C_1}{r^2}$,即 $f'(r)=\dfrac{C_1}{r^2}$,积分得

$f(r)=C_2-\dfrac{C_1}{r}$,代入初始条件 $f(1)=0,f'(1)=1$ 得

$$f(r)=1-\frac{1}{r}\quad(r=\sqrt{x^2+y^2+z^2})$$

### 5.5.3　多元微分在几何上的应用综合题

\* **例 5.5.19**　若可微函数 $f(x,y)$ 对任意 $x,y,t$ 满足

$$f(tx,ty)=t^2f(x,y)\qquad(*)$$

$P_0(1,-2,2)$ 是曲面 $z=f(x,y)$ 上一点,且 $f_x(1,-2)=4$,试求曲面在 $P_0$ 处的切平面方程.

**分析**　为求曲面在点 $P_0$ 处的切平面方程,只要求出它在 $P_0$ 处的法向量 $\boldsymbol{n}=\{f_x,f_y,-1\}_{P_0}$,故只需求 $f_y(1,-2)$.

方法之一是利用 $f(x,y)$ 的二次齐次性式 $(*)$ 和偏导函数 $f_x(x,y)$ 的一次齐次性式 $(**)$,导出 $f_y$ 与 $f(x,y)$ 及 $f_x(x,y)$ 的关系,代入坐标 $(1,-2)$,便可求出 $f_y(1,-2)$.

方法之二是在恒等式 $(*)$ 中,令 $x=1,y=-2$,化其为单变量函数 $f(t,-2t)=2t^2$,再求导得偏导数关系.此法较为简单.

方法之三是利用欧拉方程.

**解 1**　由 $f(tx,ty)=t^2f(x,y)$,两边对 $x$ 求偏导,得

$$f_x(tx,ty)=tf_x(x,y)\qquad(**)$$

再由式 $(*)$,取 $t=\dfrac{1}{y}$,得 $f(x,y)=y^2f(\dfrac{x}{y},1)$,两边对 $y$ 求偏导,得

$$f_y(x,y)=2yf(\frac{x}{y},1)+y^2f_x(\frac{x}{y},1)(-\frac{x}{y^2})$$

由式 $(**)$,取 $t=\dfrac{1}{y}$,得 $f_x(\dfrac{x}{y},1)=\dfrac{1}{y}f_x(x,y)$,因此,

$$f_y(x,y)=2yf(\frac{x}{y},1)+y^2f_x(\frac{x}{y},1)(-\frac{x}{y^2})=\frac{2}{y}f(x,y)-\frac{x}{y}f_x(x,y)$$

代入 $x=1,y=-2,f(1,-2)=2,f_x(1,-2)=4$,得 $f_y(1,-2)=0$.因此,

---

此题及解法与例 5.5.17 有类似之处.

引入中间变量 $r=\sqrt{x^2+y^2+z^2}$ 利用多元复合函数微分法,可求出 $x,y,z$ 的三元函数 $u=f(\sqrt{x^2+y^2+z^2})$ 的二阶偏导数 $u_{xx},u_{yy},u_{zz}$,代入原方程,得 $f(r)$ 的二阶微分方程,解方程可得 $f(r)$ 的表示式.

满足恒等式 $f(tx,ty)=t^kf(x,y)$ 的函数称为 $k$ 次齐次函数.其必要条件是 $f(x,y)$ 满足欧拉方程: $xf'_x+yf'_y=kf(x,y)$

求解关键是怎样求抽象函数的偏导数值 $f_y(1,-2)$.

曲面在点 $P_0$ 处的法向量 $\boldsymbol{n}=\{f_x,f_y,-1\}_{P_0}=\{4,0,-1\}$，切平面方程为 $4x-z-2=0$.

**解 2** 在 $f(tx,ty)=t^2f(x,y)$ 中，令 $x=1,y=-2$，得
$$f(t,-2t)=2t^2$$
两边对 $t$ 求导得 $f_x-2f_y=4t$. 令 $t=1$ 得 $f_y(1,-2)=0$，故所求切平面方程为 $4(x-1)-(z-2)=0$，即 $4x-z=2$.

**解 3** （用欧拉方程，见本题后注）由欧拉方程得
$$xf'_x+yf'_y=2f(x,y)$$
令 $x=1,y=-2$ 得 $f_y(1,-2)=0$（以下同解 1，解 2）.

**注** 欧拉方程的证明.

由 $f(tx,ty)=t^kf(x,y)$，两边对 $t$ 求导，得
$$xf'_1(tx,ty)+yf'_2(tx,ty)=kt^{k-1}f(x,y)$$
令 $t=1$ 得 $xf'_x(x,y)+yf'_y(x,y)=kf(x,y)$.

若设 $t>0$，则欧拉方程是 $f(x,y)$ 为 $k$ 次齐次函数的充分必要条件.

**\* 例 5.5.20** 证明：曲面 $\Sigma: z+\sqrt{x^2+y^2+z^2}=x^3f\left(\frac{y}{x}\right)$ 上任意一点处的切平面 $\Pi$ 在 $Oz$ 轴上的截距与切点到坐标原点的距离之比为常数，并求此常数.

**分析** 此题的关键词：

曲面 —— 切平面 —— 截距 —— 切点到原点的距离 —— $z$ 截距与距离之比 —— 常数

此题看似证明题，实为计算题，只需按关键词的次序解题.

**解** 记原点到点 $(x,y,z)$ 的距离 $r=\sqrt{x^2+y^2+z}$，$u=\frac{y}{x}$，则
$$\Sigma: F(x,y,z)=z+r-x^3f(u)=0$$
曲面 $\Sigma$ 上任意点 $P(x,y,z)$ 处切平面的法矢量为

为便于求法矢量，将 $\Sigma$ 方程写成隐函数形式.

$$\boldsymbol{n}=\{F_x,F_y,F_z\}=\left\{\frac{x}{r}-3x^2f(u)+xyf'(u),\frac{y}{r}-x^2f'(u),\frac{z}{r}+1\right\}$$
动点为 $(X,Y,Z)$ 的切平面方程为
$$F_x\cdot(X-x)+F_y\cdot(Y-y)+F_z\cdot(Z-z)=0$$
将 $\boldsymbol{n}$ 表达式及原曲面方程代入得 $F_x\cdot X+F_y\cdot Y+F_z\cdot Z=-2(r+z)$，它

问题只涉及切平面的 $z$ 轴截距，故切平面方程中不必写出法矢量的具体表达式.

在 $Oz$ 轴上的截距为 $c=\dfrac{-2(r+z)}{F_z}=\dfrac{-2(r+z)}{\frac{z}{r}+1}=-2r$，故 $z$ 截距与切点到坐标原点的距离之比 $\frac{c}{r}=-2$ 为常数.

### 5.5.4 多元函数的极值与最值综合题

**例 5.5.21** 求使函数
$$f(x,y)=\frac{1}{y^2}e^{-\frac{1}{2y^2}[(x-a)^2+(y-b)^2]}\quad(y\neq0,b>0)$$
达到最大值的点 $(x_0,y_0)$ 以及相应值 $f(x_0,y_0)$.

这属于二元函数求最大值问题. 可先求驻点，再判断其为极大值点，也是最大值点.

**解**　设 $u = \ln f = -2\ln y - \dfrac{1}{2y^2}\left[(x-a)^2 + (y-b)^2\right]$

$$u_x = -\frac{1}{y^2}(x-a), u_y = -\frac{2}{y} + \frac{1}{y^3}\left[(x-a)^2 + (y-b)^2\right] - \frac{1}{y^2}(y-b)$$

令 $u_x = 0, u_y = 0$，解得驻点 $x_0 = a, y_0 = \dfrac{b}{2} > 0$. 又因

$$A_0 = u_{xx}(x_0, y_0) = -\frac{1}{y_0^2} < 0, B_0 = u_{xy}(x_0, y_0) = \frac{2}{y_0^3}(x_0 - a) = 0$$

$$C_0 = u_{yy}(x_0, y_0) = -\frac{1}{y_0^4}\left[y_0^2 - 3(y_0 - b)^2 + 4y_0(y_0 - b)\right] < 0$$

故 $\Delta = B_0^2 - A_0 C_0 < 0$，因此，$f(x,y)$ 在 $\left(a, \dfrac{b}{2}\right)$ 达到唯一极大值，因而也是其

最大值，相应的函数值 $f(x_0, y_0) = \dfrac{4}{b^2 \sqrt{\mathrm{e}}}$.

**例 5.5.22**　求函数 $f(x,y) = (1 + \mathrm{e}^y)\cos x - y\mathrm{e}^y$ 的极大值与极小值
点及相应的极值.

**解**　解方程组 $\begin{cases} f_x = -(1+\mathrm{e}^y)\sin x = 0 \\ f_y = \mathrm{e}^y(\cos x - 1 - y) = 0 \end{cases}$，即 $\begin{cases} x = k\pi \\ y = -1 + \cos k\pi \end{cases}, k \in$

**Z**，解得 $f(x,y)$ 的驻点为 $(2k\pi, 0), ((2k+1)\pi, -2), k \in \mathbf{Z}$. 又

$$A = f_{xx} = -(1 + \mathrm{e}^y)\cos x, B = f_{xy} = -\mathrm{e}^y \sin x$$

$$C = f_{yy} = \mathrm{e}^y(\cos x - 2 - y)$$

在驻点 $(2k\pi, 0)$ 处，$\Delta = B^2 - AC = 0^2 - (-2)(-1) < 0, A = -2 < 0$，
故在点 $(2k\pi, 0)$ 处，$f(x,y)$ 取极大值 $f(2k\pi, 0) = 2$.

在驻点 $((2k+1)\pi, -2)$ 处，$\Delta = B^2 - AC = 0^2 - (1 + \mathrm{e}^{-2})(-\mathrm{e}^{-2}) > 0$，
故在点 $(2k\pi, 0)$ 处，$f(x,y)$ 未取得极值.

*　**例 5.5.23**　设 $f(x,y) = 3x + 4y - ax^2 - 2ay^2 - 2bxy$，试问参数 $a$,
$b$ 满足何条件时，$f(x,y)$ 有唯一极值，是极大值还是极小值？

**解**　利用极值的必要条件，得方程组：

$$\begin{cases} f_x = 3 - 2ax - 2by = 0 \\ f_y = 4 - 4ay - 2bx = 0 \end{cases}, \begin{cases} 2ax + 2by = 3 \\ bx + 2ay = 2 \end{cases}$$

当 $2a^2 - b^2 \neq 0$ 时，$f(x,y)$ 有唯一驻点：

$$x_0 = \frac{3a - 2b}{2a^2 - b^2}, y_0 = \frac{4a - 3b}{2(2a^2 - b^2)}$$

记 $A = f_{xx} = -2a, B = f_{xy} = -2b, C = f_{yy} = -4a$.

当 $\Delta = B^2 - AC = 4(b^2 - 2a^2) < 0$ 时，$f(x,y)$ 有极值.

当 $A = -2a < 0$，即 $a > 0$ 时，有极大值；

当 $A = -2a > 0$，即 $a < 0$ 时，有极小值.

综上所述，当 $b^2 - 2a^2 < 0$，且 $a > 0$ 时，$f(x,y)$ 有唯一极值，为极大值；

当 $b^2 - 2a^2 < 0$，且 $a < 0$ 时，$f(x,y)$ 有唯一极值，为极小值.

**注**　本题的几何意义是明显的. 曲面

---

由于 $f$ 与 $\ln f$ 的最值点相同，可利用 $\ln f$ 求最值点，运算更简便.

二元函数 $u$ 在点 $(x_0, y_0)$ 取得极值的必要条件是 $u_x(x_0, y_0) = 0$ 和 $u_y(x_0, y_0) = 0$，充分条件是 $\Delta = (u_{xy}^2 - u_{xx}u_{yy})\big|_{(x_0, y_0)} < 0, u_{xx}(x_0, y_0) < 0(\text{或} > 0)$ 时，$u$ 取得极大值（或极小值）$u(x_0, y_0)$.

先按极值的必要条件寻找驻点，再根据极值的充分条件判定诸驻点是否为极值点.

要寻找使二元函数有唯一极值时参数 $a, b$ 满足的条件，可先按极值必要条件得有唯一驻点的条件 $2a^2 - b^2 \neq 0$；进而在此条件下，按极值充分条件给出函数有唯一极值的条件，指明是极大值，还是极小值.

$$f(x,y)=3x+4y-ax^2-2ay^2-2bxy$$

当且仅当它是椭圆抛物面时有唯一的极值点(即其顶点),故二次型 $-ax^2-2ay^2-2bxy$ 是椭圆型,即 $\Delta=b^2-2a^2<0$.而当 $a<0$ 时,用 $x=c$ 或 $y=c$ 截得的抛物线的开口向上,故仅有一个极小值;当 $a>0$ 时,仅有一个极大值.

**\* 例 5.5.24** 已知锐角三角形 $\triangle ABC$,若取点 $P(x,y)$,令
$$f(x,y)=|AP|+|BP|+|CP|(|\cdot|\,表示线段的长度).$$
证明:在 $f(x,y)$ 的极值点 $P_0$ 处,向量 $\overrightarrow{P_0A},\overrightarrow{P_0B},\overrightarrow{P_0C}$ 所夹的角相等.

**证** 设点 $A,B,C$ 的坐标为 $(x_i,y_i)(i=1,2,3)$,极值点 $P_0$ 的坐标为 $(x_0,y_0)$,则

> 这是经典的几何问题,有多种证法,包括利用光程最短原理的方法.此处利用多元函数极值方法.

$$\overrightarrow{P_0A}=\{x_1-x_0,y_1-y_0\}$$
$$\overrightarrow{P_0B}=\{x_2-x_0,y_2-y_0\}$$
$$\overrightarrow{P_0C}=\{x_3-x_0,y_3-y_0\}$$

又 $f(x,y)=\sum\limits_{i=1}^{3}\left[(x-x_i)^2+(y-y_i)^2\right]^{\frac{1}{2}}$,由

$$f_x=\sum_{i=1}^{3}\frac{x-x_i}{\left[(x-x_i)^2+(y-y_i)^2\right]^{\frac{1}{2}}}=0$$

$$f_y=\sum_{i=1}^{3}\frac{y-y_i}{\left[(x-x_i)^2+(y-y_i)^2\right]^{\frac{1}{2}}}=0$$

可知极值点 $P_0$ 的坐标 $(x_0,y_0)$ 满足关系式

> 设置点 $A,B,C,P_0$ 的坐标,由线段长度之和建立函数 $f(x,y)$ 的表达式.按 $f(x,y)$ 在 $P_0$ 处取得极值的条件,由 $f_x(x_0,y_0)=f_y(x_0,y_0)=0$ 得到关系式,分别代入所论向量夹角的余弦公式.

$$-\frac{x_0-x_1}{\left[(x_0-x_1)^2+(y_0-y_1)^2\right]^{\frac{1}{2}}}=\sum_{i=2}^{3}\frac{x_0-x_i}{\left[(x_0-x_i)^2+(y_0-y_i)^2\right]^{\frac{1}{2}}} \tag{*}$$

$$-\frac{y_0-y_1}{\left[(x_0-x_1)^2+(y_0-y_1)^2\right]^{\frac{1}{2}}}=\sum_{i=2}^{3}\frac{y_0-y_i}{\left[(x_0-x_i)^2+(y_0-y_i)^2\right]^{\frac{1}{2}}} \tag{**}$$

以上两式二次方后相加,得

$$1=2+2\frac{(x_0-x_2)(x_0-x_3)+(y_0-y_2)(y_0-y_3)}{\sqrt{(x_0-x_2)^2+(y_0-y_2)^2}\sqrt{(x_0-x_3)^2+(y_0-y_3)^2}}$$

利用上式可得

> 求解难点是将 $\cos(\overrightarrow{P_0B},\overrightarrow{P_0C})$ 的表示式通过式 $(*)$、式 $(**)$ 表达成常数.

$$\cos(\overrightarrow{P_0B},\overrightarrow{P_0C})=\frac{\overrightarrow{P_0B}\cdot\overrightarrow{P_0C}}{|\overrightarrow{P_0B}||\overrightarrow{P_0C}|}$$

$$=\frac{(x_0-x_2)(x_0-x_3)+(y_0-y_2)(y_0-y_3)}{\sqrt{(x_0-x_2)^2+(y_0-y_2)^2}\sqrt{(x_0-x_3)^2+(y_0-y_3)^2}}=-\frac{1}{2}$$

同理可得 $\cos(\overrightarrow{P_0A},\overrightarrow{P_0B})=\cos(\overrightarrow{P_0A},\overrightarrow{P_0C})=-\dfrac{1}{2}$.

**\* 例 5.5.25** 求半径为 $R$ 的圆内接三角形中面积最大者.

**解** 设圆心到此内接三角形 3 个顶点所构成的圆心角分别为 $x,y,$

$z$(见图 5-7),则 $z=2\pi-x-y$. 设对应的 3 个三角形面积分别为 $S_1,S_2,S_3$,

$$S_1=\frac{1}{2}R^2\sin x,S_2=\frac{1}{2}R^2\sin y,$$

$$S_3=\frac{1}{2}R^2\sin(2\pi-x-y),$$

$$(x\geqslant 0,y\geqslant 0,x+y\leqslant 2\pi)$$

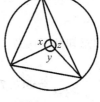

图 5-7

圆内接三角形面积 $S=S_1+S_2+S_3$.

$$S=\frac{1}{2}R^2[\sin x+\sin y+\sin(2\pi-x-y)]$$

$$=\frac{1}{2}R^2[\sin x+\sin y-\sin(x+y)]$$

由 $\begin{cases}S_x=\dfrac{R^2}{2}[\cos x-\cos(x+y)]\xlongequal{\text{令}}0\\[2mm]S_y=\dfrac{R^2}{2}[\cos y-\cos(x+y)]\xlongequal{\text{令}}0\end{cases}$

解得 $\cos x=\cos y=\cos 2x$,$2\cos^2 x-1=\cos x$,$\cos x=1$ 或 $-\dfrac{1}{2}$.

当 $\cos x=1$ 时,$x=0,y=0,z=2\pi$,此时,圆内接三角形缩为此三角形边界上的一段直线段,所以,$S\equiv 0$.

当 $\cos x=-\dfrac{1}{2}$ 时,$x=y=z=\dfrac{2}{3}\pi$,此时,

$$S=\frac{3}{2}R^2\sin\frac{2\pi}{3}=\frac{3\sqrt{3}}{4}R^2$$

为最大,即圆内接三角形中面积最大者是内接正三角形.

**例 5.5.26**　某公司通过电视和报纸两种形式作广告,已知销售收入 $R$(万元)与电视广告费 $x$(万元)、报纸广告费 $y$(万元)有如下关系:

$$R(x,y)=13+15x+33y-8xy-2x^2-10y^2$$

(1) 在广告费用不限的条件下,求最佳广告策略及获取利润.

(2) 如果提供的广告费用是 2 万元,求相应的最佳广告策略及获取利润.

**解**　(1) 利润函数

$$w=R(x,y)-(x+y)=13+14x+32y-8xy-2x^2-10y^2$$

解方程组 $\begin{cases}w_x=14-8y-4x=0\\w_y=32-8x-20y=0\end{cases}$,得驻点 $(x_0,y_0)=(1.5,1)$,这是唯一的可能极值点. 由问题知最大值存在,所以最大值在可能极值点处取得,即电视广告费为 1.5 万元,报纸广告费为 1 万元时,获得最大利润

$$w_{\max}=w(1.5,1)=39.5$$

(2) 求广告费用为 2 万元条件下,最佳广告策略,即求在条件 $x+y=2$ 下,$w(x,y)$ 的最大值. 令

$$F(x,y)=w(x,y)+\lambda\varphi(x,y)$$

$$=13+14x+32y-8xy-2x^2-10y^2+\lambda(x+y-2)$$

---

可选择圆内接三角形各边所对应的圆心角 $x,y,z$ 为自变量,然后,利用约束条件 $z=2\pi-x-y$,消掉一个变量,用一般方法求函数最值.

圆的内接三角形面积可看成圆心角分别为 $x,y,2\pi-x-y$ 所对应的三个等腰三角形面积之和 $S=S_1+S_2+S_3$,圆心角 $x$ 所对应的等腰三角形底边长为 $2R\sin\dfrac{x}{2}$,高为 $R\cos\dfrac{x}{2}$,因此其面积为 $S_1=\dfrac{1}{2}R^2\sin x$.

(1) 为一般的二元函数极值问题;(2) 为二元函数条件极值问题.

一般地,函数 $f(x,y)$ 在条件 $\varphi(x,y)=0$ 下的极值点是拉格朗日函数 $F(x,y,\lambda)=f(x,y)+\lambda\varphi(x,y)$ 的极值点.

解方程 $\begin{cases} F_x = 14 - 8y - 4x + \lambda = 0 \\ F_y = 32 - 8x - 20y + \lambda = 0 \\ F_\lambda = x + y - 2 = 0 \end{cases}$ ,得驻点 $x = 0.75, y = 1.25$. 这是唯一

的可能极值点. 由题意知利润函数 $w(x, y)$ 在条件 $x + y = 2$ 下一定存在最大值,故最大值

$$w_{\max} = w(0.75, 1.25) = 39.25$$

**例 5.5.27** 在椭球面 $\Sigma: \dfrac{1}{4}x^2 + y^2 + z^2 = 1$ 内,求一表面积为最大的长方体,并求出其最大表面积.

**解 1** 设长方体位于第一卦限的顶点为 $(a, b, c)$,则其长、宽、高分别为 $2a, 2b, 2c$,其表面积为 $S = 8(ab + bc + ca)$. 要求满足条件 $\dfrac{1}{4}a^2 + b^2 + c^2 = 1$ 的 $a, b, c$,使 $S$ 达到最大值. 作拉格朗日函数:

$$F(a, b, c, \lambda) = 8(ab + bc + ca) + \lambda\left(\frac{1}{4}a^2 + b^2 + c^2 - 1\right)$$

解方程组

$$\begin{cases} F_a = 8(b + c) + \dfrac{1}{2}\lambda a = 0 & (1) \\ F_b = 8(c + a) + 2\lambda b = 0 & (2) \\ F_c = 8(a + b) + 2\lambda c = 0 & (3) \\ F_\lambda = \dfrac{1}{4}a^2 + b^2 + c^2 - 1 = 0 & (4) \end{cases}$$

由式(3)−式(2)得 $(b - c)(4 - \lambda) = 0$. 若 $\lambda = 4$,得 $a + b + c = 0$,矛盾. 故 $b = c$,由式(2)解得

$$b = c = \frac{-4a}{4 + \lambda}, a \neq 0 \tag{5}$$

再代入式(1)得 $\lambda^2 + 4\lambda - 128 = 0, \lambda = -2(1 + \sqrt{33}) < 0$(舍去正根).

将 $\lambda$ 及式(5)代入式(4)得 $(1 - \sqrt{33})^2 a^2 + 32a^2 = 4(1 - \sqrt{33})^2$,于是

$$a = \frac{2(\sqrt{33} - 1)}{\sqrt{66 - 2\sqrt{33}}} > 0, b = c = \frac{4}{\sqrt{66 - 2\sqrt{33}}} > 0$$

故椭圆面内长方体最大表面积

$$S_{\max} = 8\left[\frac{16(\sqrt{33} - 1)}{66 - 2\sqrt{33}} + \frac{16}{66 - 2\sqrt{33}}\right] = \frac{64\sqrt{33}}{33 - \sqrt{33}} = 2 + 2\sqrt{33}$$

**解 2** 作拉格朗日函数:

$$F(a, b, c, \lambda) = ab + bc + ca + \lambda\left(\frac{1}{4}a^2 + b^2 + c^2 - 1\right)$$

例 5.5.27 属条件极值问题. 先写出长方体表面积与长、宽、高的函数关系. 而此长方体应内接于该椭圆面,从而可得约束条件,再利用拉格朗日乘数法求解.

运用拉格朗日乘数法求解条件极值问题的两个关键步骤是:① 作拉格朗日函数 $F$;② 求解 $F$ 偏导数为零的联立方程组.

解方程组 $\begin{cases} F_a = b + c + \dfrac{1}{2}\lambda a = 0 & ① \\ F_b = c + a + 2\lambda b = 0 & ② \\ F_c = a + b + 2\lambda c = 0 & ③ \\ F_\lambda = \dfrac{1}{4}a^2 + b^2 + c^2 - 1 = 0 & ④ \end{cases}$ ，$①a + ②b + ③c$ 得

$$2(ab + bc + ca) + 2\lambda(\tfrac{1}{4}a^2 + b^2 + c^2) = 0$$

由 ④ 得 $ab + bc + ca = -\lambda$，故极值 $S = -8\lambda > 0$，只要求出取负值的 $\lambda$ 即可.
而①②③是关于 $a, b, c$ 的一阶线性齐次方程组，应有非零解，故其系数行列式为零，即

$$\begin{vmatrix} \dfrac{1}{2}\lambda & 1 & 1 \\ 1 & 2\lambda & 1 \\ 1 & 1 & 2\lambda \end{vmatrix} = 0$$

解得唯一负根 $\lambda = -\dfrac{1}{4}(1 + \sqrt{33})$，故最大表面积

$$S = -8\lambda = 2(1 + \sqrt{33})$$

**\* 例 5.5.28**　从已知 $\triangle ABC$ 的内部的点 $P$ 向三边作 3 条垂线，求使 3 条垂线长的乘积为最大的点 $P$ 的位置.

**解**　设三角形三边长分别为 $a, b, c$，从点 $P$ 向三边作垂线，长分别为 $x, y, z$. 记 $\triangle ABC$ 的面积为 $S$，则 $ax + by + cz = 2S$. 3 条垂线长的乘积为 $f(x, y, z) = xyz$. 作拉格朗日函数

$$F(x, y, z) = xyz + \lambda(ax + by + cz - 2S)$$

解方程组

$$\begin{cases} F_x = yz + \lambda a = 0 \\ F_y = xz + \lambda b = 0 \\ F_z = xy + \lambda c = 0 \\ F_\lambda = ax + by + cz - 2S = 0 \end{cases}$$

得 $x = \dfrac{2S}{3a}, y = \dfrac{2S}{3b}, z = \dfrac{2S}{3c}$. 由问题的实际意义，函数 $f$ 的最大值存在，故当 $P$ 到长为 $a, b, c$ 的边的距离分别为 $x = \dfrac{2S}{3a}, y = \dfrac{2S}{3b}, z = \dfrac{2S}{3c}$ 时，三条垂线长的乘积为最大.

**注**　初等解法. 令 $u = ax, v = by, w = cz$，则 $u + v + w = 2S$ 为常数. 乘积 $F = abcf = uvw$ 当 $u = v = w = \dfrac{2}{3}S$ 时，取得最大. 几何上即为分割的 3 个三角形面积相等.

**例 5.5.29**　过椭圆 $3x^2 + 2xy + 3y^2 = 1$ 上任意点作椭圆的切线，试求诸切线与坐标轴所围三角形面积的最小值与最大值.

**分析**　此题的关键词为：

拉格朗日函数中的目标函数 $f$ 项可根据需要，转化成 $Cf$ 或 $f^{-1}, f^2$ 等形式，以简化计算.

同时，解方程也应注意方法与技巧. 如解 2 中问题归结为只求 $\lambda$，就比解 1 简便得多.

属于条件极值问题，可用拉格朗日乘数法求解.

目标函数为 $f(x, y, z) = xyz$ 由于 $x, y, z$ 是到长度为 $a, b, c$ 的三边的垂线长，因此 $\triangle ABC$ 的面积是三个三角形面积之和：$S = \dfrac{1}{2}(ax + by + cz)$.

设 $u \geqslant 0, v \geqslant 0, w \geqslant 0$ 且 $u + v + w = C$. 则由不等式 $\dfrac{u + v + w}{3} \geqslant \sqrt[3]{uvw}$ 当 $u = v = w$ 时，乘积 $uvw$ 取得最大值 $\dfrac{C^3}{27}$.

切线 —— $x,y$ 截距 —— 三角形面积 —— 约束条件 —— 面积最小（大）.

**解 1**　设 $M(x,y)$ 为椭圆上任一点,则过此点的切线方程为

$$Y-y=-\frac{3x+y}{x+3y}(X-x)$$

切线的 $x,y$ 截距分别为 $X^*=\frac{1}{3x+y}$，$Y^*=\frac{1}{x+3y}$，切线与坐标轴所围三角形的面积为

$$S=\frac{1}{2}\frac{1}{|(3x+y)(x+3y)|} \tag{1}$$

作拉格朗日函数：

$$F(x,y,\lambda)=(3x+y)(x+3y)+\lambda(3x^2+2xy+3y^2-1)$$

解方程组 $\begin{cases}F_x=6x+10y+\lambda(6x+2y)=0\\ F_y=10x+6y+\lambda(2x+6y)=0,得\ x=\pm y.\ 当\ x=y\ 时,x=y\\ F_\lambda=3x^2+2xy+3y^2-1=0\end{cases}$

求 $S$ 的最小值点 $M_0$，等价于求 $(3x+y)(x+3y)$ 的最大值点 $M_0$。

$=\pm\frac{1}{4}\sqrt{2}$，对应两点 $M_{1,2}$；当 $x=-y$ 时，$x=-y=\pm\frac{1}{2}$，对应两点 $M_{3,4}$。由问题知面积的最小（大）值存在，故得

$$S_{\min}=S(M_{1,2})=\frac{1}{4},\ S_{\max}=S(M_{3,4})=\frac{1}{2}$$

**解 2**　同解 1 至式(1)。

由式(1)，只要求 $|3x^2+10xy+3y^2|$ 的极值，而由椭圆方程，只要求 $|1+8xy|$ 的极值。因此只要求 $xy$ 的极值。作拉格朗日函数：

$$F(x,y,\lambda)=xy+\lambda(3x^2+2xy+3y^2-1)$$

解方程组：

$$\begin{cases}F_x=y+\lambda(6x+2y)=0 & (2)\\ F_y=x+\lambda(2x+6y)=0 & (3)\\ F_\lambda=3x^2+2xy+3y^2-1=0 & (4)\end{cases}$$

解 2 将目标函数简化成 $xy$，简化了计算。

(2)$x$+(3)$y$ 得：$2xy+2\lambda(3x^2+2xy+3y^2)=0$，故 $xy=-\lambda$ 为所求极值。关于 $x,y$ 的方程组(2)、(3)有非零解，则

$$\begin{vmatrix}6\lambda & 2\lambda+1\\ 2\lambda+1 & 6\lambda\end{vmatrix}=0,(2\lambda+1)^2-36\lambda^2=0$$

$$(2\lambda+1-6\lambda)(2\lambda+1+6\lambda)=0$$

得 $\lambda=-\frac{1}{8}$ 或 $\frac{1}{4}$。故所求的 $|1+8xy|=|1-8\lambda|$ 的最大值为 2，最小值为 1，

故所求面积 $S=\frac{1}{2}|1+8xy|^{-1}$ 的最大值为 $\frac{1}{2}$，最小值为 $\frac{1}{4}$。

**例 5.5.30**　在椭球面 $\Sigma:2x^2+2y^2+z^2=1$ 上求一点，使函数

$$f(x,y,z)=x^2+y^2+z^2$$

在该点沿方向 $l=i-j$ 的方向导数最大。

**分析**　先写出目标函数 $\dfrac{\partial f}{\partial l}=\mathbf{grad}\,f\cdot\boldsymbol{n}_0$，再利用拉格朗日乘数法，求在

条件 $\Sigma:2x^2+2y^2+z^2=1$ 下 $\dfrac{\partial f}{\partial l}$ 的最大值.

**解**　方向导数 $\dfrac{\partial f}{\partial l}=\mathbf{grad}\,f\cdot\boldsymbol{n}_0$，其中 $\boldsymbol{n}_0$ 为指定方向的单位向量，

$$\boldsymbol{n}_0=(\cos\alpha,\cos\beta,\cos\gamma)=\left(\frac{1}{\sqrt{2}},-\frac{1}{\sqrt{2}},0\right)$$

$$\mathbf{grad}\,f=(f_x,f_y,f_z)=2(x,y,z)$$

因此，$\dfrac{\partial f}{\partial l}=\mathbf{grad}\,f\cdot\boldsymbol{n}_0=\sqrt{2}\,(x-y)$.

按题意，需要求函数 $\sqrt{2}\,(x-y)$ 在条件 $2x^2+2y^2+z^2=1$ 下的最大值.

作拉格朗日函数：$F(x,y,z)=\sqrt{2}\,(x-y)+\lambda(2x^2+2y^2+z^2-1)$，解方程

组 $\begin{cases}F_x=\sqrt{2}+4\lambda x=0\\[4pt]F_y=-\sqrt{2}+4\lambda y=0\\[4pt]F_z=2\lambda z=0\\[4pt]F_\lambda=2x^2+2y^2+z^2-1=0\end{cases}$，得 $z=0$，$x=-y=\pm\dfrac{1}{2}$，即驻点为 $M_1\left(\dfrac{1}{2},\right.$

$-\dfrac{1}{2},0)$，$M_2\left(-\dfrac{1}{2},\dfrac{1}{2},0\right)$. 因最大值存在，

$$\max\frac{\partial f}{\partial l}=\max\left\{\left.\frac{\partial f}{\partial l}\right|_{M_1},\left.\frac{\partial f}{\partial l}\right|_{M_2}\right\}=\max\left\{\sqrt{2},-\sqrt{2}\right\}=\sqrt{2}$$

故所求点为 $M_1\left(\dfrac{1}{2},-\dfrac{1}{2},0\right)$，它使函数 $f(x,y,z)$ 在该点沿方向 $\boldsymbol{l}=\boldsymbol{i}-\boldsymbol{j}$ 的

方向导数最大.

**\* 例 5.5.31**　证明函数 $f(x,y)=Ax^2+2Bxy+Cy^2$ 在约束条件

$g(x,y)=1-\dfrac{x^2}{a^2}-\dfrac{y^2}{b^2}=0$ 下有最大值和最小值，且它们是方程：

$$k^2-(Aa^2+Cb^2)k+(AC-B^2)a^2b^2=0$$

的根.

**解**　二元连续函数 $f(x,y)$ 在有界闭集(椭圆) $1-\dfrac{x^2}{a^2}-\dfrac{y^2}{b^2}=0$ 上一定

存在最大值和最小值. 设 $(x_1,y_1)$ 和 $(x_2,y_2)$ 分别为最大值点和最小值点.

作拉格朗日函数 $L(x,y,\lambda)=Ax^2+2Bxy+Cy^2+\lambda\left(1-\dfrac{x^2}{a^2}-\dfrac{y^2}{b^2}\right)$，则

$(x_1,y_1)$ 和 $(x_2,y_2)$ 应满足方程组：

$$\begin{cases}L_x=2\left[\left(A-\dfrac{\lambda}{a^2}\right)x+By\right]=0 & \qquad(1)\\[10pt]L_y=2\left[Bx+\left(C-\dfrac{\lambda}{b^2}\right)y\right]=0 & \qquad(2)\\[10pt]L_\lambda=1-\dfrac{x^2}{a^2}-\dfrac{y^2}{b^2}=0 & \qquad(3)\end{cases}$$

此题涉及的知识点有：梯度，方向导数，条件极值的拉格朗日乘数法.

可根据"连续函数在有界闭集上一定存在最大值和最小值"，得到最值的存在性. 再利用拉格朗日乘数法，建立最值点坐标满足的方程组，联立导出最值满足的方程.

由 $\frac{1}{2}((1)x+(2)y)$，并利用式(3)，得 $\lambda = Ax^2 + 2Bxy + Cy^2$. 于是最大值点 $(x_1, y_1)$，最小值点 $(x_2, y_2)$ 相应的乘子 $\lambda_1, \lambda_2$ 分别满足关系式

$$\lambda_1 = Ax_1^2 + 2Bx_1y_1 + Cy_1^2, \quad \lambda_2 = Ax_2^2 + 2Bx_2y_2 + Cy_2^2$$

即 $\lambda_1, \lambda_2$ 分别是函数 $f(x, y)$ 在椭圆 $\frac{x^2}{a^2} + \frac{y^2}{b^2} = 1$ 上的最大值和最小值.

又由方程组(1)(2)有非零解，故系数行列式

$$\left(A - \frac{\lambda}{a^2}\right)\left(C - \frac{\lambda}{b^2}\right) - B^2 = 0$$

即      $\lambda^2 - (Aa^2 + Cb^2)\lambda + (AC - B^2)a^2b^2 = 0$      (4)

即最大值和最小值 $\lambda_1, \lambda_2$ 是上述方程的根.

**注 1** 一元二次方程(4) 必有实根. 事实上其判别式

$$\Delta = (Aa^2 - Cb^2)^2 + 4B^2a^2b^2 \geqslant 0$$

当且仅当 $Aa^2 = Cb^2$ 且 $B = 0$ 时，也即 $A = kb^2, C = ka^2(k \neq 0)$ 且 $B = 0$ 时，最大值与最小值相等 $\lambda_1 = \lambda_2$，此时 $f(x, y) = ka^2b^2$ 为常值函数. 否则有两不等实根.

**注 2** 本题的几何意义如下.

$L: Ax^2 + 2Bxy + Cy^2 = u$ 是参数为 $u$ 的二次曲线族，也就是函数 $f(x, y) = u$ 的等值线. $L$ 只有三种类型：椭圆，双曲线，两平行直线. 此题几何上是等值线 $L$ 与椭圆 $L_0: \frac{x^2}{a^2} + \frac{y^2}{b^2} = 1$ 相交或相切时，考察 $u$ 的最值.

$L$ 为椭圆型情形($AC > B^2$)，最小值发生于 $L$ 内切于 $L_0$，最大值发生于 $L$ 外切于 $L_0$.

$L$ 为双曲型情形($AC < B^2$)，最小值 $u_{\min} = 0$，发生于 $L$ 退化为两条相交直线，交点是原点，最大值发生于 $L$ 外切于 $L_0$.

$L$ 为两条平行直线情形($AC = B^2$)，最小值 $u_{\min} = 0$，发生于 $L$ 退化为两条重合直线，通过原点，最大值发生于 $L$ 外切于 $L_0$.

**\*例 5.5.32** 设函数 $f(t)$ 在 $[1, +\infty)$ 上具有连续的二阶导数，$f(1) = 0, f'(1) = 1$，且二元函数 $z = (x^2 + y^2)f(x^2 + y^2)$ 满足拉普拉斯方程 $z_{xx} + z_{yy} = 0$，试求函数 $f(t)$ 在 $[1, +\infty)$ 上的最大值.

**解** (1)先求函数 $f(t)$. 令 $r = \sqrt{x^2 + y^2}$，得 $z = r^2 f(r^2)$.

$$z_x = z_r r_x = [2rf(r^2) + 2r^3f'(r^2)] \cdot \frac{x}{\sqrt{x^2 + y^2}}$$

$$= 2x[f(r^2) + r^2f'(r^2)]$$

$$z_{xx} = 2[f(r^2) + r^2f'(r^2)] + 2x[2rf'(r^2) + 2rf'(r^2) + 2r^3f''(r^2)]\frac{x}{r}$$

$$= 2[f(r^2) + r^2f'(r^2)] + 4x^2[2f'(r^2) + r^2f''(r^2)]$$

$$= 2f(r^2) + 2f'(r^2)(r^2 + 4x^2) + 4x^2r^2f''(r^2)$$

由 $x, y$ 的对等性得 $z_{yy} = 2f(r^2) + 2f'(r^2)(r^2 + 4y^2) + 4y^2r^2f''(r^2)$，代入拉普拉斯方程 $z_{xx} + z_{yy} = 0$，得 $r^4f''(r^2) + 3r^2f'(r^2) + f(r^2) = 0$，视 $r^2$ 为 $t$，化

注意方程(1)与(2)的特殊结构，$\frac{1}{2}((1)x + (2)y)$ 结合(3)化简，得到 $\lambda$ 的表达式.

令 $r = \sqrt{x^2 + y^2}$，将 $x, y$ 的二元函数化为 $r$ 的一元函数，便可将关于 $x, y$ 的偏微分方程化成关于 $r$ 的常微分方程.

注意利用 $x, y$ 的对等性简化计算.

为欧拉方程：$t^2 f''(t) + 3t f'(t) + f(t) = 0$.

令 $t = e^u$，并记 $h(u) = f(e^u)$，得到二阶常系数线性微分方程：$h''(u) + 2h'(u) + h(u) = 0$，解得 $f(e^u) = h(u) = (C_1 + C_2 u) e^{-u}$，其中 $C_1, C_2$ 为任意常数. 即 $f(r^2) = \dfrac{C_1 + C_2 \ln r^2}{r^2}$.

由条件 $f(1) = 0, f'(1) = 1$，可得 $C_1 = 0, C_2 = 1$，因此 $f(r^2) = \dfrac{\ln r^2}{r^2}$，即

$$f(t) = \frac{\ln t}{t}, t \in [1, +\infty)$$

(2) 再求 $f(t)$ 的最大值. $f'(t) = \dfrac{1 - \ln t}{t^2} \begin{cases} > 0, 1 \leqslant t < e, f \text{ 单增} \\ = 0, t = e \\ < 0, t > e, f \text{ 单减} \end{cases}$，因

此，函数的最大值为 $f(e) = \dfrac{1}{e}$.

**\* 例 5.5.33**　给定半径为 $R$ 的圆，问：

(1) 是否存在该圆的一个外切三角形，使其面积为圆面积的 $\dfrac{3}{2}$ 倍？

(2) 是否存在该圆的一个外切三角形，使其面积为圆面积的 2 倍？证明你的结论.

**解**　(1) 作出圆的任意外切三角形，连接圆心与 3 个切点，设 3 个圆心角分别为 $x, y, 2\pi - x - y$（见图 5-8），则外切三角形面积函数

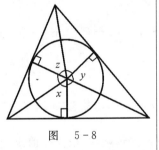

$$S(x,y) = R^2 \left( \tan \frac{x}{2} + \tan \frac{y}{2} + \tan \left( \pi - \frac{x+y}{2} \right) \right)$$

$$= R^2 \left( \tan \frac{x}{2} + \tan \frac{y}{2} - \tan \frac{x+y}{2} \right)$$

图　5-8

其中 $0 < x, y < \pi, x + y > \pi$. 由

$$S_x = \frac{R^2}{2 \cos^2 \dfrac{x}{2}} - \frac{R^2}{2 \cos^2 \dfrac{x+y}{2}} = 0$$

$$S_y = \frac{R^2}{2 \cos^2 \dfrac{y}{2}} - \frac{R^2}{2 \cos^2 \dfrac{x+y}{2}} = 0$$

解出唯一驻点：$x_0 = \dfrac{2\pi}{3}, y_0 = \dfrac{2\pi}{3}$，使 $S(x_0, y_0) = 3\sqrt{3} R^2$.

下证 $S(x_0, y_0)$ 是 $S(x, y)$ 在区域 $D = \{(x,y) \mid 0 < x, y < \pi, x + y > \pi\}$ 内的最小值.

因为 $\lim\limits_{\theta \to \frac{\pi}{2}^-} \tan \theta = +\infty$，所以存在 $\varepsilon > 0 (\varepsilon < \dfrac{\pi}{3})$，使当 $\dfrac{\pi}{2} - \dfrac{\varepsilon}{2} \leqslant \theta < \dfrac{\pi}{2}$

时，$\tan \theta > 6\sqrt{3}$.

记 $D_\varepsilon = \{(x,y) \mid x \leqslant \pi - \varepsilon, y \leqslant \pi - \varepsilon, x + y \geqslant \pi + \varepsilon\}$. 当 $(x,y) \in$

几何直观是，面积最小的圆外切三角形是等边三角形，其面积为 $3\sqrt{3} R^2 > 1.5\pi R^2$，故可否定问题(1). 而圆外切三角形的面积没有上限，可趋于无穷大，故肯定问题(2). 可先作出某外切三角形，其面积大于圆面积的 2 倍，问题(1) 中的等边三角形面积小于圆面积的 2 倍，利用介值定理，说明问题(2)成立.

$D \backslash D_\varepsilon$ 时,$x + y < \pi + \varepsilon, \pi - \dfrac{x+y}{2} > \dfrac{\pi}{2} - \dfrac{\varepsilon}{2}$.

$$S(x,y) > R^2 \tan\left(\pi - \frac{x+y}{2}\right) > R^2 \tan\left(\frac{\pi}{2} - \frac{\varepsilon}{2}\right) > 6\sqrt{3}R^2$$

由于连续函数 $S(x,y)$ 在有界闭域 $D_\varepsilon$ 上必取得最小值,而在 $D_\varepsilon$ 边界上,有

$$S(x,y) > 6\sqrt{3}R^2 > S(x_0, y_0) = 3\sqrt{3}R^2$$

于是 $S(x,y)$ 在 $D_\varepsilon$ 上的最小值必在 $D_\varepsilon$ 内部取得.而 $(x_0, y_0)$ 是 $S(x,y)$ 在 $D_\varepsilon$ 内唯一的可能极值点,因此也是最小值点,即有

$$\min_{D_\varepsilon} S(x,y) = S(x_0, y_0) = 3\sqrt{3}R^2$$

同时,$S(x_0, y_0)$ 也是函数 $S(x,y)$ 在区域 $D$ 内的最小值.因此有

$$\min_D S(x,y) = S(x_0, y_0) = 3\sqrt{3}R^2 > \frac{3}{2}\pi R^2$$

这表明面积等于圆面积的 $\dfrac{3}{2}$ 倍的外切三角形不存在.

(2) 取定圆周上两点 $A, B$,使劣弧 $\overset{\frown}{AB}$ 对应的圆心角为 $\dfrac{2\pi}{3}$,在优弧 $\overset{\frown}{AB}$ 上取点 $P$,设劣弧 $\overset{\frown}{AP}$ 对应的圆心角为 $x(0 < x < \pi)$,则以 $A, B, P$ 为切点的外切三角形面积为

$$f(x) = S\left(x, \frac{2\pi}{3}\right) = R^2\left[\tan\frac{\pi}{3} + \tan\frac{x}{2} - \tan\left(\frac{\pi}{3} + \frac{x}{2}\right)\right]$$

$$f\left(\frac{2\pi}{3}\right) = 3\sqrt{3}R^2 < 2\pi R^2$$

当 $x \to \pi^-$ 时,$f(x) \to +\infty$,故存在 $x_1 \in \left(\dfrac{2\pi}{3}, \pi\right)$,使 $f(x_1) > 2\pi R^2$.

由 $f(x)$ 是 $x$ 的连续函数,根据介值定理,存在 $\xi \in \left(\dfrac{2\pi}{3}, x_1\right)$,使 $f(\xi) = 2\pi R^2$,即存在面积等于圆面积 2 倍的外切三角形.

---

当 $(x,y) \in D \backslash D_\varepsilon$ 时,$S(x,y) > S(x_0, y_0) = 3\sqrt{3}R^2$

作特殊的外切三角形,对应的圆心角为 $\dfrac{2\pi}{3}$,$x, \dfrac{4\pi}{3} - x$. $f\left(\dfrac{2\pi}{3}\right) < 2\pi R^2$,欲寻找 $x_1$,使 $f(x_1) > 2\pi R^2$,便可用介值定理,得到存在 $\xi$,使 $f(\xi) = 2\pi R^2$.

# 第6章　多元函数积分学

多元函数积分的数学概念的本质与定积分类似,都是对所求量的无限细分而求和的极限,区别在于积分域的差异:定积分与曲线积分、二重积分与曲面积分、三重积分,积分域分别是区间与曲线弧、平面区域与曲面域、立体域.

需要重视的是第二类曲线与曲面积分与第一类的实质区别,被积函数是向量值函数的分量形式,被积表达式是向量函数与积分域微元向量的数量积,积分域是有定向的.因此对于第二类积分,无法比较大小,无积分中值定理可言,积分对称性还要考虑积分域的方向,等等.而这些都是教与学的难点,初学者的困惑所在,一般在高数教学中也不很强调,然而都值得有意参赛者留意与思考.

各种多元积分的计算通常要经过划域或投影、定限,最终归结为定积分的计算.其中二重积分的计算是基本的.三重积分可看作一个二重积分与定积分的链接,即所谓"先二后一"或"先一后二",再经二重积分化为三次积分.曲面积分则可通过积分曲面在坐标平面上的投影转化为二重积分.在采用格林、高斯或斯托克斯公式处理线、面积分时,也常常最终转化为二重积分.可见熟练掌握二重积分的计算是基本功.

对于二重积分的直角坐标和极坐标的两种计算方法,三重积分的直角坐标、柱面坐标和球面坐标的三种计算方法,不同坐标系下积分表示的互换,何时何情运用哪一种方法较为简便,有必要熟练掌握.

多元积分计算过程中涉及的知识点不少,包括因划域需要的几何基本知识,积分的代数性质、分析性质和几何性质,各类积分的基本计算方法和步骤等.相应试题是一种知识和分析能力及计算能力的综合性的考核.

与多元积分试题相关的综合性,还常常表现在与一元微积分、多元微分学及其他知识点的综合,例如微分方程、级数、积分所定义的函数的表达式、极限、极值或最值、几何性质等等.

数形结合方法,对称性方法,三个积分关系定理及相应公式(格林公式、高斯公式、斯托克斯公式)的方法,对于求解多元积分问题往往是奏效的.

## 6.1　多元函数积分的计算

### 6.1.1　重积分计算

**例 6.1.1**　计算

$$\int_1^2 dx \int_{\sqrt{x}}^x \sin \frac{\pi x}{2y} dy + \int_2^4 dx \int_{\sqrt{x}}^2 \sin \frac{\pi x}{2y} dy$$

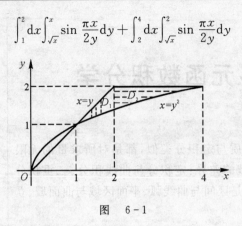

图 6-1

**解** 设积分区域(见图6-1)分别为

$$D_1 : \begin{cases} 1 \leqslant x \leqslant 2 \\ \sqrt{x} \leqslant y \leqslant x \end{cases}, \qquad D_2 : \begin{cases} 2 \leqslant x \leqslant 4 \\ \sqrt{x} \leqslant y \leqslant 2 \end{cases}$$

$$D = D_1 \bigcup D_2 : \begin{cases} y \leqslant x \leqslant y^2 \\ 1 \leqslant y \leqslant 2 \end{cases}$$

于是

$$\int_1^2 dx \int_{\sqrt{x}}^x \sin \frac{\pi x}{2y} dy + \int_2^4 dx \int_{\sqrt{x}}^2 \sin \frac{\pi x}{2y} dy$$

$$= \int_1^2 dy \int_y^{y^2} \sin \frac{\pi x}{2y} dx = -\frac{2}{\pi} \int_1^2 y \left( \cos \frac{\pi y}{2} - \cos \frac{\pi}{2} \right) dy$$

$$= \frac{4}{\pi^3} (2 + \pi)$$

**例 6.1.2** 交换积分 $I = \int_0^2 dx \int_{2-x}^{\sqrt{x}} f(x, y) dy$ 的积分次序,为 _____.

**解** 曲线 $y = 2 - x$ 和 $y = \sqrt{x}$ 的交点为$(1, 1)$(见图6-2),记

$$D_1 : \begin{cases} 0 \leqslant x \leqslant 1 \\ \sqrt{x} \leqslant y \leqslant 2 - x \end{cases}, D_2 : \begin{cases} 1 \leqslant x \leqslant 2 \\ 2 - x \leqslant y \leqslant \sqrt{x} \end{cases}$$

先分解原积分,再化为两个二重积分

$$I = \int_0^1 dx \int_{2-x}^{\sqrt{x}} f dy + \int_1^2 dx \int_{2-x}^{\sqrt{x}} f dy$$

$$= -\int_0^1 dx \int_{\sqrt{x}}^{2-x} f dy + \int_1^2 dx \int_{2-x}^{\sqrt{x}} f dy$$

$$= -\iint_{D_1} f dx dy + \iint_{D_2} f dx dy$$

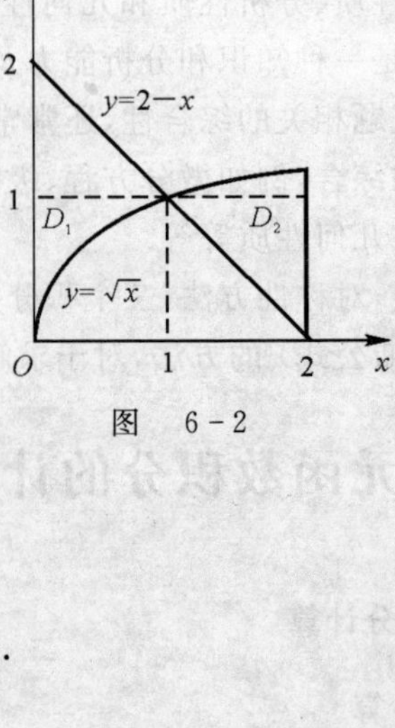

然后分别交换积分次序为

$$I = -\int_0^1 dy \int_0^{y^2} f dx - \int_1^2 dy \int_0^{2-y} f dx$$

$$+ \int_0^1 dy \int_{2-y}^2 f dx + \int_1^{\sqrt{2}} dy \int_{y^2}^2 f dx$$

图 6-2

**例 6.1.3** 计算 $I = \int_0^a dy \int_0^a \frac{dx}{(a^2 + x^2 + y^2)^{3/2}}$.

在重积分的计算问题中,"划域定限"的方法是最基本的.

两个求解要点:① 可否将原两个积分区域合成一个? 若不可,则需分别计算,若可,简化计算;② 被积函数中分母含有 $y$,里层积分无法计算,故考虑先对 $x$ 积分,需交换积分次序,这是关键.

先由原积分中前后两个定限,画出积分变量区域.但 $0 \leqslant x \leqslant 1$ 时,曲线 $y = \sqrt{x}$ 在曲线 $y = 2 - x$ 的下方,故该 $I$ 不是二重积分的二次积分! 需要分段,调整成"上大下小"的积分限.

**解** 由对称性(见图 6 − 3)知

$$I = 2\iint\limits_{D_1} \frac{\mathrm{d}x\mathrm{d}y}{(a^2+x^2+y^2)^{3/2}} = 2\int_0^{\pi/4}\mathrm{d}\theta\int_0^{a/\cos\theta} \frac{r\mathrm{d}r}{(a^2+r^2)^{3/2}}$$

$$= 2a^{-1}\int_0^{\pi/4}\left(1 - \frac{\cos\theta}{\sqrt{2-\sin^2\theta}}\right)\mathrm{d}\theta = \frac{\pi}{2a} - \frac{2}{a}\arcsin\frac{\pi}{4\sqrt{2}}$$

由被积函数及积分域的特点,采用极坐标系计算.

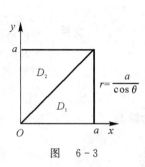
图 6 − 3

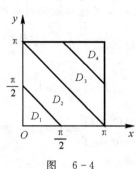
图 6 − 4

**例 6.1.4** 计算 $I = \iint\limits_D |\cos(x+y)|\mathrm{d}x\mathrm{d}y$,其中 $D: 0 \leqslant x \leqslant \pi, 0 \leqslant y \leqslant \pi$.

**解** 如图 6−4 划分 $D = D_1 \bigcup D_2 \bigcup D_3 \bigcup D_4$,其中 3 条划线分别为 $x+y = \pi/2, x+y = \pi$ 和 $x+y = 3\pi/2$. 由 $\cos(x+y)$ 及积分域 $D_1$ 与 $D_4$, $D_2$ 与 $D_3$ 分别关于直线 $x+y = \pi$ 为对称,积分化简为

为去 $|\cos(x+y)|$ 的绝对值号,按余弦函数的零点划分积分域 $D$.

$$I = \iint\limits_{D_1} + \iint\limits_{D_2} + \iint\limits_{D_3} + \iint\limits_{D_4}$$

$$= 2\left[\iint\limits_{D_1}\cos(x+y)\mathrm{d}x\mathrm{d}y - \iint\limits_{D_2}\cos(x+y)\mathrm{d}x\mathrm{d}y\right]$$

$$= 2\left[2\iint\limits_{D_1}\cos(x+y)\mathrm{d}x\mathrm{d}y - \iint\limits_{D_1+D_2}\cos(x+y)\mathrm{d}x\mathrm{d}y\right]$$

$$= 2\left[2\int_0^{\pi/2}(1-\sin x)\mathrm{d}x + \int_0^{\pi}\sin x\,\mathrm{d}x\right] = 2\pi$$

**\*例 6.1.5** 将 $I = \iint\limits_{x^2+y^2\leqslant 1} f(ax+by+c)\mathrm{d}x\mathrm{d}y(a^2+b^2 \neq 0)$ 化为定积分.

**解 1** 直线族 $ax+by = w$ 的单位法向量和单位切向量分别为

$$\left(\frac{a}{\sqrt{a^2+b^2}}, \frac{b}{\sqrt{a^2+b^2}}\right), \left(\frac{b}{\sqrt{a^2+b^2}}, \frac{-a}{\sqrt{a^2+b^2}}\right)$$

故作积分换元

$$u = \frac{ax+by}{\sqrt{a^2+b^2}}, v = \frac{bx-ay}{\sqrt{a^2+b^2}}$$

雅各比式为 $J = \frac{\partial(x,y)}{\partial(u,v)} = 1$,将圆域 $x^2+y^2 \leqslant 1$ 变为圆域 $u^2+v^2 \leqslant 1$. 因此

思路有二. 其一采用坐标系的旋转变换,使得一个坐标轴与直线 $ax+by = u$ 平行. 其二运用定积分的微元法,在 6.4.4 中介绍.

$$I = \iint\limits_{u^2+v^2\leqslant 1} f(\sqrt{a^2+b^2} \cdot u + c) \, dudv$$

$$= 2\int_{-1}^{1} f(\sqrt{a^2+b^2} \cdot u + c)\sqrt{1-u^2} \, du.$$

**注** 解 1 用到二重积分换元法,简化了问题.掌握二、三重积分换元法及雅各比行列式 $J$,有时对求解相关竞赛题是有益的.

（1）二重积分换元的雅各比式 $J(u,v) = \dfrac{\partial(x,y)}{\partial(u,v)} = \begin{vmatrix} x'_u & x'_v \\ y'_u & y'_v \end{vmatrix}$,变换 $\begin{cases} x=x(u,v) \\ y=y(u,v) \end{cases} : D \to D'$, $dxdy = |J(u,v)| \, dudv$.

> 左栏列出了重积分的换元公式及简单变换下的雅各比行列式.

1）广义极坐标变换:$\begin{cases} x=ar\cos\theta \\ y=br\sin\theta \end{cases} \Rightarrow J=abr$（如化椭圆为圆）;

2）平移或旋转变换:$\begin{cases} x=u+a \\ y=v+b \end{cases}$, $\begin{cases} x=u\cos\theta-v\sin\theta \\ y=u\sin\theta+v\cos\theta \end{cases} \Rightarrow J=1$;

3）线性变换:$\begin{cases} x=a_{11}u+a_{12}v+b_1 \\ y=a_{21}u+a_{22}v+b \end{cases}$, $\Rightarrow J=a_{11}a_{22}-a_{12}a_{21}$（化一对相交直线为坐标轴）.

（2）三重积分换元的雅各比式 $J(u,v,w) = \dfrac{\partial(x,y,z)}{\partial(u,v,w)} = \begin{vmatrix} x'_u & x'_v & x'_w \\ y'_u & y'_v & y'_w \\ z'_u & z'_v & z'_w \end{vmatrix}$,变换 $\begin{cases} x=x(u,v,w) \\ y=y(u,v,w) \\ z=z(u,v,w) \end{cases} : \Omega \to \Omega'$

$dxdydz = |J(u,v,w)| \, dudvdw$.

1）广义柱面坐标变换:$\begin{cases} x=ar\cos\theta \\ y=br\sin\theta \\ z=z \end{cases} \Rightarrow J=abr$（如化椭圆柱面为圆柱面）;

2）广义球面坐标变换:$\begin{cases} x=ar\sin\varphi\cos\theta \\ y=br\sin\varphi\sin\theta \\ z=cr\cos\varphi \end{cases} \Rightarrow J=abcr^2\sin\varphi$（如化椭圆球面为球面）;

3）平移或绕 $z$ 轴旋转变换:$\begin{cases} x=u+a \\ y=v+b \\ z=w+c \end{cases}$, $\begin{cases} x=u\cos\theta-v\sin\theta \\ y=u\sin\theta+v\cos\theta \\ z=z \end{cases} \Rightarrow J=1$;

4）伸缩及平移变换:$\begin{cases} x=a_1u+a_2 \\ y=b_1v+b_2 \\ z=c_1w+c_2 \end{cases} \Rightarrow J=a_1b_1c_1$.

**\* 例 6.1.6** （第 43 届 PTN,A-3）计算 $\displaystyle\int_0^{+\infty} \dfrac{\arctan(\pi x) - \arctan x}{x} \, dx$

**解**　原式 $= \int_0^{+\infty} \dfrac{1}{x} \arctan (ux) \Big|_{u=1}^{u=\pi} \mathrm{d}x = \int_0^{+\infty} \int_1^{\pi} \dfrac{1}{1+(xu)^2} \mathrm{d}u \mathrm{d}x$

$\qquad\qquad = \int_1^{\pi} \int_0^{+\infty} \dfrac{1}{1+(xu)^2} \mathrm{d}x \mathrm{d}u = \int_1^{\pi} \dfrac{1}{u} \cdot \dfrac{\pi}{2} \mathrm{d}u = \dfrac{\pi}{2} \ln \pi$

**例 6.1.7**　$\displaystyle\int_0^{2\pi} \mathrm{d}\theta \int_0^{1/\sqrt{2}} r\mathrm{d}r \int_{\sqrt{1-r^2}}^{\sqrt{4-r^2}} f(r\cos\theta, r\sin\theta, z)\mathrm{d}z +$

$\displaystyle\int_0^{2\pi} \mathrm{d}\theta \int_{1/\sqrt{2}}^{\sqrt{2}} r\mathrm{d}r \int_r^{\sqrt{4-r^2}} f(r\cos\theta, r\sin\theta, z)\mathrm{d}z$ 化为球面坐标系下的 3 次积分是

_____.

**分析**　前后两个积分区域分别记为 $\Omega_1$ 与 $\Omega_2$.

柱面坐标下　$\Omega_1:\begin{cases} 0 \leqslant \theta \leqslant 2\pi \\ 0 \leqslant r \leqslant \dfrac{1}{\sqrt{2}} \\ \sqrt{1-r^2} \leqslant z \leqslant \sqrt{4-r^2} \end{cases}$

直角坐标下　$\Omega_1:\begin{cases} 0 \leqslant x^2 + y^2 \leqslant \dfrac{1}{2} \\ 0 \leqslant z \\ 1 \leqslant x^2 + y^2 + z^2 \leqslant 4 \end{cases}$

故 $\Omega_1$ 是在 $xOy$ 面上方, 由柱面 $x^2 + y^2 = \dfrac{1}{2}$, 球面 $x^2 + y^2 + z^2 = 1$ 与球面 $x^2 + y^2 + z^2 = 4$ 所围成的立体.

柱面坐标下　$\Omega_2:\begin{cases} 0 \leqslant \theta \leqslant 2\pi \\ \dfrac{1}{\sqrt{2}} \leqslant r \leqslant \sqrt{2} \\ r \leqslant z \leqslant \sqrt{4-r^2} \end{cases}$

直角坐标下　$\Omega_2:\begin{cases} \dfrac{1}{2} \leqslant x^2 + y^2 \leqslant 2 \\ \sqrt{x^2 + y^2} \leqslant z \leqslant \sqrt{4-x^2-y^2} \end{cases}$

故 $\Omega_2$ 是在 $xOy$ 面上方, 由柱面 $x^2 + y^2 = \dfrac{1}{2}$, 锥面 $z = \sqrt{x^2 + y^2}$ 与球面 $x^2 + y^2 + z^2 = 4$ 所围成的立体.

因此 $\Omega = \Omega_1 \bigcup \Omega_2$ 是在 $xOy$ 面上方, 由两个同心球面 $x^2 + y^2 + z^2 = 1$, $x^2 + y^2 + z^2 = 4$ 及锥面 $z = \sqrt{x^2 + y^2}$ 所围成的立体. 现在原式容易表示为区域 $\Omega$ 上的用球面坐标表示的 3 次积分.

**解**　$\displaystyle\int_0^{2\pi} \mathrm{d}\theta \int_0^{\pi/4} \mathrm{d}\phi \int_1^2 f(\rho\sin\phi\cos\theta, \rho\sin\phi\sin\theta, \rho\cos\phi)\rho^2 \sin\phi \mathrm{d}\rho.$

**例 6.1.8**　已知空间区域 $\Omega$ 由 $x^2 + y^2 \leqslant z$ 和 $1 \leqslant z \leqslant 2$ 确定, 函数 $f(x)$ 连续, 则 $\displaystyle\iiint_\Omega f(z)\mathrm{d}x\mathrm{d}y\mathrm{d}z = (\quad)$.

　(A)　$\pi \displaystyle\int_1^2 zf(z)\mathrm{d}z$　　　　(B)　$2\pi \displaystyle\int_1^2 z^2 f(z)\mathrm{d}z$

---

关键是将被积函数表示为定积分, 然后可交换积分次序.

先判断出这是三重积分在柱面坐标下的逐次积分, 再由上下限, 分别列出两个积分区域中 $\theta, r, z$ 所满足的不等式, 分析区域边界曲面形状及连接关系, 然后并成一个边界清晰的区域, 即可化为球面坐标下的积分.

例题的积分有两个特点: 被积函数与 $x, y$ 无关; 积分区域是中心轴为 $z$ 轴的旋转抛物体, 被平行于 $xOy$ 面

(C) $2\pi\int_1^2 zf(z)\mathrm{d}z$　　　　(D) $\pi\int_1^2 z^2 f(z)\mathrm{d}z$

**解**　选(A).

$$\iiint\limits_{\Omega} f(z)\mathrm{d}x\mathrm{d}y\mathrm{d}z = \int_1^2 f(z)\mathrm{d}z \iint\limits_{x^2+y^2\leqslant z} 1\cdot\mathrm{d}x\mathrm{d}y = \int_1^2 f(z)\cdot\pi z\mathrm{d}z$$

的平面所截的圆域面积是 $\pi z$. 故用"先二($xy$)后一($z$)"的方法积分.

**\* 例 6.1.9**　(第 45 届 PTN,A-5)设 $R$ 是由所有满足条件 $x+y+z \leqslant 1$ 的非负实数的三元组 $(x,y,z)$ 组成的区域,$w=1-x-y-z$. 试把三重积分 $\iiint\limits_R x^1 y^9 z^8 w^4 \mathrm{d}x\mathrm{d}y\mathrm{d}z$ 表示为 $a! \ b! \ c! \ d! \ /n!$ 的形式,其中 $a,b,c,d$ 和 $n$ 都是正整数.

**解**　对 $t>0$,记 $R_t$ 是满足 $x+y+z \leqslant t$ 的所有非负三元组 $(x,y,z)$ 组成的区域.设

$$I(t) = \iiint\limits_{R_t} x^1 y^9 z^8 (t-x-y-z)^4 \mathrm{d}x\mathrm{d}y\mathrm{d}z$$

则 $I(1)$ 是原三重积分.作变量替换 $x=tu,y=tv,z=t\omega$,雅各比行列式 $J=t^3$,得

$$I(t) = \iiint\limits_{R_t} t^{22} u^1 v^9 \omega^8 (1-u-v-\omega)^4 \cdot t^3 \mathrm{d}u\mathrm{d}v\mathrm{d}\omega = I(1)t^{25}$$

作广义积分 $L=\int_0^{+\infty} I(t)\mathrm{e}^{-t}\mathrm{d}t$,则一方面

$$L = \int_0^{+\infty} I(1)t^{25}\mathrm{e}^{-t}\mathrm{d}t = I(1)A_{25}$$

其中 $A_{25}=\int_0^{+\infty} t^{25}\mathrm{e}^{-t}\mathrm{d}t$. 为此计算

$$A_n \overset{\triangle}{=} \int_0^{+\infty} t^n \mathrm{e}^{-t}\mathrm{d}t = nA_{n-1} = \cdots = n! \cdot A_0 = n!\int_0^{+\infty} \mathrm{e}^{-t}\mathrm{d}t = n!$$

另一方面

$$L = \int_0^{+\infty}\left(\iiint\limits_{R_t} x^1 y^9 z^8 (t-x-y-z)^4 \mathrm{d}x\mathrm{d}y\mathrm{d}z\right)\mathrm{e}^{-t}\mathrm{d}t$$

作变量替换 $s=t-x-y-z$,注意到 $0<t\leqslant+\infty$,则

$$L = \int_0^{+\infty}\int_0^{+\infty}\int_0^{+\infty}\int_0^{+\infty} \mathrm{e}^{-x}\mathrm{e}^{-y}\mathrm{e}^{-z}\mathrm{e}^{-s}\mathrm{e}x^1 y^9 z^8 s^4 \mathrm{d}x\mathrm{d}y\mathrm{d}z\mathrm{d}s$$

$$= \int_0^{+\infty} x^1 \mathrm{e}^{-x}\mathrm{d}x \cdot \int_0^{+\infty} y^9 \mathrm{e}^{-y}\mathrm{d}y \cdot \int_0^{+\infty} z^8 \mathrm{e}^{-z}\mathrm{d}z \cdot \int_0^{+\infty} \mathrm{e}^{-s} s^4 \mathrm{d}s$$

$$= A_1 A_9 A_8 A_4$$

因此所求的积分为

$$I(1) = L/A_{25} = 1! \ 9! \ 8! \ 4! \ /25!$$

**注**　积分 $A_n \overset{\triangle}{=} \int_0^{+\infty} t^n \mathrm{e}^{-t}\mathrm{d}t$ 是特殊函数 $\Gamma$ 的值 $\Gamma(n)=n!$.

**\* 例 6.1.10**　(陕六复)设

$$f(x,y) = \begin{cases} 2-x^2-y^2, & x^2+y^2\leqslant 1 \\ 1, & 1<x^2+y^2\leqslant 4 \\ 0, & 4<x^2+y^2 \end{cases}$$

设置形状均为位似(位似中心为坐标原点)的变化三棱锥区域 $R_t$ 及其上的积分 $I(t)$,利用任意的 $t>0$,欲将原积分区域扩展到整个第一卦限,则可引入广义积分 $\int_0^{+\infty} I(t)\mathrm{e}^{-t}\mathrm{d}t$,再将四重积分分离变量为独立的定积分,建立其与原积分的关系式.

如同变上限的定积分可以定义函数,重积分或线/面积分也可以定义函数,其自变量可含于被积函数或积分域中.于是有关于这种函数的种种试题,如求其极限、导数、极值、讨论单调性、凹凸性及拐点等等.

求 $F(t)=\iint\limits_{D(t)}f(x,y)\mathrm{d}x\mathrm{d}y$ 的表达式,其中 $D(t):x^2+y^2\leqslant t^2,0\leqslant t<+\infty$.

**解**　记 $D_1:x^2+y^2\leqslant1,D_2:1\leqslant x^2+y^2\leqslant4,D_3:4<x^2+y^2$

1) $0\leqslant t\leqslant1$. $F(t)=\iint\limits_{D(t)}(2-x^2-y^2)\mathrm{d}x\mathrm{d}y=\int_0^{2\pi}\mathrm{d}\theta\int_0^t(2-r^2)r\mathrm{d}r$

$$=2\pi\left(t^2-\frac14t^4\right)$$

$\Rightarrow F(1)=\iint\limits_{D_1}f(x,y)\mathrm{d}x\mathrm{d}y=\dfrac{3\pi}{2}$

2) $1<t\leqslant2$. $F(t)=\iint\limits_{D_1}(2-x^2-y^2)\mathrm{d}x\mathrm{d}y+\iint\limits_{D(t)-D_1}1\cdot\mathrm{d}x\mathrm{d}y$

$$=F(1)+\iint\limits_{D(t)}1\cdot\mathrm{d}x\mathrm{d}y-\iint\limits_{D_1}1\cdot\mathrm{d}x\mathrm{d}y$$

$$=\frac{3\pi}{2}+\pi t^2-\pi\cdot1^2=\frac{\pi}{2}+\pi t^2$$

$\Rightarrow F(2)=\iint\limits_{D_1+D_2}f(x,y)\mathrm{d}x\mathrm{d}y=\dfrac{9\pi}{2}$

3) $t>2$. $F(t)=\iint\limits_{D_1+D_2}f(x,y)\mathrm{d}x\mathrm{d}y+\iint\limits_{D(t)-D_1-D_2}0\cdot\mathrm{d}x\mathrm{d}y$

$$=F(2)=\frac{9\pi}{2}$$

所以 $F(t)=\begin{cases}2\pi\left(t^2-\dfrac14t^4\right),0\leqslant t\leqslant1\\\pi\left(\dfrac12+t^2\right),1<t\leqslant2\\\dfrac{9\pi}{2},t>2\end{cases}$.

**例 6.1.11**　设 $D$ 是以原点为圆心,$r$ 为半径的圆域,则

$\lim\limits_{r\to0}\dfrac{1}{r^2}\iint\limits_D\mathrm{e}^{-x^2-y^2}\mathrm{d}x\mathrm{d}y=(\quad)$.

(A)1;　　(B)$\pi$;　　(C)$\mathrm{e}^{-1}$;　　(D)$\mathrm{e}^{-2}$

**解**　选(B).

$I=\iint\limits_D\mathrm{e}^{-x^2-y^2}\mathrm{d}x\mathrm{d}y=\iint\limits_D\mathrm{e}^{-\rho^2}\rho\mathrm{d}\theta\mathrm{d}\rho$. 计算得 $I=\pi(1-\mathrm{e}^{-r^2})$,或用积分中值定理 $I=\mathrm{e}^{-\xi^2}\pi r^2(0\leqslant\xi\leqslant r)$,原极限为 $\pi$.

\* **例 6.1.12**　(陕五复)设 $f(x,y)$ 在 $D:x^2+y^2\leqslant R^2$ 上有一阶连续偏导数,在圆周 $x^2+y^2=R^2$ 上,$f(x,y)=0$,且 $f(0,0)=2004$,求

$\lim\limits_{\varepsilon\to0^+}\dfrac{-1}{2\pi}\iint\limits_{\varepsilon^2\leqslant x^2+y^2\leqslant R^2}\dfrac{xf'_x+yf'_y}{x^2+y^2}\mathrm{d}x\mathrm{d}y$.

**解**　用极坐标表示 $xf'_x+yf'_y=rf'_r(r\cos\theta,r\sin\theta)$,

被积函数 $f(x,y)$ 是 $xOy$ 平面上的二元分片函数,定义域被两个同心圆分割成内圆域、圆环域和大圆外域.积分域是变半径 $t\in[0,+\infty)$ 的同心圆.积分计算需要分成三部分:$0\leqslant t\leqslant1,1<t\leqslant2$ 和 $2<t<+\infty$.注意 $F(t)$ 是分段函数,但在 $[0,+\infty)$ 上连续,故利用二重积分关于积分域的可加性及其在分界圆周上的值,简化计算过程.

重积分是 $r$ 的函数,先化为极坐标形式计算.

所以
$$\iint\limits_{\varepsilon^2 \leqslant x^2+y^2 \leqslant R^2} \frac{xf'_x + yf'_y}{x^2+y^2}\mathrm{d}x\mathrm{d}y = \int_0^{2\pi}\mathrm{d}\theta \int_\varepsilon^R f'_r(r\cos\theta, r\sin\theta)\mathrm{d}r$$

$$= \int_0^{2\pi}\left[f(R\cos\theta, R\sin\theta) - f(\varepsilon\cos\theta, \varepsilon\sin\theta)\right]\mathrm{d}\theta$$

$$= -\int_0^{2\pi} f(\varepsilon\cos\theta, \varepsilon\sin\theta)\mathrm{d}\theta = -2\pi f(\varepsilon\cos\xi, \varepsilon\sin\xi), \xi \in [0, 2\pi]$$

因为 $f(x,y)$ 在点 $(0,0)$ 连续,且 $f(0,0) = 2004$,从而

$$\lim_{\varepsilon \to 0^+} \frac{-1}{2\pi} \iint\limits_{\varepsilon^2 \leqslant x^2+y^2 \leqslant R^2} \frac{xf'_x + yf'_y}{x^2+y^2}\mathrm{d}x\mathrm{d}y = f(0,0) = 2004$$

被积函数有奇点 $(0,0)$,积分在挖掉半径为 $|\varepsilon| > 0$ 的同心圆环上,是 $\varepsilon$ 的函数.故先将积分化为极坐标形式,计算后求极限.

**例 6.1.13** (陕八) 设 $F(t) = \iiint\limits_\Omega (2 - 3z^2)\mathrm{d}V$,其中 $\Omega: \dfrac{x^2}{4} + \dfrac{y^2}{9} + z^2 \leqslant t^2, t > 0$. 求曲线 $u = F(t)$ 的凹凸区间与拐点.

**解** 积分域 $\Omega$ 与垂直于 $z$ 轴的平面相交时,截面在 $xOy$ 面上的投影为

$$D_z: \frac{x^2}{4(t^2-z^2)} + \frac{y^2}{9(t^2-z^2)} \leqslant 1, -t \leqslant z \leqslant t$$

固定 $t > 0$,用"先二后一"法计算三重积分,得

$$F(t) = -3\iiint\limits_\Omega z^2\mathrm{d}V + 2\iiint\limits_\Omega \mathrm{d}V$$

$$= -3\int_{-t}^t z^2\mathrm{d}z\iint\limits_{D_z}\mathrm{d}x\mathrm{d}y + 2 \cdot \frac{4\pi}{3}(2t)(3t)t$$

$$= -3\int_{-t}^t z^2 \cdot \pi\left(2\sqrt{t^2-z^2}\right)\left(3\sqrt{t^2-z^2}\right)\mathrm{d}z + 16\pi t^3$$

$$= 8\pi\left(-\frac{3t^5}{5} + 2t^3\right)$$

因此 $F''(t) = 96\pi t(1-t^2), t > 0$. 令 $F''(t) = 0$ 得 $t = 1, F(1) = \dfrac{56\pi}{5}$. 当 $0 < t < 1$ 时,$F''(t) > 0$;当 $t > 1$ 时,$F''(t) < 0$. 因此 $(0,1)$ 为曲线的凹区间,$(1, +\infty)$ 为凸区间,$\left(1, \dfrac{56\pi}{5}\right)$ 是拐点.

重点是求三重积分.积分域是标准方程下的椭球体,被积函数仅出现变量 $z$,故采用"先二 $(xy)$ 后一 $(z)$"的求积次序,必要时利用椭球体体积的积分表示.

**\* 例 6.1.14** (美国高等数学竞赛) 计算

$$\lim_{n\to\infty}\int_0^1\int_0^1\cdots\int_0^1\cos^2\left[\frac{\pi}{2n}(x_1 + x_2 + \cdots + x_n)\right]\mathrm{d}x_1\mathrm{d}x_2\cdots\mathrm{d}x_n$$

**分析** 若能实现

$$\frac{\pi}{2n}(x_1 + x_2 + \cdots + x_n) = \frac{\pi}{2} - \frac{\pi}{2n}(y_1 + y_2 + \cdots + y_n)$$

则可利用 $\sin^2\theta + \cos^2\theta = 1$ 完成证明.而后者可变形为

$$\frac{\pi}{2n}(n - y_1 - y_2 - \cdots - y_n) = \frac{\pi}{2n}((1-y_1) + (1-y_2) + \cdots + (1-y_n))$$

由此启发如何作坐标变换.

**解** 作坐标变换 $x_1 = 1 - y_1, x_2 = 1 - y_2, \cdots, x_n = 1 - y_n$,则有 $\mathrm{d}x_k = -\mathrm{d}y_k$,且对应 $x_k: 0 \to 1 \Leftrightarrow y_k: 1 \to 0, k = 1, 2, \cdots, n$. 于是

此题含多重累次积分,利用积分变量变换,对积分进行变形.

$$I = \int_0^1 \int_0^1 \cdots \int_0^1 \cos^2\left[\frac{\pi}{2n}(x_1 + x_2 + \cdots + x_n)\right] dx_1 dx_2 \cdots dx_n$$

$$= \int_0^1 \int_0^1 \cdots \int_0^1 \cos^2\left[\frac{\pi}{2n}(n - (y_1 + y_2 + \cdots + y_n))\right] dy_1 dy_2 \cdots dy_n$$

$$= \int_0^1 \int_0^1 \cdots \int_0^1 \sin^2\left[\frac{\pi}{2n}(y_1 + y_2 + \cdots + y_n)\right] dy_1 dy_2 \cdots dy_n$$

故　　$$2I = \int_0^1 \int_0^1 \cdots \int_0^1 \left\{ \cos^2\left[\frac{\pi}{2n}(x_1 + x_2 + \cdots + x_n)\right] \right.$$

$$\left. + \sin^2\left[\frac{\pi}{2n}(x_1 + x_2 + \cdots + x_n)\right] \right\} dx_1 dx_2 \cdots dx_n = 1$$

因此 $I = \dfrac{1}{2}$，$\lim\limits_{n \to \infty} I = \dfrac{1}{2}$.

**\* 例 6.1.15**　（第 59 届 PTN，B-3）设 $H:\{(x,y,z) \mid x^2 + y^2 + z^2 = 1,$ $z \geqslant 0\}$ 是单位半球面，$C:\{(x,y) \mid x^2 + y^2 = 1\}$ 是单位圆周，而 $P$ 是 $C$ 的内接正五边形. 确定 $H$ 位于 $P$ 内部平面区域上方那一部分曲面的面积，并且以 $A\sin\alpha + B\cos\beta$ 这种形式写出你的解答，其中 $A, B, \alpha$ 和 $\beta$ 是实数.

**解**　显然所求面积的 2 倍，等于整个球面积与这样的 5 个球冠面积之差，每个球冠是球面被中心角为 $\dfrac{2\pi}{5}$，顶点在原点的圆角锥所截部分.

记 $D:\left\{(x,y) \mid x^2 + y^2 \leqslant \sin^2\dfrac{\pi}{5}\right\}$，用二重积分求面积

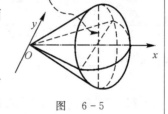

图　6-5

过内接正五边形的一条边，且垂直于 $xOy$ 面的平面，截去球面的一个球冠（见图 6-5），该边所对的中心角即为 $2\pi/5$. 故问题归结为求此球冠的面积.

$$A_1 = \iint\limits_D \sqrt{1 + z_x^2 + z_y^2}\, dx\, dy = \iint\limits_D \frac{dx\, dy}{\sqrt{1 - x^2 - y^2}}$$

$$= \int_0^{2\pi} d\theta \int_0^{\sin\frac{\pi}{5}} \frac{r\, dr}{\sqrt{1 - r^2}} = 2\pi\left(1 - \cos\frac{\pi}{5}\right)$$

故所求面积为

$$A = \frac{1}{2}\left(4\pi - 5 \cdot 2\pi\left(1 - \cos\frac{\pi}{5}\right)\right) = -3\pi\sin\frac{\pi}{2} + 5\pi\cos\frac{\pi}{5}$$

或　　　　　　　$$A = 5\pi\sin\frac{3\pi}{10} - 3\pi\cos 0$$

### 6.1.2　曲线积分计算

**例 6.1.16**　（陕八复）方程 $\displaystyle\int_{(0,0)}^{(x,y)} (4x - 3)dx + (6 - 6y)dy = 0$ 在 $Oxyz$ 坐标系中的图形是（　）.

（A）两相交平面　　　　（B）双曲抛物面

（C）双曲柱面　　　　　（D）椭圆柱面

**分析**　易见此曲线积分与积分路径无关，积分得方程 $2x^2 - 3x + 6y - 3y^2 = 0$，配方 $2\left(x - \dfrac{3}{4}\right)^2 - 3(y - 1)^2 = -\dfrac{15}{8}$，是双曲柱面.

被积表达式蕴含它是全微分，求出原函数后，用类似的牛顿-莱布尼兹公式计算积分.

**解** 选(C).

**注** 这是由曲线积分定义的函数所产生的 $xOy$ 平面上的曲线方程,在空间直角坐标系中,则对应双曲柱面的准线.

**例 6.1.17** 计算 $I = \int_C x^2 \mathrm{d}s$,其中 $C$ 为曲面 $x^2 + y^2 + z^2 = R^2$ 与平面 $x + y + z = 0$ 的交线.

(1) 积分路线的参数化方法.

思路:积分路线是平面 $\pi : x + y + z = 0$ 上的圆心为原点 $O$ 的圆周,参数化方法就是指将此圆周用参数方程表示.具体方法有多种.

**解 1** 将其中一个自变量视为参数,解出另两个自变量,分别用此参数表示.

例如视 $x$ 为参数,将 $y$ 和 $z$ 都表示为 $x$ 的函数,解下列方程组:

$$\begin{cases} x^2 + y^2 + z^2 = R^2 \\ x + y + z = 0. \end{cases}$$

注意圆周 $C = C_1 + C_2$ 分两支,参数方程分别为

$$C_1 : \begin{cases} x = x \\ y = \dfrac{-x - \sqrt{2R^2 - 3x^2}}{2} \\ z = \dfrac{-x + \sqrt{2R^2 - 3x^2}}{2} \end{cases} \quad 和 \quad C_2 : \begin{cases} x = x \\ y = \dfrac{-x + \sqrt{2R^2 - 3x^2}}{2} \\ z = \dfrac{-x - \sqrt{2R^2 - 3x^2}}{2} \end{cases}$$

由 $\Delta = 2R^2 - 3x^2 \geqslant 0$ 得 $-\dfrac{\sqrt{6}}{3}R \leqslant x \leqslant \dfrac{\sqrt{6}}{3}R$. $C_1$ 与 $C_2$ 关于 $yOz$ 平面对称,故

$$I = 2\int_{C_1} x^2 \mathrm{d}s = \int_{-\sqrt{6}R/3}^{\sqrt{6}R/3} 2x^2 \sqrt{1 + y'^2 + z'^2}\, \mathrm{d}x$$

$$= \int_{-\sqrt{6}R/3}^{\sqrt{6}R/3} x^2 \sqrt{6 + \frac{18x^2}{2R^2 - 3x^2}}\, \mathrm{d}x \quad (令\ x = \frac{\sqrt{6}}{3}\cos t)$$

$$= -\frac{2}{3}R^3 \int_{\pi}^{0} (1 + \cos 2t)\, \mathrm{d}t = \frac{2}{3}\pi R^3$$

**解 2** 将曲线 $C$ 的隐式方程组消去 $z$ 后,化为二次方和的形式,再利用圆的参数方程进行参数化,即得

$$x^2 + y^2 + (x + y)^2 = R^2$$

化为

$$\left(\frac{\sqrt{3}}{2}x\right)^2 + \left(\frac{x}{2} + y\right)^2 = \left(\frac{R}{\sqrt{2}}\right)^2$$

则 $C$ 的参数方程为

$$\begin{cases} x = \dfrac{2}{\sqrt{6}}R\cos\theta \\ y = -\dfrac{R}{\sqrt{6}}\cos\theta + \dfrac{R}{\sqrt{2}}\sin\theta, \quad 0 \leqslant \theta \leqslant 2\pi \\ z = -\dfrac{R}{\sqrt{6}}\cos\theta - \dfrac{R}{\sqrt{2}}\sin\theta \end{cases}$$

曲线积分常用计算方法大致有:积分路线的参数化方法,对称性方法,坐标变换方法,格林公式或斯托克斯公式方法,因题而异.通过例 6.1.17 介绍前三个方法.

解 1 涉及根式运算及根式表示,在求参数方程和积分计算时都比较繁复,不是好方法,却是基本的方法.

对于积分路线为圆周乃至椭圆周,可考虑解 2,其优点是参数方程形式相对简单,积分运算也可能简便些.

故
$$I = \int_0^{2\pi} \left( \frac{2}{\sqrt{6}} R\cos\theta \right)^2 \sqrt{x'^2 + y'^2 + z'^2}\, d\theta = \frac{2}{3}\pi R^3$$

**解 3**　由圆周 $C$ 的联立方程组消去 $z$，得：$x^2 + y^2 + xy = \dfrac{R^2}{2}$，利用坐标系旋转公式消去混合项 $xy$，即二次型对角化. 将

$$\begin{cases} x = X'\cos\varphi - Y'\sin\varphi \\ y = X'\cos\varphi + Y'\sin\varphi \end{cases}$$

代入 2 次型，令 $X'Y'$ 的系数为零，解得 $\varphi = \pi/4$，即有 $x = \dfrac{\sqrt{2}}{2}(X - Y)$，$y = \dfrac{\sqrt{2}}{2}(X + Y)$. 于是化为椭圆方程 $3X^2 + Y^2 = R^2$，其参数方程为 $X = \dfrac{R}{\sqrt{3}}\cos\theta$，$Y = R\sin\theta$. 因此圆周 $C$ 的参数方程为

$$\begin{cases} x = \dfrac{\sqrt{2}R}{2}\left( \dfrac{1}{\sqrt{3}}\cos\theta - \sin\theta \right) \\[2mm] y = \dfrac{\sqrt{2}R}{2}\left( \dfrac{1}{\sqrt{3}}\cos\theta + \sin\theta \right) \quad, 0 \leqslant \theta \leqslant 2\pi \\[2mm] z = -(x + y) = -\dfrac{2R}{\sqrt{6}}\cos\theta \end{cases}$$

故
$$\begin{aligned} I &= \int_C x^2\, ds \\ &= \int_0^{2\pi} \left[ \frac{\sqrt{2}}{2}R\left( \frac{1}{\sqrt{3}}\cos\theta - \sin\theta \right) \right]^2 \sqrt{x'^2 + y'^2 + z'^2}\, d\theta = \frac{2}{3}\pi R^3 \end{aligned}$$

**解 4**　积分曲线 $C$ 在平面 $x + y + z = 0$ 上，在此平面上构造直角坐标架，即设法取两个正交的单位向量，原点为坐标原点，可将曲线 $C$ 表示为这两个坐标向量的线性组合.

例如取 $C$ 上一点（令 $y = 0$，由 $C$ 的隐式方程组解得 $x = -z = \sqrt{2}/2$），对应的向径为

$$\boldsymbol{e}_1 = \left[ \frac{1}{\sqrt{2}} \quad 0 \quad -\frac{1}{\sqrt{2}} \right]$$

是单位坐标向量，而平面法向量为 $\begin{bmatrix} 1 & 1 & 1 \end{bmatrix}/\sqrt{3}$，于是另一个坐标向量可表示为向量积：

$$\boldsymbol{e}_2 = \left[ \frac{1}{\sqrt{2}} \quad 0 \quad -\frac{1}{\sqrt{2}} \right] \times \left[ \frac{1}{\sqrt{3}} \quad \frac{1}{\sqrt{3}} \quad \frac{1}{\sqrt{3}} \right] = \left[ \frac{1}{\sqrt{6}} \quad -\frac{2}{\sqrt{6}} \quad \frac{1}{\sqrt{6}} \right]$$

$\boldsymbol{e}_1$ 和 $\boldsymbol{e}_2$ 张成了 $C$ 所在的平面，故 $C$ 的向量方程为

$$\boldsymbol{r}(\theta) = (x, y, z) = R(\boldsymbol{e}_1\cos\theta + \boldsymbol{e}_2\sin\theta), 0 \leqslant \theta \leqslant 2\pi$$

由此得

$$ds = |\boldsymbol{r}(\theta)|\, d\theta = R d\theta, x = R\left( \frac{1}{\sqrt{2}}\cos\theta + \frac{1}{\sqrt{6}}\sin\theta \right)$$

故
$$I = \int_C x^2\, ds = \int_0^{2\pi} R^2 \left( \frac{1}{\sqrt{2}}\cos\theta + \frac{1}{\sqrt{6}}\sin\theta \right)^2 \cdot R d\theta$$

解 3 所得的参数方程与解法 2 的参数方程是雷同的，这可以从 $x, y, z$ 的字母轮换对称性看出.

解 4 的要点是在 $C$ 所在平面 $x + y + z = 0$ 上，适当求取两个正交的单位向量. 这两个坐标向量有多种取法. 利用它们与平面法向量互相正交可使求法简单一些. 余下的推导就比较简单了.

$$= \frac{2}{3}\pi R^3$$

**小结** 上述 4 种参数化方法中,解法 2 和解法 3 都是先消去一个自变量,例如 $z$,然后将只含 $x$ 与 $y$ 的方程,或者整理成某种 2 次方和的形式,如解法 2;或利用坐标旋转消去 $xy$ 混合项,如解法 3;于是可利用圆周或椭圆周的参数方程的方法将路径参数化.比较这两种解法中的参数方程,也可知它们本质上是相同的.但是解法 3 不如解法 2 简单.解法 1 不可取,解法 2 和解法 4 是比较好的方法.

(2)坐标变换方法.

**解 5** 原空间直角坐标系 $O\text{-}xyz$ 绕原点作旋转变换(正交变换),化为坐标系 $O\text{-}uvw$,使得 $O\text{-}uv$ 坐标平面恰好位于平面 $x+y+z=0$ 上.借助于解法 4 中的三个两两正交的单位坐标向量,可作变量代换:

$$u = \frac{x-z}{\sqrt{2}}, v = \frac{x-2y+z}{\sqrt{6}}, w = \frac{x+y+z}{\sqrt{3}}$$

即 $\quad x = \frac{u}{\sqrt{2}} + \frac{v}{\sqrt{6}} + \frac{w}{\sqrt{3}}, y = -\frac{2v}{\sqrt{6}} + \frac{w}{\sqrt{3}}, z = -\frac{u}{\sqrt{2}} + \frac{v}{\sqrt{6}} + \frac{w}{\sqrt{3}}$

则圆周 $C$ 可化为 $u^2 + v^2 + w^2 = R^2, w = 0$,于是

$$I = \int_C \left(\frac{u}{\sqrt{2}} + \frac{v}{\sqrt{6}} + \frac{w}{\sqrt{3}}\right)^2 ds = \int_C \left(\frac{u}{\sqrt{2}} + \frac{v}{\sqrt{6}}\right)^2 ds$$

$$= \frac{1}{6}\int_C (u^2 + v^2 + 2u^2) ds + \frac{1}{\sqrt{3}}\int_C uv\,ds = \frac{1}{6}\int_C R^2 ds + \frac{1}{3}\int_C u^2 ds + 0$$

$$= \frac{1}{3}\pi R^3 + \frac{1}{3}\int_0^{2\pi} R^3 \cos^2\theta\,d\theta = \frac{2}{3}\pi R^3$$

(3)对称性方法.

**解 6** 由轮换对称性知

$$I = \int_C x^2 ds = \int_C y^2 ds = \int_C z^2 ds = \frac{1}{3}\int_C (x^2 + y^2 + z^2) ds$$

$$= \frac{1}{3}\int_C R^2 ds = \frac{2}{3}\pi R^3$$

**注** 可以将试题扩展.

**扩展 1** 积分路线不变,被积函数扩展.例如计算积分:

(1) $I_1 = \int_C (ax^2 + by^2 + cz^2) ds$

(2) $I_2 = \int_C (ax^2 + bxy) ds$

**扩展 2** 被积函数不变,积分路线为椭圆:$C: \dfrac{x^2}{a^2} + \dfrac{y^2}{b^2} + \dfrac{z^2}{c^2} = R^2$,

$x + y + z = 0$,计算积分:

(3) $I_3 = \int_C x^2 ds$

**例 6.1.18** 设 $L$ 是弧长为 $l$ 的光滑有向弧段,$P, Q$ 和 $R$ 分别是 $L$ 上的

解 5 中坐标系的旋转变换为

$$\begin{bmatrix} x \\ y \\ z \end{bmatrix} = \begin{bmatrix} \frac{1}{\sqrt{2}} & \frac{1}{\sqrt{6}} & \frac{1}{\sqrt{3}} \\ 0 & \frac{-2}{\sqrt{6}} & \frac{1}{\sqrt{3}} \\ \frac{-1}{\sqrt{2}} & \frac{1}{\sqrt{6}} & \frac{1}{\sqrt{3}} \end{bmatrix} \begin{bmatrix} u \\ v \\ w \end{bmatrix}$$

解 6 是解此题的最好方法.然而对于如下的扩展(2),就难以采用.

连续函数,且 $M = \max\limits_{(x,y,z) \in L} \sqrt{P^2 + Q^2 + R^2}$ ,证明

$$\left| \int_L P\,\mathrm{d}x + Q\,\mathrm{d}y + R\,\mathrm{d}z \right| \leqslant M \cdot l$$

**证**　取 $L$ 的正向,设其上任一点单位切向量为 $(\cos\alpha, \cos\beta, \cos\gamma)$ ,由两类曲线积分的关系,则有

$$\left| \int_L P\,\mathrm{d}x + Q\,\mathrm{d}y + R\,\mathrm{d}z \right| = \left| \int_L (P\cos\alpha + Q\cos\beta + R\cos\gamma)\,\mathrm{d}s \right|$$

$$\leqslant \int_L |(P,Q,R) \cdot (\cos\alpha, \cos\beta, \cos\gamma)|\,\mathrm{d}s \leqslant |(P,Q,R)| \cdot \int_L \mathrm{d}s \leqslant M \cdot l$$

> 由力 $\boldsymbol{F} = (P, Q, R)$ 做功 $\boldsymbol{F} \cdot \boldsymbol{n}^\circ \mathrm{d}s$ 的曲线积分表示,将问题转化为弧长的积分,就可利用绝对值不等式证之.

### 6.1.3　曲面积分计算

**例 6.1.19**　计算 $I = \iint\limits_{\Sigma} (x + y + z)\mathrm{d}S$ ,其中 $\Sigma$ 是半球面 $z = \sqrt{a^2 - x^2 - y^2}$ .

> 或化为投影到平面上的二重积分,或采用球面坐标计算.

**解 1**　由对称性知 $\iint\limits_{\Sigma} x\,\mathrm{d}S = \iint\limits_{\Sigma} y\,\mathrm{d}S = 0$ .计算:

$$z'_x = \frac{-x}{\sqrt{a^2 - x^2 - y^2}}, \quad z'_y = \frac{-y}{\sqrt{a^2 - x^2 - y^2}}$$

$$\mathrm{d}S = \sqrt{1 + z_x^2 + z_y^2} = \frac{a}{\sqrt{a^2 - x^2 - y^2}}$$

因此　　$I = \iint\limits_{\Sigma} z\,\mathrm{d}S = \iint\limits_{x^2+y^2 \leqslant a^2} a\,\mathrm{d}x\mathrm{d}y = \pi a^3$

> 解1是常规方法,而解 2 巧用球面在球面坐标下的面积微元,求解方法简捷.

**解 2**　在球面坐标 $(\varphi, \theta, r)$ 下,体积微元为 $\mathrm{d}v = r^2 \sin\varphi \mathrm{d}r\mathrm{d}\varphi\mathrm{d}\theta$ ,故球面 $\Sigma$ 上的面积微元为 $\mathrm{d}S = a^2 \sin\varphi \mathrm{d}\varphi\mathrm{d}\theta$ ,且 $z = a\cos\varphi$ .再由对称性,有

$$I = \iint\limits_{\Sigma} z\,\mathrm{d}S = \iint\limits_{\Sigma} a^3 \cos\varphi\sin\varphi \mathrm{d}\varphi\mathrm{d}\theta$$

$$= a^3 \int_0^{2\pi} \mathrm{d}\theta \int_0^{\pi/2} \sin\varphi\cos\varphi \mathrm{d}\varphi = \pi a^3$$

**例 6.1.20**　设 $S$ 为椭球面 $\dfrac{x^2}{2} + \dfrac{y^2}{2} + z^2 = 1$ 的上半部分,点 $P(x, y, z) \in S$ , $\pi$ 为 $S$ 在点 $P$ 处的切平面, $\rho(x, y, z)$ 为原点 $O$ 到平面 $\pi$ 的距离,求 $\iint\limits_{S} \dfrac{z\,\mathrm{d}S}{\rho(x, y, z)}$ .

**解**　点 $P(x, y, z) \in S$ 处的切平面 $\pi$ 的方程为 $\dfrac{xX}{2} + \dfrac{yY}{2} + zZ = 1$ ,故

> 要点是求出 $\rho$ 的表达式.

$$\rho(x, y, z) = \frac{1}{\sqrt{\dfrac{x^2}{4} + \dfrac{y^2}{4} + z^2}}$$

因 $z = \sqrt{1 - \dfrac{x^2}{2} - \dfrac{y^2}{2}}$ 及

$$dS = \sqrt{1 + \left(\frac{\partial z}{\partial x}\right)^2 + \left(\frac{\partial z}{\partial y}\right)^2}\,d\sigma = \frac{\sqrt{4 - x^2 - y^2}}{2\sqrt{1 - \frac{x^2}{2} - \frac{y^2}{2}}}\,d\sigma$$

所以
$$\iint_S \frac{z\,dS}{\rho(x,y,z)} = \frac{1}{4}\iint_D (4 - x^2 - y^2)\,d\sigma$$

$$= \frac{1}{4}\int_0^{2\pi} d\theta \int_0^{\sqrt{2}} (4 - r^2)\,r\,dr = \frac{3}{2}\pi$$

**例 6.1.21** 计算 $I = \iint\limits_{\Sigma} \dfrac{ax\,dy\,dz + (z+a)^2\,dx\,dy}{(x^2+y^2+z^2)^{1/2}}$，其中 $\Sigma$ 为下半球面

$z = -\sqrt{a^2 - x^2 - y^2}$ 的上侧，常数 $a > 0$.

**解 1** 因 $x^2 + y^2 + z^2 = a^2$，故

$$I = \iint\limits_{\Sigma} x\,dy\,dz + \frac{1}{a}\iint\limits_{\Sigma}(z+a)^2\,dx\,dy$$

记 $\Sigma$ 在坐标面 $xOy$ 和 $yOz$ 的投影域分别为 $D_{xy}: x^2 + y^2 \leqslant a^2$ 和 $D_{yz}: y^2 + z^2 \leqslant a^2, z \leqslant 0$. 则

$$\iint\limits_{\Sigma} x\,dy\,dz = -2\iint\limits_{D_{yz}} \sqrt{a^2 - y^2 - z^2}\,dy\,dz$$

$$= -2\int_\pi^{2\pi} d\theta \int_0^a \sqrt{a^2 - r^2}\,r\,dr = -\frac{2}{3}\pi a^3$$

$$\iint\limits_{\Sigma}(z+a)^2\,dx\,dy = \iint\limits_{D_{xy}} \left[2a^2 - 2az + (x^2 + y^2)\right]dx\,dy$$

$$= 2\pi a^4 - 2a \cdot \frac{1}{2} \cdot \frac{4}{3}\pi a^3 - \int_0^{2\pi} d\theta \int_0^a r^3\,dr = \frac{1}{6}\pi a^4$$

因此
$$I = -\frac{2}{3}\pi a^3 + \frac{1}{a} \cdot \frac{1}{6}\pi a^4 = -\frac{1}{2}\pi a^3$$

**解 2** 同解 1，有 $I = \iint\limits_{\Sigma} x\,dy\,dz + \dfrac{1}{a}\iint\limits_{\Sigma}(z+a)^2\,dx\,dy$.

补平面 $S: x^2 + y^2 \leqslant a^2, z = 0$，取负 $z$ 轴方向. 记 $\Omega$ 为 $\Sigma$ 和 $S$ 围成的区域，则

$$I = \frac{1}{a}\oiint\limits_{\Sigma+S} ax\,dy\,dz + (z+a)^2\,dx\,dy - \frac{1}{a}\iint\limits_{S} ax\,dy\,dz + (z+a)^2\,dx\,dy$$

$$= -\frac{1}{a}\iiint\limits_{\Omega}(3a + 2z)\,dv + \iint\limits_{x^2+y^2\leqslant a^2} a\,dx\,dy$$

$$= -2\pi a^3 - \frac{2}{a}\int_{-a}^0 dz \iint\limits_{x^2+y^2\leqslant a^2-z^2} dx\,dy + \pi a^3 = -\frac{\pi}{2}a^3$$

\* **例 6.1.22** 计算 $I = \oiint\limits_{\Sigma} \dfrac{dy\,dz}{x} + \dfrac{dz\,dx}{y} + \dfrac{dx\,dy}{z}$，其中 $\Sigma$ 是椭球面 $\dfrac{x^2}{a^2} +$

$\dfrac{y^2}{b^2} + \dfrac{z^2}{c^2} = 1$ 的外侧.

**解** $\Sigma$ 在 $xOy$ 平面的投影为 $D: \dfrac{x^2}{a^2} + \dfrac{y^2}{b^2} \leqslant 1$，故

点 $(x,y,z) \in \Sigma$ 满足球面方程，故先简化被积表达式的分母.

$\Sigma$ 在 $x \geqslant 0$ 那部分的侧向与 $x$ 轴的正向相反，而 $x \leqslant 0$ 那部分的侧向与 $x$ 轴的正向相同.

分别利用圆面积和半球体积的二重积分表示，简化计算.

解 2 采用高斯公式. 注意在化简分母之前，不能补平面 $z = 0$.

闭曲面上积分运用高斯公式. 第二个三重积分运用"先二后一"方法计算.

解 2 较解 1 简便些.

$$I = \oiint\limits_{\Sigma} \frac{\mathrm{d}x\,\mathrm{d}y}{z} = \frac{2}{c}\iint\limits_{D} \frac{\mathrm{d}x\,\mathrm{d}y}{\sqrt{1 - \dfrac{x^2}{a^2} - \dfrac{y^2}{b^2}}} = \frac{2ab}{c}\int_0^{2\pi}\mathrm{d}\theta\int_0^1 \frac{r\,\mathrm{d}r}{\sqrt{1-r^2}} = \frac{4\pi abc}{c^2}$$

由对称性,得 $I = 4\pi abc\left(\dfrac{1}{a^2} + \dfrac{1}{b^2} + \dfrac{1}{c^2}\right)$.

**例 6.1.23**　设 $\Sigma$ 是长方体 $\Omega: |x| \leqslant 3, |y| \leqslant 2, |z| \leqslant 1$ 的外侧面,$P = P(x,y,z)$,$Q = Q(x,y,z)$ 和 $R = R(x,y,z)$ 都是 $\Sigma$ 上的连续函数,$M = \max\limits_{(x,y,z)\in\Sigma} \sqrt{P^2 + Q^2 + R^2}$.证明

$$\left|\iint\limits_{\Sigma} P\mathrm{d}y\mathrm{d}z + Q\mathrm{d}z\mathrm{d}x + R\mathrm{d}x\mathrm{d}y\right| \leqslant 88M$$

**证**　记向量 $\boldsymbol{A} = (P,Q,R)$,则有 $|\boldsymbol{A}| = \sqrt{P^2 + Q^2 + R^2} \leqslant M, (x,y,z) \in \Sigma$. $\Sigma$ 的表面积为 $S = 2(4\times6 + 6\times2 + 4\times2) = 88$.取 $\Sigma$ 上点 $(x,y,z)$ 处的外法向单位向量 $\boldsymbol{n}^0 = (\cos\alpha, \cos\beta, \cos\gamma)$,于是

$$\left|\iint\limits_{\Sigma} P\mathrm{d}y\mathrm{d}z + Q\mathrm{d}z\mathrm{d}x + R\mathrm{d}x\mathrm{d}y\right|$$

$$= \left|\iint\limits_{\Sigma} (P\cos\alpha + Q\cos\beta + R\cos\gamma)\mathrm{d}S\right| = \left|\iint\limits_{\Sigma} \boldsymbol{A}\cdot\boldsymbol{n}^0\mathrm{d}S\right|$$

$$\leqslant \iint\limits_{\Sigma} |\boldsymbol{A}\cdot\boldsymbol{n}^0|\,\mathrm{d}S = \iint\limits_{\Sigma} |\boldsymbol{A}|\cdot|\boldsymbol{n}^0|\cdot|\cos(\boldsymbol{A},\boldsymbol{n}^0)|\,\mathrm{d}S$$

$$\leqslant \iint\limits_{\Sigma} |\boldsymbol{A}|\,\mathrm{d}S \leqslant M\iint\limits_{\Sigma}\mathrm{d}S \leqslant 88M$$

# 6.2　格林、高斯和斯托克斯公式的应用

多元积分学中这 3 个公式及相应的定理,以及一些等价命题,在解决多元积分的计算问题中,处于十分重要的位置.针对问题特点,熟练地应用它们,可以起到事半功倍的效果,乃至化解难题.

## 6.2.1　格林公式的应用

**例 6.2.1**　设 $x > 0, I = \int_S x(1 + y\sin x)\mathrm{d}x + \dfrac{f(x)}{x}\mathrm{d}y$ 与路径 $S$ 无关,$f(x)$ 有连续导数,且 $f\left(\dfrac{\pi}{2}\right) = 0$.当 $S$ 是从点 $A\left(\dfrac{\pi}{2}, 1\right)$ 到点 $B(\pi, 0)$ 的任一光滑曲线时,求 $I$ 的值.

**解 1**　由积分与路径无关,则

$$\frac{\mathrm{d}}{\mathrm{d}x}\left(\frac{f(x)}{x}\right) = \frac{\partial}{\partial y}(x + xy\sin x) = x\sin x,$$

所以 $\dfrac{f(x)}{x} = \int_{\pi/2}^x t\sin t\,\mathrm{d}t = \sin x - x\cos x - 1$

利用积分变量 $x, y, z$ 及相关常数 $a, b, c$ 轮换对称性,只需计算其中一个积分.令 $x = ar\cos\theta$,$y = br\sin\theta$ 雅各比行列式为 $J = ab$.

此题类似例 6.1.18,对坐标的积分化为对面积的积分,对被积函数 $\boldsymbol{A}\cdot\boldsymbol{n}^0$ 利用绝对值不等式.

常规思路:先根据格林定理中曲线积分与路径

如图 6-6 取路径 $S=l_1+l_2$，其中有向直线段

$l_1:(\frac{\pi}{2},1)\to(\frac{\pi}{2},0)$，$l_2:(\frac{\pi}{2},0)\to(\pi,0)$

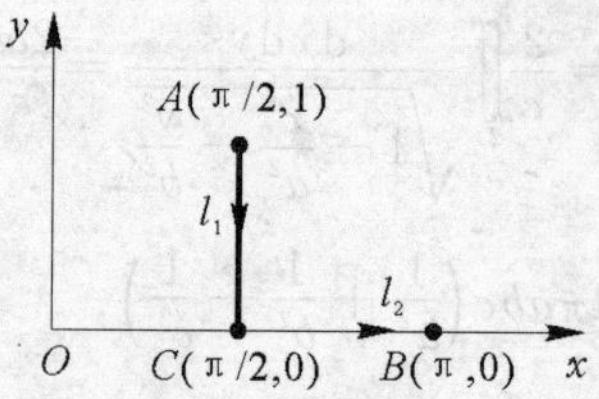


图 6-6

所以 $I=\int_A^B(x+xy\sin x)\,\mathrm{d}x+(\sin x-x\cos x-1)\,\mathrm{d}y$

$$=\int_{l_1}0\cdot\mathrm{d}y+\int_{l_2}x\,\mathrm{d}x=\int_{\pi/2}^{\pi}x\,\mathrm{d}x=\frac{3}{8}\pi^2$$

无关的充要条件，求出 $\frac{f(x)}{x}$ 的表达式，再依次选取沿 $y$ 轴和 $x$ 轴方向的路径，计算积分.

**解 2**　由题设，被积表达式应是全微分，且有 $x\sin x=\left(\frac{f(x)}{x}\right)'$，故将被积表达式改写为

$$x\,\mathrm{d}x+\left(y\left(\frac{f(x)}{x}\right)'\mathrm{d}x+\frac{f(x)}{x}\mathrm{d}y\right)=\mathrm{d}\left(\frac{1}{2}x^2+\frac{yf(x)}{x}\right)$$

所以 $$I=\left[\frac{1}{2}x^2+\frac{yf(x)}{x}\right]\Bigg|_{(\frac{\pi}{2},1)}^{(\pi,0)}=\frac{3}{8}\pi^2$$

思路之二：根据积分与路径无关的等价条件，知被积表达式是全微分，与解 1 相反，将 $x\sin x$ 写成 $\left(\frac{f(x)}{x}\right)'$，便于凑成全微分形式，求原函数.

**解 3**　积分与路径无关，特取路径 $S=l_1+l_2$，其中 $l_1:(\frac{\pi}{2},1)\to(\frac{\pi}{2},0)$，$l_2:(\frac{\pi}{2},0)\to(\pi,0)$，

所以 $$I=\int_{l_1}\frac{f(x)}{x}\bigg|_{x=\pi/2}\mathrm{d}y+\int_{l_2}x(1+y\sin x)\bigg|_{y=0}\mathrm{d}x\quad(f(\pi/2)=0)$$

$$=\int_{\pi/2}^{\pi}x\,\mathrm{d}x=\frac{3}{8}\pi^2$$

思路之三：根据路径无关性，先沿负 $y$ 轴方向取路径，只对 $\mathrm{d}y$ 积分，系数 $f(\pi/2)=0$ 是常值；再沿正 $x$ 轴方向取路径，只对 $\mathrm{d}x$ 积分，其中 $y=0$.

**注**　上述 3 种方法相比较，解 3 利用了特殊路径上函数的已知值 $f(\pi/2)=0$，取路径 $x=\pi/2$，不必求解 $\frac{f(x)}{x}$ 函数式或全微分，要简捷些.

**例 6.2.2**　设 $f(x)$ 是具有连续导数的偶函数，闭曲线 $C:9x^2+4y^2=36$ 取正向一周，则 $\oint_C f(x-y)\,\mathrm{d}x+x\,\mathrm{d}y=$ ________.

**分析**　积分满足格林定理条件，故得二重积分

$$\oint_C f(x-y)\,\mathrm{d}x+x\,\mathrm{d}y=\iint_D[1+f'(x-y)]\,\mathrm{d}x\mathrm{d}y$$

因 $f'(x-y)=-f'(y-x)$，故 $\iint_D f'(x-y)\,\mathrm{d}x\mathrm{d}y$ 等于零，又椭圆面积积分 $\iint_D\mathrm{d}x\mathrm{d}y=6\pi$，因此原式 $=6\pi$.

**解**　$6\pi$.

$f'(x-y)$ 是关于 $(x-y)$ 的奇函数，$C:\frac{x^2}{4}+\frac{y^2}{9}=1$ 所围区域 $D$ 关于原点为对称，故用格林公式化曲线积分为二重积分，易于计算.

**例 6.2.3**　设 $L$ 是半平面 $(x>0)$ 内的任意一条正向光滑闭曲线，围成面积为 $A_L$ 的有界单连通区域，函数 $f(x)$ 在 $(0,+\infty)$ 具有连续的一阶导数，最大值为 $-2$，且满足

$$\oint_L [f(x) + x^2] \mathrm{e}^y \mathrm{d}x + x[1 - f(x)\mathrm{e}^y] \mathrm{d}y = A_L$$

求 $f(x)$.

关键是：将积分闭路径围成的面积表示为曲线积分形式，根据路径的任意性应用格林定理，寻求 $f(x)$ 满足的关系式.

**分析**　可考虑的一种求解路线是：将面积 $A_L$ 用 $L$ 上的曲线积分表示 → 原等式化为闭路 $L$ 上曲线积分，恒为零 → 检验格林定理条件，利用定理导出 $f(x)$ 所满足的微分方程 → 解出 $f(x)$ → 利用最大值确定 $f(x)$ 中的任意常数.

**解**　平面图形面积 $A_L$ 用闭路 $L$ 上的曲线积分表示，由题意得

$$\oint_L [f(x) + x^2] \mathrm{e}^y \mathrm{d}x + x[1 - f(x)\mathrm{e}^y] \mathrm{d}y = \oint_L x\,\mathrm{d}y$$

或写成

$$\oint_L [f(x) + x^2] \mathrm{e}^y \mathrm{d}x - x f(x) \mathrm{e}^y \mathrm{d}y = 0$$

满足格林定理的条件：上式对于半平面 $(x > 0)$ 内的任意有向分段光滑闭曲线 $L$ 恒成立，$P(x,y) = [f(x) + x^2]\mathrm{e}^y$ 和 $Q(x,y) = -xf(x)\mathrm{e}^y$ 在此半平面内都具有连续的偏导数，故有

$$\frac{\partial}{\partial y}\big[(f(x) + x^2)\mathrm{e}^y\big] = \frac{\partial}{\partial x}\big[-xf(x)\mathrm{e}^y\big]$$

整理得

$$f'(x) + \frac{2}{x}f(x) = -x \quad (x > 0)$$

解得

$$f(x) = \frac{C}{x^2} - \frac{1}{4}x^2$$

由 $f(x)$ 在 $(0, +\infty)$ 内的最大值为 $-2$，可知 $C < 0$，故

$$f(x) = -\left(\frac{|C|}{x^2} + \frac{x^2}{4}\right) \leqslant -2 \cdot \sqrt{\frac{|C|}{x^2} \cdot \frac{1}{4}x^2} = -\sqrt{|C|} = -2$$

$x = 2$ 时等式成立，得 $C = -4$，因此 $f(x) = -\dfrac{4}{x^2} - \dfrac{1}{4}x^2 \ (x > 0)$.

**注**　此题类型可看做格林公式的一种变形. 一个稍为一般的命题思路是：假设等式

$$\oint_L P(x,y)\mathrm{d}x + Q(x,y)y = A(x,y)$$

对满足格林定理条件的任意分段光滑闭曲线 $L$ 成立. 设计 $A(x,y)$，使之可表示为 $L$ 上的曲线积分，特别地恒等于常数；或设计被积表达式或 $A(x,y)$，含有未知函数. 此等式即是简单的积分方程. 于是可通过格林公式，将问题转化为微分方程问题. 当然，也可假设 $L$ 不是闭曲线，格林定理条件换成某个等价条件（如积分与路径无关、全微分等等）.

**\*例 6.2.4**　设函数 $P(x,y)$，$Q(x,y)$ 具有一阶连续偏导数，且对任意实数 $x_0$，$y_0$ 和任意正实数 $R$，皆有

$$\int_L P(x,y)\mathrm{d}x + Q(x,y)\mathrm{d}y = 0$$

其中 $L$ 是半圆：$y = y_0 + \sqrt{R^2 - (x - x_0)^2}$，则 $P(x,y) \equiv 0$，$\dfrac{\partial Q}{\partial x} \equiv 0$.

**解**　任取圆心 $(x_0, y_0)$ 和圆半径 $R$. 如图 6-7,对半圆 $L$ 补有向直线段 $\overline{AB}$,围成半圆域 $D$. 则由题设

$$\oint_{L+AB} P\,\mathrm{d}x + Q\,\mathrm{d}y$$

$$= \int_L P\,\mathrm{d}x + Q\,\mathrm{d}y + \int_{AB} P\,\mathrm{d}x + Q\,\mathrm{d}y$$

$$= \int_{AB} P\,\mathrm{d}x$$

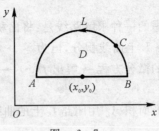

图　6-7

半圆补直线段,用格林公式,则化成的二重积分恒等于该直线段上的定积分,两边各用积分中值定理,再利用任意性比较.

由格林公式得

$$\iint_D \left(\frac{\partial Q}{\partial x} - \frac{\partial P}{\partial y}\right)\mathrm{d}x\,\mathrm{d}y = \int_{AB} P\,\mathrm{d}x$$

等式两边用积分中值定理,并化简为

$$\frac{1}{2}\pi R\left(\frac{\partial Q}{\partial x} - \frac{\partial P}{\partial y}\right)\Big|_{(\xi,\eta)} = 2P(\zeta, y_0),\ (\xi,\eta)\in D,\ \zeta\in[x_0-R, x_0+R]$$

令 $R \to 0$,由于这些函数及其偏导数的连续性,得 $P(x_0, y_0) = 0$,从而 $P(x, y) \equiv 0$. 进而有 $\left(\frac{\partial Q}{\partial x} - \frac{\partial P}{\partial y}\right)\Big|_{(x_0,y_0)} = \frac{\partial Q}{\partial x}\Big|_{(x_0,y_0)} = 0$,即 $\frac{\partial Q}{\partial x} \equiv 0$.

**例 6.2.5**　设函数 $f(t)$ 具有连续的二阶导数,且 $f(1) = f'(1) = 1$,试确定函数 $f\left(\frac{y}{x}\right)$,使

$$\oint_L \left[\frac{y^2}{x} + xf\left(\frac{y}{x}\right)\right]\mathrm{d}x + \left[y - xf'\left(\frac{y}{x}\right)\right]\mathrm{d}y = 0$$

其中 $L$ 是不与 $y$ 轴相交的任意的简单正向闭路径.

**解**　由曲线积分与路径无关的条件,有

$$\frac{\partial}{\partial x}\left[y - xf'\left(\frac{y}{x}\right)\right] = \frac{\partial}{\partial y}\left[\frac{y^2}{x} + xf\left(\frac{y}{x}\right)\right]$$

得

$$-f'\left(\frac{y}{x}\right) + \frac{y}{x}f''\left(\frac{y}{x}\right) = \frac{2y}{x} + f'\left(\frac{y}{x}\right)$$

采用常规方法,由积分与路径无关的条件,导出微分方程.

令 $t = \frac{y}{x}$,并整理得二阶线性微分方程

$$f''(t) - \frac{2}{t}f'(t) = 2$$

解得

$$f'(t) = \mathrm{e}^{\int \frac{2}{t}\mathrm{d}t}\left[\int 2\mathrm{e}^{-\int \frac{2}{t}\mathrm{d}t}\mathrm{d}t + C_1\right] = C_1 t^2 - 2t$$

由导数的初始条件得 $C_1 = 3$. 于是

$$f(t) = \int (3t^2 - 2t)\mathrm{d}t + C_2 = t^3 - t^2 + C_2$$

由函数的初始条件得 $C_2 = 1$,因此

$$f\left(\frac{y}{x}\right) = \frac{y^3}{x^3} - \frac{y^2}{x^2} + 1$$

**\* 例 6.2.6**　计算 $I = \oint_L \frac{x\,\mathrm{d}y - y\,\mathrm{d}x}{Ax^2 + 2Bxy + Cy^2}$,其中 $L: x^2 + y^2 = R^2$ 取逆

时针方向,$A > 0, \Delta = AC - B^2 > 0$.

**解**　由 $\dfrac{x\,\mathrm{d}y - y\,\mathrm{d}x}{Ax^2 + 2Bxy + Cy^2} = \dfrac{x\,\mathrm{d}y - y\,\mathrm{d}x}{x^2} \cdot \dfrac{1}{A + 2B\left(\dfrac{y}{x}\right) + C\left(\dfrac{y}{x}\right)^2}$

$$= \dfrac{\mathrm{d}\left(\dfrac{y}{x}\right)}{A + 2B\left(\dfrac{y}{x}\right) + C\left(\dfrac{y}{x}\right)^2}$$

可知它是全微分. 取足够小的 $\varepsilon > 0$,使得椭圆 $l : Ax^2 + 2Bxy + Cy^2 = \varepsilon^2$(逆时针)在 $L$ 内. 从而可用格林公式,得

$$I = \oint_l \frac{x\,\mathrm{d}y - y\,\mathrm{d}x}{Ax^2 + 2Bxy + Cy^2} = \frac{1}{\varepsilon^2} \oint_L x\,\mathrm{d}y - y\,\mathrm{d}x$$

而 $l : A\left(x + \dfrac{B}{A}y\right)^2 + \dfrac{\Delta}{A}y^2 = \varepsilon^2$,其参数方程为

$$x + \frac{B}{A}y = \frac{\varepsilon}{\sqrt{A}}\cos t, \quad y = \sqrt{\frac{A}{\Delta}}\sin t, \quad t : 0 \mapsto 2\pi$$

计算得 $x\,\mathrm{d}y - y\,\mathrm{d}x = \dfrac{\varepsilon^2}{\sqrt{\Delta}}\mathrm{d}t$,因此

$$I = \frac{1}{\sqrt{\Delta}}\oint_l \mathrm{d}t = \frac{2\pi}{\sqrt{AC - B^2}}$$

**例 6.2.7**　计算 $I = \iint\limits_D y^2 \,\mathrm{d}x\,\mathrm{d}y$,其中 $D$ 由 $x$ 轴和摆线 $x = a(t - \sin t)$,$y = a(1 - \cos t)(0 \leqslant t \leqslant 2\pi)$ 的一拱所围成.

**解 1**　如图 6-8,设 $L + l$ 是 $D$ 的逆时针边界曲线,令 $Q = 0, P = \dfrac{1}{3}y^3$,由格林公式

$$I = -\oint_{L+l} \frac{1}{3}y^3\,\mathrm{d}x = -\int_L \frac{1}{3}y^3\,\mathrm{d}x - \int_l \frac{1}{3}y^3\,\mathrm{d}x$$

$$= -\int_L \frac{1}{3}y^3\,\mathrm{d}x = \frac{a^4}{3}\int_0^{2\pi}(1 - \cos t)^4\,\mathrm{d}t$$

$$= \frac{a^4}{3}\int_0^{2\pi} 2^4\left(\sin\frac{t}{2}\right)^8\,\mathrm{d}t = \frac{35}{12}\pi a^4$$

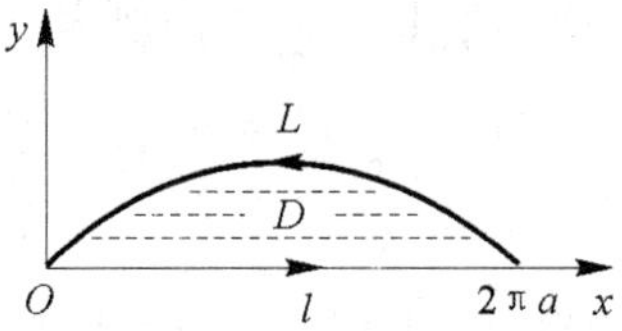

图　6-8

**解 2**　由 $x'(t) = a(1 - \cos t) > 0 (0 < t < 2\pi, t \neq \pi/2)$ 知存在反函数 $t = t(x)$,故

$$I = \int_0^{2\pi a}\mathrm{d}x\int_0^{y(t(x))}y^2\,\mathrm{d}y = \frac{1}{3}\int_0^{2\pi a}y^3(t(x))\,\mathrm{d}x$$

$$= \frac{1}{3}\int_0^{2\pi}a^3(1 - \cos t)^3 \cdot a(1 - \cos t)\mathrm{d}t$$

下面同解 1.

**\*例 6.2.8**　设函数 $f(x,y)$ 在区域 $D : x^2 + y^2 \leqslant 1$ 上有二阶连续偏导数,且 $\dfrac{\partial^2 f}{\partial x^2} + \dfrac{\partial^2 f}{\partial y^2} = \mathrm{e}^{-(x^2+y^2)}$,证明:$\iint\limits_D\left(x\dfrac{\partial f}{\partial x} + y\dfrac{\partial f}{\partial y}\right)\mathrm{d}x\mathrm{d}y = \dfrac{\pi}{2\mathrm{e}}$.

----

因 $f(u)\mathrm{d}u = \dfrac{\mathrm{d}u}{A + 2Bu + Cu^2}$ 是某一元函数 $F(u)$ 的微分,故 $f(x/y)\mathrm{d}(x/y)$ 是 $F(x/y)$ 的全微分.

原点是奇点,为用格林公式需用椭圆挖去它.

当 $P\mathrm{d}x + Q\mathrm{d}y$ 是全微分时,有 $\oint_L P\mathrm{d}x + Q\mathrm{d}y = \oint_l P\mathrm{d}x + Q\mathrm{d}y$

通常习惯于化曲线积分为二重积分计算,但是反过来用时而有益,如本题解 1.

另一个周知例子就是用闭曲线积分计算平面区域面积的公式,$A = \dfrac{1}{2}\oint_L x\mathrm{d}y - y\mathrm{d}x = \iint\limits_D \mathrm{d}x\mathrm{d}y$.

解 2 利用二次积分. 在 $(0, 2\pi)$ 内 $x'(t) \neq 0$,故反函数 $t = t(x)$ 存在,$y = y(t(x))$,由此可确定积分限和参数化.

此题的条件与结论提示,需将 $xf'_x + yf'_y$ 转化为 $f''_{xx} + f''_{yy}$.

**解 1** 由极坐标,

$$I = \iint\limits_{D} (xf'_x + yf'_y)\mathrm{d}x\mathrm{d}y = \int_0^{2\pi} \mathrm{d}\theta \int_0^1 (r\cos\theta \cdot f'_x + r\sin\theta \cdot f'_y) \cdot r\mathrm{d}r$$

$$= \int_0^1 r\mathrm{d}r \int_0^{2\pi} (r\cos\theta \cdot f'_x + r\sin\theta \cdot f'_y)\mathrm{d}\theta$$

对固定的 $r \in [0,1]$,设 $D_r: x^2 + y^2 \leqslant r^2$,$\partial D_r$ 是圆域 $D_r$ 的正向边界,有

$$\mathrm{d}y = \mathrm{d}(r\sin\theta) = r\cos\theta\mathrm{d}\theta,\ \mathrm{d}x = \mathrm{d}(r\cos\theta) = -r\sin\theta\mathrm{d}\theta$$

故

$$\int_0^{2\pi} (r\cos\theta \cdot f'_x + r\sin\theta \cdot f'_y)\mathrm{d}\theta = \oint\limits_{\partial D_r} -f'_y x + f'_x \mathrm{d}y$$

$$= \iint\limits_{D_r} (f''_{xx} + f''_{yy})\mathrm{d}x\mathrm{d}y$$

因此

$$I = \int_0^1 r\mathrm{d}r \iint\limits_{D_r} \mathrm{e}^{-(x^2+y^2)}\mathrm{d}x\mathrm{d}y = \int_0^1 r\mathrm{d}r \int_0^{2\pi} \mathrm{d}\theta \int_0^r \mathrm{e}^{-\rho^2}\rho\mathrm{d}\rho = \frac{\pi}{2\mathrm{e}}$$

**解 2** 在二重积分的分部积分公式

$$\iint\limits_{D} uv_x \mathrm{d}x\mathrm{d}y = \oint\limits_{\partial D} uv\mathrm{d}y - \iint\limits_{D} u_x v\mathrm{d}x\mathrm{d}y$$

中,令 $u = f'_x, v'_x = x = \dfrac{\partial}{\partial x}\left(\dfrac{x^2+y^2}{2}\right)$,则有

$$\iint\limits_{D} f'_x \cdot x\mathrm{d}x\mathrm{d}y = \oint\limits_{\partial D} f'_x \cdot \frac{x^2+y^2}{2}\mathrm{d}y - \iint\limits_{D} f''_{xx} \cdot \frac{x^2+y^2}{2}\mathrm{d}x\mathrm{d}y$$

在分部积分公式

$$\iint\limits_{D} uv_y \mathrm{d}x\mathrm{d}y = -\oint\limits_{\partial D} uv\mathrm{d}x - \iint\limits_{D} u_y v\mathrm{d}x\mathrm{d}y$$

中,令 $u = f'_y, v'_y = y = \dfrac{\partial}{\partial y}\left(\dfrac{x^2+y^2}{2}\right)$,则有

$$\iint\limits_{D} f'_y \cdot y\mathrm{d}x\mathrm{d}y = -\oint\limits_{\partial D} f'_y \cdot \frac{x^2+y^2}{2}\mathrm{d}x - \iint\limits_{D} f''_{yy} \cdot \frac{x^2+y^2}{2}\mathrm{d}x\mathrm{d}y$$

相加得 $\displaystyle\iint\limits_{D} (xf'_x + yf'_y)\mathrm{d}x\mathrm{d}y$

$$= \oint\limits_{\partial D} \frac{x^2+y^2}{2}(f'_x\mathrm{d}y - f'_y\mathrm{d}x) - \iint\limits_{D} \frac{x^2+y^2}{2}(f''_{xx} + f''_{yy})\mathrm{d}x\mathrm{d}y$$

$$= \frac{1}{2}\oint\limits_{\partial D} -f'_y\mathrm{d}x + f'_x\mathrm{d}y - \iint\limits_{D} \frac{x^2+y^2}{2}\mathrm{e}^{-(x^2+y^2)}\mathrm{d}x\mathrm{d}y$$

$$= \frac{1}{2}\iint\limits_{D} (f''_{xx} + f''_{yy})\mathrm{d}x\mathrm{d}y - \iint\limits_{D} \frac{x^2+y^2}{2}\mathrm{e}^{-(x^2+y^2)}\mathrm{d}x\mathrm{d}y$$

$$= \frac{1}{2}\int_0^{2\pi}\mathrm{d}\theta \int_0^1 (\mathrm{e}^{-r^2}r - \mathrm{e}^{-r^2}r^3)\mathrm{d}r = -\frac{\pi}{2\mathrm{e}}\int_0^1 \mathrm{e}^{1-r^2}(1-r^2)\mathrm{d}(1-r^2)$$

$$= \frac{\pi}{2\mathrm{e}}$$

**命题** 设在平面区域 $D$ 及其正向边界 $\partial D$ 上,函数 $u(x,y)$ 和 $v(x,y)$

解 1 将其极坐标 $f_x\cos\theta\mathrm{d}\theta + f_y\sin\theta\mathrm{d}\theta$ 转化为对坐标的曲线积分,以消去 $\cos\theta$ 和 $\sin\theta$,再用格林公式.

这是 $\partial D_r$ 上的曲线积分在极坐标下的表达式,用格林公式.

解 2 则利用二重积分的分部积分公式,实现上述转化.

二重积分的分部积分公式见本题评注.

注意在边界 $\partial D$ 上,$x^2 + y^2 = 1$.

对曲线积分用格林公式.

都满足格林定理的条件,则

$$(1)\iint\limits_{D}uv_x\mathrm{d}x\mathrm{d}y=\oint\limits_{\partial D}uv\mathrm{d}y-\iint\limits_{D}u_xv\mathrm{d}x\mathrm{d}y;$$

$$(2)\iint\limits_{D}uv_y\mathrm{d}x\mathrm{d}y=-\oint\limits_{\partial D}uv\mathrm{d}x-\iint\limits_{D}u_yv\mathrm{d}x\mathrm{d}y;$$

**证**(1) 在格林公式 $\iint\limits_{D}Q_x\mathrm{d}x\mathrm{d}y=\oint\limits_{\partial D}Q\mathrm{d}y$ 中,令 $Q=uv$ 代入,移项即可;

(2) 在格林公式 $\iint\limits_{D}P_y\mathrm{d}x\mathrm{d}y=-\oint\limits_{\partial D}P\mathrm{d}x$ 中,令 $P=uv$ 代入移项即可.

> 类似于定积分,有左栏的二重积分的"分部积分"公式. 定积分情形的 $uv\big|_a^b$ 项,自然被 $D$ 的边界 $\partial D$ 上的线积分 $\oint\limits_{\partial D}uv\mathrm{d}y$ 及 $-\oint\limits_{\partial D}uv\mathrm{d}x$ 替代. 证明用到格林公式.

**例 6.2.9** 已知函数 $f(x,y)$ 具有二阶连续偏导数,且 $f(1,y)=0$, $f(x,1)=0,\iint\limits_{D}f(x,y)\mathrm{d}x\mathrm{d}y=a$. 其中 $D=\{(x,y)\mid 0\leqslant x\leqslant1,0\leqslant y\leqslant1\}$.

计算二重积分 $\iint\limits_{D}xyf''_{xy}(x,y)\mathrm{d}x\mathrm{d}y$.

**分析** 本质是证明 $\iint\limits_{D}f(x,y)\mathrm{d}x\mathrm{d}y=\iint\limits_{D}xyf''_{xy}(x,y)\mathrm{d}x\mathrm{d}y$.

> 可从左端出发推证到右端,或反之.

**解 1** 由 $f(1,y)=f(x,1)=0$,知 $f'_y(1,y)=f'_x(x,1)=0$,故

> 解 1 采用里层定积分的分部积分法.

$$a=\int_0^1\mathrm{d}y\int_0^1f(x,y)\mathrm{d}x=\int_0^1\left[xf(x,y)\Big|_{x=0}^{x=1}-\int_0^1xf'_x(x,y)\mathrm{d}x\right]\mathrm{d}y$$

$$=-\int_0^1\mathrm{d}x\int_0^1xf'_x(x,y)\mathrm{d}y$$

$$=\int_0^1\left[xyf'_x(x,y)\Big|_{y=0}^{y=1}-\int_0^1xyf''_{xy}(x,y)\mathrm{d}y\right]\mathrm{d}x$$

$$=\iint\limits_{D}xyf''_{xy}(x,y)\mathrm{d}x\mathrm{d}y$$

**解 2** 用二重积分的分部积分法,

> 解 2 采用二重积分的分部积分法.

$$\iint\limits_{D}xyf''_{xy}(x,y)\mathrm{d}x\mathrm{d}y$$

$$=\oint\limits_{\partial D}xyf'_y(x,y)\mathrm{d}y-\iint\limits_{D}yf'_y(x,y)\mathrm{d}x\mathrm{d}y\quad(f'_y(1,y)=f'_x(x,1)=0)$$

$$=-\left[-\oint\limits_{\partial D}yf(x,y)\mathrm{d}x-\iint\limits_{D}f(x,y)\mathrm{d}x\mathrm{d}y\right]\quad(f(1,y)=f(x,1)=0)$$

$$=\iint\limits_{D}f(x,y)\mathrm{d}x\mathrm{d}y=a$$

**\* 例 6.2.10** 设二元函数 $f(x,y)$ 在区域 $D:0\leqslant x\leqslant1,0\leqslant y\leqslant1$ 的边界上恒为零,在 $D$ 上具有连续的四阶偏导数,且 $\left|\dfrac{\partial^4f}{\partial x^2\partial y^2}\right|\leqslant3$,试证明

$$\left|\iint\limits_{D}f(x,y)\mathrm{d}x\mathrm{d}y\right|\leqslant\frac{1}{48}.$$

> 这是竞赛题,与例 6.2.9 中等式有些类似,证明方法也类似,可用里层定积分或二重积分的分部积分法. 但烦琐些.

**分析** 本质是证明

$$\iint\limits_{D}f(x,y)\mathrm{d}x\mathrm{d}y=\frac{1}{4}\iint\limits_{D}\frac{\partial^4f}{\partial x^2\partial y^2}\cdot x(1-x)y(1-y)\mathrm{d}x\mathrm{d}y$$

从而
$$\left| \iint\limits_D f(x,y)\mathrm{d}x\mathrm{d}y \right| \leqslant \frac{1}{4}\iint\limits_D \left| \frac{\partial^4 f}{\partial x^2 \partial y^2} \right| \cdot x(1-x)y(1-y)\mathrm{d}x\mathrm{d}y$$

$$\leqslant \frac{1}{4} \cdot 3\iint\limits_D x(1-x)y(1-y)\mathrm{d}x\mathrm{d}y = \frac{1}{48}$$

困难在于,$\frac{\partial^4 y}{\partial x^2 \partial y^2}x(1-x)y(1-y)$ 的这个形式不易猜到. 事实上,为使分部积分过程中的非二重积分项在边界 $\partial D$ 上为零,将对应因子 $xy(1-x)(1-y)$ 乘以 $\frac{\partial^4 f}{\partial x^2 \partial y^2}$,进行试算. 证明过程较长,从略.

### 6.2.2 高斯公式与斯托克斯公式的应用

**例 6.2.11** 设 $\Sigma$ 是曲面 $x^2+y^2=4$ 被平面 $z=0$ 和 $z=2$ 所截中间部分的外侧,计算 $I=\iint\limits_{\Sigma} -y\mathrm{d}z\mathrm{d}x+(z+1)\mathrm{d}x\mathrm{d}y$.

**解 1** 设 $D$ 是曲面 $\Sigma$ 在 $zOx$ 面上的投影区域,则 $D:0\leqslant z\leqslant 2,-2\leqslant x\leqslant 2$.

$$I=\iint\limits_{\Sigma} -y\mathrm{d}z\mathrm{d}x+(z+1)\mathrm{d}x\mathrm{d}y$$

$$=\iint\limits_{\Sigma} -y\mathrm{d}z\mathrm{d}x+0=-2\iint\limits_D \sqrt{4-x^2}\mathrm{d}z\mathrm{d}x$$

$$=-2\int_{-2}^{2}\sqrt{4-x^2}\mathrm{d}x\int_0^2 \mathrm{d}z=-4\int_{-2}^{2}\sqrt{4-x^2}\mathrm{d}x=-8\pi$$

**解 2** 补两个有限曲面,$\Sigma_2:z=2,x^2+y^2\leqslant 4$(上侧),$\Sigma_1:z=0,x^2+y^2\leqslant 4$(下侧),记 $\Omega$ 是 $\Sigma$,$\Sigma_2$ 与 $\Sigma_1$ 所围的区域,则由高斯公式得 $\oiint\limits_{\Sigma+\Sigma_1+\Sigma_2}=\iiint\limits_{\Omega}0\mathrm{d}v=0$.

故 $I=-\iint\limits_{\Sigma_2}-\iint\limits_{\Sigma_1}=-\iint\limits_{x^2+y^2\leqslant 4}3\mathrm{d}x\mathrm{d}y+\iint\limits_{x^2+y^2\leqslant 4}\mathrm{d}x\mathrm{d}y=-8\pi$

**例 6.2.12** 设曲面 $\Sigma_t:x^2+y^2+z^2=t^2,t>0$,取外侧,且 $f(t)=\oiint\limits_{\Sigma_t}(x+t)^2\mathrm{d}y\mathrm{d}z+(y+t)^2\mathrm{d}z\mathrm{d}x+(z+t)^2\mathrm{d}x\mathrm{d}y$,则 $f'(t)=(\quad)$.

(A)0;     (B)$8\pi t^3$;     (C)$16\pi t^3$;     (D)$32\pi t^3$

**分析** 由高斯公式,可得

$$f(t)=2\iiint\limits_{\Omega}[(x+y+z)+3t]\mathrm{d}v$$

其中 $\Omega$ 是 $\Sigma_t$ 所围球体,由对称性立知 $\iiint\limits_{\Omega}x\mathrm{d}v=\iiint\limits_{\Omega}y\mathrm{d}v=\iiint\limits_{\Omega}z\mathrm{d}v=0$,而 $\iiint\limits_{\Omega}\mathrm{d}v=$

$\frac{4\pi}{3}t^3$ 是球体体积. 故 $f(t)=8\pi t^4,f'(t)=32\pi t^3$.

**解** 选(D).

（右侧栏注释）

解1将积分化为 $zOx$ 平面上的二重积分,$\Sigma$ 的投影区域是矩形域,对 $\mathrm{d}x\mathrm{d}y$ 的积分为零.

此二重积分表示底圆半径为 $\sqrt{2}$,高为 4 的半圆柱体的体积.

解2补两个截圆面,构成闭曲面,用高斯公式化为三重积分,预见其值为零. 故只需计算两截圆面上的二重积分,利用对称性简化计算. 注意选择补面的正向.

直接用高斯公式.

**例 6.2.13** 设对于任意光滑有向闭曲面 $S$，都有 $\oiint\limits_{S} x f(y)\mathrm{d}y\mathrm{d}z +$ $y f(x)\mathrm{d}z\mathrm{d}x - z[b + f(x+y)]\mathrm{d}x\mathrm{d}y = 0$，其中函数 $f(x)$ 在 $(-\infty, +\infty)$ 内连续，且 $f(1) = a(a,b$ 都是常数$)$，求 $f(2010)$.

**解**　由题设和高斯公式有

$$0 = \oiint\limits_{S} x f(y)\mathrm{d}y\mathrm{d}z + y f(x)\mathrm{d}z\mathrm{d}x - z[b + f(x+y)]\mathrm{d}x\mathrm{d}y$$

$$= \pm \iiint\limits_{\Omega} [f(y) + f(x) - b - f(x+y)]\mathrm{d}V$$

其中 $\Omega$ 为 $S$ 所围的有界区域，$\pm 1$ 的取值与 $S$ 的法线方向一致. $S$ 的任意性导致 $\Omega$ 的任意性，故三重积分的被积函数恒为零，即有

$$f(x+y) = f(x) + f(y) - b, \quad x \in (-\infty, +\infty)$$

于是 $f(n) - f(n-1) = f(1) - b = a - b, n = 2,3,\cdots,2010$，得

$$f(2010) - f(1) = 2009(a - b).$$

故　　　　$f(2010) = a + 2009(a - b) = 2010a - 2009b.$

> 可看出,利用高斯公式将得到 $f(x)$ 满足的函数方程,从而建立 $f(n)$ 的递推式.

**例 6.2.14** 设 $L$ 是柱面 $x^2 + y^2 = 1$ 与平面 $z = x + y$ 的交线，从 $z$ 轴正向往 $z$ 轴负向看去为逆时针方向，则曲线积分 $\oint\limits_{L} xz\mathrm{d}x + x\mathrm{d}y + \dfrac{y^2}{2}\mathrm{d}z =$

　　　　.

**解答**　$\pi$.

**解 1**　欲利用斯托克斯公式转化为曲面积分. 由题意，圆柱 $x^2 + y^2 \leqslant 1$ 被已知平面所截的截面 $S$ 取上侧，法向量为 $\boldsymbol{n} = \{-1, -1, 1\}$，方向余弦为 $\cos\alpha = \cos\beta = -\dfrac{1}{\sqrt{3}}, \cos\gamma = \dfrac{1}{\sqrt{3}}.$ 故

> 空间闭曲线上对坐标曲线积分,由于路径较复杂,首选方法是斯托克斯公式并结合对称性方法.

$$\oint\limits_{L} xz\mathrm{d}x + x\mathrm{d}y + \dfrac{y^2}{2}\mathrm{d}z = \iint\limits_{S} \begin{vmatrix} -1/\sqrt{3} & -1/\sqrt{3} & 1/\sqrt{3} \\ \dfrac{\partial}{\partial x} & \dfrac{\partial}{\partial y} & \dfrac{\partial}{\partial z} \\ xz & x & y^2/2 \end{vmatrix} \mathrm{d}S$$

$$= \frac{1}{\sqrt{3}} \iint\limits_{S} (1 - x - y)\,\mathrm{d}S = \iint\limits_{S} \mathrm{d}S$$

而 $\mathrm{d}S = \sqrt{1 + z_x^2 + z_y^2} = \sqrt{3}\,\mathrm{d}x\mathrm{d}y$，因此

$$\oint\limits_{L} xz\mathrm{d}x + x\mathrm{d}y + \frac{y^2}{2}\mathrm{d}z = \iint\limits_{x^2+y^2\leqslant 1} \mathrm{d}x\mathrm{d}y = \pi$$

**解 2**　利用积分路线的参数方程求解. 显然

$$L: x = \cos t, y = \sin t, z = \cos t + \sin t, \quad t: 0 \to 2\pi$$

故　　　　$\oint\limits_{L} xz\mathrm{d}x + x\mathrm{d}y + \dfrac{y^2}{2}\mathrm{d}z$

$$= \int_0^{2\pi} \left[ \cos t(\cos t + \sin t)(-\sin t) + \cos t\cos t + \frac{1}{2}\sin^2 t(-\sin t + \cos t) \right] \mathrm{d}t$$

$$= \int_0^{2\pi} \cos^2 t\mathrm{d}t = \pi$$

> 也可先求积分路径的参数方程再直接求解.

**\* 例 6.2.15** 设 $L$ 是球面 $x^2+y^2+z^2=2bx$ 与柱面 $x^2+y^2=2ax$ ($b$ $>a>0$) 的交线 ($z\geqslant 0$),$L$ 的方向规定为沿 $L$ 的方向运动时,从 $z$ 轴正向 往下看,曲线 $L$ 所围球面部分总在左边. 求 $I=\oint_L(y^2+z^2)\mathrm{d}x+(z^2+x^2)\mathrm{d}y$ $+(x^2+y^2)\mathrm{d}z$.

**解 1** 记 $\Sigma$ 为曲线 $L$ 所围球面部分的上侧, 由题设 $L$ 的方向与球面定向法则知为右手系,故 曲面外侧为正侧(见图 6-9). 采用斯托克斯公 式,有

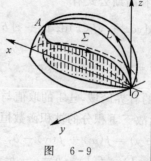

解 1 运用斯托 克斯公式.

图 6-9

$$I=\iint\limits_{\Sigma}\begin{vmatrix} \mathrm{d}y\mathrm{d}z & \mathrm{d}z\mathrm{d}x & \mathrm{d}x\mathrm{d}y \\ \dfrac{\partial}{\partial x} & \dfrac{\partial}{\partial y} & \dfrac{\partial}{\partial z} \\ y^2+z^2 & z^2+x^2 & x^2+y^2 \end{vmatrix}$$

$$=2\iint\limits_{\Sigma}(y-z)\mathrm{d}y\mathrm{d}z+(z-x)\mathrm{d}z\mathrm{d}x+(x-y)\mathrm{d}x\mathrm{d}y$$

$$=2\iint\limits_{\Sigma}[(y-z)\cos\alpha+(z-x)\cos\beta$$
$$+(x-y)\cos\gamma]\mathrm{d}S$$

其中 $\boldsymbol{n}=[\cos\alpha\ \cos\beta\ \cos\gamma]$ 是球面 $x^2+y^2+z^2=2bx$ 上的单位法向量,易 得 $\boldsymbol{n}=\left[\dfrac{x-b}{b}\ \dfrac{y}{b}\ \dfrac{z}{b}\right]$.

故 $$I=2\iint\limits_{\Sigma}\left[\dfrac{(y-z)(x-b)}{b}+\dfrac{(z-x)y}{b}+\dfrac{(x-y)z}{b}\right]\mathrm{d}S$$

$$=2\iint\limits_{\Sigma}(z-y)\mathrm{d}S=2\iint\limits_{\Sigma}z\mathrm{d}S-2\iint\limits_{\Sigma}y\mathrm{d}S$$

曲面 $\Sigma$ 关于 $xOz$ 平面对称,$y$ 是奇函数,故 $\iint\limits_{\Sigma}y\mathrm{d}S=0$. 于是

充分利用对 称性简化积分.

$$I=2\iint\limits_{\Sigma}z\mathrm{d}S=2\iint\limits_{\Sigma}\dfrac{z}{\cos\gamma}\mathrm{d}x\mathrm{d}y=2\iint\limits_{\Sigma}b\mathrm{d}x\mathrm{d}y=2\pi a^2b$$

**解 2** 积分路径 $L$ 关于 $xOz$ 平面对称,且 $y^2+z^2$ 和 $x^2+y^2$ 都是 $y$ 的 偶函数,故

$$\oint_L(y^2+z^2)\mathrm{d}x=0,\oint_L(x^2+y^2)\mathrm{d}z=0$$

分别由柱面和球面方程解得 $x=a\pm$ $\sqrt{a^2-y^2}$,$z^2+x^2=2bx-y^2$. 故有

$$z^2+x^2=2b(a\pm\sqrt{a^2-y^2})-y^2$$

柱面在 $xOy$ 平面上的投影为圆周 $(x-a)^2+$ $y^2=a^2$,当 $L$ 上的点沿 $L$ 的正向移动时,其投 影点 $(x,y)$ 沿圆周逆时针移动. 故如图 6-10,

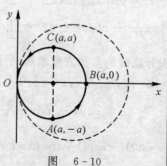

图 6-10

如图 6-9,$L$ 与 $xOz$ 面交于 点 $A$. 记 $L=L_1$ $+L_2$,$L_1$: $x=$ $x(t)$,$y=y(t)$,$z$ $=z(t)$,是 $L$ 在 第一卦限的部 分,参数 $t_A\mapsto t_O$ 对应 $A\mapsto O$;$L_2$: $x=x(t)$,$y=-$ $y(t)$,$z=z(t)$, 是 $L$ 在第四卦限 的部分,$t_O\mapsto t_A$

当投影点分别沿弧 $\overset{\frown}{ABC}$ 和 $\overset{\frown}{COA}$ 移动时,被积函数中分别取"$+$"和"$-$"号.因此

$$I = \oint_L (z^2 + x^2)\,\mathrm{d}y$$

$$= \int_{-a}^{a} \left[2b(a + \sqrt{a^2 - y^2}) - y^2\right]\mathrm{d}y + \int_{a}^{-a}\left[2b(a - \sqrt{a^2 - y^2}) - y^2\right]\mathrm{d}y$$

$$= \int_{-a}^{a} 4b\sqrt{a^2 - y^2}\,\mathrm{d}y = 4b \cdot \frac{1}{2}\pi a^2 = 2\pi a^2 b \quad (\text{半圆面积})$$

**解 3**　如同解 2,由对称性,$I = \oint_L (z^2 + x^2)\,\mathrm{d}y$.

$$\begin{cases} x^2 + y^2 + z^2 = 2bx & (1) \\ x^2 + y^2 = 2ax & (2) \end{cases}$$

由式(1)$-$式(2),解得 $z^2 = 2(b-a)x$,即 $x = \dfrac{z^2}{2(b-a)}$. 代入(2)得 $y^2 = \dfrac{az^2}{b-a} - \dfrac{z^4}{4(b-a)^2}$. 令 $z = 2\sqrt{a(b-a)}\cos\theta \geqslant 0$,分别代入上两式得

$$x = 2a\cos^2\theta \geqslant 0, \quad y = 2a\sin\theta\cos\theta$$

柱面在 $xOy$ 平面上的投影为圆周 $(x-a)^2 + y^2 = a^2$,当 $L$ 上的点从原点 $O$ 出发,沿 $L$ 的正向移动一周时,其投影点沿圆周 $\overset{\frown}{OABCO}$ 逆时针移动一周,故如图 $6-10$,$\theta: -\dfrac{\pi}{2} \mapsto \dfrac{\pi}{2}$. 因此

$$I = \oint_L (z^2 + x^2)\,\mathrm{d}y = \oint_L (2bx - y^2)\,\mathrm{d}y$$

$$= \int_{-\pi/2}^{\pi/2} (4ab\cos^2\theta - a^2\sin 2\theta) \cdot 2a\cos 2\theta\,\mathrm{d}\theta$$

$$= 4a^2 b \int_{-\pi/2}^{\pi/2} (1 + \cos 2\theta) \cdot \cos 2\theta\,\mathrm{d}\theta = 2\pi a^2 b$$

# 6.3　数形结合与对称性方法

在计算多元积分时,巧用对称性往往可以起到事半功倍的效果,而对称性正是数形结合方法的一种完美体现. 前面已经有一些多元积分例子,在计算过程中应用对称性简化计算.

在高等数学中,常见的积分对称性有:

(1)"偶倍奇零";(2)轮换对称性;(3)关于直线 $y = x$ 对称.

关于"偶倍奇零"原则,适用于第一型积分,见表 $6-1$.

---

对应 $O \mapsto A$. 故由参数化后积分知 $\oint_L (y^2 + z^2)\,\mathrm{d}x$

$$= \int_{L_1} + \int_{L_2} = \int_{L_1} - \int_{L_1}$$

$= 0$. 同理 $\oint_L (x^2 + y^2)\,\mathrm{d}z = 0$.

由对称性 3 项积分只剩 1 项.

关于对坐标的曲线积分,也可用对称性简化积分结论请参阅 6.3.

解 3 中有多种方法求 $L$ 的参数方程. 其一是联立球面与柱面方程,将 $x, y$ 用 $z$ 表示,而 $z$ 用余弦或正弦函数表示,代入 $x, y$ 即可得参数方程.

表 6-1

| 积分域图形关于 $x=0$ 对称 | $f$ 关于变量 $x$ 为偶（奇）函数 | 积分为"偶倍奇零" |
|---|---|---|
| $[-a,a]$：对称于原点 | $f(-x)=\pm f(x)$ | $I_1=\displaystyle\int_{-a}^{a}f(x)\mathrm{d}x=\begin{cases}2\displaystyle\int_0^a f\mathrm{d}x\\ 0\end{cases}$ |
| $D$：对称于 $y$ 轴 | $f(-x,y)=\pm f(x,y)$ | $I_2=\displaystyle\iint_D f(x,y)\mathrm{d}\sigma=\begin{cases}2\displaystyle\iint_{D_1} f\mathrm{d}\sigma\\ 0\end{cases}$ |
| $L$：对称于 $y$ 轴 | $f(-x,y)=\pm f(x,y)$ | $I_3=\displaystyle\int_L f(x,y)\mathrm{d}s=\begin{cases}2\displaystyle\int_{L_1} f\mathrm{d}s\\ 0\end{cases}$ |
| $\Omega$：对称于 $yOz$ 面 | $f(-x,y,z)=\pm f(x,y,z)$ | $I_4=\displaystyle\iiint_\Omega f(x,y,z)\mathrm{d}v=\begin{cases}2\displaystyle\iiint_{\Omega_1} f\mathrm{d}v\\ 0\end{cases}$ |
| $\Gamma$：对称对 $yOz$ 面 | $f(-x,y,z)=\pm f(x,y,z)$ | $I_5=\displaystyle\int_\Gamma f(x,y,z)\mathrm{d}s=\begin{cases}2\displaystyle\int_{\Gamma_1} f\mathrm{d}s\\ 0\end{cases}$ |
| $\Sigma$：对称于 $yOz$ 面 | $f(-x,y,z)=\pm f(x,y,z)$ | $I_6=\displaystyle\iint_\Sigma f(x,y,z)\mathrm{d}S=\begin{cases}2\displaystyle\iint_{\Sigma_1} f\mathrm{d}S\\ 0\end{cases}$ |

**注** （1）对于二维的积分 $I_2,I_3$，还有积分域及被积函数关于 $y$ 性质的类似描述.

（2）对于三维的积分 $I_4,I_5,I_6$，还有积分域及被积函数分别关于 $y$ 与 $z$ 性质的类似描述.

### 6.3.1　多元积分对称性的若干结论

本节对各类积分的对称性结论作一个较为一般性的小结.

所有对称性分别取决于关于点、直线或平面为对称的两个对称点的坐标的关系特征.

1. $xOy$ 平面上曲线 $L:L(x,y)=0$ 的对称性（见表 6-2）

表　6.2

| 对称于 | $L(x,y)=0$ 的特征 | $L$ 的采用部分 |
|---|---|---|
| 原点 $O$ | $L(x,y)=L(-x,-y)=0$ | |
| $x$ 轴 | $L(x,y)=L(x,-y)=0$ | $L_2:L$ 的 $x\geqslant0$ 部分 |
| $y$ 轴 | $L(x,y)=L(-x,y)=0$ | $L_1:L_2$ 的 $y\geqslant0$ 部分 |
| 直线 $y=x$ | $L(x,y)=L(y,x)=0$ | $L_2:L$ 的 $x\geqslant y$ 部分 |
| 直线 $y=-x$ | $L(x,y)=L(-y,-x)=0$ | $L_1:L_2$ 的 $y\geqslant0$ 部分 |
| 平面有界闭区域 $D$ 的对称性 $\Leftrightarrow$ 边界曲线 $\partial D$ 的对称性 | | $D_2:D$ 的相应对称区域之半 |

2.$O$-$xyz$ 空间上曲面 $S$：$S(x,y,z)=0$ 的对称性(见表 6-3)

表　6.3

| 对称于 | $S(x,y,z)=0$ 的特征 | $S$ 的采用部分 |
|---|---|---|
| 原点 $O$ | $S(x,y,z)=S(-x,-y,-z)=0$ | |
| $x$ 轴 | $S(x,y,z)=S(x,-y,-z)=0$ | $S_2:S$ 的 $x\geqslant0$ 部分 |
| $y$ 轴 | $S(x,y,z)=S(-x,y,-z)=0$ | $S_1:S_2$ 的 $y\geqslant0$ 部分 |
| $z$ 轴 | $S(x,y,z)=S(-x,-y,z)=0$ | |
| $y=x$ | $S(x,y,z)=S(y,x,z)=0$ | $S_2:S$ 的 $x\geqslant y$ 部分 |
| $y=-x$ | $S(x,y,z)=S(-y,-x,z)=0$ | $S_2:s$ 的 $x\geqslant-y$ 部分 |
| $yOz$ 平面 | $S(x,y,z)=S(-x,y,z)=0$ | $S_2:S$ 的 $x\geqslant0$ 部分 |
| $zOy$ 平面 | $S(x,y,z)=S(x,-y,z)=0$ | $S_2:S$ 的 $y\geqslant0$ 部分 |
| $xOy$ 平面 | $S(x,y,z)=S(x,y,-z)=0$ | $S_2:S$ 的 $z\geqslant0$ 部分 |
| 空间有界闭区域 $\Omega$ 的对称性 $\Leftrightarrow$ 边界曲面 $\partial\Omega$ 的对称性 | | $\Omega_2:\Omega$ 的相应对称区域之半 |
| 空间曲线 $\Gamma:\begin{cases}F(x,y,z)=0\\G(x,y,z)=0\end{cases}$ 的对称性 $\Leftrightarrow$ 曲面 $F$ 与 $G$ 相交部分的同类对称性 | | $\Gamma_2:\Gamma$ 的相应对称曲线之半 |

3.$O$-$xyz$ 空间上函数 $f(x,y,z)$ 的奇偶性

函数的奇偶性约定：设函数 $f(x,y,z)$ 在所论区域 $D$ 中，分别关于原点 $O$,$x$ 轴、$y$ 轴或 $z$ 轴,直线 $y=x$ 或 $y=-x$,坐标平面 $yOz$,$zOx$ 或 $xOy$ 为对称,而 $P(x,y,z)$ 和 $P'(x',y',z')$ 是 $D$ 中的任两个对称点.

若 $f(P)=f(P')$,则称 $f(x,y,z)$ 在相应对称性意义下为偶性;

若 $f(P)=-f(P')$,则称 $f(x,y,z)$ 在相应对称性意义下为奇性.

图形的对称性,都源于其任两点的关于,或点(对称中心),或轴(对称轴),或平面(对称平面)的对称性.

而函数的对称性,则是函数图形的对称性,即在定义域空间与值域空间的"和空间"上函数图形的对称性.

简单情形就是：对称中心,对称轴或对称平面分别取为坐标原点,坐标轴或坐标平面.

稍复杂的情形是,对称轴(或对称面)取为象限(或卦限)的平分线(或平分面).

然而,对于具有方向的曲线或曲面的对称性,还需要另行考查两个对称点处方向的"对称性",一个直观的判断方法是借用光线的反射定律：两对称点指定的法向量与对称的轴线共面,夹角相等,但都是入射光线,或都是反射光线.

借用一元函数的奇偶性概念,对于多元函数,在其对称的定义区间/曲线/区域上任两个对称点处,函数

对于函数 $f(x,y)$，$f(x)$ 的奇偶性也作类似的约定.

**4. 多元积分的对称性**

先约定一些记号.

(1) 设 $D$ 统一表示为：或定积分的积分区间，或（平面／空间）第一型曲线积分的积分路线，或二、三重积分的积分区域，或第一型曲面积分的积分曲面.

(2) 当 $D$ 具有上述对称性之一时，在 $xOy$ 平面情形，记 $D_2$ 如表 6-2 中的 $L_2$ 或 $D_2$；在 $O-xyz$ 空间，记 $D_2$ 为表 6-3 中的 $S_2$，或 $\Omega_2$ 或 $\Gamma_2$. $L_+$ 表示正向平面曲线，$\Gamma_+$ 表示正向空间曲线，$S_+$ 表示正侧曲面.

(3) $f(P)(P \in D \subset \mathbf{R}^k, k = 1, 2$ 或 $3)$ 是 $D$ 上的一、二或三元函数. $\int_D f(P)\mathrm{d}w$ 表示函数 $f(P)$ 在 $D$ 上的上述相应的定积分，（平面／空间）第一型曲线积分，二／三重积分，或第一型曲面积分.

关于积分的对称性见表 6-4 所列的结论.

表 6-4

| $D$ 的对称性 | $f(P)$ 在 $D$ 上奇偶性 | 积分表示 |
|---|---|---|
| 具有各种对称性之一 | 奇性 | $\int_D f(P)\mathrm{d}w = 0$ |
| | 偶性 | $\int_D f(P)\mathrm{d}w = 2\int_{D_2} f(P)\mathrm{d}w$ |
| 对称于原点 $O,x$ 轴，或 $y$ 轴 | 奇性 | 第二型曲线积分 $\int_{L_+/\Gamma_+} f(P)\mathrm{d}x(/\mathrm{d}y) = 2\int_{L_{2+}/\Gamma_{2+}} f(P)\mathrm{d}x(/\mathrm{d}y)$ |
| | 偶性 | $\int_{L_+/\Gamma_+} f(P)\mathrm{d}x(/\mathrm{d}y) = 0$ |
| 对称于原点 $O,x$ 轴，$y$ 轴，或 $yOz$ 面 | 奇性 | 第二型曲面积分 $\int_{S_+} f(P)\mathrm{d}y\mathrm{d}z = 2\int_{S_{2+}} f(P)\mathrm{d}y\mathrm{d}z$ |
| | 偶性 | $\int_{S_+} f(P)\mathrm{d}y\mathrm{d}z = 0$ |
| 对 $\int_{S_+} f(P)\mathrm{d}x\mathrm{d}y$ 和 $\int_{S_+} f(P)\mathrm{d}z\mathrm{d}x$，结论类似 | | |

值相等，则为偶性，函数值互为相反数，则为奇性. 当然限于所论的区间／曲线／区域上.

考察积分的对称性质，须兼备两个方面：积分线／域的对称性，被积函数的奇偶性. 缺一不可.

续 表

| $D$ 的对称性 | $f(P)$ 在 $D$ 上奇偶性 | 积分表示 |
|---|---|---|
| 对称轴<br>$y = \pm x$ | 无 奇 偶 性要求 | $\iint\limits_{D} f(x,y)\mathrm{d}x\mathrm{d}y = \iint\limits_{D} f(\pm y, \pm x)\mathrm{d}x\mathrm{d}y$<br><br>$= \dfrac{1}{2}\iint\limits_{D}[f(x,y) + f(\pm y, \pm x)]\mathrm{d}x\mathrm{d}y$ |
| | 奇性 | $= 0$ |
| | 偶性 | $= 2\iint\limits_{D_2} f(x,y)\mathrm{d}x\mathrm{d}y$ |
| | 三重积分情形结论类似 | |
| 轮 换 替 代<br>$D$ 总不变 | 对三重积分, 第一型空间曲线积分, $\displaystyle\int_{D} f(x,y,z)\mathrm{d}w = \int_{D} f(y,z,x)\mathrm{d}w = \int_{D} f(z,x,y)\mathrm{d}w$<br><br>$= \dfrac{1}{3}\displaystyle\int_{D}[f(x,y,z) + f(y,z,x) + f(z,x,y)]\mathrm{d}w$ | |

### 6.3.2　重积分对称性试题

**例 6.3.1**　设圆域 $D: x^2 + y^2 \leqslant 2y$, 计算二重积分 $I = \iint\limits_{D}(ax^2 + by^2)\mathrm{d}\sigma$.

**解 1**　积分区域 $D$ 关于 $y$ 轴对称, 其第一象限部分用极坐标表示为 $D_1: 0 \leqslant r \leqslant 2\sin\theta, 0 \leqslant \theta \leqslant \pi/2$. 被积函数关于 $x$ 为偶函数, 因此

$$I = 2\iint\limits_{D_1}(ax^2 + by^2)\mathrm{d}\sigma = 2\int_0^{\pi/2}(a\cos^2\theta + b\sin^2\theta)\,\mathrm{d}\theta\int_0^{2\sin\theta} r^3\mathrm{d}r$$

$$= 8\int_0^{\pi/2}(a\cos^2\theta + b\sin^2\theta)\sin^4\theta\mathrm{d}\theta$$

$$= 8\int_0^{\pi/2}[a\sin^4\theta + (b-a)\sin^6\theta]\mathrm{d}\theta$$

$$= 8\left[a \cdot \frac{3}{4} \cdot \frac{1}{2} \cdot \frac{\pi}{2} + (b-a) \cdot \frac{5}{6} \cdot \frac{3}{4} \cdot \frac{1}{2} \cdot \frac{\pi}{2}\right] = \frac{1}{4}(a + 5b)\pi$$

**解 2**　作坐标平移 $u = x, v = y - 1$, 则 $D$ 在 $uv$ 平面上为 $D_0: u^2 + v^2 \leqslant 1$, 且有 $\mathrm{d}u\mathrm{d}v = \mathrm{d}x\mathrm{d}y$. 于是

$$I = \iint\limits_{D_0}[au^2 + b(v+1)^2]\mathrm{d}u\mathrm{d}v = \iint\limits_{D_0}[au^2 + bv^2 + 2bv + b]\mathrm{d}u\mathrm{d}v$$

由区域 $D_0$ 的对称性, 函数 $2bv$ 的奇性, 及轮换对称性, 分别可得

$$\iint\limits_{D_0} 2bv\mathrm{d}u\mathrm{d}v = 0, \iint\limits_{D_0} u^2\mathrm{d}u\mathrm{d}v = \iint\limits_{D_0} v^2\mathrm{d}u\mathrm{d}v = \frac{1}{2}\iint\limits_{D_0}(u^2 + v^2)\mathrm{d}u\mathrm{d}v$$

求解方案 1. 利用 $D$ 关于 $y$ 轴对称, 直接在极坐标下计算第一象限上积分.

求解方案 2. 利用坐标系平移变换, 化 $D$ 的边界圆周为标准方程, 再充分利用新的积分圆域的对称性及被积函数的奇偶性, 简化计算.

所以
$$I = \frac{a+b}{2}\iint\limits_{D_0}(u^2+v^2)\mathrm{d}u\mathrm{d}v + b\iint\limits_{D_0}\mathrm{d}u\mathrm{d}v$$

$$= \frac{a+b}{2}\int_0^{2\pi}\mathrm{d}\theta\int_0^1 r^3\mathrm{d}r + b\pi = \frac{a+b}{2}\cdot\frac{\pi}{2} + b\pi$$

$$= \frac{1}{4}(a+5b)\pi.$$

**例 6.3.2** 设区域 $\Omega$ 为 $0 \leqslant z \leqslant \sqrt{R^2-x^2-y^2}$，$\Omega_1$ 为 $\Omega$ 在第一卦限的部分，则（　）.

(A) $\iiint\limits_{\Omega}x\mathrm{d}v = 4\iiint\limits_{\Omega_1}x\mathrm{d}v$ 　　(B) $\iiint\limits_{\Omega}y\mathrm{d}v = 4\iiint\limits_{\Omega_1}y\mathrm{d}v$

(C) $\iiint\limits_{\Omega}z\mathrm{d}v = 4\iiint\limits_{\Omega_1}z\mathrm{d}v$ 　　(D) $\iiint\limits_{\Omega}xyz^2\mathrm{d}v = 4\iiint\limits_{\Omega_1}xyz^2\mathrm{d}v$

**分析** 积分区域 $\Omega$ 是上半球体，分别关于 $xOz$ 平面和 $yOz$ 平面对称，可见 (A)(B) 与 (D) 中等式的左边项均为 0，而右边项均为正，等式均不成立.(C) 中被积函数关于 $x$ 与 $y$ 均为偶函数，故等式成立.

> 考察积分区域关于坐标面的对称性，及被积函数相应的奇偶性.

**解** (C).

**例 6.3.3** 计算 $I = \iint\limits_{|x|+|y|\leqslant 1}(x+y)^2\mathrm{d}x\mathrm{d}y$.

**解** $I = \iint\limits_{D}(x^2+y^2)\mathrm{d}x\mathrm{d}y + 2\iint\limits_{D}xy\mathrm{d}x\mathrm{d}y$，其中 $D: |x|+|y| \leqslant 1$. 由对称性

$$\iint\limits_{D}xy\mathrm{d}x\mathrm{d}y = 0, \iint\limits_{D}x^2\mathrm{d}x\mathrm{d}y = \iint\limits_{D}y^2\mathrm{d}x\mathrm{d}y,$$

记 $D_1$ 是 $D$ 在第 1 象限部分.

因此 $I = 8\iint\limits_{D_1}x^2\mathrm{d}x\mathrm{d}y = 8\int_0^1 x^2\mathrm{d}x\int_0^{1-x}\mathrm{d}y = \frac{2}{3}.$

> 如图 6-11，积分区域关于两坐标轴对称，被积函数展开后，考察各项的奇偶性.

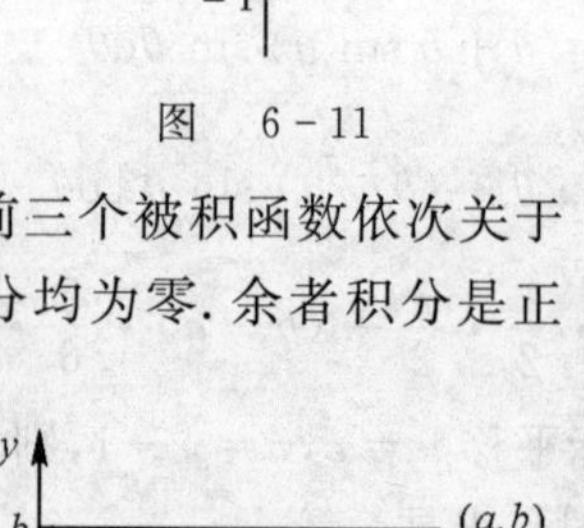

**例 6.3.4** 设 $\Omega: |x|+|y|+|z| \leqslant 1$，则

$$\iiint\limits_{\Omega}(x+y+z-1)\mathrm{d}x\mathrm{d}y\mathrm{d}z = (\quad).$$

(A) $-4/3$; 　　　　(B) 0;

(C) $-2\sqrt{3}$; 　　　(D) $-1$

**分析** 积分域是中心为原点的正八面体，关于三个坐标面都对称.积分分解为四个三重积分，前三个被积函数依次关于 $yOz$ 平面、$zOx$ 平面、$xOy$ 平面为对称，相应的积分均为零.余者积分是正八面体的体积 $(4/3)$ 之相反数.

图 6-11

> $|x|+|y|+|z|=1$ 表示 8 个卦限里的等边三角形平面片，在 3 个坐标轴上的截距的绝对值均为 1，围成正八面体.上半部是正四棱锥.

**解** (A).

**＊例 6.3.5** （第 50 届 PTN，A-2）计算 $I = \int_0^a\int_0^b \mathrm{e}^{\max(b^2x^2,a^2y^2)}\mathrm{d}x\mathrm{d}y$，其中 $a > 0, b > 0$.

**解** 连接点 $(0,0)$ 和 $(a,b)$ 的线段将矩形积分区域 $D = [0,a;0,b]$ 分成两部分，如图 6-12，由字母轮换对称性，积分值 $I$ 等于函数 $\mathrm{e}^{b^2x^2}$ 在下

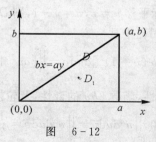

图 6-12

> 求解要点：为求 $\max\{b^2x^2, a^2y^2\}$ 的显式，需比较 $bx$ 和 $ay$ 的大小，为此用直线 $bx = ay$ 将

半区域 $D_1$ 上积分的 2 倍

$$I = 2\int_0^a e^{b^2 x^2} \mathrm{d}x \int_0^{bx/a} \mathrm{d}y = \frac{2b}{a}\int_0^a e^{b^2 x^2} x \mathrm{d}x = \frac{e^{a^2 b^2} - 1}{ab}$$

图 6-12 中积分区域分为两部分.

### 6.3.3 曲线积分对称性试题

**例 6.3.6**　设 $L$ 是一条闭合折线,如图 6-13 所示,则对弧长的曲线积分 $I = \int_L (x^2 - 2xy + y^2) \mathrm{d}s = $ _____.

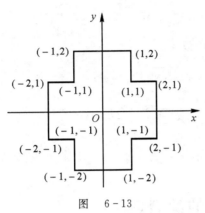

图　6-13

由对称性,积分简化到第一象限中平分线的下方折线上.

**分析**　积分路径 $L$ 分别关于两个坐标轴为轴对称,关于原点为中心对称,因此

$$\int_L xy \mathrm{d}s = 0$$

$$\int_L (x^2 + y^2) \mathrm{d}s = 8\int_{L_1} (x^2 + y^2) \mathrm{d}s$$

其中 $L_1 : \overline{A(2,0)B(2,1)} \bigcup \overline{C(1,1)B(2,1)}$(见图 6-14)

因此　$I = 8\left(\int_0^1 (y^2 + 2^2)\mathrm{d}y + \int_1^2 (x^2 + 1^2)\mathrm{d}x\right)$

　　　　$= 61\dfrac{1}{3}$

**解**　$61\dfrac{1}{3}$.

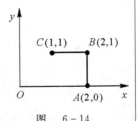

图　6-14

**例 6.3.7**　设椭圆 $L : \dfrac{x^2}{5} + \dfrac{y^2}{4} = 1$ 的周长为 $a$,则

$$\oint_L (4x^2 + 16xy + 5y^2 + x - y)\mathrm{d}s = $$ _____.

**分析**　积分路径分别关于两个坐标轴对称,故 $x,y$ 与 $xy$ 的积分均为零.因此

$$原式 = \oint_L (4x^2 + 5y^2)\mathrm{d}s = 20\oint_L \mathrm{d}s = 20a$$

由对称性,积分只剩下二次方项和的部分,又恰满足积分路径的椭圆方程,为常数.

**解** $20a$.

### 6.3.4 曲面积分对称性试题

**例 6.3.8** 设曲面 $\Sigma: z = \sqrt{x^2+y^2}, z \leqslant 1$，计算曲面积分 $I = \iint\limits_{\Sigma}(3x^2 - 2xy + y^2 - 3z)\mathrm{d}S$.

**解** 由对称性，$\iint\limits_{\Sigma}2xy\mathrm{d}S = 0, \iint\limits_{\Sigma}x^2\mathrm{d}S = \iint\limits_{\Sigma}y^2\mathrm{d}S = \iint\limits_{\Sigma}\dfrac{x^2+y^2}{2}\mathrm{d}S$.

$\Sigma$ 在 $xOy$ 平面上的投影为 $D: x^2+y^2 \leqslant 1$. 因为 $z = \sqrt{x^2+y^2}$，有 $\mathrm{d}S = \sqrt{1+z_x^2+z_y^2} = \sqrt{2}\mathrm{d}x\mathrm{d}y$. 所以

$$I = \iint\limits_{\Sigma}2(x^2+y^2)\mathrm{d}S - \iint\limits_{\Sigma}3\sqrt{x^2+y^2}\mathrm{d}S$$
$$= \iint\limits_{x^2+y^2\leqslant 1}\left[2(x^2+y^2) - 3\sqrt{x^2+y^2}\right]\sqrt{2}\mathrm{d}x\mathrm{d}y$$
$$= \sqrt{2}\int_0^{2\pi}\mathrm{d}\theta\int_0^1(2r^3 - 3r^2)\mathrm{d}r = -\sqrt{2}\pi$$

> 积分曲面关于 $xOz$ 平面、$yOz$ 平面均对称，$xy$ 的积分为零，$x^2$ 与 $y^2$ 的积分相等，据此可简化计算.

# 6.4 与多元积分相关的综合题

前三节讨论过一些综合性试题. 本节主要讨论有一定难度的一些综合性试题的解法.

### 6.4.1 积分不等式

**＊例 6.4.1** 设 $f(x), g(x)$ 均为 $[a,b](a, b > 0)$ 上单调增的连续函数，证明：$\int_a^b f(x)\mathrm{d}x\int_a^b g(x)\mathrm{d}x \leqslant (b-a)\int_a^b f(x)g(x)\mathrm{d}x$.

> 证明思路：不等式两边作差；化为二重积分；再利用两个函数的单调增及积分基本不等式.

**证** 考虑

$$I = \int_a^b f(x)\mathrm{d}x\int_a^b g(x)\mathrm{d}x - (b-a)\int_a^b f(x)g(x)\mathrm{d}x$$
$$= \int_a^b f(x)\mathrm{d}x\int_a^b g(y)\mathrm{d}y - \int_a^b f(x)g(x)\mathrm{d}x\int_a^b \mathrm{d}y$$
$$= \iint\limits_{D}f(x)[g(y) - g(x)]\mathrm{d}x\mathrm{d}y \quad (D: a \leqslant x \leqslant b, a \leqslant y \leqslant b)$$
$$= \iint\limits_{D}f(y)[g(x) - g(y)]\mathrm{d}x\mathrm{d}y$$
$$= \frac{1}{2}\iint\limits_{D}[f(x) - f(y)][g(y) - g(x)]\mathrm{d}x\mathrm{d}y（上两式相加之半）$$

> 准备化为二重积分.

> 利用了对称性.

由于 $f(x), g(x)$ 均为单调增，故 $[f(x) - f(y)][g(y) - g(x)] \leqslant 0$，又由被积函数的连续性，知 $I \leqslant 0$，因此原不等式成立.

**＊例 6.4.2** 设 $f(x)$ 在 $[0,1]$ 上连续且单调减，$f(1) > 0$，证明

$$\frac{\int_0^1 xf^2(x)\mathrm{d}x}{\int_0^1 xf(x)\mathrm{d}x} \leqslant \frac{\int_0^1 f^2(x)\mathrm{d}x}{\int_0^1 f(x)\mathrm{d}x}$$

**证 1**　由题设知 $f(x)>0$,各积分为正,故欲证等价的不等式

$$\int_0^1 xf^2(x)\mathrm{d}x\int_0^1 f(y)\mathrm{d}y - \int_0^1 f^2(y)\mathrm{d}y\int_0^1 xf(x)\mathrm{d}x \leqslant 0$$

即　$I \triangleq \iint\limits_{D} xf(x)f(y)[f(x)-f(y)]\mathrm{d}x\mathrm{d}y \leqslant 0$

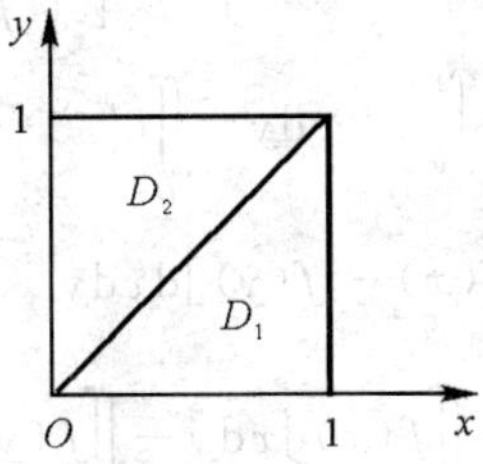

如图 $6-15$,有　$\iint\limits_{D_2} xf(x)f(y)[f(x)-f(y)]\mathrm{d}x\mathrm{d}y$

$$= \int_0^1 \mathrm{d}y\int_0^y xf(x)f(y)[f(x)-f(y)]\mathrm{d}x$$

$$= \int_0^1 \mathrm{d}x\int_0^x yf(y)f(x)[f(y)-f(x)]\mathrm{d}y$$

$$= \iint\limits_{D_1} yf(x)f(y)[f(y)-f(x)]\mathrm{d}x\mathrm{d}y$$

而由题设 $f(x)$ 单调减,$(x-y)[f(x)-f(y)]<0$,故

$$I = \iint\limits_{D_1} + \iint\limits_{D_2} = \iint\limits_{D_1} f(x)f(y)(x-y)[f(x)-f(y)]\mathrm{d}x\mathrm{d}y \leqslant 0$$

**证 2**　由轮换对称性,得

$$I = \iint\limits_{D} xf(x)f(y)[f(x)-f(y)]\mathrm{d}x\mathrm{d}y$$

$$= \iint\limits_{D} yf(y)f(x)[f(y)-f(x)]\mathrm{d}y\mathrm{d}x$$

故　$I = \dfrac{1}{2}\iint\limits_{D} f(x)f(y)(x-y)[f(x)-f(y)]\mathrm{d}x\mathrm{d}y \leqslant 0$

图 6 - 15

等价地,将题设中表达式先化为两定积分之积,再转化为两二重积分之差来推证.

积分区域 $D$ 分割为 $D_1$ 与 $D_2$,关于直线 $y=x$ 为对称,再利用被积函数中字母轮换对称,将 $D_2$ 上积分等价地转换为 $D_1$ 上的积分.

直接由积分区域 $D$ 以及被积函数都关于 $x$ 与 $y$ 为轮换对称,交换 $x$ 与 $y$,目的是产生因子 $(x-y)$.

\* **例 6.4.3**　证明不等式 $\dfrac{1}{2}\sqrt{\pi(1-\mathrm{e}^{-1})} < \displaystyle\int_0^1 \mathrm{e}^{-x^2}\mathrm{d}x < \dfrac{4}{5}$.

**证**　由 $\mathrm{e}^{-x^2} = 1-x^2+\dfrac{x^4}{2}-\cdots < 1-x^2+\dfrac{x^4}{2}(x \neq 0)$ 得

$$I = \int_0^1 \mathrm{e}^{-x^2}\mathrm{d}x < \int_0^1 \left(1-x^2+\frac{x^4}{2}\right)\mathrm{d}x = \frac{23}{30} < \frac{4}{5}$$

又　$I^2 = \displaystyle\int_0^1 \mathrm{e}^{-x^2}\mathrm{d}x\int_0^1 \mathrm{e}^{-y^2}\mathrm{d}y = \frac{1}{4}\int_{-1}^1\int_{-1}^1 \mathrm{e}^{-x^2-y^2}\mathrm{d}x\mathrm{d}y$

$$> \frac{1}{4}\iint\limits_{x^2+y^2 \leqslant 1} \mathrm{e}^{-x^2-y^2}\mathrm{d}x\mathrm{d}y = \frac{1}{4}\int_0^{2\pi}\mathrm{d}\theta\int_0^1 r\mathrm{e}^{-r^2}\mathrm{d}r$$

$$= \frac{\pi}{4}(1-\mathrm{e}^{-1})$$

因此 $I > \dfrac{1}{2}\sqrt{\pi(1-\mathrm{e}^{-1})}$.

**注**　在此题证明中,将正方形区域 $[-1,1;-1,1]$ 扩充为其外接圆域 $x^2+y^2 \leqslant (\sqrt{2})^2$,则有改进的不等式

将左边不等式的证明转化为比较两端的二次方,其右端项用二重积分表示,再将正方形域上的积分缩小为其内切圆域上的积分.

$$\frac{1}{2}\sqrt{\pi(1-e^{-1})}<\int_0^1 e^{-x^2}dx<\frac{1}{2}\sqrt{\pi(1-e^{-2})}<\frac{4}{5}$$

* **例 6.4.4** 设 $f(x)$ 是 $[0,1]$ 上的连续函数,证明:

$$\int_0^1 e^{f(x)}dx\int_0^1 e^{-f(y)}dy\geqslant 1$$

**证 1** 记 $D:0\leqslant x\leqslant 1,0\leqslant y\leqslant 1$. 由 $e^t\geqslant 1+t$,得

$$e^{f(x)-f(y)}\geqslant 1+f(x)-f(y)$$

故

$$\int_0^1 e^{f(x)}dx\int_0^1 e^{-f(y)}dy=\iint_D e^{f(x)-f(y)}dxdy$$

$$\geqslant\iint_D[1+f(x)-f(y)]dxdy$$

$$=\iint_D dxdy+\iint_D f(x)dxdy-\iint_D f(y)dxdy$$

$$=1$$

证 2

$$\int_0^1 e^{f(x)}dx\int_0^1 e^{-f(y)}dy=\iint_D\frac{e^{f(x)}}{e^{f(y)}}dxdy=\iint_D\frac{e^{f(y)}}{e^{f(x)}}dxdy$$

$$=\frac{1}{2}\iint_D\left[\frac{e^{f(x)}}{e^{f(y)}}+\frac{e^{f(y)}}{e^{f(x)}}\right]dxdy$$

$$\geqslant\frac{1}{2}\iint_D 2dxdy$$

$$=1$$

证1的两个要点:二次积分化为二重积分,估计被积函数的下界.

$e^t=1+t+\frac{1}{2}t^2e^\xi\geqslant 1+t$.

由对称性,后两个积分相等.

根据轮换对称性,后两个积分相等.

* **例 6.4.5** 设 $D$ 域是 $x^2+y^2\leqslant 1$,试证明不等式

$$\frac{61\pi}{165}\leqslant\iint_D\sin\sqrt{(x^2+y^2)^3}dxdy\leqslant\frac{2\pi}{5}$$

**证**

$$I=\iint_D\sin\sqrt{(x^2+y^2)^3}dxdy$$

$$=\int_0^{2\pi}d\theta\int_0^1\sin r^3\cdot rdr=2\pi\int_0^1\sin r^3\cdot rdr$$

$$=2\pi\int_0^1 r(r^3-\frac{r^9}{3!}+\cdots)dr$$

得

$$2\pi\int_0^1 r(r^3-\frac{r^9}{3!})dr\leqslant I\leqslant 2\pi\int_0^1 r\cdot r^3dr$$

而

$$2\pi\int_0^1 r(r^3-\frac{r^9}{3!})dr=\frac{61\pi}{165},2\pi\int_0^1 r\cdot r^3dr=\frac{2\pi}{5}$$

故

$$\frac{61\pi}{165}\leqslant I\leqslant\frac{2\pi}{5}$$

宜用极坐标计算积分. 为估计被积函数 $\sin r^3$ 的上下界,可用其幂级数展开式.

已多次应用如下不等式:设交错级数 $\sum_{n=1}^{\infty}(-1)^{n-1}u_n$ 收敛,且 $u_n>u_{n+1}>0,n=1,2,\cdots$,则 $u_1-u_2<u_1-u_2+u_3-\cdots<u_1$.

更一般有:设 $N\geqslant 1$,则 $\sum_{n=1}^{2N}(-1)^{n-1}u_n<\sum_{n=1}^{\infty}(-1)^{n-1}u_n<\sum_{n=1}^{2N-1}(-1)^{n-1}u_n$.

* **例 6.4.6** (第 34 届 PTN,B-4)(1) 在 $[0,1]$ 上,设 $f(x)$ 有满足 $0<f'(x)\leqslant 1$ 的连续导数,且 $f(0)=0$. 证明:

$$\left(\int_0^1 f(x)dx\right)^2\geqslant\int_0^1(f(x))^3dx$$

(提示:用含有 $f$ 的反函数的不等式代替此不等式).

(2) 给出一个出现等式的例子.

**证 1**　(1) 由 $0 < f'(x) \leqslant 1$，知 $y = f(x)$ 在 $[0,1]$ 单调增，$0 \leqslant f(x) \leqslant f(1) \stackrel{\triangle}{=} c$，有反函数 $x = g(y)$，其中 $0 \leqslant y \leqslant c$，且 $g'(y) = 1/f'(x) \geqslant 1$. 故

$$\left( \int_0^1 f(x)\mathrm{d}x \right)^2 \xunderline{\stackrel{\Rightarrow x = g(y)}{\hspace{2em}}} \left( \int_0^c y g'(y)\mathrm{d}y \right)^2$$

$$= \int_0^c \int_0^c y g'(y) z g'(z)\mathrm{d}z\mathrm{d}y \quad (\text{被积函数关于直线 } y = z \text{ 为对称})$$

$$= 2\int_0^c \mathrm{d}z \int_0^z y g'(y) z g'(z)\mathrm{d}y \quad (g'(y) \geqslant 1)$$

$$\geqslant \int_0^c z g'(z)\mathrm{d}z \int_0^z 2y\mathrm{d}y = \int_0^c z^3 g'(z)\mathrm{d}z$$

$$\xunderline{\stackrel{\Leftrightarrow z = f(x)}{\hspace{2em}}} \int_0^1 (f(x))^3 \mathrm{d}x$$

(2) 当 $f(x) = x$ 或 $f(x) = 0$ 时，两积分值均为 $1/4$，等式成立.

**证 2**　(1) 令 $F(t) \stackrel{\triangle}{=} \left( \int_0^t f(x)\mathrm{d}x \right)^2 - \int_0^t (f(x))^3 \mathrm{d}x$，则

$$F'(t) = 2f(t)\int_0^t f(x)\mathrm{d}x - (f(t))^3 \stackrel{\triangle}{=} f(t)G(t)$$

其中 $G(t) = 2\int_0^t f(x)\mathrm{d}x - (f(t))^2$. 又

$$G'(t) = 2f(t)[1 - f'(t)] \geqslant 0 \quad (f'(t) \leqslant 1, f(t) \geqslant 0)$$

因此 $G(t)$ 单调增，故 $G(t) \geqslant G(0) = 0$. 从而 $F'(t) \geqslant 0$，$F(t)$ 单调增，故 $F(t) \geqslant F(0) = 0$，不等式得证.

(2) 等式成立，当且仅当 $F(t) \equiv 0 \Leftrightarrow f(t)[1 - f'(t)] \Leftrightarrow f(t) \equiv 0$ 或 $f(t) \equiv t$.

### 6.4.2　积分所定义的函数问题

\* **例 6.4.7**　(第 42 届 PTN，A-3) 求 $\lim\limits_{t \to +\infty} \left( \mathrm{e}^{-t} \int_0^t \int_0^t \dfrac{\mathrm{e}^x - \mathrm{e}^y}{x - y}\mathrm{d}x\mathrm{d}y \right)$，或者证明此极限不存在.

**解**　记 $F(t,y) \stackrel{\triangle}{=} \int_0^t \dfrac{\mathrm{e}^x - \mathrm{e}^y}{x - y}\mathrm{d}x$，则题设积分为

$$G(t) \stackrel{\triangle}{=} \int_0^t \int_0^t \frac{\mathrm{e}^x - \mathrm{e}^y}{x - y}\mathrm{d}x\mathrm{d}y = \int_0^t F(t,y)\mathrm{d}y$$

由微分中值定理，有

$$G(t) = \int_0^t \int_0^t \mathrm{e}^\xi \mathrm{d}x\mathrm{d}y > t^2 \to +\infty (t \to +\infty)(\xi > 0 \text{ 且 } \xi \text{ 在 } x \text{ 和 } y \text{ 之间})$$

又　$G'(t) = F(t,y)\big|_{y=t} + \int_0^t F'_t(t,y)\mathrm{d}y = \int_0^t \dfrac{\mathrm{e}^x - \mathrm{e}^t}{x - t}\mathrm{d}x + \int_0^t \dfrac{\mathrm{e}^t - \mathrm{e}^y}{t - y}\mathrm{d}y$

$$= 2\int_0^t \frac{\mathrm{e}^x - \mathrm{e}^t}{x - t}x = 2\mathrm{e}^t \int_0^t \frac{\mathrm{e}^{x-t} - 1}{x - t}\mathrm{d}x$$

$$\xunderline{\stackrel{u = t - x}{\hspace{2em}}} 2\mathrm{e}^t \int_0^t \frac{1 - \mathrm{e}^{-u}}{u}\mathrm{d}u > 2\mathrm{e}^t \left( \int_1^t \frac{\mathrm{d}u}{u} - \int_1^t \frac{\mathrm{e}^{-u}}{u}\mathrm{d}u \right)$$

证 1 思路：被积表达式用反函数表示，积分二次方化为二重积分，交换积分次序，利用反函数导数满足的不等式，导出三次幂，再返回原来函数的积分式.

证 2 思路：不等式两边作差，积分上限设为变量后，设置辅助函数，讨论其导数性质，以此推断辅助函数的单调性.

为考察能否用洛必达法则，需先分析题设积分是否趋于无穷大.

求 $G'(t)$ 用到了含有参变量的积分的导数公式，超出高等数学的一般教学要求. 但参赛者掌握为好.

因此 $\dfrac{G'(t)}{e^t} > 2\ln t - 2\displaystyle\int_1^t \dfrac{e^{-u}}{u}\mathrm{d}u$，$2\ln t \to +\infty$，$\displaystyle\int_1^t \dfrac{e^{-u}}{u}\mathrm{d}u$ 有界.

由洛必达法则，原极限 $= \displaystyle\lim_{t\to+\infty}\dfrac{G(t)}{e^t} = \lim_{t\to+\infty}\dfrac{G'(t)}{e^t} = +\infty$.

**注** 关于含参变量的定积分的求导，有以下命题.

**命题** 设 $f(t,x)$ 和 $f'_t(t,x)$ 都在 $D: a \leqslant t \leqslant b, \alpha \leqslant x \leqslant \beta$ 上连续，$\alpha(t)$ 和 $\beta(t)$ 都在 $[a,b]$ 上可微，且 $\alpha \leqslant \alpha(t) \leqslant \beta, \alpha \leqslant \beta(t) \leqslant \beta$，则含参变量积分定义的函数 $\Phi(t) = \displaystyle\int_{\alpha(t)}^{\beta(t)} f(t,x)\mathrm{d}x$ 在 $[a,b]$ 上可微，且

> 左栏陈述了含参变量的定积分求导公式，不难记忆，很有用.

$$\Phi'(t) = \dfrac{\mathrm{d}}{\mathrm{d}t}\int_{\alpha(t)}^{\beta(t)} f(t,x)\mathrm{d}x$$

$$= f[t,\beta(t)]\beta'(t) - f[t,\alpha(t)]\alpha'(t) + \int_{\alpha(t)}^{\beta(t)} f'_t(t,x)\mathrm{d}x$$

\* **例 6.4.8** (第 44 届 PTN，A-6) 设 $F(x) = \dfrac{x^4}{e^{x^3}}\displaystyle\int_0^x \mathrm{d}u \int_0^{x-u} e^{u^3+v^3}\mathrm{d}v$，求 $\displaystyle\lim_{x\to+\infty}F(x)$ 或者证明它不存在.

> 此题及解法与例 6.4.7 有类似之处，试图采用洛必达法则. 故需先推断积分是否趋于无穷大.

**解 1** 记 $F(x) = \dfrac{G(x)}{H(x)}$，其中

$$G(x) = \int_0^x \mathrm{d}u \int_0^{x-u} e^{u^3+v^3}\mathrm{d}v$$

$$> \iint_D \mathrm{d}u\mathrm{d}v = \dfrac{1}{2}x^2 \to +\infty \;(x\to+\infty)$$

$$H(x) = \dfrac{e^{x^3}}{x^4} \to +\infty \;(x\to+\infty)$$

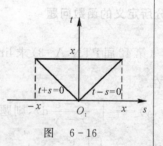

> 解 1 为便于求 $G(t)$ 的导数，作变量代换，使里层积分上限不出现参变量 $x$.

作变量代换 $s = u-v, t = u+v$ (见图 6-16)，Jacobi 行列式为 $J = \partial(u,v)/\partial(s,t) = 1/2$，则

$$G(x) = \dfrac{1}{2}\int_0^x \mathrm{d}t \int_{-t}^t e^{(t^3+3ts^2)/4}\mathrm{d}s$$

求导 $\quad G'(x) = \dfrac{1}{2}\int_{-x}^x e^{(x^3+3xs^2)/4}\mathrm{d}s$

$$= e^{x^3/4}\int_0^x e^{3xs^2/4}\mathrm{d}s$$

$$\xrightarrow{w=\sqrt{x}s} e^{x^3/4}\cdot x^{-1/2}\int_0^{x\sqrt{x}} e^{3w^2/4}\mathrm{d}w$$

图 6-16

及 $\quad H'(x) = (3x^{-2} - 4x^{-5})e^{x^3}$

由洛必达法则，有

$$\lim_{x\to+\infty}F(x) = \lim_{x\to+\infty}\dfrac{G'(x)}{H'(x)} = \lim_{x\to+\infty}\dfrac{\displaystyle\int_0^{x\sqrt{x}} e^{3w^2/4}\mathrm{d}w}{(3x^{-3/2} - 4x^{-9/2})e^{3x^3/4}} \left(\dfrac{0}{0}\right)$$

$$= \lim_{x\to+\infty}\dfrac{(3/2)x^{1/2}e^{3x^2/4}}{((27/4)x^{1/2} - (27/2)x^{-5/2} + 18x^{-11/2})e^{3x^3/4}} = \dfrac{2}{9}$$

**解 2** 记 $F(x) = \dfrac{G(x)}{H(x)}$，其中

> 解 2 直接采用含参变量积分的求导公式.

$$G(x) = \int_0^x \mathrm{d}u \int_0^{x-u} \mathrm{e}^{u^3+v^3} \mathrm{d}v > \iint_D \mathrm{d}u\mathrm{d}v = \frac{1}{2}x^2 \to +\infty \ (x \to +\infty)$$

$$H(x) = \frac{\mathrm{e}^{x^3}}{x^4} \to +\infty \ (x \to +\infty)$$

$$G'(x) = \left[ \int_0^{x-u} \mathrm{e}^{u^3+v^3} \mathrm{d}v \right]\Big|_{u=x} + \int_0^x \mathrm{e}^{u^3+v^3}\Big|_{v=x-u} \mathrm{d}u$$

$$= \int_0^x \mathrm{e}^{u^3+(x-u)^3} \mathrm{d}u = \int_0^x \mathrm{e}^{x^3/4 + 3x(2u-x)^2/4} \mathrm{d}u$$

$$\underline{\underline{w = \sqrt{x}(2u-x)}} \ \mathrm{e}^{x^3/4} \cdot x^{-1/2} \int_0^{x\sqrt{x}} \mathrm{e}^{3w^2/4} \mathrm{d}w$$

这里用了对称性

由洛必达法则,并整理得

$$\lim_{x \to +\infty} F(x) = \lim_{x \to +\infty} \frac{G'(x)}{H'(x)} = \lim_{x \to +\infty} \frac{1}{1 - 4x^{-3}/3} \cdot \lim_{x \to +\infty} \frac{\int_0^{x\sqrt{x}} \mathrm{e}^{3w^2/4} \mathrm{d}w}{3x^{-3/2} \mathrm{e}^{3x^3/4}} \left(\frac{0}{0}\right)$$

$$= \lim_{x \to +\infty} \frac{(3/2)x^{1/2} \mathrm{e}^{3x^3/4}}{((27/4)x^{1/2} - (9/2)x^{-5/2}) \mathrm{e}^{3x^3/4}} = \frac{2}{9}$$

再次用洛必达法则之前,先分离出分母中的幂函数因式,便于求导.

**例 6.4.9**　设函数 $f(x)$ 连续,$f(0)=1$,令

$$F(t) = \iint_{x^2+y^2 \leqslant t^2} f(x^2+y^2) \mathrm{d}x\mathrm{d}y \ (t \geqslant 0)$$

求 $F''(0)$.

**解**　令 $x = r\cos\theta, y = r\sin\theta$,则

$$F(t) = \iint_{r \leqslant t} f(r^2) r \mathrm{d}r \mathrm{d}\theta = \int_0^{2\pi} \mathrm{d}\theta \int_0^t f(r^2) r \mathrm{d}r = 2\pi \int_0^t f(r^2) r \mathrm{d}r$$

因 $f(x)$ 连续,有 $F'(t) = 2\pi t \cdot f(t^2)$,及 $F'(0) = 0$. 于是

$$F''(0) = \lim_{t \to 0^+} \frac{F'(t) - F'(0)}{t - 0} = \lim_{t \to 0^+} \frac{2\pi t f(t^2)}{t} = 2\pi f(0) = 2\pi$$

观察被积函数及积分区域表达式含二次方和的特点,宜采用极坐标计算积分.注意题设未给 $f(t)$ 可导的条件.

**注**　题设无 $f(t)$ 可导的条件,故不能用下面的方法:

$$F''(0) = (2\pi t \cdot f(t^2))'\Big|_{t=0} = 2\pi \ (f(t^2) + t \cdot f'(t^2) \cdot 2t)\Big|_{t=0} = 2\pi f(0)$$

\* **例 6.4.10**　设 $f(x)$ 是连续函数,区域 $\Omega$ 是旋转抛物面 $z = x^2 + y^2$ 和球面 $x^2 + y^2 + z^2 = t^2 (t > 0)$ 所围区域的上部,函数 $F(t) = \iiint_\Omega f(x^2 + y^2 + z^2) \mathrm{d}v$,求导数 $F'(t)$.

**解**　抛物面和球面的交线为

$$\begin{cases} z = h_t \overset{\triangle}{=} \dfrac{\sqrt{4t^2+1} - 1}{2} \\ x^2 + y^2 = h_t \end{cases} \quad (\text{其中 } h_t = t^2 - h_t^2)$$

题设积分区域应是熟知的,可用柱面坐标计算三重积分,得到含参变量 $t$ 的积分.

柱面坐标下积分域为 $\Omega: 0 \leqslant \theta \leqslant 2\pi, 0 \leqslant r \leqslant \sqrt{h_t}, r^2 \leqslant z \leqslant \sqrt{t^2 - r^2}$. 故

$$F(t) = \int_0^{2\pi} \mathrm{d}\theta \int_0^{\sqrt{h_t}} r \mathrm{d}r \int_{r^2}^{\sqrt{t^2-r^2}} f(z^2 + r^2) \mathrm{d}z$$

$$= 2\pi \int_0^{\sqrt{h_t}} r \left( \int_{r^2}^{\sqrt{t^2-r^2}} f(z^2+r^2)\mathrm{d}z \right) \mathrm{d}r$$

$$F'(t) = 2\pi \left[ \sqrt{h_t} \int_{h_t}^{\sqrt{t^2-h_t}} f(z^2+h_t)\mathrm{d}z \cdot \frac{\mathrm{d}\sqrt{h_t}}{\mathrm{d}t} (r_: = \sqrt{h_t}) \right.$$

$$\left. + \int_0^{\sqrt{h_t}} r f(t^2) \frac{t}{\sqrt{t^2-r^2}} \mathrm{d}r \right] (z_: = \sqrt{t^2-h_t})$$

$$= 0 + 2\pi t f(t^2) \int_0^{\sqrt{h_t}} \frac{-\mathrm{d}(t^2-r^2)}{2\sqrt{t^2-r^2}} = 2\pi t f(t^2)(t-h_t)$$

$$= \pi t (2t+1-\sqrt{4t^2+1}) f(t^2).$$

应用含参变量积分的求导公式.

因上下限相等: $\sqrt{t^2-h_t}=h_t$ 故第一个积分等于零.

**＊例 6.4.11** 设 $I_a(r) = \int_C \dfrac{y\mathrm{d}x - x\mathrm{d}y}{(x^2+y^2)^a}$, 其中 $a$ 为常数. 曲线 $C$ 为椭圆 $x^2+xy+y^2=r^2$, 取正向, 求极限 $\lim\limits_{r\to+\infty} I_a(r)$.

关键是积分曲线的参数化.

**解 1** 为求椭圆 $C$ 的标准方程, 令

$$\begin{cases} x = (u-v)/\sqrt{2} \\ y = (u+v)/\sqrt{2} \end{cases}$$

$C$ 变为坐标系 $uOv$ 上的曲线 $C_1: \dfrac{3}{2}u^2 + \dfrac{1}{2}v^2 = r^2$, 原积分化为

$$I_a(r) = \int_{C_1} \frac{v\mathrm{d}u - u\mathrm{d}v}{(u^2+v^2)^a}$$

$C_1$ 的参数方程为 $u = \sqrt{2/3} \cdot r\cos\theta, v = \sqrt{2} \cdot r\sin\theta$, 代入积分得

$$I_a(r) = -\frac{2}{\sqrt{3}} A_a \cdot r^{2(1-a)}$$

其中 $0 < A_a = \displaystyle\int_0^{2\pi} \frac{\mathrm{d}\theta}{(2\cos^2\theta/3 + 2\sin^2\theta)^a} < +\infty$, 与 $r$ 无关. 而

$$A_1 = \int_0^{2\pi} \frac{\mathrm{d}\theta}{2\cos^2\theta/3 + 2\sin^2\theta} = 4 \cdot \frac{\sqrt{3}}{2} \int_0^{\pi/2} \frac{\mathrm{d}(\sqrt{3}\tan\theta)}{1+(\sqrt{3}\tan\theta)^2}$$

$$= 2\sqrt{3}\arctan(\sqrt{3}\tan\theta) \Big|_0^{\pi/2} = \sqrt{3}\pi$$

因此 $\lim\limits_{r\to+\infty} I_a(r) = \begin{cases} -\infty, & a<1 \\ -2\pi, & a=1 \\ 0, & a>1 \end{cases}$.

解 1 巧在坐标系 $xOy$ 作逆时针旋转 $45°$ 的变换, 既可消去椭圆方程中的 $xy$ 混合项, 又能保持被积函数分母中的二次方和 (即不产生混合项), 便于用新椭圆方程的参数方程计算积分.

当 $a<(>)1$ 时, $\lim\limits_{r\to+\infty} r^{2(1-a)}$ $=+\infty(0)$, 故此时不必计算 $A_a$ 的值.

**解 2** 方程 $C$ 配方为 $\left(x+\dfrac{y}{2}\right)^2 + \left(\dfrac{\sqrt{3}}{2}y\right)^2 = r^2$, 令 $x+\dfrac{y}{2}=r\cos\theta, \dfrac{\sqrt{3}}{2}y = r\sin\theta$, 则 $C$ 的参数方程为

$$x = r\left(\cos\theta - \frac{\sin\theta}{\sqrt{3}}\right), y = \frac{2}{\sqrt{3}}r\sin\theta, 0 \leqslant \theta \leqslant 2\pi$$

计算得 $y\mathrm{d}x - x\mathrm{d}y = -\dfrac{2}{\sqrt{3}}r^2\theta$, 及

$$x^2+y^2 = r^2\left(\cos^2\theta - \frac{2}{\sqrt{3}}\sin\theta\cos\theta + \frac{5}{3}\sin^2\theta\right)$$

解 2 采用配方法求积分曲线的参数方程.

于是
$$I_a(r) = -\frac{2}{\sqrt{3}} B_a \cdot r^{2(1-a)}$$

其中 $0 < B_a = \int_0^{2\pi} \frac{\mathrm{d}\theta}{(\cos^2\theta - 2/\sqrt{3} \cdot \sin\theta\cos\theta + 5/3 \cdot \sin^2\theta)^a} < +\infty$，与 $r$ 无关. 当 $a = 1$ 时，积分为

$$I_1(r) = \int_C \frac{y\,\mathrm{d}x - x\,\mathrm{d}y}{x^2 + y^2}$$

作一个正向圆周 $C_0 : x^2 + y^2 = \delta^2$，使其含于椭圆 $C$ 内. 验证满足 $Q_x = P_y$，因此闭路上的积分为

$$\int_{C + (-C_0)} \frac{y\,\mathrm{d}x - x\,\mathrm{d}y}{x^2 + y^2} = 0$$

则有
$$I_1(r) = \int_{C_0} \frac{y\,\mathrm{d}x - x\,\mathrm{d}y}{x^2 + y^2} = \int_0^{2\pi} \frac{-\delta^2 \sin^2\theta - \delta^2 \cos^2\theta}{\delta^2} \mathrm{d}\theta = -2\pi$$

故
$$\lim_{r \to +\infty} I_a(r) = \begin{cases} -\infty, & a < 1 \\ -2\pi, & a = 1 . \\ 0, & a > 1 \end{cases}$$

类同解 1，当 $a < (>)1$ 时，不必计算 $B_a$ 的值.

### 6.4.3 可化为函数方程或微分方程的积分方程问题

**例 6.4.12** （陕五复）设 $\Sigma$ 表示曲面 $x^2 + y^2 = R^2$，平面 $z = R$ 和 $z = -R(R > 0)$ 所围立体的表面外侧，且

$$f(x,y,z) = \frac{x + z^2}{x^2 + y^2 + z^2} + \oiint_\Sigma f(x,y,z)\mathrm{d}y\mathrm{d}z + f(x,y,z)\mathrm{d}x\mathrm{d}y$$

求 $f(x,y,z)$.

**解** 记 $A = \oiint_\Sigma f(x,y,z)\mathrm{d}y\mathrm{d}z$，$B = \oiint_\Sigma f(x,y,z)\mathrm{d}x\mathrm{d}y$，即有等式

$$f(x,y,z) = \frac{x + z^2}{x^2 + y^2 + z^2} + A + B$$

在此等式两边对坐标 $y, z$ 在 $\Sigma$ 上作曲面积分，得

$$A = \oiint_\Sigma \frac{x\,\mathrm{d}y\mathrm{d}z}{x^2 + y^2 + z^2} + \oiint_\Sigma \frac{z^2\,\mathrm{d}y\mathrm{d}z}{x^2 + y^2 + z^2} + (A + B)\oiint_\Sigma \mathrm{d}y\mathrm{d}z$$

其中 $\oiint_\Sigma \frac{z^2\,\mathrm{d}y\mathrm{d}z}{x^2 + y^2 + z^2} = \oiint_\Sigma \mathrm{d}y\mathrm{d}z = 0$，这因为 $\Sigma$ 关 $yOz$ 平面对称，被积函数又是 $x$ 的偶函数. 记 $\Sigma_1^+$ 为 $\Sigma$ 上 $x^2 + y^2 = R^2$ 的 $x \geqslant 0$ 的部分，指向 $x$ 轴正向一侧，$D_1$ 为其在 $yOz$ 平面上投影，由被积函数的奇函数性，则

$$A = \oiint_\Sigma \frac{x\,\mathrm{d}y\mathrm{d}z}{x^2 + y^2 + z^2} = 2\iint_{\Sigma_1^+} \frac{x\,\mathrm{d}y\mathrm{d}z}{x^2 + y^2 + z^2}$$

$$= 2 \cdot \iint_{|y| \leqslant R, |z| \leqslant R} \frac{\sqrt{R^2 - y^2}}{R^2 + z^2} \mathrm{d}y\mathrm{d}z$$

$$= 8\int_0^R \sqrt{R^2 - y^2}\,\mathrm{d}y \cdot \int_0^R \frac{\mathrm{d}z}{R^2 + z^2} = 8 \cdot \frac{\pi}{4}R^2 \cdot \frac{1}{R} \arctan\frac{z}{R}\Big|_0^R = \frac{\pi^2}{2}R$$

这是未知函数为 $f$ 的简单积分方程. 视 $f$ 的两个积分为两个常数，分别对 $\mathrm{d}y\mathrm{d}z$ 和 $\mathrm{d}x\mathrm{d}y$ 作曲面积分，问题转化为求这两个常数. 这种问题及其求解方法是定积分类似问题的扩展.

$\oiint_\Sigma \frac{z^2\,\mathrm{d}y\mathrm{d}z}{x^2 + y^2 + z^2} = \oiint_\Sigma \mathrm{d}y\mathrm{d}z = 0$ 是曲面积分表示为 $yOz$ 平面区域 $D_1$ 上的两个二重积分之和，它们的积分曲面 $\Sigma_1^+$ 与 $\Sigma_1^-$ 的正向相反，而被积函数相同，从而二重积分前

再在所给等式两边对坐标 $x,y$ 在 $\Sigma$ 上作曲面积分,由对称性知

$$\oiint_{\Sigma} \frac{x\,\mathrm{d}x\,\mathrm{d}y}{x^2+y^2+z^2} = \oiint_{\Sigma} \frac{z^2\,\mathrm{d}x\,\mathrm{d}y}{x^2+y^2+z^2} = \oiint_{\Sigma} \mathrm{d}x\,\mathrm{d}y = 0$$

得 $B=0$,故 $f(x,y,z)=\dfrac{x+z^2}{x^2+y^2+z^2}+\dfrac{\pi^2}{2}R.$

**\* 例 6.4.13** (第 28 届 PTN,A-4)设 $u(x)=1+\lambda\displaystyle\int_x^1 u(y)u(y-x)\,\mathrm{d}y$

为定义在 $0\leqslant x\leqslant 1$ 上的实值函数.证明:若 $\lambda>\dfrac{1}{2}$,则 $u(x)$ 不存在.

**证** 假设此方程有一个解 $u(x)$,对原等式两边积分得

$$\int_0^1 u(x)\,\mathrm{d}x = \int_0^1 1\,\mathrm{d}x + \lambda\int_0^1\left(\int_x^1 u(y)u(y-x)\,\mathrm{d}y\right)\mathrm{d}x$$

记常数 $A=\displaystyle\int_0^1 u(x)\,\mathrm{d}x$,并交换二次积分的次序,则有

$$A = 1 + \lambda\int_0^1\left(u(y)\int_0^y u(y-x)\,\mathrm{d}x\right)\mathrm{d}y$$

$$\xlongequal{\text{令}\,z=y-x} 1 + \lambda\int_0^1\left(u(y)\int_0^y u(z)\,\mathrm{d}z\right)\mathrm{d}y$$

令 $f(y)=\displaystyle\int_0^y u(z)\,\mathrm{d}z$,得

$$A = 1 + \lambda\int_0^1 f'(y)f(y)\,\mathrm{d}y$$

$$= 1 + \frac{1}{2}\lambda\left(f^2(1)-f^2(0)\right) = 1 + \frac{1}{2}\lambda A^2$$

即得二次方程 $\lambda A^2 - 2A + 2 = 0$,当 $\lambda>\dfrac{1}{2}$ 时,判别式 $\Delta=(-2)^2-4\lambda\cdot 2<0$,从而 $A$ 为虚数,因此原方程无所求的实值函数 $u(x)$.

**\* 例 6.4.14** (第 18 届 PTN,A-2)证明:积分方程

$$f(x,y) = 1 + \int_0^x\int_0^y f(u,v)\,\mathrm{d}u\,\mathrm{d}v$$

在正方形区域 $0\leqslant x\leqslant 1,0\leqslant y\leqslant 1$ 中至多有一个连续解.

**证** 设存在两个连续解,令 $g$ 是它们的差,则满足

$$g(x,y) = \int_0^x\int_0^y g(u,v)\,\mathrm{d}u\,\mathrm{d}v$$

且 $|g|$ 在正方形闭区域 $0\leqslant x\leqslant 1,0\leqslant y\leqslant 1$ 上连续,从而有上界 $M$.故

$$|g(x,y)| \leqslant \int_0^x\int_0^y |g(u,v)|\,\mathrm{d}u\,\mathrm{d}v \leqslant \int_0^x\int_0^y M\,\mathrm{d}u\,\mathrm{d}v = Mxy$$

两边积分得 $\displaystyle\int_0^x\int_0^y |g(u,v)|\,\mathrm{d}u\,\mathrm{d}v \leqslant \int_0^x\int_0^y Muv\,\mathrm{d}u\,\mathrm{d}v = M\frac{x^2}{2!}\frac{y^2}{2!}$,从而

$$|g(x,y)| \leqslant M\frac{x^2}{2!}\frac{y^2}{2!}$$

---

的正负号相反.

积分为零的理由同上.

题设是积分方程,欲证在条件 $\lambda>1/2$ 下,方程无解.用反证法证明.类似于例 6.4.12 的方法,视 $u$ 的积分为常数 $A$,通过交换二次积分次序,导出 $A$ 满足的代数方程,推断其无实数解而得证.

此题不谈积分方程解的存在性,而是讨论,若有连续函数解,至多一个.

证明常规思路是:差函数必恒为零.

利用了平面闭区域上的二元连续函数必有界的性质.

这里利用了"递推不等式",推导出差函数的

再积分之,得 $|g(x,y)| \leqslant M \dfrac{x^3}{3!} \dfrac{y^3}{3!}$. 一般地用数学归纳法可得

$$|g(x,y)| \leqslant M \frac{x^n}{n!} \frac{y^n}{n!} \leqslant \frac{M}{(n!)^2} \to 0 (n \to \infty)$$

因此 $g(x,y) \equiv 0$,即无两个不同的连续解.

**例 6.4.15** (美第 38 届 PTN,A-6) 设函数 $f(x,y)$ 在域 $S = \{(x,y): 0 \leqslant x \leqslant 1, 0 \leqslant y \leqslant 1\}$ 上连续,对任意点 $(a,b) \in S(a,b)$,$S(a,b)$ 是以点 $(a,b)$ 为中心、全含于 $S$ 内且各边与 $S$ 的边平行的最大正方形. 若总有 $\iint\limits_{S(a,b)} f(x, y)\mathrm{d}x\mathrm{d}y = 0$,问: $f(x,y)$ 在 $S$ 上恒等于零吗?

**分析** 记矩形域 $D_{hk}: 0 \leqslant x \leqslant h, 0 \leqslant y \leqslant k$. 如图 6-17 所示,将正方形域 $R: a \leqslant x \leqslant c, b \leqslant y \leqslant d$ 表示为 4 个同型矩形域的并与差,它们有两边均在坐标轴上,即为如下形式

$$R = (D_{cd} \bigcup D_{ab}) - (D_{ad} \bigcup D_{cb})$$

于是问题转化为形如 $D_{ab}$ 上的积分值是否为零. 将 $D_{ab}$ 分割为一个正方形域和一个矩形域 $D_{a_1 b_1}$,而由题设正方形域上的积分为零,故 $D_{ab}$ 和 $D_{a_1 b_2}$ 上的积分值相等. 依次递推下去,$D_{a_n b_n}$ 上的积分值趋于零,故 $D_{ab}$ 上的积分值为零. 再由 $f$ 的连续性可知其恒为零.

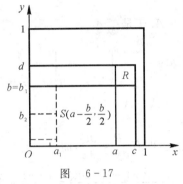

图 6-17

**解** 记矩形域 $D_{hk}: 0 \leqslant x \leqslant h \leqslant 1, 0 \leqslant y \leqslant k \leqslant 1$,正方形域 $S_0 = S\left(a - \dfrac{b}{2}, \dfrac{b}{2}\right)$. 不妨设 $b \leqslant a$,有 $D_{ab} = D_{a_1 b_1} \bigcup S_0$,其中 $a_1 = a - b, b_1 = b$. 用 $I(h,k)$ 和 $J(S_0)$ 分别表示 $f(x,y)$ 在 $D_{hk}$ 和 $S_0$ 上的积分(见图 6-17),而由题意 $J(S_0) = 0$,于是

$$I(a,b) = I(a_1, b_1) + J(S_0) = I(a_1, b_1)$$

如此继续做下去,令

$$\begin{cases} a_{n+1} = a_n - b_n \\ b_{n+1} = b_n \end{cases} (a_n \geqslant b_n) \quad \text{或} \quad \begin{cases} a_{n+1} = a_n \\ b_{n+1} = b_n - a_n \end{cases} (a_n < b_n)$$

则有

$$I(a,b) = I(a_1, b_1) = I(a_2, b_2) = \cdots = I(a_n, b_n)$$

而当 $n \to \infty$ 时,$a_n \to 0$ 及 $b_n \to 0$,这导致 $I(a_n, b_n) \to 0$,故 $I(a,b) = 0$,对任意的 $0 \leqslant a, b \leqslant 1$ 都成立.

取 $S$ 内任意正方形域 $R: a \leqslant x \leqslant c, b \leqslant y \leqslant d$,分解为 $R = (D_{cd} \bigcup D_{ab}) - (D_{ad} \bigcup D_{cb})$. 于是恒有

$$I = \iint\limits_{R} f(x,y)\mathrm{d}x\mathrm{d}y = I(c,d) + I(a,b) - I(a,d) - I(c,b) = 0$$

从而 $f(x,y) \equiv 0$. 否则,若 $f(x,y)$ 在 $S$ 上的某点不为零,则由 $f(x,y)$ 的连续性,可知在包含该点的一个正方形域上的积分不为零,产生矛盾.

绝对值 $|g(x,y)|$ 以无穷小为上界.

例 6.4.15 问题的几何直观是:将 $S$ 内的任意尺寸的正方形沿 $S$ 边线四周移动时,若其上的二重积分恒为零,则被积函数必恒为零.

欲证明此结论,只需证明在 $S$ 内的任意小正方形区域 $R$ 上积分为零. 为此将 $R$ 沿两个坐标轴从右到左,从上到下,内部不重叠地尽可能铺满 $S$. 剩余的长条小矩形也尽可能用小正方形将它们铺满,如此进行下去,所有大小正方形上的积分均为零,剩余的积分的极限也为零. 为了叙述规范起见,采用左边的分析与解法.

\* **例 6.4.16** 已知曲线积分 $\displaystyle\int_L \frac{1}{\varphi(x)+y^2}(x\,\mathrm{d}y - y\,\mathrm{d}x) \equiv A$（常数），其中 $\varphi(x)$ 是可导函数且 $\varphi(1)=1$，$L$ 是绕 $(0,0)$ 原点一周的任意正向闭曲线. 试求 $\varphi(x)$ 及 $A$.

**解** 设 $l_1+l_2$ 是平面上的任意一条不包围且不含原点的光滑简单正向闭曲线，取光滑简单正向曲线段 $l_3$，使 $l_1+l_3$ 与 $-l_2+l_3$ 都是包围原点的正向闭曲线（见图 6-18）. 记

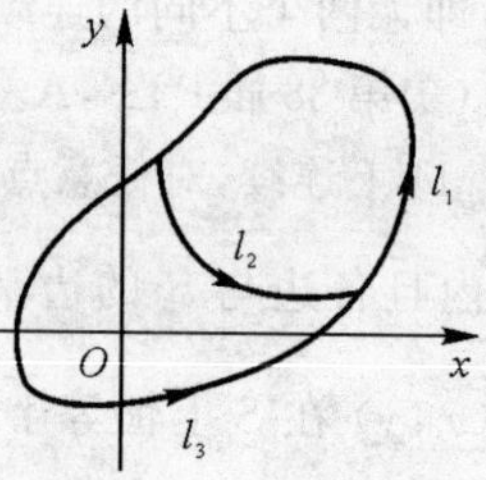

$$P = \frac{-y}{\varphi(x)+y^2}, \quad Q = \frac{x}{\varphi(x)+y^2}$$

则有 $\displaystyle\oint_L P\,\mathrm{d}x + Q\,\mathrm{d}y \equiv A.$ 于是

$$\oint_{l_1+l_2} P\,\mathrm{d}x + Q\,\mathrm{d}y = \oint_{(l_1+l_3)+(l_2-l_3)} = \oint_{l_1+l_3} + \oint_{l_2-l_3}$$

$$= \oint_{l_1+l_3} - \oint_{l_3+(-l_2)} = A - A = 0$$

因此积分与路径无关，即有 $\dfrac{\partial P}{\partial y} = \dfrac{\partial Q}{\partial x}$，而

$$\frac{\partial P}{\partial y} = \frac{-\varphi(x)+y^2}{[\varphi(x)+y^2]^2}, \quad \frac{\partial Q}{\partial x} = \frac{\varphi(x)+y^2-x\varphi'(x)}{[\varphi(x)+y^2]^2}$$

于是得方程 $-\varphi(x)+y^2 = \varphi(x)+y^2-x\varphi'(x)$，即

$$x\varphi'(x) = 2\varphi(x)$$

解得 $\varphi(x) = Cx^2$，由条件 $\varphi(1)=1$ 得 $C=1$，故 $\varphi(x)=x^2$.

取积分路径 $x^2+y^2=1$，计算

$$A = \int_{x^2+y^2=1} \frac{x\,\mathrm{d}y - y\,\mathrm{d}x}{x^2+y^2} \xupright{\substack{令\ x=\cos\theta \\ y=\sin\theta}} \int_0^{2\pi} \frac{\cos^2\theta+\sin^2\theta}{1}\,\mathrm{d}\theta = 2\pi$$

\* **例 6.4.17** 设函数 $\varphi(x)$ 具有连续的导数，在围绕原点的任意光滑的简单正向闭曲线 $C$ 上，曲线积分 $I = \displaystyle\oint_C \frac{2xy\,\mathrm{d}x + \varphi(x)\,\mathrm{d}y}{x^4+y^2}$ 的值为常数.

（1）设 $L$ 为正向闭曲线 $(x-2)^2+y^2=1$，证明

$$\oint_L \frac{2xy\,\mathrm{d}x + \varphi(x)\,\mathrm{d}y}{x^4+y^2} = 0$$

（2）求函数 $\varphi(x)$；

（3）求积分值 $I = \displaystyle\oint_C \frac{2xy\,\mathrm{d}x + \varphi(x)\,\mathrm{d}y}{x^4+y^2}$.

**解** （1）如图 6-19，设 $L=l_1+l_2$. 取不经过原点的光滑简单正向曲线段 $l_3$，使 $C_1 = l_1 + l_3$ 与 $C_2 = -l_2 + l_3$ 都是包围原点的正向闭曲线.

图 6-18

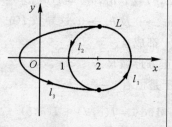

图 6-19

此题与例 6.2.3 有类似之处.

由 $L$ 的任意性及曲线积分的存在性，知被积函数只可能以原点为奇点. 故对于任意一条不包围且不含原点的光滑简单闭曲线 $l$，总能分割成两段 $l_1$ 与 $l_2$，补上同一条曲线段 $l_3$，分别与这两段形成包围原点的两条闭曲线，从而在 $l$ 上的曲线积分恒为零. 利用与积分路径无关的判别条件，可得 $\varphi(x)$ 满足的微分方程.

此题解法本质上与例 6.4.16 类似.

记 $P=\dfrac{2xy}{x^4+y^2},Q=\dfrac{\varphi(x)}{x^4+y^2}$,由题设

$$\oint_L P\mathrm{d}x+Q\mathrm{d}y=\oint_{l_1+l_2}=\oint_{(l_1+l_3)+(l_2-l_3)}$$

$$=\oint_{l_1+l_3}+\oint_{l_2-l_3}=\oint_{C_1}-\oint_{C_2}=0$$

（2）由（1）的推证可知,对于任意的不经过且不包围原点的光滑简单闭曲线 $L$,恒有 $\oint_L P\mathrm{d}x+Q\mathrm{d}y=0$,故有 $\dfrac{\partial Q}{\partial x}=\dfrac{\partial P}{\partial y}$（在不含原点的任意单连通域内）,即得

$$\frac{\varphi'(x)(x^4+y^2)-4x^3\varphi(x)}{(x^4+y^2)^2}=\frac{2x^5-2xy^2}{(x^4+y^2)^2}$$

即 $x^4\varphi'(x)-4x^3\varphi(x)-2x^5=-y^2(\varphi'(x)+2x)$,由 $y$ 任意性,得微分方程

$$\varphi'(x)+2x=0 \text{ 且 } x\varphi'(x)-4\varphi(x)-2x^2=0$$

分别得解 $\varphi(x)=C_2 x^4-x^2$ 且 $\varphi(x)=C_1-x^2$,须同时满足这两个方程,故 $\varphi(x)=-x^2$.

（3）当 $\varphi(x)=-x^2$ 时,由题设,可特取正向闭路径 $L_0:x^4+y^2=1$,积分值不变,计算

$$I=\oint_C\frac{2xy\mathrm{d}x+\varphi(x)\mathrm{d}y}{x^4+y^2}=\oint_{L_0}2xy\mathrm{d}x-x^2\mathrm{d}y$$

$$=\iint_{D_0}(-4x)\mathrm{d}x\mathrm{d}y=0(D_0 \text{ 为 } L_0 \text{ 所围的区域})$$

\* **例 6.4.18**　（陕六复）设在坐标系 $O\text{-}xyz$ 中,对任意的光滑有向封闭曲面 $S$,都有

$$\oiint_S(1+x^2)yzf(x)\mathrm{d}y\mathrm{d}z+x(1+x^2)y^2z\mathrm{d}z\mathrm{d}x+xyz^2f(x)\mathrm{d}x\mathrm{d}y=0$$

其中 $f(x)$ 具有连续的一阶导数,且 $f(0)=1$,求 $f(x)$.

**解**　任意给定闭球体 $V$,其边界球面记为 $S_1$,法向量指向外侧.由题意和高斯公式有

$$\oiint_{S_1}(1+x^2)yzf(x)\mathrm{d}y\mathrm{d}z+x(1+x^2)y^2z\mathrm{d}z\mathrm{d}x+xyz^2f(x)\mathrm{d}x\mathrm{d}y$$

$$=\iiint_V[(2xyzf(x)+(1+x^2)yzf'(x))+2xyz(1+x^2)+2xyzf(x)]\mathrm{d}v$$

$$=\iiint_V[(1+x^2)f'(x)+4xf(x)+2x(1+x^2)]yz\mathrm{d}v=0$$

根据 $V$ 和 $yz$ 的任意性即有 $(1+x^2)f'(x)+4xf(x)+2x(1+x^2)=0$,即

$$f'(x)+\frac{4x}{1+x^2}f(x)=-2x$$

此一阶线性非齐次微分方程的通解为

待求函数在积分式中. 曲面积分满足高斯定理条件,利用高斯公式得到三重积分,由闭积分曲面的任意性从而其所围立体区域的任意性,可推知三重积分中被积函数恒为零,导出未知函数满足的微分方程,解之并用初始条件即可求得所求函数.

$$f(x) = \mathrm{e}^{-\int \frac{4x}{1+x^2}\mathrm{d}x}\left(C - \int 2x\mathrm{e}^{\int \frac{4x}{1+x^2}\mathrm{d}x}\mathrm{d}x\right) = \frac{C}{(1+x^2)^2} - \frac{1}{3}(1+x^2)$$

再由 $f(0) = 1$ 得 $C = \dfrac{4}{3}$,于是 $f(x) = \dfrac{4}{3}\dfrac{1}{(1+x^2)^2} - \dfrac{1}{3}(1+x^2)$.

**注** 此题用了连续函数积分的一个重要命题,陈述如下(其中记号如 6.3 中所约定).

**命题** 若函数 $f(P)$ 在连通区域 $\Omega$ 上连续,且在 $\Omega$ 的任意一个子区域 $D$ 上恒有 $\displaystyle\int_D f(P)\mathrm{d}\omega = 0$,则 $f(P) \equiv 0 (P \in \Omega)$.

> 无论是定积分或多重积分,还是对弧长的曲线积分或对面积的曲面积分,此命题都成立.

可以根据非零连续函数的局部区域上的保号性及相应区域上积分的保号性进行证明.

**\* 例 6.4.19** 设 $\Sigma$ 是光滑封闭曲面,方向朝外.给定第二型曲面积分

$$I = \iint\limits_{\Sigma}(x^3 - x)\,\mathrm{d}y\mathrm{d}z + (2y^3 - y)\,\mathrm{d}z\mathrm{d}x + (3z^3 - z)\,\mathrm{d}x\mathrm{d}y$$

试确定曲面 $\Sigma$,使积分 $I$ 的值最小,并求该最小值.

**解** 记 $V$ 是 $\Sigma$ 所围的立体,由高斯公式得

$$I = 3\iiint\limits_{V}(x^2 + 2y^2 + 3z^2 - 1)\,\mathrm{d}v$$

> 例 6.4.19 与通常求积分的最值问题不同,欲求怎样的积分曲面,使积分值最小.求解思路是:先用高斯公式将闭曲面积分等价变形为三重积分,将问题转化为求三重积分 $\displaystyle\iiint\limits_{V} f(x,y,z)\mathrm{d}v$ 的最小值.故而被积函数不能为正:$f \leqslant 0$,此种情形下,积分区域 $V$ 越大,积分值就越小.但是积分变量 $(x, y, z) \in V$,又受到约束 $f \leqslant 0$,故最大的 $V$ 是满足 $f(x,y,z) \leqslant 0$ 的空间闭区域,所求的积分曲面是其边界曲面.

积分 $I$ 最小的条件是:被积函数须非正,且积分区域 $V$ 所占空间须最大,故 $V$ 必为

$$V = \{(x,y,z) \mid x^2 + 2y^2 + 3z^2 \leqslant 1\}$$

即 $\Sigma$ 为椭球面 $x^2 + 2y^2 + 3z^2 = 1$ 时,$I$ 的值为最小.为便于求三重积分,作线性变换

$$x = u, y = v/\sqrt{2}, z = w/\sqrt{3}$$

化 $V$ 为球体,其中雅各比行列式 $\dfrac{\partial(x,y,z)}{\partial(u,v,w)} = \dfrac{1}{\sqrt{6}}$,得

$$I = \frac{3}{\sqrt{6}}\iiint\limits_{u^2+v^2+w^2 \leqslant 1}(u^2 + v^2 + w^2 - 1)\,\mathrm{d}u\mathrm{d}v\mathrm{d}w$$

利用球面坐标计算得

$$I = \frac{3}{\sqrt{6}}\int_0^{2\pi}\mathrm{d}\theta\int_0^{\pi}\mathrm{d}\varphi\int_0^1(r^2 - 1)r^2\sin\theta\mathrm{d}r = -\frac{4\sqrt{6}}{15}\pi$$

**注** 三重积分的线性换元方法超出现行高等数学教学和考研要求,欲参加数学竞赛者需要扩充这方面的知识,见例 6.1.5 解后的注.当然也可以用柱坐标或球坐标系求此三重积分,但是繁复多了.

### 6.4.4 运用积分概念解题

**\* 例 6.4.20** (陕七复)求极限

$$\lim_{n\to\infty}\sum_{i=1}^{n}\left[\frac{1}{(n+i+1)^2} + \frac{1}{(n+i+2)^2} + \cdots + \frac{1}{(n+i+i)^2}\right]$$

**分析** 将原式改写为 $\lim\limits_{n\to\infty}\sum\limits_{i=1}^{n}\sum\limits_{j=1}^{i}f\left(\dfrac{i}{n},\dfrac{j}{n}\right)\dfrac{1}{n^2}$，与和式极限

$\lim\limits_{n\to\infty}\sum\limits_{i=1}^{n}f\left(\dfrac{1}{n}\right)\dfrac{1}{n}=\displaystyle\int_0^1 f(x)\mathrm{d}x$ 对照，启示用二重积分定义求这种"二重和式"

的极限. 自变量取值点 $\left(\dfrac{i}{n},\dfrac{j}{n}\right),j=1,2,\cdots,i;i=1,2,\cdots,n$，等距地分布在

三角形区域 $D:y\geqslant 0,y\leqslant x,x\leqslant 1$ 中，即 $D$ 为积分区域. 详解从略.

**注** 从命题角度，作为用定积分求和式极限试题的扩充，可以利用二重积分是二重和式极限的定义，适当选取积分区域和被积函数，设计出种种求二重和式极限的试题.

**例 6.4.21** 将 $I=\displaystyle\iint\limits_{x^2+y^2\leqslant 1}f(ax+by+c)\mathrm{d}x\mathrm{d}y\,(a^2+b^2\neq 0)$ 化为定积分.

**解** 令 $t$ 是坐标原点到直线 $ax+by=u$ 的

有向距离，即有 $t=\dfrac{u-(a\cdot 0+b\cdot 0)}{\sqrt{a^2+b^2}}$，故直线

（族）方程为 $\dfrac{ax+by}{\sqrt{a^2+b^2}}-t=0\,(-1\leqslant t\leqslant 1)$（所谓

直线的法式方程）. 用这族平行直线细分积分域，

则在 $[t,t+t]$ 上，如图 6-20 阴影区域的面积微

元为 $\mathrm{d}\sigma=2\sqrt{1-t^2}\,\mathrm{d}t$. 因此由定积分的定义，有

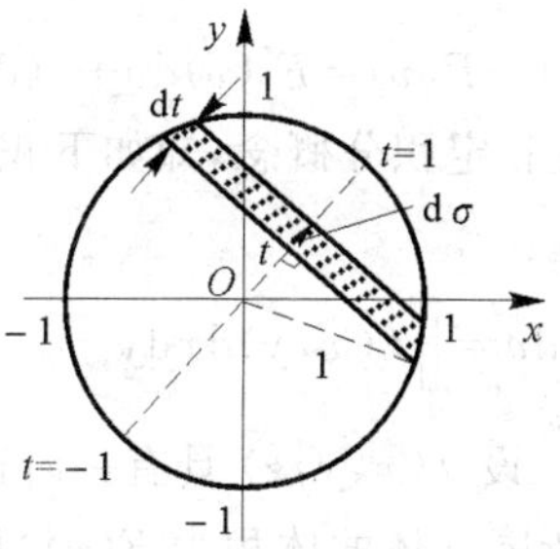

图 6-20

$$I=2\int_{-1}^{1}f(\sqrt{a^2+b^2}\cdot t+c)\sqrt{1-t^2}\,\mathrm{d}t$$

**注** 根据被积函数本质是一元函数的特点，直接利用定积分的微元法观点求解，表现出积分思想的精髓. 再举两例.

**\* 例 6.4.22** 设函数 $f(x)$ 连续，$a,b,c$ 为常数，球面 $\Sigma:x^2+y^2+z^2=1$. 求证第一型曲面积分

$$I=\iint\limits_{\Sigma}f(ax+by+cz)\mathrm{d}S=2\pi\int_{-1}^{1}f(\sqrt{a^2+b^2+c^2}\cdot u)\,\mathrm{d}u$$

**证** 当 $a,b,c$ 全为零时，等式成立，为球面面积 $4\pi$. 当 $a,b,c$ 不全为零时，用平行平面族 $ax+by+cz-t=0$ 细分球面 $\Sigma$，原点到该平面的距离为

$|u|=\dfrac{|t|}{\sqrt{a^2+b^2+c^2}}$，故平面族可设为

$$P_u:\frac{ax+by+cz}{\sqrt{a^2+b^2+c^2}}-u=0\,(-1\leqslant u\leqslant 1)$$

在 $[u,u+\mathrm{d}u]$ 上，$\mathrm{d}S$ 为两平面 $P_u$ 与 $P_{u+\mathrm{d}u}$ 所夹的球带面积：其周长为 $2\pi\sqrt{1-u^2}$，宽为 $\mathrm{d}u$ 所对圆弧 $v=\sqrt{1-u^2}$ 的长度，有

$$\mathrm{d}s=\sqrt{1+v_u^2}\,\mathrm{d}u=\frac{\mathrm{d}u}{\sqrt{1-u^2}}$$

故 $\mathrm{d}S=2\pi\mathrm{d}u$，于是 $f(ax+by+cz)\mathrm{d}S=f(\sqrt{a^2+b^2+c^2}\,u)\cdot 2\pi\mathrm{d}u$，由定积

此题是 1.4 节中的题. 类似于利用定积分的和式极限概念求解无穷多个无穷小之和的方法，对于二重和式，如果具有"二重积分和"的特点，也可设法利用二重积分求解.

即例 6.1.5.

此题曾用坐标轴旋转方法求解，这里考虑运用定积分概念. 令 $ax+by=u$，可视 $f(ax+by+c)=f(u+c)$ 为一元函数，故用平行线族 $ax+by=u$ 分割积分域，运用微元法建立定积分.

证明方法类同例 6.4.21，区别在用平行的平面族划分积分曲面 $\Sigma$.

此谓平面的法式方程.

分定义即得证.

**注** (1)与例 6.4.21 的一个重要区别是,球带宽度不是 $\mathrm{d}u$,而是其所对圆弧的长度.

(2)两例用到了直线／平面的法式方程,简化了问题.

**\*例 6.4.23** 设 $f(x,y)$ 具有一阶连续偏导数,等值线 $f(x,y)=v$ 是简单闭曲线,所围成区域的面积为 $F(v)$,且 $F'(v)$ 连续. $D$ 是由曲线 $f(x,y)=V_1$ 和 $f(x,y)=V_2(V_1<V_2)$ 围成的区域.证明:

$$\iint\limits_{D}f(x,y)\mathrm{d}x\mathrm{d}y=\int_{V_1}^{V_2}vF'(v)\mathrm{d}v$$

**证** 用闭曲线族 $f(x,y)=v(V_1\leqslant v\leqslant V_2)$ 细分区域 $D$.两曲线 $f(x,y)=v$ 和 $f(x,y)=v+\mathrm{d}v$ 围成的微元环域面积(见图 6-21)为

$$\mathrm{d}\sigma=F(v+\mathrm{d}v)-F(v)=F'(v)\mathrm{d}v+o(\mathrm{d}v)$$

由 $F'(v)$ 的连续性和定积分概念,知如下积分存在且有

$$\int_{V_1}^{V_2}vF'(v)\mathrm{d}v=\iint\limits_{D}f(x,y)\mathrm{d}x\mathrm{d}y$$

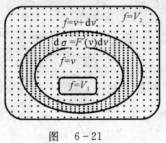

图　6-21

*用等值线族剖分区域,运用定积分的定义或微元法推证.*

**\*例 6.4.24** 设 $f(x,y,z)$ 具有一阶连续偏导数,等值面 $f(x,y,z)=v$ 是简单闭曲面,所围立体的体积为 $F(v)$,且 $F'(v)$ 连续. $\Omega$ 是由 $f(x,y,z)=V_1$ 和 $f(x,y,z)=V_2(V_1<V_2)$ 围成的立体.证明 $\iiint\limits_{\Omega}f(x,y,z)\mathrm{d}x\mathrm{d}y\mathrm{d}z=$

$\int_{V_1}^{V_2}vF'(v)\mathrm{d}v$,且求 $\iiint\limits_{\Omega}\left(\dfrac{x^2}{a^2}+\dfrac{y^2}{b^2}+\dfrac{z^2}{c^2}\right)\mathrm{d}x\mathrm{d}y\mathrm{d}z$,其中 $\Omega$ 是由 $a_1\leqslant\dfrac{x^2}{a^2}+\dfrac{y^2}{b^2}+\dfrac{z^2}{c^2}\leqslant a_2$ 确定的形体.

*此题类同例 6.4.23,只是用等值面细分立体的积分区域.*

证明类同例 6.4.23,从略.所求积分值为

$$\iiint\limits_{\Omega}\left(\frac{x^2}{a^2}+\frac{y^2}{b^2}+\frac{z^2}{c^2}\right)\mathrm{d}x\mathrm{d}y\mathrm{d}z=\frac{4\pi}{5}abc\left(a_2^{5/2}-a_1^{5/2}\right)$$

# 第 7 章 　 无 穷 级 数

无穷级数是高等数学的基本内容之一,它包含常数项级数与函数项级数,在函数项级数中,最常见且有用的是幂级数与傅里叶级数.

常数项级数与数列关系密切,一方面,级数收敛性的讨论可归结为其部分和数列是否收敛;另一方面,一些级数收敛性判定实际上是需要考察级数的一般项无穷小的阶.

## 7.1　无穷级数与数列的关系、无穷小分析

### 7.1.1　无穷级数与数列的关系以及级数性质

**例 7.1.1**　设 $u_n = \dfrac{1}{3} + \dfrac{1}{15} + \dfrac{1}{35} + \cdots + \dfrac{1}{4n^2 - 1}$,求极限 $\lim\limits_{n \to \infty} u_n$.

**解**　$u_n = \dfrac{1}{2}\Big[(1 - \dfrac{1}{3}) + (\dfrac{1}{3} - \dfrac{1}{5}) + (\dfrac{1}{5} - \dfrac{1}{7}) + \cdots$

$$+ (\dfrac{1}{2n-1} - \dfrac{1}{2n+1})\Big]$$

$$= \dfrac{1}{2}(1 - \dfrac{1}{2n+1})$$

故 $\lim\limits_{n \to \infty} u_n = \lim\limits_{n \to \infty} \dfrac{1}{2}(1 - \dfrac{1}{2n+1}) = \dfrac{1}{2}$.

> 实质是求级数 $\sum\limits_{n=1}^{\infty} \dfrac{1}{4n^2 - 1}$ 的和.
>
> 此解法根据通项特点,将其拆成两项之差,然后 $n$ 项和相消为两项之差,将无穷项之和转化为有限项和的极限.

**注**　拆项采用了如下的分式分解方法 $\dfrac{1}{x(x+d)} = \dfrac{1}{d}\left(\dfrac{1}{x} - \dfrac{1}{x+d}\right)$ 更一般有　$\dfrac{1}{x(x+d)(x+2d)\cdots(x+nd)} =$

$$\dfrac{1}{nd}\left[\dfrac{1}{x(x+d)\cdots(x+(n-1)d)} - \dfrac{1}{(x+d)(x+2d)\cdots(x+nd)}\right]$$

**例 7.1.2**　判断下列级数的敛散性:

(1) $\sum\limits_{n=1}^{\infty} \ln \sqrt{\dfrac{n}{n+1}}$;　(2) $1 - \dfrac{1}{3} + \dfrac{1}{2} - \dfrac{1}{9} + \cdots + \dfrac{1}{2^{n-1}} - \dfrac{1}{3^n} + \cdots$.

**解**　(1) $S_n = \sum\limits_{k=1}^{n} \ln \sqrt{\dfrac{k}{k+1}} = (\ln 1 - \ln\sqrt{2}) + (\ln\sqrt{2} - \ln\sqrt{3}) + \cdots$

$$+ (\ln\sqrt{n} - \ln\sqrt{n+1}) = -\ln\sqrt{n+1}$$

故 $\lim\limits_{n \to \infty} S_n = -\lim\limits_{n \to \infty} \ln\sqrt{n+1} = \infty$,即原级数发散.

(2) $S_{2n} = 1 - \dfrac{1}{3} + \dfrac{1}{2} - \dfrac{1}{9} + \cdots + \dfrac{1}{2^{n-1}} - \dfrac{1}{3^n}$

> 一般项 $u_n = \ln\sqrt{\dfrac{n}{n+1}} = \ln\sqrt{n} - \ln\sqrt{n+1}$ 利用对数性质将通项拆项,即可将部分和相消为简单形式.

$$= \left(1+\frac{1}{2}+\cdots+\frac{1}{2^{n-1}}\right)-\left(\frac{1}{3}+\frac{1}{9}+\cdots+\frac{1}{3^n}\right)$$

$$=\frac{1-\frac{1}{2^n}}{1-\frac{1}{2}}-\frac{\frac{1}{3}\left(1-\frac{1}{3^n}\right)}{1-\frac{1}{3}}\longrightarrow\frac{3}{2}(n\to\infty)$$

$$S_{2n+1}=S_{2n}+\frac{1}{2^n}\to\frac{3}{2}(n\to\infty),\text{故}\lim_{n\to\infty}S_n=\frac{3}{2},\text{即原级数收敛到}\frac{3}{2}.$$

**注** 关于级数 $\sum\limits_{n=1}^{\infty}u_n$ 的偶数项部分和 $S_{2n}$，奇数项部分和 $S_{2n+1}$ 及部分和 $S_a$ 的极限，有如下的结论：

**命题1** 若 $\lim\limits_{n\to\infty}S_{2n}=S$ 且 $\lim\limits_{n\to\infty}S_{2n+1}=S$，则 $\lim\limits_{n\to\infty}S_n=S$.

**命题2** 若 $\lim\limits_{n\to\infty}S_{2n}=S$（或 $\lim\limits_{n\to\infty}S_{2n+1}=S$）且 $\lim\limits_{n\to\infty}u_n=0$，则 $\lim\limits_{n\to\infty}S_n=S$.

**例7.1.3** 已知 $\lim\limits_{n\to\infty}nu_n=0$，且级数 $\sum\limits_{n=1}^{\infty}(n+1)(u_{n+1}-u_n)$ 收敛，证明级数 $\sum\limits_{n=1}^{\infty}u_n$ 也收敛.

**证** 收敛级数 $A=\sum\limits_{n=1}^{\infty}(n+1)(u_{n+1}-u_n)$ 的部分和：

$$\sigma_n=2(u_2-u_1)+3(u_3-u_2)+\cdots+(n+1)(u_{n+1}-u_n)$$
$$=-2u_1-u_2-u_3-\cdots-u_n+(n+1)u_{n+1}$$
$$=-u_1+(n+1)u_{n+1}-S_n$$
$$\lim_{n\to\infty}\sigma_n=\lim_{n\to\infty}[-u_1+(n+1)u_{n+1}-S_n]$$

其中 $S_n$ 是 $\sum\limits_{n=1}^{\infty}u_n$ 的部分和，$\lim\limits_{n\to\infty}S_n=-u_1-A$，故级数 $\sum\limits_{n=1}^{\infty}u_n$ 收敛.

**例7.1.4** 已知 $\sum\limits_{n=1}^{\infty}(-1)^{n+1}a_n=2$，$\sum\limits_{n=1}^{\infty}a_{2n-1}=5$，则级数 $\sum\limits_{n=1}^{\infty}a_n$ 的和等于（  ）.

(A)2；  (B)4；  (C)8；  (D)10

**解1** 应选(C). 令 $\sigma_{2n+1}=a_1-a_2+a_3+\cdots+a_{2n-1}-a_{2n}+a_{2n+1}$，$\tau_{n+1}=a_1+a_3+\cdots+a_{2n+1}$，有 $\lim\limits_{n\to\infty}\sigma_{2n+1}=2$，$\lim\limits_{n\to\infty}a_n=0$，$\lim\limits_{n\to\infty}\tau_{n+1}=5$，

$$2\tau_{n+1}-\sigma_{2n+1}=a_1+a_2+a_3+\cdots+a_{2n+1}\xlongequal{\text{记为}}S_{2n+1}$$

从而 $\lim\limits_{n\to\infty}S_{2n+1}=2\lim\limits_{n\to\infty}\tau_{n+1}-\lim\limits_{n\to\infty}\sigma_{2n+1}=10-2=8$

又 $\lim\limits_{n\to\infty}S_{2n}=\lim\limits_{n\to\infty}S_{2n+1}-\lim\limits_{n\to\infty}a_{2n+1}=8$，故 $\lim\limits_{n\to\infty}S_n=8$，即 $\sum\limits_{n=1}^{\infty}a_n=8$.

**解2** $a_1-a_2+a_3+\cdots+a_{2n-1}-a_{2n}+a_{2n+1}$
$$=(a_1+a_3+\cdots+a_{2n+1})-(a_2+a_4+\cdots+a_{2n})$$
$$=2(a_1+a_3+\cdots+a_{2n+1})-(a_1+a_2+a_3+\cdots+a_{2n}+a_{2n+1})$$

令 $n\to\infty$，由上式得 $2=2\times5-\lim\limits_{n\to\infty}S_{2n+1}$，即 $\lim\limits_{n\to\infty}S_{2n+1}=8$.

奇数项部分和与偶数项部分和的表达式难以统一表示，故分别讨论，有相同的极限，即为原级数的极限.

利用已知条件寻求级数的部分和所满足的关系式，证明部分和的极限存在，而获得级数收敛的结论. 这是抽象级数判敛的常用方法之一.

按奇标号项和偶标号项，将已知级数的部分和拆分.

再由 $\lim\limits_{n\to\infty}a_{2n+1}=0$ 及例 7.1.2 的注中命题 2,可知 $\lim\limits_{n\to\infty}S_n=8$.

**例 7.1.5**　判断下列级数的敛散性:

(1) $\sum\limits_{n=1}^{\infty}\dfrac{(-1)^n(n+1)}{n\sqrt[n]{n}}$;

(2) $\dfrac{1}{2}+1+\dfrac{1}{2^2}+\dfrac{1}{2}+\dfrac{1}{2^3}+\cdots+\dfrac{1}{2^n}+\dfrac{1}{n}+\cdots$.

**解**　(1) $|u_n|=\dfrac{n+1}{n}\dfrac{1}{\sqrt[n]{n}}\to 1$,$u_n$ 不趋于零$(n\to\infty)$,级数发散.

(2) 由 $\sum\limits_{n=1}^{\infty}\dfrac{1}{2^n}$ 收敛,$\sum\limits_{n=1}^{\infty}\dfrac{1}{n}$ 发散,可知原级数的加括号级数 $\sum\limits_{n=1}^{\infty}\left(\dfrac{1}{2^n}+\dfrac{1}{n}\right)$ 为发散级数,从而原级数发散.

**注**　由级数的性质"两个收敛级数的一般项之和对应的级数仍收敛"可知:收敛级数与发散级数一般项之和对应的级数是发散的;再者,两个发散级数的一般项之和对应的级数不一定是发散的.综上,两个级数的一般项之和对应级数的敛散性可简述为:"收收为收,收发为发,发发未必发."

**例 7.1.6**　判断级数 $\sum\limits_{n=2}^{\infty}\dfrac{(-1)^n}{n+(-1)^n}$ 的敛散性.

**解 1**　考虑原级数的加括号级数:

$$\left(\dfrac{1}{3}-\dfrac{1}{2}\right)+\left(\dfrac{1}{5}-\dfrac{1}{4}\right)+\cdots+\left(\dfrac{1}{2n+1}-\dfrac{1}{2n}\right)+\cdots$$

其一般项 $V_n=\dfrac{1}{2n+1}-\dfrac{1}{2n}=\dfrac{-1}{2n(2n+1)}$. 因 $\sum\limits_{n=1}^{\infty}V_n$ 收敛,又

$$\lim\limits_{n\to\infty}a_n=\lim\limits_{n\to\infty}\dfrac{(-1)^n}{n+(-1)^n}=0$$

所以原级数 $\sum\limits_{n=1}^{\infty}a_n$ 收敛.

**注 1**　一般地,如下命题成立. 记 $b_n=a_{2n-1}+a_{2n}$,$n=1,2,3,\cdots$.

**命题 1**　若级数 $\sum\limits_{n=1}^{\infty}a_n$ 收敛于 $S$,则加括号级数 $\sum\limits_{n=1}^{\infty}b_n$ 收敛于 $S$.

**命题 2**　若加括号级数 $\sum\limits_{n=1}^{\infty}b_n$ 发散,则 $\sum\limits_{n=1}^{\infty}a_n$ 发散.(命题 1 的逆否命题)

**命题 3**　若加括号级数 $\sum\limits_{n=1}^{\infty}b_n$ 收敛于 $S$,且 $\lim\limits_{n\to\infty}a_n=0$,则 $\sum\limits_{n=1}^{\infty}a_n$ 收敛于 $S$. 这些结论请读者自证.

**解 2**　一般项 $a_n=\dfrac{(-1)^n}{n+(-1)^n}=\dfrac{(-1)^n}{n^2-1}[n-(-1)^n]=\dfrac{(-1)^n n}{n^2-1}-\dfrac{1}{n^2-1}$,由 $\sum\limits_{n=2}^{\infty}\dfrac{(-1)^n n}{n^2-1}$(莱布尼兹级数)及 $\sum\limits_{n=2}^{\infty}\dfrac{1}{n^2-1}$ 收敛,可知原级数收敛.

**解 3**　原级数 $\dfrac{1}{3}-\dfrac{1}{2}+\dfrac{1}{5}-\dfrac{1}{4}+\cdots+\dfrac{1}{2n+1}-\dfrac{1}{2n}+\cdots$ 的奇偶项交

解(1)用到命题"级数 $\sum\limits_{n=1}^{\infty}u_n$ 收敛的必要条件是 $\lim\limits_{n\to\infty}u_n=0$"的逆否命题:若 $\lim\limits_{n\to\infty}u_n\neq 0$,则级数 $\sum\limits_{n=1}^{\infty}u_n$ 发散.

解(2)用到命题"收敛级数的加括号级数一定收敛"的逆否命题:加括号级数发散,则原级数发散.

发发未必发反例为:$\sum\limits_{n=1}^{\infty}n$ 及 $\sum\limits_{n=1}^{\infty}(-n)$ 均发散,而 $\sum\limits_{n=1}^{\infty}[n+(-n)]$ 是收敛的.

解 1 采用合项方法,即加括号.

特别注意,命题 3 中若缺条件 $\lim\limits_{n\to\infty}a_n=0$,则 $\sum\limits_{n=1}^{\infty}a_n$ 未必收敛.

解 2 采用拆项方法.

换后的新级数：

$$-\frac{1}{2}+\frac{1}{3}-\frac{1}{4}+\frac{1}{5}+\cdots-\frac{1}{2n}+\frac{1}{2n+1}+\cdots=\sum_{n=1}^{\infty}(-1)^n u_n$$

此交错级数为莱布尼兹级数（$u_n$ 递减，趋于零），是收敛的，又 $\lim_{n\to\infty}a_n=$

$\lim_{n\to\infty}\dfrac{(-1)^n}{n+(-1)^n}=0$，所以原级数收敛.

**注 2** 一般地，改变非正项级数中无穷多项的位置，可能改变收敛级数的和，甚至改变其敛散性，这就是著名的黎曼定理.

**黎曼定理** 设条件收敛级数 $\sum\limits_{n=1}^{\infty}u_n$，对于任意给定的 $S$（实数或 $\infty$），总有原级数的重排级数 $\sum\limits_{n=1}^{\infty}v_n$，① 使 $\sum\limits_{n=1}^{\infty}v_n=S$；② 或使 $\sum\limits_{n=1}^{\infty}v_n$ 发散.

**注 3** （例 7.1.6 解 3 旁注命题的证明）设级数（*）与（**）的部分和分别为 $S_n,T_n$，则

$$S_{2n}=T_{2n},\lim_{n\to\infty}S_{2n}=\lim_{n\to\infty}T_{2n}=\lim_{n\to\infty}T_n=S$$

由例 7.1.2 注中命题 2，即知原级数也收敛到 $S$.

**例 7.1.7** 若级数 $\sum\limits_{n=1}^{\infty}a_n$ 收敛，则级数（　）.

(A) $\sum\limits_{n=1}^{\infty}|a_n|$ 收敛；　　　　(B) $\sum\limits_{n=1}^{\infty}(-1)^n a_n$ 收敛；

(C) $\sum\limits_{n=1}^{\infty}a_n a_{n+1}$ 收敛；　　　(D) $\sum\limits_{n=1}^{\infty}\frac{1}{2}(a_n+a_{n+1})$ 收敛

**解 1** 选(D). 直接法.

由 $\sum\limits_{n=1}^{\infty}a_n$ 收敛知 $\sum\limits_{n=1}^{\infty}a_{n+1}$ 收敛，从而 $\sum\limits_{n=1}^{\infty}\frac{1}{2}(a_n+a_{n+1})$ 收敛.

**解 2** 选(D). 排除法.

$\sum\limits_{n=1}^{\infty}a_n=\sum\limits_{n=1}^{\infty}\dfrac{(-1)^n}{\sqrt{n}}$ 收敛，但 $\sum\limits_{n=1}^{\infty}|a_n|=\sum\limits_{n=1}^{\infty}\dfrac{1}{\sqrt{n}}$ 发散；

$\sum\limits_{n=1}^{\infty}(-1)^n a_n=\sum\limits_{n=1}^{\infty}\dfrac{1}{\sqrt{n}}$ 发散；$\sum\limits_{n=1}^{\infty}a_n a_{n+1}=-\sum\limits_{n=1}^{\infty}\dfrac{1}{\sqrt{n(n+1)}}$ 发散，故 (A)(B)(C) 不正确，故应选(D).

**例 7.1.8** 设 $a_n$ 为曲线 $y=x^n$ 与 $y=x^{n+1}(n=1,2,\cdots)$ 所围成的区域的面积，记 $S_1=\sum\limits_{n=1}^{\infty}a_n,S_2=\sum\limits_{n=1}^{\infty}a_{2n-1}$，求 $S_1,S_2$ 的值.

**解** $a_n=\displaystyle\int_0^1(x^n-x^{n-1})\mathrm{d}x=\dfrac{1}{n+1}-\dfrac{1}{n+2}$，则

$$S_1=\sum_{n=1}^{\infty}\left(\frac{1}{n+1}-\frac{1}{n+2}\right)=\lim_{n\to\infty}\sum_{k=1}^{n}\left(\frac{1}{k+1}-\frac{1}{k+2}\right)$$

解 3 用到项换位命题：若级数 $\sum\limits_{n=1}^{\infty}a_n$（*）奇偶项换位后级数 $a_2+a_1+a_4+a_3+\cdots+a_{2n}+a_{2n-1}+\cdots$（**）收敛到 $S$，且 $\lim_{n\to\infty}a_n=0$，则原级数 $\sum\limits_{n=1}^{\infty}a_n$ 收敛到 $S$.

$$= \lim_{n\to\infty}(\frac{1}{2} - \frac{1}{n+2}) = \frac{1}{2}$$

$$S_2 = \sum_{n=1}^{\infty} a_{2n-1} = \sum_{n=1}^{\infty}(\frac{1}{2n} - \frac{1}{2n+1})$$

考虑级数 $S = \frac{1}{2} - \frac{1}{3} + \frac{1}{4} - \frac{1}{5} + \cdots + \frac{(-1)^n}{n} + \cdots$

$$= 1 - (1 - \frac{1}{2} + \frac{1}{3} - \frac{1}{4} + \cdots + \frac{(-1)^{n-1}}{n} + \cdots) = 1 - \ln 2$$

因此,其加括号级数 $S_2 = \sum_{n=1}^{\infty}(\frac{1}{2n} - \frac{1}{2n+1})$ 也收敛到 $1 - \ln 2$.

收敛级数的加括号级数也收敛,且收敛到原级数的和.

### 7.1.2　正项级数敛散性判定

正项级数的部分和数列 $S_n = \sum_{k=0}^{n} u_k$ 必为单调增,因此其收敛的充要条件是 $S_n$ 有界,发散时必有 $\lim_{n\to\infty} S_n = +\infty$. 由此得到判断正项级数敛散性的根本方法:比较审敛法及其极限形式,判定收敛采用收敛的"强级数"($v_n \geqslant u_n$) 比较,判定发散采用发散的"弱级数"($v_n \leqslant u_n$) 比较. 与等比级数比较得到比值审敛法和根值审敛法;与 $p$-级数比较得到 $p$-判定法.

**例 7.1.9**　(柯西积分判别法)设函数 $f(x)$ 在 $x \geqslant 1$ 上非负、连续且单调减,则级数 $\sum_{n=1}^{\infty} f(n)$ 与广义积分 $\int_1^{+\infty} f(x)\mathrm{d}x$ 同敛散.

**证**　当 $k \leqslant x \leqslant k+1$ 时,$a_{k+1} = f(k+1) \leqslant f(x) \leqslant f(k) = a_k$ ($k = 1$,

在高等数学竞赛中知道"柯西积分判别法"很有好处.

$2, \cdots$),因此,$a_{k+1} = f(k+1) \leqslant \int_k^{k+1} f(x)\mathrm{d}x \leqslant f(k) = a_k$. 记 $u_k = \int_k^{k+1} f(x)\mathrm{d}x$,求和得

$$\sum_{k=1}^{n+1} a_k - a_1 \leqslant \sum_{k=1}^{n} u_k = \int_1^{n+1} f(x)\mathrm{d}x \leqslant \sum_{k=1}^{n} a_k$$

故 $\int_1^{+\infty} f(x)\mathrm{d}x$ 与 $\sum_{n=1}^{\infty} u_n$ 同敛散. 再由比较审敛法知级数 $\sum_{n=1}^{\infty} a_n$ 与 $\sum_{n=1}^{\infty} u_n$ 同敛散,因而证明了广义积分 $\int_1^{+\infty} f(x)\mathrm{d}x$ 与级数 $\sum_{n=1}^{\infty} f(n)$ 同敛散.

**例 7.1.10**　证明 $p$-级数 $\sum_{n=1}^{\infty} \frac{1}{n^p}$ 当 $p > 1$ 时收敛,当 $p \leqslant 1$ 时发散.

**证**　当 $p \leqslant 0$ 时,级数的通项 $\frac{1}{n^p}$ 不趋于零($n \to \infty$),故只要讨论 $p > 0$ 情形. 此时,可用柯西积分判别法. 由于

$$\int_1^{+\infty} \frac{\mathrm{d}x}{x^p} = \begin{cases} \lim_{M\to+\infty} \frac{1}{1-p}(M^{1-p} - 1) & (p \neq 1) \\ \lim_{M\to+\infty} \ln M & (p = 1) \end{cases}$$

显然用柯西积分判别法证明 $p$-级数的敛散性比较简捷.

当 $p>1$ 时收敛,当 $p\leqslant 1$ 时发散.于是,$p$-级数当 $p>1$ 时收敛,当 $p\leqslant 1$ 时发散.

**例 7.1.11** 级数 $\sum\limits_{n=2}^{\infty}\dfrac{1}{n\ln^p n}$ 当 $p>1$ 时收敛,当 $p\leqslant 1$ 时发散.

**分析** 可与广义积分 $\displaystyle\int_2^{+\infty}\dfrac{\mathrm{d}x}{x\ln^p x}$ 比较,请读者自行证明.

以下是运用各判别法判定级数收敛性的例题.

**例 7.1.12** 判断下列级数的敛散性:

(1) $\sum\limits_{n=1}^{\infty}\dfrac{a^n n!}{n^n}(a>0)$; (2) $\sum\limits_{n=1}^{\infty}\dfrac{(n+1)^{n^2}}{2^n n^{n^2}}$; (3) $\sum\limits_{n=1}^{\infty}\dfrac{2+(-1)^{n-1}}{3^n}$.

**解** (1) $\rho=\lim\limits_{n\to\infty}\dfrac{u_{n+1}}{u_n}=\lim\limits_{n\to\infty}\dfrac{a^{n+1}(n+1)!}{(n+1)^{n+1}}\cdot\dfrac{n^n}{a^n n!}$

$\qquad =\lim\limits_{n\to\infty}\dfrac{a}{\left(1+\dfrac{1}{n}\right)^n}=\dfrac{a}{\mathrm{e}}$

当 $0<a<\mathrm{e}$ 时,$\rho=\dfrac{a}{\mathrm{e}}<1$,级数收敛;当 $a>\mathrm{e}$ 时,$\rho=\dfrac{a}{\mathrm{e}}>1$,级数发散;当 $a=\mathrm{e}$ 时,$\rho=\dfrac{a}{\mathrm{e}}=1$,比值法失效.

此时,$\dfrac{u_{n+1}}{u_n}=\dfrac{\mathrm{e}}{\left(1+\dfrac{1}{n}\right)^n}>1$,即 $u_{n+1}>u_n>\cdots>u_1=\mathrm{e}$,故 $\lim\limits_{n\to\infty}u_n\neq 0$,

从而级数发散.

(2)(方法 1) $\lim\limits_{n\to\infty}\sqrt[n]{u_n}=\lim\limits_{n\to\infty}\dfrac{(1+n)^n}{2n^n}=\dfrac{1}{2}\lim\limits_{n\to\infty}\left(1+\dfrac{1}{n}\right)^n=\dfrac{\mathrm{e}}{2}>1$,故级数发散.

(方法 2) 由 $u_n=\left[\dfrac{1}{2}\left(1+\dfrac{1}{n}\right)^n\right]^n>\left(\dfrac{2.7}{2}\right)^n$($n$ 足够大时),可知 $\lim\limits_{n\to\infty}u_n\neq 0$,(或 $\sum\limits_{n=1}^{\infty}\left(\dfrac{2.7}{2}\right)^n$ 发散,由比较法),得原级数发散.

(3)(方法 1) $\lim\limits_{n\to\infty}\sqrt[n]{u_n}=\lim\limits_{n\to\infty}\sqrt[n]{\dfrac{2+(-1)^n}{3^n}}=\dfrac{1}{3}<1$,由根值法知原级数收敛.

(方法 2) $\sum\limits_{n=1}^{\infty}\dfrac{2+(-1)^{n-1}}{3^n}=\sum\limits_{n=1}^{\infty}\left[\dfrac{2}{3^n}-\dfrac{(-1)^n}{3^n}\right]$

由于 $\sum\limits_{n=1}^{\infty}\dfrac{2}{3^n}$ 和 $\sum\limits_{n=1}^{\infty}\dfrac{(-1)^n}{3^n}$ 均收敛,故原级数收敛.

**例 7.1.13** 判断下列级数的敛散性:

(1) $\sum\limits_{n=1}^{\infty}\dfrac{n^{n-1}}{(n+1)^{n+1}}$; (2) $\sum\limits_{n=1}^{\infty}n^\lambda\sin\dfrac{\pi}{2\sqrt{n}}$;

(3) $\sum\limits_{n=1}^{\infty}\dfrac{1}{1+a^n}(a>0)$; (4) $\sum\limits_{n=1}^{\infty}\left(1-\cos\dfrac{\pi}{n}\right)^p(p>0)$;

---

此题证法显示柯西积分判别法是一种更为细致的判别法.

一般项含 $n!$,用比值审敛法.

一般项含 $n$ 的幂指形式,用比值审敛法.

当 $n\to\infty$ 时,$\left(1+\dfrac{1}{n}\right)^n\to\mathrm{e}$ $>2.7$

当一般项出现值摆动的项时,如 $(-1)^n$,$\sin\dfrac{n\pi}{3}$ 等,不宜用比值审敛法.本题中 $\lim\limits_{n\to\infty}\dfrac{u_{n+1}}{u_n}$ $=\begin{cases}1,n=\text{偶数}\\\dfrac{1}{9},n=\text{奇数}\end{cases}$ 比值审敛法失效.

(5) $\displaystyle\sum_{n=1}^{\infty}\left[\frac{1}{n}-\ln\left(1+\frac{1}{n}\right)\right]$.

**解**　(1) 由 $u_n=\dfrac{1}{n^2}\dfrac{1}{\left(1+\frac{1}{n}\right)^{n+1}}$ 可得

$$\lim_{n\to\infty}\frac{u_n}{\frac{1}{n^2}}=\lim_{n\to\infty}\frac{1}{\left(1+\frac{1}{n}\right)^{n+1}}=\frac{1}{e}\neq 0$$

而 $\displaystyle\sum_{n=1}^{\infty}\frac{1}{n^2}$ 收敛,由比较法的极限形式知,原级数收敛.

(2) 由 $\displaystyle\lim_{n\to\infty}\dfrac{n^{\lambda}\sin\frac{\pi}{2\sqrt{n}}}{n^{\lambda}\frac{\pi}{2\sqrt{n}}}=1$,知原级数与 $\displaystyle\sum_{n=1}^{\infty}n^{\lambda}\frac{\pi}{2\sqrt{n}}=\frac{\pi}{2}\sum_{n=1}^{\infty}\frac{1}{n^{\frac{1}{2}-\lambda}}$ 敛散性相

同.因此,当 $\dfrac{1}{2}-\lambda>1$,即 $\lambda<-\dfrac{1}{2}$ 时,原级数收敛;当 $\dfrac{1}{2}-\lambda\leqslant 1$ 即 $\lambda\geqslant-\dfrac{1}{2}$

时,原级数发散.

(3) $\displaystyle\lim_{n\to\infty}u_n=\lim_{n\to\infty}\frac{1}{1+a^n}=\begin{cases}1,0<a<1\\[2mm]\dfrac{1}{2},a=1\end{cases}$

当 $a>1$ 时,$u_n=\dfrac{1}{1+a^n}\sim\dfrac{1}{a^n}(n\to\infty)$,而 $\displaystyle\sum_{n=1}^{\infty}\frac{1}{a^n}$ 收敛,故

$$\sum_{n=1}^{\infty}\frac{1}{1+a^n}\begin{cases}发散,0<a\leqslant 1\\[2mm]收敛,a>1\end{cases}$$

(4) $u_n=\left(1-\cos\dfrac{\pi}{n}\right)^p=\left(2\sin^2\dfrac{\pi}{2n}\right)^p\sim\left(\dfrac{\pi^2}{2n^2}\right)^p(n\to\infty)$,因此,$\displaystyle\sum_{n=1}^{\infty}\frac{1}{n^{2p}}$

与原级数同敛散.而 $\displaystyle\sum_{n=1}^{\infty}\frac{1}{n^{2p}}\begin{cases}发散,0<p\leqslant\dfrac{1}{2}\\[2mm]收敛,p>\dfrac{1}{2}\end{cases}$,因而

$$\sum_{n=1}^{\infty}\left(1-\cos\frac{\pi}{n}\right)^p\begin{cases}发散,0<p\leqslant\dfrac{1}{2}\\[2mm]收敛,p>\dfrac{1}{2}\end{cases}$$

(5)(方法 1) 由 $f(x)=x-\ln(1+x)$ 的麦克劳林公式,

$$f(x)=x-\left[x-\frac{x^2}{2}+o(x^2)\right]=\frac{x^2}{2}+o(x^2)$$

可知原级数的一般项

$$u_n=\frac{1}{n}-\ln\left(1+\frac{1}{n}\right)=\frac{1}{2n^2}+o\left(\frac{1}{n^2}\right)\sim\frac{1}{2n^2}(n\to\infty)$$

而 $\displaystyle\sum_{n=1}^{\infty}\frac{1}{2n^2}$ 收敛,由比较审敛法的极限形式知原级数收敛.

题(1) 比值法和根值法均失效:$\displaystyle\lim_{n\to\infty}\frac{u_{n+1}}{u_n}=1$,$\displaystyle\lim_{n\to\infty}\sqrt[n]{u_n}=1$.然而观察 $u_n$ 与 $\dfrac{1}{n^2}$ 是同阶无穷小,得到比较级数.

题(2) 比值法也失效.因 $\sin\dfrac{\pi}{2\sqrt{n}}\sim\dfrac{\pi}{2\sqrt{n}}$ 故一般项与 $\dfrac{1}{n^{1/2-\lambda}}$ 同阶,得到比较级数.

题(4) 比值法和根值法又均失效.还是考察一般项的等价无穷小.

题(5) 方法 1 用麦克劳林公式寻找一般项的等价无穷小.

（方法 2）考虑极限 $\lim\limits_{n \to \infty} \dfrac{\dfrac{1}{n} - \ln\left(1 + \dfrac{1}{n}\right)}{\dfrac{1}{n^p}}$（$p$ 待定）. 由

$$\lim_{x \to 0} \frac{x - \ln(1 + x)}{x^p} \xlongequal{\text{``}\frac{0}{0}\text{''}} \lim_{x \to 0} \frac{1 - \dfrac{1}{1+x}}{px^{p-1}} = \lim_{x \to 0} \frac{1}{px^{p-2}(1+x)} \xlongequal{\text{取 } p=2} \frac{1}{2}$$

知原级数与 $\sum\limits_{n=1}^{\infty} \dfrac{1}{n^2}$ 同敛散，因而收敛.

**＊例 7.1.14** 判断下列级数的敛散性：

(1) $\sum\limits_{n=1}^{\infty} \dfrac{\ln n}{n^{\frac{3}{2}}}$；　(2) $\sum\limits_{n=2}^{\infty} \dfrac{\ln n}{n^\lambda}$；　(3) $\sum\limits_{n=2}^{\infty} \dfrac{\ln^k n}{n^\lambda}$（$k > 0$）.

**分析**　(1) 欲考察 $u_n = \dfrac{\ln n}{n^{\frac{3}{2}}}$ 无穷小的阶（与 $\dfrac{1}{n^k}$ 比较），尝试用比较法的

极限形式判定.

$\lim\limits_{n \to \infty} \dfrac{\dfrac{\ln n}{n^{\frac{3}{2}}}}{\dfrac{1}{n^{\frac{3}{2}}}} = \infty$，由 $\sum\limits_{n=1}^{\infty} \dfrac{1}{n^{\frac{3}{2}}}$ 收敛无法推知原级数的敛散性.

$$\lim_{n \to \infty} \frac{\dfrac{\ln n}{n^{\frac{3}{2}}}}{\dfrac{1}{n}} = \lim_{n \to \infty} \frac{\ln n}{n^{\frac{1}{2}}} = 0 \left(\text{因 } \lim_{x \to +\infty} \frac{\ln x}{x^{\frac{1}{2}}} = 0\right)$$

由 $\sum\limits_{n=1}^{\infty} \dfrac{1}{n}$ 发散仍无法推知原级数的敛散性.

需要先估计此级数的敛散性. 对任意常数 $\alpha > 0$，极限 $\lim\limits_{n \to \infty} \dfrac{\ln n}{n^\alpha} = 0$，而 $p$

-级数 $\sum\limits_{n=1}^{\infty} \dfrac{1}{n^p}$（$p > 1$）收敛，因此可将一般项中的 $\dfrac{1}{n^{\frac{3}{2}}}$ 分解为因子 $\dfrac{1}{n^\alpha}$（正数 $\alpha$ 足

够小）和 $\dfrac{1}{n^{\frac{3}{2}-\alpha}}$（使 $\dfrac{3}{2} - \alpha > 1$），由 $\sum\limits_{n=1}^{\infty} \dfrac{1}{n^{\frac{3}{2}-\alpha}}$ 的收敛性知原级数收敛，此为收敛

的强级数.

上述分析也适用题(2)与题(3).

**解**　(1) 考察 $\lim\limits_{n \to \infty} \dfrac{\dfrac{\ln n}{n^{\frac{3}{2}}}}{\dfrac{1}{n^p}} = \lim\limits_{n \to \infty} \dfrac{\ln n}{n^{\frac{3}{2}-p}}$. 由

$$\lim_{x \to +\infty} \frac{\ln x}{x^{\frac{3}{2}-p}} \xlongequal{\frac{\infty}{\infty}} \lim_{x \to +\infty} \frac{x^{-1}}{\left(\frac{3}{2}-p\right)x^{\frac{1}{2}-p}} = \lim_{x \to +\infty} \frac{1}{\left(\frac{3}{2}-p\right)x^{\frac{3}{2}-p}} \xlongequal{\text{取 } p=\frac{5}{4}} 0$$

---

**旁注：**

方法 2 设想一般项与 $p$-级数的一般项为同阶无穷小，它们商的极限不为零，确定待定参数 $p$.

尝试失败原因：没有寻找收敛的 $p$-级数 $\sum\limits_{n=1}^{\infty} \dfrac{1}{n^p}$ 使 $\lim\limits_{n \to \infty} \dfrac{\ln n}{n^{\frac{3}{2}}} \Big/ \dfrac{1}{n^p} = C$（$0 \leqslant C < +\infty$）（＊）或寻找发散的 $p$-级数 $\sum\limits_{n=1}^{\infty} \dfrac{1}{n^p}$ 使（＊）（$0 < C \leqslant +\infty$）成立.

先判断此级数收敛，取 $p$：$1 < p < \dfrac{3}{2}$.

判断分析用到 $\lim\limits_{n \to \infty} \dfrac{\ln n}{n^\alpha} = 0$（$\alpha > 0$）

得 $\lim\limits_{n\to\infty}\dfrac{\dfrac{\ln n}{n^{\frac{3}{2}}}}{\dfrac{1}{n^{\frac{5}{4}}}}=0$，而 $\sum\limits_{n=2}^{\infty}\dfrac{1}{n^{\frac{5}{4}}}$ 收敛，由比较法的极限形式得级数收敛.

(2) 当 $\lambda\leqslant 1$ 时，$\dfrac{\ln n}{n^{\lambda}}>\dfrac{1}{n^{\lambda}}(n\geqslant 3)$，而 $\sum\limits_{n=2}^{\infty}\dfrac{1}{n^{\lambda}}$ 发散，原级数发散；

当 $\lambda>1$ 时，对 $p:1<p<\lambda$，有 $\sum\limits_{n=2}^{\infty}\dfrac{1}{n^{p}}$ 收敛，且

$$\lim_{n\to\infty}\frac{\dfrac{\ln n}{n^{\lambda}}}{\dfrac{1}{n^{p}}}=\lim_{n\to\infty}\frac{\ln n}{n^{\lambda-p}}=0$$

由比较法的极限形式知原级数收敛. 综上，$\sum\limits_{n=2}^{\infty}\dfrac{\ln n}{n^{\lambda}}\begin{cases}\text{发散},\lambda\leqslant 1\\\text{收敛},\lambda>1\end{cases}$.

(3) 利用 $\lim\limits_{n\to\infty}\dfrac{\ln^{k}n}{n^{\lambda}}=0(k,\lambda>0)$ 及题(2)可得

$$\sum_{n=2}^{\infty}\frac{\ln^{k}n}{n^{\lambda}}\begin{cases}\text{发散},\lambda\leqslant 1\\\text{收敛},\lambda>1\end{cases}(k>0)$$

**例 7.1.15** 判断下列级数的敛散性：

(1) $\sum\limits_{n=1}^{\infty}\dfrac{1!+2!+\cdots+n!}{(2n)!}$；

(2) $\sum\limits_{n=1}^{\infty}\displaystyle\int_{0}^{\frac{1}{n}}\dfrac{\sin\pi x}{1+x^{4}}\mathrm{d}x$；

(3) $\sum\limits_{n=1}^{\infty}\displaystyle\int_{n}^{n+1}\mathrm{e}^{-\sqrt{x}}\mathrm{d}x$.

**解** (1) $0\leqslant u_n=\dfrac{1!+2!+\cdots n!}{(2n)!}\leqslant\dfrac{n\cdot n!}{(2n)!}$

$$=\frac{n}{(2n)(2n-1)\cdots(n+1)}\leqslant\frac{1}{2}\frac{1}{(n+1)^{2}}(n\geqslant 3)$$

而 $\sum\limits_{n=2}^{\infty}\dfrac{1}{(n+1)^{2}}$ 收敛，由比较法知原级数收敛.

(2) $0\leqslant u_n=\displaystyle\int_{0}^{\frac{1}{n}}\frac{\sin\pi x}{1+x^{4}}\mathrm{d}x\leqslant\int_{0}^{\frac{1}{n}}\sin\pi x\,\mathrm{d}x$

$$=\frac{1}{\pi}\left(1-\cos\frac{\pi}{n}\right)=\frac{2}{\pi}\sin^{2}\frac{\pi}{2n}=v_n\sim\frac{2}{\pi}\left(\frac{\pi}{2n}\right)^{2}$$

$$=\frac{\pi}{2}\frac{1}{n^{2}}(n\to\infty)$$

而 $\sum\limits_{n=1}^{\infty}\dfrac{1}{n^{2}}$ 收敛，故 $\sum\limits_{n=1}^{\infty}v_n$ 收敛，从而由比较法知原级数收敛.

(3) (方法 1) $0\leqslant u_n=\displaystyle\int_{n}^{n+1}\mathrm{e}^{-\sqrt{x}}\mathrm{d}x\leqslant\int_{n}^{n+1}\mathrm{e}^{-\sqrt{n}}\mathrm{d}x=\mathrm{e}^{-\sqrt{n}}=v_n$,

熟悉无穷大"阶"的高低比较对考察级数一般项无穷小的阶很有帮助. 以下无穷大的"阶"从低到高排列($n\to\infty$)：$\ln^{k}n(k>0),n^{a}(a>0),a^{n}(a>1),n!,n^{n}$.

一般项含有 $n$ 项和，不宜用比值法或根值法，考虑比较法. 预估收敛需放大，找收敛的强级数.

一般项难以积分，但 $n\to\infty$ 时，

$$\int_{0}^{\frac{1}{n}}\frac{\sin\pi x}{1+x^{4}}\mathrm{d}x\sim$$

$$\int_{0}^{\frac{1}{n}}\pi x\,\mathrm{d}x=\frac{\pi}{2n^{2}},$$

猜想级数收敛，放大找收敛的强级数.

又 $\lim\limits_{n\to\infty}\dfrac{e^{\sqrt{n}}}{\dfrac{1}{n^p}}=\lim\limits_{n\to\infty}\dfrac{n^p}{e^{\sqrt{n}}}\xrightarrow{\text{取}\ p=2}0(\text{取}\ p:p>1\ \text{即可})$

而 $\sum\limits_{n=1}^{\infty}\dfrac{1}{n^2}$ 收敛,故由比较法知 $\sum\limits_{n=1}^{\infty}v_n$ 收敛,从而原级数收敛.

（方法2）利用部分和的极限存在判敛.

$$S_n=\sum_{k=1}^{n}\int_k^{k+1}e^{-\sqrt{x}}\,dx=\int_1^{n+1}e^{-\sqrt{x}}\,dx$$

$$\lim_{n\to\infty}S_n=\lim_{n\to\infty}\int_1^{n+1}e^{-\sqrt{x}}\,dx=\int_1^{+\infty}e^{-\sqrt{x}}\,dx$$

$$\xrightarrow{y=\sqrt{x}}2\int_1^{+\infty}e^{-y}y\,dy=-2\left[ye^{-y}+e^{-y}\right]_1^{+\infty}=4e^{-1}$$

故原级数收敛且和为 $4e^{-1}$.

> 这里利用了 $f(x)=e^{-\sqrt{x}}$ 的单调性和定积分的保序性.
>
> 一般地,$\lim\limits_{n\to\infty}\dfrac{n^k}{e^{\sqrt{n}}}=0(k$ 为实数$)$.

**注** 3个重要级数:(1) 等比级数 $\sum\limits_{n=1}^{\infty}aq^{n-1}\begin{cases}=\dfrac{a}{1-q},&|q|<1\\ \text{发散},&|q|\geqslant 1\end{cases}(a\neq 0)$;

(2)$p$-级数 $\sum\limits_{n=1}^{\infty}\dfrac{1}{n^p}\begin{cases}\text{发散},p\leqslant 1\\ \text{收敛},p>1\end{cases}$;(3) $\sum\limits_{n=2}^{\infty}\dfrac{1}{n(\ln n)^p}\begin{cases}\text{发散},p\leqslant 1\\ \text{收敛},p>1\end{cases}$.

> 这三个重要的级数及敛散性需要熟记,它们常作为比较级数用于许多级数的判敛. 结论（3）可由积分审敛法得到.

**例 7.1.16** 若正项级数 $\sum\limits_{n=1}^{\infty}a_n$ 收敛,则不一定收敛的级数为（　）.

(A) $\sum\limits_{n=1}^{\infty}\dfrac{a_n}{1+a_n}$; (B) $\sum\limits_{n=1}^{\infty}\dfrac{\sqrt{a_n}}{n}$; (C) $\sum\limits_{n=1}^{\infty}a_n^2$; (D) $\sum\limits_{n=1}^{\infty}na_n$

**解1** 选(D). 直接法. 只要取 $a_n=\dfrac{1}{n^2}$,$\sum\limits_{n=1}^{\infty}a_n=\sum\limits_{n=1}^{\infty}\dfrac{1}{n^2}$ 收敛,但 $\sum\limits_{n=1}^{\infty}na_n$ $=\sum\limits_{n=1}^{\infty}\dfrac{1}{n}$ 发散.

**解2** 选(D). 排除法.

选(A)错. 反例:$0\leqslant\dfrac{a_n}{1+a_n}\leqslant a_n$,$\sum\limits_{n=1}^{\infty}a_n$ 收敛,则 $\sum\limits_{n=1}^{\infty}\dfrac{a_n}{1+a_n}$ 收敛.

选(B)错. 反例:因 $0\leqslant\dfrac{\sqrt{a_n}}{n}\leqslant\dfrac{1}{2}\left(a_n+\dfrac{1}{n^2}\right)$,由 $\sum\limits_{n=1}^{\infty}a_n$ 与 $\sum\limits_{n=1}^{\infty}\dfrac{1}{n^2}$ 均收敛,

知 $\sum\limits_{n=1}^{\infty}\dfrac{1}{2}\left(a_n+\dfrac{1}{n^2}\right)$ 收敛,故 $\sum\limits_{n=1}^{\infty}\dfrac{\sqrt{a_n}}{n}$ 收敛.

选(C)错. 反例:由正项级数 $\sum\limits_{n=1}^{\infty}a_n$ 收敛,知 $a_n\to 0$,故当 $n$ 充分大时,$0$

$\leqslant a_n<1$,从而 $0\leqslant a_n^2<a_n$,由比较法知 $\sum\limits_{n=1}^{\infty}a_n^2$ 收敛.

> 抽象级数判敛常用的方法是:比较法（放缩形式）或级数敛散性定义及性质.

**例 7.1.17** 设 $a_n>0,b_n>0,\dfrac{a_{n+1}}{a_n}\leqslant\dfrac{b_{n+1}}{b_n}(n=1,2\cdots)$,证明

(1) 若 $\sum\limits_{n=1}^{\infty}b_n$ 收敛,则 $\sum\limits_{n=1}^{\infty}a_n$ 收敛;(2) 若 $\sum\limits_{n=1}^{\infty}a_n$ 发散,则 $\sum\limits_{n=1}^{\infty}b_n$ 发散.

**证** 由$\frac{a_{n+1}}{a_n}\leqslant\frac{b_{n+1}}{b_n}(n=1,2\cdots)$，易得$\frac{a_{n+1}}{b_{n+1}}\leqslant\frac{a_n}{b_n}$，

$$a_{n+1}\leqslant\frac{a_n}{b_n}b_{n+1}\leqslant\frac{a_{n-1}}{b_{n-1}}b_{n+1}\leqslant\cdots\leqslant\frac{a_1}{b_1}b_{n+1}$$

由比较法知，若$\sum_{n=1}^{\infty}b_n$收敛，则$\sum_{n=1}^{\infty}a_n$收敛；若$\sum_{n=1}^{\infty}a_n$发散，则$\sum_{n=1}^{\infty}b_n$发散.

**例 7.1.18** 下列命题正确的是（ ）.

(A) 若$\sum_{n=1}^{\infty}u_n$收敛，且$u_n\geqslant v_n(n=1,2,\cdots)$，则$\sum_{n=1}^{\infty}v_n$也收敛；

(B) 若$\sum_{n=1}^{\infty}u_n(u_n\geqslant 0)$发散，则$u_n\geqslant\frac{1}{n}$；

(C) 若$\sum_{n=1}^{\infty}u_n(u_n\geqslant 0)$收敛，则$\lim\limits_{n\to\infty}\frac{u_{n+1}}{u_n}=l$(存在)$<1$；

(D) 若$\sum_{n=1}^{\infty}u_n^2$和$\sum_{n=1}^{\infty}v_n^2$均收敛，则$\sum_{n=1}^{\infty}(u_n+v_n)^2$也收敛.

**解 1** 选(D). 直接法. 因

$$0\leqslant(u_n+v_n)^2=u_n^2+v_n^2+2u_nv_n\leqslant 2(u_n^2+v_n^2)$$

而$\sum_{n=1}^{\infty}u_n^2$和$\sum_{n=1}^{\infty}v_n^2$均收敛，由比较法知$\sum_{n=1}^{\infty}(u_n+v_n)^2$收敛.

**解 2** 排除法. 选(A)错. 反例：$\sum_{n=1}^{\infty}u_n=\sum_{n=1}^{\infty}\frac{1}{2^n}$收敛，$u_n=\frac{1}{2^n}\geqslant-\frac{1}{n}=v_n$，但$\sum_{n=1}^{\infty}v_n=-\sum_{n=1}^{\infty}\frac{1}{n}$发散.

选(B)错. 反例：正项级数$\sum_{n=1}^{\infty}u_n=\sum_{n=1}^{\infty}(\frac{1}{n}-\frac{1}{n^2})$发散，但$u_n<\frac{1}{n}$；

选(C)错. 反例：$\sum_{n=1}^{\infty}u_n=\sum_{n=1}^{\infty}\frac{\cos^2\frac{n\pi}{2}}{n^2}$收敛，但$\lim\limits_{n\to\infty}\frac{u_{n+1}}{u_n}$不存在.

**例 7.1.19** 设级数$\sum_{n=1}^{\infty}u_n$收敛，则必收敛的级数为（ ）.

(A) $\sum_{n=1}^{\infty}(-1)^n\frac{u_n}{n}$；　(B) $\sum_{n=1}^{\infty}u_n^2$；

(C) $\sum_{n=1}^{\infty}(u_{2n-1}-u_{2n})$；　(D) $\sum_{n=1}^{\infty}(u_n+u_{n+1})$

**解 1** 选(D). 直接法.

由级数性质，$\sum_{n=1}^{\infty}u_n$收敛，则$\sum_{n=1}^{\infty}u_{n+1}$收敛，从而$\sum_{n=1}^{\infty}(u_n+u_{n+1})$收敛.

**解 2** 选(D). 排除法. 可以分别举出反例，说明(A)，(B)，(C)不成立. 如：

$\sum_{n=1}^{\infty}u_n=\sum_{n=1}^{\infty}(-1)^n\frac{1}{\ln n}$收敛，而$\sum_{n=1}^{\infty}(-1)^n\frac{u_n}{n}=\sum_{n=1}^{\infty}\frac{1}{n\ln n}$发散；

题(1)的下列证法对吗？为什么？

由$\frac{a_{n+1}}{a_n}\leqslant\frac{b_{n+1}}{b_n}$得$\lim\limits_{n\to\infty}\frac{a_{n+1}}{a_n}\leqslant\lim\limits_{n\to\infty}\frac{b_{n+1}}{b_n}=\rho<1$，故$\sum_{n=1}^{\infty}a_n$收敛.

例 7.1.18 与例 7.1.19 中的命题都涉及级数的若干基本概念.

否定一个命题，举出反例是论证方法之一.

比较法对非正项级数不适用.

在发散的$p$-级数$\sum_{n=1}^{\infty}\frac{1}{n^p}(p\leqslant 1)$中$\sum_{n=1}^{\infty}\frac{1}{n}$确是一般项最小的，但不能推论到一般的正项级数.

比值法中的条件是充分条件，不是必要条件.

见例 7.1.15 的注(3).

$$\sum_{n=1}^{\infty} u_n = \sum_{n=1}^{\infty} \frac{(-1)^n}{\sqrt{n}} \text{ 收敛,而 } \sum_{n=1}^{\infty} u_n^2 = \sum_{n=1}^{\infty} \frac{1}{n} \text{ 发散;}$$

$$\sum_{n=1}^{\infty} u_n = \sum_{n=1}^{\infty} \frac{(-1)^n}{\sqrt{n}} \text{ 收敛}, \sum_{n=1}^{\infty} (u_{2n-1} - u_{2n}) = \sum_{n=1}^{\infty} \left( \frac{1}{\sqrt{2n-1}} - \frac{1}{\sqrt{2n}} \right) \text{ 发散.}$$

**例 7.1.20** 设有两个数列 $\{a_n\}$, $\{b_n\}$, 若 $\lim_{n \to \infty} a_n = 0$, 则（  ）.

(A) 当 $\sum_{n=1}^{\infty} b_n$ 收敛时, $\sum_{n=1}^{\infty} a_n b_n$ 收敛;

(B) 当 $\sum_{n=1}^{\infty} b_n$ 发散时, $\sum_{n=1}^{\infty} a_n b_n$ 发散;

(C) 当 $\sum_{n=1}^{\infty} |b_n|$ 收敛时, $\sum_{n=1}^{\infty} a_n^2 b_n^2$ 收敛;

(D) 当 $\sum_{n=1}^{\infty} |b_n|$ 发散时, $\sum_{n=1}^{\infty} a_n^2 b_n^2$ 发散.

**解 1** 选(C). 直接法.

由 $\lim_{n \to \infty} a_n = 0$ 知数列 $\{a_n\}$ 有界, 即 $|a_n| \leqslant M$.

由 $\sum_{n=1}^{\infty} |b_n|$ 收敛知 $\lim_{n \to \infty} |b_n| = 0$, 则 $|b_n| < 1 (n > N), 0 \leqslant b_n^2 < |b_n|$, 从

而 $0 \leqslant a_n^2 b_n^2 \leqslant M^2 |b_n|$, 故 $\sum_{n=1}^{\infty} a_n^2 b_n^2$ 收敛.

**解 2** 选(C). 排除法.

选(A) 错. 反例: 取 $a_n = b_n = (-1)^n \frac{1}{\sqrt{n}}$, 有 $\lim_{n \to \infty} a_n = 0$, $\sum_{n=1}^{\infty} b_n$ 收敛, 但

$\sum_{n=1}^{\infty} a_n b_n = \sum_{n=1}^{\infty} \frac{1}{n}$ 发散.

选(B) 错. 反例: 取 $a_n = (-1)^n \frac{1}{\sqrt{n}}, b_n = \frac{1}{\sqrt{n}}$, 有 $\lim_{n \to \infty} a_n = 0$, $\sum_{n=1}^{\infty} b_n$ 发散, 但

$\sum_{n=1}^{\infty} a_n b_n = \sum_{n=1}^{\infty} \frac{(-1)^n}{n}$ 收敛.

选(D) 错. 反例: 取 $a_n = b_n = \frac{1}{n}$, 易知(D) 不正确.

**例 7.1.21** 设数列 $\{a_n\}$, $\{b_n\}$ 满足条件:

$$0 < a_n < \frac{\pi}{2}, 0 < b_n < \frac{\pi}{2}, \cos a_n - a_n = \cos b_n$$

且级数 $\sum_{n=1}^{\infty} b_n$ 收敛. 证明: (1) $\lim_{n \to \infty} a_n = 0$; (2) 级数 $\sum_{n=1}^{\infty} \frac{a_n}{b_n}$ 收敛.

**证 1** (1) 因 $0 < a_n < \frac{\pi}{2}, 0 < b_n < \frac{\pi}{2}$, 由条件知

$0 < \cos b_n = \cos a_n - a_n < \cos a_n < 1 (\cos x \text{ 在第一象限单调减})$

故 $0 < a_n < b_n$. 又因级数 $\sum_{n=1}^{\infty} b_n$ 收敛, 所以 $\lim_{n \to \infty} b_n = 0$, 故 $\lim_{n \to \infty} a_n = 0$.

(2) 由 $\lim\limits_{n\to\infty}\dfrac{a_n}{b_n}=\lim\limits_{n\to\infty}\dfrac{a_n}{b_n^2}=\lim\limits_{n\to\infty}\dfrac{1-\cos b_n}{b_n^2}\cdot\dfrac{a_n}{1-\cos b_n}$

$=\dfrac{1}{2}\lim\limits_{n\to\infty}\dfrac{a_n}{1-\cos b_n}=\dfrac{1}{2}\lim\limits_{n\to\infty}\dfrac{a_n}{a_n+(1-\cos a_n)}=\dfrac{1}{2}$

且级数 $\sum\limits_{n=1}^{\infty}b_n$ 收敛,则级数 $\sum\limits_{n=1}^{\infty}\dfrac{a_n}{b_n}$ 收敛.

**证 2**　(1) 由级数 $\sum\limits_{n=1}^{\infty}b_n$ 收敛知 $\lim\limits_{n\to\infty}b_n=0$. 又

$$0<a_n=\cos a_n-\cos b_n<1-\cos b_n \qquad (*)$$

由夹逼准则知 $\lim\limits_{n\to\infty}a_n=0$.

(2) 由式(*)得

$$0<\dfrac{a_n}{b_n}<\dfrac{1}{b_n}(1-\cos b_n)=\dfrac{1}{b_n}2\sin^2\dfrac{b_n}{2}<\dfrac{1}{b_n}\cdot 2\left(\dfrac{b_n}{2}\right)^2=\dfrac{b_n}{2}<b_n$$

由于级数 $\sum\limits_{n=1}^{\infty}b_n$ 收敛,则级数 $\sum\limits_{n=1}^{\infty}\dfrac{a_n}{b_n}$ 收敛.

**例 7.1.22**　判别级数 $\sum\limits_{n=1}^{\infty}(1-\dfrac{x_n}{x_{n+1}})$ 的敛散性,其中 $\{x_n\}$ 是单调递增且有界的正项数列.

**解**　由 $x_n>0$ 且单调递增,知 $0\leqslant 1-\dfrac{x_n}{x_{n+1}}=\dfrac{x_{n+1}-x_n}{x_{n+1}}\leqslant\dfrac{x_{n+1}-x_n}{x_1}$,

因而原级数为正项级数,其部分和数列

$$S_n=\sum_{k=1}^{n}u_k=\sum_{k=1}^{n}(1-\dfrac{x_k}{x_{k+1}})\leqslant\sum_{k=1}^{n}\dfrac{x_{k+1}-x_k}{x_1}=\dfrac{x_{n+1}-x_1}{x_1}$$

由 $\{x_n\}$ 有界知 $\{S_n\}$ 也有界.原正项级数的部分和数列单调且有界,从而级数收敛.

> 正项级数收敛的充要条件是其部分和数列有上界.

**例 7.1.23**　设有方程 $x^n+nx-1=0$,其中 $n$ 为正整数,证明此方程存在唯一正实根 $x_n$,并证明当 $\alpha>1$ 时,级数 $\sum\limits_{n=1}^{\infty}x_n^\alpha$ 收敛.

**解**　记 $f_n(x)=x^n+nx-1$,当 $x>0$ 时,$f'_n(x)=nx^{n-1}+n>0$,故 $f_n(x)$ 在 $(0,+\infty)$ 单调增加.又 $f_n(0)=-1<0,f_n(1)=n>0$,由零点定理,方程 $x^n+nx-1=0$ 存在唯一实根 $x_n\in(0,1)$,即有 $x_n+nx_n-1=0(0<x_n<1)$,于是 $0<x_n=\dfrac{1-x_n^n}{n}<\dfrac{1}{n},0<x_n^\alpha<\dfrac{1}{n^\alpha}$,而正项级数 $\sum\limits_{n=1}^{\infty}\dfrac{1}{n^\alpha}(\alpha>1)$ 收敛,由比较法知 $\sum\limits_{n=1}^{\infty}x_n^\alpha(\alpha>1)$ 收敛.

> 判 $\sum\limits_{n=1}^{\infty}x_n^\alpha(\alpha>1)$ 收敛,暗示可能 $0<x_n^\alpha<\dfrac{1}{n^\alpha}$

### 7.1.3　交错级数、任意项级数敛散性判定

对于交错级数有莱布尼兹审敛法.但需注意定理条件:

①$u_n\to 0$,②$u_{n+1}\leqslant u_n$

仅是交错级数收敛的充分条件.故当条件 $u_{n+1}\leqslant u_n$ 不满足时,不能断言级

数发散.

对于任意项级数,常利用绝对收敛级数性质,通过判断正项级数 $\sum\limits_{n=1}^{\infty}|u_n|$ 收敛得知原级数 $\sum\limits_{n=1}^{\infty}u_n$ 收敛.

**例 7.1.24** 判断下列级数的敛散性.若收敛,指出是条件收敛还是绝对收敛,并说明理由.

(1) $\sum\limits_{n=1}^{\infty}(-1)^n n^3 a^n (a>0)$；ᅠᅠ(2) $\sum\limits_{n=2}^{\infty}(-1)^n \dfrac{1}{n^{1+\frac{1}{n}}}$；

(3) $\sum\limits_{n=1}^{\infty}\sin(\pi\sqrt{n^2+a^2})$；ᅠᅠ(4) $\sum\limits_{n=1}^{\infty}\dfrac{(-3)^n}{n[3^n+(-1)^n]}$.

**解** (1) 当 $a=1$ 时,级数发散(因 $u_n\to\infty$);当 $a\neq1$ 时,由

$$\lim_{n\to\infty}\left|\frac{u_{n+1}}{u_n}\right|=\lim_{n\to\infty}\frac{(n+1)^3 a^{n+1}}{n^3 a^n}=a$$

知 $\sum\limits_{n=1}^{\infty}|u_n|\begin{cases}收敛,0<a<1\\发散,a>1\end{cases}$,于是原级数 $\sum\limits_{n=1}^{\infty}u_n\begin{cases}收敛,0<a\leqslant1\\发散,a>1\end{cases}$.

(2) 因 $|u_n|=\dfrac{1}{n^{1+\frac{1}{n}}}\sim\dfrac{1}{n}$,而 $\sum\limits_{n=1}^{\infty}\dfrac{1}{n}$ 发散,故原级数非绝对收敛.

原级数为交错级数,记为 $\sum\limits_{n=1}^{\infty}(-1)^n a_n$.易知 $\lim\limits_{n\to\infty}a_n=\lim\limits_{n\to\infty}\dfrac{1}{n}\cdot\dfrac{1}{\sqrt[n]{n}}=0$.下

证 $\dfrac{1}{n^{1+\frac{1}{n}}}$ 递减.令 $f(x)=x^{1+\frac{1}{x}}=\mathrm{e}^{(1+\frac{1}{x})\ln x}$,记 $g(x)=(1+\dfrac{1}{x})\ln x$,则当 $n$ 充

分大时,$g'(x)=\dfrac{1}{x}(1+\dfrac{1-\ln x}{x})>0$,$g(x)$ 单调增加.从而 $f(x)$ 单调增

加,$\dfrac{1}{f(n)}=\dfrac{1}{n^{1+\frac{1}{n}}}$ 单调减少($n$ 充分大时).因而原级数为莱布尼兹收敛级数,

故原级数条件收敛.

(3) $\sin(\pi\sqrt{n^2+a^2})=\sin[n\pi+\pi(\sqrt{n^2+a^2}-n)]$

$$=(-1)^n\sin\frac{\pi a^2}{\sqrt{n^2+a^2}+n}$$

原级数为交错级数. $|u_n|=\sin\dfrac{\pi a^2}{\sqrt{n^2+a^2}+n}\sim\dfrac{\pi a^2}{2n}$,而 $\sum\limits_{n=1}^{\infty}\dfrac{1}{n}$ 发散,故原级

数非绝对收敛.又当 $n$ 充分大时,$|u_n|=\sin\dfrac{\pi a^2}{\sqrt{n^2+a^2}+n}$ 递减,且 $|u_n|\to$

$0(n\to\infty)$,由莱布尼兹审敛法知原级数收敛,从而条件收敛.

(4) $\dfrac{3^n}{n[3^n+(-1)^n]}=\dfrac{(-1)^n}{n}-\dfrac{1}{n[3^n+(-1)^n]}$

而 $\sum\limits_{n=1}^{\infty}\dfrac{1}{n[3^n+(-1)^n]}$ 为正项级数,又

**侧注：**

由 $\sum\limits_{n=1}^{\infty}|u_n|$ 收敛可知 $\sum\limits_{n=1}^{\infty}u_n$ 收敛;而 $\sum\limits_{n=1}^{\infty}|u_n|$ 发散不能断言 $\sum\limits_{n=1}^{\infty}u_n$ 发散.但用比值法(或根植法)判得 $\sum\limits_{n=1}^{\infty}|u_n|$ 发散(有 $u_n$ 不趋于0),则 $\sum\limits_{n=1}^{\infty}u_n$ 必发散.

证明数列 $a_n$ 递减的常用方法有三:一是差值法:证 $a_{n+1}-a_n\leqslant0$;二是比值法:证 $\dfrac{a_{n+1}}{a_n}\leqslant1$(适合 $a_n$ 含 $n!$,$n^n$,$a^n$ 情形);三是利用微分学,令 $a_n=f(n)$,证 $f'(x)\leqslant0$,从而 $a_n$ 递减.

当 $n$ 充分大时,角度 $\pi\sqrt{n^2+a^2}$ 足够靠近 $n\pi$.

原级数为交错级数.不易看出 $\dfrac{3^n}{n[3^n+(-1)^n]}$ 的单调性,故拆成两项处理.

$$\lim_{n \to \infty} \frac{\dfrac{1}{n[3^n + (-1)^n]}}{\dfrac{1}{3^n}} = \lim_{n \to \infty} \frac{1}{n[1 + (\frac{-1}{3})^n]} = 0$$

$\sum\limits_{n=1}^{\infty} \dfrac{1}{3^n}$ 收敛,则 $\sum\limits_{n=1}^{\infty} \dfrac{1}{n[3^n + (-1)^n]}$(绝对)收敛,而 $\sum\limits_{n=1}^{\infty} \dfrac{(-1)^n}{n}$ 条件收敛,故原级数条件收敛.

**注** 任意项级数 $\sum\limits_{n=1}^{\infty} u_n$ 判敛步骤:① 先判绝对值级数 $\sum\limits_{n=1}^{\infty} |u_n|$ 的敛散性.若收敛,则原级数绝对收敛;若发散,则原级数非绝对收敛.② 原级数 $\sum\limits_{n=1}^{\infty} u_n$ 为交错级数,若用莱布尼兹审敛法判得其收敛,则级数 $\sum\limits_{n=1}^{\infty} u_n$ 为条件收敛.③ 原级数 $\sum\limits_{n=1}^{\infty} u_n$ 为交错级数,但不满足莱布尼兹条件,或不为交错级数,则可考虑拆项讨论或其他方法.

**例 7.1.25** 判断下列级数的敛散性.若收敛,指出是条件收敛还是绝对收敛,并说明理由.

(1) $\sum\limits_{n=1}^{\infty} (-1)^n \dfrac{a_n}{\sqrt{n^2 + a}}$,其中 $a > 0$,且 $\sum\limits_{n=1}^{\infty} a_n^2$ 收敛;

(2) $\sum\limits_{n=1}^{\infty} (-1)^n \left(n\tan \dfrac{\lambda}{n}\right) a_{2n}$ 其中 $a_n > 0$,且 $\sum\limits_{n=1}^{\infty} a_n$ 收敛,$\lambda \in (0, \dfrac{\pi}{2})$;

(3) $\sum\limits_{n=1}^{\infty} (-1)^n \left(\dfrac{1}{u_n} + \dfrac{1}{u_{n+1}}\right)$,其中 $u_n \neq 0$,且 $\lim\limits_{n \to \infty} \dfrac{n}{u_n} = 1$.

**解** (1) $\left| (-1)^n \dfrac{a_n}{\sqrt{n^2 + a}} \right| = \dfrac{|a_n|}{\sqrt{n^2 + a}} \leqslant \dfrac{1}{2}\left(a_n + \dfrac{1}{n^2 + a}\right)$

而 $\sum\limits_{n=1}^{\infty} a_n$ 和 $\sum\limits_{n=1}^{\infty} \dfrac{1}{n^2 + a}$ 均收敛,故原级数绝对收敛.

(2) 正项级数 $\sum\limits_{n=1}^{\infty} a_n$ 收敛,则 $\sum\limits_{n=1}^{\infty} a_{2n}$ 亦收敛,又

$$n\tan \frac{\lambda}{n} > 0, \lambda \in (0, \frac{\pi}{2}), \lim_{n \to \infty} \frac{(n\tan \frac{\lambda}{n}) a_{2n}}{n \cdot \frac{\lambda}{n} a_{2n}} = 1$$

级数 $\sum\limits_{n=1}^{\infty} (n\tan \dfrac{\lambda}{n}) a_{2n}$ 与 $\sum\limits_{n=1}^{\infty} \lambda a_{2n}$ 同敛散,故 $\sum\limits_{n=1}^{\infty} (n\tan \dfrac{\lambda}{n}) a_{2n}$ 收敛,即原级数绝对收敛.

(3) 部分和 $S_n = (\dfrac{1}{u_1} + \dfrac{1}{u_2}) - (\dfrac{1}{u_2} + \dfrac{1}{u_3}) + (\dfrac{1}{u_3} + \dfrac{1}{u_4}) -$

$(\dfrac{1}{u_4} + \dfrac{1}{u_5}) + \cdots + (-1)^n (\dfrac{1}{u_n} + \dfrac{1}{u_{n+1}}) = \dfrac{1}{u_1} + (-1)^{n+1} \dfrac{1}{u_{n+1}}$

由 $\lim\limits_{n \to \infty} \dfrac{n}{u_n} = 1$ 知 $\lim\limits_{n \to \infty} \dfrac{1}{u_n} = 0$,从而 $\lim\limits_{n \to \infty} S_n = \dfrac{1}{u_1}$,故原级数收敛.又

解(1) 用不等式 $|ab| \leqslant \dfrac{1}{2}(a^2 + b^2)$,给出绝对值级数和收敛级数 $\sum\limits_{n=1}^{\infty} a_n$ 的联系.

解(2) 关键: 由 $\sum\limits_{n=1}^{\infty} a_n$ 收敛得 $\sum\limits_{n=1}^{\infty} a_{2n}$ 收敛,再用 $|u_n| = (n\tan \dfrac{\lambda}{n}) a_{2n} \sim \lambda a_{2n}$ 判断.

解(3) 中一般项交错,部分和可相消,用定义判敛.

$$\lim_{n \to \infty} \frac{\left| \frac{1}{u_n} + \frac{1}{u_{n+1}} \right|}{\frac{1}{n}} = \lim_{n \to \infty} \left| \frac{n}{u_n} + \frac{n}{u_{n+1}} \right| = 2, \text{而} \sum_{n=1}^{\infty} \frac{1}{n} \text{发散,由比较法知}$$

$\sum_{n=1}^{\infty} \left| (-1)^n (\frac{1}{u_n} + \frac{1}{u_{n+1}}) \right|$ 发散,故原级数条件收敛.

**例 7.1.26** 设 $\sum_{n=1}^{\infty} b_n$ 是收敛的正项级数,$\sum_{n=1}^{\infty} (a_n - a_{n+1})$ 收敛,证明 $\sum_{n=1}^{\infty} a_n b_n$ 绝对收敛.

**证** 由 $\sum_{n=1}^{\infty} (a_n - a_{n+1})$ 收敛知,$S_n = \sum_{k=1}^{n} (a_k - a_{k+1}) = a_1 - a_{n+1}$ 极限存在,从而 $\lim_{n \to \infty} a_n = a$ 存在. 因此,存在 $M > 0$,使 $|a_n| \leqslant M$,$|a_n b_n| \leqslant M b_n$,而 $\sum_{n=1}^{\infty} b_n$ 收敛,由比较法知 $\sum_{n=1}^{\infty} a_n b_n$ 绝对收敛.

**例 7.1.27** 设正项数列 $\{a_n\}$ 单调减少,且 $\sum_{n=1}^{\infty} (-1)^n a_n$ 发散,试问级数 $\sum_{n=1}^{\infty} (\frac{1}{1+a_n})^n$ 是否收敛? 并说明理由.

**证** $\sum_{n=1}^{\infty} (\frac{1}{1+a_n})^n$ 收敛. 因 $0 < a_n \leqslant a_{n-1} \leqslant \cdots \leqslant a_1$,故 $\lim_{n \to \infty} a_n = a \geqslant 0$. 若 $a = 0$,则 $\lim_{n \to \infty} a_n = 0$,又 $\{a_n\}$ 单调减少,由莱布尼兹审敛法则知 $\sum_{n=1}^{\infty} (-1)^n a_n$ 收敛,矛盾,故 $a > 0$.

由 $0 < a \leqslant a_n \leqslant a_{n-1} \leqslant \cdots \leqslant a_1$ 知,$0 \leqslant \frac{1}{1+a_n} \leqslant \frac{1}{1+a}$,$0 \leqslant (\frac{1}{1+a_n})^n \leqslant (\frac{1}{1+a})^n$. 而等比级数 $\sum_{n=1}^{\infty} (\frac{1}{1+a})^n$ (公比 $r: 0 < r = \frac{1}{1+a} < 1$)) 收敛,故 $\sum_{n=1}^{\infty} (\frac{1}{1+a_n})^n$ 收敛.

**小结** (1)研究级数首要的是判定其敛散性. 对数项级数,基本方法是比较判别法. 比较对象常取 $p$-级数,主要考察正项级数 $\sum_{n=1}^{\infty} a_n$ 的一般项 $a_n$ 相对于 $\frac{1}{n}$ 的无穷小的阶数. 例如 $\sum_{n=1}^{\infty} \frac{1}{\sqrt{n^3 + n^2 + 1}}$ 的一般项与 $\frac{1}{n^{3/2}}$ 是同阶无穷小,故收敛. $\sum_{n=1}^{\infty} \sin \frac{\pi}{n}$ 一般项与 $\frac{1}{n}$ 同阶,故发散. 请读者注意这一点,并自己做小结.

(2)对于一般项级数,首先应看是否绝对收敛,如不绝对收敛,在高等数学中,重要的是交错级数的审敛法.

由 $\lim_{n \to \infty} \frac{n}{u_n} = 1$ 知 $\frac{1}{u_n} \sim \frac{1}{n}$,故用 $\frac{1}{n}$ 作比较.

$\sum_{n=1}^{\infty} (a_n - a_{n+1})$ 收敛 $\Rightarrow \lim_{n \to \infty} a_n = a$ 存在 $\Rightarrow |a_n|$ 有上界 $M \Rightarrow$ (又 $\sum_{n=1}^{\infty} b_n$ 收敛)$M b_n$ 是收敛的强级数.

观察:$a_n > 0$ 单调减,必有极限 $a \geqslant 0$. 由交错级数 $\sum (-1)^n a_n$ 发散推知 $a > 0$,于是 $\frac{1}{a_n + 1} < \frac{1}{a+1} = q < 1$,取收敛的几何级数 $\sum q^n$ 为强级数.

## 7.2　泰勒级数及其应用

幂级数是函数项级数中最常用且具有很好性质的一类.

### 7.2.1　函数项级数与幂级数的收敛域

**例 7.2.1**　求下列函数项级数的收敛域.

(1) $\sum\limits_{n=1}^{\infty} \dfrac{(-1)^n}{3n+1}\left(\dfrac{1-x}{1+x}\right)^n$;　(2) $\sum\limits_{n=1}^{\infty} \dfrac{(-1)^n}{(n^2+2n)^x}$.

**解**　(1) $l=\lim\limits_{n\to\infty}\left|\dfrac{u_{n+1}(x)}{u_n(x)}\right|=\lim\limits_{n\to\infty}\dfrac{\dfrac{1}{3n+4}\left|\dfrac{1-x}{1+x}\right|^{n+1}}{\dfrac{1}{3n+1}\left|\dfrac{1-x}{1+x}\right|^n}=\left|\dfrac{1-x}{1+x}\right|$　视为数项级

数.

当 $l=\left|\dfrac{1-x}{1+x}\right|<1$ 即 $x>0$ 时，$\sum\limits_{n=1}^{\infty}|u_n(x)|$ 收敛，则原级数 $\sum\limits_{n=1}^{\infty}u_n(x)$ 收　用比值法（或根值法）判定

敛；当 $l>1$ 即 $x<0$ 时，$\sum\limits_{n=1}^{\infty}|u_n(x)|$ 发散，则原级数 $\sum\limits_{n=1}^{\infty}u_n(x)$ 发散；当 $l=$　$\sum\limits_{n=1}^{\infty}|u_n(x)|$ 发

$1$ 即 $x=0$ 时，原级数 $\sum\limits_{n=1}^{\infty}\dfrac{(-1)^n}{3n+1}$ 为莱布尼兹收敛级数. 故收敛域为 $[0,+$　散，则原级数

$\infty)$.　　$\sum\limits_{n=1}^{\infty}u_n(x)$ 发散.

(2) 当 $x\leqslant 0$ 时，级数通项不趋于零，级数发散；

当 $x>0$ 时，$\dfrac{1}{(n^2+2n)^x}$ 递减趋于零（$n\to\infty$ 时），级数为莱布尼兹收敛

级数，故收敛域为 $(0,+\infty)$.

**例 7.2.2**　求下列幂级数的收敛域：

(1) $\sum\limits_{n=1}^{\infty} \dfrac{3^n+(-2)^n}{n}x^n$;　　　(2) $\sum\limits_{n=1}^{\infty}\left(1+\dfrac{1}{n}\right)^{n^2}(x-1)^n$;

(3) $\sum\limits_{n=1}^{\infty} 2^n x^{2n+1}$.

**解**　(1) 收敛半径

$$R=\lim_{n\to\infty}\left|\dfrac{a_n}{a_{n+1}}\right|=\lim_{n\to\infty}\dfrac{3^n+(-2)^n}{n}\cdot\dfrac{n+1}{3^{n+1}+(-2)^{n+1}}$$

$$=\lim_{n\to\infty}\dfrac{n+1}{n}\cdot\dfrac{1+(-\frac{2}{3})^n}{3-2(\frac{2}{3})^{n+1}}=\dfrac{1}{3}$$

当 $x=-\dfrac{1}{3}$ 时，$\sum\limits_{n=1}^{\infty}\dfrac{3^n+(-2)^n}{n}\dfrac{1}{(-3)^n}=\sum\limits_{n=1}^{\infty}\left[\dfrac{(-1)^n}{n}+\dfrac{1}{n}\left(\dfrac{2}{3}\right)^n\right]$，而

$\sum\limits_{n=1}^{\infty}\dfrac{(-1)^n}{n}$ 和 $\sum\limits_{n=1}^{\infty}\dfrac{1}{n}\left(\dfrac{2}{3}\right)^n$ 均收敛，故级数收敛；

当 $x=\dfrac{1}{3}$ 时，$\sum\limits_{n=1}^{\infty}\dfrac{3^n+(-2)^n}{n}\dfrac{1}{3^n}=\sum\limits_{n=1}^{\infty}\left[\dfrac{1}{n}+\dfrac{1}{n}\left(\dfrac{-2}{3}\right)^n\right]$，而 $\sum\limits_{n=1}^{\infty}\dfrac{1}{n}$ 发

散，$\sum\limits_{n=1}^{\infty} \frac{1}{n}\left(\frac{-2}{3}\right)^n$ 收敛，故级数发散；

综上，原级数的收敛域为

$$\left[-\frac{1}{3}, \frac{1}{3}\right).$$

（2）令 $y = x - 1$，则级数变为 $\sum\limits_{n=1}^{\infty}\left(1+\frac{1}{n}\right)^{n^2} y^n$.

$$\rho = \lim_{n\to\infty} \sqrt[n]{|a_n|} = \lim_{n\to\infty}\left(1+\frac{1}{n}\right)^n = e$$

收敛半径 $R = \frac{1}{\rho} = \frac{1}{e}$. 级数在 $|x-1| < \frac{1}{e}$，即 $1-\frac{1}{e} < x < 1+\frac{1}{e}$ 内收敛.

当 $x = 1 \pm \frac{1}{e}$ 时，级数为 $\sum\limits_{n=1}^{\infty}\left(1+\frac{1}{n}\right)^{n^2}\left(\pm\frac{1}{e}\right)^n$. 由于

$$\left(1+\frac{1}{n}\right)^{n^2}\left(\frac{1}{e}\right)^n = \left[\frac{\left(1+\frac{1}{n}\right)^n}{e}\right]^n = e^{n[n\ln(1+\frac{1}{n})-1]}$$

上式当 $n\to\infty$ 时不趋于零，因此级数发散，故原级数的收敛域为 $(1-\frac{1}{e}, 1+\frac{1}{e})$.

（3）$\rho = \lim_{n\to\infty}\left|\frac{u_{n+1}(x)}{u_n(x)}\right| = \lim_{n\to\infty}\left|\frac{2^{n+1} x^{2n+3}}{2^n x^{2n+1}}\right| = 2|x|^2$

当 $\rho = 2|x|^2 < 1$ 即 $|x| < \frac{1}{\sqrt{2}}$ 时，幂级数收敛；

当 $\rho = 2|x|^2 > 1$ 即 $|x| > \frac{1}{\sqrt{2}}$ 时，由例 7.1.16 旁注，有

$$\lim_{n\to\infty}|u_n(x)| = \lim_{n\to\infty}|2^n x^{2n+1}| \neq 0$$

故 $\lim_{n\to\infty} u_n(x) = \lim_{n\to\infty} 2^n x^{2n+1} \neq 0$，从而幂级数发散.

在 $x = \pm\frac{1}{\sqrt{2}}$ 处，级数 $\pm\sum\limits_{n=1}^{\infty}\frac{1}{\sqrt{2}}$ 发散，故幂级数的收敛域为 $\left(-\frac{1}{\sqrt{2}}, \frac{1}{\sqrt{2}}\right)$.

**例 7.2.3** 若 $\sum\limits_{n=1}^{\infty} a_n(1+x)^n$ 在 $x = 1$ 处收敛，则在 $x = 2$ 处（　　）.

（A）发散；　　　　　　（B）条件收敛；

（C）绝对收敛；　　　　（D）收敛性不能确定.

**解** 选（C）. 级数在 $x = 1$ 处收敛表明，其收敛半径至少是 $|-1-1| = 2$，即在 $(-3, 1)$ 内绝对收敛.

### 7.2.2 幂级数的运算与和函数

两个幂级数可在其收敛区间的公共部分相加、相减或相乘；对幂级数逐项求导或逐项积分，其收敛半径 $R$ 不变，但端点处敛散性需讨论.

**例 7.2.4** 求幂级数 $\sum\limits_{n=0}^{\infty}\frac{n^2+1}{2^n n!} x^n$ 的收敛域及和函数 $S(x)$.

**旁注：**

此级数的系数为

$$a_n = \left(1+\frac{1}{n}\right)^{n^2}$$

适合用根值法求收敛半径的倒数.

这是缺项幂级数，可用数项级数判敛法. 若直接用方法：

$$R = \lim_{n\to\infty}\left|\frac{a_n}{a_{n+1}}\right|$$
$$= \lim_{n\to\infty}\frac{2^n}{2^{n+1}} = \frac{1}{2}$$

求收敛半径就错了.

**解** 收敛半径 $R = \lim\limits_{n\to\infty} \left| \dfrac{a_n}{a_{n+1}} \right| = \lim\limits_{n\to\infty} \dfrac{n^2+1}{2^n n!} \cdot \dfrac{2^{n+1}(n+1)!}{(n+1)^2+1} = \infty$，收敛域为 $(-\infty, +\infty)$. 和函数

$$S(x) = \sum_{n=0}^{\infty} \frac{n^2+1}{2^n n!} x^n = \sum_{n=1}^{\infty} \frac{(n-1)+1}{(n-1)!} \left(\frac{x}{2}\right)^n + \sum_{n=0}^{\infty} \frac{1}{n!} \left(\frac{x}{2}\right)^n$$

$$= \sum_{n=2}^{\infty} \frac{1}{(n-2)!} \left(\frac{x}{2}\right)^n + \sum_{n=1}^{\infty} \frac{1}{(n-1)!} \left(\frac{x}{2}\right)^n + \sum_{n=0}^{\infty} \frac{1}{n!} \left(\frac{x}{2}\right)^n$$

$$= \left(\frac{x}{2}\right)^2 e^{\frac{x}{2}} + \frac{x}{2} e^{\frac{x}{2}} + e^{\frac{x}{2}} = \left(\frac{x^2}{4} + \frac{x}{2} + 1\right) e^{\frac{x}{2}}, x \in (-\infty, +\infty)$$

> 分母含 $n!$，联想公式：
> $$e^x = \sum_{n=0}^{\infty} \frac{x^n}{n!}$$
> $x \in (-\infty, +\infty)$

**例 7.2.5** 求下列幂级数的收敛域及和函数 $S(x)$:

(1) $\sum\limits_{n=1}^{\infty} \dfrac{1}{n3^n} x^{n-1}$;    (2) $\sum\limits_{n=1}^{\infty} \dfrac{x^n}{n(n+1)}$.

**解** (1) 收敛半径 $R = \lim\limits_{n\to\infty} \left| \dfrac{a_n}{a_{n+1}} \right| = \lim\limits_{n\to\infty} \dfrac{(n+1)3^{n+1}}{n3^n} = 3$，在 $x = -3$ 处，$\sum\limits_{n=1}^{\infty} \dfrac{(-1)^{n+1}}{3n}$ 收敛；在 $x = 3$ 处，$\sum\limits_{n=1}^{\infty} \dfrac{1}{3n}$ 发散，故收敛域为 $[-3, 3)$.

$$(xS(x))' = \sum_{n=1}^{\infty} \left(\frac{x^n}{n3^n}\right)' = \frac{1}{3} \sum_{n=1}^{\infty} \left(\frac{x}{3}\right)^{n-1} = \frac{1}{3} \frac{1}{1 - \frac{x}{3}} = \frac{1}{3-x}, |x| < 3$$

$$xS(x) = xS(x) \Big|_0^x = \int_0^x \frac{dx}{3-x} = -\ln(3-x) \Big|_0^x = \ln 3 - \ln(3-x), |x| < 3$$

$$S(x) = -\frac{1}{x} \ln\left(1 - \frac{x}{3}\right), 0 < |x| < 3$$

$S(0) = \dfrac{1}{3}$；在 $x = -3$ 处，原级数收敛，且函数 $-\dfrac{1}{x} \ln\left(1 - \dfrac{x}{3}\right)$ 在该点连续，则在该点原函数收敛到 $-\dfrac{1}{x} \ln\left(1 - \dfrac{x}{3}\right) \Big|_{x=-3}$.

综上，$S(x) = \begin{cases} -\dfrac{1}{x} \ln\left(1 - \dfrac{x}{3}\right), & -3 \leqslant x < 3, x \neq 0 \\ \dfrac{1}{3}, & x = 0 \end{cases}$.

> 联想公式：
> $$\frac{1}{1-x} = \sum_{n=0}^{\infty} x^n,$$
> $|x| < 1$，欲消去分母的因子 $n$，需先求导数.
>
> $S(0)$ 来自原级数 $\sum\limits_{n=1}^{\infty} \dfrac{x^{n-1}}{n3^n}$ 的常数项 $a_0$.

(2) 收敛半径 $R = \lim\limits_{n\to\infty} \left| \dfrac{a_n}{a_{n+1}} \right| = \lim\limits_{n\to\infty} \dfrac{(n+1)(n+2)}{n(n+1)} = 1$. 在 $x = \pm 1$ 处，$\sum\limits_{n=1}^{\infty} \dfrac{(\pm 1)^n}{n(n+1)}$ 收敛，故收敛域为 $[-1, 1]$.

$$xS(x) = \sum_{n=1}^{\infty} \frac{x^{n+1}}{n(n+1)}$$

$$(xS(x))'' = \sum_{n=1}^{\infty} \left(\frac{x^{n+1}}{n(n+1)}\right)'' = \sum_{n=1}^{\infty} x^{n-1} = \frac{1}{1-x}, |x| < 1$$

$$(xS(x))' = (xS(x))' \Big|_0^x = \int_0^x \frac{dx}{1-x} = -\ln(1-x)$$

$$xS(x) = xS(x) \Big|_0^x = -\int_0^x \ln(1-x)dx = -x\ln(1-x) \Big|_0^x - \int_0^x \frac{x}{1-x}dx$$

> 联想公式：
> $$\frac{1}{1-x} = \sum_{n=0}^{\infty} x^n,$$
> $|x| < 1$，欲消去分母中因子 $n(n+1)$ 需先求两阶导数.
> 也可采取拆项的方法：
> $$\sum_{n=1}^{\infty} \frac{x^n}{n(n+1)} = \sum_{n=1}^{\infty} \frac{x^n}{n} - \sum_{n=1}^{\infty} \frac{x^n}{n+1}$$

$$= (1-x)\ln(1-x) + x, |x| < 1$$

当 $x \neq 0, x \neq 1$ 时,$S(x) = \dfrac{1-x}{x}\ln(1-x) + 1, S(0) = 0$,

$$S(1) = \sum_{n=1}^{\infty} \frac{1}{n(n+1)} = \lim_{n \to \infty}\left[(1-\frac{1}{2}) + (\frac{1}{2} - \frac{1}{3}) + \cdots + (\frac{1}{n} - \frac{1}{n+1})\right]$$
$$= 1$$

故和函数 $S(x) = \begin{cases} \dfrac{1-x}{x}\ln(1-x) + 1, & -1 \leqslant x < 1, x \neq 0 \\ 0, & x = 0 \\ 1, & x = 1 \end{cases}$ .

**例 7.2.6** 求下列幂级数的和函数:(1) $\displaystyle\sum_{n=1}^{\infty} \frac{2n-1}{3^n} x^{2n-2}$;

(2)$1 \cdot 2x + 2 \cdot 3x^2 + 3 \cdot 4x^3 + \cdots$,并求 $\displaystyle\sum_{n=1}^{\infty} \frac{n(n+1)}{2^{n+1}}$ 的和.

**解** (1)$S(x) = \displaystyle\sum_{n=1}^{\infty} \frac{2n-1}{3^n} x^{2n-2} = \sum_{n=1}^{\infty} \left(\frac{x^{2n-1}}{3^n}\right)' = \left[\frac{1}{x}\sum_{n=1}^{\infty}\left(\frac{x^2}{3}\right)^n\right]'$

$$= \left(\frac{1}{x} \cdot \frac{\frac{x^2}{3}}{1 - \frac{x^2}{3}}\right)' = \left(\frac{x}{3-x^2}\right)' = \frac{3+x^2}{(3-x^2)^2}, \left|\frac{x}{3}\right| < 1$$

在 $x = \pm\sqrt{3}$ 处,级数 $\dfrac{1}{3}\displaystyle\sum_{n=1}^{\infty}(2n-1)$ 发散,故和函数

$$S(x) = \frac{3+x^2}{(3-x^2)^2}, -\sqrt{3} < x < \sqrt{3}$$

(2)$S(x) = \displaystyle\sum_{n=1}^{\infty}(n+1)nx^n = x\sum_{n=1}^{\infty}(n+1)nx^{n-1} = x\sum_{n=1}^{\infty}(x^{n+1})''$

$$= x\left(\sum_{n=1}^{\infty}x^{n+1}\right)'' = x\left(\frac{x^2}{1-x}\right)'' = x\left(-x - 1 + \frac{1}{1-x}\right)''$$

$$= \frac{2x}{(1-x)^3}, |x| < 1$$

在 $x = \pm 1$ 处,级数 $\displaystyle\sum_{n=1}^{\infty}(\pm 1)^n n(n+1)$ 发散,故和函数

$$S(x) = \frac{2x}{(1-x)^3}, -1 < x < 1$$

取 $x = \dfrac{1}{2} \in (-1,1)$,得 $\displaystyle\sum_{n=1}^{\infty}(n+1)n\frac{1}{2^{n+1}} = \frac{1}{2}\sum_{n=1}^{\infty}(n+1)n\frac{1}{2^n} = \frac{1}{2}S(\frac{1}{2}) = 4$

**注** 幂级数求和函数的方法:
(1) 先求导(去分母)——再求和——后积分(如例 7.2.5);
(2) 先积分(去分子)——再求和——后求导(如例 7.2.6).

**例 7.2.7** 求下列级数的和 $S$:

(1) $\displaystyle\sum_{n=1}^{\infty} \frac{(-1)^n n}{(2n+1)!}$; (2) $\displaystyle\sum_{n=1}^{\infty} \frac{(-1)^{n-1}}{n(2n-1)}$.

一般地,对幂级数逐项求导或逐项积分,其收敛半径不变,但端点处敛散性可能变化.在做幂级数求和(或函数展开成幂级数)时,需要考察两点:若端点处级数收敛,和函数(或被展开函数)在该点连续(左端点右连续,右端点左连续),则求和式(或展开式)在该端点也成立.

联想公式:
$\dfrac{1}{1-x} = \displaystyle\sum_{n=0}^{\infty} x^n$,$|x| < 1$,欲消去分子的因子 $2n-1$,需先积分,即先求原函数.

等比级数的和 $\displaystyle\sum_{n=k}^{\infty} x^n = \dfrac{x^k}{1-x}$ $\left(\dfrac{首项}{1-公比}\right)$,$|x| < 1$

**解**　(1) 构造幂级数　$S(x) = \sum\limits_{n=1}^{\infty} \frac{(-1)^n n}{(2n+1)!} x^{2n-1}, |x| < +\infty$

$$S(x) = \sum_{n=1}^{\infty} \left( \frac{(-1)^n}{2(2n+1)!} x^{2n} \right)' = \left( \frac{1}{2x} \sum_{n=1}^{\infty} \frac{(-1)^n x^{2n+1}}{(2n+1)!} \right)'$$

$$= \left[ \frac{1}{2x} (\sin x - x) \right]' = \frac{1}{2x^2} (x \cos x - \sin x)$$

取 $x = 1$, 得所求和 $S = \sum\limits_{n=1}^{\infty} \frac{(-1)^n n}{(2n+1)!} = S(1) = \frac{1}{2}(\cos 1 - \sin 1)$.

(2) 构造幂级数 $S(x) = \sum\limits_{n=1}^{\infty} \frac{(-1)^{n-1}}{n(2n-1)} x^{2n}$,

$$S''(x) = 2 \sum_{n=1}^{\infty} \left( \frac{(-1)^{n-1}}{2n(2n-1)} x^{2n} \right)'' = 2 \sum_{n=1}^{\infty} (-1)^{n-1} x^{2(n-1)}$$

$$= 2 \sum_{n=1}^{\infty} (-x^2)^{n-1} = \frac{2}{1+x^2}, |x| < 1$$

$$S'(x) = S'(x) - S'(0) = \int_0^x S''(x) \mathrm{d}x = \int_0^x \frac{2\mathrm{d}x}{1+x^2} = 2\arctan x$$

$$S(x) = S(x) - S(0) = \int_0^x S'(x) \mathrm{d}x = 2\int_0^x \arctan x \mathrm{d}x$$

$$= 2x\arctan x - \ln(1+x^2), |x| < 1$$

当 $x = \pm 1$ 时, $\sum\limits_{n=1}^{\infty} \frac{(-1)^{n-1}}{n(2n-1)}$ 为莱布尼兹收敛级数, 又和函数 $S(x)$ 在 $[-1, 1]$ 上连续, 故 $S(x) = 2x\arctan x - \ln(1+x^2), |x| \leq 1$, 取 $x = 1$, 得所求和 $S = S(1) = \frac{\pi}{2} - \ln 2$.

### 7.2.3　函数的幂级数展开

**例 7.2.8**　将下列函数展开成麦克劳林级数:

(1) $\ln(1+x+x^2)$;　　　(2) $\arctan \frac{1+x}{1-x}$.

**解**　(1) $\ln(1+x+x^2) = \ln \frac{1-x^3}{1-x} = \ln(1-x^3) - \ln(1-x)$

$$= \sum_{n=1}^{\infty} (-1)^{n-1} \frac{(-x^3)^n}{n} - \sum_{n=1}^{\infty} (-1)^{n-1} \frac{(-x)^n}{n}$$

$$= -\sum_{n=1}^{\infty} \frac{x^{3n}}{n} + \sum_{n=1}^{\infty} \frac{x^n}{n}, -1 \leq x < 1$$

(2) $\left( \arctan \frac{1+x}{1-x} \right)' = \frac{1}{1+x^2} = \sum\limits_{n=0}^{\infty} (-1)^n x^{2n}, |x^2| < 1$

再两端积分,

$$\arctan \frac{1+x}{1-x} = \arctan \frac{1+x}{1-x} \Big|_{x=0} + \int_0^x \left( \arctan \frac{1+t}{1-t} \right)' \mathrm{d}t$$

$$= \frac{\pi}{4} + \sum_{n=0}^{\infty} (-1)^n \int_0^x t^{2n} \mathrm{d}t = \frac{\pi}{4} + \sum_{n=0}^{\infty} (-1)^n \frac{x^{2n+1}}{2n+1}$$

分母含 $(2n+1)!$ 联想公式:

$\sin x = \sum\limits_{n=0}^{\infty} \frac{(-1)^n}{(2n+1)!} x^{2n+1}, |x| < +\infty$

欲消去分子因子 $n$ (化成 $2n$), 构造的幂级数含因子 $x^{2n-1}$, 可通过先积分, 消去因子 $2n$ 后再求导.

联想公式:

$\ln(1+x) = \sum\limits_{n=1}^{\infty} (-1)^{n-1} \frac{x^n}{n}$, $-1 < x \leq 1$.

题 (2) 中所给函数无法直接套用公式展开. 可尝试先将导函数展开, 然后再积分. 这里需要注意正确使用牛顿-莱布尼兹公式:

$f(x) = f(0) + \int_0^x f'(t) \mathrm{d}t$

不可漏掉 $f(0)$.

$$-1 \leqslant x < 1$$

右端级数在 $x = \pm 1$ 处均收敛,左端函数在 $x = -1$ 处连续,在 $x = 1$ 处无定义,因此,展开式在 $[-1, 1)$ 成立.

**例 7.2.9** 将下列函数在指定点处展开成泰勒级数:

(1) 将 $f(x) = \sin x$ 展开成 $(x - \frac{\pi}{4})$ 的幂级数;

(2) 将 $f(x) = \dfrac{1}{x^2 + 3x + 2}$ 展开成 $(x + 4)$ 的幂级数,并求 $f^{(n)}(-4)$.

**解** (1) $f(x) = \sin x = \sin \left[ \frac{\pi}{4} + (x - \frac{\pi}{4}) \right]$

$$= \frac{1}{\sqrt{2}} \left[ \cos (x - \frac{\pi}{4}) + \sin (x - \frac{\pi}{4}) \right]$$

$$= \frac{1}{\sqrt{2}} \Big[ \sum_{n=0}^{\infty} \frac{(-1)^n}{(2n)!} (x - \frac{\pi}{4})^{2n}$$

$$+ \sum_{n=0}^{\infty} \frac{(-1)^n}{(2n+1)!} (x - \frac{\pi}{4})^{2n+1} \Big], |x| < +\infty$$

(2) $f(x) = \dfrac{1}{x^2 + 3x + 2} = \dfrac{1}{x+1} - \dfrac{1}{x+2}$

$$= -\frac{1}{3} \frac{1}{1 - \frac{x+4}{3}} + \frac{1}{2} \frac{1}{1 - \frac{x+4}{2}}$$

$$= -\frac{1}{3} \sum_{n=0}^{\infty} (\frac{x+4}{3})^n + \frac{1}{2} \sum_{n=0}^{\infty} (\frac{x+4}{2})^n, \left| \frac{x+4}{2} \right| < 1$$

$$= \sum_{n=0}^{\infty} (\frac{1}{2^{n+1}} - \frac{1}{3^{n+1}}) (x+4)^n, \quad -6 < x < -2$$

由泰勒级数展开式的唯一性可知,

$$f^{(n)}(-4) = a_n \cdot n! = (\frac{1}{2^{n+1}} - \frac{1}{3^{n+1}}) n!$$

**例 7.2.10** 设 $f(x) = \arcsin x$,求 $f^{(n)}(0)$.

**解** $f'(x) = \dfrac{1}{\sqrt{1 - x^2}} = (1 - x^2)^{-\frac{1}{2}}$

$$= 1 + \sum_{n=1}^{\infty} \frac{(2n-1)!!}{(2n)!!} x^{2n}, \quad -1 < x < 1$$

$f(x) = \arcsin x = \arcsin x - \arcsin 0 = \displaystyle\int_0^x (\arctan x)' dx$

$$= \int_0^x [1 + \sum_{n=1}^{\infty} \frac{(2n-1)!!}{(2n)!!} t^{2n}] dt = x + \sum_{n=1}^{\infty} \frac{(2n-1)!!}{(2n)!!} \int_0^x t^{2n} dt$$

$$= x + \sum_{n=1}^{\infty} \frac{(2n-1)!!}{(2n)!!} \frac{x^{2n+1}}{2n+1}, \quad -1 < x < 1$$

由幂级数展开式的唯一性可知,$f'(0) = 1, f^{(2n)}(0) = 0$,

$$f^{(2n+1)}(0) = (2n+1)! \, a_{2n+1} = (2n+1)! \, \frac{(2n-1)!!}{(2n)!!} \frac{1}{2n+1}$$

幂级数逐项求导、逐项积分后收敛半径不变,但在求出展开式的收敛区间后,还需在区间端点处讨论展开式是否成立.

联想公式:

$\sin x =$
$\displaystyle\sum_{n=0}^{\infty} \frac{(-1)^n}{(2n+1)!} x^{2n+1}$,
$|x| < +\infty$

$\cos x =$
$\displaystyle\sum_{n=0}^{\infty} \frac{(-1)^n}{(2n)!} x^{2n}$,
$|x| < +\infty$

联想公式:

$\dfrac{1}{1-x} = \displaystyle\sum_{n=0}^{\infty} x^n$,
$|x| < 1$

函数 $f(x)$ 的麦克劳林展开式 $f(x) = \displaystyle\sum_{n=0}^{\infty} \frac{f^{(n)}(0)}{n!} x^n$ 中 $x^n$ 的系数为 $\dfrac{f^{(n)}(0)}{n!}$,可由此求得 $f^{(n)}(0)$.

本题用到牛顿二项展开式:
$(1+x)^m = 1 +$
$\displaystyle\sum_{n=1}^{\infty} \frac{m(m-1)\cdots(m-n+1)}{n!} x^n$,
$-1 < x < 1$

$$= (2n)! \ \frac{(2n-1)!!}{(2n)!!} \ \frac{1}{2n+1} = \left[ (2n-1)!! \ \right]^2, n=1,2,\cdots$$

其中 $k!! = \begin{cases} k(k-2)\cdots 3 \cdot 1, k \text{ 为奇数} \\ k(k-2)\cdots 4 \cdot 2, k \text{ 为偶数} \end{cases}$.

# 7.3　傅里叶级数

### 7.3.1　求傅里叶系数或傅里叶级数和函数的值

**例 7.3.1**　设函数 $f(x) = \pi x + x^2 (-\pi < x < \pi)$ 的傅里叶级数展开式为

$$\frac{a_0}{2} + \sum_{n=1}^{\infty} (a_n \cos nx + b_n \sin nx)$$

则其中系数 $b_3$ 的值为 _____.

> 这是函数 $f(x)$ 按周期为 $2\pi$ 的傅里叶级数展开问题.
>
> 这里利用奇（偶）函数在区间 $[-\pi, \pi]$ 上的积分性质.

**解**　$b_3 = \dfrac{1}{\pi} \displaystyle\int_{-\pi}^{\pi} f(x) \sin 3x \, dx = \dfrac{1}{\pi} \int_{-\pi}^{\pi} (\pi x + x^2) \sin 3x \, dx$

$= \dfrac{2}{\pi} \displaystyle\int_0^{\pi} \pi x \sin 3x \, dx + 0 = \dfrac{2}{3} \pi$.

**例 7.3.2**　设函数 $f(x) = \begin{cases} x, & 0 \leqslant x \leqslant \dfrac{1}{2} \\ 2-2x, & \dfrac{1}{2} < x \leqslant 1 \end{cases}$ 的余弦级数展开式

为

$$S(x) = \frac{a_0}{2} + \sum_{n=1}^{\infty} a_n \cos n\pi x \quad (-\infty < x < +\infty)$$

其中系数 $a_n = 2 \displaystyle\int_0^1 f(x) \cos n\pi x \, dx, n=0,1,\cdots$，则

$S\left(\dfrac{9}{4}\right) = $ _____，$S(5) = $ _____，$S\left(-\dfrac{5}{2}\right) = $ _____.

> 由题意知 $S(x)$ 的产生过程是：$f(x)$（$0 \leqslant x \leqslant 1$）作偶延拓，再周期延拓到实数轴得 $F(x)$，其傅里叶级数的和函数即为 $S(x)$. 因此，$S(x)$ 是以 $T=2$ 为周期的偶函数.
>
> 右极限 $F(1^+)$
> $\overset{T=2}{=\!=\!=} F(-1^+)$
> $\overset{偶}{=\!=\!=} F(1^-)$ 左极限

**解**　$S\left(\dfrac{9}{4}\right) = S\left(2 + \dfrac{1}{4}\right) \overset{T=2}{=\!=\!=} S\left(\dfrac{1}{4}\right) = f\left(\dfrac{1}{4}\right) = \dfrac{1}{4}$

$S(5) = S(4+1) \overset{T=2}{=\!=\!=} S(1) = \dfrac{1}{2} \left[ F(1^-) + F(1^+) \right]$

$\qquad = F(1^-) = f(1^-) = 0$

$S\left(-\dfrac{5}{2}\right) \overset{T=2}{=\!=\!=} S\left(-\dfrac{5}{2} + 2\right) = S\left(-\dfrac{1}{2}\right) \overset{偶}{=\!=\!=} S\left(\dfrac{1}{2}\right)$

$= \dfrac{1}{2} \left[ f\left(\dfrac{1}{2}^-\right) + f\left(\dfrac{1}{2}^+\right) \right] = \dfrac{3}{4}$

### 7.3.2　函数展开成傅里叶级数

函数展开成傅里叶级数的步骤为：① 按傅里叶系数公式计算 $a_n, b_n$；② 写出傅里叶级数；③ 按狄利克莱定理写出级数的和.

**例 7.3.3** 将函数 $f(x) = x - [x]$ 展开成傅里叶级数.

**解** 由 $f(x) = x - [x] = x - k (k = 0, \pm 1, \pm 2, \cdots)$,知 $f(x) = x - [x]$ 是以 $2l = 1$ 为周期的函数,当 $x \in [0, 1)$ 时,$f(x) = x$.

$$a_0 = \frac{1}{l} \int_0^{2l} x \, dx = 2 \int_0^1 x \, dx = 1$$

$$a_n = \frac{1}{l} \int_0^{2l} x \cos \frac{n\pi x}{l} \, dx = 2 \int_0^1 x \cos 2n\pi x \, dx = 0$$

$$b_n = \frac{1}{l} \int_0^{2l} x \sin \frac{n\pi x}{l} \, dx = 2 \int_0^1 x \sin 2n\pi x \, dx$$

$$= -\frac{1}{n\pi} x \cos 2n\pi x \Big|_0^1 + \frac{1}{n\pi} \int_0^1 \cos 2n\pi x \, dx = -\frac{1}{n\pi}$$

则 $x - [x] = \frac{1}{2} - \frac{1}{\pi} \sum_{n=1}^{\infty} \frac{1}{n} \sin 2n\pi x, \ x \neq k, k = 0, \pm 1, \cdots$

**例 7.3.4** 将函数 $f(x) = |\sin x| \ (-\pi \leqslant x \leqslant \pi)$ 展开成傅里叶级数.

**解 1** 由 $f(x)$ 为偶函数知 $b_n = 0, (n = 1, 2, \cdots)$.

$$a_0 = \frac{2}{\pi} \int_0^\pi \sin x \, dx = \frac{4}{\pi}$$

$$a_n = \frac{2}{\pi} \int_0^\pi \sin x \cos nx \, dx = \frac{2}{\pi} \int_0^\pi [\sin (n+1)x + \sin (1-n)x] dx$$

$$= \frac{2}{\pi(n^2-1)} [(-1)^{n-1} - 1] = \begin{cases} -\dfrac{4}{\pi(4k^2-1)}, & n = 2k \\ 0, & n = 2k-1 \end{cases}$$

这里 $a_n$ 的表达式中 $n \neq 1$,需另行计算 $a_1$.

$$a_1 = \frac{2}{\pi} \int_0^\pi \sin x \cos x \, dx = \frac{1}{\pi} \int_0^\pi \sin 2x \, dx = 0$$

故 $|\sin x| = \dfrac{2}{\pi} - \dfrac{4}{\pi} \sum_{k=1}^{\infty} \dfrac{\cos 2kx}{4k^2-1} \ (-\pi \leqslant x \leqslant \pi)$.

**解 2** $b_n = 0, (n = 1, 2, \cdots)$.

$$a_0 = \frac{1}{l} \int_{-l}^l |\sin x| \, dx = \frac{2}{\pi} \int_{-\frac{\pi}{2}}^{\frac{\pi}{2}} |\sin x| \, dx = \frac{4}{\pi} \int_0^{\frac{\pi}{2}} \sin x \, dx = \frac{4}{\pi}$$

$$a_n = \frac{1}{l} \int_{-l}^l |\sin x| \frac{\cos n\pi x}{l} \, dx = \frac{2}{\pi} \int_{-\frac{\pi}{2}}^{\frac{\pi}{2}} |\sin x| \cos 2nx \, dx$$

$$= \frac{4}{\pi} \int_0^{\frac{\pi}{2}} \sin x \cos 2nx \, dx = \frac{2}{\pi} \int_0^{\frac{\pi}{2}} [\sin (n+1)x + \sin (1-2n)x] dx$$

$$= \frac{-4}{\pi(4n^2-1)}, n = 1, 2, \cdots$$

故 $|\sin x| = \dfrac{2}{\pi} - \dfrac{4}{\pi} \sum_{n=1}^{\infty} \dfrac{\cos 2nx}{4n^2-1} \ (-\pi \leqslant x \leqslant \pi)$.

**例 7.3.5** 将函数 $f(x) = 2 + |x| \ (-1 \leqslant x \leqslant 1)$ 展开成以 2 为周期的傅里叶级数,并由此求级数 $\sum_{n=0}^{\infty} \dfrac{1}{n^2}$ 的和.

**解** $f(x)$ 为偶函数,展开周期为 $2l = 2$,因此,$b_n = 0 (n = 1, 2, \cdots)$.

此题的关键是将取整函数表示成分段函数,从而发现函数 $f(x)$ 是以 1 为周期的函数.

虽然系数公式 $a_n = \frac{1}{l} \int_{-l}^l f(x) \cos \frac{n\pi x}{l} dx (n = 0, 1, \cdots)$ 包含 $n = 0$ 情形,但必须分别计算 $a_0$ 和 $a_n (n = 1, 2, \cdots)$,请考虑为什么.

将函数 $f(x) = |\sin x| (|x| \leqslant \pi)$ 展开成以 $2\pi$ 为周期的傅里叶级数.

注意偶(奇)函数的傅里叶系数 $b_0 = 0 (a_0 = 0)$.

将函数 $f(x) = |\sin x| (|x| \leqslant \pi)$ 展开成以 $\pi$ 为周期的傅里叶级数.

可见 $f(x)$ 按周期为 $2\pi$ 或 $\pi$ 的傅里叶级数展开式结果相同.

一般地,将周期函数 $f(x)$ 展开成傅里叶级数,按周期为 $T$ 或 $kT (k$ 为自然数) 的展开式是相同的.只需证以 $T$ 或 $2T$ 为周期的傅里叶展开式相同.

$$a_0 = \frac{2}{l} \int_0^l f(x) \mathrm{d}x = 2 \int_0^1 (2+x) \mathrm{d}x = 5$$

$$a_n = \frac{2}{l} \int_0^l f(x) \cos \frac{n\pi x}{l} \mathrm{d}x = 2 \int_0^1 (2+x) \cos n\pi x \mathrm{d}x$$

$$= \frac{2}{\pi^2 n^2} \big[ (-1)^n - 1 \big] = \begin{cases} -\dfrac{4}{\pi^2 n^2}, & n = 1,3,\cdots \\ 0, & n = 2,4,\cdots \end{cases}$$

函数 $f(x)$ 的傅里叶级数及级数和为

$$2 + |x| = \frac{5}{2} - \frac{4}{\pi^2} \sum_{n=0}^{\infty} \frac{\cos(2n+1)\pi x}{(2n+1)^2}, \quad [-1,1]$$

为求 $\sum\limits_{n=0}^{\infty} \dfrac{1}{n^2}$ 的和,在上式中令 $x=0$,得 $\sum\limits_{n=0}^{\infty} \dfrac{1}{(2n+1)^2} = \dfrac{\pi^2}{8}$;从 $\sum\limits_{n=0}^{\infty} \dfrac{1}{n^2}$ 中分离

出奇次项与偶次项: $\sum\limits_{n=0}^{\infty} \dfrac{1}{n^2} = \sum\limits_{m=1}^{\infty} \dfrac{1}{(2m)^2} + \sum\limits_{m=0}^{\infty} \dfrac{1}{(2m+1)^2} = 4 \sum\limits_{m=1}^{\infty} \dfrac{1}{m^2} + \dfrac{\pi^2}{8}$,故

$\sum\limits_{n=0}^{\infty} \dfrac{1}{n^2} = \dfrac{\pi^2}{6}$.

> 要利用函数的傅里叶级数展开式求某数项级数的和,需取 $x$ 为特殊值,如 $x=0$,得到相关数项级数的和.

**例 7.3.6**　将函数 $f(x) = \cos x$ 在 $0 < x \leqslant \pi$ 内展开成以 $2\pi$ 为周期的正弦级数,并在 $-2\pi \leqslant x \leqslant 2\pi$ 上写出该级数的和函数.

**解**　将 $f(x) = \cos x (0 < x \leqslant \pi)$ 奇延拓,$a_n = 0$.

$$b_n = \frac{2}{\pi} \int_0^{\pi} \cos x \sin nx \, \mathrm{d}x = \frac{1}{\pi} \int_0^{\pi} \big[ \sin(n+1)x + \sin(n-1)x \big] \mathrm{d}x$$

$$= \frac{1}{\pi} \big[ 1 + (-1)^n \big] \cdot \frac{2n}{n^2 - 1} = \begin{cases} \dfrac{4n}{\pi(n^2-1)}, & n = 2,4,\cdots \\ 0, & n = 3,5,\cdots \end{cases}$$

$$b_1 = \frac{2}{\pi} \int_0^{\pi} \cos x \sin x \, \mathrm{d}x = 0$$

所以 $\cos x = \dfrac{4}{\pi} \sum\limits_{k=1}^{\infty} \dfrac{2k}{4k^2 - 1} \sin 2kx \ (0 < x < \pi)$,从而得该级数的和函数

$$S(x) = \frac{8}{\pi} \sum_{k=1}^{\infty} \frac{k}{4k^2 - 1} \sin 2kx$$

$$= \begin{cases} \cos x, & 0 < x < \pi, -2\pi < x < -\pi \\ -\cos x, & -\pi < x < 0, \pi < x < 2\pi \\ 0, & x = 0, \pm\pi, \pm 2\pi \end{cases}$$

**例 7.3.7**　(1) 将函数 $f_1(x) = \begin{cases} -E, & -\pi \leqslant x \leqslant 0, \\ E, & 0 < x \leqslant \pi \end{cases}$ (常数 $E \neq 0$)

展开成以 $2\pi$ 为周期的傅里叶级数;

(2) 将函数 $f_2(x) = \begin{cases} a, & -3 < x \leqslant 0 \\ b, & 0 < x \leqslant 3 \end{cases}$ 展开成以 6 为周期的傅里叶级

数.

**解**　(1) 由 $f_1(x)$ 为奇函数($x=0$ 点除外),知 $a_n = 0, n = 0,1,\cdots$

$$b_n = \frac{2}{\pi}\int_0^\pi E\sin nx\,\mathrm{d}x = \frac{2E}{\pi n}[1-(-1)^n] = \begin{cases} \dfrac{4E}{\pi n}, & n=1,3,\cdots \\ 0, & n=2,4,\cdots \end{cases}$$

所以 $\quad f_1(x) = \dfrac{4E}{\pi}\sum_{k=1}^\infty \dfrac{1}{2k-1}\sin(2k-1)x(-\pi<x<0,\,0<x<\pi).$

(2) $2l=6$. $a_0 = \dfrac{1}{3}\displaystyle\int_{-3}^3 f_2(x)\mathrm{d}x = a+b$,

$$a_n = \frac{1}{3}\int_{-3}^3 f_2(x)\cos\frac{n\pi x}{3}\mathrm{d}x$$

$$= \frac{1}{3}\left[\int_{-3}^0 a\cos\frac{n\pi x}{3}\mathrm{d}x + \int_0^3 b\cos\frac{n\pi x}{3}\mathrm{d}x\right] = 0$$

$$b_n = \frac{1}{3}\int_{-3}^3 f_2(x)\sin\frac{n\pi x}{3}\mathrm{d}x = \frac{1}{3}\left[\int_{-3}^0 a\sin\frac{n\pi x}{3}\mathrm{d}x + \int_0^3 b\sin\frac{n\pi x}{3}\mathrm{d}x\right]$$

$$= -\frac{a}{n\pi}\cos\frac{n\pi x}{3}\Big|_{-3}^0 - \frac{b}{n\pi}\cos\frac{n\pi x}{3}\Big|_0^3$$

$$= \frac{b-a}{n\pi}[1-(-1)^n] = \begin{cases} \dfrac{2(b-a)}{n\pi}, & n=1,3,\cdots \\ 0, & n=2,4,\cdots \end{cases}$$

所以 $\quad f_2(x) = \dfrac{a+b}{2} + \dfrac{2(b-a)}{\pi}\sum_{k=1}^\infty \dfrac{1}{2k-1}\sin(2k-1)\dfrac{\pi x}{3}(0<|x|<3).$

**注** 问题(2)的解可由(1)的解表示.事实上,将

$f_3(x) = \begin{cases} a, & -l<x\leqslant 0 \\ b, & 0<x\leqslant l \end{cases}$ 的函数值平移 $\dfrac{a+b}{2}$ 个单位,使其成为奇函数,

即

$$f_3(x) = \frac{a+b}{2} + \left[f_3(x) - \frac{a+b}{2}\right] = \frac{a+b}{2} + \begin{cases} -\dfrac{b-a}{2}, & -l<x\leqslant 0 \\ \dfrac{b-a}{2}, & 0<x\leqslant l \end{cases}$$

$$= \frac{a+b}{2} + \frac{b-a}{2E}f_1\left(\frac{\pi x}{l}\right)$$

其中 $f_1(x)$ 如(1)中的函数.因此取 $l=3$,将(1)的解代入即得(2)的解.

**例 7.3.8** 设函数 $f(x) = \begin{cases} x+2, & -1\leqslant x<0 \\ x, & 0\leqslant x\leqslant l \end{cases}$,试将函数 $f(x)$ 展

开成以 $2l$ 为周期的傅里叶级数.

**解** 令 $g(x) = f(x) - 1 = \begin{cases} x+1, & -1\leqslant x<0 \\ x-1, & 0\leqslant x\leqslant 1 \end{cases}$,则 $g(x)$ 为奇函数

($x=0$ 点除外),于是 $a_n=0, n=0,1,\cdots$,

$$b_n = 2\int_0^1 g(x)\sin n\pi x\,\mathrm{d}x = 2\int_0^1 (x-1)\sin n\pi x\,\mathrm{d}x$$

$$= -2(x-1)\frac{\cos n\pi x}{n\pi}\Big|_0^1 + \frac{2}{n\pi}\int_0^1 \cos n\pi x\,\mathrm{d}x = \frac{-2}{n\pi}(n=1,2\cdots)$$

所以 $g(x) = \dfrac{2}{\pi}\sum_{k=1}^\infty \dfrac{1}{n}\sin n\pi x(-1<x<0,\,0<x<1)$

一般地,若要将 $f_3(x) = \begin{cases} a, & -l<x\leqslant 0 \\ b, & 0<x\leqslant l \end{cases}$ 展开成以 $2l$ 为周期的傅里叶级数,则 $f_3(x) = \dfrac{a+b}{2} + \dfrac{b-a}{2E}f_1\left(\dfrac{\pi x}{l}\right)$

$f(x)$ 是区间 $[-1,1]$ 上的分段函数,本没有奇偶性,但其图像关于点 $(0,1)$ 对称($x=0$ 点除外).故将此图像向下平移 1 个单位,则关于原点对称.

从而 $f(x) = 1 - \dfrac{2}{\pi} \sum\limits_{k=1}^{\infty} \dfrac{1}{n} \sin n\pi x (-1 < x < 0, 0 < x < 1)$.

### 7.3.3 给出函数的某性质,证明其傅里叶系数的某性质

**例 7.3.9** 设连续函数 $f(x)$ 满足条件: $f(x+\pi) = f(x)$(或 $f(x+\pi) = -f(x)$),试证 $f(x)$ 的以 $2\pi$ 为周期的傅里叶级数的傅里叶系数

$$a_{2n-1} = b_{2n-1} = 0 (\text{或 } a_0 = a_{2n} = b_{2n} = 0)$$

**证** 两次使用条件 $f(x+\pi) = \pm f(x)$ 可得

$$f(x) = \pm f(x+\pi) = f((x+\pi)+\pi) = f(x+2\pi)$$

即 $f(x)$ 是以 $2\pi$ 为周期的连续函数.

$$a_n = \frac{1}{\pi} \int_{-\pi}^{\pi} f(x) \cos nx \, dx = \frac{1}{\pi} \left[ \int_{-\pi}^{0} f(x) \cos nx \, dx + \int_{0}^{\pi} f(x) \cos nx \, dx \right]$$

其中 $\int_0^\pi f(x) \cos nx \, dx \xrightarrow{\text{令} x = t+\pi} \int_{-\pi}^{0} f(t+\pi) \cos n(t+\pi) \, dt$

$$= \int_{-\pi}^{0} \pm f(t) (-1)^n \cos nt \, dt = \pm (-1)^n \int_{-\pi}^{0} f(t) \cos nt \, dt$$

故 $a_n = \dfrac{1}{\pi} [1 \pm (-1)^n] \int_{-\pi}^{0} f(x) \cos nx \, dx$.

当 $f(x+\pi) = f(x)$ 时, $a_{2n-1} = 0$, 同理 $b_{2n-1} = 0$;

当 $f(x+\pi) = -f(x)$ 时, $a_0 = a_{2n} = 0$, 同理 $b_{2n} = 0$.

**注** 上例 $f(x+\pi) = f(x)$ 情形表明: $f(x)$ 的以 $2\pi$ 为周期的傅里叶展开式为: $f(x) = \dfrac{a_0}{2} + \sum\limits_{k=1}^{\infty} (a_{2k} \cos 2kx + b_{2k} \sin 2kx)$, 其中

$$a_n = \frac{1}{\pi} \int_{-\pi}^{\pi} f(x) \cos nx \, dx, \quad b_n = \frac{1}{\pi} \int_{-\pi}^{\pi} f(x) \sin nx \, dx$$

这个结果也可以从另一角度得到. 事实上,满足条件 $f(x+\pi) = f(x)$ 的函数 $f(x)$ 也以 $2l = \pi$ 为周期,其傅里叶级数展开式为

$$f(x) = \frac{a_0'}{2} + \sum\limits_{n=1}^{\infty} (a_n' \cos 2nx + b_n' \sin 2nx)$$

其中 $a_n' = \dfrac{2}{\pi} \int_{-\frac{\pi}{2}}^{\frac{\pi}{2}} f(x) \cos 2nx \, dx = \dfrac{1}{\pi} \int_{-\pi}^{\pi} f(x) \cos 2nx \, dx = a_{2n}$, 同理 $b_n' = b_{2n}$. 因此, $f(x) = \dfrac{a_0}{2} + \sum\limits_{n=1}^{\infty} (a_{2n} \cos 2nx + b_{2n} \sin 2nx)$.

> 因 $f(x) \cos 2nx$ 以 $\pi$ 为周期.

**例 7.3.10** 设连续的奇(或偶)函数 $f(x)$ 满足条件: $f(\frac{\pi}{2}+x) = -f(\frac{\pi}{2}-x)$,试证 $f(x)$ 的以 $2\pi$ 为周期的正弦(或余弦)展开式系数

$$b_{2n-1} = 0 (\text{或 } a_0 = a_{2n} = 0)$$

**证** 由 $f(-x) = \mp f(x)$ 及 $f(\frac{\pi}{2}+x) = -f(\frac{\pi}{2}-x)$ 可得

$$f(x+\pi) = f\left[ \frac{\pi}{2} + (x+\frac{\pi}{2}) \right] = -f\left[ \frac{\pi}{2} - (x+\frac{\pi}{2}) \right]$$

$$= -f(-x) = \pm f(x)$$

因此，$f(x+2\pi) = \pm f(x+\pi) = f(x)$，即 $f(x)$ 以 $2\pi$ 为周期.

由 $f(x)$ 为奇（或偶）函数，知 $f(x)$ 的傅里叶级数为正弦（或余弦）级数，再由例 7.3.9 知 $b_{2n-1} = 0$（或 $a_0 = a_{2n} = 0$）.

# 7.4  无穷级数综合题

### 7.4.1  数项级数综合题

**例 7.4.1**  设 $\sum\limits_{n=1}^{\infty} u_n$ 和 $\sum\limits_{n=1}^{\infty} v_n$ 均发散，则下列结论正确的是（  ）.

(A) $\sum\limits_{n=1}^{\infty} (u_n + v_n)$ 必发散；      (B) $\sum\limits_{n=1}^{\infty} u_n v_n$ 必发散；

(C) $\sum\limits_{n=1}^{\infty} (|u_n| + |v_n|)$ 必发散；    (D) $\sum\limits_{n=1}^{\infty} (u_n^2 + v_n^2)$ 必发散.

**解 1**  选(C).反证法.若正项数列 $\sum\limits_{n=1}^{\infty} (|u_n| + |v_n|)$ 收敛，则部分和数列 $\sum\limits_{k=1}^{n} (|u_k| + |v_k|)$ 有上界，从而 $\sum\limits_{k=1}^{n} |u_k|$ 和 $\sum\limits_{k=1}^{n} |v_k|$ 均有上界，$\sum\limits_{n=1}^{\infty} |u_n|$ 和 $\sum\limits_{n=1}^{\infty} |v_n|$ 均收敛，于是，$\sum\limits_{n=1}^{\infty} u_n$ 和 $\sum\limits_{n=1}^{\infty} v_n$ 均收敛，与题设矛盾.故选(C).

**解 2**  选(C).排除法.选(A) 错.反例：$\sum\limits_{n=1}^{\infty} n$ 和 $\sum\limits_{n=1}^{\infty} (-n)$ 均发散，但 $\sum\limits_{n=1}^{\infty} [n + (-n)]$ 收敛；选(B) 错.反例：$\sum\limits_{n=1}^{\infty} \dfrac{1}{n}$ 和 $\sum\limits_{n=1}^{\infty} \dfrac{1}{n}$ 均发散，但 $\sum\limits_{n=1}^{\infty} (\dfrac{1}{n} \cdot \dfrac{1}{n})$ 收敛；选(D) 错.反例：$\sum\limits_{n=1}^{\infty} \dfrac{1}{n}$ 和 $\sum\limits_{n=1}^{\infty} \dfrac{1}{n}$ 均发散，但 $\sum\limits_{n=1}^{\infty} (\dfrac{1}{n^2} + \dfrac{1}{n^2})$ 收敛.

**例 7.4.2**  设正项数列 $\{a_n\}$ 单调递减趋于零，求证：级数 $\sum\limits_{n=1}^{\infty} (-1)^{n-1} \sqrt{a_n a_{n-1}}$ 收敛.

**解**  由正项数列 $\{a_n\}$ 单调减少趋于零，知

$$0 < \sqrt{a_n a_{n-1}} \leqslant \frac{a_n + a_{n-1}}{2} \to 0$$

又 $\dfrac{\sqrt{a_{n+1} a_n}}{\sqrt{a_n a_{n-1}}} = \sqrt{\dfrac{a_{n+1}}{a_{n-1}}} \leqslant 1$，故 $\sqrt{a_n a_{n-1}}$ 单调递减趋于零，由此可知级数 $\sum\limits_{n=1}^{\infty} (-1)^{n-1} \sqrt{a_n a_{n-1}}$ 为莱布尼兹交错级数，故收敛.

**例 7.4.3**  已知级数 $\sum\limits_{n=1}^{\infty} (\dfrac{1}{n} - \sin \dfrac{1}{n})^{\alpha}$ 收敛，求常数 $\alpha$ 的取值范围.

举反例对工科学生要求有些高，但这样的练习对学生理解相关结论有帮助.对于考研或竞赛更是有用.

由数列 $\{a_n\}$ 的题设条件导出 $\sqrt{a_n a_{n-1}}$ 单调递减趋于零，便可由交错级数判敛法知级数收敛.

**解** 由麦克劳林展开式,

$$\frac{1}{n} - \sin\frac{1}{n} = \frac{1}{n} - \left[\frac{1}{n} - \frac{1}{3!}\frac{1}{n^3} + o\left(\frac{1}{n^3}\right)\right] \sim \frac{1}{6n^3}$$

而 $\sum\limits_{n=1}^{\infty}\frac{1}{n^{3\alpha}}$ 当且仅当 $\alpha > \frac{1}{3}$ 时收敛,因此,级数 $\sum\limits_{n=1}^{\infty}\left(\frac{1}{n} - \sin\frac{1}{n}\right)^{\alpha}$ 收敛时 $\alpha$ 的

取值范围为 $\alpha > \frac{1}{3}$.

**\* 例 7.4.4** 设 $\sum\limits_{n=1}^{\infty}\ln\left[n(n+1)^a(n+1)^b\right]$,讨论 $a,b$ 为何值时该级数

收敛.

**解** $u_n = \ln n + a\ln(n+1) + b\ln(n+2)$

$$= (1 + a + b)\ln n + a\ln\left(1 + \frac{1}{n}\right) + b\ln\left(1 + \frac{2}{n}\right)$$

$$= (1 + a + b)\ln n + a\left[\frac{1}{n} - \frac{1}{2n^2} + o\left(\frac{1}{n^2}\right)\right] + b\left[\frac{2}{n} - \frac{2}{n^2} + o\left(\frac{1}{n^2}\right)\right]$$

$$= (1 + a + b)\ln n + (a + 2b)\frac{1}{n} - \frac{1}{2}(a + 4b)\frac{1}{n^2} + o\left(\frac{1}{n^2}\right)$$

当 $1 + a + b = 0, a + 2b = 0$,即 $a = -2, b = 1$ 时,原级数收敛.

**注** 将级数的一般项拆成三项和的形式,再利用麦克劳林公式 $\ln(1+x) = x - \frac{x^2}{2} + o(x^2)$ 改写一些无穷小量及无穷大量之和,要使级数收敛,对应无穷大量项的系数应为零,对应发散级数项的系数也为零,便可知参数 $a, b$ 取何值时该级数收敛.

**例 7.4.5** 求级数 $\sum\limits_{n=1}^{\infty}\dfrac{n+2}{n! + (n+1)! + (n+2)!}$ 的和.

**解**

$$\frac{n+2}{n! + (n+1)! + (n+2)!}$$

$$= \frac{n+2}{n![1 + (n+1) + (n+2)(n+1)]}$$

$$= \frac{1}{n!(n+2)} = \frac{(n+2)-1}{(n+2)!} = \frac{1}{(n+1)!} - \frac{1}{(n+2)!}$$

所以 $\sum\limits_{n=1}^{\infty}\dfrac{n+2}{n! + (n+1)! + (n+2)!} = \sum\limits_{n=1}^{\infty}\left[\frac{1}{(n+1)!} - \frac{1}{(n+2)!}\right] = \frac{1}{2}$.

**\* 例 7.4.6** 设数列 $F_n$ 满足条件

$$F_0 = 1, F_1 = 1, F_n = F_{n-1} + F_{n-2}(n \geqslant 2)$$

(1) 证明:$\left(\frac{3}{2}\right)^{n-1} \leqslant F_n \leqslant 2^{n-1}$;

(2) 级数 $\sum\limits_{n=0}^{\infty}\dfrac{1}{F_n}$ 和 $\sum\limits_{n=0}^{\infty}\dfrac{1}{\ln F_n}$ 是否收敛?为什么?

**解** (1) 易知 $F_n > 0$,且 $F_n$ 单调增,于是

$$F_n = F_{n-1} + F_{n-2} \leqslant 2F_{n-1} \leqslant 2^2 F_{n-2} \leqslant \cdots \leqslant 2^{n-1}F_1 = 2^{n-1}$$

利用麦克劳林展开式 $\sin x = x - \frac{x^3}{3!} + o(x^3)$ 寻找 $\frac{1}{n} - \sin\frac{1}{n}$ 的等价无穷小,从而得到一般项 $\left(\frac{1}{n} - \sin\frac{1}{n}\right)^{\alpha}$ 的等价无穷小,便于判定收敛时的 $\alpha$ 的取值范围.

提出分母的公因子 $n!$,简化分母,将级数的一般项化为 $\dfrac{1}{n!(n+2)}$,再拆项求和.

此数列 $F_n$ 称为斐波那契数列. (1) 的证明是初等证明,可利用 (1) 证明 (2).

又由 $F_{n-1} \leqslant 2F_{n-2}$，得 $F_{n-2} \geqslant \frac{1}{2}F_{n-1}$，因此

$$F_n = F_{n-1} + F_{n-2} \geqslant F_{n-1} + \frac{1}{2}F_{n-1} = \frac{3}{2}F_{n-1} \geqslant \left(\frac{3}{2}\right)^2 F_{n-2} \geqslant \cdots$$

$$\geqslant \left(\frac{3}{2}\right)^{n-1} F_1 = \left(\frac{3}{2}\right)^{n-1}$$

即有 $\left(\frac{3}{2}\right)^{n-1} \leqslant F_n \leqslant 2^{n-1}$.

由题设可知，$F_n$ 取正项且单调递增，可利用条件 $F_n = F_{n-1} + F_{n-2}$ 递推地得到 $F_n \leqslant 2^{n-1}$，另一边类似可得.

(2) 由(1)知 $\frac{1}{F_n} \leqslant \left(\frac{2}{3}\right)^n$，于是级数 $\sum\limits_{n=0}^{\infty} \frac{1}{F_n}$ 收敛；

而 $\frac{1}{\ln F_n} \geqslant \frac{1}{(n-1)\ln 2}$，可见级数 $\sum\limits_{n=0}^{\infty} \frac{1}{\ln F_n}$ 发散.

**＊例 7.4.7** 设有级数 $\sum\limits_{n=1}^{\infty} u_n$，$u_n > 0$ $(n=1,2,\cdots)$，数列 $\{v_n\}$ $(v_n > 0)$，

记 $a_n = \frac{u_n v_n}{u_{n+1}} - v_{n+1}$. 如果 $\lim\limits_{n\to\infty} a_n = a$，且 $a$ 为有限正数或 $+\infty$，则级数 $\sum\limits_{n=1}^{\infty} u_n$ 收敛.

**分析** 由题设说明 $a_n$ 有正的下界，导出正数列 $u_n v_n$ 单调递减，从而极限存在；同时由 $a_n$ 表示式得到正项级数 $\sum\limits_{n=1}^{\infty} u_n$ 的控制级数 $\sum\limits_{n=1}^{\infty} (u_n v_n - u_{n+1} v_{n+1})$，并说明该级数收敛，从而 $\sum\limits_{n=1}^{\infty} u_n$ 收敛.

**证** 由 $\lim\limits_{n\to\infty} a_n = a$，且 $a$ 为有限正数或 $+\infty$，知存在 $M > 0$ 和正整数 $N$，使当 $n > N$ 时，

$$a_n = \frac{u_n v_n}{u_{n+1}} - v_{n+1} > M$$

两边乘以 $u_{n+1}$ 得

$$u_n v_n - u_{n+1} v_{n+1} > M u_{n+1} > 0 \quad (n > N) \tag{1}$$

于是正数列 $u_n v_n$ 单调递减(下界为零)，从而 $\lim\limits_{n\to\infty} u_n v_n = b$ 存在.

这里用到 $\lim\limits_{n\to\infty} a_n = a > 0 \Rightarrow \exists M > 0$ 使 $a_n > M > 0$.

这里用到极限存在准则：单调有界必有极限.

构造正级数 $\sum\limits_{n=N+1}^{\infty} (u_n v_n - u_{n+1} v_{n+1})$，其部分和数列 $S_n$ 的极限

$$\lim\limits_{n\to\infty} S_n = \lim\limits_{n\to\infty} (u_{N+1} v_{N+1} - u_{N+n+1} v_{N+n+1}) = u_{N+1} v_{N+1} - b$$

存在，从而正级数 $\sum\limits_{n=N+1}^{\infty} (u_n v_n - u_{n+1} v_{n+1})$ 收敛，由式(1)和比较审敛法可知级数 $\sum\limits_{n=1}^{\infty} u_n$ 收敛.

**＊例 7.4.8** 设 $\{u_n\}$，$\{c_n\}$ 为正实数列，试证：

(1) 若对任意正整数 $n$ 满足：$c_n u_n - c_{n+1} u_{n+1} \leqslant 0$，且 $\sum\limits_{n=1}^{\infty} \frac{1}{c_n}$ 发散，则 $\sum\limits_{n=1}^{\infty} u_n$ 也发散；

(2) 若对任意正整数 $n$ 满足: $c_n \dfrac{u_n}{u_{n+1}} - c_{n+1} \geqslant a$ (常数 $a > 0$),且 $\displaystyle\sum_{n=1}^{\infty} \dfrac{1}{c_n}$ 收敛,则 $\displaystyle\sum_{n=1}^{\infty} u_n$ 也收敛.

**证** 因 $\{u_n\}$,$\{c_n\}$ 为正实数列,所以 $\displaystyle\sum_{n=1}^{\infty} u_n$,$\displaystyle\sum_{n=1}^{\infty} c_n$ 均为正项级数.

(1) 由于对任意正整数 $n$ 满足: $c_n u_n \leqslant c_{n+1} u_{n+1}$,

$$c_n u_n \geqslant c_{n-1} u_{n-1} \geqslant \cdots \geqslant c_2 u_2 \geqslant c_1 u_1 > 0, u_n \geqslant c_1 u_1 \cdot \dfrac{1}{c_n} > 0$$

因为 $\displaystyle\sum_{n=1}^{\infty} c_1 u_1 \dfrac{1}{c_n} = c_1 u_1 \sum_{n=1}^{\infty} \dfrac{1}{c_n}$ 发散,故由比较审敛法知 $\displaystyle\sum_{n=1}^{\infty} u_n$ 也发散.

(2) 因为对任意正整数 $n$,$c_n \dfrac{u_n}{u_{n+1}} - c_{n+1} \geqslant a$,$c_n u_n - c_{n+1} u_{n+1} \geqslant a u_{n+1}$,

即 $c_n u_n \geqslant c_{n+1} u_{n+1} + a u_{n+1} = (c_{n+1} + a) u_{n+1}$,于是

$$\dfrac{c_n}{c_{n+1} + a} \geqslant \dfrac{u_{n+1}}{u_n}, 0 < u_{n+1} \leqslant \dfrac{c_n}{c_{n+1} + a} u_n < \dfrac{c_n}{c_{n+1}} u_n, 0 < u_n < \dfrac{c_{n-1}}{c_n} u_{n-1}$$

$$0 < u_n < \dfrac{c_{n-1}}{c_n} u_{n-1} < \dfrac{c_{n-1}}{c_n} \cdot \dfrac{c_{n-2}}{c_{n-1}} u_{n-2} = \dfrac{c_{n-2}}{c_n} u_{n-2} <$$

$$\dfrac{c_{n-2}}{c_n} \cdot \dfrac{c_{n-3}}{c_{n-2}} u_{n-3} = \dfrac{c_{n-3}}{c_n} u_{n-3} < \cdots < \dfrac{c_1}{c_n} u_1$$

因 $\displaystyle\sum_{n=1}^{\infty} c_1 u_1 \dfrac{1}{c_n} = c_1 u_1 \sum_{n=1}^{\infty} \dfrac{1}{c_n}$ 收敛,由比较判别法知 $\displaystyle\sum_{n=1}^{\infty} u_n$ 也收敛.

**\*例 7.4.9** 设 $m \geqslant 1$ 为正整数,$a_n$ 是 $(1+x)^{n+m}$ 中 $x^n$ 的系数,试求级数 $\displaystyle\sum_{n=0}^{\infty} \dfrac{1}{a_n}$ 的和.

**解** 利用牛顿二项式公式: $(1+x)^{n+m} = \displaystyle\sum_{k=0}^{n+m} C_{n+m}^k x^k$,其中 $x^n$ 的系数

$$a_n = C_{n+m}^n = \dfrac{(n+1)\cdots(n+m)}{m!}$$

级数 $\displaystyle\sum_{n=0}^{\infty} \dfrac{1}{a_n} = m! \sum_{n=0}^{\infty} \dfrac{1}{(n+1)\cdots(n+m)}$,其部分和

$$S_n = m! \sum_{k=0}^{n-1} \dfrac{1}{(k+1)\cdots(k+m)} = \dfrac{m!}{m-1} \sum_{k=0}^{n-1} \dfrac{(k+m)-(k+1)}{(k+1)\cdots(k+m)}$$

$$= \dfrac{m!}{m-1} \sum_{k=0}^{n-1} \left[ \dfrac{1}{(k+1)\cdots(k+m-1)} - \dfrac{1}{(k+2)\cdots(k+m)} \right]$$

$$= \dfrac{m!}{m-1} \left[ \dfrac{1}{1 \cdot 2 \cdots (m-1)} - \dfrac{1}{(n+1)\cdots(n+m-1)} \right] \to \dfrac{m}{m-1}$$

即 $\displaystyle\sum_{n=0}^{\infty} \dfrac{1}{a_n} = \dfrac{m}{m-1}$.

**\*例 7.4.10** 设 $\{u_n\}$ 是单调增加的正数列,证明级数 $\displaystyle\sum_{n=1}^{\infty} \left(1 - \dfrac{u_n}{u_{n+1}}\right)$ 收敛的充要条件是数列 $\{u_n\}$ 有界.

利用已知条件中的不等式建立递推式,可得一般式 $u_n$ 与 $c_n^{-1}$ 的关系,便可用正项级数的比较审敛法判敛.

利用牛顿二项式公式,写出 $(1+x)^{n+m}$ 中 $x^n$ 的系数 $a_n = C_{n+m}^n$,再代入级数 $\displaystyle\sum_{n=0}^{\infty} a_n^{-1}$ 求和.

这里的关键步骤为:

$$\dfrac{1}{(k+1)\cdots(k+m-1)}$$

$$= \dfrac{1}{m-1} \dfrac{(k+m)-(k+1)}{(k+1)\cdots(k+m)}$$

$$= \dfrac{1}{m-1} \left[ \dfrac{1}{(k+1)\cdots(k+m-1)} \right.$$

$$\left. - \dfrac{1}{(k+2)\cdots(k+m)} \right]$$

**分析** 必要性的证明用反证法. 假设数列 $\{u_n\}$ 无界, 推出级数 $\sum_{n=1}^{\infty}\left(1-\dfrac{u_n}{u_{n+1}}\right)$ 发散, 即部分和的极限 $\lim\limits_{n\to\infty}S_n$ 不存在.

根据柯西收敛准则:

"$\lim\limits_{n\to\infty}S_n$ 存在 $\Leftrightarrow \forall\varepsilon>0, \exists N>0$, 当 $m\geqslant n>N$ 时, $|S_m-S_n|<\varepsilon$."

若要说明 $\lim\limits_{n\to\infty}S_n$ 不存在, 只需证对某正数 $\varepsilon_0$, 无论 $N$ 多大, 当 $m\geqslant n>N$ 时, 有 $|S_m-S_n|\geqslant\varepsilon_0$ 即可.

**证** 部分和 $S_n=\sum_{k=1}^{n}\left(1-\dfrac{u_k}{u_{k+1}}\right)$, 由 $\{u_n\}$ 是单调增加的正数列知,

$1-\dfrac{u_k}{u_{k+1}}\geqslant 0(k=1,2,\cdots)$, 即部分和 $S_n$ 亦是单调增加的正数列.

**充分性.** 设数列 $\{u_n\}$ 有界, 则存在正数 $M$, 使 $|u_n|\leqslant M$, 于是

$$S_n=\frac{u_2-u_1}{u_2}+\frac{u_3-u_2}{u_3}+\cdots+\frac{u_{n+1}-u_n}{u_{n+1}}\leqslant\frac{1}{u_2}(u_{n+1}-u_1)\leqslant\frac{1}{u_2}(M-u_1)$$

因此 $S_n$ 为单调增加且有上界的数列, 从而收敛, 即级数 $\sum_{n=1}^{\infty}\left(1-\dfrac{u_n}{u_{n+1}}\right)$ 收敛.

**必要性.** (用反证法) 设级数 $\sum_{n=1}^{\infty}\left(1-\dfrac{u_n}{u_{n+1}}\right)$ 收敛, 假设数列 $\{u_n\}$ 无界, 由 $\{u_n\}$ 是单调增加的正数列, 知对任意固定的正整数 $n_0$, 存在正整数 $n: n>n_0$, 使 $u_n\geqslant 2u_{n_0}>0$, 于是

$$S_{n-1}-S_{n_0-1}=\sum_{k=n_0}^{n-1}\left(1-\frac{u_k}{u_{k+1}}\right)$$

$$=\frac{u_{n_0+1}-u_{n_0}}{u_{n_0+1}}+\frac{u_{n_0+2}-u_{n_0+1}}{u_{n_0+2}}+\cdots+\frac{u_n-u_{n-1}}{u_n}$$

$$\geqslant\frac{u_{n_0+1}-u_{n_0}}{u_n}+\frac{u_{n_0+2}-u_{n_0+1}}{u_n}+\cdots+\frac{u_n-u_{n-1}}{u_n}=\frac{u_n-u_{n_0}}{u_n}\geqslant\frac{1}{2}$$

由柯西收敛原理知数列 $S_n$ 发散, 即原级数发散, 矛盾.

\* **例 7.4.11** 对任意收敛于零的数列 $\{x_n\}$, 级数 $\sum_{n=1}^{\infty}a_nx_n$ 均收敛, 试

证级数 $\sum_{n=1}^{\infty}a_n$ 绝对收敛.

**解** 反证法. 若 $\sum_{n=1}^{\infty}|a_n|=+\infty$, 则对于 $n\geqslant 1$ 及 $k\in\mathbf{N}$, 存在 $m\in\mathbf{N}(m>n)$, 使得 $\sum_{i=n}^{m}|a_i|\geqslant k$.

因此, 对 $n=1,k=1$, 存在 $m_1\in N$, 使 $\sum_{i=1}^{m_1}|a_i|\geqslant 1$;

对 $n=m_1+1,k=2$, 存在 $m_2\geqslant m_1+1$, 使 $\sum_{i=m_1+1}^{m_2}|a_i|\geqslant 2$;

**右侧栏:**

所给级数为抽象级数, 一般可通过判定部分和数列 $S_n$ 是否收敛来判定级数敛散性.

这里用到: 单调有界数列必有极限.

单调增且无界的数列 $\{u_n\}$ 必有 $\lim\limits_{n\to\infty}u_n=+\infty$, 由此得 $u_n\geqslant 2u_{n_0}>0$, 从而估计出 $S_{n-1}-S_{n_0-1}\geqslant\dfrac{1}{2}$.

可用反证法证明. 假设 $\sum_{n=1}^{\infty}|a_n|=+\infty$, 构造趋于零的数列 $x_n$, 使 $\sum_{n=1}^{\infty}a_nx_n$ 发散, 引起矛盾. 要证明级数 $\sum_{n=1}^{\infty}a_nx_n$ 发散, 即证其部分和数列 $S_n$ 的极限不存在.

由此得到 $1 \leqslant m_1 < m_2 < \cdots < m_k < \cdots$，使 $\sum\limits_{i=m_{k-1}+1}^{m_k} |a_i| \geqslant k(k=1,2,\cdots)$.

取 $x_i = \dfrac{1}{k}\mathrm{sgn}\, a_i(m_{k-1} < i \leqslant m_k, m_0 = 0)$，则对任意大的正数 $N$，只要 $k-1 > N$，总有 $m_k > m_{k-1} > k-1 > N$，使

$$\sum_{i=m_{k-1}+1}^{m_k} a_i x_i = \sum_{i=m_{k-1}+1}^{m_k} \frac{|a_i|}{k} \geqslant 1$$

这样，对于级数 $\sum\limits_{n=1}^{\infty} a_n x_n$ 的部分和数列 $S_n$，取 $\varepsilon_0 = 1$，无论正数 $N$ 多大，当 $m_k > m_{k-1} > N$ 时，有 $|S_{m_k} - S_{m_{k-1}}| \geqslant 1$.

由柯西收敛准则知，$\sum\limits_{n=1}^{\infty} a_n x_n$ 发散. 由此可知，存在趋于零的数列 $x_n$，使级数 $\sum\limits_{n=1}^{\infty} a_n x_n$ 发散，这与已知矛盾，所以级数 $\sum\limits_{n=1}^{\infty} |a_n|$ 收敛，即级数 $\sum\limits_{n=1}^{\infty} a_n$ 绝对收敛.

**\* 例 7.4.12**　设级数 $\sum\limits_{n=1}^{\infty} u_n(u_n > 0)$，又 $S_n = u_1 + u_2 + \cdots + u_n$，证明：
(1) 当 $\sum\limits_{n=1}^{\infty} u_n$ 发散时，级数 $\sum\limits_{n=1}^{\infty} \dfrac{u_n}{S_n}$ 发散；(2) 级数 $\sum\limits_{n=1}^{\infty} \dfrac{u_n}{S_n^2}$ 收敛.

**证**　(1) 由 $u_n > 0$ 知，部分和数列 $S_n$ 单调增加. 而对级数 $\sum\limits_{n=1}^{\infty} \dfrac{u_n}{S_n}$ 的部分和 $S_n^*$，

$$S_{n+p}^* - S_n^* = \sum_{k=n+1}^{n+p} \frac{u_k}{S_k} \geqslant \frac{1}{S_{n+p}} \sum_{k=n+1}^{n+p} u_k = \frac{S_{n+p} - S_n}{S_{n+p}} = 1 - \frac{S_n}{S_{n+p}}$$

由级数 $\sum\limits_{n=1}^{\infty} u_n$ 发散，知 $\lim\limits_{n\to\infty} S_n = \infty$，故对任意的 $n$，当 $p$ 充分大时，有 $\dfrac{S_n}{S_{n+p}} < \dfrac{1}{2}$，于是 $S_{n+p}^* - S_n^* = \sum\limits_{k=n+1}^{n+p} \dfrac{u_k}{S_k} > 1 - \dfrac{1}{2} = \dfrac{1}{2}$，由柯西收敛准则知 $S_n^*$ 发散，从而级数 $\sum\limits_{n=1}^{\infty} \dfrac{u_n}{S_n}$ 发散.

(2) 由题设知
$$\sum_{k=2}^{n} \frac{u_k}{S_k^2} \leqslant \sum_{k=2}^{n} \frac{S_k - S_{k-1}}{S_k S_{k-1}} = \sum_{k=2}^{n} \left(\frac{1}{S_{k-1}} - \frac{1}{S_k}\right) = \frac{1}{S_1} - \frac{1}{S_n} < \frac{1}{u_1}$$
即正项级数 $\sum\limits_{n=1}^{\infty} \dfrac{u_n}{S_n^2}$ 的部分和数列有界，从而收敛.

**\* 例 7.4.13**　设 $a_n > 0, S_n = \sum\limits_{k=1}^{n} a_k$，证明：(1) 当 $\alpha > 1$ 时，级数 $\sum\limits_{n=1}^{\infty} \dfrac{a_n}{S_n^\alpha}$ 收敛；(2) 当 $\alpha \leqslant 1$，且 $\sum\limits_{n=1}^{\infty} u_n$ 发散时，级数 $\sum\limits_{n=1}^{\infty} \dfrac{a_n}{S_n^\alpha}$ 发散.

本题的难点是：构造趋于零的数列 $x_n$，使级数 $\sum\limits_{n=1}^{\infty} a_n x_n$ 发散.

(1) 通过证明部分和数列 $S_n^*$ 发散，证明级数发散；(2) 通过证明正项级数的部分和数列有上界证明级数收敛.

根据柯西收敛准则，若要说明 $\lim\limits_{n\to\infty} S_n^*$ 不存在，只需证对某正数 $\varepsilon_0$，无论 $N$ 多大，当 $m \geqslant n > N$ 时，有 $|S_m^* - S_n^*| \geqslant \varepsilon_0$ 即可.

例 7.4.13 是例 7.4.12 更一般的结论.

**分析** 当 $\alpha > 1$ 时,通过构造辅助函数 $f(x) = x^{1-\alpha}$,$x \in [S_{n-1}, S_n]$,建立级数 $\sum\limits_{n=1}^{\infty} \dfrac{a_n}{S_n^\alpha}$ 的控制级数 $\sum\limits_{n=1}^{\infty} \left( \dfrac{1}{S_{n-1}^{\alpha-1}} - \dfrac{1}{S_n^{\alpha-1}} \right)$,判得 $\sum\limits_{n=1}^{\infty} \dfrac{a_n}{S_n^\alpha}$ 收敛.

当 $\alpha = 1$ 时,利用柯西收敛准则证明级数 $\sum\limits_{n=1}^{\infty} \dfrac{a_n}{S_n^\alpha}$ 发散.

当 $\alpha < 1$ 时,与 $\sum\limits_{n=1}^{\infty} \dfrac{a_n}{S_n}$ 比较,判得 $\sum\limits_{n=1}^{\infty} \dfrac{a_n}{S_n^\alpha}$ 发散.

**证** (1) 当 $\alpha > 1$ 时,令 $f(x) = x^{1-\alpha}$,$x \in [S_{n-1}, S_n]$.将 $f(x)$ 在 $[S_{n-1}, S_n]$ 上用拉格朗日中值定理,存在 $\xi \in (S_{n-1}, S_n)$,使得

$$f(S_n) - f(S_{n-1}) = f'(\xi)(S_n - S_{n-1})$$

即

$$S_n^{1-\alpha} - S_{n-1}^{1-\alpha} = (1-\alpha)\xi^{-\alpha}a_n$$

$$\frac{1}{S_{n-1}^{\alpha-1}} - \frac{1}{S_n^{\alpha-1}} = (\alpha-1)\frac{a_n}{\xi^\alpha} \geqslant (\alpha-1)\frac{a_n}{S_n^\alpha}$$

显然级数 $\sum\limits_{n=2}^{\infty} \left( \dfrac{1}{S_{n-1}^{\alpha-1}} - \dfrac{1}{S_n^{\alpha-1}} \right)$ 的前 $n$ 项和有界,从而收敛,所以级数 $\sum\limits_{n=1}^{\infty} \dfrac{a_n}{S_n^\alpha}$ 收敛.

(2) 当 $\alpha = 1$ 时,因为 $a_n > 0$,$S_n$ 单调递增,所以

$$\sum_{k=n+1}^{n+p} \frac{a_k}{S_k} \geqslant \frac{1}{S_{n+p}} \sum_{k=n+1}^{n+p} a_k = \frac{S_{n+p} - S_n}{S_{n+p}} = 1 - \frac{S_n}{S_{n+p}}$$

因 $\sum\limits_{n=1}^{\infty} u_n$ 发散,有 $\lim\limits_{n \to \infty} S_n = +\infty$,故对任意的 $n$,存在 $p \in \mathbf{N}$,使 $\dfrac{S_n}{S_{n+p}} < \dfrac{1}{2}$,从而 $\sum\limits_{k=n+1}^{n+p} \dfrac{a_k}{S_k} \geqslant \dfrac{1}{2}$.由柯西收敛准则知,级数 $\sum\limits_{n=1}^{\infty} \dfrac{a_n}{S_n}$ 发散.

当 $\alpha < 1$ 时,由 $S_n \to +\infty$ 知,$S_n > 1 (n > N)$,因此 $\dfrac{a_n}{S_n^\alpha} \geqslant \dfrac{a_n}{S_n}$.由 $\sum\limits_{n=1}^{\infty} \dfrac{a_n}{S_n}$ 发散及比较法知,级数 $\sum\limits_{n=1}^{\infty} \dfrac{a_n}{S_n^\alpha}$ 发散.

*例 **7.4.14** 设 $f(x)$ 为偶函数,且在 $x = 0$ 的某邻域内具有连续的二阶导数,$f(0) = 1$.证明级数 $\sum\limits_{n=1}^{\infty} \left[ f\left( \dfrac{1}{n} \right) - 1 \right]$ 绝对收敛.

**证** 由 $f(x)$ 为偶函数,且在 $x = 0$ 的某邻域内具有连续的二阶导数,知 $f'(0) = 0$.函数的二阶麦克劳林公式为

$$f(x) = f(0) + f'(0)x + \frac{1}{2}f''(0)x^2 + o(x^2) = 1 + \frac{1}{2}f''(0)x^2 + o(x^2)$$

当 $n$ 充分大时,$f\left( \dfrac{1}{n} \right) - 1 = \dfrac{1}{2}f''(0)\dfrac{1}{n^2} + o\left( \dfrac{1}{n^2} \right)$,于是

$$\left| f\left( \frac{1}{n} \right) - 1 \right| \sim \left| \frac{1}{2}f''(0)\frac{1}{n^2} \right| (n \to \infty)$$

由于级数 $\sum\limits_{n=1}^{\infty} \dfrac{1}{n^2}$ 收敛,知 $\sum\limits_{n=1}^{\infty} \left| f\left( \dfrac{1}{n} \right) - 1 \right|$ 收敛,从而级数 $\sum\limits_{n=1}^{\infty} \left[ f\left( \dfrac{1}{n} \right) - 1 \right]$ 绝对收敛.

此题的难点为:当 $\alpha > 1$ 时,辅助函数 $f(x) = x^{1-\alpha}$,$x \in [S_{n-1}, S_n]$ 的构造.

由函数的麦克劳林公式,寻找所给级数一般项的等价无穷小,利用比较审敛法判敛.

这里利用结论:可导的偶函数在原点处导数值为零.

这里利用正项级数的比较审敛法.

\* **例 7.4.15** （1）构造正项级数 $\sum\limits_{n=1}^{\infty} a_n$，使得可用根值审敛法判断其敛散性，而不能用比值审敛法判断其敛散性.

（2）构造两个级数 $\sum\limits_{n=1}^{\infty} u_n$ 和 $\sum\limits_{n=1}^{\infty} v_n$，使得 $\lim\limits_{n\to\infty} \dfrac{u_n}{v_n} = l$ 存在，且 $0 < |l| < +\infty$，但此两级数的敛散性不同.

**解**　（1）令 $a_n = \dfrac{2+(-1)^n}{3^n}$，由于 $\dfrac{1}{3} \leqslant \sqrt[n]{a_n} = \sqrt[n]{\dfrac{2+(-1)^n}{3^n}} \leqslant \dfrac{\sqrt[n]{3}}{3} \to \dfrac{1}{3}$，利用极限的夹逼准则，得 $\lim\limits_{n\to\infty}\sqrt[n]{a_n} = \lim\limits_{n\to\infty}\sqrt[n]{\dfrac{2+(-1)^n}{3^n}} = \dfrac{1}{3} < 1$，由根值审敛法知正项级数 $\sum\limits_{n=1}^{\infty} a_n$ 收敛.

（2）$\sum\limits_{n=2}^{\infty} u_n = \sum\limits_{n=2}^{\infty} \dfrac{(-1)^n}{\sqrt{n}}$ 为莱布尼兹收敛级数，

$$\sum_{n=2}^{\infty} v_n = \sum_{n=2}^{\infty} \frac{(-1)^n}{\sqrt{n}+(-1)^n} = \sum_{n=2}^{\infty} \frac{(-1)^n[\sqrt{n}-(-1)^n]}{n+1}$$

$$= \sum_{n=2}^{\infty}\left[\frac{(-1)^n\sqrt{n}}{n+1} - \frac{1}{n+1}\right]$$

为发散级数.

\* **例 7.4.16**　$f(x) = \dfrac{1}{1-x-x^2}$，$a_n = \dfrac{1}{n!}f^{(n)}(0)$，求证：级数 $\sum\limits_{n=0}^{\infty} \dfrac{a_{n+1}}{a_n a_{n+2}}$ 收敛，并求其和 $S$.

**解**　作函数 $f(x)$ 作麦克劳林展开：$f(x) = \sum\limits_{k=0}^{\infty} a_k x^k$，$a_k = \dfrac{1}{k!}f^{(k)}(0)$

由 $f(x) = \dfrac{1}{1-x-x^2}$ 可得

$$1 = (1-x-x^2)\left(a_0 + a_1 x + \sum_{k=2}^{\infty} a_k x^k\right)$$

$$= a_0 + (a_1-a_0)x - a_0 x^2 - a_1 x^2 - a_1 x^3 + \sum_{k=2}^{\infty} a_k x^k$$

$$- \sum_{k=2}^{\infty} a_k x^{k+1} - \sum_{k=2}^{\infty} a_k x^{k+2})$$

$$1 = a_0 + (a_1-a_0)x + \sum_{m=0}^{\infty}(a_{m+2}-a_{m+1}-a_m)x^{m+2}$$

比较系数可得 $a_0 = a_1 = 1$，$a_{m+2}-a_{m+1}-a_m = 0$，从而得递推关系

$$a_{m+1} = a_{m+2} - a_m \tag{1}$$

由归纳法可得 $a_n \geqslant n$，于是有 $\lim\limits_{n\to\infty} a_n = \infty$.

考虑级数的部分和 $S_n = \sum\limits_{k=0}^{n} \dfrac{a_{k+1}}{a_k a_{k+2}}$，利用递推关系（1）得

此题要求对级数敛散性的基本判定法有较深刻的理解.

这里用到结论：$\lim\limits_{n\to\infty}\sqrt[n]{a} = 1(a > 0)$

此题比值判别法失效，请读者自行体会.

这里用到例 7.1.5 解后注：两个级数的一般项之和对应的级数敛散性结论："收收为收，收发为发，发发不一定发."中的"收发为发".

所给级数的一般项由 $a_k = \dfrac{1}{k!}f^{(k)}(0)$ 表示，而 $a_n$ 是函数 $f(x) = \dfrac{1}{1-x-x^2}$ 的麦克劳林展开的系数，可由 $f(x)$ 的表示式得关系式：$1 = (1-x-x^2)(a_0 + a_1 x + \sum\limits_{k=2}^{\infty} a_k x^k)$ 通过比较系数，得到 $a_n$ 的递推关系，以便求极限 $\lim\limits_{n\to\infty} S_n$.

$$S_n = \sum_{k=0}^{n} \frac{a_{k+2} - a_k}{a_k a_{k+2}} = \sum_{k=0}^{n} \left( \frac{1}{a_k} - \frac{1}{a_{k+1}} \right) + \sum_{k=0}^{n} \left( \frac{1}{a_{k+1}} - \frac{1}{a_{k+2}} \right)$$

$$= \frac{1}{a_0} - \frac{1}{a_{n+1}} + \frac{1}{a_1} - \frac{1}{a_{n+2}} \to \frac{1}{a_0} + \frac{1}{a_1} = 2 \ (n \to \infty \ \text{时})$$

故所给级数收敛,和为 2.

**\* 例 7.4.17** 设函数 $z(k) = \sum_{n=0}^{\infty} \frac{n^k}{n!} e^{-1}$,(1) 求 $z(0), z(1)$ 和 $z(2)$ 的值;(2) 试证:当 $k$ 取正整数时,$z(k)$ 亦为正整数.

**解** (1) $z(0) = e^{-1} \sum_{n=0}^{\infty} \frac{x^n}{n!} \Big|_{x=1} = e^{-1} e^x \Big|_{x=1} = 1$

$z(1) = e^{-1} \sum_{n=0}^{\infty} \frac{nx^n}{n!} \Big|_{x=1} = e^{-1} x \left( \sum_{n=0}^{\infty} \frac{x^n}{n!} \right)' \Big|_{x=1} = e^{-1} x (e^x)' \Big|_{x=1} = 1$

$z(2) = e^{-1} \sum_{n=0}^{\infty} \frac{n^2 x^n}{n!} \Big|_{x=1} = e^{-1} x \left( \sum_{n=1}^{\infty} \frac{x^n}{(n-1)!} \right)' \Big|_{x=1}$

$= e^{-1} x (xe^x)' \Big|_{x=2} = 2$

**证** (2) 寻找规律:当 $k=0$ 时,$\sum_{n=0}^{\infty} \frac{x^n}{n!} = e^x = P_0(x) e^x$;

当 $k=1$ 时,$\sum_{n=0}^{\infty} \frac{nx^n}{n!} = x(P_0(x) e^x)' = P_1(x) e^x$;

当 $k=2$ 时,$\sum_{n=0}^{\infty} \frac{n^2 x^n}{n!} = x(P_1(x) e^x)' = P_2(x) e^x$;

......

当 $k=k$ 时,$\sum_{n=0}^{\infty} \frac{n^k x^n}{n!} = x(P_{k-1}(x) e^x)' = P_k(x) e^x$;

其中 $P_0(x) = 1, P_1(x) = x, P_k(x) = x[P'_{k-1}(x) + P_{k-1}(x)]$.

由于 $P_k(x)$ 是正整数系数的多项式,故 $P_k(1)$ 是正整数. 而

$$z(k) = \sum_{n=0}^{\infty} \frac{n^k}{n!} e^{-1} = P_k(1)$$

即 $z(k)$ 为正整数.

**7.4.2 函数项级数的收敛域、幂级数的和函数综合题**

**\* 例 7.4.18** 讨论级数 $1 - \frac{1}{2^x} + \frac{1}{3} - \frac{1}{4^x} + \cdots + \frac{1}{2n-1} - \frac{1}{(2n)^x} + \cdots$ 的敛散性.

**解** (1) 当 $x=1$ 时,此级数为交错级数

$$1 - \frac{1}{2} + \frac{1}{3} - \frac{1}{4} + \cdots + \frac{1}{2n-1} - \frac{1}{2n} + \cdots$$

由莱布尼兹审敛法知此级数收敛.

(1) 将数项级数求和问题转化为幂级数 $\sum_{n=0}^{\infty} \frac{n^k}{n!} x^n$ 的相关问题,便可利用逐项积分(逐项求导)性质消去分子(分母)中的因子 $n$,化为运用公式 $e^x = \sum_{n=0}^{\infty} \frac{x^n}{n!} (|x| < +\infty)$ 的求和问题.

(2) 通过幂级数 $\sum_{n=0}^{\infty} \frac{n^k x^n}{n!} = P_k(x) e^x$,寻找 $k$ 与和函数中多项式 $P_k(x)$ 的关系,得到 $P_k(x)$ 的递推公式,最后确定 $z(k)$ 为正整数.

需针对参数 $x$ 的不同取值范围内级数对应的不同形式,分别考虑级数的敛散性.

(2) 当 $x > 1$ 时,部分和

$$S_{2n} = (1 + \frac{1}{3} + \frac{1}{5} + \cdots + \frac{1}{2n-1}) - (\frac{1}{2^x} + \frac{1}{4^x} + \frac{1}{6^x} + \cdots + \frac{1}{(2n)^x})$$

前括号内部分和

$$1 + \frac{1}{3} + \frac{1}{5} + \cdots + \frac{1}{2n-1} > \frac{1}{2} + \frac{1}{4} + \frac{1}{6} + \cdots + \frac{1}{2n}$$

$$= \frac{1}{2}(1 + \frac{1}{2} + \frac{1}{3} + \cdots + \frac{1}{n}) \to \infty (\text{当 } n \to \infty \text{ 时})$$

所以

$$\lim_{n \to \infty}(1 + \frac{1}{3} + \frac{1}{5} + \cdots + \frac{1}{2n-1}) = +\infty$$

后括号内部分和

$$\frac{1}{2^x} + \frac{1}{4^x} + \frac{1}{6^x} + \cdots + \frac{1}{(2n)^x} < \frac{1}{1^x} + \frac{1}{2^x} + \frac{1}{3^x} + \cdots + \frac{1}{n^x}$$

当 $n \to \infty$ 时,后一部分和对应的级数为 $p$-级数,$p = x > 1$,是收敛的,所以后括号内部分和对应级数收敛,则原级数发散。 这里用到:"收发为发."

(3) 当 $x < 1$ 时,原级数的加括号级数为

$$1 - (\frac{1}{2^x} - \frac{1}{3}) - (\frac{1}{4^x} - \frac{1}{5}) - \cdots - (\frac{1}{(2n)^x} - \frac{1}{2n+1}) - \cdots \quad (*)$$

除第一项外,每项均为负项,提出负号后为正项级数,可用极限形式的比较审敛法判定其收敛性。

$$\lim_{n \to \infty} \frac{\dfrac{1}{(2n)^x} - \dfrac{1}{2n+1}}{\dfrac{1}{n^x}} = \lim_{n \to \infty} \frac{[(2n+1) - (2n)^x]n^x}{(2n)^x(2n+1)}$$

$$= \frac{1}{2^x} \lim_{n \to \infty} \frac{(2n+1) - (2n)^x}{2n+1}$$

$$= \frac{1}{2^x}[1 - \lim_{n \to \infty} \frac{(2n)^x}{2n+1}] = \frac{1}{2^x}$$

(因为 $\lim_{y \to +\infty} \dfrac{(2y)^x}{2y+1} = \lim_{y \to +\infty} \dfrac{2^x x y^{x-1}}{2} = \lim_{y \to +\infty} \dfrac{2^x x}{2} \dfrac{1}{y^{1-x}} = 0$)

而级数 $\sum_{n=1}^{\infty} \dfrac{1}{n^x}$ 发散($p$-级数,$p = x < 1$),因此,当 $x < 1$ 时,原级数的加括号级数 ($*$) 发散,从而原级数发散。 这里用到级数性质:级数 $\sum_{n=0}^{\infty} a_n$ 的加括号级数发散,则原级数 $\sum_{n=0}^{\infty} a_n$ 发散.

**例 7.4.19**　设幂级数 $\sum_{n=0}^{\infty} a_n (x+1)^n$ 的收敛域为 $(-4, 2)$,求幂级数 $\sum_{n=0}^{\infty} na_n (x-3)^n$ 的收敛区间。

**分析**　对于已知收敛域的幂级数,通过平移变换,化为 $y$ 的幂级数 $S(y) = \sum_{n=0}^{\infty} a_n y^n$,确定其收敛半径 $R$;再构造未知收敛域的幂级数的关于 $y$ 的降一次幂的幂级数 $\sum_{n=0}^{\infty} na_n y^{n-1}$,它恰为 $S'(y)$,故收敛半径是 $R$,从而 本题考察幂级数的收敛定理:阿贝尔定理.

$\sum\limits_{n=0}^{\infty} na_n y^n$ 的收敛半径也是 $R$；最后，由 $|x-3| < R$ 解出所求幂级数 $\sum\limits_{n=0}^{\infty} na_n(x-3)^n$ 的收敛区间.

**解** 对幂级数 $\sum\limits_{n=0}^{\infty} a_n(x+1)^n$，令 $y=x+1$，得 $\sum\limits_{n=0}^{\infty} a_n y^n$，由题设知其收敛半径为 3. 由幂级数性质知，幂级数 $\sum\limits_{n=0}^{\infty} na_n y^{n-1}$ 的收敛半径为 3，从而 $\sum\limits_{n=0}^{\infty} na_n y^n$ 的收敛半径亦为 3.

由 $|x-3| < 3$，可得幂级数 $\sum\limits_{n=0}^{\infty} na_n(x-3)^n$ 的收敛区间为 $(0,6)$.

**\* 例 7.4.20** 求幂级数 $\sum\limits_{n=1}^{\infty} [1-n\ln(1+\frac{1}{n})]x^n$ 的收敛域.

**解** 记 $a_n = 1 - n\ln(1+\frac{1}{n})$，考虑函数

$$f(x) = 1 - \frac{1}{x}\ln(1+x) = 1 - \frac{1}{x}[x - \frac{x^2}{2} + o(x^2)] = \frac{x}{2} + o(x)$$

因此，$f(x) \sim \frac{x}{2}(x \to 0$ 时$)$，从而

$$a_n = 1 - n\ln(1+\frac{1}{n}) \sim \frac{1}{2n}(n \to \infty$ 时$)$$

幂级数的收敛半径 $R = \lim\limits_{n\to\infty}\left|\frac{a_n}{a_{n+1}}\right| = \lim\limits_{n\to\infty}\left|\frac{2(n+1)}{2n}\right| = 1$. 当 $x=1$ 时，级数 $\sum\limits_{n=1}^{\infty}[1-n\ln(1+\frac{1}{n})]$ 发散（因 $a_n = 1-n\ln(1+\frac{1}{n}) \sim \frac{1}{2n}$）；当 $x=-1$ 时，级数 $\sum\limits_{n=1}^{\infty}(-1)^n[1-n\ln(1+\frac{1}{n})]$ 收敛.

综上，幂级数 $\sum\limits_{n=1}^{\infty}[1-n\ln(1+\frac{1}{n})]x^n$ 的收敛域为 $[-1,1)$.

**\* 例 7.4.21** 求幂级数 $\sum\limits_{n=1}^{\infty} \frac{(-1)^n 8^n}{n\ln(n^3+n)} x^{3n-2}$ 的收敛域.

**分析** 这是缺项幂级数，不可直接用公式 $R = \lim\limits_{n\to\infty}\left|\frac{a_n}{a_{n+1}}\right|$ 求收敛半径. 需直接对幂级数用比值审敛法求收敛范围.

**解** $\lim\limits_{n\to\infty}\left|\frac{u_{n+1}(x)}{u_n(x)}\right| = \lim\limits_{n\to\infty}\left|\frac{8^{n+1}n\ln(n^3+n)x^{3n+1}}{8^n(n+1)\ln[(n+1)^3+(n+1)]x^{3n-2}}\right| = 8|x^3|$

故当 $|x| < \frac{1}{2}$ 时幂级数收敛.

当 $x=\frac{1}{2}$ 时，级数 $\sum\limits_{n=1}^{\infty}\frac{(-1)^n 4}{n\ln(n^3+n)}$ 为莱布尼兹交错级数，是收敛的；

**注意幂级数** $\sum\limits_{n=0}^{\infty} a_n y^n$ 的收敛域与收敛区间的区别. 所谓收敛域是指幂级数的收敛点的全体构成的集合，一般为 $(-R,R)$，$(-R,R]$，$[-R,R)$，$[-R,R]$ 中之一；所谓收敛区间是指幂级数的收敛开区间 $|x| < R$.

解本题的关键是：利用麦克劳林公式，寻找幂级数的系数 $a_n$ 的等价无穷小，以便求幂级数的收敛半径 $R = \lim\limits_{n\to\infty}\left|\frac{a_n}{a_{n+1}}\right|$.

这里用到麦克劳林公式 $\ln(1+x) = x - \frac{x^2}{2} + o(x^2)$

由例 7.1.14 后的注 (3) $\sum\limits_{n=2}^{\infty}\frac{1}{n(\ln n)^p}$ $\begin{cases}发散,p\leq 1 \\ 收敛,p>1\end{cases}$，而 $\lim\limits_{n\to\infty}\frac{\frac{1}{n\ln(n^3+n)}}{\frac{1}{3n\ln n}} = 1$，$\sum\limits_{n=2}^{\infty}\frac{1}{n\ln n}$ 发

当 $x=-\dfrac{1}{2}$ 时,级数 $\displaystyle\sum_{n=1}^{\infty}\dfrac{4}{n\ln(n^3+n)}$ 是发散的.

综上,所给幂级数的收敛域为 $\left(-\dfrac{1}{2},\dfrac{1}{2}\right]$.

**\* 例 7.4.22**　对参数 $p$,讨论幂级数 $\displaystyle\sum_{n=2}^{\infty}\dfrac{x^n}{n^p\ln n}$ 的收敛域.

**解**　记 $a_n=\dfrac{1}{n^p\ln n}$,因为

$$\lim_{n\to\infty}\frac{a_{n+1}}{a_n}=\lim_{n\to\infty}\frac{n^p\ln n}{(n+1)^p\ln(n+1)}$$

$$=\lim_{n\to\infty}\left[\frac{1}{1+\dfrac{1}{n}}\right]^p\frac{\ln n}{\ln(n+1)}=\lim_{n\to\infty}\frac{\ln n}{\ln(n+1)}=1$$

所以收敛半径 $R=1$.

(1) 当 $p<0$ 时,有 $\displaystyle\lim_{n\to\infty}a_n=\lim_{n\to\infty}\frac{1}{n^p\ln n}=\lim_{n\to\infty}\frac{n^{-p}}{\ln n}=+\infty$.

若 $x=\pm1$,级数 $\displaystyle\sum_{n=2}^{\infty}\frac{(\pm1)^n}{n^p\ln n}$ 因 $u_n=\dfrac{(\pm1)^n}{n^p\ln n}\to\infty(n\to\infty)$ 而发散.因此,$p<0$ 时,幂级数的收敛区间为 $(-1,1)$.

(2) 当 $0<p<1$ 时,若 $x=1$,级数 $\displaystyle\sum_{n=2}^{\infty}\frac{1}{n^p\ln n}$ 为正项级数.因

$$\lim_{n\to\infty}\frac{\dfrac{1}{n^p\ln n}}{\dfrac{1}{n}}=\lim_{n\to\infty}\frac{n}{n^p\ln n}=\lim_{n\to\infty}\frac{n^{1-p}}{\ln n}=+\infty$$

所以级数发散.

若 $x=-1$,级数 $\displaystyle\sum_{n=2}^{\infty}\frac{(-1)^n}{n^p\ln n}$ 为交错级数.因

$$\frac{1}{(n+1)^p\ln(n+1)}<\frac{1}{n^p\ln n},\lim_{n\to\infty}\frac{1}{n^p\ln n}=0(0<p<1)$$

所以级数收敛.

因此,$0<p<1$ 时,幂级数的收敛区间为 $[-1,1)$.

(3) 当 $p>1$ 时,若 $x=1$,级数 $\displaystyle\sum_{n=2}^{\infty}\frac{1}{n^p\ln n}$ 为正项级数.因 $\dfrac{1}{n^p\ln n}\leqslant$

$\dfrac{1}{n^p\ln 2}$,而 $\displaystyle\sum_{n=2}^{\infty}\frac{1}{n^p}$ 收敛,所以级数收敛.

若 $x=-1$,级数 $\displaystyle\sum_{n=2}^{\infty}\frac{(-1)^n}{n^p\ln n}$ 绝对收敛,从而级数收敛.因此,$p>1$ 时,幂级数的收敛区间为 $[-1,1]$.

综上所述,幂级数 $\displaystyle\sum_{n=2}^{\infty}\frac{x^n}{n^p\ln n}$ 当 $p<0$ 时收敛区间为 $(-1,1)$;$0<p<1$ 时,收敛区间为 $[-1,1)$;$p>1$ 时,收敛区间为 $[-1,1]$.

散,故
$\displaystyle\sum_{n=1}^{\infty}\dfrac{4}{n\ln(n^3+n)}$
发散.

先求出幂级数的收敛半径 $R$,再对参数 $p$ 的不同取值,分别讨论收敛半径对应区间端点处的常数项级数的敛散情况.关键是分 $p<0,0<p<1,p>1$ 三种情况.

一般地,
$\displaystyle\lim_{n\to\infty}\frac{\ln n}{n^k}=0$
$(k>0)$

这里利用结论:级数 $\displaystyle\sum_{n=0}^{\infty}a_n$ 的一般项不趋于零,则级数发散.

这里用到交错级数的莱布尼兹审敛法.

这里用到正项级数的比较审敛法.

以下例题留给读者练习:

求幂级数 $\sum\limits_{n=2}^{\infty} \dfrac{x^n}{n^p q^n}$ 的收敛域,其中 $p$ 是任意实数,$q$ 是正实数.

*例 7.4.23  求幂级数 $\sum\limits_{n=0}^{\infty} \dfrac{(-1)^n n^3}{(n+1)!} x^n$ 的收敛域与和函数 $S(x)$.

**解**  收敛半径 $R = \lim\limits_{n \to \infty} \left| \dfrac{a_n}{a_{n+1}} \right| = \lim\limits_{n \to \infty} \dfrac{n^3}{(n+1)!} \cdot \dfrac{(n+2)!}{(n+1)^3} = +\infty$

收敛域为 $(-\infty, +\infty)$. 由于

$$\frac{n^3}{(n+1)!} = \frac{(n^3 + n^2) - (n^2 + n) + (n+1) - 1}{(n+1)!}$$
$$= \frac{1}{(n-2)!} + \frac{1}{n!} - \frac{1}{(n+1)!} (n \geqslant 2)$$

于是

$$\sum_{n=0}^{\infty} \frac{(-1)^n n^3}{(n+1)!} x^n = -\frac{x}{2} + \sum_{n=2}^{\infty} \frac{(-x)^n}{(n-2)!} + \sum_{n=2}^{\infty} \frac{(-x)^n}{n!} - \sum_{n=2}^{\infty} \frac{(-x)^n}{(n+1)!}$$
$$= -\frac{x}{2} + x^2 \sum_{n=2}^{\infty} \frac{(-x)^{n-2}}{(n-2)!} + \sum_{n=2}^{\infty} \frac{(-x)^n}{n!} + \frac{1}{x} \sum_{n=2}^{\infty} \frac{(-x)^{n+1}}{(n+1)!}$$
$$= -\frac{x}{2} + x^2 e^{-x} + (e^{-x} - 1 + x) + \frac{1}{x}(e^{-x} - 1 + x - \frac{x^2}{2!})$$
$$= e^{-x}\left(x^2 + 1 + \frac{1}{x}\right) - \frac{1}{x} (x \neq 0)$$

当 $x = 0$ 时,$S(0) = 0$. 因此,幂级数 $\sum\limits_{n=0}^{\infty} \dfrac{(-1)^n n^3}{(n+1)!} x^n$ 的和函数

$$S(x) = \begin{cases} e^{-x}\left(x^2 + 1 + \dfrac{1}{x}\right) - \dfrac{1}{x}, & x \neq 0 \\ 0, & x = 0 \end{cases}$$

*例 7.4.24  已知 $a_1 = 1, a_2 = 1, a_{n+1} = a_n + a_{n-1}(n = 2, 3, \cdots)$,试求幂级数 $\sum\limits_{n=1}^{\infty} a_n x^n$ 的收敛半径及和函数 $S(x)$.

**分析**  构造级数 $\sum\limits_{k=1}^{\infty} \left( \dfrac{a_{k+1}}{a_{k+2}} - \dfrac{a_k}{a_{k+1}} \right)$,其部分和数列极限存在等同于极限 $R = \lim\limits_{n \to \infty} \dfrac{a_n}{a_{n+1}}$ 存在.

**解 1**  (1) 求收敛半径. 先证极限 $R = \lim\limits_{n \to \infty} \dfrac{a_n}{a_{n+1}}$ 存在.

对于级数 $\sum\limits_{k=1}^{\infty} \left( \dfrac{a_{k+1}}{a_{k+2}} - \dfrac{a_k}{a_{k+1}} \right)$,$\dfrac{a_{k+1}}{a_{k+2}} - \dfrac{a_k}{a_{k+1}} = \dfrac{a_{k+1}^2 - a_{k+2} a_k}{a_{k+2} a_{k+1}}$,

$a_{k+1}^2 - a_{k+2} a_k = a_{k+1}^2 - (a_{k+1} + a_k) a_k$
$= a_{k+1}(a_{k+1} - a_k) - a_k^2 = a_{k+1} a_{k-1} - a_k^2$

因此

$$\left| \frac{a_{k+1}}{a_{k+2}} - \frac{a_k}{a_{k+1}} \right| = \left| \frac{a_{k+1}^2 - a_{k+2} a_k}{a_{k+2} a_{k+1}} \right| = \left| \frac{a_k^2 - a_{k+1} a_{k-1}}{a_{k+2} a_{k+1}} \right| = \cdots$$

例 7.4.23 幂级数一般项的分母含有 $(n+1)!$,考虑使用公式 $e^x = \sum\limits_{n=0}^{\infty} \dfrac{x^n}{n!}$ $(|x| < 1)$

幂级数系数 $\dfrac{n^3}{(n+1)!}$ 拆项时,分子应迎合分母 $(n+1)!$,按 $(n+1)$ 因子配项,以便消去分子 $n^3$ 项.

求幂级数的收敛半径的一般方法是求极限:
$R = \lim\limits_{n \to \infty} \dfrac{a_n}{a_{n+1}}$

将 $\dfrac{a_{k+1}}{a_{k+2}} - \dfrac{a_k}{a_{k+1}}$ 通分后,利用条件 $a_{n+1} = a_n + a_{n-1}$,寻找分子的递推关系,是简化所构造的级数的一般项的关键步骤.

$$= \left| \frac{a_2^2 - a_3 a_1}{a_{k+2} a_{k+1}} \right| = \frac{1}{a_{k+2} a_{k+1}}$$

由题设条件可知 $a_n \geqslant n$，级数 $\sum\limits_{k=1}^{\infty} \dfrac{1}{a_{k+2} a_{k+1}}$ 收敛，因此级数

$\sum\limits_{k=1}^{\infty} \left( \dfrac{a_{k+1}}{a_{k+2}} - \dfrac{a_k}{a_{k+1}} \right)$ 绝对收敛，其前 $n$ 项和 $S_n = \dfrac{a_{n+1}}{a_{n+2}} - \dfrac{a_1}{a_2}$ 的极限存在，即极限

$R = \lim\limits_{n \to \infty} \dfrac{a_n}{a_{n+1}}$ 存在.

　　为求此极限 $R$，由关系式 $a_{n+1} = a_n + a_{n-1}$，两边同除以 $a_{n+1}$ 得

$$1 = \frac{a_n}{a_{n+1}} + \frac{a_{n-1}}{a_{n+1}} = \frac{a_n}{a_{n+1}} + \frac{a_n}{a_{n+1}} \cdot \frac{a_{n-1}}{a_n}$$

令 $n \to \infty$，取极限得 $1 = R + R^2$，解得 $R = \dfrac{\sqrt{5}-1}{2}$（舍去负根），即幂级数

$\sum\limits_{n=1}^{\infty} a_n x^n$ 的收敛半径 $R = \dfrac{\sqrt{5}-1}{2}$.

　　(2) 求和函数 $S(x)$.

　　由关系式 $a_{n+1} = a_n + a_{n-1}$ 可得：$a_{n+1} x^{n+1} = a_n x^{n+1} + a_{n-1} x^{n+1}$，

$$\sum_{n=2}^{\infty} a_{n+1} x^{n+1} = \sum_{n=2}^{\infty} a_n x^{n+1} + \sum_{n=2}^{\infty} a_{n-1} x^{n+1}$$

对照原幂级数 $S(x) = \sum\limits_{n=1}^{\infty} a_n x^n$ 可知

$$S(x) - x - x^2 = x(S(x) - x) + x^2 S(x)$$

解得幂级数的和函数　$S(x) = \dfrac{x}{1 - x - x^2} \left( |x| < \dfrac{\sqrt{5}-1}{2} \right)$.

　　**解 2**　(1) 求收敛半径 $R$.

　　所给数列 $a_1 = 1, a_2 = 1, a_{n+1} = a_n + a_{n-1} (n = 2, 3, \cdots)$ 为斐波那契数列，其一般表示式为

$$a_n = \frac{1}{\sqrt{5}} \left[ \left( \frac{1+\sqrt{5}}{2} \right)^n - \left( \frac{1-\sqrt{5}}{2} \right)^n \right] \quad (n = 2, 3, \cdots)$$

于是　$\dfrac{a_{n+1}}{a_n} = \dfrac{\left( \dfrac{1+\sqrt{5}}{2} \right)^{n+1} - \left( \dfrac{1-\sqrt{5}}{2} \right)^{n+1}}{\left( \dfrac{1+\sqrt{5}}{2} \right)^n - \left( \dfrac{1-\sqrt{5}}{2} \right)^n} = \dfrac{1+\sqrt{5}}{2} \cdot \dfrac{1 - r^{n+1}}{1 - r^n}$

其中 $r = \dfrac{1-\sqrt{5}}{1+\sqrt{5}} = \dfrac{\sqrt{5}-3}{2}$，由于 $|r| < 1$，所以

$$\lim_{n \to \infty} \frac{a_{n+1}}{a_n} = \lim_{n \to \infty} \frac{1+\sqrt{5}}{2} \cdot \frac{1 - r^{n+1}}{1 - r^n} = \frac{1+\sqrt{5}}{2}$$

故幂级数的收敛半径 $R = \dfrac{1}{\dfrac{1+\sqrt{5}}{2}} = \dfrac{\sqrt{5}-1}{2}$.

　　(2) 同解 1(2).

由题设条件得到 $a_n \geqslant n$ 是本题的突破口.

利用条件 $a_{n+1} = a_n + a_{n-1}$ 建立幂级数 $\sum\limits_{n=1}^{\infty} a_n x^n$ 的和函数 $S(x)$ 满足的关系，便可求得 $S(x)$.

利用斐波那契数列的一般表示式，直接求幂级数的收敛半径.

**＊例 7.4.25** 设 $a_0=1, a_1=-2, a_2=\dfrac{7}{2}, a_{n+1}=-(1+\dfrac{1}{n+1})a_n(n=2,3,\cdots)$. 证明：当 $|x|<1$ 时，幂级数 $\displaystyle\sum_{n=0}^{\infty}a_nx^n$ 收敛，并求其和函数 $S(x)$.

**解** 由 $a_{n+1}=-\dfrac{n+2}{n+1}a_n$ 得，收敛半径 $R=\lim\limits_{n\to\infty}\left|\dfrac{a_n}{a_{n+1}}\right|=1$，故当 $|x|<1$ 时，幂级数 $\displaystyle\sum_{n=0}^{\infty}a_nx^n$ 收敛. 又

$$a_n=-\frac{n+1}{n}a_{n-1}=(-1)^2\frac{n+1}{n}\frac{n}{n-1}a_{n-2}=\cdots$$

$$=(-1)^n\frac{n+1}{n}\frac{n}{n-1}\cdots\frac{4}{3}a_2=\frac{7}{6}(-1)^n(n+1)(n\geqslant 3)$$

于是，和函数

$$S(x)=\sum_{n=0}^{\infty}a_nx^n=1-2x+\frac{7}{2}x^2+\frac{7}{6}\sum_{n=3}^{\infty}(-1)^n(n+1)x^n$$

$$=1-2x+\frac{7}{2}x^2+\frac{7}{6}(\sum_{n=3}^{\infty}(-1)^nx^{n+1})'$$

$$=1-2x+\frac{7}{2}x^2-\frac{7}{6}(\frac{x^4}{1+x})'=1-2x+\frac{7}{2}x^2-\frac{7}{6}\cdot\frac{3x^4+4x^3}{(1+x)^2}$$

$$=1-2x+\frac{7}{2}x^2-\frac{7}{6}[3x^2-2x+1-\frac{1}{(1+x)^2}]$$

$$=-\frac{1}{6}(1+x)+\frac{7}{6}\frac{1}{(1+x)^2}$$

利用数列 $a_n$ 的递推关系可求出级数的收敛半径，得到敛散性结论. 再由已知条件导出 $a_n$ 的具体表达式，代入幂级数 $\displaystyle\sum_{n=0}^{\infty}a_nx^n$，以便求和函数.

这里使用幂级数求和函数的方法：先积分（去分子），再求和，后求导.

### 7.4.3 幂级数综合题

**例 7.4.26** 计算极限 $\displaystyle\lim_{x\to 1^-}(1-x)^3\sum_{n=1}^{\infty}n^2x^n$.

**解** 由于 $x\to 1^-$，考虑 $|x|<1$.

$$S(x)=\sum_{n=1}^{\infty}n^2x^n=x\sum_{n=1}^{\infty}n^2x^{n-1}=x(\sum_{n=1}^{\infty}nx^n)'$$

$$=x(x\sum_{n=1}^{\infty}nx^{n-1})'=x[x(\sum_{n=1}^{\infty}x^n)']'$$

利用 $\displaystyle\sum_{n=k}^{\infty}x^n=\frac{x^k}{1-x}, |x|<1$，

$$S(x)=x[x(\sum_{n=1}^{\infty}x^n)']'=x[x(\frac{x}{1-x})']'$$

$$=x[x\frac{1}{(1-x)^2}]'=\frac{x+x^2}{(1-x)^3}, |x|<1$$

先求出幂级数 $\displaystyle\sum_{n=1}^{\infty}n^2x^n$ 的和函数 $S(x)$，再求相应极限.

这属于 7.2 中总结的幂级数求和函数的方法其中的方法（2），先积分（即先找原函数，将因子 $n$ 用掉），便可求和，最后再求导数.

故 原式 $=\displaystyle\lim_{x\to 1^-}(1-x)^3\sum_{n=1}^{\infty}n^2x^n=\lim_{x\to 1^-}(x+x^2)=2$

**注** 解本题的主要步骤是求幂级数 $S(x)=\displaystyle\sum_{n=1}^{\infty}n^2x^n$ 的和，其中的关键

是怎样将系数 $n^2$ 消去,化为幂级数 $\sum\limits_{n=k}^{\infty} x^n$,便可求和.解题过程中两次用到

$\sum\limits_{n=1}^{\infty} nx^{n-1} = (\sum\limits_{n=1}^{\infty} x^n)' |x| < 1.$

*例 7.4.27  设 $u_0=0, u_1=1, u_{n+1}=au_n+bu_{n-1}, n=1,2,\cdots$,其中 $a$, $b$ 为实常数,又设

$$f(x) = \sum_{n=1}^{\infty} \frac{u_n}{n!} x^n \qquad (*)$$

(1)试导出 $f(x)$ 满足的微分方程;(2)求证:$f(x)=-e^{ax}f(-x)$.

**分析**  由导数:$(\frac{x^n}{n!})' = \frac{x^{n-1}}{(n-1)!}, (\frac{x^n}{n!})'' = \frac{x^{n-2}}{(n-2)!}$,可得

$$f'(x) = \sum_{n=1}^{\infty} \frac{u_n}{(n-1)!} x^{n-1}, f''(x) = \sum_{n=2}^{\infty} \frac{u_n}{(n-2)!} x^{n-2}$$

再利用题设条件,可建立函数 $f(x)$ 满足的微分方程,并求证等式.

**解**  (1)由 $f(x), f'(x), f''(x)$ 的表达式及条件

$$u_0=0, u_1=1, u_{n+1}=au_n+bu_{n-1}, n=1,2,\cdots,$$

可以验证 $f(x)$ 满足的微分方程

$$f''(x) - af'(x) - bf(x) = 0 \qquad (**)$$

(2)易得 $f(0)=0, f'(0)=u_1=1$.由式($*$)确定的函数 $f(x)$ 是满足二阶常系数线性齐次微分方程($**$)的初值问题

$$\left.\begin{array}{l} f''(x) - af'(x) - bf(x) = 0 \\ f(0)=0, f'(0)=1 \end{array}\right\} \qquad (***)$$

的唯一解.

（由于二阶常系数线性齐次微分方程的通解含有两个独立常数,利用两个初始条件可确定唯一解.）

设 $g(x) = -e^{ax}f(-x)$,下证 $g(x)$ 是式($***$)的唯一解.

$g'(x) = -ae^{ax}f(-x) + e^{ax}f'(-x)$

$g''(x) = -a^2 e^{ax}f(-x) + ae^{ax}f'(-x) + e^{ax}f'(-x) - e^{ax}f''(-x)$

代入方程($**$)恒满足,又 $g(0)=0, g'(0)=1$,故 $g(x)$ 是式($***$)的唯一解,从而 $g(x)=f(x)$.

*例 7.4.28  求幂级数 $\sum\limits_{n=1}^{\infty} \frac{x^{2n-1}}{(2n-1)!!}$ 的和函数 $S(x)$.

**解**  $S(x) = \sum\limits_{n=1}^{\infty} \frac{x^{2n-1}}{(2n-1)!!} = \sum\limits_{n=1}^{\infty} \frac{x^{2n-1}}{1\cdot 3\cdots(2n-1)}, S(0)=0.$ 和函数求导得

$$S'(x) = 1 + \sum_{n=2}^{\infty} \frac{x^{2n-2}}{(2n-3)!!} = 1 + x\sum_{n=2}^{\infty} \frac{x^{2n-3}}{(2n-3)!!}$$

$$= 1 + x\sum_{k=1}^{\infty} \frac{x^{2k-1}}{(2k-1)!!} = 1 + xS(x)$$

即和函数 $S(x)$ 满足的一阶线性非齐次微分方程:$S'(x) - xS(x) = 1$,及初始条件 $S(0)=0$.故和函数

$$S(x) = e^{\int_0^x x dx} \int_0^x e^{-\int_0^x x d} dx = e^{\frac{x^2}{2}} \int_0^x e^{-\frac{x^2}{2}} dx$$

（可通过求导数建立和函数 $S(x)$ 满足的微分方程,并解方程求得和函数 $S(x)$.）

**＊例 8.4.29** 设 $u(x) = \sum\limits_{k=0}^{\infty} \dfrac{x^{3k}}{(3k)!}$，$v(x) = \sum\limits_{k=0}^{\infty} \dfrac{x^{3k+1}}{(3k+1)!}$，

$w(x) = \sum\limits_{k=0}^{\infty} \dfrac{x^{3k+2}}{(3k+2)!}$，证明：$u^3 + v^3 + w^3 - 3uvw \equiv 1$.

**证** 易知三级数均在 $(-\infty, +\infty)$ 收敛，且 $u' = w, v' = u, w' = v$，令

$f(x) = u^3 + v^3 + w^3 - 3uvw$，则

$$f'(x) = 3u^2 u' + 3v^2 v' + 3w^2 w' - 3(u'vw + uv'w + uvw') \equiv 0$$

因此，$f(x) = C$（常数），由 $f(0) = 1$，知 $C = 1$，故 $f(x) \equiv 1$.

> 抓住三个级数一般项的共同特征：分子 $x$ 的幂次与分母的阶乘数相同，并且求导后仍具有此特征．对某函数求导，可得另一函数．
>
> 要证函数为常数，只要证其导数为零．

**＊例 7.4.30** 设幂级数 $y(x) = \sum\limits_{n=0}^{\infty} a_n x^n$ 是微分方程 $xy'' + y' - y = 0$ 的满足初始条件 $y(0) = 1, y'(0) = 1$ 的解，求此幂级数表示式.

**解**
$$-y = -a_0 - a_1 x - a_2 x^2 - \cdots - a_n x^n - \cdots$$
$$y' = a_1 + 2a_2 x + 3a_3 x^2 + \cdots + (n+1)a_{n+1} x^n + \cdots$$
$$xy'' = 2a_2 x + 6a_3 x^2 + \cdots + n(n+1)a_{n+1} x^n + \cdots$$

代入方程得 $(n+1)^2 a_{n+1} = a_n (n = 0, 1, \cdots)$

$$a_{n+1} = \frac{a_n}{(n+1)^2} = \frac{a_{n-1}}{(n+1)^2 n^2} = \cdots = \frac{a_0}{\left[(n+1)!\right]^2}$$

而 $y(0) = a_0 = 1, y'(0) = a_1 = 1$，因此，$a_n = \dfrac{1}{(n!)^2} (n = 0, 1, \cdots)$.

收敛半径 $R = \lim\limits_{n \to \infty} \left| \dfrac{a_n}{a_{n+1}} \right| = \lim\limits_{n \to \infty} \dfrac{\left[(n+1)!\right]^2}{(n!)^2} = \lim\limits_{n \to \infty} (n+1)^2 = +\infty$. 故

$$y(x) = \sum_{n=0}^{\infty} \frac{x^n}{(n!)^2}, x \in (-\infty, +\infty)$$

> 由于幂级数的和函数是微分方程的解，可将 $-y, y', xy''$ 分别用幂级数表示，再代入微分方程，比较系数可得 $a_n$ 的递推关系．

**＊例 7.4.31** 求幂级数 $\sum\limits_{n=1}^{\infty} (1 + \dfrac{1}{2} + \cdots + \dfrac{1}{n}) x^n$ 的收敛半径及和函数 $S(x)$.

**解** （1）记 $a_n = 1 + \dfrac{1}{2} + \cdots + \dfrac{1}{n}$，则 $1 \leqslant a_n \leqslant n, 1 \leqslant \sqrt[n]{a_n} \leqslant \sqrt[n]{n}$.

由 $\lim\limits_{n \to \infty} \sqrt[n]{n} = 1$ 及夹逼定理知 $\lim\limits_{n \to \infty} \sqrt[n]{a_n} = 1$，即有幂级数的收敛半径 $R = 1$.

（2）考虑幂级数

$$\sum_{k=0}^{\infty} u_k(x) = \sum_{k=1}^{\infty} \frac{1}{k} x^k (|x| < 1), \quad \sum_{k=0}^{\infty} v_k(x) = \sum_{k=0}^{\infty} x^k (|x| < 1)$$

的柯西乘积：

$$\left( \sum_{k=0}^{\infty} u_k(x) \right) \cdot \left( \sum_{k=0}^{\infty} v_k(x) \right) = \sum_{n=0}^{\infty} \left[ u_0(x) v_n(x) + \cdots + u_n(x) v_0(x) \right]$$

$$= \sum_{n=1}^{\infty} (1 + \frac{1}{2} + \cdots + \frac{1}{n}) x^n = \sum_{n=1}^{\infty} a_n x^n (|x| < 1)$$

又 $\sum\limits_{k=0}^{\infty} u_k(x) \cdot \sum\limits_{k=0}^{\infty} v_k(x) = \int_0^x \dfrac{\mathrm{d}x}{1-x} \cdot \dfrac{1}{1-x} = -\dfrac{1}{1-x} \ln(1-x)$

故 $\sum\limits_{n=1}^{\infty} (1 + \dfrac{1}{2} + \cdots + \dfrac{1}{n}) x^n = -\dfrac{1}{1-x} \ln(1-x) \quad (|x| < 1)$

> 可利用夹逼定理求幂级数的收敛半径；关于求幂级数的和函数，需寻找两个易求和的绝对收敛级数，用他们的柯西乘积表达所给级数．
>
> 解本题的难点是：将所给幂级数看成两个常见幂级数的柯西乘积．

**＊例 7.4.32** 设年利率为 $i$，依复利计算（所谓复利，是指一定时间，将存款所生利息自动转存为本金再生利息，并逐期滚动），欲在第 $n$ 年末提成 $n^2$ 元 $(n=1,2,\cdots)$，并永远能如此提取，问开始至少需要存入本金多少元（最后需要算出与 $n$ 无关的结果）？

**解** 若为第 $n$ 年末提取 $n^2$，需初始存入对应本金为 $A_n$，则由复利定义，第 $n$ 年末本金 $A_n$ 及利息的和为 $A_n(1+i)^n$，故

$$A_n(1+i)^n=n^2, A_n=n^2(1+i)^{-n}$$

又要永远提取，所以所需本金总数为 $A=\sum\limits_{n=1}^{\infty}n^2(1+i)^{-n}$. 为求此级数的和，

构造幂级数 $S(x)=\sum\limits_{n=1}^{\infty}n^2x^n$. 由

$$n^2=(n+1)n-(n+1)+1$$

得

$$S(x)=\sum_{n=1}^{\infty}n^2x^n=\sum_{n=1}^{\infty}(n+1)nx^n-\sum_{n=1}^{\infty}(n+1)x^n+\sum_{n=1}^{\infty}x^n$$

$$=x\left(\sum_{n=1}^{\infty}x^{n+1}\right)''-\left(\sum_{n=1}^{\infty}x^{n+1}\right)'+\frac{1}{1-x}-1=\frac{x(x+1)}{(1-x)^3}(|x|<1)$$

取 $x=\dfrac{1}{1+i}$，$A=S\left(\dfrac{1}{1+i}\right)=\dfrac{(1+i)(2+i)}{i^3}$.

由复利定义，设初始存入本金 $A_n$ 对应第 $n$ 年末本利和为 $A_n(1+i)^n=n^2$，解出 $A_n$，作无穷和 $A=\sum\limits_{n=1}^{\infty}A_n$ 并求和.

这里将幂级数的系数拆成 $n^2=(n+1)n-(n+1)+1$ 是为了迎合 $x^n$，以便通过先积分去掉因子 $(n+1)$，求和后再求导数，即可求得幂级数的和函数.

# 第8章 常微分方程

常微分方程试题在考研数学题和高等数学竞赛中时而出现. 包括以下一些问题:

(1) 已给通解或特解求其满足的微分方程,或求方程中的未知参数或函数.

(2) 给定微分方程,求通解或特解;对线性微分方程,判断或写出通解、特解的函数形式. 常见方程类型属高等数学教材或考研中的相应内容. 全微分方程或需用积分因子的试题相对多一些. 偶见一阶非线性微分方程,适当变形或采用变量代换法往往可求解.

(3) 根据微分方程的性质(包括所含参数或自由项的性质),推证解函数的诸如几何性质、极值性质、极限性质、渐近性质等. 这类问题是现有教学内容的适当扩充,多属常微分方程的定性理论.

(4) 可化为常微分方程的积分方程问题,诸如定积分、重积分、曲线／曲面积分等含有未知函数. 常用方法有:设定有关积分为常数,再积分;采用格林公式或等价命题(如曲线积分与路径无关、沿闭曲线积分恒为零、全微分条件等)、高斯公式或斯托克斯公式,将积分变类,结合连续函数局部保号的性质,导出微分方程. 这部分内容在第6章多元函数积分学已讨论.

(5) 可化为常微分方程的偏微分方程问题,往往通过变量代换对其变形,化为常微分方程.

(6) 可化为常微分方程的函数方程问题,或差分方程问题,有时可利用导数的定义导出微分方程.

(7) 应用问题,诸如几何问题、物理问题等. 更深入则涉及微分方程数学模型. 有关应用问题在第9章讨论.

本章只能讨论其中一些问题,重在问题的分析、求解或论证的方法.

## 8.1 一阶常微分方程

**例 8.1.1** 设方程 $y' = \dfrac{y}{x} + \varphi\left(\dfrac{x}{y}\right)$ 的通解为 $y = \dfrac{x}{\ln(Cx)}$($C$ 为任意非零常数),则 $\varphi(x) = $ _____.

**分析** 对通解求导 $y' = \dfrac{1}{\ln(Cx)} - \dfrac{1}{\ln^2(Cx)}$,代入方程解出

$$\varphi\left(\frac{x}{y}\right) = \varphi(\ln(Cx)) = \frac{1}{\ln(Cx)} - \frac{1}{\ln^2(Cx)} - \frac{1}{\ln(Cx)} = -\frac{1}{\ln^2(Cx)},$$

再用 $x$ 取代式中的 $\ln(Cx)$.

通解求导后代入微分方程,化为函数方程求解.

**解**　$-\dfrac{1}{x^2}$.

**例 8.1.2**　求下列函数满足的微分方程,其中 $C,C_1,C_2$ 和 $C_3$ 都是任意常数:

(1) $y = x\tan(x+C)$.　　　　(2) $xy = C_1 \mathrm{e}^x + C_2 \mathrm{e}^{-x}$.

(3) $y = C_1 \cos 2x + C_2 \cos^2 x + C_3 \sin^2 x$.

**解**　(1) $y' = \tan(x+C) + x(\tan^2(x+C)+1)$,用 $x$ 乘后整理得 $xy' - y^2 - y = x^2$;

(2) 求二阶导数得 $xy'' + 2y' = C_1 \mathrm{e}^x + C_2 \mathrm{e}^{-x} = xy$,整理得 $xy'' + 2y' - xy = 0$;

(3) 由 $\cos^2 x + \sin^2 x = 1$ 知此函数中独立的任意常数只有 2 个. 事实上由倍角公式

$$y = C_1 \cos 2x + C_2 \frac{1+\cos 2x}{2} + C_3 \frac{1-\cos 2x}{2}$$

$$= A\cos 2x + B \quad \left(A = \frac{2C_1 + C_2 - C_3}{2}, B = \frac{C_2 + C_3}{2}\right)$$

故　　　　$y' = -2A\sin 2x, \quad y'' = -4A\cos 2x$

消去 $A$ 后整理得 $\tan 2x \cdot y'' - 2y' = 0$.

直接求导也得 $y' = (-2C_1 - C_2 + C_3)\sin 2x = A_1 \sin 2x$.

**例 8.1.3**　微分方程 $(\ln x - \ln y - 1)y\mathrm{d}x + x\mathrm{d}y = 0$ 的通解是 $y =$ _____.

**分析**　方程中关于 $x$ 与 $y$ 是一次齐次的,且 $\ln x - \ln y = -\ln\dfrac{y}{x}$,故作变量代换 $u = \dfrac{y}{x}$,代入方程并分离变量,$\dfrac{\mathrm{d}u}{u\ln u} = \dfrac{\mathrm{d}x}{x}$,求得通解 $y = x\mathrm{e}^{Cx}$.

**解**　$x\mathrm{e}^{Cx}$.

**例 8.1.4**　微分方程 $(1+y^2)\mathrm{d}x + (x - \arctan y)\mathrm{d}y = 0$ 的通解为 _____.

**分析**　将 $x$ 看作 $y$ 的函数,方程变形为

$$\frac{\mathrm{d}x}{\mathrm{d}y} + \frac{1}{1+y^2}x = \frac{\arctan y}{1+y^2}$$

这是一阶线性微分方程,解得

$$x = \mathrm{e}^{-\int \frac{\mathrm{d}y}{1+y^2}}\left(C + \int \frac{\arctan y}{1+y^2}\mathrm{e}^{\int \frac{\mathrm{d}y}{1+y^2}}\mathrm{d}y\right) = C\mathrm{e}^{-\arctan y} + \arctan y - 1$$

**解**　$x = C\mathrm{e}^{-\arctan y} + \arctan y - 1$.

**注**　也可用如下方法求解:方程两边同除以 $1+y^2$,若令 $u = \arctan y$,则方程变形为 $\mathrm{d}x + x\mathrm{d}u - u\mathrm{d}u = 0$,再乘以 $\mathrm{e}^u$ 凑微分得 $\mathrm{d}(x\mathrm{e}^u) - \mathrm{d}(u\mathrm{e}^u - \mathrm{e}^u) = 0$,则可得解.

**例 8.1.5**　(陕八 13) 微分方程 $(y^2 \sin x + xy^2 \cos x)\mathrm{d}x + 2xy\sin x\mathrm{d}y = 0$ 的通解是 _____.

**分析**　原方程分组凑微分为 $\mathrm{d}(x\sin x) \cdot y^2 + (x\sin x)\mathrm{d}(y^2) = 0$,即

---

先确定独立的任意常数的个数,即为微分方程的阶数. 用求导法消去解函数中的任意常数.

在现行高等数学教材中,"齐次微分方程"有两种含义. 其一是 $\dfrac{y}{x} = f\left(\dfrac{y}{x}\right)$,其二是方程右端项为零的线性微分方程.

若将 $y$ 看作 $x$ 的函数,这是一阶非线性方程. 反之,将 $x$ 看作 $y$ 的函数,就是一阶线性方程.

这是全微分方程,可用曲线积分、偏微分等

$d(xy^2 \sin x)=0$,所求通解为 $xy^2 \sin x = C,C$ 为任意常数.

**解** $xy^2 \sin x = C.$

**例 8.1.6** 解微分方程 $y(y+1)dx+[x(y+1)+x^2y^2]dy=0$.

**解** 方程变形为

$$(y+1)[ydx+xdy]+x^2y^2dy=0$$

先部分凑微分为 $(y+1)d(xy)+(xy)^2dy=0$. 再分离变量 $xy$ 与 $y$:

$$\frac{d(xy)}{(xy)^2}+\frac{dy}{y+1}=0$$

解得 $-\frac{1}{xy}+\ln|y+1|=C_1$,即 $y+1=\pm e^{C_1}e^{\frac{1}{xy}}$. 因此通解为

$$y+Ce^{\frac{1}{xy}}+1=0(C \text{ 为任意常数}).$$

**注1** 在本题中,$y=0$ 和 $y=-1$ 都是方程的特解,称为奇异解. 若通解写成 $y+1=\pm e^{C_1}e^{\frac{1}{xy}}$,则不包含上面两个特解. 若通解写成 $y+Ce^{\frac{1}{xy}}+1=0$,则当 $C=0$ 时包含了特解 $y=-1$,但是仍未包含特解 $y=0$. 因此为了使通解尽可能包含一些奇异特解,往往不作诸如 $C=\pm e^{C_1}$ 的说明,这就是高等数学教材中常见做法的原因.

**注2** 由通解可见 $x=0$ 是解 $y(x)$ 的一个奇点,由 $y(x)$ 的可微及连续性,其定义域或为 $(-\infty,0)$,或为 $(0,+\infty)$. 所以,如果初始条件设为 $y(0)$,则是不合理的. 又如果将本题改为求如下方程的特解:

$$\begin{cases} y(y+1)dx+[x(y+1)+x^2y^2]dy=0 \\ y|_{x=1}=1 \end{cases}$$

则由初始条件解得 $C=-2e^{-1}$,特解为 $y-2e^{\frac{1}{xy}-1}+1=0$,这时应注明解的定义域 $x \in (0,+\infty)$. 而如果设初始条件为 $y|_{x=-1}=1$,则特解应写成 $y-2e^{\frac{1}{xy}+1}+1=0,x \in (-\infty,0)$.

**例 8.1.7** 解微分方程 $y'\cos y=(1+\cos x\sin y)\sin y$.

**解** 将原方程凑成微分形式 $d\sin y=\sin ydx+\cos x\sin^2 ydx$,然后变形为

$$\frac{d\sin y}{\sin^2 y}=\frac{1}{\sin y}dx+\cos xdx$$

再凑微分成 $d\sin^{-1}y+\sin^{-1}ydx=-\cos xdx$

令 $u=(\sin y)^{-1}$,变形为 $e^x(du+udx)=-e^x\cos xdx$,

凑微分为 $d(e^xu)=-e^x\cos xdx$

因此 $e^xu=-\int e^x\cos xdx=-\frac{1}{2}e^x(\sin x+\cos x)+C$

解为 $\frac{1}{\sin y}=Ce^{-x}-\frac{1}{2}(\sin x+\cos x)$

**例 8.1.8** 已知方程 $(6y+x^2y^2)dx+(8x+x^3y)dy=0$ 的两边乘以 $y^3f(x)$ 后,便成为全微分方程,试求出可导函数 $f(x)$,并解此微分方程.

**解1** 设 $P(x,y)=(6y^4+x^2y^5)f(x),Q(x,y)=(8xy^3+x^3y^4)f(x)$,

旁注：方法求解. 用分组凑微分的方法比较简捷. 前提是要熟悉函数乘积的微分形式.

方程呈微分形式但非全微分方程. 按 $(y+1)$ 分组,观察适当的积分因子,凑微分.

通解并非指"全部解". 时而有些"奇异解"不含在通解中.

在求满足初始条件的特解时,务必注意解函数出现"奇点"的情形,特解函数的定义域须与初始条件匹配:初始点 $x_0$ 须在解函数的定义域中.

逐步应用凑微分的方法求解.

解法之一是:

则有全微分方程 $P(x,y)\mathrm{d}x + Q(x,y)\mathrm{d}y = 0$. 故由条件 $\dfrac{\partial Q}{\partial x} = \dfrac{\partial P}{\partial y}$ 可得

$$(8y^3 + 3x^2y^4)f(x) + (8xy^3 + x^3y^4)f'(x) = (24y^3 + 5x^2y^4)f(x)$$

按变量 $y$ 分组得

$$16f(x) - 8xf'(x) + y[2x^2f(x) - x^3f'(x)] = 0$$

由 $y$ 的任意性,可得微分方程 $2f(x) = xf'(x)$,解得 $f(x) = C_1x^2$. 故全微分方程为

$$\mathrm{d}u = (6x^2y^4 + x^4y^5)\mathrm{d}x + (8x^3y^3 + x^5y^4)\mathrm{d}y = 0$$

因此　　　$u = \displaystyle\int_{(0,0)}^{(x,y)} (6x^2y^4 + x^4y^5)\mathrm{d}x + (8x^3y^3 + x^5y^4)\mathrm{d}y$

$$= \int_0^x 0\mathrm{d}x + \int_0^y (8x^3y^3 + x^5y^4)\mathrm{d}y$$

$$= 2x^3y^4 + \frac{1}{5}x^5y^5$$

原方程的解为 $10x^3y^4 + x^5y^5 = C$.

**解 2**　为便于凑微分,原方程分组为

$$2(3y\mathrm{d}x + 4x\mathrm{d}y) + x^2y(y\mathrm{d}x + x\mathrm{d}y) = 0.$$

分别凑成微分　　　$\dfrac{2\mathrm{d}(x^3y^4)}{x^2y^3} + x(xy)\mathrm{d}(xy) = 0$

两边乘以 $x^2y^3$,得 $2\mathrm{d}(x^3y^4) + (xy)^4\mathrm{d}(xy) = 0$,此为全微分方程,故 $f(x) = C_1x^2$,且原方程的解为 $2(x^3y^4) + \dfrac{1}{5}(xy)^4 = C$.

　　**＊ 例 8.1.9**　求解微分方程 $(5xy - 3y^3)\mathrm{d}x + (3x^2 - 7xy^2)\mathrm{d}y = 0$.

　　**解 1**　用积分因子 $\mu = x^my^n$ 乘方程两边,得

$$x^my^n(5xy - 3y^3)\mathrm{d}x + x^my^n(3x^2 - 7xy^2)\mathrm{d}y = 0$$

由全微分的条件得

$$\frac{\partial}{\partial x}[x^my^n(3x^2 - 7xy^2)] = \frac{\partial}{\partial y}[x^my^n(5xy - 3y^3)]$$

即　　　$3(m+2)x^{m+1}y^n - 7(m+1)x^my^{n+2}$

$$= 5(n+1)x^{m+1}y^n - 3(n+3)x^my^{n+2}$$

比较系数得 $\begin{cases} 3(m+2) = 5(n+1) \\ 7(m+1) = 3(n+3) \end{cases}$,解得 $m = n = \dfrac{1}{2}$. 故全微分方程为

$$(5x^{3/2}y^{3/2} - 3x^{1/2}y^{7/2})\mathrm{d}x + (3x^{5/2}y^{1/2} - 7x^{3/2}y^{5/2})\mathrm{d}y = 0$$

因此　　　$u = \displaystyle\int_{(0,0)}^{(x,y)} (5x^{3/2}y^{3/2} - 3x^{1/2}y^{7/2})\mathrm{d}x + (3x^{5/2}y^{1/2} - 7x^{3/2}y^{5/2})\mathrm{d}y$

$$= \int_0^x 0\mathrm{d}x + \int_0^y (3x^{5/2}y^{1/2} - 7x^{3/2}y^{5/2})\mathrm{d}y$$

$$= 2x^{5/2}y^{3/2} - 2x^{3/2}y^{7/2}$$

故原方程的通解为 $x^{5/2}y^{3/2} - 7x^{3/2}y^{7/2} = C$.

　　**解 2**　将原方程写成 $x(5y\mathrm{d}x + 3x\mathrm{d}y) - y^2(3y\mathrm{d}x + 7x\mathrm{d}y) = 0$.

凑微分得　　　$x\dfrac{\mathrm{d}(x^5y^3)}{x^4y^2} - y^2\dfrac{\mathrm{d}(x^3y^7)}{x^2y^6} = 0$

右栏旁注:

先利用全微分条件,导出 $f(x)$ 所满足的微分方程,再根据与路径的无关性求积分.

解法之二是:凑微分法.

一般地二元线性微分形式有如下的凑微分式 $ax\mathrm{d}y + by\mathrm{d}x = \dfrac{\mathrm{d}(x^{\lambda b}y^{\lambda a})}{\lambda x^{\lambda b-1}y^{\lambda a-1}}$ 请参见例 8.1.9 后的注.

原方程不是全微分方程. $\mathrm{d}x, \mathrm{d}y$ 的系数都是二元多项式,设积分因子为 $\mu = x^my^n$,试求 $m, n$.

解 2 采用凑微分法. 先按因子 $y^2$ 分组,再对二

化简为
$$\frac{\mathrm{d}(x^5 y^3)}{x} - \frac{\mathrm{d}(x^3 y^7)}{y^2} = 0$$

除以 $\sqrt{x^3 y^3}$
$$\frac{\mathrm{d}(x^5 y^3)}{x \sqrt{x^3 y^3}} - \frac{\mathrm{d}(x^3 y^7)}{y^2 \sqrt{x^3 y^3}} = 0$$

即为
$$\frac{\mathrm{d}(x^5 y^3)}{\sqrt{x^5 y^3}} - \frac{\mathrm{d}(x^3 y^7)}{\sqrt{x^3 y^7}} = 0$$

于是原方程的通解为 $\sqrt{x^5 y^3} - \sqrt{x^3 y^7} = C$.

**注** 例 8.1.5～例 8.1.9 本质上都是通过求积分因子,将方程化为全微分方程. 一般地,求积分因子比较麻烦些,有时通过逐步分解与凑微分,可能使得求解过程简单些,但是这要求熟悉与掌握常用的积分因子. 常用的积分因子有

(1) $x\mathrm{d}x + y\mathrm{d}y$ 类:

$$x\mathrm{d}x + y\mathrm{d}y = \frac{1}{2}\mathrm{d}(x^2 + y^2), \frac{x\mathrm{d}x + y\mathrm{d}y}{x^2 + y^2} = \mathrm{d}\left[\frac{1}{2}\ln(x^2 + y^2)\right],$$

$$\frac{x\mathrm{d}x + y\mathrm{d}y}{\sqrt{x^2 + y^2}} = \mathrm{d}\sqrt{x^2 + y^2}, \text{等};$$

(2) $x\mathrm{d}y + y\mathrm{d}x$ 类:

$$x\mathrm{d}y + y\mathrm{d}x = \mathrm{d}(xy), \frac{x\mathrm{d}y + y\mathrm{d}x}{xy} = \mathrm{d}(\ln xy),$$

$$x\mathrm{d}y + y\mathrm{d}x = \frac{\mathrm{d}(xy)^{\alpha+1}}{(\alpha+1)(xy)^\alpha}(\alpha \neq -1) \text{ 等};$$

(3) $x\mathrm{d}y - y\mathrm{d}x$ 类:

$$\frac{x\mathrm{d}y - y\mathrm{d}x}{x^2} = \mathrm{d}\left(\frac{y}{x}\right), \frac{x\mathrm{d}y - y\mathrm{d}x}{y^2} = \mathrm{d}\left(-\frac{x}{y}\right),$$

$$\frac{x\mathrm{d}y - y\mathrm{d}x}{xy} = \mathrm{d}\left(\ln\frac{y}{x}\right), \frac{x\mathrm{d}y - y\mathrm{d}x}{x^2 + y^2} = \mathrm{d}\left(\arctan\frac{y}{x}\right), \text{等};$$

(4) 一般二元线性微分形式:

$$ax\mathrm{d}y + by\mathrm{d}x = \frac{\mathrm{d}(x^{b\lambda} y^{a\lambda})}{\lambda x^{b\lambda-1} y^{a\lambda-1}}(a \neq 0, b \neq 0, \lambda \neq 0);$$

(5) 指数函数类:

$$\mathrm{d}x \pm x\mathrm{d}y = \frac{\mathrm{d}(x\mathrm{e}^{\pm y})}{\mathrm{e}^{\pm y}}, \mathrm{d}y \pm y\mathrm{d}x = \frac{\mathrm{d}(y\mathrm{e}^{\pm x})}{\mathrm{e}^{\pm x}},$$

$$\mathrm{d}x + xQ(y)\mathrm{d}y = \frac{\mathrm{d}(x\mathrm{e}^{\int Q(y)\mathrm{d}y})}{\mathrm{e}^{\int Q(y)\mathrm{d}y}},$$

$$\mathrm{d}y + yP(x)\mathrm{d}x = \frac{\mathrm{d}(y\mathrm{e}^{\int P(x)\mathrm{d}x})}{\mathrm{e}^{\int P(x)\mathrm{d}x}}.$$

若 $y = y(x)$,则(5)中的导数形式分别为:

$$\mathrm{e}^{\pm y} \cdot (1 \pm xy') = (x\mathrm{e}^{\pm y})', \mathrm{e}^{\pm x} \cdot (y' \pm y) = (y\mathrm{e}^{\pm x})'$$

$$\mathrm{e}^{\int Q(y)\mathrm{d}y} \cdot (1 + xQ(y)y') = (x\mathrm{e}^{\int Q(y)\mathrm{d}y})'$$

$$\mathrm{e}^{\int P(x)\mathrm{d}x} \cdot (y' + yP(x)) = (y\mathrm{e}^{\int P(x)\mathrm{d}x})'$$

个二元线性微分式分别凑微分,请参见此例后的注(4).

熟悉一些常用的积分因子,于凑微分颇有益. 左栏列出了 5 类凑微分式,其中规律请读者仔细品味.

有时还需要结合常用的一元函数微分公式.

有些问题要用到这些"凑导数"的形式. 如下例.

**＊例 8.1.10**　设函数 $u(x)$ 和 $v(x)$ 在区间 $[0,b]$ 上恒满足 $u'(x)=p(x)u(x),u(0)=0$ 和 $v'(x)\geqslant p(x)v(x),v(0)=0$,证明: $v(x)\geqslant u(x)$, $0\leqslant x\leqslant b$.

**证**　由题设, $v'(x)-u'(x)\geqslant p(x)[v(x)-u(x)]$. 令 $w(x)=v(x)-u(x)$,故

$$w'(x)-p(x)w(x)\geqslant 0$$

不等式两边同乘以 $e^{-\int_0^x p(t)dt}$, 得 $w'e^{-\int_0^x p(t)dt}-wpe^{-\int_0^x p(t)dt}\geqslant 0$. 即有

$$\left(we^{-\int_0^x pdt}\right)'\geqslant 0$$

从而在 $[0,b]$ 上,函数 $g(x)=we^{-\int_0^x p(t)dt}$ 单调不减,因此

$$g(x)\geqslant g(0)=w(0)\cdot 1=v(0)-u(0)=0$$

也即 $w(x)\geqslant 0$, 即 $v(x)\geqslant u(x),0\leqslant x\leqslant b$.

**注**　这里利用了指数类(5)的积分因子的"凑导数"方法. 也可令

$$w'(x)-p(x)w(x)\triangleq f(x)\geqslant 0$$

求此一阶线性微分方程的解

$$w(x)=e^{\int_0^x p(t)dt}\cdot\int_0^x f(t)e^{-\int_0^t p(\tau)d\tau}dt\geqslant 0$$

而证之.

**＊例 8.1.11**　(陕九复)求解微分方程 $y'^2+xy'-y=0$.

**解 1**　经观察,方程两边对 $x$ 求导后将消去 $y$, 可得 $2y'y''+xy''=0$, 即 $y''(2y'+x)=0$, 因此 $y''=0$ 或 $2y'+x=0$.

(1) 由 $y''=0$, 解得 $y=cx+b$. 其中 $c,b$ 为常数. 将解代入原方程,得 $b=c^2$.

(2) 由 $2y'+x=0$, 解得 $y=-\dfrac{1}{4}x^2+a,a$ 为常数. 代入原方程检验,得 $a=0$. 因此原微分方程的解为

$$y=c(x+c)\quad\text{与}\quad y=-\frac{1}{4}x^2$$

**注 1**　将隐式解 $F(x,y,c)=y-cx-c^2=0$ 看作以 $c$ 为参数的曲线族,其包络曲线方程由下列方程组确定:

$$F(x,y,c)=y-cx-c^2=0,\frac{\partial F(x,y,c)}{\partial c}=-x-2c=0$$

消去参数 $c$ 解得 $y=-\dfrac{1}{4}x^2$, 也应是解,正是(2)之解. 在微分方程理论中称为奇异解.

**解 2**　原方程两边对 $y$ 求导,消去 $y$, 采用未知函数的变量代换方法,令 $y'=p$, 则 $y''=p\dfrac{dp}{dy}$. 可得

$$2p\frac{dp}{dy}+x\frac{dp}{dy}=0,\frac{dp}{dy}=0\text{ 或 }2y'+x=0$$

右侧栏：

原题没有给出 $p(x)$ 满足的条件. 可假设其连续.

将 $v(x)\geqslant u(x)$ 转化为 $w(x)\overset{\triangle}{=}v(x)-u(x)\geqslant 0$ 再转化为 $w(x)-p(x)w'(x)\geqslant 0$ 再乘以积分因子"凑导数"为 $\left(we^{-\int_0^x p(t)dt}\right)'\geqslant 0$

这是一阶非线性微分方程,与高等数学教材或辅导书中常见的类型不同. 如何求解? 为拓展思路,特介绍多种解法.

解 1 中 $xy'-y$ 对 $x$ 求导,使方程不出现 $y$.

请特别注意,原方程是一阶的,求导变形后为二阶方程,可能有增解,但是原通解中只能含有一个任意常数,故需将解代入原方程检验, 求出常数 $c$ 与 $b$ 的关系及 $a$ 的值.

从而得到与解法 1 相同的解.

**注 2**　与解 1 一样,因求导升高了方程的阶数,需要验解.

还有其他解法吗?

**解 3**　以 $y'$ 为未知数解二次代数方程,得

$$y' = \frac{-x \pm \sqrt{x^2 + 4y}}{2}$$

作变换 $u^2 = x^2 + 4y$,求关于 $x$ 的导数,化简得 $uu' = x + 2y'$,而 $y' = (-x \pm u)/2$.消去 $x$ 和 $y'$ 得

$$uu' - u = 0 \ \text{或} \ uu' + u = 0, \text{即} \ u = 0 \ \text{或} \ u' = \pm 1$$

由 $u = 0$ 解得 $y = -\frac{1}{4}x^2$.又由 $u' = \pm 1$,可设 $u = \pm x + d$,因此得另一解

$$y = \frac{u^2 - x^2}{4} = \pm \frac{d}{2}x + \frac{d^2}{4} = cx + c^2 \left(c = \pm \frac{d}{2}\right)$$

**注 3**　上述 3 种解法都是针对了这个非线性微分方程的特点,设法变形为可因式分解的形式,从而转化为熟知的线性微分方程.

**解 4**　猜想解为多项式,设为 $y = a_0 + a_1 x + a_2 x^2 + \cdots + a_n x^n$.

在 $y'^2 + xy' - y = 0$ 中,$y'^2$ 的最高次项为 $n^2 a_n^2 x^{2n-2}$,$xy'$ 的最高次项为 $na_n x^n$.可见当且仅当 $n > 2$ 时,左边最高次项为 $n^2 a_n^2 x^{2n-2}$,比较系数推知 $a_n = 0$.因此,凡满足原方程的次数高于 2 的任意多项式,最高次项必为零,递推可知 $y$ 最多是二次多项式.故设方程的解为

$$y = a_0 + a_1 x + a_2 x^2$$

得 $y' = a_1 + 2a_2 x$,代入原方程,整理并比较系数,可得

$$\begin{cases} a_2(4a_2 + 1) = 0 \\ 4a_1 a_2 = 0 \\ a_1^2 - a_0 = 0 \end{cases}$$

若取 $a_1 = c$ 为任意常数,则 $a_0 = c^2, a_2 = 0$,得解 $y = cx + c^2$.若取 $a_1 = 0$,则 $a_0 = 0, a_2 = -\frac{1}{4}$,得另一解 $y = -\frac{1}{4}x^2$.

**注 4**　原方程可以扩展成如下方程:

$$(y')^n + xy' - y = 0$$

其中正整数 $n \geqslant 2$.仿照解法 1 和 2,都可以得到解

$$y = cx + c^n \ \text{与} \ y = \begin{cases} -(n-1) \cdot n^{-\frac{n}{n-1}}(-x)^{\frac{n}{n-1}}, & n \ \text{是偶数} \\ \pm(n-1) \cdot n^{-\frac{n}{n-1}}(-x)^{\frac{n}{n-1}}, & n \ \text{是奇数} \end{cases}$$

也可由前一个解族 $y = cx + c^n$ 的包络求得后一奇异解的参数方程表示

$$\begin{cases} x = -nt^{n-1} \\ y = -(n-1)t^n \end{cases}$$

**\* 例 8.1.12**　(第 49 届 PTN,A – 2)一个并不罕见的微分计算错误是相信这样的导数乘积法则:$(f \cdot g)' = f' \cdot g'$.如果 $f(x) = e^{x^2}$,确定并证明是

（右侧边注）

解 2 中因 $y$ 是一次的,故对 $y$ 求导使方程不出现 $y$.

这里的变换类似于求解方程 $y'' = f(x, y')$ 的变换方法.

解 3 巧妙地设计了变量代换,没有升高方程的阶数,可避免验解.

解 4 的要点是:根据多项式求导后降低一次而求幂却升高次数的综合分析,推测出未知多项式函数的次数.

对于这个扩展的方程,解 1 和解 2 方法仍然有效.

否存在一个开区间 $(a,b)$ 和一个定义在 $(a,b)$ 上的非零函数 $g$,使得这个错误的乘积对于 $(a,b)$ 中的 $x$ 是对的.

**解**　欲使等式 $(f \cdot g)' = f' \cdot g'$ 成立,即

$$f'(x)g(x) + f(x)g'(x) = f'(x) \cdot g'(x)$$

分离函数变量得

$$\frac{g'(x)}{g(x)} = \frac{-f'(x)/f(x)}{1 - f'(x)/f(x)}$$

当 $f(x) = e^{x^2}$ 时,得

$$\frac{g'(x)}{g(x)} = \frac{-2x}{1 - 2x}$$

解得 $\ln|g(x)| = x + \frac{1}{2}\ln|1 - 2x| + C$. 取 $\frac{1}{2} < a < x < b$,则所求函数 $g$ 为

$$g(x) = Ae^x\sqrt{2x - 1}$$

\* **例 8.1.13**　(第 49 届 PTN,A-2)使得 $(f/g)' = f'/g'$ 成立的 $f,g$ 应具有怎样的函数形式?

**解**　由 $(f/g)' = f'/g'$ 可得

$$\frac{f' \cdot g - f \cdot g'}{g^2} = \frac{f'}{g'}$$

分离函数得 $\dfrac{f'}{f} = \dfrac{g'^2}{g \cdot g' - g^2} \triangleq \mu(x)$,其中 $\mu$ 是比例函数. 先解得

$$f = e^{\int \mu(x)dx}$$

再由 $\dfrac{g'^2}{g \cdot g' - g^2} = \dfrac{1}{\dfrac{g}{g'} - \left(\dfrac{g}{g'}\right)^2} = \mu$,得 $\left(\dfrac{g}{g'}\right)^2 - \dfrac{g}{g'} + \mu^{-1} = 0$,于是

$$\frac{g}{g'} = \frac{1}{2}(\mu \pm \sqrt{\mu^2 - 4\mu})$$

因此有　$g = e^{\frac{1}{2}\int(\mu \pm \sqrt{\mu^2 - 4\mu})dx}$. 这样的 $f,g$ 为所求.

\* **例 8.1.14**　(第 23 届 PTN,A-2)设函数 $f$ 定义在有限或无限区间 $I$ 上,$I$ 的左端点为 0. 若正数 $x \in I$,则 $f$ 在 $[0,x]$ 上的平均值等于 $f(0)$ 和 $f(x)$ 的几何平均值. 求满足上述条件的一切函数 $f$.

**解**　几何平均值只对正数有意义,故在 $[0,x]$ 上 $f > 0$. 由题意知 $f$ 在 $[0,x]$ 上可积. 不妨令 $f(0) = a > 0$,记 $F(x) = \int_0^x f(t)dt$. 由题设,对任意正数 $x \in I$,有

$$af(x) = \left(\frac{1}{x}F(x)\right)^2$$

由定义式知 $F$ 连续,从而由上式知 $f$ 连续,再推断 $F$ 为连续可微. 故得

$$aF'(x) = \frac{1}{x^2}F^2(x)$$

分离变量,解得

此题趣味是:已知其一函数,另一应是怎样的函数,方可使这个错误等式成立?

问题归结为微分方程求解.

初学者易错误理解的是:两函数的商的导数等于它们导数的商. 此例回答了这个问题.

可见满足条件的两个函数应有特殊的形式.

这里是指函数的积分平均值 $\int_0^x f(t)dt/x$,蕴含此函数可积.

$$F(x) = \frac{ax}{1-cx} \quad (c \text{ 为积分常数})$$

因此

$$f(x) = F'(x) = \frac{a}{(1-cx)^2}(x \geqslant 0)$$

若 $c > 0$，则由 $F(x) > 0(x > 0)$ 须 $x < c^{-1}$. 因此定义域按 $c = 0$ 分界，所求函数为

$$f(x) = \frac{a}{(1-cx)^2}, \quad \begin{matrix} 0 \leqslant x < c^{-1}, & c > 0 \\ 0 \leqslant x < +\infty, & c \leqslant 0 \end{matrix}$$

# 8.2 二阶和二阶以上的常微分方程

**例 8.2.1** 设 $y_1^*, y_2^*$ 是线性微分方程 $y'' + p(x)y' + q(x)y = f(x)$ 的两个不同的解，$y_1, y_2$ 是对应齐次方程的两个线性无关的解，则非齐次方程的通解为（ ）.

(A) $c_1 y_1 + c_2(y_2^* - y_1^*) + \frac{1}{2}(y_2^* + y_1^*)$;

(B) $c_1 y_1 + c_2(y_2^* - y_1^*) + y_1^*$;

(C) $c_1 y_1 + c_2(y_2 - y_1) + \frac{1}{2}(y_1^* + y_2^*)$;

(D) $c_1 y_1 + c_2(y_2 - y_1) - y_1^*$.

**分析** 由 $y_1^*, y_2^*$ 是非齐次方程的解，知 $\frac{1}{2}(y_1^* + y_2^*)$ 也是非齐次方程的解. 又 $y_2 - y_1$ 是齐次方程的解，且与 $y_1$ 线性无关，因此(C)为真. 注意 $y_2^* - y_1^*$ 虽然是齐次方程的非零解，但是不能断言与 $y_1$ 线性无关. $-y_1^*$ 不是非齐次方程的解.

**解** 选(C).

**注** 二阶线性微分方程的解的性质与通解构成有下列重要结论：

(1) 非齐次通解 $= C_1 \times$ 齐次特解$_1 + C_2 \times$ 齐次特解$_2 +$ 非齐次特解，其中 $C_1$ 与 $C_2$ 是两个独立的任意常数，两个齐次特解必须线性无关；

(2) 多个齐次特解的线性组合也是齐次特解；

(3) 任意两个非齐次特解之差是齐次特解；更一般地，当 $y_1^*, y_2^*, \cdots, y_k^*$ 是不同的非齐次特解时(不要求线性无关)，

$$y^* = \alpha_1 y_1^* + \alpha_2 y_2^* + \cdots + \alpha_k y_k^*, \alpha_1 + \alpha_2 + \cdots + \alpha_k = 0$$

是齐次特解.

(4) 齐次特解与非齐次特解之和是非齐次特解；

(5) 若 $y_1^*, y_2^*, \cdots, y_k^*$ 是不同的非齐次特解，则

$$y^* = \alpha_1 y_1^* + \alpha_2 y_2^* + \cdots + \alpha_k y_k^*, \alpha_1 + \alpha_2 + \cdots + \alpha_k = 1$$

也是非齐次特解；

(6) 对 $n$ 阶线性常微分方程

$$y^{(n)} + p_1(x)y^{(n-1)} + \cdots + p_{n-1}y' + p_n(x)y = f(x)$$

此题的知识要点是：二阶线性微分方程的解的结构，非齐次解与齐次解的关系.

左栏注中小结了二阶线性常微分方程的解的性质和解的结构. 熟知这些性质非常必要.

(3) 指：有限个非齐次特解的线性组合，当系数之和为 0 时，是齐次特解.

(5) 指：有限个非齐次特解的线性组合，当系数之和为 1 时，是非齐次特解.

注意：① 并不要求这些非齐次特解线性无关. ② 常系数之和为 1.

注中所列二阶情形的结论，对 $n$ 阶线性常微分方程也成立.

(6) 是 $n$ 阶情形：$n$ 个线性无关的非齐次特解

当 $y_1^*$，$y_2^*$，$\cdots$，$y_n^*$ 是线性无关的非齐次特解时，设 $C_1$，$C_2$，$\cdots$，$C_n$ 是彼此独立的任意常数，且 $C_1 + C_2 + \cdots + C_n = 1$（和为 1！），则

$$y = C_1 y_1^* + C_2 y_2^* + \cdots + C_n y_n^*$$

是非齐次通解.

**例 8.2.2**　设 $p(x)$，$q(x)$，$f(x)$ 都是连续函数，并设二阶非齐次线性微分方程 $y'' + p(x)y' + q(x)y = f(x)$ 有 3 个线性无关的解 $y_1(x)$，$y_2(x)$，$y_3(x)$，又设 $C_1$，$C_2$ 是任意常数，则此方程的通解是

(A) $C_1 y_1(x) + C_2 y_2(x) + y_3(x)$；

(B) $C_1 y_1(x) + C_2 y_2(x) - (C_1 + C_2) y_3(x)$；

(C) $C_1 y_1(x) + C_2 y_2(x) - (1 - C_1 - C_2) y_3(x)$；

(D) $C_1 y_1(x) + C_2 y_2(x) + (1 - C_1 - C_2) y_3(x)$

**分析**　由于 $y_1(x)$，$y_2(x)$，$y_3(x)$ 线性无关，等式

$$k_1(y_1 - y_3) + k_2(y_2 - y_3) = 0 \text{ 即 } k_1 y_1 + k_2 y_2 + (-k_1 - k_2) y_3 = 0$$

只有当组合系数 $k_1 = k_2 = 0$ 才成立. 故此非齐次方程的通解为

$$C_1(y_1 - y_3) + C_2(y_2 - y_3) + y_3.$$

可改写为 (D) 的形式. 也可根据例 8.2.2 后的注 (6)，知 (D) 为真.

**解**　选 (D).

**例 8.2.3**　在下列微分方程中，以 $y = (C_1 + x)e^{-x} + C_2 e^{2x}$（$C_1$，$C_2$ 是任意常数）为通解的是（　）.

(A) $y'' + y' - 2y = 5e^{-x}$；　　　　(B) $y'' + y' - 2y = 3e^{-x}$；

(C) $y'' - y' - 2y = -5e^{-x}$；　　　(D) $y'' - y' - 2y = -3e^{-x}$

**分析**　有两种解法.

其一，由解 $C_1 e^{-x}$ 和 $C_2 e^{2x}$ 知对应齐次微分方程的特征方程的根是 $-1$ 和 $2$，故齐次方程为 $y'' - y' - 2y = 0$，又 $xe^{-x}$ 是非齐次方程的特解，代入 $y'' - y' - 2y$ 得 $-3e^{-x}$.

其二，求导，$y' = -(C_1 + x)e^{-x} + e^{-x} + 2C_2 e^{2x}$，加上原式得 $y' + y = 3C_2 e^{2x} + e^{-x}$. 再求导，$y'' + y' = 6C_2 e^{2x} - e^{-x}$，因此

$$y'' - y' - 2y = -3e^{-x}$$

**解**　选 (D).

**例 8.2.4**　设 $y(x)$ 是周期为 $\pi$ 的二阶可微的周期函数，则在下列方程中，$y(x)$ 不可能是其解的方程是（　）.

(A) $y'' + 4y = 0$；　　　　　(B) $y'' + 4y = \sin 2x$；

(C) $y'^2 + 4y^2 = 4$；　　　　(D) $y'' + y = \cos 2x$

**分析**　(A) 有周期为 $\pi$ 的解，$\sin 2x$ 与 $\cos 2x$ 都是这样的解.

(B) 非齐次特解形为 $y^* = x(a\cos 2x + b\sin 2x)$，$a^2 + b^2 \neq 0$，不是周期函数.

(C) 有周期为 $\pi$ 的解：分离变量解得 $y = \sin(\pm 2x + C)$.

(D) 有周期为 $\pi$ 的解，非齐次特解形为 $y^* = a\cos 2x + b\sin 2x$.

**解**　选 (B)

---

的任意线性组合，但系数之和为 1 时，是非齐次通解.

线性代数方程组的解的性质与通解结构，也有类同的结论. 请将两者进行比较，可加深知识的理解.

下面几个例子是上述结论的应用.

差 $y_1(x) - y_3(x)$ 与 $y_2(x) - y_3(x)$ 都是对应齐次方程的解，故只需考察它们线性无关.

对二阶常系数线性微分方程

$$y'' + py' + qy = 0$$
$$\leftrightarrow r^2 + pr + q = 0$$
$$\leftrightarrow \begin{cases} r_1 + r_2 = -p \\ r_1 r_2 = q \end{cases}$$

$r_1 \neq r_2$ 线性无关特解 $e^{r_1 x}$，$e^{r_2 x}$.

其二的方法更为基本.

$$y'' + 4y = 0$$
$$\leftrightarrow r^2 + 4 = 0$$
$$\leftrightarrow r = \pm 2i$$

**例 8.2.5** 如果 $y = xe^x + x$ 是微分方程 $y'' - 2y' + ay = bx + c$ 的解，则（ ）.

(A) $a = 1, b = 1, c = 0$；　　　　(B) $a = 1, b = 1, c = -2$；

(C) $a = -3, b = -3, c = 0$；　　(D) $a = -3, b = 1, c = 1$

**分析**　由特征方程 $r^2 - 2r + a = 0$，特解形式 $y = xe^x + x$ 及方程右端一次多项式，推知对应齐次微分方程的特征方程有二重根 $r_1 = r_2 = 1$，因此 $a = 1$，通解形为 $(C_1 + C_2 x)e^x$，故方程有特解 $x$，代入原方程得 $b = 1, c = -2$. 也可将已知特解代入方程，比较系数求解.

**解**　选 (B).

**例 8.2.6**　以 4 个函数 $y_1(x) = e^x, y_2(x) = 2xe^x, y_3(x) = 3\cos 3x, y_4(x) = 4\sin 3x$ 为解的 4 阶常系数线性齐次微分方程是 _____，该方程的通解是 _____.

**分析**　由解 $e^x$ 与 $2xe^x$ 知 1 是特征方程的二重根，由解 $3\cos 3x$ 与 $4\sin 3x$ 知 $\pm 3i$ 是一对共轭复根，故此微分方程的特征方程为 $(r-1)^2(r + 3i)(r - 3i)$，展开即可.

**解**　$y^{(4)} - 2y^{(3)} + 10y'' - 18y' + 9y = 0, (C_1 + C_2 x)e^x + C_3 \cos 3x + C_4 \sin 3x$.

**例 8.2.7**　已知 $y_1 = xe^x + e^{2x}, y_2 = xe^x - e^{-x}, y_3 = xe^x + e^{2x} - e^{-x}$ 是某二阶常系数线性非齐次微分方程的三个解，试求此微分方程.

**解**　$y_3 - y_2 = e^{2x}$ 与 $y_1 - y_3 = e^{-x}$ 是相应齐次微分方程的两个线性无关的解，从而 $y_1 - e^{2x} = xe^x$ 是非齐次解. 特征方程的根为 $r_1 = 2$ 和 $r_2 = -1$，因此得方程形式

$$y'' - y' - 2y = f(x)$$

将 $y = xe^x$ 代入上式，得 $f(x) = (1 - 2x)e^x$，因此所求方程为

$$y'' - y' - 2y = (1 - 2x)e^x.$$

**例 8.2.8**　求方程 $4x^4 y''' - 4x^3 y'' + 4x^2 y' = 1$ 的通解.

**解**　对应的齐次方程是欧拉方程，作变量代换 $x = e^t$，化为

$$\frac{d^3 y}{dt^3} - 4\frac{d^2 y}{dt^2} + 4\frac{dy}{dt} = 0$$

特征方程为 $r(r-2)^2 = 0$，故得齐次通解

$$y = C_1 + C_2 e^{2t} + C_3 te^{2t} = C_1 + C_2 x^2 + C_3 x^2 \ln x$$

设非齐次特解为 $y* = Ax^\alpha$，代入原方程

$$4A\alpha(\alpha-1)(\alpha-2)x^{\alpha+1} - 4A\alpha(\alpha-1)x^{\alpha+1} + 4A\alpha x^{\alpha+1} = 1$$

解得 $\alpha = -1, A = \dfrac{1}{36}$. 因此原方程的通解为

$$y = C_1 + C_2 x^2 + C_3 x^2 \ln x - \frac{1}{36x}$$

**\* 例 8.2.9**　求微分方程的 $(x^2 \ln x)y'' - xy' + y = 0$ 通解.

**解 1**　验证知 $y_1 = x$ 是原方程的解. 设 $y_2 = xu(x)$，代入原方程得

$$(x^2 \ln x)(xu'' + 2u') - x(xu' + u) + xu = 0$$

---

对例 8.2.5，由已知解，分析方程中的常系数.

解例 8.2.6 的一个基本方法是：设所求方程为 $y^{(4)} + a_1 y^{(3)} + a_2 y'' + a_3 y' + a_4 y = 0$，将 4 个特解代入，化为求解 4 阶线性代数方程组. 烦琐！

而根据 4 个特解的函数特征，判定 4 个特征根，从而导出特征方程，得到对应的微分方程. 简捷！

解例 8.2.7 的笨方法是将 3 个特解代入所求方程，得关于 $p, q, f(x)$ 的方程组，很烦琐！

简捷法：据两非齐次解之差是齐次解，求两个最简形式的齐次解，可得两齐次特征根. 再由非齐次解与齐次解之差也是非齐次解，找个较简单的非齐次解.

例 8.2.8 对应的齐次方程是欧拉方程，可得其通解. 观察到系数是幂函数，右端项是常数，故设非齐次特解形为 $y = Ax^\alpha$

化简为　　$(x^3 \ln x)u'' + x^2(2\ln x - 1)u' = 0$

令 $p = u'$，方程变形为$(x\ln x)\dfrac{\mathrm{d}p}{\mathrm{d}x} + (2\ln x - 1)p = 0$. 分离变量解得 $p =$

$-\dfrac{\ln x}{x^2}$. 于是

$$u = \int p\,\mathrm{d}x = -\int \frac{\ln x}{x^2}\mathrm{d}x = \frac{\ln x + 1}{x} + C$$

故　　　　　　　　　　　　$y_2 = \ln x + 1$

因此通解为　　　　　　　　$y = C_2 x + C_1 \ln(ex)$

　　**解 2**　经观察，原方程关于 $x$ 求导数后，$y$ 和 $y'$ 消失，整理成

$$xy''' + 2y'' = 0$$

令 $p = y''$，上式化为 $x\dfrac{\mathrm{d}p}{\mathrm{d}x} + 2p = 0$，即 $\dfrac{\mathrm{d}p}{p} = -\dfrac{2}{x}$.

解得　　$y'' = p = \dfrac{C_3}{x^2}, \; y' = -\dfrac{C_3}{x} + C_2, \; y = -C_3 \ln x + C_2 x + C_1$

将 $y'', y', y$ 的表达式代入原方程，得到 $C_3 = -C_1$. 因此原方程的通解为

$$y = C_1(\ln x + 1) + C_2 x$$

　　**解 3**　作变换 $t = \ln x$，有

$$y' = \frac{\mathrm{d}y}{\mathrm{d}t}\frac{\mathrm{d}t}{\mathrm{d}x} = \frac{1}{x}\frac{\mathrm{d}y}{\mathrm{d}t}, \quad y'' = \frac{\mathrm{d}y'}{\mathrm{d}t}\frac{\mathrm{d}t}{\mathrm{d}x} = -\frac{1}{x^2}\frac{\mathrm{d}y}{\mathrm{d}t} + \frac{1}{x^2}\frac{\mathrm{d}^2 y}{\mathrm{d}t^2}$$

代入原方程得　　　$t\left(\dfrac{\mathrm{d}^2 y}{\mathrm{d}t^2} - \dfrac{\mathrm{d}y}{\mathrm{d}t}\right) - \left(\dfrac{\mathrm{d}y'}{\mathrm{d}t} - y\right) = 0$

令 $u = \dfrac{\mathrm{d}y}{\mathrm{d}t} - y$，则上式化为 $t\dfrac{\mathrm{d}u}{\mathrm{d}t} - u = 0$，解得 $u = -C_1 t$. 于是

$$\frac{\mathrm{d}y}{\mathrm{d}t} - y = -C_1 t$$

解此一阶线性方程得

$$y = \mathrm{e}^{\int \mathrm{d}t}\left(C_2 - \int C_1 t\,\mathrm{e}^{\int -\mathrm{d}t}\mathrm{d}t\right) = C_1 t(t+1) + C_2 \mathrm{e}^t$$

$$= C_2 x + C_1 \ln(ex).$$

　　**注**　解法 1 和解法 2 对于如下的方程也都是有效的：

$$g(x)y'' - xy' + y = 0$$

　　例如用解法 1 的常数变易法，已有解 $y_1 = x$，令 $y = xu$，代入原方程得

$$xg(x)u'' + (2g(x) - x^2)u' = 0$$

可解得原方程的解为

$$y = C_1 x + C_2 x \cdot \int \frac{1}{x^2}\mathrm{e}^{\int (x/g(x))\,\mathrm{d}x}\mathrm{d}x$$

　　或，因方程中含项 $-xy' + y$，用解法 2，求导后消去 $y$ 与 $y'$，得

$$g(x)y''' + [g'(x) - x]y'' = 0$$

再令 $p = y''$ 求解. 但是由于升阶，需要将所得解代入原方程确定其中的 2 个任意常数之间的关系，比解法 1 麻烦，且还要求 $g'(x)$ 存在.

　　\* **例 8.2.10**　（陕七复 4）设 $y_1$ 与 $y_2$ 是方程 $y'' + p(x)y' + 2\mathrm{e}^x y = 0$ 的

---

例 8.2.9 中是变系数的二阶线性齐次微分方程.

　　解 1 试用多项式解，易见 $y_1 = x$ 是一个特解. 用常数变易法求另一解.

　　解 2 类似于例 8.1.11 之解 1 的方法.

　　求导使原方程升为 3 阶，会增加解，常数 $C_1, C_2, C_3$ 只有 2 个独立. 故将 3 阶方程的解代入原方程，寻求 3 个常数的关系.

　　解 3 注意到原方程中除了 $\ln x$，其余系数都是 $x$ 的幂或常数，为消去它而简化方程，试作变换 $t = \ln x$.

　　扩展方程中的项 $-xy' + y$，使得解法 1 和解法 2 可能有效.

线性无关解,且 $y_2 = (y_1)^2$,若 $p(0) > 0$,求 $p(x)$ 及此方程的通解.

**解** 将 $y_2 = (y_1)^2$ 代入方程,整理得

$$2y_1 y''_1 + 2(y'_1)^2 + 2p(x)y_1 y'_1 + 2e^x (y_1)^2 = 0$$

$y_1$ 是原方程的解,满足 $y''_1 = -p(x)y'_1 - 2e^x y_1$,代入上式,整理得

$$(y'_1)^2 = e^x (y_1)^2, \quad 即 \quad y'_1 = -e^{x/2} y_1 \quad 或 \quad y'_1 = e^{x/2} y_1$$

求得 $y''_1 = \left(-\dfrac{1}{2}e^{x/2} + e^x\right)y_1$ 或 $y''_1 = \left(\dfrac{1}{2}e^{x/2} + e^x\right)y_1$. 将 $y'_1$ 与 $y''_1$ 的表达式代入原方程,消去 $y_1$,解得 $p(x) = 3e^{x/2} - \dfrac{1}{2}$ 或 $p(x) = -3e^{x/2} - \dfrac{1}{2}$,再由 $p(0) > 0$,得

$$p(x) = 3e^{x/2} - \frac{1}{2}$$

相应地 $y'_1 = -e^{x/2}y_1$,解得一个非零特解 $y_1 = e^{-2e^{x/2}}$,从而 $y_2 = e^{-4e^{x/2}}$. 易见 $y_1$ 与 $y_2$ 线性无关,故通解为

$$y = C_1 e^{-2e^{x/2}} + C_2 e^{-4e^{x/2}} \quad (C_1, C_2 \text{ 为任意常数})$$

**注** 对于二阶变系数的线性齐次微分方程,没有求特解的一般方法. 但是如果已知一个非零解,则可利用常数变易法求得另一个线性无关解. 本题说明,如果已知两个解的某种关系,则也有可能求得方程的解.

\* **例 8.2.11** 设 $y = y(x)$ 是区间 $(-\pi, \pi)$ 内过点 $\left(-\dfrac{\pi}{\sqrt{2}}, \dfrac{\pi}{\sqrt{2}}\right)$ 的光滑曲线. 当 $-\pi < x < 0$ 时,曲线上任一点处的法线都过原点;当 $0 \leqslant x \leqslant \pi$ 时,函数 $y = y(x)$ 满足 $y'' + y + x = 0$,求函数 $y = y(x)$ 的表达式.

**解** 在 $-\pi < x < 0$ 段,曲线 $y = y(x)$ 在任一点 $(x, y)$ 处的法线方程为 $Y = y - \dfrac{1}{y}(X - x)$,因过原点,可得微分方程

$$y\,dy = -x\,dx$$

解得 $x^2 + y^2 = C$. 由题设当 $x = -\dfrac{\pi}{\sqrt{2}}$ 时,$y = \dfrac{\pi}{\sqrt{2}} > 0$,于是 $C = \pi^2$,故

$$y = \sqrt{\pi^2 - x^2}$$

求得界点 $x = 0$ 处 $y|_{x=0} = \pi$,$y'|_{x=0} = 0$,由整段曲线的光滑性,此即为后段的初始条件.

在 $0 \leqslant x \leqslant \pi$ 段,由方程 $y'' + y = -x$ 知特征方程的根为 $r = \pm i$,易知一特解为 $y* = -x$,故有通解

$$y = C_1 \cos x + C_2 \sin x - x$$

由前段传递的初始条件,计算得 $C_1 = \pi$,$C_2 = 1$. 故特解为

$$y = \pi \cos x + \sin x - x$$

故所求函数为 $y = \begin{cases} \sqrt{\pi^2 - x^2}, & -\pi < x < 0 \\ \pi \cos x + \sin x - x, & 0 \leqslant x \leqslant \pi \end{cases}$.

\* **例 8.2.12** 设在 $[0, +\infty)$ 上,$y(x)$ 满足方程 $y'' + 4y' = f(x)$,及

---

这是二阶变系数线性齐次微分方程,利用两个解的关系式,代入原方程,设法求出系数函数 $p(x)$,然后求出两个线性无关的特解,最后得通解.

显然,所求为分段函数. $(-\pi, 0]$ 段可由法线条件及过已知点,导出相应微分方程的特解,其 $x = 0$ 处的函数值及导数值,由曲线的光滑性,传递为 $(0, \pi)$ 段的初始条件. 后段则由题设方程求通解,并由初始条件得特解.

$y(0) = y'(0) = 0$,其中 $f(x) = \begin{cases} \sin x, & 0 \leqslant x \leqslant \pi/2 \\ 0, & \pi/2 < x < +\infty \end{cases}$,求 $y(x)$.

**解**　尽管 $f(x)$ 在 $x = \pi/2$ 处间断,但是在 $[0, +\infty)$ 上,$y''$ 处处存在,故 $y$ 与 $y'$ 处处连续.

当 $0 \leqslant x \leqslant \pi/2$ 时,初值问题为

$$\begin{cases} y'' + 4y = \sin x \\ y(0) = y'(0) = 0 \end{cases}$$

特解为 $y = -\dfrac{1}{6}\sin 2x + \dfrac{1}{3}\sin x$,从而 $y\left(\dfrac{\pi}{2}\right) = \dfrac{1}{3}$,$y'\left(\dfrac{\pi}{2}\right) = \dfrac{1}{3}$.

在 $[\pi/2, +\infty)$ 上,方程为

$$\begin{cases} y'' + 4y = 0 \\ y\left(\dfrac{\pi}{2}\right) = y'\left(\dfrac{\pi}{2}\right) = \dfrac{1}{3} \end{cases}$$

解得 $y = -\dfrac{1}{3}\cos 2x - \dfrac{1}{6}\sin 2x$. 所求解为

$$y = \begin{cases} -\dfrac{1}{6}\sin 2x + \dfrac{1}{3}\sin x, & 0 \leqslant x \leqslant \dfrac{\pi}{2} \\ -\dfrac{1}{3}\cos 2x - \dfrac{1}{6}\sin 2x, & \dfrac{\pi}{2} < x < +\infty \end{cases}$$

> 与上例相同的是,所求为分段函数. 上例中前后段的方程完全不同,而由整条曲线的光滑条件推知分界点处解函数及其导数连续,确定后段初始条件及特解. 本例仅方程右端项分为两段,可由解函数知 $y''$ 处处存在,推知 $y, y'$ 处处连续,确定后段初始条件及特解.

**\* 例 8.2.13** （第 1 届 PTN,B - 2）求方程 $yy'' - 2(y')^2 = 0$ 通过点 $x = 1, y = 1$ 的所有解.

> 这是二阶非线性微分方程,缺变量 $x$,故可降阶.

**解 1**　可降阶方程,令 $y' = p$,则 $y'' = p\dfrac{\mathrm{d}p}{\mathrm{d}y}$,原方程变形为

$$yp\frac{\mathrm{d}p}{\mathrm{d}y} = 2p^2$$

分别得 $p = 0$ 与 $\dfrac{\mathrm{d}p}{p} = 2\dfrac{\mathrm{d}y}{y}$.

由第一个方程及 $y|_{x=1} = 1$,得解函数 $y = 1$,定义域为 $(-\infty, +\infty)$.

第二个方程分离变量后解得 $\ln p = \ln(Cy^2)$,即 $p = y' = Cy^2$,解得 $-1/y = C + D$. 由积分曲线过点 $(1,1)$ 得 $D = -1 - C$,故解为

$$y = \frac{1}{C + 1 - Cx}$$

> 如同例 8.1.6 后的注 2,解函数有个奇点 $x = 1 + C^{-1}$,将定义域分为两区间 $(-\infty, 1 + C^{-1})$ 和 $(1 + C^{-1}, +\infty)$,故须确定 $x = 1$ 所属的定义区间,即须按 $C = 0, > 0, < 0$ 的取值,讨论解函数的定义域.

注意 $C = 0$ 时即为解 $y = 1$;当 $C > 0$ 时,曲线过点 $(1,1)$,函数定义域为 $(-\infty, 1 + C^{-1})$;当 $C < 0$ 时,函数定义域为 $(1 + C^{-1}, +\infty)$.

**解 2**　一个积分因子是 $1/y^3$：

$$\frac{\mathrm{d}}{\mathrm{d}x}\left(\frac{y'}{y^2}\right) = \frac{yy'' - 2(y')^2}{y^3} = 0$$

故 $y'/y^2 = C$. 下面同解 1.

> 解 2 直接观察得到积分因子.

**\* 例 8.2.14**　（第 2 届 PTN,A - 5）解微分方程组

$$\frac{\mathrm{d}x}{\mathrm{d}t} = x + y - 3, \quad \frac{\mathrm{d}y}{\mathrm{d}t} = -2x + 3y + 1$$

当 $t = 0$ 时,$x = y = 0$.

**解** 由第一个方程解出 $y=\dfrac{\mathrm{d}x}{\mathrm{d}t}-x+3$，求导得 $\dfrac{\mathrm{d}y}{\mathrm{d}t}=\dfrac{\mathrm{d}^2x}{\mathrm{d}^2t}-\dfrac{\mathrm{d}x}{\mathrm{d}t}$，代入第二个方程，整理得

$$\frac{\mathrm{d}^2x}{\mathrm{d}^2t}-4\frac{\mathrm{d}x}{\mathrm{d}t}+5x=10$$

特征方程的根为 $\lambda=2\pm i$，易见常函数 $\widetilde{x}=2$ 是非齐次特解，故其通解为

$$x=\mathrm{e}^{2t}(A\cos t+B\sin t)+2$$

易知初始条件为 $x\big|_{t=0}=0,\dfrac{\mathrm{d}x}{\mathrm{d}t}\big|_{t=0}=-3$，求得 $A=-2,B=1$. 因此得解

$$x=\mathrm{e}^{2t}(-2\cos t+\sin t)+2$$

代入 $y$ 的表达式即得解 $y=\mathrm{e}^{2t}(-\cos t+3\sin t)+1$.

> 这是含有两个方程的一阶线性微分方程组. 可从其中一个方程解出一个因变量，再代入另一个方程，转化为一个二阶线性微分方程求解.

**注** 对于含有 $n(\geqslant2)$ 个方程的一阶线性微分方程组，可先解出其中 $n-1$ 个因变量用第 $n$ 个因变量表示的表达式，再代入第 $n$ 个方程，转化为这个因变量的 $n$ 阶线性微分方程求解. 运用线性代数中的矩阵与线性方程组方法，可使求解方法显得简捷而规律清晰. 可参考常微分方程方面的教材.

> 竞赛中会有线性常微分方程组的求解问题.

**例 8.2.15** （第 40 届 PTN，B-4）(1) 求齐次线性微分方程

$$(3x^2+x-1)y''-(9x^2+9x-2)y'+(18x+3)y=0$$

的一个不恒为零的解.

(2) 设 $y=f(x)$ 是非齐次微分方程

$$(3x^2+x-1)y''-(9x^2+9x-2)y'+(18x+3)y=6(6x+1)$$

的解，且有 $f(0)=1$ 和 $(f(-1)-2)(f(1)-6)=1$，求出整数 $a,b,c$，使得

$$(f(-2)-a)(f(2)-b)=c$$

**解** (1) $y=\mathrm{e}^{mx}$ 和 $y=x^2+px+q$ 分别代入方程，解得 $m=3,p=1,q=0$. 即 $y=\mathrm{e}^{3x}$ 和 $y=x^2+x$ 是解，且线性无关. 因此通解为

$$y=C_1\mathrm{e}^{3x}+C_2(x^2+x)，任意常数 C_1 和 C_2 不全为零.$$

(2) 容易看出 $y=2$ 是非齐次方程的解，故通解为

$$y=f(x)=C_1\mathrm{e}^{3x}+C_2(x^2+x)+2$$

由 $f(0)=1$ 得 $C_1=-1$. 计算 $f(-1)-2=-\mathrm{e}^{-3},f(1)-6=2C_2-4-\mathrm{e}^3$，代入第一个等式得 $-\mathrm{e}^{-3}(2C_2-4-\mathrm{e}^3)=1$，故 $C_2=2$. 因此非齐次特解为

$$f(x)=2-\mathrm{e}^{3x}+2(x^2+x)$$

计算 $f(-2)-a=-\mathrm{e}^{-6}+6-a,f(2)-b=-\mathrm{e}^6+14-b$，代入第二个等式，因 $a,b,c$ 是整数，故 $a=6,b=14,c=1$.

> 由于 $y,y',y''$ 的系数都是多项式，故可猜想形如 $\mathrm{e}^{mx}$ 或多项式的函数是此齐次方程的解，分析次数，估计是二次多项式.

**注** (1) 用多项式 $y=x^n+\cdots$ 代入齐次方程时，最高次项为 $18(2-n)x^{n+1}$，故 $n=2$.

又，一般地，应设解为 $y=\mathrm{e}^{mx}(x^n+\cdots)$ 代入齐次方程，求解.

(2) 对于二阶线性齐次微分方程，已得一解后，可用常数变易法求得另一解.

**例 8.2.16** （第 44 届 PTN，B-3）设微分方程

$$y'''+p(x)y''+q(x)y'+r(x)y=0$$

存在定义于实数轴上的解 $y_1(x),y_2(x),y_3(x)$,使得对所有实数都有
$$y_1^2(x)+y_2^2(x)+y_3^2(x)=1$$
设 $$f(x)=(y'_1(x))^2+(y'_2(x))^2+(y'_3(x))^2$$
求常数 $A$ 和 $B$,使得 $f(x)$ 是微分方程 $y'+Ap(x)y=Br(x)$ 的解.

**解** 显然解函数 $y_1(x),y_2(x),y_3(x)$ 具有三阶导数. 记 $\Sigma=\sum_{i=1}^{3}$,故有 $f=\sum(y'_i)^2$ 和 $\sum y_i^2=1$.

分别求导得 $$f'=\sum 2y'_iy''_i,\sum y_iy'_i=0$$

再对第 2 式求导,得 $\sum y_iy''_i+\sum(y'_i)^2=0$. 故由 $f$ 的表达式,有
$$\sum y_iy''_i=-f$$

再对其求导,得 $\sum y'_iy''_i+\sum y_iy'''_i=-f'$,故有 $f'/2+\sum y_iy'''_i=-f'$,即
$$\sum y_iy'''_i=-\frac{3}{2}f'$$

计算 $y_i(\sum y'''_i+\sum py''_i+\sum qy'_i+\sum ry_i)$
$$=\sum y_iy'''_i+p\sum y_iy''_i+q\sum y_iy'_i+r\sum y_i^2$$
$$=-\frac{3}{2}f'-pf+q\cdot 0+r=0$$

因此有 $f'+Ap(x)f=Br(x)$,其中 $A=B=\dfrac{2}{3}$.

> 将和式 $\sum$ 始终看成整体处理.
>
> 由 $\sum y_i^2$ 二阶导数得 $f=-\sum y_iy''_i$,再求导后,利用原方程及解的关系,即可导出 $f$ 满足的一阶微分方程.

**例 8.2.17** (第 36 届 PTN,A-5) 在实直线的某个区间 $I$ 上,设 $y_1(x)>0$ 和 $y_2(x)>0$ 是微分方程 $y''=f(x)y$ 的线性无关的解,其中 $f(x)$ 是连续的实函数. 证明:在 $I$ 上,存在正常数 $c$,使得函数 $z(x)=c\sqrt{y_1(x)y_2(x)}$ 满足方程 $z''+\dfrac{1}{z^3}=f(x)z$,并明确说出 $c$ 对于 $y_1(x)$ 和 $y_2(x)$ 的依赖关系.

> 此题与例 8.2.16 有些类似,只是解的二次方和改为几何平均形式.

**证** $z^2=c^2y_1y_2$,二次求导,依次得
$$2zz'=c^2(y'_1y_2+y_1y_2'),2z'^2+2zz''=c^2(y''_1y_2+2y'_1y'_2+y_1y''_2)$$
故 $z''z^3=\dfrac{c^2}{2}(y''_1y_2+2y'_1y'_2+y_1y''_2)z^2-(zz')^2$
$$=\frac{c^4}{2}(f\cdot y_1y_2+2y'_1y'_2+f\cdot y_1y_2)y_1y_2-\frac{c^4}{4}(y'_1y_2+y_1y'_2)^2$$
$$=f\cdot c^4(y_1y_2)^2-\frac{c^4}{4}(y'_1y_2-y_1y'_2)^2$$

由 $y''_k=fy_k,k=1,2$,推得 $(y'_1y_2-y_1y'_2)'=y''_1y_2-y_1y''_2=0$. 故 $y'_1y_2-y_1y'_2\equiv w$,且常数 $w\neq 0$. 否则 $\dfrac{y'_1}{y_1}=\dfrac{y'_2}{y_2}$,从而 $y_2=ky_1,y_1$ 与 $y_2$ 线性相关,与题设矛盾. 因此 $z''z^3+1=z^4f-\dfrac{c^4}{4}w^2+1$,令 $c=\sqrt{2/w}$,则得 $z''+z^{-3}=zf$.

> 证明思路是:$z$ 的表达式二次方后,二次求导,推导出 $z''z^3$ 关于原方程解的表达式.
>
> 关键是看出并证明 $y'_1y_2-y_1y'_2$ 恒为非零常数,即其导数恒为零. 而由两解的线性无关推知该常数不为零.

**例 8.2.18** (第 48 届 PTN,A-3) 设对任意实数 $x$,实值函数 $y=f(x)$

满足 $y'' - 2y' + y = 2e^x$.

(1) 如果对任意实数 $x$ 有 $f(x) > 0$,那么是否对任意实数 $x$ 必有 $f'(x) > 0$? 解释之.

(2) 如果对任意实数 $x$ 有 $f'(x) > 0$,那么是否对任意实数 $x$ 必有 $f(x) > 0$? 解释之.

**解** 题设微分方程的通解为 $f(x) = (x^2 + bx + c)e^x$,其中 $b$ 和 $c$ 是实数. 于是

$$f'(x) = (x^2 + (b+2)x + (b+c))e^x$$

对任意实数 $x$ 都有 $f(x) > 0$ 的充要条件是:二次函数的判别式 $\Delta = b^2 - 4c < 0$. 而对任意实数 $x$ 都有 $f'(x) > 0$ 的充要条件是:判别式

$$\Delta' = (b+2)^2 - 4(b+c) = b^2 + 4 - 4c = \Delta + 4 < 0$$

(1) 的回答是否定的. 条件 $\Delta < 0$ 不蕴含条件 $\Delta' < 0$. 例如取 $b = c = 1$,对任意 $x$ 有 $f(x) > 0$,但 $f'(-1) = 0$;

(2) 的回答是肯定的,因为 $\Delta' < 0 \Rightarrow \Delta < 0$.

> 首先根据二阶常系数线性微分方程的特点,给出其通解的函数形式及其导数,它们各为正的条件是其中二项式的判别式为负,然后进行逻辑判断.

# 8.3 与常微分方程相关的综合题

**例 8.3.1** 设

$$\left(\frac{ye^{-x}}{x}f(x) - \frac{2}{x^2}\right)dx + \left(e^{-x}f(x) - \frac{4}{y^2}\right)dy$$

是函数 $u(x, y)$ 的全微分,其中 $f'(x)$ 连续,且 $f(1) = e, u(1,1) = 0$. 求 $u(x, y)$,并计算积分

$$\int_{(1,1)}^{(1,2)} \left(\frac{ye^{-x}}{x}f(x) - \frac{2}{x^2}\right)dx + \left(e^{-x}f(x) - \frac{4}{y^2}\right)dy$$

**解 1** 设全微分 $du = P(x,y)dx + Q(x,y)dy$,其中

$$P(x,y) = \frac{ye^{-x}}{x}f(x) - \frac{2}{x^2}, Q(x,y) = e^{-x}f(x) - \frac{4}{y^2}$$

由 $\dfrac{\partial Q}{\partial x} = \dfrac{\partial P}{\partial y}(x \neq 0, y \neq 0)$,可推得

$$f'(x) = \left(1 + \frac{1}{x}\right)f(x)$$

解得 $f(x) = C_1 xe^x$. 由初始条件 $f(1) = e$ 得解 $f(x) = xe^x$. 于是

$$du = \left(y - \frac{2}{x^2}\right)dx + \left(x - \frac{4}{y^2}\right)dy = (ydx + xdy) - \left(\frac{2}{x^2}dx + \frac{4}{y^2}dy\right)$$

解得 $u(x,y) = xy + \dfrac{2}{x} + \dfrac{4}{y} + C_2$,由 $u(1,1) = 0$ 得解

$$u(x,y) = xy + \frac{2}{x} + \frac{4}{y} - 7$$

因此 原积分 $= u(1,2) - u(1,1) = 1$

**解 2** $\left(\dfrac{ye^{-x}}{x}f(x) - \dfrac{2}{x^2}\right)dx + \left(e^{-x}f(x) - \dfrac{4}{y^2}\right)dy$

> 由全微分充要条件导出 $f(x)$ 满足的微分方程(解 1),或用凑全微分法(解 2)解出 $f(x)$. 从而得 $u$ 的具体表达式,求出原函数 $u(x, y)$,即可计算积分值.

> 按 $f(x)$ 分组,凑微分.

$$= \frac{e^{-x}}{x} f(x)(y dx + x dy) + d\left(\frac{2}{x} + \frac{4}{y}\right)$$

$$= \frac{e^{-x}}{x} f(x) d(xy) + d\left(\frac{2}{x} + \frac{4}{y}\right)$$

由其为全微分知 $\frac{e^{-x}}{x} f(x) = C_1$. 由 $f(1) = e$ 得 $f(x) = xe^x$. 因此

$$u = xy + \frac{2}{x} + \frac{4}{y} + C (以下同解 1)$$

**注** 在第 6 章中，遇到多个类似的问题：曲线 / 曲面积分含有未知函数，是（简单的）积分方程. 题设常常为：该积分与积分路径 / 区域无关，或被积表达式是全微分，或闭路 / 闭曲面上积分恒为零，等等. 欲求未知函数，或计算积分值等. 求解方法有类似之处：利用格林公式或高斯公式，将积分方程转化为微分方程，求解出未知函数，即可计算所示积分.

**例 8.3.2** 设 $f(x), g(x)$ 为连续可微，且 $w = yf(xy)dx + xg(xy)dy$.

（1）若存在 $u$，使得 $du = w$，求 $f - g$；

（2）若 $f(x) = \varphi'(x)$，求 $u$，使得 $du = w$.

**解**（1）由全微分 $du = w$ 及 $f$ 与 $g$ 连续可微，有

$$\frac{\partial}{\partial y}[yf(xy)] = \frac{\partial}{\partial x}[xg(xy)]$$

令 $s = xy$，得 $f(s) + s \frac{df(s)}{ds} = g(s) + s \frac{dg(s)}{ds}$.

即

$$s \frac{d(f - g)}{ds} = -(f - g)$$

解得

$$f(s) - g(s) = \frac{C}{s}$$

或 $f(xy) - g(xy) = \frac{C}{xy}$，或 $g(t) = f(t) - \frac{C}{t}$.

（2）当 $f(x) = \varphi'(x)$ 时，由（1），有

$$du = y\varphi'(xy)dx + x\left[\varphi'(xy) - \frac{C}{xy}\right]dy$$

因与积分路径无关，原函数可表示为

$$u = \int_{(x_0,y_0)}^{(x,y)} y\varphi'(xy)dx + x\left[\varphi'(xy) - \frac{C}{xy}\right]dy + C_1$$

$$= \int_{(x_0,y_0)}^{(x,y)} [y\varphi'(xy)dx + x\varphi'(xy)dy] - \frac{C}{y}dy + C_1$$

$$= \varphi(xy) - C\ln y + C_0 (C, C_0 是任意常数)$$

**注** 在（2）中，也可用凑全微分法

$$du = \varphi'(xy)(ydx + xdy) - \frac{C}{y}dy = d\varphi'(xy) - d(C\ln y)$$

得 $u = \varphi(xy) - C\ln y + C_0$.

**例 8.3.3** 设微分方程 $y'' + 2py' + \lambda p^2 y = 0$ 的通解 $y(x)$ 满足

（旁注）d$(xy)$ 中含有 $y$，其系数无 $y$，故恒为常数.

（旁注）由 $du = w$ 知 $w$ 的题设表达式是 $u$ 的全微分. 由全微分的条件导出微分方程，再设法求 $f - g$. 由 $f(x)$ 的表示，可求全微分的原函数.

$\lim\limits_{x\to+\infty} y(x)=0$,其中常数 $p>0$.求常数 $\lambda$ 的取值范围.

**解** 特征方程 $r^2+2pr+\lambda p^2=0$ 的两根为 $r_1,r_2=-p(1\pm\sqrt{1-\lambda})$.

(1) 当 $\lambda<0$ 时,两实根为一正一负,设 $r_1<0<r_2$,则方程通解的极限

$\lim\limits_{x\to+\infty}(C_1 e^{r_1}+C_2 e^{r_2 x})=\infty$ （任意常数均取非零,下同）;

(2) 当 $\lambda=0$ 时,通解极限为 $\lim\limits_{x\to+\infty}(C_1+C_2 e^{-2px})\neq 0$;

(3) 当 $0<\lambda<1$ 时,知 $r_1<0,r_2<0$,通解极限 $\lim\limits_{x\to+\infty}(C_1 e^{r_1}x+C_2 e^{r_2 x})=0$;

(4) 当 $\lambda=1$ 时,通解极限 $\lim\limits_{x\to+\infty}(C_1+C_2 x)e^{-px}=0$;

(5) 当 $\lambda>1$ 时,$r_1,r_2$ 为共轭复根 $-p\pm\alpha i$,通解极限 $\lim\limits_{x\to+\infty}e^{-px}(C_1\cos\alpha x+C_2\sin\alpha x)=0$.

综合可知常数 $\lambda>0$.

**例 8.3.4** 已知函数 $f(x)$ 具有二阶导数,且 $f'(0)\neq 0$,又 $f(0)=-2$ 是 $f(x)$ 的极小值. 函数 $y=y(x)$ 是微分方程 $y'-2y=f(x)$ 的满足初始条件 $y(0)=1$ 的解,则（ ）.

(A)1 是 $y(x)$ 的极小值;(B)1 是 $y(x)$ 的极大值;

(C)$(0,1)$ 是曲线 $y=y(x)$ 的拐点;

(D)1 不是 $y(x)$ 的极值,$(0,1)$ 不是曲线 $y=y(x)$ 的拐点.

**解 1** 解 $y=y(x)$ 及 $y'(0),y''(0)$ 与 $y'''(0)$ 表示如下:

$$y=e^{2x}\left(1+\int_0^x e^{-2x}f(x)dx\right),y(0)=1$$

$$y'=2e^{2x}\left(1+\int_0^x e^{-2x}f(x)dx\right)+f(x),y'(0)=0$$

$$y''=4e^{2x}\left(1+\int_0^x e^{-2x}f(x)dx\right)+2f(x)+f'(x),y''(0)=0$$

$$y'''=8e^{2x}\left(1+\int_0^x e^{-2x}f(x)dx\right)+4f(x)+2f'(x)+f''(x),y'''(0)=f''(0)>0.$$

因此判断 $y(0)=1$ 不是极值,$(0,1)$ 是曲线 $y=y(x)$ 的拐点. 故选(C).

**解 2** 由 $y'=2y(x)+f(x)$ 及求导,递推计算 $y'(0),y''(0)$ 与 $y'''(0)$.

$$y'(0)=2y(0)+f(0)=0$$
$$y''(0)=2y'(0)+f'(0)=0$$
$$y'''(0)=2y''(0)+f''(0)>0$$

即得与方法 1 相同的结论.

**解** 选(C).

**例 8.3.5** （陕七）设 $y=y(x)$ 满足方程 $x^2 y'+y+x^2 e^{\frac{1}{x}}=0$,且曲线 $y=y(x)$ 过点 $(1,0)$.求此曲线的渐近线.

**解 1** 原方程化为 $y'+\dfrac{1}{x^2}y=-e^{\frac{1}{x}}$,由求解公式

$$y=e^{\int -\frac{1}{x^2}dx}\left(C+\int -e^{\frac{1}{x}}\cdot e^{\int \frac{1}{x^2}dx}dx\right)=e^{\frac{1}{x}}(C-x)$$

此例是由通解的渐近性质,推断微分方程中参数的性质.

通解为 $y(x)=C_1 e^{r_1}+C_2 e^{r_2 x}$,注意 $\lim\limits_{x\to+\infty} y(x)=0$ 应对任意常数都成立,而指数 $r_1,r_2$ 的正负取决于 $\lambda$,因此需要就 $\lambda$ 的不同取值,讨论此极限式的值.

此例及下面几例,都是由微分方程的性质及解函数的某些特征,来分析判断解函数的性质.

先由 $f(x)$ 在 $x=0$ 处取极小值及 $f''(0)\neq 0$,推知 $f'(0)=0$,$f''(0)>0$,可用于分析 $x=0$ 处的解的性质. 然后可求 $y(x)$ 与 $f(x)$ 的关系式.

解 1 先由微分方程求出解函数后,再讨论其在 $x=0$ 处的性质.

解 2 直接由微分方程递推地导出在 $x=0$ 处,$y$ 及其各阶导数值,$y$ 与 $f$ 的各阶导数值的关系. 不必求解函数,比解 1 简捷.

可化为标准的一阶线性微分方程后求解(解 1),或用凑微分法求解(解 2).

由 $y|_{x=1}=0$ 得曲线方程为

$$y=(1-x)e^{\frac{1}{x}},x\in(0,+\infty)$$

由 $\lim\limits_{x\to0^+}(1-x)e^{\frac{1}{x}}=+\infty$,知直线 $x=0$ 是曲线的铅直渐近线.

由
$$k=\lim_{x\to\infty}\frac{y}{x}=\lim_{x\to\infty}\frac{(1-x)e^{\frac{1}{x}}}{x}=-1$$

及
$$b=\lim_{x\to\infty}((1-x)e^{\frac{1}{x}}-kx)\xlongequal{u=x^{-1}}\lim_{u\to0}\left(e^{u}+\frac{1-e^{u}}{u}\right)=0$$

知 $y=-x$ 是曲线的斜渐近线.

**解 2**　方程化为 $e^{-\frac{1}{x}}y'+\frac{1}{x^2}e^{-\frac{1}{x}}y=-1$,则有 $(e^{-\frac{1}{x}}y)'=-1$,积分得 $y=(C-x)e^{\frac{1}{x}}$. 由 $y|_{x=1}=0$ 得特解

$$y=(1-x)e^{\frac{1}{x}},x\in(0,+\infty)$$

由 $\lim\limits_{x\to0^+}(1-x)e^{\frac{1}{x}}=+\infty$ 知直线 $x=0$ 是曲线的铅直渐近线. 又当 $x\to\infty$ 时,根据 $e^{\frac{1}{x}}$ 的麦克劳林公式,有展开式

$$(1-x)e^{\frac{1}{x}}=(1-x)\left(1+\frac{1}{x}+o\left(\frac{1}{x}\right)\right)=-x+o(1)$$

因此 $y=-x$ 是斜渐近线.

\***例 8.3.6**　(陕六复 10) 设 $y=e^{\frac{1}{x}}$ 是方程 $x^4y''+2x^2y'+p(x)y=0$ 的一个特解.

(1) 令 $y=e^{\frac{1}{x}}z(x)$,求方程的通解;

(2) 当 $y(1)=3e$ 与 $y'(1)=-e$ 时,求此方程的积分曲线的渐近线.

**解**　(1) 设 $y=uz,u=e^{\frac{1}{x}}$,求导 $y'=u'z+uz'$,$y''=u''z+2u'z'+uz''$,代入原方程,整理得

$$x^4y''+2x^2y'+p(x)y$$
$$=(x^4u''+2x^2u'+p(x)u)z+2x^2(x^2u'+u)z'+x^4uz''=0$$

因 $u=e^{\frac{1}{x}}$ 是方程特解,故 $x^4u''+2x^2u'+p(x)u=0$. 又 $x^2u'+u=x^2e^{\frac{1}{x}}\left(-\frac{1}{x^2}\right)+e^{\frac{1}{x}}=0$,因此 $z''=0$,解得 $z=C_1+C_2x$. 通解为

$$y=(C_1+C_2x)e^{\frac{1}{x}}$$

(2) 由初始条件 $y(1)=3e$,$y'(1)=-e$,得特解的积分曲线

$$y=(2x+1)e^{\frac{1}{x}}$$

因 $\lim\limits_{x\to0^+}y=\lim\limits_{x\to0^+}(2x+1)e^{\frac{1}{x}}=+\infty$,故 $y$ 轴是曲线的铅直渐近线.

又
$$k=\lim_{x\to\infty}\frac{y}{x}=\lim_{x\to\infty}\frac{(2x+1)e^{\frac{1}{x}}}{x}=2$$

$$b=\lim_{x\to\infty}[(2x+1)e^{\frac{1}{x}}-2x]=\lim_{x\to\infty}[2(e^{\frac{1}{x}}-1)/\frac{1}{x}+e^{\frac{1}{x}}]=3$$

故 $y=2x+3$ 曲线的斜渐近线.

---

然后考虑积分曲线的水平、铅直或斜渐近线.

也可由麦克劳林展开式求曲线的斜渐近线:若 $x\to\infty$ 时,有一阶展开式 $y=f(x)=kx+b+o(1)$,这等价于 $\lim\limits_{x\to\infty}(f(x)-kx-b)=0$,则 $y=kx+b$ 是曲线 $y=f(x)$ 的斜渐近线. 有时此法比较简便.

关于变系数的二阶齐次线性微分方程的求解,问题(1)其实是提示.

从而求出满足初始条件的积分曲线,再求其渐近线.

这里不必求未知的 $p(x)$.

也可采用例 8.3.5 解 2 的旁注中求斜渐近线的方法.

**注** （1）对于二阶变系数的齐次线性微分方程，若已知非零特解 $u(x)$，则通解的一个组成部分是 $Cu(x)$，其中 $C$ 是任意常数．将 $C$"变易"为待定函数 $C(x)$，设 $y=C(x)u(x)$，代入原方程，导出 $C(x)$ 满足的微分方程而求解之．这就是所谓的"常数变易法"，可求得另一个线性无关的特解．

（2）此方程还有一个简单解法．由观察知与 $e^{\frac{1}{x}}$ 线性无关的另一解形为 $y=(ax+b)e^{\frac{1}{x}}$，代入方程得恒等式，便知此即为通解．

（3）采用例 8.3.5 旁注中的方法，当 $x\to\infty$ 即 $\frac{1}{x}\to 0$ 时，用 $e^{\frac{1}{x}}$ 的麦克劳林展开式

$$y=(2x+1)e^{\frac{1}{x}}=(2x+1)\left(1+\frac{1}{x}+o\left(\frac{1}{x}\right)\right)=2x+3+o(1)$$

易得斜渐近线 $y=2x+3$．

**例 8.3.7** 设 $f(x)$ 在 $[0,+\infty)$ 上连续，且 $\lim\limits_{x\to+\infty}f(x)=b>0$，又常数 $a>0$．求证：对方程 $\dfrac{\mathrm{d}y}{\mathrm{d}x}+ay=f(x)$ 的任一解 $y(x)$，均有 $\lim\limits_{x\to+\infty}y(x)=\dfrac{b}{a}$．

**证** 此一阶线性方程的通解为

$$y=Ce^{-ax}+e^{-ax}\int_0^x f(t)e^{at}\,\mathrm{d}t \quad (x>0)$$

因此

$$\lim_{x\to+\infty}y=\lim_{x\to+\infty}\frac{\displaystyle\int_0^x f(t)e^{at}\,\mathrm{d}t}{e^{ax}} \qquad \left(\frac{\infty}{\infty}\text{ 型}\right)$$

$$=\lim_{x\to+\infty}\frac{f(x)e^{ax}}{ae^{ax}}=\frac{b}{a}$$

根据通解的表达式求极限．

**例 8.3.8** 证明：方程 $y'=\dfrac{1}{1+x^2+y^2}$ 的全部解在整个 $Ox$ 上有界．

**证** 积分原方程，得 $y(u)=y(0)+\displaystyle\int_0^u\frac{\mathrm{d}x}{1+x^2+y^2}$，因此

$$|y(u)|\leqslant|y(0)|+\left|\int_0^u\frac{\mathrm{d}x}{1+x^2+y^2}\right|\leqslant|y(0)|+\int_0^{|u|}\frac{\mathrm{d}x}{1+x^2}$$

$$\leqslant|y(0)|+\int_0^{+\infty}\frac{\mathrm{d}x}{1+x^2}\leqslant|y(0)|+\frac{\pi}{2}$$

此题是由微分方程推断解函数的有界性．

不必（也难）求解函数的显示表示，而根据解的定积分式，运用积分不等式，估计解函数的界．

**\* 例 8.3.9** （苏联竞赛题）设在 $[0,+\infty)$ 上已给方程 $y'+a(x)y=f(x)$，其中函数 $f(x)$ 和 $a(x)$ 连续，且 $a(x)\geqslant c>0$．证明：

（1）若 $f(x)$ 有界，则方程的解 $y(x)$ 有界；

（2）若 $f(x)\to 0(x\to+\infty)$，则 $y(x)\to 0(x\to+\infty)$．

**证** （1）方程解为

$$y=Ce^{-\int_0^x a(u)\,\mathrm{d}u}+e^{-\int_0^x a(u)\,\mathrm{d}u}\int_0^x f(t)e^{\int_0^t a(u)\,\mathrm{d}u}\,\mathrm{d}t \quad (x>0)$$

设 $|f(t)|\leqslant M$．因为 $e^{-\int_0^x a(u)\,\mathrm{d}u}<1$，故有

$$|y|\leqslant|C|+\int_0^x|f(t)|\cdot e^{\int_0^t a(u)\,\mathrm{d}u}\cdot e^{-\int_0^x a(u)\,\mathrm{d}u}\,\mathrm{d}t$$

这是一阶线性微分方程，对问题（1），以定积分形式写出通解，运用积分不等式进行分析．

$$\leqslant |C| + M \int_0^x \mathrm{e}^{-\int_t^x a(u)\,\mathrm{d}u}\,\mathrm{d}t \quad (a(x) \geqslant c > 0)$$

$$\leqslant |C| + M \int_0^x \mathrm{e}^{-c(x-t)}\,\mathrm{d}t \leqslant |C| + \frac{M}{c}(1 - \mathrm{e}^{-cx}) \leqslant |C| + \frac{M}{c}$$

因此解函数 $y(x)$ 有界.

(2) 由 $a(x) \geqslant c > 0$ 可知 $\mathrm{e}^{\int_0^x a(u)\,\mathrm{d}u} \geqslant \mathrm{e}^{\int_0^x c\,\mathrm{d}u} \geqslant \mathrm{e}^{cx}$. 故

$$\lim_{x \to +\infty} \mathrm{e}^{\int_0^x a(u)\,\mathrm{d}u} = +\infty, \quad \lim_{x \to +\infty} C\mathrm{e}^{-\int_0^x a(u)\,\mathrm{d}u} = 0$$

因此　　　$\displaystyle \lim_{x \to +\infty} y = \lim_{x \to +\infty} \int_0^x f(t)\mathrm{e}^{\int_0^t a(u)\,\mathrm{d}u}\,\mathrm{d}t \Big/ \mathrm{e}^{\int_0^x a(u)\,\mathrm{d}u}$　　　（＊）

在 $\left| \int_0^x f(t)\mathrm{e}^{\int_0^t a(u)\,\mathrm{d}u} \right|\mathrm{d}t \leqslant \int_0^x |f(t)|\mathrm{e}^{\int_0^t a(u)\,\mathrm{d}u}\,\mathrm{d}t$ 中, 不等式右边的函数单调增,

故当 $x \to +\infty$ 时, 或有有限极限, 则（＊）式极限为零; 或趋于无穷大, 则

$$\lim_{x \to +\infty} \frac{\int_0^x |f(t)|\mathrm{e}^{\int_0^t a(u)\,\mathrm{d}u}\,\mathrm{d}t}{\mathrm{e}^{\int_0^x a(u)\,\mathrm{d}u}} = \lim_{x \to +\infty} \frac{|f(x)|\mathrm{e}^{\int_0^x a(u)\,\mathrm{d}u}\,\mathrm{d}t}{a(x)\mathrm{e}^{\int_0^x a(u)\,\mathrm{d}u}}$$

$$= \lim_{x \to +\infty} \frac{|f(x)|}{a(x)} = 0 \qquad \left(0 < \frac{1}{a(x)} \leqslant \frac{1}{c}\right)$$

即证得 $y(x) \to 0 (x \to +\infty)$.

**注**　可将条件 $a(x) \geqslant c > 0$ 换成 $\lim\limits_{x \to +\infty} a(x) = c > 0$, 结论仍然成立. 此时先证明 $\lim\limits_{x \to +\infty} \mathrm{e}^{\int_0^x a(u)\,\mathrm{d}u} = +\infty$, 然后可用洛必达法则证明极限 $\lim\limits_{x \to +\infty} y(x) = 0$. 再利用命题"若函数 $\varphi(x)$ 在 $[0, +\infty)$ 上连续, 且 $\lim\limits_{x \to +\infty} \varphi(x) = A$, 则 $\varphi(x)$ 在该区间上有界", 来证明 $y(x)$ 在 $[0, +\infty)$ 上是有界的.

**\* 例 8.3.10**　证明: 若 $q(x) < 0$, 则方程 $y'' + q(x)y = 0$ 的任一非零解至多有一个零点.

**证**　假设非零解 $y(x)$ 有两个零点 $x_1$ 与 $x_2$, 不妨设 $x_1 < x_2$, 且它们之间没有零点. 于是在区间 $(x_1, x_2)$ 内 $y(x)$ 不变号, 不妨设 $y(x) > 0$. 由原方程及题设知 $y'' = -q(x)y > 0$, 再结合 $y'$ 的连续性, 知 $y'$ 在 $[x_1, x_2]$ 单调增. 而

$$y'(x_1) = \lim_{x \to x_1^+} \frac{y(x) - y(x_1)}{x - x_1} = \lim_{x \to x_1^+} \frac{y(x)}{x - x_1} \geqslant 0$$

$$y'(x_2) = \lim_{x \to x_2^-} \frac{y(x) - y(x_2)}{x - x_2} = \lim_{x \to x_2^-} \frac{y(x)}{x - x_2} \leqslant 0$$

这与 $y'$ 为单调增矛盾. 因此原方程的非零解 $y(x)$ 至多有一个零点.

**注**　(1) $y'' + q(x)y = 0$ 是下面施笃姆-刘维尔方程

$$\begin{cases} y'' + \lambda \rho(x)y = 0 \\ y(0) = y(1) = 0 \end{cases} \quad (\lambda \text{ 是常数}, \rho(x) > 0)$$

的一种变形, $q(x) = \lambda \rho(x)$, 且不考虑边值条件.

(2) 施笃姆-刘维尔方程是构造正交多项式的一个重要工具. 一个基本结论是:

设 $y_1$ 和 $y_2$ 分别是 $\lambda = \lambda_1$ 和 $\lambda = \lambda_2 (\lambda_1 \neq \lambda_2)$ 时方程的两个不同的非零

（右侧栏注）

$y(x)$ 表达式的第一项的极限为零, 第二项是分式的极限问题, 在运用洛必达法则之前, 需要论证分子有否极限, 是有限的, 或是无穷大的.

$\dfrac{\infty}{\infty}$ 情形用洛必达法则.

此命题表明: 若函数在开区间内连续, 且端点（有限或穷）处有有限极限, 则它在此区间必有界.

原题没有指明 $q(x)$ 的连续性, 也回避了解的存在性. 故此题是要证: 若此方程有非零解, 则解函数或者无零点, 或者只有一个零点.

方程中出现 $y''$, 蕴含着 $y''$ 存在, 故 $y'$ 连续.

显然可用反证法证明.

解,则积分

$$\int_0^1 \rho(x) y_1(x) y_2(x) \mathrm{d}x = 0$$

即所谓函数 $y_1$ 和 $y_2$ 正交. 请试证之.

**\* 例 8.3.11** 设 $f(t)$ 是连续周期函数,证明方程 $\dfrac{\mathrm{d}y}{\mathrm{d}t} + ay = f(t)$ ($a$ 为常数) 存在周期解.

**证** 方程通解为 $y(t) = \mathrm{e}^{-at}\left(C + \int_0^t f(u)\mathrm{e}^{au}\mathrm{d}u\right)$. 设非零常数 $T$ 是 $f(t)$ 的周期. 考察

$$y(t+T) = \mathrm{e}^{-a(t+T)}\left(C + \int_0^{t+T} f(u)\mathrm{e}^{au}\mathrm{d}u\right) \quad (\text{令 } u = \tau + T)$$

$$= \mathrm{e}^{-at} \cdot \left(C\mathrm{e}^{-aT} + \int_{-T}^t f(\tau)\mathrm{e}^{a\tau}\mathrm{d}\tau\right)$$

为使 $y(t+T) = y(t)$,只需

$$C\mathrm{e}^{-aT} + \int_{-T}^t f(u)\mathrm{e}^{au}\mathrm{d}u = C + \int_0^t f(u)\mathrm{e}^{au}\mathrm{d}u$$

故取

$$C = \int_{-T}^0 f(u)\mathrm{e}^{au}\mathrm{d}u / (1 - \mathrm{e}^{-aT})$$

即对应特解 $y(t)$ 是周期为 $T$ 的周期函数.

**注** 例 8.3.7～例 8.3.11 中都是一阶线性微分方程,根据方程中的系数或系数函数,及右端项函数的性质,论证解函数的性质. 这是微分方程研究中的一个重要问题,也可由此设计一些赛题.

**\* 例 8.3.12** (苏联竞赛题)在平面上画出方程 $\dfrac{\mathrm{d}y}{\mathrm{d}x} = \sin y$ 的图形.

**解 1** 易见直线 $y = k\pi$ ($k = 0, \pm 1, \pm 2, \cdots$) 都是方程的积分曲线,平行于 $x$ 轴.

方程改写为 $\dfrac{\mathrm{d}x}{\mathrm{d}y} = \dfrac{1}{\sin y}$,考察函数

$$x = g(y) = \int \frac{1}{\sin y}\mathrm{d}y + C \quad (y \neq k\pi x)$$

由 $\sin y$ 的周期性及奇函数性,可见 $g(y)$ 是 $y$ 的以 $2\pi$ 为周期的偶函数,图像对称于 $x$ 轴. 故只需考虑区间 $0 < y < \pi$ 内的一族图形. 而这族积分曲线可沿着 $x$ 轴平移产生,故特取 $C = 0$. 因

$$g(y) = \int_{\pi/2}^y \frac{\mathrm{d}t}{\sin t} \xrightarrow{u = \pi - t} -\int_{\pi/2}^{\pi - y} \frac{\mathrm{d}u}{\sin u} = -g(\pi - y)$$

可见曲线关于点 $\left(0, \dfrac{\pi}{2}\right)$ 为中心对称. 由

$$\lim_{y \to 0(\pi)} \frac{\mathrm{d}x}{\mathrm{d}y} = \lim_{y \to 0(\pi)} \frac{1}{\sin y} = \infty$$

知 $y = 0$ 与 $y = \pi$ 是水平渐近线. 由

$$\frac{\mathrm{d}x}{\mathrm{d}y} = \frac{1}{\sin y} > 0, \quad \frac{\mathrm{d}^2 x}{\mathrm{d}y^2} = \frac{-\cos y}{\sin^2 y}$$

这是一阶线性方程. 所谓"存在"周期解,可理解为通解中的任意常数 $C$ 取某特定值时,解 $y(t)$ 是周期函数. 因此问题可转化为 $y(t+T) = y(t)$ 恒成立时,$C$ 的取值.

由此可见,用变上限定积分表示通解,便于周期性的推导.

解题思路之一是从方程本身考察函数 $x = g(y)$ 的性质. 这里的要点是,将 $x$ 作为因变量,关于 $y$ 是偶函数,周期为 $2\pi$,故只需讨论沿 $y$ 轴上的 $0 < y < \pi$ 段的图形.

之二是求出解函数 $y = f(x)$ 后,再考察其性质.

知函数 $x = g(y)$ 随着 $y$ 的增加而单调增加. 在 $0 < y < \dfrac{\pi}{2}$ 部分, 因 $x''_y <$

$0$, 曲线朝着正 $x$ 轴方向为凸, 在 $\dfrac{\pi}{2} < y < \pi$ 部分, 因 $x''_y > 0$, 曲线朝着正 $x$

轴方向为凹, 中心对称点 $\left(0, \dfrac{\pi}{2}\right)$ 也是拐点. 综上所述, 可画出 $0 < y < \pi$ 内

的积分曲线族见图 8-1.

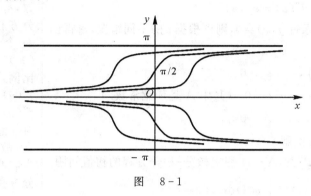

图　8-1

**解 2**　由原方程得 $x - C = \displaystyle\int \dfrac{1}{\sin y}\mathrm{d}y = \ln\left|\tan\dfrac{y}{2}\right|$, 解得

$$y = f(x) = 2\mathrm{Arctan}\ \mathrm{e}^{x-C}$$
$$= 2\arctan \mathrm{e}^{x-C} + 2k\pi\,(k = 0, \pm 1, \pm 2, \cdots)$$

主值为 $y = 2\arctan \mathrm{e}^{x-C}$, $-\pi < y < \pi$. 可见函数 $y = f(x)$ 的图形关于 $x$ 轴为对称, 主值图形沿 $y$ 轴上下每平移 $2\pi$ 单位, 即可得所有的图形.

而主值图形又是一族, 是 $y = 2\arctan \mathrm{e}^{x}$ 的图形沿 $x$ 轴的平移. 由

$$y'_x = \dfrac{2}{\mathrm{e}^x + \mathrm{e}^{-x}} > 0,\ y''_x = \dfrac{-2(\mathrm{e}^x - \mathrm{e}^{-x})}{(\mathrm{e}^x + \mathrm{e}^{-x})^2}$$

可分析得到如图 8-1 的图形.

**例 8.3.13**　设 $f$ 是可导函数, 对任意的 $s$ 与 $t$, 有 $f(s+t) = f(s) + f(t) + 2st$, 且 $f'(0) = 1$. 求函数 $f$ 的表达式.

**解**　将题中恒等式变形为

$$\dfrac{f(s+t) - f(s)}{t} = \dfrac{f(t)}{t} + 2s \qquad (*)$$

特别令 $s = 0$, 有 $\dfrac{f(t)}{t} = \dfrac{f(t) - f(0)}{t - 0}$. 由题设, $\displaystyle\lim_{t\to 0}\dfrac{f(t) - f(0)}{t - 0} = f'(0) = 1$.

因此由 $(*)$ 式可得

$$f'(s) = \lim_{t\to 0}\dfrac{f(s+t) - f(s)}{t} = \lim_{t\to 0}\dfrac{f(t)}{t} + 2s = 1 + 2s$$

积分得 $f(s) = s + s^2 + C$, 故 $f(0) = C$. 在恒等式中令 $s = t = 0$, 得 $C = 0$. 因此 $f(s) = s^2 + s$.

**\* 例 8.3.14**　(第 24 届 PTN, B-3) 设 $f$ 是实数集上的二次可微函数, 试求下列方程的解:

由 $(\delta + t)^2 = s^2 + 2st + t^2$ 可猜想出 $f(s)$ 的表达式.

题设恒等式是函数方程. 由可导性转化为微分方程. 为此, 将 $t$ 看做自变量 $s$ 的增量, 由导数的定义, 推导 $f$ 满足的微分方程.

$$f^2(x) - f^2(y) = f(x+y)f(x-y).$$

**解** 对方程两边先后求关于 $x, y$ 的偏导数,得

$$0 = f''(x+y)f(x-y) - f(x+y)f''(x-y)$$

作变量代换 $x+y=u, x-y=v$,则有

$$f''(u)f(v) = f(u)f''(v) \qquad (*)$$

若 $f$ 不恒为零,则有 $v_0$,使 $f(v_0) \neq 0$. 故可令 $c = f''(v_0)/f(v_0)$,得微分方程

$$f''(u) = cf(u)$$

在原方程令 $x=y=0$,得初始条件 $f(0)=0$,则可根据 $c$ 的不同情况,解得函数

$$f(u) = \begin{cases} A\sinh\left(\sqrt{c}\,u\right), & c > 0 \\ Au, & c = 0 \\ A\sin\left(\sqrt{|c|}\,u\right), & c < 0 \end{cases} \quad (\text{其中 } A \text{ 是任意常数}.)$$

容易验证它们都是原函数方程的解.

**\* 例 8.3.15** (第 19 届 PTN, A-3) 假定微分-积分方程的初值问题

$$\frac{\mathrm{d}u(t)}{\mathrm{d}t} = u(t) + \int_0^1 u(s)\mathrm{d}s, u(0) = 1$$

有唯一解,试确定 $u(t)$.

**解** 令 $b = \int_0^1 u(s)\mathrm{d}s$,则原方程为

$$u'(t) - u(t) = b$$

解得 $u(t) = Ce^t - b$. 代入到 $b$ 的积分式,有

$$b = \int_0^1 (Ce^s - b)\mathrm{d}s = C(e-1) - b$$

又由初始条件知 $-b + C = 1$,故 $b = \dfrac{e-1}{3-e}, C = \dfrac{2}{3-e}$,因此唯一解为

$$u(t) = \frac{2e^t - e + 1}{3 - e}$$

题设是函数方程,关于两个变量具有轮换对称性,故结合二次可微条件,考虑二阶混合偏导数,导出二阶微分方程. 这里的一个思路是, (\*) 式蕴含着比例式

$$f''(u) : f(u) = f''(v) : f(v)$$

对任意的 $u, v$ 成立,故此比例恒为常数,即得微分方程.

# 第9章 应用问题

本章试图通过一些竞赛中应用题的求解分析,介绍怎样针对问题,综合运用物理知识和数学方法,或数形结合方法,把握数学模型建立的要点和关键,希冀对学生学习有所启发和帮助.

## 9.1 物理应用

### 9.1.1 积分模型

将物理问题转化为数学模型问题,在单因素情形,定积分是方法之一.在多因素情形,多元积分也是可考虑的方法.

**例 9.1.1** 设在半径为 $R$ 的一个球形物体上,任意一点 $P$ 处的体密度为 $\rho = \dfrac{1}{|P_0 P|}$,其中 $P_0$ 为定点,且与球心的距离 $r_0$ 大于 $R$,求该物体的质量.

**解** 取球心为空间直角坐标系的原点,设点 $P_0(0,0,r_0)$ 在 $z$ 轴上.在球面坐标系下,球体中的点 $P(r,\varphi,\theta)$ 到 $P_0$ 的距离为

$$|P_0 P| = \sqrt{x^2 + y^2 + (z - r_0)^2} = \sqrt{r^2 + r_0^2 - 2 r r_0 \cos \varphi}$$

球体所占区域为 $\Omega: x^2 + y^2 + z^2 \leqslant R^2$.由质量的三重积分表示

$$m = \iiint_\Omega \frac{\mathrm{d}v}{|P_0 P|} = \int_0^{2\pi} \mathrm{d}\theta \int_0^R r \mathrm{d}r \int_0^\pi \frac{r \sin \varphi \mathrm{d}\varphi}{\sqrt{r^2 + r_0^2 - 2 r r_0 \cos \varphi}}$$

$$= \frac{2\pi}{r_0} \int_0^R r \sqrt{r^2 + r_0^2 - 2 r r_0 \cos \varphi} \, \Big|_0^\pi \mathrm{d}r$$

$$= \frac{4\pi}{r_0} \int_0^R r^2 \mathrm{d}r = \frac{4\pi R^3}{3 r_0}$$

> 适当选取球体所在的坐标系,体积微元上的质量为 $\rho \mathrm{d}v$,用三重积分表示立体质量.宜用球坐标系计算积分,要点是用球坐标表示两点距离.

**例 9.1.2** 设面密度为 1 的均匀平面薄板 $D$ 由曲线 $\sqrt{x} + \sqrt{y} = 1$ 和两坐标轴围成,求薄板 $D$ 关于过原点的直线的转动惯量及其最大值与最小值.

**分析** 由力学可知,质量为 $m$ 的质点绕直线 $l$ 的转动惯量是 $I = d^2 m$,其中 $d$ 是质点到直线 $l$ 的距离.设过原点的直线的一般方程是 $l_k: kx - y = 0$,或 $x = 0$.将薄板细分分割为许多小块薄板,利用二重积分微元法求转动惯量.设 $(x,y)$ 是薄板 $D$ 内任一点,$\mathrm{d}\sigma$ 是含此点的面积微元,其上质量为 $1 \cdot \mathrm{d}\sigma$,故该"点"(代表此面积微元)绕 $l_k$ 的转动惯量的微元:$\mathrm{d}I = \left[ \dfrac{kx - y}{\sqrt{1 + k^2}} \right]^2 \mathrm{d}\sigma$.

> 求解的基本过程是:先采用转动惯量的力学原理和二重积分微元法,求薄板关于过原点的任意直线的转动惯量,它将是转轴直线斜率的函数,再求此函数的最值.

**解** 薄板 $D$ 的转动惯量的积分表达式为

$$I(k) = \iint\limits_{D} \left( \frac{kx-y}{\sqrt{1+k^2}} \right)^2 \mathrm{d}x\mathrm{d}y = \iint\limits_{D} \frac{k^2x^2 - 2xyk + y^2}{1+k^2} \mathrm{d}x\mathrm{d}y$$

由对称性得 $\iint\limits_{D} y^2 \mathrm{d}x\mathrm{d}y = \iint\limits_{D} x^2 \mathrm{d}x\mathrm{d}y$，因此积分简化为

$$I(k) = \iint\limits_{D} x^2 \mathrm{d}x\mathrm{d}y - \frac{2k}{1+k^2}\iint\limits_{D} xy \mathrm{d}x\mathrm{d}y = \frac{1}{84} - \frac{2k}{1+k^2}\frac{1}{280}$$

注意到对任意实数 $k$ 则有

$$-1 \leqslant \frac{2k}{1+k^2} \leqslant 1$$

因此 $I(k)$ 当 $k=1$ 时有最小值 $I_{\min} = \dfrac{1}{120}$，当 $k=-1$ 时有最大值 $I_{\max} = \dfrac{13}{840}$．又薄板关于直线 $x=0$ 的转动惯量等于极限值

$$\lim_{k\to\infty} I(k) = \lim_{k\to\infty}\left( \frac{1}{84} - \frac{2k}{1+k^2}\frac{1}{280} \right) = \frac{1}{84}$$

比较后得薄板的转动惯量的最大值为 $\dfrac{13}{840}$，最小值为 $\dfrac{1}{120}$．

**注** 上述结果的力学暨几何意义是很明显的．如图 9-1 所示，由匀质薄板 $D$ 几何形状的对称性，当直线 $l_k$ 经过薄板 $D$ 的质心时，其转动惯量最小，而质心正在直线 $y=x$ 上；在所有过原点的直线中，质心到直线 $y=-x$ 的距离为最大，薄板的转动惯量为最大．

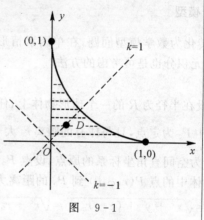

图 9-1

**例 9.1.3** 设密度为 1 的立体 $\Omega$ 由不等式 $\sqrt{x^2+y^2} \leqslant z \leqslant 1$ 表示，试求 $\Omega$ 绕直线 $x=y=z$ 的转动惯量．

**解** 直线 $x=y=z$ 的方向向量为 $s=(1,1,1)$，原点 $O$ 在直线上．点 $P(x,y,z)$ 到该直线的距离 $d$ 为

$$d = \frac{|\overrightarrow{OP}\times s|}{|s|} = \frac{1}{\sqrt{3}} \left| \begin{matrix} \boldsymbol{i} & \boldsymbol{j} & \boldsymbol{k} \\ x-0 & y-0 & z-0 \\ 1 & 1 & 1 \end{matrix} \right|$$

$$= \frac{1}{\sqrt{3}}\sqrt{(y-z)^2 + (z-x)^2 + (x-y)^2}$$

$\Omega$ 绕该直线的转动惯量为

$$I = \iiint\limits_{\Omega} d^2 \cdot \mathrm{d}V = \frac{1}{3}\iiint\limits_{\Omega}[(y-z)^2 + (z-x)^2 + (x-y)^2]\mathrm{d}x\mathrm{d}y\mathrm{d}z$$

$$= \frac{1}{3}\iiint\limits_{\Omega}[x^2 + y^2 + z^2 - 2xy - 2yz - 2zx]\mathrm{d}x\mathrm{d}y\mathrm{d}z$$

点 $(x,y)$ 到该直线的距离为

$$d = \frac{|kx-y|}{\sqrt{1+k^2}}.$$

灵活应用对称性，简化积分计算．

可用导数方法求 $I(k)$ 的最值，但用几何平均不等式方法更简单．

关于直线 $x=0$ 的转动惯量，作为直线斜率 $k$ 趋于无穷大时的极限．

完成这道题的解答后，结合问题的力学及几何意义来解释与验证结果的正确性．

类同于例 9.1.2 的力学原理及数学方法，区别在本例是三维问题．

密度为 1 的体微元 $\mathrm{d}v$ 绕直线 $l$ 的转动惯量是 $\mathrm{d}I = d^2\mathrm{d}V$，其中 $d$ 是微元上质点到直线 $l$ 的距离．不同的是需知点到空间直线的距离公式或计算方法．然后求相应的三重积分．

由对称性知 $\iiint\limits_{\Omega} xy\,dx\,dy\,dz = \iiint\limits_{\Omega} yz\,dx\,dy\,dz = \iiint\limits_{\Omega} zx\,dx\,dy\,dz = 0$，因此

$$I = \frac{1}{3}\iiint\limits_{\Omega}[x^2+y^2+z^2]\,dx\,dy\,dz = \frac{1}{3}\int_0^{2\pi}d\theta\int_0^{\pi/4}\sin\varphi\,d\varphi\int_0^{1/\cos\varphi}r^4\,dr = \frac{3\pi}{20}$$

**注** 点 $P(x,y,z)$ 到直线 $L$ 的距离 $d_{P-L}$ 公式有多种推导方法. 用向量方法比较简单. 记直线的方向向量为 $\boldsymbol{s}(m,n,l)$，$M(x_0,y_0,z_0)$ 是直线 $L$ 上的一点. 由向量积知（见图 9-2）
$|\overrightarrow{MP}\times\boldsymbol{s}| = |MP|\cdot|\boldsymbol{s}|\sin\theta$，则距离公式为

图 9-2

$$d_{P-L} = |\overrightarrow{MP}|\sin\theta = \frac{|\overrightarrow{MP}\times\boldsymbol{s}|}{|\boldsymbol{s}|}$$

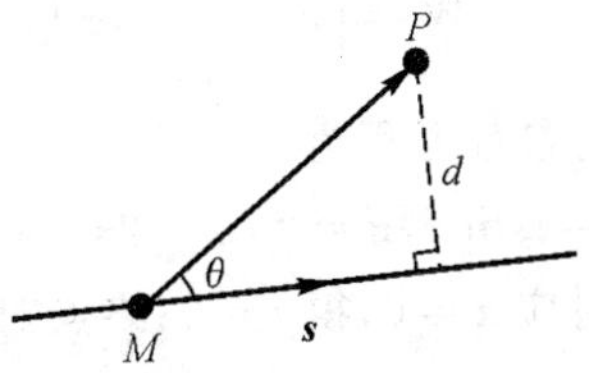

**例 9.1.4** 设质点在变力 $\boldsymbol{F}=(3x+4y)\boldsymbol{i}+(7x-y)\boldsymbol{j}$ 的作用下，沿椭圆 $ax^2+y^2=4$ 的逆时针方向运动一周所做的功等于 $6\pi$，则 $a=$ _____.

**解** 记椭圆 $C:ax^2+y^2=4$ 所围的平面区域为 $D$，则所做的功为

$$W = \oint_C(3x+4y)\,dx+(7x-y)\,dy \quad （用格林公式）$$

$$= \iint\limits_D(7-4)\,dx\,dy \quad （椭圆面积为 \frac{4\pi}{\sqrt{a}}）$$

$$= \frac{12}{\sqrt{a}}\pi = 6\pi$$

所以 $a=4$.

> 先写出功的平面闭曲线积分的表达式，再利用格林公式计算出功，含有椭圆方程参数 $a$，即可由已知功值反求 $a$ 的值.

**\* 例 9.1.5** （陕九复）给定椭圆抛物面 $\Sigma:z=4x^2+2\sqrt{3}\,xy+2y^2$，设 $\boldsymbol{r}(\theta)$ 是 $xOy$ 平面上的与 $x$ 轴正向夹角为 $\theta$ 的单位向量，质点 $M$ 在变力 $\boldsymbol{F}=\{xz,yz,2z^2\}$ 的作用下，在曲面 $\Sigma$ 上从原点出发，沿方向 $\boldsymbol{r}(\theta)(0\leqslant\theta\leqslant\pi)$ 运动到 $z=1$ 的位置上. 问 $\theta$ 取何值时，变力 $\boldsymbol{F}$ 所作的功 $W$ 最小？并求此 $W$ 的最小值.

**分析** 根据变力做功的曲线积分表示，所求功为

$$W = \int_L\boldsymbol{F}\cdot d\boldsymbol{s} = \int_L xz\,dx+yz\,dy+2z^2\,dz.$$

为求质点运动路径也即积分路径 $L$ 的表达式，根据运动学原理，将运动分解为沿三坐标轴的分运动. 先考虑沿 $\boldsymbol{r}(\theta)(0\leqslant\theta\leqslant\pi)$（即水平方向）上的分运动. 将质点 $(x,y,z)$ 投影到 $xOy$ 平面上，则投影点 $(x,y,0)$ 必在向径 $\boldsymbol{r}(\theta)$ 所在的射线上. 再投影到 $x$ 轴与 $y$ 轴上，将水平方向运动又分解为沿这两坐标轴的分运动，它们的分运动方程正是射线的参数方程 $x=t\cos\theta,y=t\sin\theta(t\geqslant0)$，参变量 $t$ 是质点运动的时间变量. 再求沿 $z$ 轴的分运动，因质点坐标 $(x,y,z)$ 满足椭圆抛物面方程，故得该方向上的分运动方程

$$z = t^2(4\cos^2\theta+2\sqrt{3}\sin\theta\cos\theta+2\sin^2\theta)$$

$$= t^2(3\cos2\theta+6\sqrt{3}\sin2\theta)$$

$$= t^2(3+2\sin(2\theta+\pi/6))$$

> 类同例 9.1.4，也是做功问题，不同在路径是空间曲线. 求解关键是寻求质点运动路径的参数方程，为此将其分解为沿三个坐标轴的分运动.

所得的分运动方程组,即是积分路径 $L$ 的参数方程.计算曲线积分,可得功函数 $W(\theta)$,求其最小值.

**解** 所求功可表示为

$$W = \int_L xz\,\mathrm{d}x + yz\,\mathrm{d}y + 2z^2\,\mathrm{d}z$$

其中积分路径 $L$ 的参数方程为

$$x = t\cos\theta, y = t\sin\theta, z = t^2(3 + 2\sin(2\theta + \pi/6))\ (t \geqslant 0)$$

起点(原点)对应 $z = 0$,得 $t = 0$;终点对应 $z = 1$,由上式解得

$$t = \frac{1}{\sqrt{3 + 2\sin(2\theta + \pi/6)}}$$

将上述各式代入曲线积分表达式,化为

$$W = \int_0^{\frac{1}{\sqrt{3+2\sin(2\theta+\pi/6)}}} \left[ t^3(3 + 2\sin(2\theta + \pi/6)) \right.$$

$$\left. + 4t^5(3 + 2\sin(2\theta + \pi/6)^3) \right]\mathrm{d}t$$

$$= \frac{1}{4} \cdot \frac{1}{2\sin(2\theta + \pi/6) + 3} + \frac{2}{3}, 0 \leqslant \theta \leqslant \pi$$

当 $\theta = \pi/6$ 时,功 $W$ 有最小值 $W_{\min} = \frac{1}{20} + \frac{2}{3} = \frac{43}{60}$.

> 直接由正弦函数性质求得功的最小值,不用求导数.

**注** 也可将射线表示为 $y = x\tan\theta$,得 $z = x^2(4 + 2\sqrt{3}\tan\theta + 2\tan^2\theta)$,令 $x = x$ 为参变量,得到积分路径的参数方程.

**例 9.1.6** 在某平地上向下挖一个半径为 $R$ 的半球形池塘.若任一点处泥土的密度为 $\rho = e^{r^2/R^2}$,其中 $r$ 为此点离球心的距离,试求挖完此池塘需做的功.

**解** 先建立空间直角坐标系:原点为球心,$z$ 轴铅直向下,$x$ 轴和 $y$ 轴都在平地上.在池塘半球体里任取一点 $P$,其球面坐标记为 $(r, \varphi, \theta)$,在其周围取一体积微元 $\mathrm{d}v$,重量为 $g\rho\,\mathrm{d}v = ge^{r^2/R^2}\,\mathrm{d}v$,提升高度为 $z = r\cos\varphi$,做的微元功为 $\mathrm{d}w = gr\cos\varphi\,e^{r^2/R^2}\,\mathrm{d}v$.三重积分的积分区域为 $\Omega: r \leqslant R, 0 \leqslant \varphi \leqslant \pi/2$, $0 \leqslant \theta \leqslant 2\pi$.故所做总功为

$$W = \iiint_\Omega gr\cos\varphi\,e^{r^2/R^2}\,\mathrm{d}V$$

$$= g\int_0^{2\pi}\mathrm{d}\theta\int_0^{\pi/2}\cos\varphi\,\mathrm{d}\varphi\int_0^R re^{r^2/R^2} \cdot r^2\,\mathrm{d}r = \pi gR^4$$

> 此例做功与前两例有别,非一个质点的运动做功.
>
> 假设不考虑挖土动作所做的功,只考虑提土所做的功.于是问题为,将池塘里所有泥土提到平地,克服重力做功.根据功的可加性,细分池塘泥土,提升所有细块做功,故用三重积分的微元法求解.
>
> 积分区域为半球形,自然用球坐标计算三重积分.

### 9.1.2 微分方程模型

常微分方程是解决物理问题常用的数学模型.

*\*例 9.1.7* (陕三复)设一礼堂顶部是个半椭球面,其方程为 $\Sigma: z = 4\sqrt{1 - \frac{1}{16}x^2 - \frac{1}{36}y^2}$,求下雨时过房顶一点 $P(1, 3, \sqrt{11})$ 处的雨水流下的路线方程(不计摩擦).

**分析** 根据力学原理,雨滴(看作质点)在重力的作用下,在房顶表面

流下的运动轨迹必定使得质点的行进路线 $L$ 最短,即每一瞬时的下落速度最大.在数学上,质点速度方向是沿房顶曲面 $\Sigma$ 的最大下降方向,即曲面上该点处的负梯度方向.因此,位于 $(x,y,z)$ 处的雨滴的水平速度向量 $(\mathrm{d}x,\mathrm{d}y)$ 均应与曲面 $\Sigma$ 在该点处的负梯度方向平行,这样便可建立 $(x,y)$ 所满足的微分方程,其解就是路线 $L$ 向 $xOy$ 平面的投影柱面.

**解**　坐标为 $(x,y,z)$ 的雨滴的水平速度向量为 $v=\left(\dfrac{\mathrm{d}x}{\mathrm{d}t},\dfrac{\mathrm{d}y}{\mathrm{d}t}\right)$,曲面 $\Sigma$ 在该点的梯度为

$$\mathbf{grad}\,z=\left(\frac{\partial z}{\partial x},\frac{\partial z}{\partial y}\right)=\frac{-\left(\dfrac{x}{4},\dfrac{y}{9}\right)}{\sqrt{1-\dfrac{x^2}{16}-\dfrac{y^2}{36}}}$$

水平速度向量 $v$ 与此梯度的负方向平行,即得微分方程

$$\frac{4\mathrm{d}x}{x}=\frac{9\mathrm{d}y}{y}$$

再由过已知点的条件 $x=1$ 时 $y=3$,求解得到 $y=3x^{4/9}$,正是雨滴路线 $L$ 关于 $xOy$ 平面的投影柱面.故所求路线方程为

$$L:\begin{cases}z=4\sqrt{1-\dfrac{x^2}{16}-\dfrac{y^2}{36}}\\[2mm]y=3x^{\frac{4}{9}}\end{cases}$$

**注**　(1) 此解参数方程为: $x=u^9,\ y=3u^4,\ z=\sqrt{16-u^{18}-4u^8}$.

(2) 也可用时间 $t$ 作为参变量,微分方程改写为微分方程组

$$\frac{\mathrm{d}x}{9x}=\frac{\mathrm{d}y}{4y}=k\mathrm{d}t$$

其中 $k$ 是比例系数.再设时刻 $t=0$ 时对应点 $P(1,3,\sqrt{11})$,则可得所求路线的如下参数方程(与(1)中表达式的关系是 $u=\mathrm{e}^{kt}$)

$$x=\mathrm{e}^{9kt},\ y=3\mathrm{e}^{4kt},\ z=\sqrt{16-\mathrm{e}^{18kt}-4\mathrm{e}^{8kt}}$$

**＊例 9.1.8**　(陕五复 10)设质点 $A$ 从点 $(1,0)$ 出发,以匀速率 $v_0$ 沿平行于 $y$ 轴正向的方向运动;质点 $B$ 从点 $(0,0)$ 点与 $A$ 同时出发,以匀速率 $5v_0$ 始终指向质点 $A$ 的方向运动.求质点 $B$ 的运动轨迹方程.

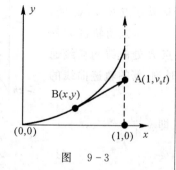

图　9-3

**解**　如图 9-3,设在 $t$ 时刻,质点 $A$ 运动到点 $(1,v_0t)$ 处,质点 $B$ 运动到点 $(x,y)$ 处,其速度向量指向点 $(1,v_0t)$.记质点 $B$ 的运动轨迹方程为 $y=y(x)$,则由速度方向与切线方向的一致性可知,在点 $(x,y(x))$ 处曲线的切线通过点 $(1,v_0t)$.于是在 $t$ 时刻,质点 $B$ 的轨迹曲线的斜率可表示为

$$\frac{\mathrm{d}y}{\mathrm{d}x}=\frac{v_0t-y}{1-x}\quad 即\quad (1-x)\frac{\mathrm{d}y}{\mathrm{d}x}=v_0t-y\qquad(1)$$

另一方面质点 $B$ 的速率是路程函数 $s(t)$ 对于时间 $t$ 的导数,因此有

----

这是数学建模问题.为简化问题,已假设房顶为光滑的半椭球面,不计摩擦力,再假设雨滴为一质点.于是雨水流线看成:雨滴因重力沿房顶流下的最短路径.这意味着,任一时刻,雨滴沿最大速度方向落下,在数学上则是负梯度方向.

例 9.1.5 与例 9.1.7 看似不同:最小做功路径与最速下降路径问题,但方法颇相似:已知所求路线都在某给定曲面上,根据题设选取适当的坐标平面,寻求该路线相应的投影柱面,两曲面的交线即所求.

例 9.1.8 是谓追击问题.应先根据质点的运动学知识来建立问题的数学模型.

画出两个质点的运动示意图,有助于问题分析.

运动速度向量即为运动轨迹曲线的切向量.速率则是单位时间所经的路程,

$$\frac{\mathrm{d}s}{\mathrm{d}t} = \frac{\mathrm{d}s}{\mathrm{d}x} \cdot \frac{\mathrm{d}x}{\mathrm{d}t} = \sqrt{1 + \left(\frac{\mathrm{d}y}{\mathrm{d}x}\right)^2}\, \frac{\mathrm{d}x}{\mathrm{d}t} = 5v_0 \qquad (2)$$

联立式(1)与式(2),就是质点 B 运动满足的数学模型 —— 常微分方程组.

为求得 $y = y(x)$,需从两式中消去 $t$,故式(1)两边对 $x$ 求导,得

$(1-x)\dfrac{\mathrm{d}^2 y}{\mathrm{d}x^2} = v_0 \dfrac{\mathrm{d}t}{\mathrm{d}x}$,联立式(2)式消去 $\dfrac{\mathrm{d}x}{\mathrm{d}t}$,整理得

$$(1-x)\frac{\mathrm{d}^2 y}{\mathrm{d}x^2} = \frac{1}{5}\sqrt{1 + \left(\frac{\mathrm{d}y}{\mathrm{d}x}\right)^2} \qquad (3)$$

初始位置为:$x=0$ 时,$y=0$.点 B 的运动方向指向 $A(1,0)$,故 $y'|_{x=0}=0$.利用分离变量法,式(3)变形为 $\dfrac{\mathrm{d}y'}{\sqrt{1+y'^2}} = \dfrac{\mathrm{d}x}{5(1-x)}$,最终解得

$$y = -\frac{5}{8}(1-x)^{\frac{4}{5}} + \frac{5}{12}(1-x)^{\frac{6}{5}} + \frac{5}{24} \qquad (0 \leqslant x \leqslant 1)$$

**注** 此追击问题还可改编为:设有一猎犬和一只兔子在相距 1 000 m 时相互发现,兔子以 $v_0$ 的速度向其洞中逃去,猎犬以 $5v_0$ 的速度向兔子追去.问兔子与洞相距多远以内时兔子可以逃脱.(答案:小于 $416\frac{2}{3}$ m 则可逃脱.)

例 9.2.10 是类似的追击问题.

**\* 例 9.1.9** (第 20 届 PTN,A-5)沿水平直线方向飞行的一只麻雀正上方 50ft(1ft = 0.3048 m)处有一只鸷,正下方 100 ft 处有一只鹰.鸷与鹰一起向着麻雀飞去捕食,并同时到达捕捉目标.已知鹰的飞行速率是麻雀的 2 倍,问 3 只鸟各飞行了多远距离?鸷的飞行速率是多少?

**解** 假定三只鸟都以匀速飞行,麻雀,鸷和鹰的速率分别为 $v_0, kv_0$ 和 $2v_0$.

如图 9-4,设在 $t$ 时刻,麻雀运动到点 $A(v_0 t, 0)$ 处,鸷运动到点 $B(x,y)$ 处,其速度向量指向点 $A$,其运动轨迹方程为 $y = y(x)$,则在点 B 处曲线的切线通过点 $A$.于是在 $t$ 时刻,鸷的轨迹曲线的斜率可表示为

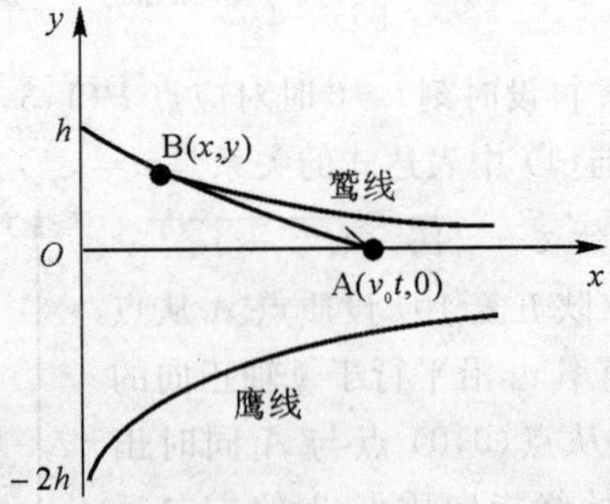

图 9-4

$$\frac{\mathrm{d}y}{\mathrm{d}x} = \frac{-y}{v_0 t - x} \quad \text{即} \quad y\frac{\mathrm{d}x}{\mathrm{d}y} = -v_0 t + x \qquad (1)$$

另一方面鸷的速率(即速度大小)为

$$\frac{\mathrm{d}s}{\mathrm{d}t} = \frac{\mathrm{d}s}{\mathrm{d}y} \cdot \frac{\mathrm{d}y}{\mathrm{d}t} = \sqrt{1 + \left(\frac{\mathrm{d}x}{\mathrm{d}y}\right)^2}\, \frac{\mathrm{d}y}{\mathrm{d}t} = -kv_0 \quad \left(\text{因为} \frac{\mathrm{d}y}{\mathrm{d}t} < 0\right) \qquad (2)$$

为消去 $t$,式(1)两边对 $y$ 求导,得 $y\dfrac{\mathrm{d}^2 x}{\mathrm{d}y^2} = -v_0\dfrac{\mathrm{d}t}{\mathrm{d}y}$,联立式(2)消去 $\dfrac{\mathrm{d}y}{\mathrm{d}t}$,整理得

（右侧边注）

指速度的大小,路程函数也即曲线的弧长函数.

式(1)与式(2)常微分方程组是非线性的,不易直接求解.宜消去时间变量,转化为易解的方程:可分离变量方程.

此题也是追击问题,与例 9.1.8 雷同.

$$ky\frac{\mathrm{d}^2x}{\mathrm{d}y^2}=\sqrt{1+\left(\frac{\mathrm{d}x}{\mathrm{d}y}\right)^2}\qquad(3)$$

鹭的初始位置为：$x=0$ 时，$y=h$，且运动方向指向 $O$，故 $x'_y=0$. 利用分离变量法，式(3) 变形为 $\dfrac{k\mathrm{d}x'_y}{\sqrt{1+x'^2_y}}=\dfrac{\mathrm{d}y}{y}$，利用初始条件，解得

> 为便于求解此微分方程，视 $x$ 为 $y$ 的函数.

$$y=h\left(x'_y+\sqrt{1+x'^2_y}\right)^k$$

解出 $2x'_y=\left(\dfrac{y}{h}\right)^{1/k}-\left(\dfrac{y}{h}\right)^{-1/k}$，再由初始条件解得

$$2x=\frac{h}{1+1/k}\left(\frac{y}{h}\right)^{1+1/k}-\frac{h}{1-1/k}\left(\frac{y}{h}\right)^{1-1/k}+\frac{2h/k}{1-1/k^2}\qquad(y\geqslant 0)$$

鹭追上麻雀时，$y=0$，麻雀行程为 $x=v_0T=\dfrac{h/k}{1-1/k^2}$，也即鹭和鹰位于 $\left(\dfrac{h/k}{1-1/k^2},0\right)$.

关于鹰，$h=100$，$k=2$，速度 $=2v_0$，行程 $s_2=2v_0T=\dfrac{400}{3}$(ft).

相应麻雀行程 $s_0=\dfrac{200}{3}$(ft)，　三鸟用时均为 $T=\dfrac{200}{3v_0}$.

关于鹭，$h=50$，水平行程为 $\dfrac{50k}{1-1/k^2}=\dfrac{200}{3}$，得 $k=\dfrac{3+\sqrt{73}}{8}\approx 1.443$. 因此鹰的速率

$$v_1=kv_0\approx 1.443v_0，行程\ s_1\approx 1.443v_0\cdot\frac{200}{3v_0}=96.2(\mathrm{ft}).$$

**注**　在军事上如导弹打飞机等均系追击问题. 当然原始的追击问题所涉及的因素要复杂得多，求解的数学模型自然也深刻得多. 这里的追击问题已经作了相当大的简化.

**例 9.1.10**　设有一条光滑柔软的均匀细链 $ACB$，其 $AC$(长为 $b$) 部分位于倾角为 $\alpha$ 的光滑斜面上，另一部分 $CB$(长为 $a>b\sin\alpha$) 跨过斜面上缘点 $C$，悬在空中. 由于重力作用(不计摩擦)，细链开始下落. 假设单位长度的细链质量为 $\rho$，求细链完全脱落斜面所需的时间.

**分析**　因细链定长，不妨分析其 $B$ 端的运动方程 $x(t)$. 建立坐标轴如图 9-5，细链 $B$ 端开始位于原点 $O$，$t$ 时刻下落到点 $B_x$ 处.

> 此题属于大学物理中的动力学问题. 先作受力分析，再用牛顿第二定律列出运动方程.

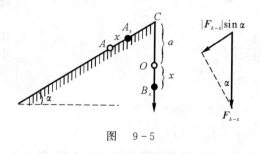

图　9-5

细链 $B_x$ 点的受力分析：细链质量为 $\rho g(a+b)$，$g$ 为重力加速度. $CB_x$ 段重量 $(a+x)\rho g$ 产生铅直向下的重力，$A_xC$ 段的重力 $\boldsymbol{F}_{b-x}$ 沿 $CA$ 方向的分力等效于对 $B_x$ 的铅直向上的作用力，大小为 $\boldsymbol{F}_{b-x}\sin\alpha$. 根据牛顿第二定律可得运动方程.

关键是正确地进行受力分析. 这是物理基本功.

**解** 取细链开始下落时 $B$ 点的位置为坐标原点，坐标轴铅直向下，$t$ 时刻下落距为 $x$，至 $B_x$ 处. 由牛顿第二定律得

$$\rho(a+b)\frac{\mathrm{d}^2x}{\mathrm{d}t^2}=\rho g(a+x)-\rho g(b-x)\sin\alpha$$

即二阶常系数线性方程

$$\frac{\mathrm{d}^2x}{\mathrm{d}t^2}=\frac{g}{a+b}(1+\sin\alpha)x+\frac{g}{a+b}(a-b\sin\alpha)$$

初始条件为 $x(0)=0,x'(0)=0$. 解之得

$$x(t)=\frac{a-b\sin\alpha}{1+\sin\alpha}(\mathrm{ch}rt-1)\qquad\text{其中 }r=\sqrt{\frac{g(1+\sin\alpha)}{a+b}}$$

细链脱离时 $x=b$，即得所求的时间为

$$t=\frac{1}{r}\ln\left(\frac{a+b}{a-b\sin\alpha}+\sqrt{\frac{(a+b)^2}{(a-b\sin\alpha)^2}-1}\right)$$

**注** 作为该题命题扩展，其一是问在什么条件下，细链会沿着斜坡下滑？另一是考虑斜面的摩擦力因素.

**例 9.1.11** 从船上向海中沉放某种探测器，按探测要求，需要确定仪器的下沉深度 $y$（从海平面算起）与下沉速度 $v$ 之间的函数关系. 设仪器在重力作用下，从海平面由静止开始铅直下沉，在下沉过程中还受到阻力与浮力的作用. 设仪器的质量为 $m$，体积为 $B$，海水比重为 $\rho$，仪器所受阻力与下沉速度成正比，比例系数为 $k(k>0)$. 试建立 $y$ 与 $v$ 所满足的微分方程，并求出函数关系式 $y=y(v)$.

**解** 取坐标系：沉放点为原点，$Oy$ 轴正向铅直向下. 船质点受力：向下的重力 $mg$，向上的浮力 $\rho B$ 和阻力 $kv$. 设 $t$ 时刻质点的位移为 $y$. 由牛顿第二定律得

数学建模的基本假设为：船为一质点，不考虑海浪影响，只考虑质点在铅直方向的受力. 利用牛顿第二定律建立微分方程.

以 $v$ 为自变量作变换，可简化求解过程.

$$m\frac{\mathrm{d}^2y}{\mathrm{d}t^2}=mg-\rho B-kv$$

为求 $y=y(v)$，作代换 $\dfrac{\mathrm{d}^2y}{\mathrm{d}t^2}=\dfrac{\mathrm{d}v}{\mathrm{d}y}\dfrac{\mathrm{d}y}{\mathrm{d}t}=v\dfrac{\mathrm{d}v}{\mathrm{d}y}$，并令 $f=mg-\rho B$，由初始条件，得方程

$$\begin{cases}mv\dfrac{\mathrm{d}v}{\mathrm{d}y}=f-kv\\[2mm]v\big|_{y=0}=0\end{cases}$$

用分离变量法，得解

$$y=\frac{m}{k}\left(\frac{f}{k}\ln\frac{f}{f-kv}-v\right).$$

**注** （1）先建立的是 $y$ 关于自变量 $t$ 的二阶常系数线性微分方程，但本

题的目的是要求 $y$ 关于 $v$ 的关系式,故不必解此原始方程,只需作代换化为关于 $y$ 与 $v$ 的方程.

（2）如果问题改为求位移函数 $y(t)$,则需解方程

$$\begin{cases} \dfrac{\mathrm{d}^2 y}{\mathrm{d}t^2} + \dfrac{k}{m}\dfrac{\mathrm{d}y}{\mathrm{d}t} = \dfrac{f}{m} \\ y\big|_{t=0} = 0, \dfrac{\mathrm{d}y}{\mathrm{d}t}\Big|_{t=0} = 0 \end{cases}$$

解得 $\quad v = \dfrac{\mathrm{d}y}{\mathrm{d}t} = \dfrac{f}{k}(1 - \mathrm{e}^{-kt/m})$ 及 $y = \dfrac{f}{k}t - \dfrac{fm}{k^2}(1 - \mathrm{e}^{-kt/m})$.

由这两式消去 $t$ 也可得 $y = y(v)$,比较烦琐.

**例 9.1.12** （陕四复）子弹以速度 $v_0 = 400 \text{ m/s}$ 垂直打进厚为 $20 \text{ cm}$ 的墙壁,穿透后以 $100 \text{ cm/s}$ 的速度飞出.设墙壁对子弹运动的阻力与速度的二次方成正比.求子弹穿过墙壁的时间.

**分析** 引入比例系数 $a$,阻力可表示为 $F = av^2$.阻力导致子弹速度减小,方向与加速度方向相反.由牛顿第二定律可得速度方程.再由打进（即初始）时刻的初始速度 $v_0$ 及初始位移 $0$,依次确定子弹的速度函数及位移函数,最后由飞出（即末端）时刻的速度及墙厚计算出比例系数和子弹穿透时间.

**解** 由牛顿第二定律可得速度 $v = v(t)$ 满足一阶微分方程

$$\frac{\mathrm{d}v}{\mathrm{d}t} = -av^2 \quad （比例参数 a > 0）$$

解得 $v = \dfrac{1}{at + c_1}$.设子弹打进墙壁时刻 $t = 0$,于是 $v\big|_{t=0} = 400$,从而得 $c_1 = \dfrac{1}{400}$,故

$$\frac{\mathrm{d}x}{\mathrm{d}t} = v = \frac{400}{400at + 1}$$

积分可得位移函数 $x = x(t)$ 满足的关系式 $\ln(400at + 1) = ax + c_2$.而 $x\big|_{t=0} = 0$,从而 $c_2 = 0$,故得

$$x = a^{-1} \cdot \ln(400at + 1)$$

设子弹飞出墙壁时刻为 $t_1$,则有 $v\big|_{t=t_1} = 100, x\big|_{t=t_1} = 0.2$.代入速度函数与位移函数,解得 $a = 10\ln 2, t_1 = \dfrac{3}{4000\ln 2}(\text{s})$.因此子弹穿过墙壁的时间为

$$t_1 = \frac{3}{4000\ln 2}(\text{s}).$$

**例 9.1.13** （陕六复）高速行驶汽车遇到紧急情况,为安全停驶缩短刹车距离,会自动迅速打开减速伞,产生很大的空气阻力.假设某种减速伞产生的阻力与车速 $v(t)$ 的二次方成正比,比例系数记为 $k$,汽车与地面的摩擦力为常数 $f$.不计其他外力.设打开减速伞时车速为 $v_0$,汽车在滑行 $s_T$ m 后停止,汽车质量为 $m$ kg.欲依据 $v_0, s_T, m$ 和 $f$ 测算阻力系数 $k$,试推导出 $k$ 与这些数据所满足的关系式.

（右侧栏注）

这也是一个数学建模问题,模型假设有:子弹简化为一个质点,墙壁对子弹的阻力远大于地球对子弹的引力,垂直于墙壁飞出,故忽略不计地球引力.

先建立速度方程,再建立位移方程,都不难.

初始条件,$t = 0$ 时的速度与位移,易得.

出墙时刻的条件,速度与位移的确定,是关键.

自然将偌大的汽车简化为一个质点.否则难以用高等数学知识解决问题.

**解** 设位移函数为 $s(t)$. 根据牛顿第二定律得速度方程

$$m\frac{\mathrm{d}v}{\mathrm{d}t} = -kv^2 - f$$

设减速伞打开时刻为 $t=0$, 汽车停止时刻为 $T$, 则由题设可知初始条件与终时条件分别为 $v(0)=v_0$, $v(T)=0$, $s(0)=0$ 和 $s(T)=s_T$.

因为 $v=\dfrac{\mathrm{d}s}{\mathrm{d}t}$, 所以 $\dfrac{\mathrm{d}v}{\mathrm{d}t}=\dfrac{\mathrm{d}v}{\mathrm{d}s}\dfrac{\mathrm{d}s}{\mathrm{d}t}=v\dfrac{\mathrm{d}v}{\mathrm{d}s}$, 代入上面方程得

$$mv\frac{\mathrm{d}v}{\mathrm{d}s} = -kv^2 - f$$

分离变量得

$$\frac{v\mathrm{d}v}{kv^2+f} = -\frac{\mathrm{d}s}{m}$$

两边积分得

$$\ln(kv^2+f) = -\frac{2k}{m}s + C$$

由 $v(0)=v_0$ 和 $s(0)=0$ 得 $C=\ln(kv_0^2+f)$, 代入上式得

$$\ln(kv^2+f) - \ln(kv_0^2+f) = -\frac{2k}{m}s$$

再将 $v(T)=0$ 和 $s(T)=s_T$ 代入, 则得阻力系数 $k$ 所满足的关系式

$$2ks_T - m\ln(kv_0^2/f+1) = 0$$

\* **例 9.1.14** 飞机在机场开始滑行着陆, 在着陆时刻已失去垂直速度, 水平速度为 $v_0$ m/s, 飞机与地面的摩擦因数为 $\mu$, 且飞机运动时所受的空气阻力与速度的二次方成正比, 在水平方向的比例系数为 $k_x$ kg·s$^2$/m$^2$, 在垂直方向的比例系数为 $k_y$ kg·s$^2$/m$^2$. 设飞机的质量为 $m$ kg. 求飞机从着陆到停止所需的时间.

**分析** 飞机从着陆到停止期间, 受力有: 水平方向的空气产生的摩擦力, 垂直方向的重力与空气升力之差产生的摩擦力. 利用牛顿第二定律建立位移的微分方程.

**解** 假设飞机为一质点, 设着陆后位移为 $s(t)$, 则速度 $v=s'(t)$.

受力包括: 水平方向的阻力 $k_x(s'(t))^2$, 与运动方向相反; 垂直向下的重力 $mg$, 垂直向上的空气升力 $k_y(s'(t))^2$, 它们的差产生摩擦力 $\mu(mg-k_y(s'(t))^2)$, 与运动方向相反. 根据牛顿第二定律, 则有

$$ms''(t) = -k_x[s'(t)]^2 - \mu[mg - k_y(s'(t))^2]$$

令 $v=s'(t)$, 分离变量且整理得

$$\frac{\mathrm{d}v}{Av^2+B} = -\mathrm{d}t$$

其中 $A=\dfrac{k_x-\mu k_y}{m}$, $B=\mu g$. 解得 $\dfrac{1}{\sqrt{AB}}\arctan\left(\sqrt{\dfrac{A}{B}}v\right)=-t+C$. 初始条件为

$v\Big|_{t=0}=v_0$, 得 $C=\dfrac{1}{\sqrt{AB}}\arctan\left(\sqrt{\dfrac{A}{B}}v_0\right)$, 故得

---

与例 9.1.12 比较, 构成汽车质点的阻力的分力, 除了与车速二次方成正比的力外, 还有摩擦力.

为简化问题, 偌大一个飞机简化为一个质点, 所以所求时间只是一个粗略的估计. 精确计算需要更深刻的数学模型.

例 9.1.10 至例 9.1.14 的共同之处是都要用牛顿第二定律建立模型, 区别在阻力的分析.

例 9.1.14 的受力分析更复杂一些.

此为 $s(t)$ 的二阶非线性微分方程, 可降阶.

$$t = \frac{1}{\sqrt{AB}} \left[ \arctan\left( \sqrt{\frac{A}{B}} v_0 \right) - \arctan\left( \sqrt{\frac{A}{B}} v \right) \right]$$

飞机停止时 $v=0$，故所需时间为

$$T = \frac{1}{\sqrt{AB}} \arctan\left( \sqrt{\frac{A}{B}} v_0 \right)$$

$$= \sqrt{\frac{m}{\mu g(k_x - \mu k_y)}} \cdot \arctan\left( \sqrt{\frac{k_x - \mu k_y}{\mu m g}} \cdot v_0 \right) (\text{s})$$

**注**　例 9.1.10 至例 9.1.14 都是根据牛顿第二定律建立运动的微分方程，为此需作适当的简化假设，作必要的受力分析，同时根据问题给出初始条件或边界条件，以得到定解.但是问题的求解目标不同，针对目标的解法就有所不同.下面例 9.1.15 则是向量情形应用牛顿第二定律.

**\* 例 9.1.15**　（第 18 届 PTN，B-6）一个抛射体在阻力介质中运动，阻力是速度的函数，方向与速度向量相反，运动的水平距离 $x$ 与时间 $t$ 的关系为 $x = f(t)$.试证：其竖直距离由

$$y = -gf(t) \int \frac{\mathrm{d}t}{f'(t)} + g \int \frac{f(t)}{f'(t)} \mathrm{d}t + Af(t) + B$$

给出，其中 $A, B$ 为常数，$g$ 是重力加速度.

**证**　记阻力系数为 $R$，由牛顿第二定律，得微分方程组

$$mx''(t) = -Rx'(t), \quad my''(t) = -Ry'(t) - mg$$

由第一个方程可解得 $x'(t) = Ce^{-Rt/m}$，故：① 或者 $x'(t) \equiv 0$，则对应竖直上抛运动，无水平运动而不予考虑；② 或者 $x'(t) \neq 0$，由 $x = f(t)$ 可知 $f'(t) \neq 0$.于是 $R = -m\dfrac{f''(t)}{f'(t)}$.故得方程

$$y'' - \frac{f''(t)}{f'(t)} y' = -g$$

由凑导数法得 $\left( \dfrac{y'}{f'(t)} \right)' = -\dfrac{g}{f'(t)}$，积分后为

$$\frac{y'(t)}{f'(t)} - \frac{y'(0)}{f'(0)} = -g \int_0^t \frac{\mathrm{d}r}{f'(r)}$$

故解得　$y(t) = y(0) + \dfrac{y'(0)}{f'(0)}(f(t) - f(0)) - g \int_0^t f'(s) \int_0^s \frac{\mathrm{d}r}{f'(r)} \mathrm{d}s$

$$= B + Af(t) - gf(t) \int_0^t \frac{\mathrm{d}r}{f'(r)} + g \int_0^s \frac{f(s)\mathrm{d}s}{f'(s)}$$

其中 $A = \dfrac{y'(0)}{f'(0)}$，$B = y(0) - \dfrac{y'(0)f(0)}{f'(0)}$，即证.

**小结**　以上例题都是力学和运动学方面的应用问题，运用这些方面的知识和方法，可启发得到解题思路，但是要善于将物理原理转化为数学方法.

一些基础知识，例如质量分布及质量中心、转动惯量、力做功等的物理原理及数学表达式，速度向量与运动轨迹曲线的切向量的一致关系，变化率（速度、加速度等）与导数的关系，基本力学方法等，需熟记在心.

题中称"阻力"是速度的函数，一般应理解为这两个向量的关系 $\boldsymbol{F}_{阻} = \boldsymbol{\varphi}(\boldsymbol{v})$，却并没有给出关系式，故含义是不确切的.

按照原题解法，实指阻力向量正比于速度向量，$R$ 是阻力系数，即 $\boldsymbol{F}_{阻} = -R\boldsymbol{v}$，分量为 $F_x(t) = -Rx'(t)$，$F_y(t) = -Ry'(t)$.

空间的抛射体运动可分解为水平方向的运动 $x = x(t)$ 和竖直方向的运动 $y = y(t)$.

此题要证后者可用前者表示.由 $mx'' = -Rx'$ 可得阻力系数 $m$ 的表达式.

一些基本数学方法要有所掌握. 如建立数学模型的积分微元法, 曲线或曲面在坐标面的投影, 最大速度方向是物表曲面的梯度方向, 速率(速度大小)是路程函数也即路线弧长函数对时间的导数, 等等.

可见物理概念和数学方法的融合贯通是解决类似问题的基本功夫.

**例 9.1.16** 陨石高速下落时, 与大气摩擦而产生极高温度, 致使其质量不断挥发. 由试验知挥发速度与陨石的表面积成正比. 假设某陨石为质量分布均匀的球体, 刚进入大气层时的质量为 $m_0$. 在 $T$ 时刻落到地面, 其质量为 $m_T$. 试求此陨石的质量 $m$ 关于时间 $t$ 的函数.

**分析** 质量挥发速度是质量函数 $m(t)$ 对时间 $t$ 的导数 $\dfrac{dm(t)}{dt}$, 而陨石表面积 $A(t)$ 可以表示为球半径的函数, 同时质量 $m(t)$ 也可以表示为球半径的函数, 从而可以通过球半径媒介得到 $A(t)$ 用 $m(t)$ 表示的关系式. 由正比关系可得到 $m(t)$ 所满足的微分方程, 注意质量导数为负值.

**解** 设 $t$ 时刻陨石的质量为 $m(t)$, 半径为 $R(t)$, 表面积为 $A(t)$, 质量体密度为常数 $\rho$, 则有 $A(t) = 4\pi R^2(t)$, $m(t) = \dfrac{4}{3}\rho\pi R^3(t)$, 消去 $R(t)$, 得

$$A(t) = 4\pi \left[\frac{3m(t)}{4\rho\pi}\right]^{2/3}$$

由题设, $dm(t)/dt = -kA(t)$, $k > 0$ 是比例因子, 于是

$$\frac{dm(t)}{dt} = -4k\pi \left(\frac{3}{4\rho\pi}\right)^{2/3} \cdot m^{2/3}(t) = -\lambda \cdot m^{2/3}(t)$$

其中 $\lambda = 4k\pi \left(\dfrac{3}{4\rho\pi}\right)^{2/3}$, 分离变量解得 $m(t) = \left(\dfrac{C-\lambda t}{3}\right)^3$. 由 $m(0) = m_0$ 得 $c = 3\sqrt[3]{m_0}$, 再由 $m(T) = m_T$ 得 $\lambda = 3(\sqrt[3]{m_0} - \sqrt[3]{m_T})/T$, 所以

$$m(t) = \left[\sqrt[3]{m_0} + (\sqrt[3]{m_T} - \sqrt[3]{m_0})\frac{t}{T}\right]^3$$

或

$$m(t) = \left[\sqrt[3]{m_0}\left(1 - \frac{t}{T}\right) + \sqrt[3]{m_T}\frac{t}{T}\right]^3$$

**\* 例 9.1.17** 一个冬季的早晨开始下雪, 以恒定的速度不停地下. 一台扫雪机从上午 8 点开始在公路上扫雪, 到 9 点前进了 2 km, 到 10 点前进了 3 km. 假定扫雪机每小时扫去雪的体积为常数, 问何时开始下的雪?

**分析** 问题有二个过程: 下雪持续全过程, 滞后扫雪过程. 随着积雪厚度 $h(t)$ 加大, 扫雪机前进的路程 $x(t)$ 跟着变化. 但是过程中有两个不变量: ① 下雪速度恒定, 推得 $h'(t)$ 是常数; ② 由"扫雪机每小时扫去雪的体积为常数"的假定, 可以假设为"在单位时间内扫雪的体积为常数". 单位时间可理解为时间微段 $[t, t+dt]$. 据此在 $dt$ 内建立 $dx(t)$ 与 $h(t)$ 的关系式. 为求定解, 需要加入 4 个时间节点, 开始下雪 $t=0$, 8 点扫雪机开始工作 $t=T$, 9 点 $t=T+1$, 10 点 $t=T+2$, 及相关的函数值.

**解** 设 $h(t)$ 是积雪厚度随时间 $t$ 的函数, 且 $h(0) = 0$. 由下雪速度恒定可设 $\dfrac{dh(t)}{dt} = k_1$ ($k_1$ 是常数), 解得 $h(t) = k_1 t + C_1$, 再由 $h(0) = 0$ 得解 $h(t) = k_1 t$.

*(侧注)*

质量挥发速度理解为单位时间内质量的减少量, 故可用导数表示.

按: 球质量 → 球体积 → 球半径 → 球表面积 → (正比) 质量导数, 建立微分方程.

建模首要观念: 积雪厚度随时间的变化率, 等效于下雪的速度; 离散量"每小时扫雪体积", 近似为"单位时间扫雪量", 再以连续变化量取代, 即为体积对时间的导数.

设 $x(t)$ 是扫雪机随时间 $t$ 前进的路程函数,由题设,

$$x(T) = 0, x(T+1) = 2, x(T+2) = 3$$

在 $[t, t+\mathrm{d}t]$ 内,由"扫雪机每小时扫去雪的体积为常数",可设体积微元为 $\mathrm{d}V = k_2 \mathrm{d}t (k_2$ 是常数$)$. 同时,扫雪机前进距离为 $\mathrm{d}x$,扫雪宽度记为常数 $l$,厚度取为 $h(t) = k_1 t$,于是扫雪体积元又为 $\mathrm{d}V = l \cdot h(t)\mathrm{d}x = lk_1 t \mathrm{d}x$. 因此推得微分方程

$$\mathrm{d}x = \frac{k_3}{t}\mathrm{d}t \quad (\text{其中 } k_3 = \frac{k_2}{l \cdot k_1})$$

解得 $x(t) = k_3 \ln t + C_2$. 由 $x(T) = 0$ 得 $C_2 = -k_3 \ln T$,因此 $x(t) = k_3 \ln (t/T)$. 再由体积 $x(T+1) = 2, x(T+2) = 3$ 得

$$\begin{cases} x(T+1) = k_3 \ln \left( \dfrac{T+1}{T} \right) = 2 \\ x(T+2) = k_3 \ln \left( \dfrac{T+2}{T} \right) = 3 \end{cases}$$

消去 $k_3$,整理得代数方程 $T^2 + T - 1 = 0$,求得 $T = (\sqrt{5} - 1)/2 \approx 0.618$(小时)$\approx 37$(分),开始扫雪时为上午 8:00. 因此开始下雪时间是上午 7:23 左右.

**＊例 9.1.18**　一容器的侧面是由曲线 $x = f(y)(y \geqslant 0)$ 绕铅直中心轴 $y$ 轴旋转而成,其中 $x = f(y)$ 在 $[0, +\infty)$ 连续,容器底面(过 $x$ 轴的水平截面)为半径 $R = 1$ 的圆(即 $f(0) = 1$). 当匀速地向容器内注水时,若液面高度 $h$ 的升高速度与 $(2V + \pi)$ 成反比(这里 $V$ 表示当时容器内水的体积),求容器侧壁的轴截线 $x = f(y)$.

**分析**　匀速注水导致容器内水的体积 $V(t)$ 的导数是常数;而旋转体内水的体积 $V$ 又是变上限 $h(t)$ 的定积分,含有未知函数 $f(y)$,求导后出现 $h(t)$ 的导数即液面的升高速度;由反比例关系建立 $x = f(y)$ 满足的方程,再转化为微分方程求解.

**解 1**　设 $t$ 时刻容器内水的体积为 $V$,液面高度为 $h$. 因均匀注水知 $\dfrac{\mathrm{d}V}{\mathrm{d}t} = k_1$(常数). 因旋转体知水的体积 $V = \int_0^h \pi [f(y)]^2 \mathrm{d}y$,故有 $\dfrac{\mathrm{d}V}{\mathrm{d}t} = \dfrac{\mathrm{d}V}{\mathrm{d}h} \dfrac{\mathrm{d}h}{\mathrm{d}t} = \pi [f(h)]^2 \dfrac{\mathrm{d}h}{\mathrm{d}t}$,而 $\dfrac{\mathrm{d}h}{\mathrm{d}t} = \dfrac{k_2}{2V + \pi} (k_2$ 是常数$)$. 因此得方程

$$k_1 = \frac{k_2 \pi [f(h)]^2}{2\int_0^h \pi [f(y)]^2 \mathrm{d}y + \pi}$$

在上式中令 $h = 0$,由 $f(0) = 1$ 得 $k_1 = k_2$. 令 $g(h) = [f(h)]^2$,上式化为 $g(h) = 2\int_0^h g(y)\mathrm{d}y + 1$,对 $h$ 求导得微分方程 $g(h) = 2g'(h)$,解得 $g(h) = Ce^{2h}$,由 $g(0) = [f(0)]^2 = 1$ 知 $C = 1$,因此 $x = f(y) = e^y$.

**解 2**　设 $t$ 时刻容器内水的体积为 $V$,因均匀注水知 $\dfrac{\mathrm{d}V}{\mathrm{d}t} = k_1$,而 $V(0) = 0$,解出 $V = k_1 t$.

建模要点:据此,利用微元法,以扫雪体积元为媒介,建立扫雪机行进路程关于时间的微分方程. 利用 4 个时间节点定量求解.

应当指出,所得的开始下雪时间只是一种估算,与实际很可能有相当的差距. 这因为题目本身已经做了理想简化,为求解又做了进一步简化.

与例 9.1.16 的观念类似,匀速注水等效于水体积的变化率不变,即体积对时间的导数是常数. 而水体积又是水高度的函数,高度是时间的函数,故利用相关变化率及反比条件建立方程.

在左栏的方程中,需要确定两个常数 $k_1$ 和 $k_2$,或消去它们.

解 2 先分别求出 $f$ 和 $h$ 关于 $t$

由题设的反比关系得 $\dfrac{dh}{dt}=\dfrac{k_2}{2V+\pi}=\dfrac{k_2}{2k_1t+\pi}$，又 $h(0)=0$，积分得

$$h=\frac{k_2}{2k_1}\ln\frac{2k_1t+\pi}{\pi}$$

因旋转体知 $V=\int_0^h\pi\,[f(y)]^2\,dy$，故 $\dfrac{dV}{dt}=\pi\,[f(h)]^2\,\dfrac{dh}{dt}$，即有 $k_1=\dfrac{k_2\pi\,[f(h)]^2}{2k_1t+\pi}$。由 $f(0)=1$ 得 $k_1=k_2$。因此

$$[f(h)]^2=\frac{2k_1t+\pi}{\pi}，\quad h=\frac12\ln\frac{2k_1t+\pi}{\pi}\quad\text{即}\quad\frac{2k_1t+\pi}{\pi}=e^{2h}$$

比较得 $[f(h)]^2=e^{2h}$，因此 $x=f(y)=e^y$。

**例 9.1.19** 某湖泊的蓄水量为 $V$，每年流入湖泊中的含污染物 A 的污水量为 $V/6$，流入湖泊中的不含污染物 A 的水量为 $V/6$，流出湖泊的水量为 $V/3$。已知 2005 年底湖泊中污染物 A 的含量为 $5m_0$，超过国家规定的指标。为了治理污染，从 2006 年初，限定流入湖泊中的含污染物 A 的污水浓度不超过 $m_0/V$。问至少需要经过多少年，湖泊中污染物 A 的含量降至 $m_0$ 以内？假设湖水中污染物的分布是均匀的。

**解** 设 $t$ 时刻湖泊中污染物 A 的含量为 $m(t)$，故其浓度为 $m(t)/V$。设 2006 年初（$t=0$）时 $m(0)=5m_0$，$T$ 时达标 $m(T)=m_0$。在微元时间段 $[t,t+dt]$，A 的流入量为 $\dfrac{m_0}{V}\cdot\dfrac{V}{6}dt=\dfrac{m_0}{6}dt$，流出量为 $\dfrac{m(t)}{V}\cdot\dfrac{V}{3}dt=\dfrac{m(t)}{3}dt$，改变量为 $dm$。因此 $dm=\dfrac{m_0}{6}dt-\dfrac{m}{3}dt$，即

$$\frac{dm}{2m-m_0}=-\frac13dt$$

结合初始条件 $m\big|_{t=0}=5m_0$，解得 $m=m_0\left(\dfrac12+\dfrac92e^{-\frac13t}\right)$。由达标要求 $m(T)=m_0\left(\dfrac12+\dfrac92e^{-\frac13T}\right)=m_0$，解出 $T=6\ln3\approx6.6$，即至少需要 6.6 年湖泊中污染物 A 的含量降至 $m_0$ 以内。

**注** 结论 6.6 年只是一个粗略的估计，因为模型假设相当粗略。

**小结** 上述几个题都涉及了变化率问题，解题的一个要点是将问题中的平均变化率或离散变化率转化为导数，或将改变量转化为微分。微元法是一个重要工具。

从数学模型的角度看，解决较简单的应用问题主要包括三个步骤：建立模型、求解模型和分析解答的实际意义。这是学习和应用数学建模思想和方法的初级阶段，这种利用数学方法解决实际问题的训练对于培养数学应用能力是很有益的。

## 9.2 几何应用

### 9.2.1 基于微分方程的几何问题

**例 9.2.1** 设曲线 $L$ 位于 $xOy$ 平面的第一象限内，$L$ 上任一点 $M$ 处的

*（侧注）* 的表达式，再消去 $t$，得到 $f$ 关于 $h$ 的函数。

*（侧注）* 这是涉及浓度的数学建模问题。为简化，需要做一些基本假设：湖泊的蓄水量始终不变；湖水中污染物的分布始终是均匀的，于是污水浓度是均匀分布的；时间以年为单位，近似看作是连续量，"每年"理解为"单位时间"。基本关系式有：污染物量＝水量×浓度，污染物改变量＝流入量－流出量。

切线与 $y$ 轴总相交,交点记为 $A$,已知 $|MA|=|OA|$,且 $L$ 过点 $\left(\dfrac{3}{2},\dfrac{3}{2}\right)$,求 $L$ 的方程.

**解** $L$ 上的过点 $M(x,y)$ 的切线 $MA$ 的方程为
$$Y=y+y'(X-x)$$
令 $X=0$,得点 $A$ 的坐标 $(0,y-xy')$.由 $|MA|=|OA|$ 即有
$$|y-xy'|=\sqrt{(x-0)^2+(y-x+xy')^2}$$
化简得微分方程:
$$2xyy'-y^2=-x^2$$
改写为 $\dfrac{x\,\mathrm{d}y^2-y^2\,\mathrm{d}x}{x^2}=-\mathrm{d}x$,于是 $\mathrm{d}\left(\dfrac{y^2}{x}\right)=-\mathrm{d}x$,解得
$$y^2=-x^2+Cx$$
由 $y\left(\dfrac{3}{2}\right)=\dfrac{3}{2}$ 得 $C=3$.限于第一象限内,所求方程为
$$y=\sqrt{3x-x^2}\quad(0<x<3)$$

**注** (1) 在方程 $2xyy'-y^2=-x^2$ 中,也可令 $z=y^2$,将其化为
$$\frac{\mathrm{d}z}{\mathrm{d}x}-\frac{1}{x}z=-x$$
利用一阶线性微分方程的解的公式,可得解 $y^2=z=-x^2+Cx$.

(2) 此题可从几何上求解.动点 $M$ 沿曲线 $L$ 移动到原点 $O$,始终满足条件 $|MA|=|OA|$.故切线 $MA$ 连续转动到位置 $OA$,从而 $L$ 在点 $M$ 与 $O$ 的两法线必交于 $x$ 轴上的点 $C$.可见 $Rt\triangle CMA\cong Rt\triangle COA$,故 $CM=CO$.由 $L$ 过已知点可得 $C$ 的坐标 $\left(\dfrac{3}{2},0\right)$,因此所求曲线是圆心为 $C$、半径为 $3/2$ 的上半圆(见图 9-6),方程为 $y=\sqrt{3x-x^2}(0<x<3)$.

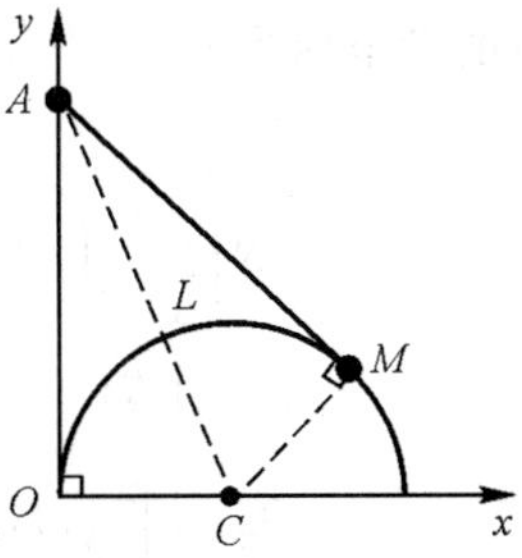

图 9-6

**例 9.2.2** 设函数 $y=y(x)$ 满足微分方程 $y''-3y'+2y=2e^x$,且其图形在点 $(0,1)$ 处的切线与曲线 $y=x^2-x+1$ 在该点的切线重合,求函数 $y=y(x)$.

**解** 特征方程的两个根为 $\lambda_1=1,\lambda_2=2$.设特解为 $y*=Axe^x$,代入原方程解得 $A=-2$,因此原方程的通解为
$$y=C_1e^x+C_2e^{2x}-2xe^x$$
由相切条件,在点 $(0,1)$ 处已知曲线的切线斜率 $k_{已知}=(2x-1)|_{x=0}=-1$,因此 $y(0)=1,y'(0)=-1$.代入通解,解得 $C_1=1,C_2=0$.所求解为
$$y=(1-2x)e^x$$

**例 9.2.3** 设对任意 $x>0$,曲线 $y=f(x)$ 上点 $(x,f(x))$ 处的切线在 $y$ 轴上的截距等于 $\dfrac{1}{x}\int_0^x f(t)\,\mathrm{d}t$,求 $f(x)$ 的一般表达式.

**分析** 先由曲线在动点处的切线方程求出切线与 $y$ 轴的交点纵坐标,

采用常规思路:写出过任一点的切线方程 → 求出其与 $y$ 轴的交点坐标 → 由距离相等建立微分方程 → 由已知点确定积分曲线中的任意常数 → 由题设确定变量范围.

可用平面解析几何方法求解.

将已知曲线在点 $(0,1)$ 处的切线斜率作为解函数的初始导数条件.

再由相等条件建立积分－微分方程,求导后求解微分方程.

**解** 设曲线在点 $(x,f(x))$ 处的切线方程为

$$Y = f(x) + f'(x)(X-x)$$

故在 $y$ 轴上的截距为 $Y = f(x) - xf'(x)$,由题意知

$$\frac{1}{x}\int_0^x f(t)\mathrm{d}t = f(x) - xf'(x)$$

即 $\int_0^x f(t)\mathrm{d}t = x[f(x) - xf'(x)]$,求导得 $xf''(x) + f'(x) = 0$,即有 $(xf'(x))' = 0$,解得 $xf'(x) = C_1$,因此 $f(x) = C_1\ln x + C_2$.

**例 9.2.4** 设函数 $y(x)(x \geqslant 0)$ 二阶可导,且 $y'(x) > 0, y(0) = 1$.过曲线 $y = y(x)$ 上任意一点 $P(x,y)$ 作该曲线的切线及 $x$ 轴的垂线,上述两直线与 $x$ 轴所围成的三角形的面积记为 $S_1$,区间 $[0,x]$ 上以 $y = y(x)$ 为曲边的曲边梯形面积记为 $S_2$,并设 $2S_1 - S_2$ 恒为 1,求此曲线 $y = y(x)$ 的方程.

**分析** 三角形的高长为 $y$,底长为切线与 $x$ 轴的交点到 $P$ 在 $x$ 轴上垂足的距离,由此表出面积 $S_1$.曲边梯形面积 $S_2$ 用定积分表出.由题设的恒等关系列出微分－积分方程,求导后转化为微分方程.

**解** 设曲线在点 $P(x,y)$ 处的切线方程为

$$Y = y(x) + y'(x)(X-x)$$

它与 $x$ 轴交点的横坐标为 $x - y/y'$.由 $y'(x) > 0$ 及 $y(0) = 1$ 知 $y(x) > 0$.故

$$S_1 = \frac{1}{2}y\left| x - \left(x - \frac{y}{y'}\right)\right| = \frac{y^2}{2y'}$$

又 $S_2 = \int_0^x y(t)\mathrm{d}t$,由 $2S_1 - S_2 = 1$ 知

$$\frac{y^2}{y'} - \int_0^x y(t)\mathrm{d}t = 1 \qquad (*)$$

求导且化简得 $\qquad\qquad yy'' = (y')^2$

令 $p = y'(>0)$,得 $yp\dfrac{\mathrm{d}p}{\mathrm{d}y} = p^2$,也即 $\dfrac{\mathrm{d}p}{p} = \dfrac{\mathrm{d}y}{y}$,解得 $p = \dfrac{\mathrm{d}y}{\mathrm{d}x} = C_1 y$,故得

$$y = \mathrm{e}^{C_1 x + C_2}$$

因 $y(0) = 1$,又因 $(*)$ 式知 $y'(0) = 1$,可解得 $C_1 = 1, C_2 = 0$,故所求曲线方程为 $y = \mathrm{e}^x$.

**例 9.2.5** 已知曲线 $L:\begin{cases} x = f(t) \\ y = \cos t \end{cases}(0 \leqslant t < \dfrac{\pi}{2})$,其中函数 $f(t)$ 具有连续导数,且 $f(0) = 0, f'(t) > 0(0 < t < \dfrac{\pi}{2})$.若曲线 $L$ 的切线与 $x$ 轴的交点到切点的距离恒为 1.求函数 $f(t)$ 的表达式,并求以曲线 $L$ 及 $x$ 轴和 $y$ 轴为边界的区域的面积.

**分析** 注意曲线 $L$ 是参数方程形式,求切线斜率要用参数方程的求导方法.由切线方程求切线与 $x$ 轴的交点坐标,由交点与切点的已知距离列出

（侧注）

切线上动坐标用大写 $(X,Y)$ 表示,区别于切点 $(x,y)$ 的小写.

这是积分-微分方程.

凑导数法求解微分方程.

为去掉面积表达式中绝对值符号,需要分析 $y(x)$ 的正负性.

这是积分-微分方程.

这是可降阶方程.

微分方程,从而解出 $f(t)$. 因曲边梯形的曲边是参数方程,故所围面积的定积分直角坐标表示要转化为参数变量表示.

**解** $L$ 在点 $(f(t),\cos t)$ 处的切线斜率 $k=\dfrac{y'_t}{x'_t}=\dfrac{-\sin t}{f'(t)}$,切线方程为

$$y=\cos t-\frac{-\sin t}{f'(t)}(x-f(t))$$

与 $x$ 轴的交点为 $\left(f'(t)\dfrac{\cos t}{\sin t}+f(t),0\right)$. 由距离条件得

$$\left[f'(t)\frac{\cos t}{\sin t}\right]^2+\cos^2 t=1$$

因 $f'(t)>0$,解得 $f'(t)=\sec t-\cos t$. 再由 $f(0)=0$,积分得

$$f(t)=\ln(\sec t+\tan t)-\sin t>0$$

且 $x=f(t)$ 在 $[0,\pi/2]$ 上单调增. 又注意到 $\lim\limits_{t\to\pi/2-0}x=\lim\limits_{t\to\pi/2-0}f(t)=+\infty$,故所围区域是无界的,其面积表示为广义积分

$$S=\int_0^{+\infty}y\mathrm{d}x=\int_0^{\pi/2}\cos t\cdot f'(t)\mathrm{d}t=\int_0^{\pi/2}\sin^2 t\mathrm{d}t=\frac{\pi}{4}$$

**例 9.2.6** 表面为旋转曲面的镜子应具有怎样的形状,才能使它将所有平行于其轴的光线反射到一点? 求出旋转曲面的方程(过旋转轴的截面如图 9-7 所示).

**解** 如图 9-7,建立平面直角坐标系,旋转轴为 $x$ 轴,反射线的交点(焦点)为坐标原点 $O$,母线方程为 $y=f(x)$. 母线上任取一点 $P(x,y)$,由光线的反射定律(入射角等于反射角),可知 $\alpha=\beta$. 而 $\theta=2\alpha$. 因此点 $P$ 的切线斜率为

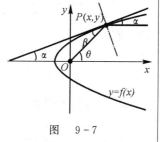

图 9-7

$$\frac{\mathrm{d}y}{\mathrm{d}x}=\tan\alpha=\tan\frac{\theta}{2}=\frac{1-\cos\theta}{\sin\theta}=\frac{r-r\cos\theta}{r\sin\theta}$$

$$=\frac{\sqrt{x^2+y^2}-x}{y}$$

凑微分得 $\dfrac{\mathrm{d}(x^2+y^2)}{2\sqrt{x^2+y^2}}=\mathrm{d}x$,解得 $\sqrt{x^2+y^2}=x+C$. 于是母线方程为 $y^2=2Cx+C^2$,绕 $x$ 轴旋转,即为所求的曲面方程

$$y^2+z^2=2Cx+C^2\ (C\ 为任意的非零常数,不妨设其为正)$$

**注** (1) 当 $C>0$ 时,母线是一条以 $x$ 轴为对称、开口向右的二次抛物线,顶点为 $\left(-\dfrac{C}{2},0\right)$,焦点为 $O(0,0)$. 将母线沿 $x$ 轴向右平移 $C/2$ 单位,使其过原点 $(0,0)$,则得熟知的二次抛物线的标准方程 $y^2=2Cx$,焦点位于 $\left(\dfrac{C}{2},0\right)$.

(2) 求解切线斜率方程 $\dfrac{\mathrm{d}y}{\mathrm{d}x}=\dfrac{1-\cos\theta}{\sin\theta}$ 还有多种方法.

1) $\dfrac{\mathrm{d}y}{\mathrm{d}x}=\dfrac{\sqrt{x^2+y^2}-x}{y}=\sqrt{\left(\dfrac{x}{y}\right)^2+1}-\dfrac{x}{y}$ 是齐次方程,作变量代换 $u$

---

直角坐标系下曲边梯形的面积为 $\int_a^b|y|\mathrm{d}x(a<b)$. 欲转化为参数方程形式,需要分析 $y(t)$ 和 $x'(t)$ 的正性,以及 $x=f(t)$ 在 $[0,\pi/2]$ 的单调性与端点性质,以便转化为 $\int_0^{\pi/2}y(t)x'(t)\mathrm{d}t$.

本题是经典的物理－数学问题,是产生微积分的萌芽之一. 透镜聚焦和探照灯都是基于这样的几何光学原理.

问题归结为建立旋转曲面的母线方程,该母线必关于旋转轴为对称,所有反射线之交点(光学中称为焦点)必在旋转轴上.

可设旋转轴为 $x$ 轴,焦点为坐标原点,建立平面直角坐标系. 对母线上的任意一点,运用

$= \dfrac{y}{x}$ 后求解,较繁.

2) 化为 $\dfrac{\mathrm{d}x}{\mathrm{d}y} = \sqrt{\left(\dfrac{x}{y}\right)^2 + 1} + \dfrac{x}{y}$,也是齐次方程,作变量代换 $u = \dfrac{x}{y}$ 后求解,也较繁.

3) 采用极坐标 $\begin{cases} x = r\cos\theta \\ y = r\sin\theta \end{cases}$,方程可化为 $\dfrac{\mathrm{d}r}{r} = \dfrac{-\sin\theta}{1 - \cos\theta}\mathrm{d}\theta$,解得 $r = \dfrac{C}{1 - \cos\theta}$.化为直角坐标方程为 $y^2 = 2Cx + C^2$.较简单些.

> 反射定律建立母线的切线满足的方程,也即母线满足的微分方程,再求解母线方程.

**例 9.2.7** 在上半平面求一条向上凹的曲线,其上任一点 $P(x, y)$ 处的曲率等于此曲线上该点的法线段 $PQ$ 长度的倒数($Q$ 是法线与 $x$ 轴的交点),且曲线在点 $(1,1)$ 处的切线与 $x$ 轴平行.

**解** 曲线 $y = y(x)$ 在点 $P(x, y)$ 处的法线方程为

$$Y = y - \frac{1}{y'}(X - x) \quad (y' \neq 0)$$

得与 $x$ 轴的交点 $Q(x + yy', 0)$. 从而 $PQ = \sqrt{(yy')^2 + y^2} = |y|(1 + y'^2)^{1/2}$(已含 $y' = 0$ 的情形). 因曲线上凹知 $y'' > 0$,因曲线过点 $(1,1)$ 知 $y > 0$,由题意得方程

$$\frac{y''}{(1 + y'^2)^{3/2}} = \frac{1}{y(1 + y'^2)^{1/2}}$$

于是满足初始条件的方程为

$$\begin{cases} yy'' = 1 + y'^2 \\ y(1) = 1, \; y'(1) = 0 \end{cases}$$

令 $y' = p$,有 $y'' = p\dfrac{\mathrm{d}p}{\mathrm{d}y}$,代入方程整理得 $\dfrac{p\,\mathrm{d}p}{1 + p^2} = \dfrac{\mathrm{d}y}{y}$,又 $y = 1$ 时 $p = 0$,解得 $y = \sqrt{1 + p^2}$,也即 $\dfrac{\mathrm{d}y}{\mathrm{d}x} = \pm\sqrt{y^2 - 1}$,即有

$$\begin{cases} \dfrac{\mathrm{d}y}{\sqrt{y^2 - 1}} = \pm\mathrm{d}x \\ y(1) = 1 \end{cases}$$

解得 $y + \sqrt{y^2 - 1} = \mathrm{e}^{\pm(x-1)}$,或写为 $y = \dfrac{1}{2}(\mathrm{e}^{x-1} + \mathrm{e}^{-(x-1)}) = \cosh(x - 1)$.

> 根据曲率与法线段倒数相等列出微分方程,根据过已知点及切线情形列出函数与导数的初始条件,再由上凹选定二阶导数的符号.
>
> 曲率公式
> $$K = \frac{|y''|}{(1 + y'^2)^{3/2}}$$
>
> 可降阶的二阶微分方程,缺 $x$.
>
> 所求曲线是双曲余弦.

**例 9.2.8** 设 $y = f(x)(x \geqslant 0)$ 连续可微,且 $f(0) = 1$.已知曲线 $y = f(x)$、$x$ 轴、$y$ 轴及过点 $(x, 0)$ 且垂直于 $x$ 轴的直线所围成的图形的面积与曲线 $y = f(x)$ 在 $[0, x]$ 上的一段弧长值相等,求 $f(x)$.

**解** 由题设,所围图形面积与弧长相等,即有

$$\int_0^x f(t)\,\mathrm{d}t = \int_0^x \sqrt{1 + [f'(t)]^2}\,\mathrm{d}t$$

求导得 $f(t) = \sqrt{1 + [f'(t)]^2}$,即 $y' = \pm\sqrt{y^2 - 1}$.分离变量

$$\frac{\mathrm{d}y}{\sqrt{y^2 - 1}} = \pm\mathrm{d}x$$

> 变上限的面积积分与弧长积分相等,两边求导,得 $f$ 的微分方程.

解得 $\ln\left(y+\sqrt{y^2-1}\right)=\pm x+C$. 而 $y\big|_{x=0}=1$，推得 $C=0$. 故解为

$y+\sqrt{y^2-1}=\mathrm{e}^{\pm x}$. 解出 $y$ 得

$$f(x)=\frac{\mathrm{e}^x+\mathrm{e}^{-x}}{2}=\cosh x.$$

**例 9.2.9**　设曲线 $L$ 的极坐标方程为 $r=r(\theta)$，$M(r,\theta)$ 为 $L$ 上任一点，$M_0(2,0)$ 为 $L$ 上一定点. 若极径 $OM_0$，$OM$ 与曲线 $L$ 所围成的曲边扇形面积值等于 $L$ 上 $M_0$ 与 $M$ 两点间弧长值的一半，求曲线 $L$ 的方程.

**解**　根据极坐标系下的面积积分和弧长积分，可得

$$\frac{1}{2}\int_0^\theta r^2\,\mathrm{d}r=\frac{1}{2}\int_0^\theta\sqrt{r^2+r'^2}\,\mathrm{d}\theta$$

求导得 $r^2=\sqrt{r^2+r'^2}$，即方程 $r'=\pm r\sqrt{r^2-1}$. 分离变量 $\dfrac{\mathrm{d}r}{r\sqrt{r^2-1}}=\pm\mathrm{d}\theta$，

解得 $-\arcsin\dfrac{1}{r}+C=\pm\theta$. 由 $r(0)=2$ 知 $C=\dfrac{\pi}{6}$，于是 $L$ 的方程为

$r\sin\left(\dfrac{\pi}{6}\mp\theta\right)=1$，即

$$x\pm\sqrt{3}\,y=1$$

> 解题思路与例 9.2.8 类似. 在极坐标下，建立面积积分与弧长积分的等量关系，求导得微分方程.

\* **例 9.2.10**　四个动点 $A,B,C,D$，开始分别位于一个正方形的 4 个顶点（见图 9-9），然后 $A$ 点向着 $B$ 点，$B$ 点向着 $C$ 点，$C$ 点向着 $D$ 点，$D$ 点向着 $A$ 点，同时以相同的速率运动. 求每一点的运动轨迹，并画出这些运动轨迹的大致图形.

> 此题类似例 9.1.8，也是追及问题.

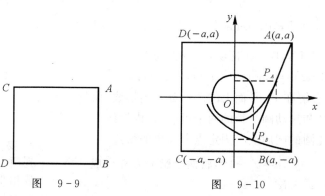

图　9-9　　　　　　　图　9-10

> $A$ 的运动方向始终指向 $B$，是指同一时刻，$A$ 的速度向量指向 $B$，也即 $A$ 的运动轨迹的切线通过 $B$ 点. 再由 4 点运动轨迹的对称性可得这两点的坐标关系. 由此建立切线斜率的方程，为微分方程.

**解**　选取坐标系如图 9-10，正方形的中心为原点，边长为 $2a$. 由题意知四点运动轨迹关于原点为旋转对称，故只需考察 $A$ 的运动轨迹.

设某时刻，$A$ 位于点 $P_A(x,y)$ 处，因 $A$ 的运动轨迹绕原点顺时针旋转 $90°$ 正是 $B$ 的运动轨迹，故 $B$ 必位于点 $P_B(y,-x)$ 处. 因 $A$ 在点 $P_A$ 处的运动方向指向 $B$，故该点轨迹切线必通过 $P_B$，于是切线的方向向量为 $\overrightarrow{P_AP_B}=(y-x,-x-y)$. 而 $A$ 在该点的切向量与 $(\mathrm{d}x,\mathrm{d}y)$ 平行. 故有

$$\frac{\mathrm{d}x}{y-x}=\frac{\mathrm{d}y}{-x-y}$$

> 在直角坐标下求解此微分方

为求解引入极坐标 $\begin{cases} x = r\cos\theta \\ y = r\sin\theta \end{cases}$，代入方程得

程比较麻烦，请
看注.

$$\frac{\cos\theta \mathrm{d}r - r\sin\theta \mathrm{d}\theta}{r\sin\theta - r\cos\theta} = \frac{\sin\theta \mathrm{d}r + r\cos\theta \mathrm{d}\theta}{-r\cos\theta - r\sin\theta}$$

试在极坐标
下求解.

化简为

$$\frac{\mathrm{d}r}{r} = \mathrm{d}\theta$$

此微分方程
非常简单.

解得 $r = Ce^{\theta}$. 初始条件为 $r|_{\theta=\pi/4} = \sqrt{2}a$，推得 $C = \sqrt{2}ae^{-\pi/4}$. 因此 $A$ 的运动轨迹方程为

$$r = \sqrt{2}ae^{\theta - \pi/4} \quad (\pi/4 \geqslant \theta > -\infty)$$

这是著名的
对数螺线，或称
等角螺线.

**注** (1)所得微分方程 $\dfrac{\mathrm{d}y}{\mathrm{d}x} = \dfrac{y-x}{-x-y}$ 是齐次方程，故令 $u = y/x$，代入并

分离变量得 $\dfrac{1-u}{1+u^2} = \dfrac{\mathrm{d}x}{x}$，可解得 $\arctan\dfrac{y}{x} = C + \ln\sqrt{x^2+y^2}$，由初始条件 $y|_{x=a} = a$ 得解

$$\arctan\frac{y}{x} = \frac{\pi}{4} + \ln\frac{\sqrt{x^2+y^2}}{\sqrt{2}a}$$

对此题而言，
极坐标方法比直
角坐标方法要
优.

这种直角坐标系下的隐式方程所定义的曲线，形状不是很清楚. 化为极坐标方程后是对数螺线，曲线的形状就清楚多了.

(2)所得微分方程也可用凑微分法求解如下:

$$(x\mathrm{d}y - y\mathrm{d}x) - (x\mathrm{d}x + y\mathrm{d}y) = 0, \frac{x\mathrm{d}y - y\mathrm{d}x}{x^2+y^2} - \frac{\mathrm{d}(x^2+y^2)}{2(x^2+y^2)} = 0$$

$$\mathrm{d}\arctan\frac{y}{x} - \mathrm{d}\ln(x^2+y^2)^{1/2} = 0, \arctan\frac{y}{x} = C + \ln\sqrt{x^2+y^2}$$

\* **例 9.2.11** (第 32 届 PTN，B-5)证明:微分方程组

$$x''(t) + y'(t) + 6x(t) = 0, y''(t) - x'(t) + 6y(t) = 0$$

满足 $x'(0) = y'(0) = 0$ 的所有解在 $xy$ 平面上的图形都是内摆线，而且对每个这样的解，求出固定圆半径和滚动圆半径的两个可能值(内摆线是一个圆在给定的固定圆内滚动时，此圆的圆周上一固定点所描出的轨迹).

**证** 引入复变量 $z = x + iy$ $(i = \sqrt{-1})$，将两个微分方程合成一个

$$z'' - iz' + 6z = 0$$

特征方程为 $r^2 - ir + 6 = 0$，两根为 $r_1 = 3i, r_2 = -2i$. 故得通解

$$z(t) = C_1 e^{3it} + C_2 e^{-2it}$$

由初始条件知 $z'(0) = 0$，即有 $3iC_1 = 2iC_2$. 可令 $C_1 = 2Re^{i\alpha}, C_2 = 3Re^{i\alpha}$. 其中实数 $\alpha$ 为幅角. 故有解曲线

$$z(t) = Re^{i\alpha}(2e^{3it} + 3e^{-2it})$$

将复平面绕原点顺时针旋转 $\alpha$ 角，则解曲线方程简化为 $Z(t) = 2Re^{3it} + 3Re^{-2it}$. 或写为直角坐标形式

$$\begin{cases} X(t) = 2R\cos 3t + 3R\cos 2t \\ Y(t) = 2R\sin 3t - 3R\sin 2t \end{cases}$$

要点是:观察
到两个方程的系
数相似特点，可
合为复函数微分
方程，因变量取
复数，自变量取
实数，使得求解
简便.

复向量 $\omega = ze^{i\alpha}$
是由复向量 $z$ 绕 $z$
的始点旋转 $\alpha$ 角
得到. $\alpha > 0(\alpha <
0)$ 为逆(顺)时针
旋转.

这是内摆线的标准形式:若顺时针滚动,则固定圆的半径为 $5R$,滚动圆的半径为 $3R$. 若逆时针滚动,则固定圆半径为 $5R$,　滚动圆半径为 $2R$.

　　**注**　内摆线方程的推导. 在复平面上,如图 9-11,大圆的圆心固定在原点,半径为 $r_2$,滚动小圆的半径为 $r_1$,内切大圆于 $A$ 点, $\overrightarrow{OA}=r_2 e^{i0}$. 小圆按顺时针开始贴着大圆滚动,设某时刻其圆心位于 $C$ 点,与大圆相切于 $B$ 点,而 $A \to D$. 记 $\angle AOB=\alpha, \angle DCB=\beta$,因 $\overset{\frown}{AB}=\overset{\frown}{DB}$,故弧长满足 $\alpha r_2=\beta r_1$,显然 $\alpha < \beta$. 于是

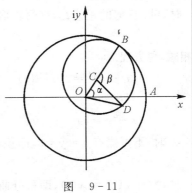

图　9-11

$$\overrightarrow{OB}=r_2 e^{i\alpha}, \overrightarrow{OC}=(r_2-r_1)e^{i\alpha}, \overrightarrow{CB}=r_1 e^{i\alpha}$$

故 $\overrightarrow{CD}=e^{-i\beta}\,\overrightarrow{CB}=r_1 e^{-i(\beta-\alpha)}$,因此

$$z=\overrightarrow{OD}=\overrightarrow{OC}+\overrightarrow{CD}=(r_2-r_1)e^{i\alpha}+r_1 e^{-i(\beta-\alpha)}$$

即为内摆线的复数形式的方程.

　　现与题中的曲线方程比较,取

$$r_2-r_1=2R, r_1=3R, \alpha=3t, \beta-\alpha=2t$$

则有 $r_2=5R, \beta=5t$,显然满足弧长等式关系 $(3t)\cdot(5R)=(5t)\cdot(3R)=15Rt$. 即得题中的结论.

　　如果小圆按逆时针滚动,取

$$r_2-r_1=3R, r_1=2R, \alpha=2t, \beta-\alpha=3t$$

则 $r_2=5R, \beta=5t$,滚动圆的半径为 $2R$.

　　\* **例 9.2.12**　(第 14 届 PTN,A-3)试证:如果微分方程

$$\frac{dy}{dx}+p(x)y=q(x), \quad p(x)\cdot q(x)\neq 0$$

的积分曲线族被直线 $x=k$ 所截,则各交截点处的所有切线交于同一点.

　　**证**　积分曲线 $y=y(x)$ 在点 $(k,m)$ 处的切线斜率为

$$\frac{dy}{dx}\bigg|_{(k,m)}=q(k)-mp(k)$$

其中 $m=y(k)$,故切线方程为 $y-m=[q(k)-mp(k)](x-k)$. 将其改写为

$$m[1-(x-k)p(k)]=y-(x-k)q(k)$$

当 $m$ 的系数为零时,即 $1-(x-k)p(k)=0$ 且 $y-(x-k)q(k)=0$ 时,解得点

$$(x_0,y_0)=\left(k+\frac{1}{p(k)}, \frac{q(k)}{p(k)}\right)$$

与 $m$ 无关,即对任意的 $m$,积分曲线都通过这一定点,即证.

　　\* **例 9.2.13**　(第 30 届 PTN,A-5)设微分方程组

$$x'(t)=-2y(t)+u(t), \quad y'(t)=-2x(t)+u(t)$$

中的 $u(t)$ 是连续函数.证明:

---

通常二阶常系数线性微分方程,当特征方程的根为虚数时,分解为实部与虚部,分别写出实函数解. 本题却相反,在复平面上考察解曲线,便于分析出其摆线的几何特征.

直接将方程中的一阶导数作为解曲线的切线斜率.

直线族都通过同一点的条件是,该点坐标与 $m$ 无关,故 $m$ 的系数应为零. 或直线族方程对"变量 $m$"求导,解出该点的坐标.

(1) 无论怎样选择 $u(t)$,除非 $x_0 = y_0$,方程组在 $t=0$ 时满足 $x=x_0$ 与 $y=y_0$ 的解都不通过点 $(0,0)$.

(2) 当 $x_0 = y_0$ 时,对 $t$ 任何的正值 $t_0$,都可选取 $u(t)$,使得 $t=t_0$ 时的解通过点 $(0,0)$.

**证** 两方程相减,得方程

$$(x-y)' = 2(x-y)$$

由初始条件得解

$$x - y = (x_0 - y_0)e^{2t}$$

(1) 故当 $x_0 \neq y_0$ 时,不可能有 $x=y=0$,即积分曲线不可能通过点 $(0,0)$.

(2) 当 $x_0 = y_0$ 时,恒有 $x(t) \equiv y(t)$,即积分曲线恒为直线 $y=x$. 为使其在 $t=t_0$ 时通过点 $(0,0)$,可设直线方程为

$$x = x_0 - x_0 t_0^{-1} t, \ y = y_0 - y_0 t_0^{-1} t$$

代入原方程得 $u(t) = x_0(2 - t_0^{-1}) - 2x_0 t_0^{-1} t$.

> 两方程作差,归为一个方程后,求解分析.

### 9.2.2 基于多元积分的几何问题

**例 9.2.14** 设半径为 $R$ 的球面 $\Sigma$ 的球心在定球面 $x^2 + y^2 + z^2 = a^2$ 上,问当 $R$ 取何值时,球面 $\Sigma$ 在定球面内部的那部分面积最大?($a > 0$)

**解** 设 $\Sigma$ 的方程为 $x^2 + y^2 + (z-a)^2 = R^2$,则两球面的交线在 $xOy$ 平面上的投影曲线方程为

$$\begin{cases} x^2 + y^2 = b^2 \triangleq R^2 - \dfrac{R^4}{4a^2} \\ z = 0 \end{cases}$$

故 $\Sigma$ 在定球面内的那部分面积为

$$S(R) = \iint\limits_{x^2+y^2 \leqslant b^2} \sqrt{1 + z_x^2 + z_y^2} \, dx dy = \iint\limits_{x^2+y^2 \leqslant b^2} \frac{R}{\sqrt{R^2 - x^2 - y^2}} \, dx dy$$

$$= \int_0^{2\pi} d\theta \int_0^b \frac{Rr}{\sqrt{R^2 - r^2}} \, dr = 2\pi R^2 - \frac{\pi R^3}{a} \ (0 < R < 2a)$$

由 $S'(R) = 4\pi R - \dfrac{3\pi}{a}R^2 = 0$ 得唯一驻点 $R = \dfrac{4}{3}a$,而 $S''\left(\dfrac{4}{3}a\right) < 0$,故 $R = \dfrac{4}{3}a$ 是最大值点,此时所求面积最大.

> 先利用二重积分求出 $\Sigma$ 在定球面内的那部分面积 $S(R)$,为使表达式简单,$\Sigma$ 的球心取在 $z$ 轴上. 两球面的交线方程决定二重积分的积分区域.

**例 9.2.15** 设 $P$ 为椭球面 $S: x^2 + y^2 + z^2 - yz = 1$ 上的动点,若 $S$ 在点 $P$ 处的切平面与 $xOy$ 面垂直,求点 $P$ 的轨迹 $C$,并计算曲面积分 $I = \iint\limits_{\Sigma} \dfrac{(x+\sqrt{3})|y-2z|}{\sqrt{4 + y^2 + z^2 - 4yz}} dS$,其中 $\Sigma$ 是椭球面 $S$ 位于曲线 $C$ 上方部分.

**解** $S$ 在点 $P(x,y,z)$ 处的切平面与 $xOy$ 面垂直的充要条件是,点 $P$ 处法向量 $\boldsymbol{n} = \{2x, 2y-z, 2z-y\}$ 与 $\boldsymbol{k} = \{0,0,1\}$ 垂直,$\boldsymbol{n} \cdot \boldsymbol{k} = 0$,即 $2z - y$

> 两平面垂直的充要条件是它们的法向量的内积等于零. 由此导出 $P$ 的轨迹方程.

＝0. 故 $P$ 的轨迹 $C$ 的方程为

$$\begin{cases} x^2+y^2+z^2-yz=1 \\ 2z-y=0 \end{cases} \quad 即 \quad \begin{cases} x^2+\dfrac{3}{4}y^2=1 \\ 2z-y=0 \end{cases} （截线为椭圆）$$

记 $D=\left\{(x,y)\ \Big|\ x^2+\dfrac{3}{4}y^2\leqslant 1\right\}$. 对于曲面 $\Sigma:z=z(x,y)$,

$$\sqrt{1+\left(\frac{\partial z}{\partial x}\right)^2+\left(\frac{\partial z}{\partial y}\right)^2}=\sqrt{1+\left(\frac{2x}{y-2z}\right)^2+\left(\frac{2y-z}{y-2z}\right)^2}$$

$$=\frac{\sqrt{4+y^2+z^2-4yz}}{|y-2z|}$$

> $C$ 是中心轴为 $z$ 轴的椭圆柱面与过 $x$ 轴的平面的交线. 故曲面积分化为 $xOy$ 面上的二重积分.

则

$$I=\iint\limits_{D}\frac{(x+\sqrt{3})\,|y-2z|}{\sqrt{4+y^2+z^2-4yz}}\sqrt{1+\left(\frac{\partial z}{\partial x}\right)^2+\left(\frac{\partial z}{\partial y}\right)^2}\,\mathrm{d}x\mathrm{d}y$$

$$=\iint\limits_{D}(x+\sqrt{3})\,\mathrm{d}x\mathrm{d}y=\sqrt{3}\iint\limits_{D}\mathrm{d}x\mathrm{d}y=2\pi.$$

> 由对称性 $\iint\limits_{D}x\,\mathrm{d}x\mathrm{d}y=0$.

**例 9.2.16**　设直线 $L$ 过两点 $A(1,0,0)$ 与 $B(0,1,1)$,将 $L$ 绕 $z$ 轴旋转一周得到曲面 $\Sigma$, $\Sigma$ 与平面 $z=0$, $z=2$ 所围成的立体为 $\Omega$.

(1) 求曲面 $\Sigma$ 的方程；

(2) 求 $\Omega$ 的形心坐标.

**解**　(1) 直线 $L$ 的方向数为 $\{1,-1,-1\}$,参数方程为 $x=1+t,y=-t,z=-t$. 旋转曲面 $\Sigma$ 上任意一点 $(x,y,z)$ 满足

$$\begin{cases} x^2+y^2=(1+t)^2+t^2 \\ z=-t \end{cases}$$

> 在任意平面 $z=-t$ 上,旋转曲面 $\Sigma$ 的点 $(x,y,z)$ 到 $z$ 轴的距离都等于 $L$ 上的点到 $z$ 轴的距离.

消去参数 $t$,即得曲面 $\Sigma$ 的方程 $x^2+y^2-2z^2+2z=1$.

(2) 设 $\Omega$ 的形心坐标为 $(\bar{x},\bar{y},\bar{z})$,则由对称性知 $\bar{x}=\bar{y}=0$,而 $\bar{z}=\iiint\limits_{\Omega}z\,\mathrm{d}x\mathrm{d}y\mathrm{d}z\Big/\iiint\limits_{\Omega}\mathrm{d}x\mathrm{d}y\mathrm{d}z.$

> 立体的形心是该立体质量体密度为 1 时的质心.

记 $D_z=\{(x,y)\,|\,x^2+y^2\leqslant 2z^2-2z+1\}$,则有

$$\iiint\limits_{\Omega}\mathrm{d}x\mathrm{d}y\mathrm{d}z=\int_0^2\mathrm{d}z\iint\limits_{D_z}\mathrm{d}x\mathrm{d}y=\int_0^2\pi(2z^2-2z+1)\mathrm{d}z=\frac{10}{3}\pi$$

$$\iiint\limits_{\Omega}z\mathrm{d}x\mathrm{d}y\mathrm{d}z=\int_0^2z\mathrm{d}z\iint\limits_{D_z}\mathrm{d}x\mathrm{d}y=\int_0^2\pi z(2z^2-2z+1)\mathrm{d}z=\frac{14}{3}\pi$$

因此 $\bar{z}=\dfrac{7}{5}$. $\Omega$ 的形心坐标为 $\left(0,0,\dfrac{7}{5}\right)$.

\* **例 9.2.17**　(陕四复) 一个底半径为 1 尺,高为 6 尺的开口圆柱形水桶,在高出水桶底面的 2 尺处,有两个小孔,两小孔的连线与水桶轴线相交. 问该桶最多能盛多少水而不漏水？

**解** 建立坐标系如图 9-12. 过点 $A(1,0,2)$, $B(-1,0,2)$ 与 $C(0,1,6)$ 的斜平面为

$$\begin{vmatrix} x-1 & y & z-2 \\ -2 & 0 & 0 \\ -1 & 1 & 4 \end{vmatrix}=0,$$

即 $z=4y+2$. 它与 $xOy$ 平面交于直线 $y=-\dfrac{1}{2}$, 且与底圆相交.

最大盛水容积等同于如下曲顶柱体的体积: 顶面为斜平面 $z=4y+2$, 底面 $D$ 为 $xOy$ 平面上的弓形 $D: x^2+y^2 \leqslant 1, y \geqslant -\dfrac{1}{2}$. 因此

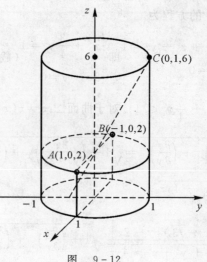

图 9-12

$$V = \iint\limits_{D}(4y+2)\mathrm{d}x\mathrm{d}y = \int_{-\frac{1}{2}}^{1}(4y+2)\mathrm{d}y \int_{-\sqrt{1-y^2}}^{\sqrt{1-y^2}}\mathrm{d}x$$

$$= 4\int_{-\frac{1}{2}}^{1}(2y+1)\sqrt{1-y^2}\,\mathrm{d}y = \frac{5\sqrt{3}}{2}+\frac{4\pi}{3}.$$

由 $-1/2 \leqslant y < 0$ 知底面是弓形.

**注** (1) 不共线空间 3 点 $A(x_1,y_1,z_1)$, $B(x_2,y_2,z_2)$ 和 $C(x_3,y_3,z_3)$ 决定的平面方程, 可推导如下: 点 $M(x,y,z)$ 在此平面上的充要条件是向量 $\overrightarrow{AM}$ 与平面的法向量正交 (见图 9-13), 即

$$(\overrightarrow{AB} \times \overrightarrow{AC}) \cdot \overrightarrow{AM} = 0,$$

用三阶行列式表示为 $\begin{vmatrix} x-x_1 & y-y_1 & z-z_1 \\ x_2-x_1 & y_2-y_1 & z_2-z_1 \\ x_3-x_1 & y_3-y_1 & z_3-z_1 \end{vmatrix}=0.$

这是过不共线三点的平面方程的行列式表示.

(2) 桶高 $H$ 与孔高 $h < H$ 的关系不同, 最大盛水时所求立体的底部形状也不同. 设底圆半径为 $R$, 则过 3 点 $A(R,0,h)$, $B(-R,0,h)$ 与 $C(0,R,H)$ 的平面与 $xOy$ 平面的交线, 当 $y=-Rh/(H-h)>-R(\Leftrightarrow H>2h)$ 时, 它与底圆相交, 当 $y=-Rh/(H-h)\leqslant -R(\Leftrightarrow H\leqslant 2h)$ 时, 它在底圆外部. 故底部的形状分别是弓形域与圆域.

例 9.2.17 的扩展讨论: 过小孔的斜截面与 $xOy$ 面的交线的位置可不同.

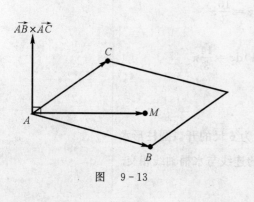

图 9-13

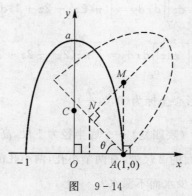

图 9-14

**例 9.2.18** 如图 9-14 所示，一平面均匀薄片 $D$ 由抛物线 $y=a(1-x^2)(a>0)$ 及 $x$ 轴围成. 设薄片以 $(1,0)$ 为支点向右方倾斜时，只要底线与 $x$ 轴的夹角 $\theta$ 不超过 $45°$，就不会向右翻倒. 问薄片参数 $a$ 最大不能超过多少?

**解** 质心于薄片的相对位置在运动中不变. 在原薄片处，由对称性，质心为 $C(0,\bar y)$，其中

$$\bar y=\frac{\iint\limits_{D}y\,\mathrm{d}x\,\mathrm{d}y}{\iint\limits_{D}\mathrm{d}x\,\mathrm{d}y}=\frac{2\int_0^1\mathrm{d}x\int_0^{a(1-x^2)}y\,\mathrm{d}y}{2\int_0^1\mathrm{d}x\int_0^{a(1-x^2)}\mathrm{d}y}=0.4a$$

在薄片不翻到的临界位置，质心 $M(1,y_m)$ 应在直线 $x=1$ 上. 当 $\theta=45°$ 时，$\triangle ANM$ 是等腰直角三角形，故有 $0.4a=\bar y=OC=NM=NA=OA=1$，因此 $a=2.5$（示意图中点 $N$ 应与 $C$ 重合）. 故 $a$ 最大不能超过 $2.5$.

**注** 问题可改编为:

一平面均匀薄片 $D$ 由抛物线 $y=a(1-x^2)(a>0)$ 及 $x$ 轴围成（见图 9-14）. 为使薄片以 $A(1,0)$ 为支点向右倾斜而不向右翻倒到，其底线与 $x$ 轴的夹角 $\theta$ 最大应是多少?

解法的前一部分与原题相同，求得质心坐标 $C(0,0.4a)$. 在 $Rt\triangle ANM$ 中，$NM=0.4a$，$AN=OC=1$，$\cot(90°-\theta)=1/0.4a=2.5a^{-1}$，因此 $\theta=\arctan(2.5a^{-1})$ 为最大值.

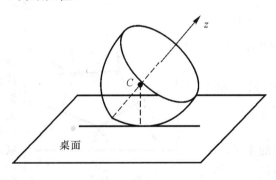

图 9-15

**例 9.2.19** 把均匀的旋转抛物形体 $\Omega:x^2+y^2\leqslant z\leqslant 1$ 放在水平的桌面上，证明: 当形体处于稳定平衡时（见图 9-15），它的轴线与桌面的夹角为 $\theta=\arctan\sqrt{3/2}$.（提示: 当质心最低时形体处于稳定平衡.）

**证** 先求形体的质心坐标 $C(\bar x,\bar y,\bar z)$，记 $D_z:x^2+y^2\leqslant z,z=z$，由对称性 $\bar x=\bar y=0$，有

$$\bar z=\frac{\iiint\limits_{\Omega}z\,\mathrm{d}x\,\mathrm{d}y\,\mathrm{d}z}{\iiint\limits_{\Omega}\mathrm{d}x\,\mathrm{d}y\,\mathrm{d}z}=\frac{\int_0^1z\,\mathrm{d}z\iint\limits_{D_z}\mathrm{d}x\,\mathrm{d}y}{\int_0^1\mathrm{d}z\iint\limits_{D_z}\mathrm{d}x\,\mathrm{d}y}$$

把物理问题转化为几何问题. 薄片绕点 $(1,0)$ 右转时，只要重心不越过直线 $x=1$，就不会向右翻到，此时的夹角应为 $45°$，利用几何特点计算 $a$ 值，即为最大.

转化为几何问题. 形体关于 $z$ 轴对称，故只需考察与 $xOz$ 面相截的截面边界（抛物线）. 为使形体稳定平衡，只需质心最低，即抛物线有一点到质心的距离最短，该点及切线在桌面上.

$$= \frac{\int_0^1 z \cdot \pi \left(\sqrt{z}\right)^2 \mathrm{d}z}{\int_0^1 \pi \left(\sqrt{z}\right)^2 \mathrm{d}z} = \frac{2}{3}$$

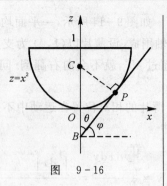

图 9—16

形体倾斜至质心 $C$ 离桌面最近时,处于稳定平衡. 故只需在旋转抛物面上求一点,与 $C$ 的距离最短,该点的切平面与桌面重合. 由形体的对称性,可等价地简化为在 $xOz$ 面上,求旋转抛物面的截线 $z = x^2 (0 \leqslant x \leqslant 1)$ 上的点 $P(x, z)$,使之与 $C$ 的距离 $d(x, z)$ 最小(见图 9—16). 而

$$d^2 = (x - 0)^2 + \left(z - \frac{2}{3}\right)^2 = z + \left(z - \frac{2}{3}\right)^2 \quad (z = x^2, 0 \leqslant x \leqslant 1)$$

当 $x = \frac{1}{\sqrt{6}}, y = \frac{1}{6}$ 时取得最小值.

在点 $P\left(\frac{1}{\sqrt{6}}, \frac{1}{6}\right)$ 处,$z = x^2$ 切线斜率为 $k = \tan \varphi = (x^2)' \big|_{x = \sqrt{1/6}} = \sqrt{2/3}$.

因此 $\tan \theta = \tan \left(\frac{\pi}{2} - \varphi\right) = \cot \varphi = \sqrt{\frac{3}{2}}$,即证得 $\theta = \arctan \sqrt{3/2}$.

**\* 例 9.2.20** (第 37 届 PTN,A-5)在 $Oxy$ 平面上,设 $R$ 是一个凸多边形围成的闭区域,令 $D(x, y)$ 是点 $(x, y)$ 到 $R$ 的最近点的距离.

(1) 证明:存在与 $R$ 无关的常数 $a, b, c$,使得

$$\int_{-\infty}^{+\infty} \int_{-\infty}^{+\infty} \mathrm{e}^{-D(x, y)} \mathrm{d}x \mathrm{d}y = a + bL + cA$$

其中 $L$ 与 $A$ 分别是 $R$ 的周长与面积.

(2) 求出 $a, b, c$ 的值.

**证** (1) 将 $Oxy$ 平面如图 9-17 所示分割成三个区域:

1) 凸多边形域 $R$;

2) 以每边(如图边 $\sigma$)为始边的半无限矩形带(如图 $S(\sigma)$)之并集 $\bigcup_\sigma S(\sigma)$;

3) 以每个顶角(如图中 $V$)为顶角的角域(如图 $T(V)$)之并集 $\bigcup_V T(V)$.

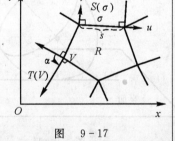

图 9—17

证明要点是:为给出被积函数的表达式,需根据 $D(x, y)$ 的定义,将积分区域分割成多边形内域,和两个外域——垂直于边的矩形带域,角域.

记区域 $S$ 上的积分为

$$I(S) = \iint_S \mathrm{e}^{-D(x, y)} \mathrm{d}x \mathrm{d}y$$

则所求积分可表示为 3 个区域上的积分之和

$$I = \int_{-\infty}^{+\infty} \int_{-\infty}^{+\infty} \mathrm{e}^{-D(x, y)} \mathrm{d}x \mathrm{d}y = I(R) + I(\bigcup_\sigma S(\sigma)) + I(\bigcup_V T(V))$$

在 $R$ 上,$D(x, y) = 0$,故 $I(R) = A$.

在半带域 $S(\sigma)$ 上,取 $uv$ 坐标平面,$D(u, v) = \mathrm{e}^{-v}$,故

$$I(S(\sigma)) = \int_0^s \int_0^{+\infty} e^{-v} dv du = s(R \text{ 的边长})$$

因此

$$I(\bigcup_\sigma S(\sigma)) = \sum_\sigma s = L$$

在角域 $T(V)$ 上,取极坐标,故

$$I(T(V)) = \int_0^a \int_0^{+\infty} re^{-r} dr d\theta = \alpha(R \text{ 的内角})$$

因此

$$I(\bigcup_V T(V)) = \sum_V \alpha = 2\pi$$

得

$$I = 2\pi + L + A$$

及

$$a = 2\pi, b = c = 1$$

**解** (2) 由(1)知 $a = 2\pi, b = c = 1$.

**注** (1) 这是某校竞赛题,超出了高等数学的教学内容,因为涉及曲面族的包络面问题,属于微分几何内容.

(2) 曲面族 $F(x, y, z, t) \equiv (x - vt)^2 + y^2 + z^2 - [v_0(a-t)]^2 = 0$ 所占区域的边界曲面称为该曲面族的"包络面". 几何直观是,包络面与这族中的所有球面相切,而这族球面的球心在 $x$ 轴上从点 $(0, 0, 0)$ 移动到点 $(va, 0, 0)$,球半径从 $va$ 单调减小到 0,可猜想包络面是顶点为 $A(va, 0, 0)$ 的圆锥面.

### 9.2.3 其他情形

\* **例 9.2.21** 当一架超声速飞机在高空沿水平方向以速度 $v$ 作直线匀速飞行时,由于飞机的速度比声速快,人们常常先看到飞机在空中掠过,片刻之后才听到震耳的隆隆声. 那么在同一时刻,天空中的什么区域可以听到飞机的声音呢?(设声音在空气中的传播速度为 $v_0, v_0 < v$)

**解** 设飞机为一个点. 先建立空间直角坐标系:刚看到的飞机位置为坐标原点,时间 $t = 0$,飞机飞行方向取 $x$ 轴正向. $t = a$ 时刻飞机位于点 $P(va, 0, 0)$. 考虑短时间 $[0, a]$ 内飞机发出的球面波所充斥的空间区域,假设期间发出的声音能量不衰减,忽略其他声音.

在时刻 $t \in [0, a]$,飞机所发声音的球面波,以速度 $v_0$ 扩展. 到时刻 $a$,波前的球面半径为 $v_0(a-t)$,球心为 $t$ 时飞机的位置为 $P(vt, 0, 0)$,波前球面方程则为

$$(x - vt)^2 + y^2 + z^2 = [v_0(a-t)]^2 \qquad (0 \leqslant t \leqslant a)$$

球面所围球体在时间段 $[0, a]$ 内"扫过"的区域就是在时刻 $a$ 能听到飞机声音的区域. 该区域的边界曲面的方程由下面的方程组确定:

$$\begin{cases} (x - vt)^2 + y^2 + z^2 - v_0^2(a-t)^2 = 0 \\ \dfrac{\partial}{\partial t}[(x-vt)^2 + y^2 + z^2 - v_0^2(a-t)^2] = 0 \end{cases}$$

即

$$\begin{cases} (x - vt)^2 + y^2 + z^2 - v_0^2(a-t)^2 = 0 \\ -v(x-vt) + v_0^2(a-t) = 0 \end{cases}$$

消去 $t$,得

转化为几何问题. 假设飞机是一个质点(飞机与声音区域相比很小),作为主声源(忽略其他声源)不断发出球面波,在一短时间内不衰减. 期间球面波充斥的区域即是可听到飞机声音的区域. 该区域的边界曲面是"波前球面族"的"包络面".

$$y^2 + z^2 = \frac{v_0^2}{v^2 - v_0^2}(x - va)^2$$

此圆锥体所在空域（音锥）即能听到声音，其中心轴为 $x$ 轴，顶点为 $A(va, 0, 0)$，在 $xOz$ 平面上的母线为 $z = \dfrac{1}{\sqrt{1 - (v_0/v)^2}}(x - va)(x \leqslant va)$.

# 参 考 文 献

[1]　龚冬保.数学考研典型题.西安:西安交通大学出版社,2010.

[2]　龚冬保,等.高等数学典型题.西安:西安交通大学出版社,2004.

[3]　李心灿,等.大学生数学竞赛试题解析选编.北京:机械工业出版社,2011.

[4]　李心灿,等.大学生数学竞赛试题、研究生入学考试难题选编.北京:高等教育出版社
　　1997.

[5]　武忠祥.数学考研历年真题分类解析 2015 版.西安:西安交通大学出版社,2014.

[6]　陈仲.高等数学竞赛题解析.南京:东南大学出版社,2010.

[7]　毛京中.高等数学竞赛与提高.北京:北京理工大学出版社,2002.

[8]　刘培杰.历届 PTN 美国大学生数学竞赛试题集.哈尔滨:哈尔滨工业大学出版社,2009.

[9]　陕西省大学数学教学委员会.大学生高等数学竞赛参考资料.西安:高等数学研究编辑
　　部,2010.

[10]　萨多夫尼奇ＢＡ,波德科尔津ＡＣ.大学奥林匹克数学竞赛试题解答集.王英新,李世
　　华,译.长沙:湖南科学技术出版社,1981.

# 参考文献

[1] ……
[2] ……
[3] ……
[4] ……
[5] ……
[6] ……
[7] ……
[8] ……
[9] ……
[10] ……